奢望：社会生物学与人性的探求

Vaulting Ambition :
Sociobiology and the Quest for Human Nature

[英]菲利普·基切尔（Philip Kitcher）著
郝苑 译

中国人民大学出版社
·北京·

关于作者

［英］菲利普·基切尔（Philip Kitcher），英国当代著名科学哲学家，哥伦比亚大学约翰·杜威讲席教授，美国人文与科学院院士，曾担任美国哲学学会（太平洋分会）主席。已经出版的哲学论著包括《数学知识的本质》、《奢望：社会生物学与人性的探求》、《科学的进展》、《科学、真理与民主》、《民主社会中的科学》、《伦理学纲领》与《实用主义的序奏》等。

关于本书

在当代智识世界中，社会生物学可谓甚嚣尘上，它经常被用来支持各种阶级偏见、种族偏见与性别偏见。在本书中，基切尔紧紧围绕方法论的科学哲学问题，对社会生物学的人性探求进行了深入细致的批判。基切尔认为，在非人类的动物研究领域，社会生物学的研究工作在方法论上大致是可靠的，但在将这些理论适用于人类的过程中，许多社会生物学家做出了仓促的推论。社会生物学在方法论上呈现的种种缺陷，让它迄今仍无法成为一门关于人类行为的真正可靠的科学，但流行的社会生物学已经由于其创建者的奢望而步入歧途。

纪念我的母亲

感谢她所做的一切

序　言

在我最乐观的时候，我希望接下来的章节会终结过去十年来困扰社会生物学的那些争论。我的主要目标是尽可能清晰地说明社会生物学是什么，它以何种方式关联于进化论，以及这种依赖于劣质分析与薄弱论证的野心勃勃的论断，以何种方式吸引了如此众多的公众的注意力。这个目标并非完全是否定性的。假如读者被提供了一个与社会生物学本质以及该学科应当满足的方法论标准有关的清晰见解，那么，他们就有可能抛弃有关人性的不成熟思考，而且还有可能欣赏到那种对非人类的动物行为所做的令人激动的研究所取得的成绩。我所提供的设想或许在这种充满活力的研究工作中是有用的。它甚至有可能帮助我们构想出一种研究人类行为的进路的**未来**发展，这种进路真正运用了生物学的洞识。

本书的篇幅不仅比我所预料的要长，而且比我所期望的要长。它的长度源于我努力要完成的诸多工作。我试图以这样的方式公正对待人类社会生物学的主要研究进路，从而避免人们指责我的批评是有选择性的，而这迫使我思考了社会生物学分析的大量例证。我也试图让这本书成为独立自足的。我希望，那些感兴趣的读者即便先前没有任何生物学或科学哲学的背景，他们也会发现，本书中的技术性观念都已经得到了解释，他们不需要通过别处的查询来理解主要的问题与论证。

简要的章节规划或许可以充当一个确认主要兴趣要点的指南。导论旨在提出那种导源于某些社会生物学论断的政治含义的问题并给予它们应有的评价。接下来的四个章节为之后的批判性分析设置了舞台。第 1 章处理的是社会生物学的最为流行的版本［即由 E. O. 威尔逊（E. O. Wilson）在其早期社会生物学作品中引入的版本］提出的主要议题与论证。第 2

x 章概述了当代进化论的主要观念以及由于这种理论而产生的哲学问题。第3章审视了触发动物行为研究的理论的新发展。在第4章中，我凭借先前章节的素材说明了社会生物学究竟是什么，它以何种方式相关于进化论，以及这些关于人类的争议性议题以何种方式相关于非人类的动物的社会生物学。

第5章到第8章系统批判了社会生物学对人类做出的最为流行的论断。第5章在关于人类行为的诸多方面的分析与某些关于非人类的动物行为的最佳研究工作之间进行了比较。第6章试图揭露一些常见的方法论谬误，它们困扰着社会生物学关于人性的诸多论证。第7章的技术性稍微强一些，它聚焦于适应主义纲领的合法性，这种纲领构成众多社会生物学与进化论的研究工作的普遍基础。在第8章中，我试图专注于论证，即思考如何将先前章节提出的异议适用于四个主要例证。

第9章致力于分析人类社会生物学的一个不同的研究进路，它是由理查德·亚历山大（Richard Alexander）与他的同事所贯彻的研究进路。在第10章中，我思考了威尔逊最近与查尔斯·拉姆斯登（Charles Lumsden）共同从事的研究，他们意在提供一种基因-文化协同进化论。由于这条拉姆斯登-威尔逊的研究进路引入的技术性，本章对读者的要求必然会比先前的大多数讨论更高。尽管如此，我希望，我已经让这种基因-文化协同进化论的目的与论断变得比以往更可理解。第11章处理的是社会生物学关于人类的利他主义、人类的自由与伦理学的论证。

某些章节包含了这样一些论证，它们的严格表述需要使用一定数量的数学符号。尽管这些演算通常并不困难，但是，我仍然试图避免由于一堆符号而失去读者，因此，我将数学讨论与文本的主体分开。那些情愿跳过数学的读者可以在文本中发现一个定性版本的论证。那些关注细节的读者可以查阅从A到O的技术性讨论。

在撰写本书的过程中，我受到了许多人的恩惠。很多人就原稿的诸多部分向我提出了有价值的评论、批评与建议。我特别感谢约翰·比蒂（John Beatty）、威廉·查尔斯沃思（William Charlesworth）、埃里克·恰尔诺夫（Eric Charnov）、吉姆·克钦格（Jim Curtsinger）、诺曼·达尔（Norman Dahl）、约翰·杜普雷（John Dupré）、道格拉斯·弗图伊玛

(Douglas Futuyma)、弗兰克·麦金尼（Frank McKinney)、克雷格·帕克(Craig Packer)、安妮·普西（Anne Pusey）与罗尔夫·萨特里厄斯（Rolf Sartorius)。不用说，人们不应当假定这些人会赞同我所撰写的所有内容。 xi

我还要特别提到五个人，他们为我提供了广泛的帮助与建议。我从彼得·艾布拉姆斯（Peter Abrams）与琼·赫伯斯（Joan Herbers）那里得到了关于众多关键细节以及一些具有普遍重要性的问题的宝贵建议。理查德·列万廷（Richard Lewontin）对早期的文稿做出了众多评论，而他的评论在我改善最终版本的过程中发挥了极其可贵的作用。艾利奥特·索伯(Elliott Sober）仔细的阅读与逐行的评论加强了我对几乎每一个问题的讨论。帕特丽夏·基切尔（Patricia Kitcher）对含糊论证与晦涩表述的精准眼光，帮助我让本书变得更加清晰与更加具备可读性。我深深地感谢这些人投入的所有时间与思想。我希望他们会认为这是值得的。

自从我在美国学术团体协会（American Council of Learned Societies)获得了一个研究员的职位之后，我就开始了对进化生物学与社会生物学的研究。我要感谢协会的支持，我也要感谢哈佛大学比较动物学博物馆的热情好客。如果没有由国家人文基金会的大学教师学术奖金提供的一年休假这个有利条件，我就无法撰写完成这本书。我要感谢基金会授予我的学术奖金以及明尼苏达大学（the University of Minnesota）于1983年夏给予我的资助。

最后，我要感谢萨莉·利伯曼（Sally Lieberman）与贝琪·安德森(Betsy Anderson)，她们为文稿的编撰提供了帮助。

目　录

导论　一辆自行车是不够的

1

我是在20世纪50年代的英格兰南岸长大的，在那时，审判的幻象萦绕在我心头。这个形象并不是人们从米开朗琪罗（Michelangelo）那里熟知的末日审判，它通过严厉的判决，对同等数目的绵羊和山羊进行最终分类，前者幸运地位于顶端，而后者则匍匐于底层。就像我的大多数同龄人一样，我的烦恼完全是世俗的与平凡的。我们这些人的家庭不够富裕，无法绕开国家教育制度，我们知道，这场审判将在11岁时等待着我们。一场考试会对学业上的绵羊与山羊做出区分。我们不希望发现自己处于山羊之中。

对于那些在英国11岁儿童入学考试中失败的学生（大概有百分之五十的学生失败）来说，这个审判几乎是决定性的。等待他们的是一些适合他们被认可的能力的机构。这些机构试图将合理的规训与机械技能的灌输相结合，但通常都不成功。一旦被托付给这些机构，我的同龄人就很少能回到那群被教育选拔的同伴之中。或许每年每所学校会有一两个学生成功地表明，人们对他们做出了错误的归类。新闻报道偶尔还会称赞这样一种儿童的成绩，他们起初在11岁儿童入学考试中失败了，但他们设法获得了进入大学所需要的凭证。相较于这些例外的是压倒多数的大量例证，成千上万名11岁的学生被盖上失败的印记，他们被排除在那条通向英国社会中更有价值职位的道路之外。

尽管教育制度不断设计出考试来比较那些最初获得成功的学生的品质，但是，最初的分类对英国儿童的生活产生了至为重要的影响。许多工人阶层与中低阶层的父母极为强调对这次考试的准备，他们期望他们的子女能够享有这样一种职位，它将比他们自己所享有的职位拥有更高的地位与更多的收入。这种来自父母的压力经常是无效的。作为资质指标的不仅仅是一个孩子在某个给定时日里的表现，还包括三分之一这样的考试，它们致力于检验那种精心脱离于先前的学习与准备的东西。我的朋友与同学们知道，这部分考试是用来评估我们的“一般智力”的。由于我们中很少有人知道“一般智力”是什么（或我们是否拥有任何这样的“一般智力”），这场考试的四周就笼罩了一片神秘的气氛。又由于我们认为，在此存在的是一个不可思议的谜团，它只有在决定我们未来的那一天才向我们揭晓，我们对于11岁儿童入学考试的不安就有所增加。

幸运的是，在11岁时进行最终教育分类的制度已经成为往事——至少在英国的绝大多数地区中是这样的。在它占据支配地位的二十年中，这个制度已经扼杀了成千上万下层社会的孩子们的理想。然而，它是人们抱着最美好的意图设计出来的。它的设计师所构想的是，为那些经济贫困的人们提供真正的教育机会，让矿工、送奶人、劳工与卡车司机的儿子和女儿能够在平等的基础上竞争，从而进入英国最优秀的学术机构。人们逐渐才认识到，来自贫困家庭的子女所遭受的失败是比例失调的，无论是他们在通过11岁儿童入学考试时所遭受的失败，还是他们随后在克服教育制度中遇到的困难时所遭受的失败。这种逐渐增长的认识是诱发这样一场漫长运动的主要因素，这场运动要驱逐的是“在儿童11岁左右一劳永逸地评估其智能”这个提议。

这个提议来自何处？是什么东西激发了这种其潜在危害在今日看来如此显而易见的制度？那些设计并管理这种办法的人是一群有见识的人，他们关注的是以最好的方式照料英国的儿童，他们的关切驱使他们采纳并应用了在那个时候已经得到确立的心理学智慧。教育心理学家与伦敦郡议会顾问西里尔·伯特爵士（Sir Cyril Burt）在一系列的出版物中报告了他测量一般智力的结果，该结果以让所有人都满意的方式表明，存在着“一般智力”这样的东西，它能够通过特定种类的测验得到评估，儿童在11岁以后所测得的一般智力不会有重大的变化。接下来相当明显的是，一项好的政策就应当设计出恰当的测验，让儿童在11岁左右参加这种测验，并将儿童与适合他们能力的教育规划相匹配。由此就颁布了一项命令，所有儿童都应当接受这种检测——而我们也就接受了这样的检测。

伯特的论断是可疑的。他终生接受的心理观与教育观几乎都源自他对“一般智力”存在的信仰。这种信仰最终导致他公布了虚假的发现。他用来表明分别抚养的同卵双胞胎（或更确切地说，单卵双胞胎）在一般智力上的关联的大量研究以及那些为了支持相同结论而累积更多数据的研究都是捏造的，显然，它们企图要保护的是伯特青睐的想法。在 20 世纪 70 年代，普林斯顿大学的心理学家里昂·卡明（Leon Kamin）让伯特的大量研究结果陷于困境：某些精确到小数点第三位的关联始终保持不变，即便当样本的大小相当剧烈地发生变化时也是如此（Kamin 1976；Lewontin，Rose，and Kamin 1984，chapter 5）。这些“支撑性证据”的整个结构很快就瓦解了。人们不仅发现，伯特对父母与儿童的 IQ 评估经常依赖于他对这些相关者的“个人访谈”，而且还发现，某些为他提供数据的“被调查者”被揭露为虚构的。

3

我的目的并不是与西里尔·伯特爵士的幽灵争论，而是要从中吸取教训。那些设计社会政策的人经常向科学发现寻求指导。假若他们求教的研究是不正确的，那么，错误就会持续影响无数人的生活。教条的信仰与蓄意的欺骗相联姻，它们是让社会付出高额代价的科学谬误的最为显著的（当然也是最不常见的）根源。然而，从那些最终受苦的人的观点来看，这种根源并不是非常重要。对于我的那些由于这项愚昧的教育政策而导致其才华无人问津的朋友来说，即便知道这种谬误源自粗心大意而不是蓄意的欺骗，那也几乎不会带来任何宽慰。这个教训是显而易见的。当科学论断对社会政策问题产生影响时，证据的标准与自我批评的标准就必须相当高。

就像先前对智力的遗传性（Jensen 1969）与人类进化史的所谓的残余物（Ardrey 1966；Morris 1967）的研究一样，行为生物学在当代的研究工作面临着被用于支持社会不公正的风险。人类社会生物学已经被它的那些直言不讳的批评者描述为这样一种学说，它将让有关性别、种族与阶级的不公正边界永存。他们的反应可以轻易地追溯到 E. O. 威尔逊的那本里程碑式的论著《社会生物学：新的综合》（*Sociobiology*：*The New Synthesis*）（1975a）以及该论著迅速收获的称赞上。在名为“人类：从社会生物学到社会学”（“Man：From Sociobiology to Sociology”）的最后一章的开头，威尔逊用了这样一句话来激发那些正在寻求科学的社会政策指南的人的兴趣："现在让我们开始考虑在自然史中拥有自由精神的人类，就好像我们是来自另一个行星的动物学家，要完成地球上的社会物种的分类目录。"威尔逊继续得出了一些令人严肃思考的结论。人类是作为仇外的、善于欺骗的、好争斗的、"荒唐地易于灌输"的生物而出现的。这些所谓的品质是我们本性的内在特征，威尔逊提出，特定的社会制度同样具备深刻的生物学根源。威尔逊求助于人类学的发现来支持这个想法，即女人在没有文字的社会中被频繁地用于实物交易，她们被具有竞争力并占据统治地位的男人所控制与交换。此后，威尔逊继续对工业社会与我们那些狩猎和采集食物的远亲做了比较：

> 几乎所有的人类社会的基本结构单元都是由父母和子女组成的小家庭……无论是美国工业城市中的平民，还是澳大利亚荒漠中的一队狩猎-采集食物的人，他们都是围绕这个单元组织起来的。在这两种情况中，在局域性的社区之间移动的家庭通过拜访（或打电话和写信）与互换礼物，与主要的亲属维持了复杂的关联。白天女人与孩子留在居住区内，男人却要搜寻猎物或它在货币形式上的象征性等价物。男人为了狩猎或对付邻近的部落而联合起来相互合作。(1975a，553)

在此，一位高度受人尊敬的科学家暗示，有一种生物学的基础在支持那个许多人想要改变的政治制度。毫不奇怪，那些致力于摧毁性别、种族与阶级之间不平等的人被激怒了。

"愤怒"正是描述威尔逊的某些批评者的反应的确切词汇。对于他的某些在政治上敏感的同龄人来说，威尔逊所建议的研究人类社会行为的一条新生物学进路，在一种意义上（但也仅仅是在一种意义上）显得就像是一个惹人生气的危险信号，这激起批评者做出了强烈的回应，却破坏了他们自己的论证。有一群人［后来被称为"科学为人民的社会生物学研究组"（Sociobiology Study Group of Science for the People）］回应了一篇发表于《纽约书评》（*New York Review of Books*）的大加赞扬《社会生物学：新的综合》的评论，他们在社会达尔文主义与基因和行为理论的语境下对威尔逊的建议进行了讨论。他们认为，社会达尔文主义被约翰·D. 洛克菲勒爵士（John D. Rockefeller）用来为美国资本主义贪婪的过剩（或极端的自由）辩护，而基因和行为理论则构成了希特勒的优生政策的基础。威尔逊的反对者直截了当地表示：

> ［威尔逊］意在采纳一条使用了大量新信息的更为牢靠的科学研究进路。我们认为，这种信息与人类的行为几乎没有什么关联，而那条所谓的客观而又科学的研究进路在现实中掩盖了政治上的假设。因此，通过将现状作为“人性”的不可避免的后果，它还是向我们提供了一种维持现状的辩护。（Allen et al. 1975，261）

哈佛的教授很少会想让自己被当作与工业强盗式的资本家或法西斯主义的独裁者大同小异的人。威尔逊随后对他关于人性与人类社会关系的见解的讨论，在涉及那些令人不快的真理时采纳了一种冷静但又坚定的腔调。刺耳的反对所换来的是礼貌的回复，不过，威尔逊与他新近的合作者查尔斯·拉姆斯登明确表达了他们的如下信念，即那些批评者为了尊重政治的意识形态，已经抛弃了科学的标准。 5

> 他们论证中的缺陷随后被这场争论中的许多作家指出，也就是说，他们假定，科学发现应当根据其可能的政治后果，而不是其真假来得到判断。这种推理的模式先前曾导致了纳粹德国的伪遗传学与苏联的李森科学说。（Lumsden and Wilson 1983a，40）

在威尔逊赢得普利策奖的论著《论人性》（*On Human Nature*）（1978）中所使用的腔调，进一步增强了专注于追求科学真理的主题。我们在此并没有发现他唐突地宣称，特定的社会组织在生物学上是不可避免的。相反，威尔逊提出，我们的本性对我们的社会制度设置了约束，因此，若要采纳那种尊重大声呼吁正义的人们所要求的社会变革方案，“就会付出无法估测的代价”。他传达的信息并没有发生改变，但表达的方法已经得到了精致的改进。

威尔逊的一些社会生物学的同行并没有那么委婉。在一本为阿德雷（Ardrey）与威尔逊提供证明的书中，大卫·巴拉什（David Barash）扔下了战书：

> 我们将探索人类的裙带关系与利他主义的生物学基础，它既是家庭的基础，也是一种解决冲突的惊人而又确切的处方的基础。我们将分析父母的行为、我们对他人乃至我们对自己子女的行为的潜在自私性，并且将以一种顽强的（无疑是不受欢迎的）方式来审视关于男女差异的进化生物学，包括关于双重标准的生物学基础理论。(Barash 1979，2—3)

关于**人类**的难以接受的事实或许惹怒了某些读者，但巴拉什是带着这样的态度来写作的，就好像他是一个敢于让我们直面关于我们自身的事实的人，他要让我们的政治观点与我们所看到的相适应，而不是与我们想要看到的相适应。他的同事皮埃尔·范·登·贝格（Pierre van den Berghe）也对让社会变革者碰到令人不快的研究结果这个想法感兴趣。他不愿成为“那种在目前很时髦的自由主义学者”或“那种对女性主义卑躬屈膝的人”(van den Berghe 1979，2)。因为当我们以健全的方式审视这些没有受到“意识形态激情”污染的数据时，我们就会发现其对“传统智慧”的支持。结果是家庭被广泛接受，女人有小孩更好，男人不喜欢好斗的女人，政治是男人的游戏（1979，195—197）。在或许会被菲丽丝·施拉芙利[①]所钟爱的一段话中，他宣称：“无论是美国妇女组织还是平等权利修正案，它们都不会改变父母不对等投入的生物学基石。”(196)

因此，最初对人类社会生物学发起的政治批判碰到的是服务于真理的明确主题。这种主题的表达有时带着一丝对社会公正理想的遗憾与同情（威尔逊），而在其他时刻则带着**碾压女性主义者**（*épater les féministes*）的激情（范·登·贝格）。然而，有两个理由让人们认为，这种为真理献身的宣誓来得有点过于轻易。首先，社会生物学家对他们宣扬的观点的政治意蕴的理解远非清晰。当《纽约时报》（*New York Times*）的一系列论述平等权利的文章通过严肃讨论，得出了生物学或许会对女性的志向设定界限这个结论（参见 Gould 1980a，263）时，当英国与法国的新右派宣布了他们对人类社会生物学工程的强烈兴趣时，这些政治意蕴就变得清晰起

---

① 菲丽丝·施拉芙利（Phyllis Schlafly，1924—2016），美国保守派的激进分子，她是现代女性主义与美国平等权利修正案的著名反对者。——译注

来。其次，更加重要的理由是，那些被人类社会生物学的新近论断所激怒的人并不认为他们自己参与的是那种不顾一切掩盖令人不快真相的斗争。批评者相信，由于顺从知名科学家的权威，人们就有可能在证据不充分与具有误导性的基础上，接受那些在政治上有害的谬误。

仅仅依靠那些冒犯乌托邦式感受的孤立主张、肯定性别不对等的论断以及对抢夺支配地位的竞争性行为的强调，并不能估算出社会生物学在政治上产生的影响。社会生物学的大量文献标示出一种研究人类行为的整体进路，它可以轻易被用来支持某些有害的观点。由于他们强调行为的遗传基础，许多社会生物学家**似乎**支持一种将行为差异与遗传差异联系起来的策略，这种策略助长了对特定种族或社会群体的抹黑。当我们在测试中发现了黑种人与白种人、市内的穷人与郊区的富人之间的表现差异时，那种赞成行为差异的遗传基础的普通假设，就有可能被用来支持以下暗示，即在表现差异中存在着强烈的遗传因素。任何相关行为的特定研究都轻易地先行采纳了这一极端的步骤。最近有人就此宣称，对行为的遗传**基础**的强调，并不蕴含着对“基因**决定**行为”这个观念的承诺（参见 van den Berghe 1979，29；Barash 1977，39ff.）。但是，这并没有预先阻止人们运用社会生物学来为种族主义或其他形式的社会不公正服务。只要没有明确区分那些被社会生物学家用来证明已经得到良好确立的人类社会行为的遗传约束条件之存在的例证，只要对基因卷入人类事务的一切方面所做的野心勃勃的思考混杂着那些在社会生物学家看来拥有可靠证据的例证，那么，“遗传基础”这个术语的暧昧以及人类社会生物学家所宣称的巨大适用范围，就会共同为那些希望将行为差异视为不受社会变革影响的人提供武器。 7

我的首要任务之一是对人们所谈论的“基因决定论”做出某种澄清。就目前而言，我将仅限于得出这个结论，即社会生物学的早期批评者正确地认为，人类社会生物学潜在地破坏了社会公正的事业。然而，他们激烈地表述这个观点，却助长了人们产生如下印象，他们仅仅因为这个理由而拒斥社会生物学。人类社会生物学的捍卫者在回应的同时也做出了这样的批评：不能让政治来支配科学。威尔逊就发展了这种显而易见的回复：

> 人们应当追求人类社会生物学，人们应当将它的发现视为我们所

具备的追溯心智进化史的最佳手段。在前方的艰难旅途中，我们最终的向导必定是我们的那种最深刻的以及在当前最不被认同的感受，我们肯定无法承担对历史的无知而导致的后果。(1975b，50)

以人道的方式获取知识并广泛地分享知识，让知识关联于人类的需求，但又始终免于政治审查，这就是真正为人民的科学。(1976，302；也可参见 Lumsden and Wilson 1983a，41；Alexander 1979，136－137)

因此，由于自由的探索具有内在的善，由于它产生了我们要用来帮助解决社会问题的知识，人们就应当继续进行人类社会生物学的研究。

谁会对此有所异议？可以肯定的是，若问题是我们是否应当审查那些探究人类行为的生物学基础的努力尝试，所有通情达理的人都会共同大声说不。任何禁止那种有可能产生令人不快结论的科学研究领域的社会政策都显然是误入歧途的。人们帮助受压迫者的途径既不是让他们沉溺于有关他们能力的幻想，也不是为他们设计出符合这些乌托邦期望的方案。但是，社会生物学的批评者并没有让自己致力于一种让报信者沉默的疯狂斗争。科学为人民的社会生物学研究组的一位最杰出的成员清晰陈述了这个观点：

8

正如我们所理解的，科学真理必然是我们的主要标准。我们学着去适应一些令人不快的生物学事实，死亡的存在就是一个最不可否定与最不可避免的生物学事实。假如基因决定论是真实的，我们也会学着去适应它。但是，我要反复陈述，不存在任何证据来支持基因决定论，它在过去几个世纪中的最粗劣的版本已经遭到了定论性的反驳，它持久的名望是那些最大地受惠于现状的人的社会偏见发挥作用的结果。(Gould 1977，258)

古尔德（Gould）所提出的一些观点激起了人类社会生物学的倡导者的激烈辩论：他们不仅反对基因决定论者的污名化，而且反对那种认为政治动机在这些科学的流行论断中发挥了作用的暗示。不妨暂缓对这些观点的讨论，我们仍然能够用古尔德的这些评论来表明，社会生物学家已经无法在他们的批评者做出攻击之处为自己做出辩护。

古尔德提到了证据以及“正如我们所理解的真理”，这清楚地表明，关于审查和剥夺研究权利的谈论有可能让问题错位。社会生物学的反对者主要关注的是它对人类行为起源假设的接受，而不是它的研究工作。（当对这些假设的仓促接受产生了一种有可能形成诸多具有社会危害与错误根据的结论的特殊研究纲领时，这些反对者或许同样会反对这种纲领的贯彻。反对者的这些看法导源于一种更为基本的反对意见，即反对人们仓促地接受这些假设。）古尔德与他的同事坚持认为，人们采纳的人类社会生物学的核心论断的根据是不充分的，因此，被威尔逊构想为“真正为人民的科学”的东西，其实是一组草率习得但又不幸被广泛传播的有害谬误。

由此，我们就抵达了本书的核心主题：**关于人类社会生物学的争论，就是关于证据的争论**。社会生物学之友将“新的综合”视为科学的一个令人振奋的组成部分，它合理地依赖于证据与大量有前景的崭新洞识，其中包括某些与人类的需求有关的洞识。然而，在批评者的眼中，这同一组学说似乎是大量没有根据的推测，它们的危害性在于，用科学的装饰与权威掩盖了对社会有害的暗示。从这个视角看，这些批评者似乎把政治考虑要素抛到了脑后。毕竟，假若所有通情达理的人都同意，我们必须接受这些由证据决定的假设，那么，就可以不理会“研究中的这些假设可以轻易地与那些政治上的争议发生关联”这个事实。这个问题就还原为一个与纯粹而又简单的真理有关的问题。

9 爱尔杰龙·蒙克里夫①的提醒是贴切的——真理很少纯粹，它也决不简单。每个人都应当同意，**倘若有充足的证据**支持某些关于人类的假设，我们就应当接受这些假设，而不管它们的政治意蕴是什么。但是，什么算作充足的证据这个问题并非独立于那些政治后果。如果犯错的代价相当高，那么，相较于犯错是相对无害的情况，人们就应当合理而尽责地要求更多的证据。在科学研究的混战中，诸多观念经常被抛弃，或被暂时接受，并在随后阶段才遭受真正严格的检验。可以说，“大胆的过度概括”

---

① 爱尔杰龙·蒙克里夫（Algernon Moncrieff）是19世纪爱尔兰剧作家奥斯卡·王尔德（Oscar Wilde，1854—1900）的讽刺风俗喜剧《不可儿戏》（*The Importance of Being Earnest*）中的虚构人物。——译注

这种做法对作为共同体事业的科学的有效运作做出了贡献：对于那些具备了"某种证据"或"合理的有利证据"的假说来说，它们成了公共储备的观念的组成部分，通过与其他假说相整合，它们将受到批判与改进，有时则会被抛弃。然而，当成问题的假说与人类的关切有关时，这种转变就不可能那么随便。假如单个科学家乃至整个科学共同体最终采纳了一个关于遥远银河系起源的错误观点，采纳了一个关于蚂蚁觅食行为的不恰当模型，或采纳了一个关于恐龙灭绝的疯狂解释，那么，这些错误并不是悲剧性的。相较之下，如果我们弄错了人类社会行为的基础，如果我们由于接受了关于我们自身与我们的进化史的错误假说而放弃了公正分配社会利益与社会责任的目标，那么，这种科学谬误的后果或许是严重的。

这些结论并不依赖于迷蒙的感伤或不切实际的证据标准，而是依赖于理性决策的基本观念。一个熟悉的决策原则是，行动者应当如此行动，以便让预期的效益最大化。因此，采纳、运用与推荐一个科学假说的合理性，并非仅仅取决于在给定可资利用的证据的情况下该假说成真的可能性，而且还取决于当这个假说是真实的时候采纳它（或没有采纳它）所导致的成本与收益以及当这个假说是虚假的时候采纳它（或没有采纳它）所导致的成本与收益。在许多具体的情况下，这个抽象的原则对于我们都不陌生。当一种新产品投入市场会有潜在的危险后果时，药品制造商就会正确地坚持对证据采纳更高的标准。

在人们对社会生物学所做的政治批评的背后，存在着这样一种真正的忧虑：尽管社会生物学家对非人类的社会行为的论断也许是谨慎的与得到严格辩护的，但是，他们恰恰在那些应当最为谨慎的地方转而就像在做一些疯狂的推测。[古尔德对威尔逊的非人类的社会生物学表达了敬意
10 (1977, 252)；尽管如此，甚至非人类的社会生物学也有它的批评者。]在理解了这种忧虑之后，我们就可以表述出人类社会生物学纲领的核心问题，而这也就是我将在本书中考虑的问题：支持社会生物学的证据有多么完善？在人类社会生物学的研究领域中的证据有多么完善？社会生物学的各种践行者关于人性所做出的那些引人注目的论断的证据有多么完善？

我的出发点是，试图以尽可能清晰的方式表述那条将威尔逊与其他人导向他们关于人性的结论的推理路线。这并不是一个微不足道的任务。威

尔逊被迫再三抱怨他的立场被人们误解，麻烦在于他的论证难以捉摸的特性。要对社会生物学的学科及其论述人类的那个引人注目的子学科给出一个严肃的评价，我们就不得不对当代进化论以及当代进化论中产生的某些方法论问题形成一个清晰的见解。

激烈的修辞必须让位于煞费苦心的评价，我们必须从最初的地方开始。我们需要理解当代进化思想的核心生物学观念以及激发了“新的综合”的说法的新近理论贡献。根据这种理解，我们就能前往那些最终属于我自己专业（即科学哲学）的问题：什么是社会生物学？它与现代进化论的关系是什么？通过对这些问题提供清晰的解答，我希望表明，我们应当拒绝将社会生物学作为一个统一的理论，拒绝将其作为某种必须被全部接受或全部拒斥的东西，拒绝将其作为某种只有通过放弃绝大多数当代生物学才能进行质疑的东西。人类社会生物学的那些野心勃勃的倡导者所发布的挑战依赖于一个错误的困境；我们在不对那些目前正努力获取政治权利的人大声批评的情况下，也可以信守我们的科学良知。

尽管我研究的焦点是社会生物学的方法论地位，但是，倘若由此就忽视了这项探究的政治意蕴，那就会犯下错误。在考虑社会生物学论断的品质时，我们必须始终要意识到，这些证据不能仅仅是提示性的，而必须为我们采纳这些信念提供辩护，因为这些信念将会影响到我们理解与对待他人的方式。这种方法论上的严格审查是正当的，这恰恰是因为假若在我们最终是错误的情况下，它将给社会政策与个人生活带来严重的后果。正如F. 斯科特·菲茨杰拉德①的故事叙述者在《了不起的盖茨比》（*The Great Gatsby*）的结尾提醒我们的，造成人类生命的衰退与毁灭的粗心大意是不可原谅的。无论我们多么谨慎地权衡证据，都无法确保我们关于自身的信念是正确的。但是，我们探究的范围越广泛，我们就能更加安全地防范谬误。至少，这是人类理性的期望。 *11*

20 世纪 70 年代早期，我在一次对英国的访问中去看望了我的一个远房表妹。她的一个孩子刚刚在 11 岁儿童入学考试中失败了——对孩子做

① F. 斯科特·菲茨杰拉德（F. Scott Fitzgerald，1896—1940），20 世纪美国最杰出的作家之一，《了不起的盖茨比》是他的代表作品。——译注

出最终判断的陈旧制度仍然存在于保守党的堡垒之中，我的青少年时期有大量时间生活在这种制度之下，而我的表妹现在仍然生活在这种制度之下。就像先前的许多子女，这个女孩得到了承诺，假如她通过了 11 岁儿童入学考试，她将得到一辆自行车。就像先前的许多父母，她的父母不管怎样还是给了她这辆自行车。他们的女儿明显是情绪低落的。她感到她让自己的父母失望，她并不期待新学年的开始，在那时，她将与其他的“失败者”一起转到新的学校。然而，自行车仍然在那里，这是对她的小小安慰，也象征着她的父母对她的继续支持。当她摇晃着在人行道上倒下时（这辆自行车对她来说有点太大了），她对新拥有的东西的得意暂时抑制了她无能为力的感觉。当我望着她的时候，我想到了我认识的许多孩子，想到了教育制度在他们很小的时候就限定了他们视野的诸多方式。由于应用了那些误入歧途的科学，他们的抱负被碾碎，他们的人生被束缚，这提示我们应当更加严格地审视那些有可能将我们导向更多错误的理论化过程。这些人的后代应当获得更好的待遇。一辆自行车是不够的。

第 1 章　通过自然上升

向伊索（Aesop）致敬

那些特别崇尚某些动物的人有时会在他们喜爱的动物身上看到人类处境的缩影。18 世纪的自然主义者研究动物这种受造物，是为了证明其创造者的智慧与仁慈。他们在 20 世纪的后继者更有可能在一个不那么崇高的主题上得出结论。对当代的动物行为研究者来说，这些证据的阶梯完全不足以通过自然上升到创造自然的上帝。然而，在这些研究者看来，对动物行为的观察结果提供了这样一个普遍性的教益：乌干达（Uganda）的赤羚与受过良好训练的鸽子揭示的是在不同装扮下的人类愿望。而那些具备智慧解读动物行为的人又提供了一些引以为戒的虚构故事。 *13*

普遍认为，社会生物学是由威尔逊在 1975 年发表的论著中发起的一个研究纲领。以如此方式构想的社会生物学屹立于一个漫长的传统之中，该传统试图在非人类的动物行为中辨明人性的要素，并由此为人类对待同胞的方式做出辩护。这个研究纲领的倡导者感到自豪的是，他们自身已经超越了那种想要根据对单一物种所做的具体观察或根据对混杂物种的某种行为进行有所选择的零散探究来得出宏大结论的单纯尝试。他们也没有随意地假设，在今日对鸽子奏效的解释，今后也将对人类奏效。他们同样没有通过搜集博物学的碎片来提供暗示性的类比。社会生物学用体系与科学取代了狭隘的视野与动物的逸闻趣事。当代进化论已经提供了一种新的哲人石，它使威尔逊和他的追随者能够将行为学的废料转化为社会生物学的黄金。

威尔逊明确将他的“新的综合”关联于他的先行者所做出的那些步履蹒跚但又值得称赞的努力尝试。在称赞了康拉德·劳伦兹（Konrad Lorenz）、罗伯特·阿德雷（Robert Ardrey）、德斯蒙德·莫里斯（Desmond Morris）、莱昂内尔·泰格尔（Lionel Tiger）与罗宾·福克斯（Robin Fox）的“伟大风格与气势”之后，威尔逊继续写道：

> 他们的努力有益于唤起人们关注作为一种适应特定环境的生物物种的人类的地位……但是，他们处理这个问题的独特方法往往是无效的并带有误导性。他们选择了一个似是而非的假说，或者选择了一个基于动物物种小样本考察的假说，接下来就主张将这种解释推向极端。（Wilson 1975a，551，也可参见 28—29，287）

那些相当幸运地吸收了精致化的进化论的人，已经让一门关于人类社会行为的科学成为可能，他们能够与这些不那么走运的开拓性先驱产生共鸣。

人类社会生物学的一个研究纲领来源于威尔逊的某些作品（特别是 Wilson 1975a，1978），它的核心要旨是，通过整合进化论的洞识与对动物行为的细致观察，就能产生一门关于人性的独特理论。涉及社会生物学的大量争论与这个纲领的凭据有关。“科学为人民的社会生物学研究组”的严厉回应意在毁灭这个研究纲领。然而，在诸如大卫·巴拉什与皮埃尔·范·登·贝格（1979）这样坚定追随早期威尔逊的人们的书中不断回响的是如下信息：任何不支持这个研究纲领的人，都是在反对达尔文。

尽管威尔逊的新的综合占用了“社会生物学”这个术语，但是，它并没有吸引所有将自己称为“社会生物学家”的人。存在着各种各样的社会生物学家，有些社会生物学家是始于《社会生物学》与《论人性》的研究纲领的正式追随者，有些社会生物学家（最显著的是威尔逊自己）已经走向了新的高度，还有一些社会生物学家［类似理查德·亚历山大与拿破仑·查冈（Napoleon Chagnon）的作者］则坚持认为，进化论对人类的本性与社会的研究有着重要的意义，但他们在重要的方法上偏离了威尔逊与他的追随者所赞同的分析。除了这些社会生物学家之外，还有一大群科学家，他们中的大部分人感兴趣的或许只是非人类的动物行为，围绕社会生物学的争论让他们感到了严重的不舒适。对这群科学家来说，动物行为的进化本身就是令人感兴趣的。他们并不希望扮演伊索的角色，他们不相信“进化论会直接为人们提供有关人性的深刻见解”这个想法。他们担忧，有些人为类似于威尔逊的研究纲领的东西所做的华丽宣传，会让可靠的生物学被人们视为某种在政治上可疑的东西。某些人甚至宁愿运用另一个标签来描述他们的工作（Hinde 1982，151－153）。

人们可以有效地用一个术语来命名这项许诺要为人性带来重大洞识的事业。我将其称为**流行的社会生物学**（pop sociobiology），它通过求助于动物行为进化的新近观念，提出了诸多有关人类的本性与社会制度的宏大论断。我用“流行的社会生物学”这个术语作为“大众的社会生物学”（popular sociobiology）的缩略语；这个名称似乎是恰当的，因为在这个名目下的研究工作通常被人们视为社会生物学，而且，这个名称也是为了获取大众的关注而故意设计的。流行的社会生物学被威尔逊、亚历山大、罗伯特·特里弗斯（Robert Trivers）、理查德·道金斯（Richard Dawkins）、巴拉什、范·登·贝格与查冈等人所推行。他们中有些人（比如，前四位社会生物学家）同样参与了对非人类行为进化的生物学探究。随后几章的一个任务是将他们对非人类行为生物学的贡献与他们额外主张的流行的社会生物学相区分。

15

流行的社会生物学既应当与一门进化论的子学科（它研究的是非人类的动物行为）相区分，又应当与一门可能有前景的学科（它通过运用进化论的观念来探究人类的社会行为）相区分。流行的社会生物学是一次独特的历史运动（更精确地说，是一连串相关的历史运动）在近年来浮现的一组观念、论证与结论。我将把“能否利用进化生物学的深刻见解来发展一门真正的人类行为科学”这个问题放到本书的最后。就目前而言，我关注的仅仅是，流行的社会生物学家不应当被理所当然地视为拥有垄断权。没有什么先验的理由让人们相信，任何对人类行为进行的严肃的生物学考察，都必须依循流行的社会生物学所倡导的道路。然而，流行的社会生物学目前仍然支配着这个领域的研究。

在流行的社会生物学中，有三大彼此竞争的研究纲领。尽管在它们之间存在着重要的密切关系，但是，每个研究纲领都应当得到单独的论述。

第一个，也是在普通读者中最广为人知的研究纲领是**威尔逊早期的**研究纲领，它最重要的文本是《社会生物学》与《论人性》。第二个是威尔逊与拉姆斯登在《基因、心灵与文化》（*Genes*，*Mind*，*and Culture*）中开创的。最后一个或许是在工作中的社会科学家中最具影响力的社会生物学研究纲领，它是由理查德·亚历山大推荐的一项规划方案。通过思考这三种研究进路所提出的建议，我希望对流行的社会生物学的状况提供一个清晰的诊断。

就像任何科学家群体那样，社会生物学家之间也有他们的差异。但是，在动物社会行为研究者之间观念的变动，并非单纯是那种在普通范围内就特定观点发生的分歧。主要的分歧来自一些流行的社会生物学的倡导者与另一些明确怀疑任何为人性建立宏大理论的社会生物学家（参见 16 Maynard Smith 1982b，3）。后者的谨慎态度经常给更具抱负的社会生物学家及其支持者留下一种缺乏勇气的印象。因此，迈克尔·鲁斯（Michael Ruse）斥责梅纳德·史密斯（Maynard Smith）无法看到“这两种研究工作的类似之处”——鲁斯争辩说，假如梅纳德·史密斯愿意将最初引入人类决策研究的方法适用于非人类的行为研究，那么，他也就应当准备将他关于非人类行为的结论适用于人类的行为（Ruse 1979，147）。人类学家查冈也对梅纳德·史密斯不情愿将社会生物学“适用”于人类的立场感到迷惑（1982，292）。对查冈、鲁斯、威尔逊与众多其他的作者来说，社会生物学被构想为一种普遍的学说，它不可避免地从进化论中流溢而出，并对我们理解人类的行为产生了深刻的影响。并不存在“流行的社会生物学”这种孤立的东西。存在的仅仅是社会生物学，它几乎前后一致地被某些科学家坚毅地践行着。

我相信，这个设想完全是不正确的，它被证明带有严重的误导性。只要“社会生物学”这个主题出自进化论，它就不是一种普遍的学说。只要一种普遍的学说在关于人类及其建制的重要论断上向我们提出挑战，它就不会出自进化论。如果我们在倒掉肮脏的洗澡水时要避免把正在成长的孩子也一起倒掉，我们就必须做出某些重要的区分，并且为种种社会生物学提供更好的描绘。由于威尔逊早期的研究纲领在政治争议中的重要地位，且由于它为人们进入众多核心问题提供了一条道路，我将开始尝试描绘它的特征。

威尔逊的阶梯

任何捡起《论人性》这本书的人都无法避免广告式的宣传。精装版的封面宣称，这本书“为这一代人最重要的智识争论开启了一个新的阶段：人类的行为是被物种的生物遗传所控制的吗？这种遗传是否限定了人类的命运？”。一旦进入这本书中，这种美妙的前景就变模糊了。据推测，这个关于人类局限性的结论似乎是根据行为进化的假说得出的，但是，这个论证的结构是令人困惑的。有时，一句简要的文字就能让威尔逊的意图变得清晰起来：“通过一般进化论的直接演绎，就能预测到一夫多妻制与性格中的性别差异。”（1978，138）然而，如何进行这种“直接演绎”呢？

无情的批评者可以轻易设计出他们自身的演绎论证并驳倒他们建构的论证，进而继续在别处发动新的智识争论。显然，威尔逊设想了一个阶梯，从而让他能够从自然的研究上升到那些有关人性的充满争议的论断。让我们简要地思考他对自己关于“一夫多妻制与性格中的性别差异”的评述的辩护方式。威尔逊花费了几页篇幅来讨论男性行为与女性行为的诸多差异，考虑到人类的行为是进化的产物，我们或许会预料到这些差异。他提出，在自然选择下的进化会支持人们在大多数人类社会中发现的那些差异。通过将进化的预期与“那些差异普遍发生”这个论断放到一起，威尔逊就得出了如下结论：基因遗传约束着性别角色。 17

当我们试图重构这个论证时，我们不得不填补某些空隙。有一个版本的“威尔逊的阶梯”明显适合我们的例证，它以显著的方式出现于人们对威尔逊观念的讨论之中。它的论证思路如下：

威尔逊的阶梯（朴素的版本）

1. 进化论事实上产生的结果是，特定行为方式让适合度增至最大极限。

2. 由于这些行为方式在众多的动物群体中被我们发现，我们就有权得出结论：它们已经在自然选择之下有所适应。

3. 由于自然选择作用于基因，我们或许就可以推断，有一些基因代表着那些行为方式。

4. 由于存在着一些代表那些行为方式的基因，那些行为方式就无法通过操控环境来得到改变。

当这个论证以如此露骨的方式来陈述时，几乎每一个人都会否定它。在威尔逊的作品中（甚至在他最近的论著中）有一些段落，让他看起来接近于支持这种朴素的版本的观念。尽管如此，在他的许多评论中，特别是在他谨慎地捍卫自身反对批评的场合下，威尔逊不会容忍如此粗陋的东西。他的文章充斥着乏味的尝试来使他自身摆脱这种归于他的某些学说的朴素的版本。我将严肃地对待他的这些评论，希望借此发现一个可资利用的更为精致的版本。

为了发现威尔逊的阶梯真实建构的方式，我建议，我们以朴素的版本作为出发点，并根据威尔逊的否定声明而对之做出修改。我们被迫运用这个策略，因为威尔逊偏好于“刺激与简单的风格”（1978，书籍护封上的推荐语），而不是逻辑的明确性与清晰性。威尔逊对人们误解他的方式所提出的抗议，为我们提供了最佳的线索来显明这种有所规划的论证的特征。

威尔逊的阶梯的这个朴素的版本的错误是什么？它有很多错误。它关于进化论判断的设想是可疑的，它提出的“最优化的行为表明了自然选择的历史”这个假设值得细查，它对“代表”某些行为方式的基因的谈论会让任何实践中的遗传学家皱眉。但最后还有一个最刺眼的谬误。铭刻在有关当代生物学的老生常谈之中的是一条每个初学者都会学到的原理——一个生物的特征是这个生物的基因与它的生长环境互动的结果。我们并不仅仅遵循着基因生活。威尔逊的批评者迫使他一再声明他自己忠实于这个老生常谈。诋毁他的人将他这种声明解读为一种障眼法。他们断定，在威尔逊公开接受的态度背后有一种隐秘否定的立场，因为假若威尔逊真正意指的就是他所说的那些意思，他的那种流行的社会生物学就会变成微不足道的东西。没有对“基因决定论”做出承诺的流行的社会生物学或许会充斥着喧哗与骚动，但它没有表明任何东西。

我们试图发现关于威尔逊的阶梯的一个更好的版本，这将有利于我们开始处理这个棘手的问题。除非我们能够消解围绕“基因决定论”这个观念周围的某些神话，否则我们就不太可能永无止境地将“这一代人最重要的智识争论”传给后代。

铁腕遇空心

生物的组织容易让人们误以为它们是简单的。动物的身体是由细胞组成的。细胞核为染色体提供了家园。基因是染色体的片段。假如我们选择了一个特定的动物，我们在原则上就能认定一组让它有别于其他任何动物（源自相同受精卵的兄弟姐妹或许例外）的基因。诸多基因的总和就是这个动物的**基因型**，它可以在共同构成这个动物的几乎所有的细胞中被人们发现。例外（不包括突变）的是这个动物产生的生殖细胞——精子或卵子。它们通常包含的仅仅是这个动物在染色体上的一半物质，因而仅仅包含了这个动物的一半基因。

繁殖将父母的基因传递到一个新的生物之中。有性繁殖的动物将它们一半的基因传给了它们的后代。一个无性的有机体在忠实地复制自身这件事上做得更好。除了发生突变以外，它的后代都是它自身的完美复制品。（在当代的进化论中有一个微妙的问题：对于单亲来说，这是否可以算得上是一种成功？参见 Williams 1975；Maynard Smith 1978；Stanley 1980。） 19

孟德尔（Mendel）的亡灵支配了有关繁殖过程的流行观念并助长了如下信念，即在基因与可观察的性状之间存在一对一的关联。若用孟德尔无法利用的概念来说，我们就可以按照如下方式来阐明他的观念。有性繁殖的动物的染色体恰恰在形成生殖细胞的分裂发生前进行配对。每个染色体都有一个与之配对的对象（其染色体与它**一致**），如果分裂的过程顺利，每一对中就有一个成员会进入生殖细胞之中。（就目前而言，我将忽略其中的复杂情况。）设**基因座**为由染色体物质构成的任何区域，基因恰恰出现于这种区域之中。有可能出现于某个特定的基因座之上的不同基因被称为**等位基因**。倘若我们根据一致的染色体看到了对应的基因座，我们就发现了一对等位基因。表述孟德尔观念的一种方式是说，呈现于一对相对应的基因座上的等位基因的结合，决定了受那对基因座支配的性状形式。因此，若重提那个经典的例证，也就是说，孟德尔为豌豆豆种的颜色构想了一个基因座。这种植物所设定的豆种的颜色有可能是黄的或绿的，这取决于呈现于那个基因座与相对应的基因座的等位基因。

当代遗传学家比孟德尔知道得更多，他们承认，在基因与可观察性状之间的那种简单的关联是非常罕见的。一个生物的整体特征，即这个有机体的**表现型**，是这个生物的基因型与它的（诸多）生长环境之间的复杂互动的产物。我们偶尔可以分离出那种仅仅依赖于一个基因座的性状，对那种性状来说，环境的效应是可以忽略不计的。（术语注释：自此以后，我用“基因座”指一致的染色体呈现于其上的那一对相应的区域；这种用法与遗传学家通常的惯例相一致。）尽管如此，许多基因通常都会结合起来影响我们观察到的特征，它们的行动有可能被环境中的诸多变化所扰乱。果蝇眼睛的颜色被一组分散于整个染色体的基因所控制。在不寻常的温度下培育你的果蝇，你就会发现，它们的眼睛所显现的颜色就类似于那种带有不同寻常的基因型的果蝇。将带有相同基因型的植物种植于不同的土壤之中，你将发现，它们的高度、活力以及它们的花与果实的品质都会在大范围内发生变化。

孟德尔的后继者已经清楚地向我们表明了我们会觉得这个故事如此复杂难懂的原因。基因是染色体的片段，而染色体是由 DNA 组成的。**结构**基因是引导蛋白质构成的 DNA 组块。**调节**基因是一段控制结构基因运转的时间与速度的 DNA。当一个胚胎生长时，在每个细胞内都存在着一系列的细胞分裂（细胞分裂本身受到个体细胞内发生的诸多反应的引导）与化合作用。特定基因将会被“启动”，这取决于一个细胞的内部状态。诸多基因的产物蛋白质将会彼此发生反应，并且还会与细胞内的其他分子发生反应。新的基因或许会被激活，而先前多产的基因或许会退役。当一个细胞的内部状态发生变化时，它与其他细胞的关系或许也会通过细胞运动、形态改变或细胞分裂而发生变化。在这个过程中它与其他细胞或许会发生新的接触。诸多分子就有可能穿过细胞膜输入这个细胞，并在这个细胞中产生新的化学状态，进而就有可能激活新的基因。最终，由于一系列漫长而又复杂的极其同步的反应，我们就拥有了一个具备特定可观察特征的生物。假如我们现在专注于一个特征，并向我们自身提出如下问题：这个特征以何种方式被基因与环境所影响？那么，我们轻易就能看到，存在着众多可能的方式来改变这个最终的产物。通常而言，在正确的时刻恰恰必须有一大堆可资利用的基因产物。在成长中的生物受到特定方式刺激的诸多环境中，它将无法获得它所需要的分子来持续细胞分裂、细胞运动与细胞互动的通常顺序。（在某些令人印象深刻的情况下这特别明显，比如，当成长的哺乳动物被剥夺食物与饮水时；但这种令人印象深刻的情况仅仅是冰山的一角。）鉴于某种特定的基因突变，或仅仅是一种不同寻常的基因组合，特定的分子在需要它们的阶段就有可能是难以获得的。由此，我们就能指明众多的基因与环境要素，并做出如下论断：只要它们中有一个得到了恰当的改变，最终的结果就有可能发生变化。改变某些看似不重要的细节，这就有可能导致没有预料到的重大后果。

成长的生物要应对灾难，而我们对在一个生物成长过程中发生反应的精确时机的赞赏有可能会被如下认识所减弱：假如事情出错，总是会有一些可资利用的备用系统。即便正常的因果顺序被打破了，这个生物仍然有可能努力通过遵循另一条可替代的路线来抵达它通常的终结状态。尽管如此，上一段文字的教训仍然成立。生物是由于复杂的互动才逐步成其所是的。如果它的某些属性在环境或遗传体质的较多变动中是稳定的，这通常是因为不同的环境与不同的复杂反应序列都有可能产生相同的性状。诸多可替代路径的有效性绝对没有贬损众多基因与环境因素的实际因果效力。请考虑这样一个类比。卡斯塔德上校由于曼戈少校的枪击死亡。倘若曼戈少校没有射准，卡斯塔德上校就会喝下他桌子上那杯有毒的马提尼酒（这杯酒是由士兵普鲁内准备的）。曼戈的辩护律师若根据卡斯塔德无论如何都会被杀而主张被告的行动不应当为卡斯塔德之死承担因果责任，那么，他的这个辩护就是愚蠢的。卡斯塔德是枪击致死，而不是饮毒酒致死。 21

我们并不是真的将我们的诸多表型特征传给我们的后代。跨代传下来的眼睛与鼻子（或才能与倾向这类更恰当的对象）的典范是一个神话。它恰恰是源自“这一代人最重要的智识争论”的一个面目全非的神话。我们给予我们子女的是特定的蛋白质制造系统。这种礼物蕴含的究竟是什么？

我已经回顾了一些老生常谈的观念。在那些参与有关威尔逊早期的流行的社会生物学的是非曲直的激烈争论的人中间，没有任何人质疑过这幅将生长描绘为基因与环境的复杂互动的图画。然而，将自己的反对者描述为常识的否定者是一种便利的策略。策略的便利性产生了讽刺夸张的描绘，而真正的论辩绝对不会加入这种东西。

正如我们已经看到的，在威尔逊早期的流行的社会生物学的启发下，有些人自认为已经确认了人类的基因加于人类行为与人类社会制度发展之上的界限。（需要提醒读者的是，早期的威尔逊主义者并非仅有的流行的社会生物学家，他们的自我形象不应当被归于类似理查德·亚历山大这样的人，后者拥有不同的观念。）他们的论断频繁地触怒别人，因为他们似乎排除了某种社会存在的可能性，而这种社会恰恰是那些在当下社会安排中受苦最深的人所期盼的社会。甚至在《论人性》的较为缓和的措辞中，我们也被告知，人们在试图实现某些关于社会正义的特定理念时，有可能付出“不可估测的代价”。批评者迅速做出反应。他们断言，流行的社会生物学家虽然得出了这些鼓动保守情绪的结论，但付出了否定常识的代价。威尔逊与他的追随者在对人性进行理论化的过程中掉进了一个著名的陷阱。某些批评者甚至相信，这种失足绝非偶然，而是反映了占据统治地位的意识形态塑造科学研究的方式（Lewontin，Rose，and Kamin 1984）。

流行的社会生物学在其早期威尔逊主义的形式之中复兴了一个并不 22 陌生的过时观点，即一场有关基因决定论的华而不实的戏剧。因此，批评者至少会断定，流行的社会生物学家最钟爱的隐喻是基因的铁腕。每个人都会承认，我们的基因型为我们的行为方式设定了可能的界限；人类的所有基因型都是这样的，即无论我们在环境上进行了怎样的操控，人类永远都不可能仅仅通过上下拍动他们的手臂来飞行。人们指责，威尔逊将这种无害的观念混淆于一种更强有力的基因约束条件，并由此假定存在着诸多基因，无论环境如何，它们都能引导（或决定）特定的行为片段。

古尔德在一篇针对《社会生物学》的颇有影响的评论中，以典型的清晰风格做出了如下批评：

> 按照我对他的解读，威尔逊的主要目的是要提出，达尔文的理论或许将重述人文科学，正如它先前改变了如此众多的生物学学科。但

> 是，达尔文的处理方法若没有可选择的基因就无法起作用。除非人类行为的那些“受人关注的”属性在特定基因的控制之下，否则社会学就不需要担心它的领域遭到入侵。就那些“受人关注的”属性而言，我指的是社会学家与人类学家最为频繁地为之发生论战的主题——攻击、社会分层以及男人与女人之间的行为差异。假如基因确认的仅仅是，我们的大小足以生活在一个引力世界，我们需要通过睡眠来让我们的身体得到休息，以及我们并不进行光合作用，那么，基因决定论这个领域就相当平淡无奇。(1977，253)

威尔逊知道表现型是基因与环境互动的产物这个基本的事实，而古尔德也明白威尔逊知道这一点。古尔德引用了“基因放弃了它们大多数的主权”这个威尔逊的评论（1975a，550）。进而，威尔逊随后的作品充满了对“基因决定人类行为”这个观点的明确否定，充满了那些意在表达他关于基因与行为之关联的见解的隐喻。然而，大量批评者与古尔德一起声称，就此而言，威尔逊不可能是认真的（比如，参见 Lewontin，Rose，and Kamin 1984）。他们的评价依赖于古尔德在我所引用的这段文字中提供的那种论证。

我所关切的并不是透彻理解威尔逊的准确意图。关键问题并非威尔逊是否相信古尔德归于他的立场，而是当他被他的批评者所逼迫时他是否真的持有他公开承认的观点，抑或说，他是根据不同的时机而在两者之间摇摆不定。我感兴趣的是试图找出在威尔逊早期版本的流行的社会生物学背后的最佳论证。因此，为了关注逻辑问题，我们可以停止进行这种猜测性的心理学研究。古尔德的论证是否表明，威尔逊应当在逻辑上承诺于他所否定的那些主张基因决定性的论题，否则威尔逊就会让自己的事业变得微不足道？ 23

并非如此。在这个领域中的关系要比古尔德的评论所暗示的更为难以捉摸。即便我们无法假定生物学是所有人类行为的关键所在，基因在因果上相关于行为的发展这个认识或许也能在某些社会科学的领域内造成巨大的变化。科学革命的诞生有时是由于人们意识到，需要考虑某些额外的变量。更重要的是，这里存在着一个不合逻辑的推论。诚然，即便表明了基因控制让我们无法进行光合作用，也不足以造就一场革命。但由此无法推断出，致力于揭示我们在性关系领域中行为模式的可能范围的研究会同样乏味。威尔逊研究纲领令人兴奋之处并不依赖于基因决定论。

我将在下一节中详细地发展这个观点。就目前而言，让我们考虑这样一种方式，威尔逊在其中会提供诸多挑衅性的结论，但又没有接受古尔德归于他的那些学说。有人可能会认为，男性亲代抚育的习性并不是由基因决定的，某些环境让男性成长为慈爱而又有责任心的父亲。类似地，有人可能会否认女性在基因上注定要拒斥滥交，某些环境让女性形成了偏好巨大性爱自由的性情。这样一来，那种认为我们的基因杜绝了让男性倾向于亲代抚育并让女性倾向于滥交的论断就没有前后不一致。假如让男性倾向于亲代抚育的环境并没有与促使女性滥交的环境相交叠，那么，流行的社会生物学家在没有对（古尔德所构想的那种）基因决定论做出粗陋承诺的条件下，仍然能够坚持认为他们提出了一些革命性的结论。尽管这个例证是人为制造出来的，但是，它并非完全与社会生物学的文献相脱节。在一篇论述哺乳动物的一夫一妻制的学术论文的结尾，德芙拉·克莱曼（Devra Kleiman）提出，某些女性主义的理想（增加男性的亲代抚育，增加女性的性爱自由）或许是无法实现的。对此的理由呢？因为它们“在生物学上是前后不一致的”（Kleiman 1977，62）。

社会生物学的敌人们发明了一个神话，一个关于基因铁腕的神话。这个神话无法被当作威尔逊那个版本的流行的社会生物学的必不可少的组成部分。然而，流行的社会生物学的拥护者也运用了类似的战术。社会生物学研究组的猛烈攻击促使威尔逊做出了一个快速的防御，而在这个快速的防御中他自己也捏造了神话。威尔逊断言，批评者相信人类的“无限可塑性”。“他们假定，人类只需要断定他们所期望的那种社会，接下来他们就会发现让它们产生的道路”（Caplan 1978，292）。因此，威尔逊和他的追随者为他们自身占据了那个主张“包括行为特征在内的表现型产生于基因与环境的互动”的明智立场（比如，参见 Barash 1977，39－43）。他们的反对者则被分派了一个有关白板心智的神话，而在最近的理论发展中，人们挥霍了大量的专注力来阐明：白板心智会在进化的路线中被清除（Lumsden and Wilson 1981）。

24

那些起初似乎是激烈论辩的东西很快就被消解为一种小题大做。流行的社会生物学家与他们的反对者都同意，基因与环境共同确定了表现型，而这就是这个问题的尽头。这个结论应当令人感到不安。那些聪明人是以何种方式让他们自己相信，在他们之间有着深刻的差异？我认为，这种关于分歧的独特幻觉可以轻易地被一种关于一致的幻觉所取代。在将近十年的时间里，基因的铁腕与空白的心智进行着斗争。没有人相信基因的铁腕，也没有人相信空白的心智。每个人都尊重我在本节勾勒的那幅有关基因遗传与表现型复杂生长的图画。然而，仍然存在着一种重要的意见分歧，它不是一种关于"基因决定论"或"文化决定论"的争论，不是一种可在单一表述中被轻易把握的争论。为了理解威尔逊早期版本的流行的社会生物学与它的批评者的立场，我们必须超越公众的见解。

固定的蛋白质与多变的生物体

传说中的海神普洛透斯（Proteus）能够装扮成他选择的任何外形，因而他能享受到大量的便利来实现他的目标。威尔逊的流行的社会生物学的实际威胁在于，它否定了我们能够仿效普洛透斯。由于我们从我们的祖先那里继承的基因，我们不足以灵活地实现我们的社会目标。无论我们怎样改变环境，我们都无法创造乌托邦。

我们可以通过借用数量遗传学的一个基本概念，即**反应规范**的概念来精确表述这个威胁。假定我们感兴趣的是某种允许度量的属性，如植物的高度。那种认为具有特定基因型的植物总是拥有特定高度的推测是愚蠢的。它们在其中生长的土壤的构成成分，明显与它们最终取得的高度有关。我们对这些必要条件所掌握的知识，足以给我们提供一份关于这种基因型效应的便利描绘。我们可以绘制一幅图表，它描绘的是给定基因型的植物在诸多重要的环境变量下的高度。我们的图表展示的就是这种给定基因型的反应规范。出于简单性的考虑，假定仅有的关键因素是植物每日获得的供水数量。接下来我们的图表将揭示在"供水指数"（即植物每日获得的供水的公升数）的不同数值下植物的高度。显然，更加现实的是考虑其他的一些环境变量——土壤的酸性、氮磷含量、光照数量，等等。若 25

考虑这些因素，我们就无法对这种依存关系给出一种简单的二维描述，不过我们仍然有可能对相同的基本观念设想出一种更高维度的概括。

让我们以相似的方式来处理任何生物的可观察性状。假定这个生物的基因型是固定的。上一节的考虑清楚地表明，这种基因型本身并没有决定这个生物将不可避免地表现出独特的表现型。尽管如此，我们可以探寻这种表现型在一切可能环境（或许是这个生物有可能生存的一切环境）下的变化方式。通过与反应规范这个概念的类比，我们就能够将这种基因型关联于一种函数，在任何可能的环境下，这种函数都将为这个生物分配在那个环境中显现的表现型。我们期望，不同的基因型将关联于不同的函数，通过审视相关的函数，我们就能够比较不同基因型的诸多效应。

暗藏于基因决定论与文化决定论的修辞背后的分歧，在其最简单的形式上就是关于这样一种函数形式的分歧，与这种函数有关的基因型是我们所思考的人类基因型，而我们对其变动感兴趣的表型属性，恰恰是人类学家为之争吵的那些属性。威尔逊及其追随者大致相信，这些函数的数值变化相对较小，它们仅仅在环境发生相当剧烈的变化时才有所变化。批评者则坚持认为，这些函数的数值相当灵敏地对环境变量中的变化做出反应。每一边或许都可以恰当地断言，他们已经将那个关于基因与生长的老生常谈的故事吸收到他们的立场之中。但仍然存在着一个真正的差别，它导源于对这个故事的另一些不同的表述。

一个基因型的反应规范，就是一种将表型值分配给每个恰当参数的函数。一个恰当的参数是诸多关键的环境参数（供水的数量、土壤的酸性、26 光照的数量等）的某种组合。对于植物遗传学家来说，反应规范还原（在本义上的“还原”）了众多更加复杂与更加难以处理的映射。原则上，我们能够思考那种处理任何有可能对植物高度产生作用的环境的函数，但这么做我们有可能一无所获。通过挑选关键的变量，并将我们的注意力集中于那种仅仅源于这些因素变动的变化，我们安排了一组可能的环境。当我们对具备不同基因型的两种植物进行对比时，我们的做法是审视两个将植物的高度分配给关键环境变量的不同组合的函数。植物遗传学家不需要区别对待那种亲切的园丁在其中为他们发芽的植物吟诵摇篮曲的环境，至少目前还不需要。

人类的行为是另一个问题。在这个领域中我们或许会猜测那些有可能相关的环境变量，但那种认为我们已经知道了以何种方式确认所有关键因素的假定是鲁莽的。因此，探究人类行为灵活性的任务，必须用一种“非还原的”映射来对待那些有可能对我们感兴趣的某种行为表现起作用的环境。在有关“基因决定论”的无效交流之下的是这样一些争论，它们通常关注的是这样一种尝试的是非曲直，这种尝试试图证明的是，一种对环境变量所做的独特还原有效地表征了那种错综复杂的映射。一方断言，我们能够通过仅仅专注于特定环境变量来组织规划一大批可能的环境；他们假定，通过修正某些选定的环境变量，人们就可以在表现型中实现任何可能的变化。他们的反对者则主张，这种过度简化忽略了表现型变化的许多可能性，而这些可能性只有通过改变环境的诸多不同特征才会得到揭示。

为了理解这些争辩的特点，就让我们以一个假想的例证作为出发点。假如有人宣称，女人本质上就倾向于比男人花费更多时间来抚养子女。这个论断究竟意味着什么？

请考虑某一个女性的基因型。就这个基因型而言，存在着一种映射，它将为每种环境分配一个测度值，即乐意在抚养子女上花费的时间。（出于便利的考虑，让我们假定，真正在抚养子女上花费的时间是一个恰当的参数。这显然是不合情理的，但我们目前关注的是理解这个有关人性的论断可能**意味**着什么，而不是对它的真实性做出评估。）通过求出不同女性基因型的赋值的平均数，我们就能构造一个综合性的映射来表征某种“普通女性”所具有的花费时间抚养子女的倾向对可能环境的依存关系。这种构造的具体细节如下：让我们固定某一个环境，采纳某一种特定的女性基因型，并为这个环境下这种基因型乐意花费时间抚养子女的意愿找到一个测度值。对所有其他的女性在这个相同的环境下重复这种步骤。求出这些所得数值的平均值。这个平均值如今就是在这个环境下的复合映射的数值。接下来再对每一个可能的环境重复这种步骤。 27

现在，对我们这个假想的论断有一种显而易见的解释，该解释认为，其中对“普通女性”的映射值总是大于对“普通男性”的映射值。根据这个强硬的解释，这个论断可以被分析成如下陈述：

(A) 在任何可能的环境下，“普通女性”倾向于抚养子女的数值都要大于“普通男性”。

有一种表述（A）的简单途径。对于一个给定的基因型（或一批基因型）来说，只要这个基因型（或这批基因型）在任何可能的环境下都无法实现某个状态，我们就会说，这个状态是一种**受到妨碍的**状态。于是，（A）的论断就仅仅是，对于从男性与女性的人类基因型中得到的复合映射来说，“男性倾向于花费时间抚养子女的数值大于或等于女性”这个状态是一种受到妨碍的状态。

然而，（A）并不是对我们这个假想的论断的仅有解释，即便我们将它理解为一种关于普通男性与普通女性的见解也是如此。一种较弱的解释是，我们能够实现这样一种状态，其中男性拥有同等的热情来抚养子女，但只有通过付出巨大的代价才能做到这一点。［也许它只能在这样一种处境下才能实现，即父母双方都极其不情愿照顾他们的子女。一个或许恰当的例证是科林·特恩布尔所研究的伊克人①的悲惨状态（Colin Turnbull 1972）。］有可能实现这种状态的仅有环境是非常不可取的。对这种较弱的解释的分析如下：

(B) 有一批可取的属性（迫切需要的东西），而在任何有可能让“普通男性”与“普通女性”倾向于抚养子女的数值相等的环境中，都至少缺乏一种迫切需要的东西。

换句话说，（B）告诉我们，“普通男女具备抚养小孩的同等倾向”这个状态所伴随的是，我们所珍视的一切人类制度都受到了妨碍。

28 我认为，类似（A）与（B）的陈述清晰地表达了大多数流行的社会

---

① 伊克人（the Ik）是一群规模在10 000人左右的非洲民族，他们曾经生活在乌干达东北部的山谷之中。由于英国殖民政府决定修建基代波河谷国家公园（Kidepo Valley National Park），伊克人被驱逐出了他们的家园并遭受了严重的饥荒。1972年，著名人类学家科林·特恩布尔根据他在1965—1966年搜集的信息，出版了一部专门论述伊克人的人类学专著，根据这部专著的描述，伊克人在他们的家园与传统文化遭到摧毁之后，变得极端自私，贪婪冷漠，甚至父母对自己的子女也毫无爱心，连最粗疏的照顾都没有。——译注

生物学家在谈论人性所设置的局限性时心中所想到的东西。显然，诸如此类的论断既非乏味，又没有承诺于通常被归于威尔逊及其追随者的那种过度简化的“基因决定论”。同样明显的是，或许还可以提供众多可替代的分析。我们可以构想一些以其他方式进行比较的复合函数。我们可以权衡诸多基因型或诸多环境。我们还可以为了支持个体间的直接比较而抵制对“普通男性”与“普通女性”的数值进行比较这个想法。我将不探究这些替代者，这不仅是因为我怀疑它们是否能代表任何实际存在的流行的社会生物学家的意图，而且还因为在我看来，讨论（A）与（B）的相关考虑要素，同样相关于其他可能存在的解释。

我相信，（A）与（B）代表了著名的流行的社会生物学家在心中所想到的东西，而我的这个信心根据的是他们所说的。巴拉什在描述他的那个版本的社会生物学的目的时写道，“对人类产生作用的进化过程产生了这样一种生物，对这种生物来说，某些特定的行为恰恰是根本不可能得到实施的，而另一些行为则确实可以非常顺利地得到实施”（1979，11）。威尔逊则更加谨慎，他选择的是（B），而不是更具挑衅性的（A）：“一个社会无论是从不同性别在机会上的法律平等走向不同性别在职业表现上的统计平等，还是退回［**原文如此**］刻意的性别歧视，等待着它的都是迄今为止无人能够估计的代价”（1978，147）。相较于巴拉什与威尔逊在他们宣称的结论中的那些用语，我关于复合映射、可能实现的环境和受到妨碍的状态的谈论或许就像是人为构造的。然而，这种不自然的用语有助于让我们清楚地看到，流行的社会生物学家的见解以何种方式相容于有关基因-环境互动的传统智慧。

我的重述同样揭示出，对于那些期望获得有关人性诸多限定的结论的人来说，等待着他们的是赫拉克勒斯式的劳作。研究者对真实变化的比较并不充分。我们无法通过审视单一参数值或狭小区间内的参数值来比较两个函数的全部变化：如果我们仅仅考虑在0与1之间的数值，x 大于 x^2；这并没有向我们表明，前一个函数的数值始终大于后一个函数的数值。然而，正如威尔逊的批评者反复指出的，人们在一段漫长而又阴暗的历史中，就是根据刚才这种比较得出宏大结论的（参见 Lewontin 1976；Gould 1981）。人们对真实变化与在诸多群体中的变化差异的快速审视，总是经常被用来支持人类制度的固定性与否认消灭种族不平等或阶级不平等的可能性。有一些植物育种者根据单一环境下所考虑的相对活力，或根据对一批环境的随意考察来推断竞争品种的质量。据称，他们易于迅速走向破产。相较之下，在行为科学中模仿他们的人似乎通常都得到了蓬勃的发展。

29

具有讽刺意味的是，正是我们对环境影响人类行为方式的巨大无知，让行为科学家能够应用诸多有可能毁灭那些植物育种者的方法。在这种与人类有关的情形下，我们缺乏一种能让谨慎的植物育种者对特定品种的相对优势进行有根据评估的知识。我们并没有什么东西可以代表一批可能存在的环境，并将其还原为一种可控维度的空间。我们知道，以一种毫无组织的模糊方式，抚养子女的诸多特征与文化史的诸多特征能够在人类个体的行为上造成严重的差异。让我们迷惑的是细节，即调节 pH 值或含氮量等行为的对应物。

假若威尔逊的阶梯能让我们通过自然导向对自我的认识，那么，它必须要克服与这种随意比较有关的古老问题。我们必须对这样一种环境变化获取某个清晰的看法，这种环境变化对人类行为的种种变化是至关重要的。我们必须给出证据证明，当这些关键的变量发生变化时，那些所谓稳定的（或只有在付出巨大代价后才是可以修正的）行为模式与社会制度确实始终保持不变。迄今为止，威尔逊的那个版本的流行的社会生物学是作为一种**可理解的**研究纲领出现的，我们已经能够理解它的诸多结论，而没有假定这些结论依赖于对普通常识的否定。尽管如此，理解它是一回事，看出它是否合理则完全是另一回事。

一与多

迄今为止，我刻意模糊了一个区别，如今是时候对之做出区分。威尔逊与他的追随者感兴趣的是获取有关人性的结论，有关个体行为的诸多限定的结论，或有关个体种种行为倾向的诸多限定的结论。然而，这并不是他们仅有的关切。流行的社会生物学家致力于特定的人类制度：家庭、家族与亲代抚育，它们只是其中的三个例证。他们希望表明，这些制度是我们社会环境的永久特征，相应地，这些制度所根据的行为特征也是相当稳定牢固的。

正如从基因型到表现型的通道上充满了诸多复杂的状态，在个体的行为（或行为倾向）与个体所隶属社会的特征之间也没有一座简单的桥梁。应当承认的第一点是，个体的追求与态度通常是由先前几代人的制度所塑造的。[这是博克在 1980 年的论著中的一个重要主题（Bock 1980）；威尔逊在他论述基因-文化协同进化的新近作品中试图与之达成和解。] 第二点是，社会制度与社会态度并不需要反映个体的追求。尽管一个国家的大多数公民热爱和平，但这个国家仍然有可能是侵略性的——20 世纪 30 年代的德国就可以为之做证。有一些制度或许助长了种族、性别与阶级之间的不平等，即便这些制度中的诸多个体偏好于平等地对待彼此。我强调这些观点，并不是要乞灵于某种神秘的“文化力量”，并让它既对成长中个体的观念塑造承担责任，又对这些观念在社会上的扭曲表达承担责任。我仅仅是要让大家回想起这个显而易见的事实，即人类的社会环境反映的是人类的历史，当人类的诸多群体发生互动时，他们所实现的组织安排有可能与他们的个体偏好极其不一致。

30

托马斯·谢林（Thomas Schelling）为第二个观点提供了某些出色的例证（Schelling 1978）。有些例证涉及的是日常事件，我们社会生活中的小烦恼。大多数人发现，他们自己在高速公路上陷于交通拥堵的原因是，前面的驾驶者降低速度来观看另一边发生的交通事故。倘若其他所有人都放弃瞧一瞧的机会，我们也会情愿放弃这种机会。在交通拥堵中的其他人都共同享有这种偏好。然而，当我们到达事故现场时，我们不需要付出更多的代价就能纵容我们的好奇心，因此，我们自己也对延误后面的车辆起到了微小的作用。

还有其他一些与重要问题相关的例证。请考虑根据种族或阶级对个体进行的分类。假定第 I 组成员对于与第 II 组成员生活于相同领域有一个耐受的范围。在第 I 组中最具耐受性的人对于第 II 组与第 I 组的人数比例达到 2∶1 的状态也会感到满意，而对于第 I 组中最不具耐受性的人来说，只要有第 II 组的成员作为邻居，他们就会感到不满意。第 I 组中耐受性居中的人对于 1∶1 的比例会感到满意。第 II 组成员对于第 I 组成员的诸多态度的分布也恰恰是这样的。现在假定第Ⅰ组的人数多于第Ⅱ组。这些人在相邻区域内将如何分布？（我们暂时不考虑在现实状况下产生的各种复杂因素，如负担特定种类住房的能力等。）众多分布将取决于初始条件与活动动力的诸多细节。然而，有一种相对容易实现的状态，即第Ⅰ组的全部成员共同生活在一起，第Ⅱ组的全部成员共同生活在一起（具体细节参见 Schelling 1978，157ff.）。这个结果与如下设想相当一致，即每一组的绝大多数成员或者非常满意，或者仅仅是对1∶1这个比例的状态略微有些不满意。

31

如今，我们开始能看到两种不同的方式来保护社会公正的目标免受流行的社会生物学对其做出的违背人性的指控。一种较为明显的方式认为，我们当前的社会结构与文化史是人类个体形成行为模式与态度的重要决定因素。为了实现这种策略，将导致一种在上一节就有所构想的争论。流行的社会生物学家会坚持认为，调节社会环境是相当难以改变人类的行为模式的。他们的反对者则断言，恰当的社会变化能够改变行为的模式与潜在的倾向。

一种较不明显的方式所采纳的策略是，否认我们当前的社会安排精确地反映了我们个体的偏好与倾向。这种策略有可能退一步承认，即便通过修正社会环境，人们也相当难以改变个人的态度，但它仍然否认我们的制度是不可改变的。正如基因型并不决定表现型，个体的行为倾向也并不决定社会的特征。

让我们回到我们的例证，根据种族而聚集起来的人群并非必然会反映某个个体的种族偏见。一个社会的大多数人或许都偏好于生活在诸多种族混合的相邻地区之中，但初始分布与初始运动中的偶然事件产生了一批由同类种族构成的相邻地区。从大量个体倾向中出现的社会制度，或许是由历史中至关重要的偶然因素塑造而成的。社会制度开始沿着特定方向行进，而一旦它开始这么做，它就拥有了它自己的动力。（在领会到这一点时，我们不应当忽略其他的重要事实，即个体的倾向本身是被诸多社会安排所塑造的。因此，这种动力甚至比我们这个简单的例证所显示的更加复杂。）

在我们研究基因-环境互动的过程中，我们能够对在此构想的那种关系给出一个更加精确的分析。为了服务于当前讨论的缘故，假定个体的倾向不会被社会环境的变化所改变。我们想要理解的是，组成这个社会的那些人的个体倾向在社会层面上的复杂含义。在我们看来，这些人彼此互动是为了改造他们在其中出生的社会制度。因此，我们将这组具备独特性质的人与这样一种映射联系起来，这种映射将那些产生于这些人对社会背景做出的反应的社会状态，分派给每一个可能存在的社会背景。 32

如今，在那个主张“我们当前的社会安排反映的是历史偶然因素”的观点背后的看法，可以用相当简单的方式来陈述。给定某些初始的社会背景，一批具有普通行为倾向的人就会发展出某些社会制度；一旦这些社会制度开始运作，它们就不仅属于随后几代人的初始社会背景，而且还将变得稳定。尽管如此，还存在着其他可替代的社会背景，其中将发展出不同的社会制度，而这些社会制度将同样稳定。请考虑一个简单的例证［它是艾利奥特·索伯（Elliott Sober）提示我的］：我们希望运用同一种语言来进行彼此间的交流；我们运用的是英文而不是中文，这恰恰是历史的偶然事件。

这种历史的偶然事件将我们置于这一种社会传统（一系列的社会背景）之中，而没有将我们置于另一种社会传统之中，我们可以有意识地通过社会工程来让我们自身离开这种传统。通过参与这种社会工程，我们就能获得一组稳定而又不同的社会制度。由于我们共同的行为态度与这两种社会传统都相容，我们就不需要将我们当前的社会安排作为对于我们来说是唯一可能实现的社会安排。我认为，这就是威尔逊的批评者在强调历史与文化作用时做出的主要论断（Sahlins 1976；Bock 1980）。这个论断是可以理解的，它绝非明显是错误的，它也没有承诺可疑实体（神秘的“文化力量”）的存在。

深思熟虑的人们不应当让他们自己与我所构想的这两种策略中的某一种相结合来回应威尔逊早期的流行的社会生物学。他们应当既坚持认为，在社会环境中的变化能够影响行为倾向中的变化，又坚持认为，社会环境本身不仅是个人态度的产物，而且也是先行就已经发展起来的社会安排的产物。流行的社会生物学的最极端的版本声称，人类的基因型妨碍了某些行为模式，而我们真正的行为倾向妨碍了某些社会安排。我们应当对这两种论断都有所怀疑。

我已经确认，需要一个额外的步骤来为社会生物学的某些结论进行辩护，需要对“根据个体行为倾向来规划社会结构”这个做法进行辩护。由此，我已经触及了一个让威尔逊走出其早期研究纲领的问题。［威尔逊指出，这一步受到了博克（Bock 1980）、哈里斯（Harris 1979）与萨林斯（Sahlins 1976）提出的那些挑战的激发。参见 Lumsden and Wilson 1983a，44。］由拉姆斯登与威尔逊发展的基因–文化协同进化论试图对我已经描述的那种困难做出回应。拉姆斯登与威尔逊希望表明社会制度以何种方式被社会成员的行为倾向所决定。在第 10 章中，我们将考虑他们的期望在何种程度上是有充分根据的。

33

然而，为了以更加直截了当的方式接近威尔逊早期的研究纲领，我想暂时将这个有关“一与多”的问题放到一边。我们应当追问，威尔逊如今在那个研究纲领中察觉到的那些缺陷是否确实在他的新近努力中得到了纠正（参见 Lumsden and Wilson 1983a，47–50）？然而，甚至在提出这个问题之前，我们就应当思考，对此是否还需要提出其他的不足之处。即便我们的目标仅仅是理解人类个体的行为在遗传上的局限性，我们是否可以合理地期待，我们能够通过威尔逊所提出的途径来实现这个目标？

捷径与死胡同

迄今为止，我的目标是澄清流行的社会生物学所导向的种种结论。我试图找到那些被认为支撑着威尔逊阶梯的顶端的重要观点。然而，一旦我们确认了这个目标领域，我们自然想要知道实现这目标的途径。为什么一项关于人类行为在遗传上的局限性研究要以进化论与非人类的行为作为出发点？为什么不采纳一条简单的捷径，按照我们此时此刻存在的方式来探究我们自身呢？

当然，有一门关于人类行为遗传学的学科，某些著名的发现就归功于这门学科。它最令人信服的成果是列举了某些具有行为效应的病理条件，就正如在种种代谢失调与色觉缺陷中的情况那样（参见 Ehrman and Parsons 1981，281–285，288–291）。这些几乎没有为流行的社会生物学家热切追求的宏大结论提供什么基础。由于最容易进行严格基因分析的行为类型并不是流行的社会生物学家觉得最有趣的那类行为，因此，流行的社会生物学家的作品并没有充斥着人类行为遗传学家的技术性报告——尽管威尔逊和他的追随者在这个运动似乎正确的时候并没有过于得意，而是宣扬了这些有前景的建议（参见 Wilson 1978，47）。正如在古典遗传学的早期，果蝇是遗传学家最好的朋友，突变生物是群体饲育箱的馈赠，而不是 X 射线照射的人造产物，在那时，人们能够获得最佳认识的是那些其变化将产生显著有害效果的遗传系统。这些人类遗传学家会丧气地看着他们的同事运用在 20 世纪发展的经典技术与分子技术的显赫宝库，他们自己的双手却被束缚于他们那个时代的局限性。 34

撇开这种奥威尔式的幻想不谈，让人们受制于那种对非人动物进行严格遗传分析时所采用的方法步骤，这被认为是一种贫瘠的方式。我们显然不可能去生育纯种的后代，将他们放到一个可控环境下抚养，通过辐射让他们产生变异，插入基因标记并采取其他类似的手段。进而，即便我们总体上并不易受这些伦理关切的影响，为了进行古典遗传学分析，那些可怜的被试者就需要从出生阶段成长到生育阶段，这就会让我们漫长地等待。人类行为遗传学家的期望是，在不受干扰的情况下，根据真正给予我们的诸多有关人类基因型与环境的非系统集合，尽可能地追踪人类行为中的遗传组成部分的特征。一个并不陌生的著名方法是探究在不同环境下抚养长大的同卵双胞胎（源于同一个受精卵因而通常具有相同基因型的双胞胎）的情况。不过，尽管遗传学家或许极度渴望这样一个世界，其中同卵双胞胎大量出生，而且人们对同卵双胞胎的抚养是在完全分开而又彻底不同的环境下进行的，但这个世界并不是我们拥有的世界。因此，从人类行为遗传学获得一些有根据的见解这个任务是艰辛的。

假如我们不准备等待那种通过古典方法得出诸多结论的缓慢而又谨慎的累积，假如我们不准备等待人们对在基因与环境之间偶然发生的互动进行的耐心调查，假如我们不准备等待生物化学技术的发展与分子生物学工具的发展，假如我们现在就想要一个关于人性的宏大理论，我们能做些什么？并没有简短而又直接的路径来建构这样一个函数，它将为一个固定的基因型映射一个行为表现型的诸多可能环境。至于那些令人感兴趣的人类特性（如人类的智力这个臭名昭著的例证），有许多广为人知的捷径在死胡同中告终（参见 Block and Dworkin 1976a）。那些野心勃勃的人类行为研究者需要某些新的东西。

由于对行为遗传学的谨慎而又缓慢的工作感到沮丧，流行的社会生物学家就像他们之前的阿德雷、劳伦兹与莫里斯那样，求助于我们的进化史。我们拥有我们有所表现的基因，因为我们从我们的祖先那里继承了这些基因。通过探究动物的行为，通过理解动物的行为如何适应环境，通过领会在进化中发挥作用的选择力，我们或许能够学到某些关于我们基因的东西。但确切地说，我们究竟能以何种方式来学习？对于阿德雷与莫里斯来说，它仅仅是一个看出暗示性类比的问题。威尔逊与他的追随者更加具有系统性。他们试图通过自然向上建立一个阶梯。

社会生物学争论中的核心问题是，在那里是否存在着一个能将流行的社会生物学家带到他们想去的地方的牢固阶梯。对这种阶梯的需要是明确的。我们已经设法辨认出预期的终点。现在让我们回到开端。

第2章　游戏的规则

达尔文及其后

“哦，上帝啊！我们的认识有多么渺小，而我们已经知道，通过一种理论，我们的认识会取得如此的进展。在你揭示了自然选择之前，我们认为自己了解那些狗，倘若我们如今在认识了那条定律之后仍然这么认为，那么，我们肯定是一些该死的①无知之徒。”约瑟夫·胡克②对他的朋友查尔斯·达尔文如此写道，他是达尔文的自然选择进化论最早与最坚定的倡导者之一（F. Darwin 1903，I，135）。胡克的评论把握到了达尔文的研究工作所获得的双重成就：一方面，它极大地推进了生物学的知识；另一方面，它界定了人们先前肯定对其无知的广大领域。流行的社会生物学家相信，他们在由达尔文开启的传统中做出了新的推进。他们断定，他们的主张奠基于达尔文及其后继者所累积的那部分成果之上，他们冒险进入了进化生物学先前被迫承认对其无知的领域。 37

要理解与评价有关流行的社会生物学的争论，我们就必须知道游戏的规则——更确切地说，知道两种相关游戏的规则。第一，我们需要理解进化论的主要观念。第二，我们必须从一开始就思考那些围绕着这个理论的方法论问题。严肃的哲学讨论预设了生物相似性。因此，我将首先审视进

---

① 根据作者的解释，句中的“d—d”是“damned”的委婉说法，在维多利亚时期，这样的词汇被认为不适合出现于公开出版的文字之中。——译注

② 约瑟夫·胡克（Joseph Hooker，1817—1911）是19世纪英国著名植物学家与探险家，他是查尔斯·达尔文的亲密好友。——译注

化论。

没有哪个出发点能比达尔文（及其观念与问题）更好。在《物种起源》（*Origin of Species*）的前面章节中，我们发现，自然选择进化论显然依赖于四条原理。

变异原理

诸多生物是不同的。在一个物种发展历史的任何阶段中，它的诸多成员都将发生变异。

38

生存斗争原理

生物彼此竞争，在一个物种的任何历史阶段中，其诞生成员的数量都要多于那些能够充分发挥潜力存活到繁殖阶段的成员。

适合度变化原理

诸多生物之间的差异以种种方式影响它们的竞争能力。某些生物所拥有的特性能让它们比其他生物更好地存活与繁殖。

强继承原理

生物将它们大多数的特性传给了它们的后代。

达尔文从这四条原理中得出的结论，似乎就是他的主要结论。如果诸多生物有所不同，如果它们的不同将以种种方式影响它们在争夺有限资源时的竞争能力，那么，那些拥有优越竞争能力的生物就有可能更长久地生存并繁殖更多的后代。假如它们大多数的特性在繁殖中传给了某些后代，那么，这些幸运的后代将继承它们父母的优越能力。因此，

自然选择原理

在一个物种的历史中，某些特性能让拥有它们的生物获得优越的竞争能力，这些特性通常将在随后几代中更加普遍地存在。

我们在此或许会认为，我们已经找到了答案。达尔文的理论通过这四条原理以及我们从这些原理得出的结论来得到概述。当代的新达尔文主义是这些相同理念的精制版本，现代遗传学与现代数学公式有助于对它进行清理。

并非如此。刚刚给出的这个重构绕开了达尔文的成就。我所收集的这些原理并不新奇。达尔文对它们的运用才是革命性的。（对这种理解的详

细辩护，参见 Kitcher 1985。)

达尔文提出，我们应当将生物群体的历史视为一种经过漫长时间段而在诸多特性上发生大量变化的过程，通过这么做，我们就能够说明大量的生物现象。这些过程被生存斗争原理、适合度变化原理与强继承原理所支配。结果是，生物群体（或生物种群、生物种类、生物种属，等等）被自然选择所改变——尽管对达尔文来说，它们并非仅仅被自然选择改变。那些先前看来似乎超越了科学范围的现象，被引入生物学的领域之中，通过追溯变异由来的历史，就可以解释这些现象，贯穿这种历史的主要是自然选择，但它并不是仅有的动因。 39

这些现象是什么？首先请考虑那个似乎最打动达尔文的主题，即生物的地理分布。当博物学家掌握了全球的动植物分布时，他们产生了许多困惑。为什么澳大利亚的有袋动物如此丰富？为什么我们在没有树木生长的地方发现了啄木鸟？为什么加拉帕戈斯群岛（the Galapagos Islands）包含了这样一些不同种类的雀类，它们不仅以清晰可辨的方式彼此类似，而且还类似于南美洲大陆的雀类？

达尔文为解决这些问题提供了一条途径。我们将把动植物在当前的分布视为有关变异与扩散由来的漫长历史的一个后果。在某些特别复杂的情况下，他也能做出概述性的解释。没有树木可啄的啄木鸟是居住在树上的祖先的有所变异的后代，它们与祖先分开并移居到了一个新的栖息地。澳大利亚的有袋动物是原始的有袋动物的后代，原始的有袋动物曾经普遍地散布于整个地球。此后，在与胎盘类哺乳动物的斗争中，绝大多数有袋动物都被消灭了。幸运的是，成功的胎盘类哺乳动物无法到达澳大利亚，因此，某些有袋动物在这个避难所中幸存了下来。

达尔文同样能够阐明其他的问题。人们不再根据一连串不可解释的受造物出现的浪潮（这些浪潮不时被诸多同样不可解释的大灾难所打断）来理解化石记录的顺序。进化的观点也能对当代生物在结构与生理上的相似之处以及当代生物与化石在解剖学上的近似之处给出解释。达尔文提出，通过揭示这种有关变异由来的历史，我们就可以理解化石的连续性与诸多生物的相似性的具体细节。他的革命性洞识是，在上文中汇集的那些原理（它们是他的几乎所有同代人都接受的原理）可以被用来解释生命的具体细节。

迄今为止，自然选择几乎没有在讨论中出现。达尔文在处理生物地理学的现象、化石记录的顺序以及过去与现在生物的相似性时所采纳的方法，对我们的通常要求仅仅是，将其关联于那些有关变异由来的历史。我们将通过辨别祖先与后代的关系模式来理解这些现象。我们可以避免猜测产生这种模式的原因。诚然，我们必定有根据地认为，我们所假定的那些变异是可能的，而这要求我们对那种由进化引起的变化的有效途径有一些想法。尽管如此，为了迄今为止所构想的那些目的，我们没有必要让我们所青睐的那些导致变化的动因与那种在我们的历史中得到真实描述的变异相匹配。

40

当我们转向一种不同的生物学问题时，问题的重要性也就发生了变化，而达尔文如此严肃地对待这种生物学问题，以至于他宣称，除非他解答了这种问题，否则他的理论就是不令人满意的。达尔文在剑桥就读大学时阅读的佩利（Paley）的《自然神学》（*Natural Theology*）给他留下了烙印，达尔文要求他的理论应当表明"寓居于这个世界之上的无数物种以何种方式发生了变异，以至于它们获得了那些完全正当地引起了我们赞叹的完善构造与相互适应性"（Darwin 1859，3）。适应问题的关键就是自然选择。

许多生物让我们有时会认为，它们完美地适应于它们的环境，以此方式，它们"引起了我们的赞叹"。达尔文提出，我们应当通过追溯一种特殊的世系历史来理解那些值得赞叹的特性的出现。我们的出发点是一组缺乏这种特性的祖先。接下来出现了少数变异的生物，它们拥有了一些有利的特性（它们相当有可能处于一种不成熟的或原始的形态之中）。这些特性让它们在争夺有限资源的斗争中占据了某种优势。因此，它们留下了更多的后代，这种特性就得到了散布。最终，这个群体的所有成员都逐渐拥有了这种特性。

达尔文迅速领会了以下这个事实，即将适应（如寄生蜂的行为）理解为自然选择的产物，将祛除人们对生物界的这些特征的任何惊奇感，而这或许会冒犯那些脆弱的情感（Darwin 1859，472）。他还承认，那些通过自然选择而在进化过程中出现的特性，有时或许无法与我们对于美好设计的观念相一致。某些适应是不完善的与笨拙的解决方案，它们是借助任何可资利用的物质材料来实现的。兰花提供了一组出色的例证。达尔文表明了兰花的巴洛克式的内在结构是以何种方式被那种作用于先辈花朵形态结构的反对自花授粉的自然选择塑造而成的（Darwin 1862；也可参见 Ghiselin 1969，第 6 章与 Gould 1980b）。

无论达尔文的革命性洞识以及他对为数众多的动植物所做的具体建议是什么，胡克的判断仍然是恰当的。对于达尔文的后继者来说，有许多事可以做。任何单一研究所触及的仅限于自然多样性的一小部分。进而，众多理论问题仍然有待于这些后继者来面对。物种成员的变异基础是什么？新变种是如何产生的？可遗传度在何种范围内是支配的规则？在生存与繁殖的斗争中起作用的是哪种因素？有利的特征究竟是以何种方式散布于一个种群之中的？通过将达尔文的框架性解答移植到这些重要的问题上，当代进化论拓展了达尔文的那些深刻洞识。 41

丢失的基因

在达尔文的手稿中缺少了一个重要的角色，而这给他招致了大量的麻烦。达尔文并没有对遗传给出任何系统的解释，他的那些更加机智的批评者将他们自身的注意力转向如下意见，即在进化论似乎需要的那些关于变异、选择与继承的诸多解释之间，存在着前后不一致（比如，参见 Jenkin 1867）。我们可以安然地钦佩这些批评者的机智，而又确信我们知道如何解决这些困难。达尔文则不可能如此平静。

遗传学给了我们一个视角来审视某些与进化过程有关的重大问题。首先请考虑达尔文所强调的诸多生物中的变异。在任何生物种群（也就是说，它是这样一种生物群体，其成员更多地倾向于彼此交配，而不是与这个群体之外的生物交配）中，某些生物在它们的可观察性状上有所不同，而在潜在的基因上则并无不同。携带相同等位基因的苍蝇若在它们成长的关键时刻被暴露于不同的温度下，它们看起来或许就具有显著的不同之处。这种变异对自然选择来说是不重要的。若在基因上没有什么差异，在竞争上占据优势的生物就无法把任何东西传给它的子孙后代。达尔文的研究进路所依赖的论断是：典型的种群是那些自然选择能够对之产生作用的种群——也就是说，在一个种群的个体之中存在着典型的基因变异。

由此立即就会产生一个关于进化工作方式的简单看法，它值得我们关注。请设想有两种等位基因，它们最初都存在于某个种群的一个基因座上。在这个种群成员居住的环境中，那些两次都复制了某一个等位基因的个体（即那个等位基因的纯合体）总是会形成相对降低它们繁殖能力的特性。比它们更幸运的竞争者是另一个等位基因的纯合体以及那些从每个等位基因中都获得了一个等位片段的生物——杂合体。（假如杂合体 *Aa* 与纯合体 *AA* 拥有相同的表现型，那么，相对于 *a* 来说，*A* 被认为是显性的，或者可以认为，相对于 *A* 来说，*a* 是隐性的。在当前的例证中我假定的是，那个有利的等位基因是显性的。）成功的生物更有可能携带并遗传那种有利的等位基因。在每一代中，这种等位基因在种群中出现的频率都有所增加。最终，竞争的等位基因就被消灭了。

42 正如我们很快就会看到的，这个简单的故事代表的仅仅是众多可能的进化方案中的一种。（当我们在仔细考虑流行的社会生物学有关进化路线的讨论时，我们应当记住这一点。）尽管如此，这个故事帮助我们看到了遗传学概念以何种方式精致化了达尔文的观念。我们大体上能够将演变设想为等位基因在一个种群中的频率变化。（有一些例外的情况，但对于当前的目的而言，我们可以忽略这些例外的情况。）自然选择能够完成演变：那些其基因增进了生存繁衍斗争中的有利特性的生物所获得的回报是，它们的基因被遗传给了下一代。

演变并不仅仅是通过自然选择起作用的。如果我们将一个种群设想为一个巨大的基因库，如果我们根据的是这个基因库中的种种等位基因的表现来考虑演变，那么，显而易见的是，对于这些等位基因的频率来说，存在着众多改变的方式。新的等位基因，或当前已经存在的等位基因的新拷贝或许会通过突变而产生。等位基因的频率或许会由于从别处到来的新生物或这个种群的某些成员的离去而发生改变。

进而，基因遗传过程的复杂性让选择行为变得复杂起来。请回想在细胞分裂中形成的诸多配子，它们的染色体成对排列。在染色体传给配子之前，遗传物质就发生了一次互换。通常而言，一个染色体的某个部分与同源染色体的对应部分在位置上发生了变化。在这个过程（重组）中，具有崭新的基因排列的新染色体（重组的染色体）就形成了。重组有可能分开那些在同一个染色体上距离相对较远的等位基因，而那些占据相邻基因座的等位基因（紧密关联的等位基因）则有可能保持在一起。关联能够对选择的操作产生影响，因为保持良好同伴关系的等位基因受益于那些有关它们相邻者的选择。

最后，大量的外在因素也有可能影响演变。真实的种群是有限的，通过死亡或交配的突发事件，时常会丢失某些等位基因。具有最佳特性的生物或许会发现它们自身在错误的时间位于错误的地点，因此，它们有可能丧失将它们的基因遗传下去的机会。

我们得到的是一种对进化过程的普遍而又定性的描述。新的等位基因通过变异产生。新的基因构型通过重组与复制过程产生。由于基因与环境的互动，生物逐渐拥有了不同的表型属性。若给定生物的生存环境，某些属性将让它们的承载者在生存与繁衍的斗争中更加有利。在自然选择不受妨碍地运作之处，那些具备有利属性的生物所携带的基因就有可能在这个种群的下一代中获得更多的表现。这个过程有可能受到其他因素的严重影响。变异、迁徙与染色体的关联都有可能破坏自然选择的工作。突发的偶然事件则有可能改变一个正在进化的种群的命运。河流的洪水泛滥来得太早，承载着奇妙基因的超级植物或超级动物也就不复存在了。

43

这种定性的描述有助于我们理解当代进化论与社会生物学中的论证。若对进化做出一种更加精确的解释，将对我们更有帮助。略微加入一些数学，将为我们关于种群遗传的定性结论带来精确性，让我们快速审视一下这条道路。

自动力学中的第一堂课

理查德·列万廷将理论种群遗传学称为“进化的自动力学”（the auto mechanics of evolution）。这个名称是恰当的。就像自动力学一样，种群遗传学既是重要的，又是不讨人喜欢的：它之所以是重要的，因为演变就是（几乎始终是）基因频率的改变；它之所以是不讨人喜欢的，因为支配这些变化的方程式通常并不容许简洁优雅的解答。

根据传言，这个并不优雅的主题诞生于一个优雅的环境之中。伟大的数学家与板球爱好者 G. H. 哈代（G. H. Hardy）经常在一位早期的孟德尔主义者 R. C. 庞尼特（R. C. Punnett）的陪伴下，在剑桥观看大学比赛。在一场比赛中，庞尼特提出了如下问题：在一个种群中，假如拥有两种具备指定频率的等位基因的个体随机进行交配，有可能发生什么？这个问题并不难。可以预料，这是哈代这种地位的数学家在两局比赛之间就能解决的东西，而事实上，这个问题已经被德国医生威廉·温伯格（Wilhelm Weinberg）独立解答。他们得出的结果是哈代-温伯格定律（Hardy-Weinberg law）。

假若我们拥有的是一个如此巨大的种群，以至于我们可以认为它是无限的，假定在这个种群的某个特定的基因座上仅有的等位基因呈现为 A 与 a。在这个种群中的个体在以下这种意义上随机交配，即对于这个种群中的任何成员来说，任何异性成员都有相同的机会被挑选为配偶。A 与 a 在两种性别中的初始相对频率是 p 与 q，在此，$p+q=1$。哈代-温伯格定律所阐明的是，在这些条件下，这个种群在每一代中的等位基因组合 AA、Aa 与 aa 都将达到一个平衡的分布。它们的分布将是 $p^2(AA)$、$2pq(Aa)$ 与 q^2（aa）。

44

为什么是这样？假定等位基因组合的初始分布无论如何都兼容于指定的相对频率。当创立这个种群的父母产生其生殖细胞（配子）时，每个配子或者包含了等位基因 A，或者包含了等位基因 a。承载 A 的精子的相对频率将是 p，承载 A 的卵子的相对频率将是 p，承载 a 的卵子的相对频率将是 q，承载 a 的精子的相对频率将是 q。（请考虑形成配子的每个事件。卵子的构成中包含 A 的可能性，将是等位基因 A 在诸多雌性中的频率，如此等等。）当一个精子与一个卵子通过结合而形成合子（受精卵）时，存在着四种可能的排列组合：

承载 A 的精子 × 承载 A 的卵子　形成合子 AA
承载 A 的精子 × 承载 a 的卵子　形成合子 Aa
承载 a 的精子 × 承载 A 的卵子　形成合子 Aa
承载 a 的精子 × 承载 a 的卵子　形成合子 aa

对概率的初步思考告诉我们，一种特定的精子与一种特定的卵子结合的可能性，是那些种类的精子与卵子的相对频率的产物。当我们将这个结果应用于正在研究的情况时，我们就可以得出结论：对于下一代来说，成为 AA 的概率是 p^2，成为 Aa 的概率是 $2pq$，成为 aa 的概率是 q^2。这种分布的产生无关于等位基因组合的初始分布，只要它们符合对相关基因频率所给出的条件。因此，特别是在最新一代生物的交配为它们的双亲产生了优秀的子孙时，这种分布就会形成。所以，该分布就是一种平衡。

哈代–温伯格定律类似于牛顿力学中的惯性定律。它告诉我们，在没有演变出现，“没有力量干预”的种群中会发生什么。[艾利奥特·索伯（Elliott Sober，1984）对这个类比进行了一次清晰透彻的讨论。] 显然，也许有众多方式来影响基因的频率与等位基因的排列组合：我们需要的仅仅是修正这个支持稳定分布的论证所做的某些假设。我们如今就能对出现于上一节定性描述中的演变根源给予它们应得的确切地位。假如某些合子形成、生长并向外游荡，假如留在本地的合子在交配期间与来自别处的闯入者相结合，或者假如这两种情况都有所发生，那么，等位基因频率与等位基因组合分布发生改变的比率，将由迁入者与迁出者的比率来决定。类似地，我们就能理解变异的诸多效果，并有希望将演变精确地与各种变异发生的速率相联系。 45

或许还存在着其他没有被我们预料到的进化“力量”。如果杂合体倾向于将这一个等位基因而不是另一个等位基因传给它们的配子，那么，这种倾向将影响到下一代中的等位基因频率与等位基因组合。同样地，若收回我们对随机交配的论断，就会推翻这些计算的结果。就整个系统而言，是同类相互吸引还是异类相互吸引，这将以可辨认的方式导致基因型中的等位基因分布有所不同。

那些有兴趣去理解定向变化的遗传基础的进化理论家主要专注的是自然选择。尽管在上一段文字中提到的那些力量在特殊情况下或许是无法抵制的选择，但是，达尔文偏爱的候选者继续作为演变的主要原因而出现。（尽管如此，对于进化过程中的随机变化，有一些尚未解决的重要问题。参见第 7 章对这些问题所做的某些讨论。）相对而言，自然选择易于被整合到那条人们在推导哈代–温伯格定律时采纳的进路之中。

假定不同等位基因组合的承载者并非都拥有相同的生存与繁衍的可能性。为了简化的目的，让我们假设，我们所研究的生物若活到繁殖的年龄，就都拥有相同的找到配偶的可能性，而且它们都具有相同的生育能力。自然选择之所以起作用，仅仅是由于这些生物在活到繁殖年龄的概率上有所不同。请考虑合子中的等位基因对的如下初始分布：

AA	Aa	aa
p^2	$2pq$	q^2

这些等位基因对在繁殖时期的分布将是：

AA	Aa	aa
$\omega_{AA}p^2$	$\omega_{Aa}2pq$	$\omega_{aa}q^2$

在此，ω_{aa}是合子 aa 活到繁殖年龄的概率（类似地，ω_{AA}是合子 AA 活到繁殖年龄的概率，ω_{Aa}是合子 Aa 活到繁殖年龄的概率）。现在，生物通过交

46 配而繁殖出了新的一代。当 $\overline{\omega} = \omega_{AA}p^2 + \omega_{Aa}2pq + \omega_{aa}q^2$时，配子 A 在交配过程中的频率将是：

$$p' = \frac{\omega_{AA}p^2 + \frac{1}{2}\omega_{Aa}2pq}{\omega_{AA}p^2 + \omega_{Aa}2pq + \omega_{aa}q^2} = \frac{p\ (p\ \omega_{AA} + q\ \omega_{Aa})}{\overline{\omega}}$$

在下一代合子中，等位基因 A 的频率也是 p'，而正如我们在哈代-温伯格定律的例证中所得出的等位基因对的分布情况，在合子中出现 AA 组合的频率是 p'^2。

演变是在基因频率中发生的变化。可以轻易算出等位基因 A 的频率变化：

$$\begin{aligned}\Delta p &= p' - p \\ &= (1/\overline{\omega})[p(p\omega_{AA} + q\omega_{Aa}) - p(\omega_{AA}p^2 + \omega_{Aa}2pq + \omega_{aa}q^2)]\end{aligned}$$

经过一些代数运算，这个结果就被简化为：

$$\Delta p = (pq/\overline{\omega})[(\omega_{AA} - \omega_{Aa})p + (\omega_{Aa} - \omega_{aa})q]$$

如果从合子到成熟体的存活概率在每一代中都保持稳定，那么，刚刚得到

的方程就能通过迭代的方式来计算演变的长期轨迹。

在我们的方程中呈现的一个相对明显的要点是，假如所有这些存活的概率（ω_{AA}等）都被乘以相同的常数，基因频率的变化就不会有什么不同。重要的是这些概率彼此间的比例。正如种群遗传学家典型的做法，我们通过标准化的处理，将诸多ω的最大值设为1，将其他数值表示为最大值的诸多比例，就可以获得相同的结果。

这就是我们或许会期待的。演变的特性取决于那些为了生存而斗争的生物的相对优势，而不是任何衡量它们成功的绝对尺度。假定存在着两个种群，“善良的”种群与“卑劣的”种群，对每个基因型来说，在善良者中间存在的基因型幸存的概率要比在卑劣者中间存在的基因型大一千倍。即使卑劣者有可能快速地死去，在卑劣者中的每个等位基因的相对频率也将与善良者中的每个等位基因的相对频率恰恰相同。如果$\Delta p > 0$，那么，A在两个种群中相对于a的频率都将持续增加，而不管以下这个事实，即在卑劣者中的生物总数正在一代代减少，因而在卑劣者中的等位基因的总数也正在一代代减少。

还有另一些可预见的后果随之而来。若$\omega_{AA} > \omega_{Aa} > \omega_{aa}$，那么，$\Delta p$是正值。也就是说，若承载$AA$的生物平均都比承载$Aa$的生物更能存活，若承载$Aa$的生物平均都比承载$aa$的生物更能存活，那么，$A$的等位基因的相对频率将有所增加。颠倒这些不等式，你将得到一个相反的结论。通过考虑ω_{Aa}大于ω_{aa}与ω_{AA}这种情况，就可以得到一个更加有趣的后果。只要进行一些思考，即可揭示，让方程式$\Delta p = 0$的解并不唯一，不过，假如p的数值高于解答值$\hat{p}$，那么，在这些条件下，Δp是负值。相较之下，假如p的数值低于$\hat{p}$，那么，Δp是正值。这意味着，当杂合体比任何纯合体更容易存活时，诸多基因频率就会形成一个稳定的平衡。 47

出现于某些人群的镰刀型细胞贫血症为我们提供了一个众所周知的例证。纯合体AA具备正常的血红素。纯合体aa则患上了镰刀型细胞贫血症。诸多杂合体充分具备正常的血红素来正常发挥功能；在非洲的某些环境中，这些杂合体由于具备正常的纯合体所缺乏的抵抗疟疾的力量而得到了额外的好处。在携带疟疾的蚊子肆虐的地方，ω_{AA}、ω_{Aa}与ω_{aa}的实际数值分别是0.9、1和0.04。（这些数值按照上文所阐明的方式进行了标准化的处理。）将这些数值代入我们的方程，就得出了这样的结论，即 p 的均衡值 $\hat{p}$ 大约是 0.91。值得注意的是，即便等位基因 a 在严格意义上是致命的，即 ω_{aa} 为 0，它仍然会以较低的频率继续存在于这种人群之中。

我是通过做出某些简化的假定来得到这个有关基因频率变化的方程的。就平均而言，这三种基因型的生物被假定为具备同等的交配可能性与同等的生育可能性。有一种显而易见的方式来获取一个更为普遍的理论，即保留这个方程并对出现于其中的符号 ω_{AA}、ω_{Aa} 与 ω_{aa} 重新做出诠释。达尔文感兴趣的是生物将它们的特性传给它们后代的不同能力。通过对等位基因对分配权重来反映它们传递那些构成生物的基因的能力，我们或许就能把握到达尔文的观念。我们不将 ω_{AA} 等符号所指的东西视为存活的概率，而是将它们所代表的东西视为影响基因传递的所有要素。若承载 AA 的生物具备高概率的存活可能性，这将增加 ω_{AA} 的数值；若它们具备高概率的生育可能性（因此，它们所做的任何单一的交配行为都将产生许多后代），这也将增加 ω_{AA} 的数值；若它们具备低概率的交配可能性，这将降低 ω_{AA} 的数值。我们将 ω_{AA} 理解为一个关于生存与繁衍的重要因素的复合指标。它是等位基因对 AA 的**绝对适合度**。当然，进化的方向是由那些可资利用的排列组合的绝对适合度之间的关系所决定的。我们可以通过考虑相对适合度来作为实践中运用的方法。（对适合度这个一般性概念的进一步讨论，参见下一节。）

48 进化自动力学的主要部分是对一组不同的适合度影响基因传递的方式所进行的数学研究。种群遗传学家试图彻底了解在进化过程中出现的遗传机制以及它们所隶属的那些条件，在此基础上，种群遗传学家试图对类似条件下的类似种群计算出他们预期的轨迹。令人失望的是，甚至最简单的模型最终呈现的结果也是凌乱的；一旦人们思考一个基因座上的三个等位基因时，各种困难的迹象就出现了。

然而，这个主题既对进化的解释的评价是至关重要的，又对社会生物学论断的严肃评估是至关重要的。关于一个性状的进化的诸多假说依赖于两个假定。这些假说必然会假定，所给出的解释是与理论种群遗传学相一致的。它们还必然会假定，种群遗传学所允许的诸多竞争性的解释并没有被忽略。这两个假定或许值得考察。

迄今为止所讲述的故事遗漏了一些要点，它们以显著的方式出现于人们对理论种群遗传学的详细阐述之中。我们所审视的仅仅是最基本的情况，即有两个等位基因的单一基因座。当我们考虑多个基因座的问题时，这些复合体就变得错综复杂起来。在此必须提到的是与等位基因的关联有关的考虑要素。此外，在不同基因座上的诸多基因或许会彼此之间发生互动：与一个基因座上的一对等位基因相关的表现型，或许依赖于那些呈现于某个其他的基因座（或某些其他的基因座）上的等位基因。不难理解，这种要素将以某种方式干扰我们在推导基因频率变化方程中所使用的那个简单的解释。

另一个麻烦的根源在于如下假定，即我们能够通过重复那些在单一世代中发现的效应获得关于长期变化的描述。一旦被研究的生物陷入那些离散而又不相交的诸多世代之中，一旦诸多等位基因组合的适合度在一代代之间并不保持恒定，这个假定就是没有根据的。有一种经常发生的违背恒定适合度假设的情况是依赖频率的自然选择——也就是说，一个等位基因组合的适合度将随着种群中的诸多等位基因频率的变化而发生变化。依赖频率的自然选择的一个经典例证出现在果蝇身上：对于具备特定基因排列的雄性果蝇来说，假如它们的基因型是罕见的，那么，它们就处于有利的位置。只要进行一些反思，就应当能够使我们相信，只要我们关注的是动物的行为，频率的依赖性就有可能是普遍的。通过展示某种特定行为倾向而累积下来的优势，或许决定性地依赖于周围的动物所做出的行为。遗憾的是，正如我们随后将看到的，在依赖频率的自然选择下的进化路线，不符合我们的幼稚直觉对适合度最大化所得出的某些见解。 49

我迄今的解释还有一个重要的遗漏，即它忽略了进化中的随机因素（偶然性）。在推导哈代-温伯格定律的过程中，我设想了一个生物的无限种群（或至少是一个如此巨大的种群，以至于可以将它当作无限的）。为什么需要这个假定？答案是，我暗中利用了大数定律。我假定，我可以在诸多概率与真实的相对频率之间来回改变。尽管如此，生物种群的真实数量并不是无限的——它们的数量甚至有可能相当少。假设我们拥有的是一个数量相对较少的种群，对于其可利用的栖居地来说，它们已经达到最大的规模，而我们想要理解的是这个种群与某个单一基因座有关的进化。在

父辈有 N 个生物，它们将产生 N 个后代。假定等位基因组合 AA、Aa 与 aa 都具备同样的适应性。若 A 在父辈中的频率是 p，我们是否可以期待 A 在下一代中的频率仍然是 p？这是一种可能的情况，但不太可能会出现。正如我们在公平地抛掷硬币 20 次时，不会期待自己恰恰会得到 10 次头像朝上的结果一样，我们也不应当期待，A 在合子中的真实频率，就是人们在随机选择的父辈合子中发现 A 的概率。

抛掷硬币的类比是有用的。假设我们将重复“恰恰以 20 次公平的方式抛掷硬币”这个测试。假设我们将反复进行这个测试。我们将得到“结果为头像朝上”这个频率的数值分布。所有这些数值的算术平均数（均值）都会接近于10，重复实验的次数越多，这个数值就越接近10。类似地，假定我们构想的是许多种群，每个种群的规模是 N，假定在所有种群中 A 起初所具有的频率等于 p，那么，下一代将展示 A 的频率的数值分布，而这些数值的算术平均数是 p。进而，正如在某些测试中偶尔会出现都是硬币的头像朝上或都是硬币的反面朝上的结果，在种群中偶尔也会出现只有 A 或 a 呈现的情况。这样的种群就被称为固定于 A 或 a 的种群。若 N 较小，种群就更有可能固定于某个等位基因。即便 N 不小，仍然会有合理的机会来固定 A，若 p 接近 1 的话（或固定于 a，若 p 接近 0 的话）。我们可以预料到，一种关于选择进化的概率理论，能够解释生物突发的运气所带来的那些让人烦恼的效应。

对进化机器引擎的快速审视，应当使我们相信，这些关联并不是完全按照我们所期望的方式组构而成的。在进化的工作方式中还有更多的东西，它们不同于“占据优势的等位基因趾高气扬地走向胜利”这个由人们想象出来的幼稚场景。

适合度

无论是对进化论的非正式表述来说，还是对上一节的数学表述来说，适合度这个概念都是重要的。但是，适合度究竟是什么？为什么进化论的理论家要花那么多的时间来谈论它？进化论的批评者经常得意于这样一个事实，即生物学家与哲学家为之提供了一些相当笨拙的解答。在一种流行的夸张描述中，达尔文的进化论仅仅是“适者生存原理”。与这种夸张描述相连的是如下暗示（它在生物学文献中有某些根据），即生物学家将适应性最强的生物理解为那些留下了数量最多的后代的生物，而这个暗示让进化论的反对者欣喜若狂。批评者或许会扬扬得意地宣称，进化论已经被还原为这样一个论题，即那些留下了数量最多的后代的生物留下了数量最多的后代，而这是一个重言式的命题，因此，进化论是不科学的。

我将把解释为什么这种流行的夸张描述歪曲了进化论这个任务放到下一节。就目前而言，重要的是澄清适合度这个概念，它将凸显在我们对社会生物学论断的探究之中。我们可以从一个重要的区分出发（一个富有洞察力的相关表述，参见 Mills and Beatty 1979）。某些生物学家在谈论中将个别生物称为适应的（正如我在上一段文字中的做法）。有时，他们在谈论中将等位基因的组合或表现型的属性称为适应的（正如在上一节中的讨论）。让我们将生物的适合度作为我们的出发点。

显然，适合度是某种与生存和繁衍有关的东西。同样明显的是，一个生物的适合度不能等同于它所生育的后代的实际数目。试想这首儿歌描绘的场景：

> 两只小猴子在床上蹦蹦跳跳；
> 一只摔下来，撞到了它的头。

假定这两只猴子拥有相同的基因，而且这次撞击是致命的，幸存下来的猴子继续度过了它的漫长生命，并生育了众多的后代。由于这种在实际生殖能力上的不平等仅仅是一个运气的问题，若宣称这只猴子比另一只猴子拥有更大的适合度，这就违背了人们的直觉。尽管如此，人们用来精致化“适合度是一种繁殖上的成功”这个观念的方式是相当清晰的。给定基因型与环境，人们就可以预料到每只猴子生育后代的数目。这个数目就是每只猴子的（绝对）适合度的数值。摔死的猴子无法生育那样数目的后代，但这个失败所证实的是它缺乏运气，而不是缺乏适合度。 51

预期的后代数目这个概念或许看起来不常见，但相较于司空见惯的例证，它易于理解。假如我公平地抛掷硬币 10 次，头像朝上的期望值就是 5。我并非在每次测试中都恰恰得到 5 次头像朝上的结果：有时我得到的是6次，有时得到的是3次，在非常偶然的情况下则是10次，如此等等。这个期望值仅仅是对这些可能的数值在概率上有所加权的平均值。假定p_n是恰恰得到n次头像朝上的结果的概率，那么，期望值就是：

$$\sum_{1}^{10} p_n n(= p_1 + 2p_2 + 3p_3 + \cdots + 10p_{10})$$

一个等位基因对（或一个表型属性）的适合度，可以根据生物的适合度来得到界定。一个等位基因对（相对于某个环境与某个种群）的适合度，就是在这个种群中承载着那个等位基因对的生物的适合度的平均值。类似地，一个表型属性（相对于某个环境与某个种群）的适合度，就是在这个种群中具备该属性的生物的适合度的平均值。（参见 Mills and Beatty 1979；有可能以种种方式来改进这些定义，但为了本探究的目的，除了在下文中注明的情况以外，没有必要这么做。）

我们现在开始就能够理解适合度这个概念在进化论中所起的作用（因此也就得到了一个附带的好处，即对那些诽谤者做出一个简单的回应）。当我们根据自然选择的历史来理解一个特性的呈现时，我们不仅确认了我们所研究的生物的一个属性，而且还确认了该属性赋予这些生物的好处。（因此，一个研究鸟类早期进化的学生或许会提出，鸟类的祖先发现拥有羽毛是有利的，因为羽毛能够更有效地调节它们的体温。）我们的故事的核心是，我们所挑选出来的那个属性提升了适合度：它提高了该生物所拥有的后代的期望值，让它高于在其他情况下所获得的后代的期望值。进化论的解释并非简单地重复“生物的具备特定属性的祖先比不具备特定属性的祖先的适合度更大”这个论断。一个真正的解释必须确认适合度的根据，必须表明那个被挑选出来的适合度的存在，是以何种方式将更大的后代期望值给予那些具备该属性的生物的。我们指出了一些提升适合度的能力，如飞蛾伪装自身的能力，棘鱼吸引配偶的能力，开花植物吸引昆虫的能力，类似于鸟类的爬行动物改善它们的体温调节的能力，或借助各种其他属性来提升适合度的能力。适合度的决定要素是高度多样化的。适合度这个概念在解释特定生物的特定性状时并没有直接的作用。那么，它究竟有什么用呢？

52

在理论化进化过程时，参照适合度是有帮助的。当我们想要理解种群在特定条件的影响下逐渐进化的方式，我们就需要对生物有可能获得好处的多种方式进行抽象。（相关的简要讨论，参见 Sober 1984，48－49。）我们关注的是适合度的普遍属性，我们将其构想为用来衡量生物留下后代的倾向的一种尺度。将 ω_{AA} 等符号引入种群遗传学的数学方程之中，就可以满足我们的关切。我们设计了一些定理，它们适用于任何这样的情况，在这些情况中呈现的是一批特定的适应关系——无论这些适应关系是导源于优秀的觅食能力、对环境毒素的抵抗力、吸引配偶的能力，还是导源于任何其他的能力。

进而，一旦我们得到了适合度这个普遍的概念，我们就可以去思考适合度在广泛的情况中得到提升的可能方式。假如一个物种面临环境的改变，若这个物种的成员被划分为一些有所区别的种类，每一种适应于一种环境条件，这些成员是否会得到更大的适合度，抑或说，若它们并不专门适应于某一种环境，而是有能力应对所有的环境，它们才会获得更大的适合度？在何种条件下，适应性最强的基因组合无法被固定于种群之中？一旦我们对提升生物遗留后代能力的多样属性做出抽象，并引入后代期望值这个概念（即适合度这个概念）时，我们就能提出（并至少部分解答）这些有关进化过程的重要理论问题。

适合度这个概念既有诸多用途，也带来诸多诱惑。一旦得到了适合度这个概念，人们就容易认为，重建生命历史的典型问题，就是要理解生物的特性提高它们适合度的诸多方式。然而，我们不应当忘记，一种根据自然选择而做出的解释，应当最终承诺一种潜在过程的存在，在这种潜在过程中，基因频率有所变化。对种群遗传学的复杂性的意识，应当预先就阻止这样的简单假设，即一旦我们表明了一种特性提高适合度的方式，我们就完成了工作。人们在热情的冲击下轻易就会忘记，进化遗传学并没有将单一的等位基因匹配于单一的特性，也没有将对应于有利属性的等位基因配对以不可逆转的方式固定下来。 53

我将在后文中，即在由流行的社会生物学建议所构成的背景下重返这个主题。就目前而言，我想揭露的是另一个不同的陷阱。我们在界定适合度时所珍视的在繁殖上获得的短期成功，并不一定就是长期演变的关键。正如 J. M. 索迪指出（Thoday 1953）的，在繁殖后代上拥有非凡成效的生物，在许多世代之后或许没有留下任何后裔。当我们感兴趣的是一个种族的长期进化时，我们必须确定，如此界定的适合度，并非不同于随后几个世代遗留后代的倾向。

为了对这个问题做出一种清楚明白的阐释，我们或许要求助于费希尔（Fisher）的众多深刻见解之一。请设想一个动物的种群，它拥有一种繁殖更多雄性幼崽的遗传倾向。在这个种群中出现了一种倾向于繁殖雌性后代的变异。这种变异的动物传递它们的基因的能力更大，即便它们在繁殖幼崽的数目上并不多于它们的那些更倾向于繁殖雄性幼崽的竞争者。因为在一个雄性占据多数的种群中，雄性后代将不得不为了交配而竞争，而雌性后代几乎肯定会进行交配。因此，相较于它们的竞争者，这种变异动物在第三代上就会拥有更大的期望值。我们在此就有了一个关于延迟的适合度效应的例证：这两种动物的后代的期望值是相同的，但是，假如我们根据在随后几个世代中留下后代的倾向来理解适合度，那些变异体就拥有更大的适合度。（费希尔对这个问题所做的出色论述，参见 Fisher 1930，chapter VI；1958，158-160。）

这个例证所揭示的是，将适合度作为后代的期望值这个正式的定义并非总是能满足进化论的需求。它还提醒我们，用适合度来走捷径并不容易。我们发现了一个增加预期寿命的特性——然后我们就断言，拥有这个特性的生物的适合度更高。我们表明了一种以特殊方式行动的动物将拥有更多的交配次数——然后我们就断定，这种动物的适合度更高。我们证实了那些遵循特定行为模式的动物将留下更多的后代——然后我们就得出结论，那些动物的适合度更高。所有这些推论都值得仔细审查，甚至最后一个推论也是如此。在其他条件都相同的情况下，我们拥有的子女越多，我们的基因就越有可能找到一条通向遥远后代的道路。但在某些时候，其他的条件并不相同。

什么是进化论？

54 我们对进化生物学的某些最突出之处的快速考察，为我们做好了准备来审视那些方法论的问题。为了评价社会生物学，特别是流行的社会生物学，我们需要对进化论的结构以及部分进化论的检验方式、确证方式，有时甚至是被拒斥的方式拥有一个清晰的见解。我们可以通过审视社会生物学的这个假定根源的特性来开始我们的考察。

正如我在本章的开头部分所提示的，达尔文最初的进化论无法轻易地被等同于小小的一组公理及其逻辑推论。在《物种起源》中提出的那些基本原理是常识，从这些原理到自然选择原理的演绎通道是微不足道的。然而，人们有充分的理由认为，达尔文的这些建议引起了一场生物学的革命。

它们以何种方式引起了这场革命？我认为，对达尔文的理论（或正如我们将在随后看到的，达尔文的诸多理论）与源自达尔文的进化论的诸多版本，应当采纳这样一种观点，它不同于科学家、哲学家与史学家的流行观点。人们应当认为，任何理论若要配得上理论之名，它的内容就不可能被等同于类似牛顿定律、麦克斯韦方程等的小小的一组公理——我的建议是，人们理解某些理论的最佳方式是，专注于它们提出的问题以及它们为了解答这些问题而提供的推理模式。（我已经捍卫了这个一般性的观点，并在多个不同的地方将其适用于一些例证，其中包括进化论；参见 Kitcher 1981，1982a，1984，1985。）这种方式避免了轻视达尔文的成就，还公正地对待了《物种起源》的一个最显著的特征：达尔文通过增加例证来证明了那些无可争议的原理的重要性，先前没有人领会到这些原理的重要地位。

由于达尔文的进化论是某种呈现为众多版本的东西，以所有版本共同拥有的东西作为出发点是有帮助的。达尔文的进化论是由三部分组成的。它聚焦于一批问题，它为提出这些问题提供了诸多策略，而且它还对进化过程提供了某种普遍性的观点。这些部分并不是独立的。根据有关进化过程的普遍性观念，科学家逐渐采纳了他们偏好的特定策略来解答进化问题，并将某些问题接受为正当的问题。

进化论提出的那类问题与达尔文带入科学领域之中的那些问题有所交叠。进化理论家继续设法解决这样的主题：为什么生物生活于它们所在的地方？为什么它们共同享有形态上与生理上的特性？为什么化石记录显示了它所显示的那些特征？为什么动物与植物拥有它们所拥有的那些结构 55

与行为模式？更确切地说，当代进化论的所有版本都承认，在这样的探究中至少有某些是正当的。正如我们将看到的，这些探究对达尔文的忠实程度有所不同，可以认为，这位大师开启的某些探究所抱持的设想是错误的。

解答进化问题所运用的是源自达尔文的那些策略。为了解释生物的分布，我们就将生物由来的历史与变异联系起来。为了解释那些在表面上适应的典型性状的存在，我们为有关变异由来的历史增添了一个我们所构想的关于演变原因的假设。为这些结构性的叙事取一个名字是有帮助的。让我们将它们称为“达尔文主义的历史”（Darwinian histories）。

人们提出的各种达尔文主义的历史将依赖于诸多关于进化过程的普遍观念。在其中突出的是一些关于演变遗传学的见解。种群遗传学存在于某些普遍性的概念之中，它们所关涉的是这样一些问题，即哪种遗传系统在进化中是重要的？哪种力量影响了进化的谱系？这些普遍性的观念充当了有关进化过程的诸多模型的根据，这些模型是通过对那些据说是重要的境况进行数学分析而计算出来的，就正如我们在先前所考虑的那个简单例证中所做的那样。可以假定，对于任何可接受的达尔文主义的历史来说，在它下方都有一个遗传学的模型。可以假定，对于任何正当的进化问题来说，这种遗传学模型都不会允许让大量可供替代的达尔文主义的历史与我们迄今所能获得的全部证据相一致。好的进化问题不应当在实际上是不可解答的。因此，种群遗传学家的这些普遍性的观念，限定了那种提供进化解释的活动。

进化论的第三个组成部分被简明地区分为两个部分。有一些论断认为，在进化路线中（多少有些频繁地）出现了某种特定的状态。于是，当这些状态出现时，人们就对所发生之事进行了详尽的数学分析。这个区分的界限就被我们所论述的种群遗传学所阐明。进化理论家或许会提出，存在着一些常见的状态，其中，两个等位基因出现在一个基因座之上，杂合体被证明具备优势。他们还大致得出了这样的结论，即在杂合体具备优势的任何状态下，若不考虑随机的要素，这个种群将达到一种多态性的平衡状态（在这种状态中，自然选择将让这个种群保持一种以上的生物）。这个提议是一个关于进化特征的生物学论断。相关的精确结果则是与数学有关的。

有关进化论的一般性论述就到此为止。现在让我们考虑诸多特殊版本之间的差异。多种进化论在《物种起源》中有其根源。由达尔文主义的历史的诸多相异构想产生的不同结果，反映的是与诸如适应与进化的渐进主义这样的主题的不同牵连程度。

这些版本对达尔文主义的历史有一个最起码的构想，这个构想所包含的关于演变的进度与模式的假设最少。根据这个构想，一组生物在两个时期之间关于一个家族属性的达尔文主义的历史，主要存在于人们对这群生物在两个时期之间展示家族属性的方式所做的详尽阐释之中。比如，我们有可能通过确认一个时间间隔中大脑面积的分布，追溯原始人类的世系中大脑面积的增加；或者我们有可能通过将其关联于栖居地或捕食者的变化，描述鹿这个物种的范围随着时间的流逝而收缩的方式。

这个最起码的构想能够被用于解答某些生物学的问题。为了理解穿山甲在当前的（离散）分布（它们如今仅仅分布于东南亚与南非），我们或许会描绘那些在大陆中部的可怜的穿山甲一代代衰落的方式，将其仅仅关联于这群曾经连续分布的生物的历史。为了理解狗与熊在头骨形态上的相似之处，我们或许会沿着这两个独立通向当代动物的谱系，描述它们共同的祖先与连续的变化。甚至这个最起码的构想在生物学上也有它的用处。

谨慎的达尔文主义者相信，我们的立场从未让我们能够给出一些比最低限度的达尔文主义的历史更多的东西。他们对进化过程的特征持有一些普遍性的见解。他们甚至有可能认为，自然选择已经成为演变的一个重要动因。尽管如此，他们避免试图去确认自然选择（与其他的进化动因）在生命的历史中发挥作用的运作方式。

对于谨慎的达尔文主义者来说，关于社会生物学的争辩很快就会终结。不可能确证这些关于行为进化的原因的假说——其难度不亚于让那些不可能的东西以寻常的方式在进化论中通过。一些野心勃勃的达尔文主义者不会如此轻易地获得解决的方案。但对野心勃勃的达尔文主义者来说，适应问题是一个严肃的问题。他们坚持认为，有可能对那些塑造了当前的动植物的某些特性的进化力量给出一种有根据的解释。当这个特性是行为的特性，这个动物是人类时，原则上并没有什么障碍来阻止人们在实践上

57

给出这种解释。

对达尔文主义的历史的一种更强硬的构想要求我们辨认的，不仅仅是那些在进化的谱系中发生的变化，而且还包括这些变化的原因。那些重视这种历史可能性的人，并非必然是自然选择的专一信奉者。野心勃勃的达尔文主义的历史所采纳的一种形式是，鉴别那些因为占有某个特定属性而带来的好处，这个特定的属性是由以往的属性承载者所授予的。因此，我们断定，那些模仿不好吃的同类的蝴蝶，通过愚弄它们的捕食者而获得了（并继续获得了）一种优势。但这不应当成为我们仅有的范例。达尔文自己就注意到了诸多特性之间的“关联与平衡”。他知道，“蓝眼睛的猫一般都聋”，“脚上有毛的鸽子，外趾间有皮”（1859，12），他还预见到“关联与平衡”法则的发现对进化论的重要性。现代遗传学与胚胎学发展了达尔文所构想的方案。我们知道，对于基因多效性（即一个基因影响了众多特性）、关联（即诸多基因被成群地束缚在一起，它们对进化分裂性的力量进行了挑战）与异速生长（即一个结构大小的改变引起了另一个结构大小的不同速率的改变）来说，情况可能就是如此。知道了这一点之后，我们就可以看到，野心勃勃的达尔文主义的历史或许会采用任意数目的形式。这种历史有时或许可以恰当地识别诸多属性的整体，有时或许可以恰当地表明，这个整体为生物的祖先带来了诸多好处，有时或许可以恰当地断言，一个特定属性的存在仅仅是由于它隶属于这个整体。我们由此就能打破幼稚的选择性思维的一个符咒，这个符咒假定，每一个性状都有一个相对应的优势。

同族的竞争提升了达尔文主义的家族的生命。野心勃勃的达尔文主义者可能会为了种种达尔文主义的历史的功过而相互争吵，他们也可能联手向谨慎的同事指出后者的狭隘心智。还有另一种家族的分歧。坚定的渐进主义者提出，对生命历史的重建应当揭示的是微小变化的累积。其他人则相信，达尔文主义的历史应当表明在恒定的漫长时期中那些短暂而又令人振奋的（地质）运动。当代进化论在多方面呈现出若干变种。

就我们的目的而言，只有一种内在的争辩是相关的。进化理论家应当承担“解释生物诸多特性的存在”这个达尔文主义的使命吗？或者说，他们应当采纳的是谨慎的达尔文主义者所持有的那种简单的不可知论吗？

58

假如他们有资格变得更加野心勃勃，他们将以何种方式来表明自身是如此合乎情理的？我们以何种方式来获取证据支持他们对生物诸多特性的进化原因所做出的解释？假如野心勃勃的达尔文主义者受制于方法论的规则，流行的社会生物学家是否会根据这些规则来进行游戏呢？

转移注意力的话题

令人遗憾的是，我们首先必须在前进的道路上清除掉一个颇有影响力的错误。进化论的批评者有时倾向于尝试一条快捷的控诉路线，他们断言，进化论在方法论上就是一种糟糕的科学，甚至有可能是一种“伪科学”。讽刺的是，反对社会生物学的进化理论家也经常做出这种相似的评论。我们第一个任务就应当是超越这些标语口号，转向那些严肃的问题。

无论何时都会有一些口号，而对我们这个时代来说，这个不可思议的词汇就是“可证伪的”。在卡尔·波普尔爵士（Sir Karl Popper）的影响下，许多科学家相信，在科学与伪科学之间有一个重要的区别，真正的科学是可证伪的，而伪科学是不可证伪的。在遭到那些质疑进化论地位的批评者的挑战之后，杰出的科学家中了圈套，他们付出了大量精力来完成这样一个任务，即确认那些真正能证伪进化论的陈述。他们中有一些人似乎故意要混淆这个已经模糊不清的局面，他们无论如何都坚持进化论在方法论上的纯粹性，他们将社会生物学斥为不可证伪的，并因此将其定为伪科学。这些结果产生了一个不容否定的印象，即他们应用了双重的标准。

威尔逊的《社会生物学》的早期批评者谴责，“整个理论以如此方式建构，以至于**不可能做出任何检验**”（社会生物学研究小组，收录于 Caplan 1978，287；原文即为粗体字）。这个批评继续存在于新近的讨论之中（比如，参见 Leeds and Dusek 1983，ix，75—79）。流行的社会生物学家通过强调他们的理论所提供的“预测”来对此做出了有力的回应（Lumsden and Wilson 1983a，38—41；Alexander 1979，156ff.）。这个结论是彻底混乱的。流行的社会生物学的支持者与他们的许多批评者似乎都同意，进化论是可证伪的（请比较 Gould 1981 与 Alexander 1979，7—8，19—22）。这个争论似乎退化为一系列生硬的论断，一方断定，（流行的）社会生物学与进化论从根本上是有区别的；另一方则坚持认为，它们在方法论上具有相等的地位。

59 此处的头号问题是可证伪性这个概念。除非我们能够解决这个转移注意力的话题，即有一个划分科学与伪科学的清晰标准——可证伪性，否则，围绕社会生物学的方法论问题就将永远裹挟着模糊费解的东西。反对者将坚持一个不相关的标准，支持者将努力形成一个不相关的辩护。

在一种显而易见的意义上，进化论、社会生物学与所有重要的科学理论都是不可证伪的。在另一种同样明显的意义上，任何受人欢迎的学说都能以一种让它成为可证伪的方式来进行表述。因为一方面，如果某些理论被理解为一组数目不大的普遍定律（牛顿动力学是由运动三定律构成的，电磁理论是由麦克斯韦方程组成的，如此等等），那么，这些理论就没有任何观察后果。观察无法确定这些陈述的真或假，也无法确保这些陈述倘若为假，就会与那些（按照提示方式获得解释的）理论发生不一致。要将理论与观察上可确定的陈述相联系，就必然要使用辅助性的假说（经常是大量的辅助性假说）；如果显示的观察结果是糟糕的，就总是可以用这些额外的假说来将责难挡在大门之外。另一方面，如果这种对可证伪性的承诺要求的仅仅是要让一个理论成为某个体系的一部分，而这个体系作为整体，将产生诸多观察上的后果，那么，这个条件是不起作用的。无论我们选择什么陈述，我们都能产生我们想要的任何"预测"。倘若我们所钟爱的学说是"正是大写的爱才让这个世界运行"这个假设，而且我们迫切想要预测的是"大象吃花生"，那么，我们所要做的仅仅是确保我们的体系包含了"假如大写的爱让这个世界运行，大象就会吃花生"这个陈述，那些合适的"预测"就会降临。这个教益是显而易见的。经常出现于争辩中的可证伪性这个概念，并不会将人们导向一种围绕进化论和社会生物学的诸多方法论问题的精致理解（进一步的细节，参见 Kitcher 1982a，35−44）。

为了让我们理解为什么需要一种不同的方法论视角，我们不妨考虑一下那个为了表明进化论的可证伪性而进行的失败斗争。《物种起源》中有一段经常被引用的文字鼓舞了进化论的捍卫者断言，达尔文自己承认了可证伪性的重要性：

> 达尔文的陈述远远早于当代科学哲学家提出并凸显的方法论，有些当代科学哲学家怀疑进化论作为科学理论的合法性，因为在他们看来，进化论缺乏恰当的证伪命题或证伪运算。达尔文以如下方式说过："倘若能证明有任何复杂的器官无法通过无数的、连续的、轻微的变异而形成，那么，我的学说就绝对会破产。"这样一种挑战表明，达尔文试图设定他的理论可被证伪的诸多途径。（Alexander 1979，11－12，也可参见19－20）

60

不仅亚历山大过于仓促地相信了达尔文在方法论上的眼光，而且这段被引用的文字并不会触及《物种起源》的那些最敏锐的早期评论者所强调的最重要的反对理由。诚然，我们可以通过指出一个特定陈述不相容于某个学说来宣称该学说是"可证伪的"（或许我们所选择的陈述仅仅是对该学说的否定），但这个步骤几乎不会对批评者有什么影响，除非这个受眷顾的陈述的真假可以通过相对直接的观察来进行确定。任何认真地担忧过进化论可证伪性的人都会认为，我们或许能"证明"一个"无法通过无数的、连续的、轻微的变异而形成"的复杂器官的存在这个暗示是荒诞不经的。我们究竟有可能以何种方式来**证明**任何这样的东西呢?

达尔文的诋毁者所提出的准确观点是，进化论是一种预先就制定好的策略，它可以容纳任何与动物、植物和岩层相关的可能观察资料。弗莱明·詹金（Fleeming Jenkin）根据他自己的理解，列举了坚定的达尔文主义者可资利用的诸多资源：

> 他能够发明一连串没有任何证据能证明其存在的祖先；他能够集结一大堆同样是虚构的敌人；他能够召集大陆、洪水与异常的环境，他能够随意地枯竭大海、分裂岛屿与分配无尽的时间。在肯定具备这些优势的条件下，假若他无法以某种方式设计出一系列的动物与环境来相当自然地解释我们所认为的困难，那他肯定是一个迟钝的家伙。（Jenkin 1867，319；也可参见Hull 1974，144，264）

如果我们将注意力转向一个不同的例证，就可以轻易看出詹金控诉的力量与那个被亚历山大归于达尔文的回应的拙劣。即便特创论者宣称，倘若能证明这个宇宙的年龄不可能小于一万年，他们的理论就会崩溃，特创论者也几乎没有什么机会来确立他们的研究进路的科学尊严。我们拒绝相信特创论者的理由与詹金的相似：他们能够归纳出一些没有任何证据能证明其
61 存在的大灾难；他们能够随意改动衰变率并乞灵于未知的地质状态的改变；他们能够改变光速，创造星际空间放射的光波，并召唤超自然的存在者来进行活动。在肯定具备这些优势的条件下，假若他们无法克服任何支持古老宇宙的明显证据，那他们肯定是一些迟钝的家伙。

那些亚历山大的追随者发现了一条方便的途径来确立进化论在方法论上的正当性，他们将发现，当审查的主题是流行的社会生物学时，他们同样会简单地抛弃疑虑。那些承认进化论能够以直接而轻易可描述的方式被“证伪”的批评者发现，他们的妥协反过来让自身产生了困扰。狂热的支持者正确地断言，流行的社会生物学可同样直接“证伪”，从而阻挡了关键的质疑。我们应当拒斥这个产生争论的口号。运用可证伪性的标准来解决进化论或流行的社会生物学中的方法论问题，就像人们试图用一把生锈的菜刀来实施精致的手术一样。

尽管如此，在波普尔的直觉中仍然有一些正确的东西。刻意保护珍爱的观念免受批评，这是一种糟糕的科学——一般而言，这也是一种糟糕的思想。正如弗莱明·詹金看到的，配备了自我保护战术的理论，应当被视为迷信。可证伪性的吸引力是来自这些明智的观点，但它无法以一种明智的方式来进行表述。通过应用在此处发展的对进化论的描述，我们可以做得更好。

詹金的遗产

詹金认为，达尔文的进化论无法从达尔文所收集到的观察材料中获得真正的支持，因为这个理论并没有冒着被驳倒的真正风险。为了理解进化论在方法论上的地位，我们需要做两件事。第一，我们必须表明，一个观察发现的特定后果会如何让人们合理地抛弃这个理论。第二，我们必须考察那些真实的证据确证进化论的诸多方式，并试图理解，这个理论的哪些部分得到了最强有力的支持。本节将开始从事第一个任务。

我们将达尔文的进化论构想为三个组成部分，这让我们能够专注于这

个问题。没有什么方法论上的顾忌应当被附加于种群遗传学之上。它的某些论断是与数学有关的问题。剩余的大致是这样的假设，即特定种类的遗传系统与一系列的力量在生命的历史中出现——有些是罕见的，有些则是常见的。这些论断通过实验的探究与自然的种群而以诸多明确的方式得到检验。 62

那些方法论上的困难在于这样的一些尝试，它们试图通过关联诸多生物群体的达尔文主义的历史来回答关于这些生物群体的问题。怀疑论者担忧，无论发生什么，首选的达尔文主义的历史都有可能被保留下来，或者始终会有一些替代性的达尔文主义的历史，它们可用来减轻进化论者的负担，如果是这样，事情就会开始变得难以证明。这两种焦虑都是没有根据的。

当观察发现不断形成抵制各种解决方案的谜团时，个别的达尔文主义的历史就会被合理地放弃。请设想进化生物学家打算对马岛猬的分布做出解释——马岛猬是一群原始的食虫类哺乳动物，它们局限于马达加斯加岛的大部分区域。这些生物学家断言，有一个远古的种群生活于非洲大陆，马达加斯加岛曾经充分接近于非洲大陆，这些食虫类的动物能够到达这个岛上（它们甚至有可能在马达加斯加岛分离于大陆之前，就已经在这个岛上大批繁殖了），随后消灭这种原始食虫类生物在大陆的后代的那些动物，仅仅在马达加斯加岛远离大陆之后才出现，在那时，那些捕食者或竞争者已经无法到达这个岛屿。这些马岛猬都是作为在大陆上的原始食虫类动物的后代而有所关联。诸多观察（再加上那些来自地质学与生理学的独立的可检验假说）都有可能撼动这种解释。

请考虑这些可能性：化石有可能在错误的时间与错误的地点出现。或者化石记录有可能是空白的，而假若这个达尔文主义的历史是真实的，就不可能会出现这种形式的空白。通过比较不同动物群体的化石记录并进行矿物学的实验，我们就能估算缺少的化石曾经形成却由于风化与地层断裂等复杂过程而丢失的概率（参见 Meehl 1984；Raup and Stanley 1978，chapter 1）。关于动物分布的假说可以通过如下尝试来检验，即试图对相关的动物或至少在生理上相似的动物进行分布。关于马达加斯加岛与非洲的以往位置的假说，可以通过运用那些独立于进化论的地质学结论来进行检验。通过安排正确的条件，我们就有望弄清我们假定的捕食者是否会真正消灭我们假定的受害者，从而能够仔细考察那些有关动物竞争的论断。我们能够在当代的马岛猬中探究那些结构的、生理的与生物化学的关联。

决定性的“证伪”是难以获得的。一位解释马岛猬分布的热心作者 63 有可能对“这些化石如此罕见，以至于这种巨大缺失的概率相当低”这个发现不以为然（“这似乎是那些运气不佳的情况之一，但或许我们有必要多付出一点努力来进行审视”）；他有可能将“当代类似的哺乳动物无法从那些被假定为它们祖先的动物那里复制游泳技能”这件事视为一个暂时无法解释的谜题（“或许它们以我们尚未想到的方式抵达了马达加斯加岛”）；他有可能不理会当代马岛猬与这样一些动物和谐共存的能力，这些动物被假定为消灭了马岛猬在大陆上的祖先（“这些在岛屿上的马岛猬可能通过进化形成了一种在大陆上的哺乳动物不曾拥有的保护性行为”）；他有可能将马岛猬在结构属性与生化属性上的多样性发现归咎为一次对特性的拙劣选择（“那些特征是高度不稳定的，那些分子容易遭受变异”）。每一个对假设的否定性检验都有一种回避的方式。这个假想的作者承认，有一些难题，这个解释无法以最为明确的方式得到详尽的阐述，但对这个解释又没有发展出一种**具体的**可替代解释。进一步削弱这个故事的方式是：有迹象表明，这个解释可能有希望被其他解释所取代。单一的结果无法迫使人们放弃这个达尔文主义的历史。人们有时可以合理地坚持认为，值得寻找一些修正了的辅助性假说，就目前而言，那些发现必须被视为某种尚未解决的谜题。然而，当谜题的数量增加并始终无法解决时，就可以合理地放弃这个达尔文主义的历史，并转而支持某些不同的东西。

一个否定性的检验结果是一个观察陈述（即这样一个陈述，它的真假能够以不依赖于进化论假设的方式得到确定），它在逻辑上与在这个检验之前或明确或默会地接受了的那些历史论断与辅助假说并不相容。当谜题增加的速度要快于解释成功的速度时，达尔文主义的历史就会被合理地抛弃。（在一个更为一般性的语境中提出的类似的方法论观念，参见 Lakatos 1969 与 Laudan 1977。）“进化理论家提出的个别解释是可证伪的”这个想法至为重要的明智之处是，某些观察发现的特定组合有可能形成众多谜题，它们在数量上足以让一个人坚持捍卫那些成问题的解释的做法显得不合情理。

我们已经成功了一半。剩下的是辨明进化论是否如此灵活，以至于能够摆脱进化论在具体解释中所遭遇到的任何失败。怀疑论者担忧，达尔文主义的历史就像天上掉下来的馅饼。假若丢掉了这些达尔文主义的历史，也将会有另一些达尔文主义的历史来取代它们。一个忠实的信奉者最终求助的或许是这个赤裸裸的断言，即存在着某个将会克服这些困难的（未知的）达尔文主义的历史，他将发现这种历史的任务称颂为一项“有趣的研究计划”。 64

有两个要点清除了这项指控。第一，对那些达尔文主义的历史来说，有诸多整体性的约束条件。当我们正在思考的是单一的达尔文主义的历史时，我们在面对化石的缺失时诉诸糟糕运气的借口，这看起来就让人怀疑。假如我们发现，标志着缺失祖先的整个化石记录极大地超过了我们的石化过程理论的估计，这种做法就会呈现出一种可笑的外表。过多糟糕的运气就开始显得是随意的借口。甚至更为显著的是，我们的达尔文主义的历史必须构成一个融贯的集合。如果我们认为，一群动物出现于特定的时间与特定的地点，它对另一个物种有影响，那么，当我们将我们的注意力转向一群不同的动物时，我们就无法忽略这些假设。我们获得的必须是一组关于起源的时间地点、特性、能力与互动等的前后一致的论断。

第二个更重要的要点是，**作为一个整体**的进化论或许也会遭遇到我们为一个具体的达尔文主义的历史所构想出来的相同困境。当达尔文主义的解释尝试偶尔出了岔子时，就没有什么东西可作为达尔文主义的历史的替代物，进化理论家被迫承认自身的无知。请设想马岛猬的例证，我们在上文中已经勾勒出了它们的历史，但我们在解释它们最初的大批繁殖时面对的是一些周期循环式的困难。有关当代哺乳动物的实验让我们相信，我们所假定的食虫类先辈没有能力进行远距离的游泳，它们过于巨大，无法被鸟类携带过来，也无法通过充分紧贴于漂浮木块的方式在汹涌的大海中幸存下来，等等。关于形态学的考虑（我们将不同生物在结构上的相似之处视为这样的标志，即它们近期在其他的许多情形下拥有共同的祖先）并没有让我们拥有这样的选择权，即假定大陆的形态与海岛的形态是不相关的。地质学的发现排除了有一座跨越海峡的陆桥的可能性。我们被迫承认自己的无知，我们被迫承认我们并没有任何达尔文主义的历史来解释已经观察到的这种动物的分布。

承认无知并不是没有代价的。在面临着越来越多的谜题与越来越少的成功时，人们若仍然坚持达尔文主义的历史就是不合理的，类似地，在无法找到达尔文主义的历史的情况越来越多时，除非这种情况增长的数目被更多新成功的数目所抵消，否则，继续捍卫进化论就是不合理的。一个进化论的谜题就是一个被承认为正当的问题，对这个问题并没有可资利用的达尔文主义的历史。当基于观察的发现迫使我们放弃我们所能想到的每一个达尔文主义的历史时，谜题就产生了。如果进化论极度频繁地产生谜题并抵御住了那些试图做出解答的坚决尝试，如果在进化论中并没有什么补偿性的例证被应用于解答新的问题，那么，放弃进化论并寻求一条研究生命历史的不同进路就会是合理的。

65

对于进化论来说，有一个想象中的悲惨命运：它崩溃的方式有可能正是 16 世纪与 17 世纪的托勒密天文学的垮台方式。托勒密派的天文学家承诺于解释行星轨道的事业，他们所使用的方法是将这些轨道等同于诸多圆周运动的组合，而对于这些圆周的组合方式，有一些明确的约束条件。将行星轨道的详尽议案与观察到的运动进行比较，这检验的是提出该议案的作者的技巧，而不是被应用的那个理论（参见 Kuhn 1970，36—40）。由于天文学上最优秀的心智在解决由此产生的诸多谜题时所遭遇到的持续失败，托勒密派的天文学本身最终遭到了质疑。托勒密派的天文学家被迫反复坚称，可以允许有某种运动的组合，它们能精确地解释特定的行星轨道，直到某些研究行星的学者转而合理地喊道："够了！"达尔文的进化论潜在地易于陷入类似的困境与类似的命运。

美好结局

若理解了进化论失败的可能方式，就有助于我们理解进化论可能获得成功的方式与确实获得成功的方式。个别达尔文主义的历史一次又一次地是通过做出如下论断来赢得支持的，即以往生物的存在与特性以及当前生物的存在与特性都能够在观察上得到检验。早期的哺乳动物通过南极洲抵达澳大利亚这个假说，最近借助于在南极洲发现的哺乳动物化石而得到了确证。威尔逊与两名同事［F. M. 卡彭特（F. M. Carpenter）与 W. L. 布朗（W. L. Brown）］运用了一项有关活蚂蚁的比较形态学研究来提出一个关于原始祖先结构的假说。当研究者在琥珀中发现了非常接近于符合他们假定的祖先化石时，这个假说就得到了巨大的支持。毫不夸张地说，类似的情况成千上万。

总括性的问题是，进化论如何得到检验与确证？最好将这个问题分成几个部分。我们可以将这个理论的核心论断作为我们的出发点，即通过构造相关生物群体的达尔文主义的历史来处理那类主要的生物学问题。这个论断通过反复施展诡计而获得支持。假如我们在相关背景的约束条件似乎公然对抗我们的精巧技艺（记录有袋哺乳动物到达澳大利亚的路线，发现远古蚂蚁的形态）与这种历史阐述将我们导向某些极度令人震惊的观察发现之处设法形成了这样的历史，这个论断就会获得特别强有力的支持。 *66*

重要的是要看到，甚至在我们并没有根据接受任何生物群体的特定历史时，这个核心论断也能被确证。倘若进化理论家被要求在某个特别令人费解的例证中找到一个达尔文主义的历史，倘若他们形成了两个这样的历史，每一个都产生了某些令人吃惊的新发现，那么，这个普遍理论的信誉就有所增加，尽管这两个竞争对手都没有权利主张自身独自享有我们的信任。

接下来请考虑对我们关于进化过程的普遍见解的确证。有些假说断定的是在诸多适合度中拥有特定关系的种种遗传系统的存在，这些假说不仅能在实验室中被证实，而且还能在这样一些领域中被证实，在这些领域中，研究者发现了具备这些遗传系统与适合度关系的种群。要确证“存在着某些单一基因座的遗传系统，它们具有杂合体的优势”这个假说，我们就可以指出镰刀型细胞贫血症这个例证。要确证有关**通常**存在的特定类型遗传系统的论断，则要求进行跨越种群的抽样。要确证将变异的相对弱点作为一种进化力量的论断，就需要依赖于我们在多种多样的种群中对变异速率的测量。在此并没有什么神秘莫测的东西。

与在上一段文字中考虑的种种假说相结合的是这样一些法则，它们所表明的是在具备指定的遗传系统、适合度关系、变异速率等的假定种群中发生了什么。正如我们对它们的描述所暗示的，这些法则依赖于对用来描述假定情况的概率论的应用（或许是在某些独立确证且又非常一般的细胞生物学原理的帮助之下）。在此仍然没有什么非常神秘莫测的东西。

确证进化论的关键问题所涉及的是对诸多特殊的达尔文主义的历史的确证。在辨明生命历史特殊场景的过程中，有一个最主要的策略，它在实践型的生物学家那里是众所周知的，尽管它在新近的科学哲学家那里被强调得并不多。达尔文主义的历史通过清除竞争对手来赢得它们通向顶端的道路。鉴于我们对进化论的核心论断的承诺，鉴于我们有关进化过程特征的已经得到辩护的普遍看法，鉴于来自独立研究领域（生理学、地质学等）的那些得到良好支持的约束限定，实际上就可以确定那些潜在的达尔文主义的历史所处的**空间**。在理想的情况下，我们就能够真正确定那些假说，罗列其竞争对手，进而获得那种用来清除所有竞争对手，只留下一个历史的证据。比如，在研究一个生物地理学的问题时，我们的出发点或许是关于被研究物种的关系、它们在当前的分布能力、陆地先前的位置等方面的信息。通过运用这些约束条件，我们或许就能列出一些有限的可能分布路径。（例证：有袋哺乳动物只可能是从南极洲或印度尼西亚群岛来到澳大利亚的。）一项化石研究或许揭示了它们在区域内的一条仅有的分布路径。由此，我们就获得了证据来支持某个特殊的达尔文主义的历史。

杜布赞斯基（Dobzhansky）对**拟暗果蝇**（*Drosophila pseudoobscura*）与**黑翅果蝇**（*Drosophila persimilis*）的种群关系的研究，在不同种类的问题语境下为这个相同的程序步骤提供了一个例证。杜布赞斯基与他的合作者发现，在特定染色体区域中的基因顺序在不同种群之中有所变化。他们能对进化关系阐述一些竞争性的假说，他们为此而使用的原理是：假如两个排列次序彼此都无法通过染色体片段上的单一倒转而实现，那么，它们就是通过一个居间的排列次序而有所关联的。（例如，若在一个种群中的基因顺序是 ABCDEFGHI，在另一个种群中的基因顺序是 AEHGFBCDI，我们就假定，居间种群的基因排列次序是 AEDCBFGHI。）在此基础上，杜布赞斯基转而寻求先前没有想到的排列次序。通过发现某些这样的排列次序，他就能排除某些进化的设想并确证其他的设想（参见 Dobzhansky 1970，129－131）。

在这些案例以及众多其他的进化例证中运用的确证方法是，**在背景中排除竞争假说**。它的先决条件是，我们所具备的约束条件让我们有能力构造达尔文主义的历史的可能空间。考虑到某些观察发现，我们有可能在这些发现的引导下相信，任何可资利用的假说都是不正确的，因而去重新考虑我们最初表述的那些约束条件。一般的进化论本身有可能衰败与崩溃。然而，尽管这个理论根据其获得成功的漫长记录而得到了辩护，尽管我们对我们所关注的生物的生理学假设做出了独立的辩护，尽管我们对这些生物的进化历史的特定方面拥有得到良好支持的见解，但是，所有这些信息提供的是这样一个背景，在此背景中，我们当前试图发现独特假说的努力尝试都是被引导的。 68

通过考虑这些最起码的达尔文主义的历史，我阐明了确证进化论解释的常见策略。这并非运气。最起码的达尔文主义的历史比它们的那些野心勃勃的同类更易于确证，其理由不难发现。这些野心勃勃的历史时常就它们关于变异由来的假说达成一致，但是，它们没有考虑任何辨别那些关于变异原因的竞争性意见的手段。尽管支持有关食虫动物关联模式的单一见解的证据或许是强有力的，然而，有可能存在着众多方式来解释在这种模式之下的因果过程。

这个观点或许将导向绝望，或许将导致谨慎的达尔文主义。尽管如此，若认为不存在任何手段来区分有关演变原因的诸多竞争性假说，这就是不成熟的。谨慎的达尔文主义有点过于谨慎。有时我们能够获得证据来得出结论，特定属性经过自然选择而盛行于特定群体，我们就能够确认自然选择的基础，能够确认该属性为那些占有该属性的生物带来的好处。以那些通常被人们称赞为最佳案例的东西为出发点是有帮助的，由此我们不仅能够对确认那些野心勃勃的历史的可能方式拥有一个清晰的见解，而且能够对那些或许在别处有所欠缺的东西形成某些概念。

凯特尔韦尔（Kettlewell）对英国飞蛾的工业黑化现象所做的一系列研究（Kettlewell 1973），是证明自然选择对自然种群产生影响的经典范例。在工业革命之前，带有白色斑点形状的椒花蛾，即**白桦尺蛾**（*Bis-*

ton betularia），在英国是常见的。随着城市化的发展，黑色的飞蛾，即黑化的变异体，在工业中心附近变得更加引人注目。斑点蛾继续支配着英国乡村的一些相对较少受到污染的区域。不难对城市附近的种群在黑化特征上的频率改变做出解释。污染物杀死了通常生长于树干的苔藓。覆盖苔藓的树干为斑点蛾形成了一个保护性的背景，斑点蛾在其中不仅对人类来说几乎是不可见的，而且对捕食它们的鸟类来说也显然是不可见的。当苔藓被破坏后，树干的表面一律都是暗色的，那些斑点的形状就变得更加显著。在苔藓覆盖的树干上，黑斑的形状要比白斑的形状更加显眼，但是，在一律都是暗色的树干上，它就得到了更好的掩饰。在所有这些情况中，较好的掩饰所赋予的是更高的预期寿命，因为它减少了被捕食的风险。

69 该说明解释了人们观察到的椒花蛾的形状分布，但是，人们不难构造出一些竞争性的故事。或许是由于某些污染物的存在（黑斑飞蛾的幼虫能够抵御这种污染物），白斑飞蛾的幼虫在工业区的存活数量较少。或许是白斑飞蛾在繁殖力上产生了更大的变化，这种变化取决于可轻易在乡间地区获取食物类别的密度。一个人若要让自己有根据地相信，他已经确认了被选择出来的属性以及这些属性所赋予的好处，这个人就必须有理由相信，相较于选择焦点所预示的优势（或诸多优势），任何替代性的效应都是微不足道的。换句话说，一个人必须排除替代性的达尔文主义的历史。

这种排除或许是通过求助于背景理论的考虑要素来完成的，或许是通过做实验来完成的。我们或许要通过求助于我们的生理学知识与我们关于飞蛾发育的知识来反对如下暗示，即雄性的白斑飞蛾在城市附近交配时精力不怎么旺盛。根据我们对生理学与飞蛾发育所知道的东西，并没有根据来支持任何这类区别，这个假说就从可能的空间中被排除。在其他的情况下，竞争性的解释是通过做出一种仔细的检验来排除的，而凯特尔韦尔就是以这种检验著称于世。他观察了鸟类从各种树上叼走两种飞蛾的比例。他估测了幼虫在不同条件下的生存能力。他比较了两种飞蛾在不同环境下长大时各自的繁殖能力。结果清晰地表明，在掩饰上的优势是自然选择过程的一个重要组成部分。

野心勃勃的达尔文主义的历史所确认的是演变的原因。这些历史求助于自然选择，此后就求助于一种**选择主义**的历史，它们确认了被研究生物的一个属性（或诸多属性）以及这种属性赋予承载者的好处（或诸多好处）。如果我们要从凯特尔韦尔的成就中得出一些普遍性的教益，那么，重要的是要承认，有一些属性将黑斑飞蛾与白斑飞蛾加以区分。在此只列举三种属性：这两种飞蛾在单一基因座上呈现的等位基因有所不同，它们的特定器官所产生的黑色素的数量有所不同，最明显的是，它们的颜色有所不同。在这个例证中，这个明显的差异恰恰就是关键的差异。（假如凯特尔韦尔不是那么谨慎，假如他关于掩饰重要性的结论是错误的，那么，我们就可以轻易想到，他会以何种方式被人们谴责为聚焦于那些“表面上的差异”。）在工业区域中，存在着一种支持黑斑飞蛾的自然选择，任何黑斑飞蛾（它们在其他方面都与白斑飞蛾相似）的适合度都会增加，*70* 即便它的着色是以某种不同的方式形成的。

进而，即便我们正确找到了那个被选择出来的属性，或许还存在着具备该属性的其他好处。飞蛾的着色或许与成功逃避捕食者有关，或许还与飞蛾捕食自己的猎物或增强有效的温度调节有关。

凯特尔韦尔与他的同事能够通过系统性地研究有关被选属性及其相关好处的竞争性假设来探索出错的可能性。让这种研究系统化的关键是详尽的遗传学、生理学与发育学的研究。凯特尔韦尔知道，黑斑飞蛾与白斑飞蛾在单一的等位基因上有所不同，他相当了解这个等位基因表现自身的诸多机制。因此，他能够拟定一个关于可能的属性与好处的清单。接下来，他就能排除众多依赖于这个后果清单的假设，从而为他自己的那个提议获得强有力的支持，即被选属性是暗黑的着色，它所赋予的好处是降低在污染的环境下被捕食的可能性。

凯特尔韦尔的研究是一个典范。正如约翰·泰勒·邦纳（John Tyler Bonner）所承认的，“得到良好证明的其他例证”“仅仅是少数”（Bonner 1980，187）。对所有动物的全部特征来说，我们几乎都缺乏有关遗传差异、生理差异、发育差异的知识，而正是这种知识给凯特尔韦尔的研究工作带来了系统性。非常难以搜集必要的信息——这是那些期望理解导致当前特性的诸多因素的人遇到众多挫折的一个原因。

在追求野心勃勃的达尔文主义的历史的过程中，有可能产生三种情况。**理想的**情况是，我们的背景知识让我们能够构造一个可能的空间，我们的观察与实验让我们可以排除其他竞争的历史，只留下一种历史。**不充分决定的**情况是，我们能够确认两种或两种以上的历史，但是，它们无法通过可资利用的信息来进行区分。（甚至当我们的背景知识不足以构造可能的空间时，也有可能发生这种情况。）这两种情况在方法论上都没有问题。理想的情况肯定是值得努力争取的，不充分决定的情况被视为这样的例证，我们必须承认至少暂时对它们是无知的。造成麻烦的恰恰是第三种情况。

当我们拥有一种详尽的达尔文主义的历史（这种历史甚至有可能将我们导向某些令人吃惊的结果），却又认识到我们对我们研究的生物的生态学、遗传学、生理学与发育过程过于无知，以至于无法阐明众多可能的竞争性解释，我们应当说些什么？当面对这种情况时，怀疑论者就会极力主张要谨慎，狂热者将会断言，这种单一的历史有权让我们接受。每一方都有代表自己的某些话要说。

71

怀疑论者有可能指出，存在着潜在的竞争性解释，只是它们尚未以详尽的方式被阐明。人们不应当因为它们尚未被详尽阐述这个事实而坚持拒绝相信它们（它们并非在本质上不合情理），而是应当据此坚持认为，我们不了解相关生物的重要的生物学事实。我们无法将这种无知提升为一种获取偏爱解释的认识手段，正如当我们对这些偏爱的解释的可信度没有进行任何检查时，我们也无法根据“我们不知道有任何东西反对它们”而合理地将这些候选者分派到具备重大责任的位置上。正如在官员的竞选中我们知道各种信息，我们需要这些信息来做出可为之辩护的判断，我们对进化过程的一般性理解，也让我们能够认识到一种证据，我们需要用这些证据来评价我们所偏爱的达尔文主义的历史的是非曲直。缺乏这种证据，我们就应当悬搁判断。

狂热者对此做出了回应。怀疑论者设置了过高的证据标准。不能让创造出来的空洞可能性阻碍实验获得的正面结果。这个未得到充分发展的暗示的大致意思是，有可能存在替代性的研究进路，但人们不应当严肃地将它作为一个对成功理论的地位构成的威胁。必须考虑的是现实的竞争者并评估它们的可信度；然而，怀疑论的蒙昧主义是一条通向蜕化科学的道路。

这个争论恰恰是微妙的，因为它位于恰好知道该说什么的两种情况之间。理想的情况要求我们忠实。在不充分决定的情况下过于仓促地跳至结论的生物学家引来了责备。狂热者大声疾呼要将这种复杂的情况包含到理想的情况之中，怀疑论者则宁愿将其吸收到不充分决定的情况之中。两者都得到了一些真正深刻的见解，两者都陷入了谬误之中。怀疑论者肯定错误地坚持认为，野心勃勃的历史让我们去期待的所有令人吃惊后果的不断累积，根本无法让我们合理地增加对该历史的信心。狂热者同样错误地将竞争性历史的可能性作为“空洞的可能性”而不予考虑。这些竞争性的历史之所以无法实现，是由于我们的无知；正如怀疑论者注意到的，无知并不是一把打开知识之门的钥匙。

我们能够避免这个困境吗？我认为可以。这个争论预设，对野心勃勃的达尔文主义的历史，应当有某种确切的、通用的认知评价。我们被如下图景所欺骗：这种历史要不就应当用金色的字母铭刻于伟大的真理之书，要不就应当在废弃笔记的铅笔涂鸦中无人问津。没有理由相信，理性的决策会推荐这两种命运。我们可以按照迄今发展的最佳解释，如其所是地接受这种历史，与此同时去把握各种让该历史有可能随后不得不让位于其竞争对手的途径。通过检验我们对潜在的遗传学、生态学、生理学等的无知程度，我们甚至能够试图去评估形成竞争性解释的可能性。 72

在极端情况下我们是清晰明了的：我们知道，或者我们认识到了我们的无知。居间的情况拒绝接受这两种评价。我们有一个奏效的假设，它是某种或许最终将被证明为真实的东西，但是，我们对自身无知的慎重确认，阻止了我们将其作为已经得到确立的假设。在一般的科学语境中，对假设的暂定性接受或许会伴随着对我们的无知程度的评估，更积极的做法是，通过努力纠正它来让它获得更确切的结论。

我们带着几个问题开始了我们关于进化论的方法论探究，现在我们就能给出解答。原则上没有障碍来阻止那种解释生物特性存在的达尔文式的研究事业。我们并没有被迫成为谨慎的达尔文主义者，我们也不会被迫将所有的社会生物学都视为在进化论实践中的流行疾病的巨大副产物。野心勃勃的达尔文主义的历史有时能被系统地检验与确证。野心勃勃的达尔文主义者也受方法论规则的约束。

剩下的是这个大问题：流行的社会生物学家是否按照规则行事？到目

前为止，我们还无法分辨这一点。然而，已经有可能辨别出流行的社会生物学的麻烦的潜在根源。倘若我所描述的那些在方法论上的复杂情况在社会行为（尤其是人类社会行为）的进化研究中大量存在，那么，流行的社会生物学家就不得不支持狂热者的立场。因为否则的话，他们根据进化论得出的那些结论，就无法为他们期望建构的那个有关人性的宏大理论提供充分的根据。

不适应者的持续存在

进而，还有一种进化问题需要与上一节中讨论的问题相区分。有时，进化生物学家主要关注的并不是去发现那些在某个特性背后的**真实的**达尔文主义的历史，而是想要表明这个特性**有可能**是进化的产物。当我们发现某些特性似乎减少了它们的承载者的适合度时，我们就经常会从事这类探究。这些特性如何能与自然选择的进化论相协调？它们如何优先得到确立？为什么自然选择没有清除它们？

73

达尔文被一个具有普遍难度的显著例证所困扰，这个例证已经成为众多社会生物学家研究工作的核心。达尔文想要知道，在社会性昆虫中存在的不育工虫如何与他的理论相协调？问题并不在于表明这些明显不适应的生物（不育工虫）以何种方式有可能在现实中设法进行繁殖：它们并没有成功实现如此不可思议的事情。达尔文感到费解的是，在父辈那里存在的繁殖不育后代的倾向，这个倾向被传给了具备生殖能力的后代，因为不育工虫存在于每一个世代中。这个特性似乎会降低一只昆虫留存后代的能力：假设蜂后能够繁殖固定数目的蜂卵，我们就会预测到，如果让所有的蜂卵都发育成具有充分繁殖能力的昆虫，而不是让某些蜂卵变成不育的，那么，蜂后就会在随后的世代中留下更多的后代。

达尔文试图表明，这些表象有可能是欺骗性的。让我们将一些具备繁殖某些不育后代倾向的昆虫与另一些在选择范围内似乎会做得更好的竞争性昆虫相比较。没有理由认为，假想的竞争对手在第一代中会做得更好。根据推测，无论是全部昆虫都具有繁殖能力，还是有些昆虫不育，它们的后代总数将是相同的。我们预测的差异存在于下一阶段。那些竞争者在第一代中具备了额外的繁殖能力，它们在第二代中似乎将拥有更多的后代。达尔文的断言是，并非必定如此。假如不育的姐妹提供帮助，那么，较少数量的繁殖者所产生的后代，或许就会多于繁殖者数量较多，却没有受益于工虫帮助的竞争性巢穴（Darwin 1859，238）。

达尔文的建议解决了一个谜题，即自然选择如何有可能形成（或维系）一种最初似乎减少了适合度的特性？另一个相当不同的问题是，这种特性以何种真实的方式形成（或维系）？尽管这些问题能够以相同的话语形式来提出，但关键是要承认，在它们之间还是有差别的。解答第一个问题需要的仅仅是提供一种与已知的东西相融洽的可能方案。要处理第二个问题，我们就必须遵循在上一节中详细阐述的那些规则。

达尔文若坚持认为，他已经确认了不育昆虫的持续存在的关键因素，那么，他就是仓促的。存在着众多的候选因素。不育工虫也许并未增加它们的那些具备繁殖力的同胞的繁殖产量，而是让它们的母辈能够进一步繁殖出有生育力的后代。或许，那种繁殖不育后代的倾向是借助“关联与平衡”法则而相关于某些相当有好处的属性的。正如我们将看到的，还存在着进一步的可能性。 74

或许有人坚决认为，可以轻易绕开进化可能性的问题。被困扰的达尔文主义者始终有可能求助于“盲目偶然与历史意外”的创造。事实上，那种认为该策略始终能应对上述难题的想法是不正确的。当我们发现某些行为类型独立地出现于一些生物群体之中时，我们应当避免过于轻信地去假定，这些行为的形成与维系是许多意外事件的结果，这些意外事件虽然都彼此独立，但它们都倾向于拥有相同的幸运状态。（对于社会性昆虫问题的一个挑战是，不育工虫在不相关群体中的出现。）我们现在就处于汤姆·斯托帕德①的吉尔登斯顿所遇到的情形之中，他抛掷硬币连续 92 次得到了头像朝上的结果。这当然有可能发生，但当它发生时，理性的回应

---

① 汤姆·斯托帕德（Tom Stoppard，1937—　），英国剧作家，以其睿智的对话、诙谐多样的写作手法和对语言的巧妙运用而闻名。吉尔登斯顿（Guildenstern）是斯托帕德在 1990 年导演与编写的喜剧电影《罗森格兰兹与吉尔登斯顿之死》（*Rosencrantz and Guildenstern Are Dead*）的主角之一。——译注

是，更仔细地审视这枚硬币——在我们的情形下，我们或许应当思考一种不同的解释。

甚至当我们承认这种选择是演变仅有的动因时，仍然有一些与似乎降低了适合度的诸多特性的达尔文主义的历史的可能性有关的纯粹问题。相较于对那些让诸多特性出现的真实进化过程给出有根据的解释，解答这些问题容易得多。当这些问题（与解答）被混淆时，我们或许在误导之下会认为，我们比我们实际上知道得更多。

社会生物学的好奇心有时肇始于达尔文的一个困惑：进化论能否将自身协调于明显不适应者的持续存在？正如我们将在下一章中看到的，有关社会行为进化的研究者如今会由于在这个广泛存在的问题上取得了巨大推进而感到自豪。但是，流行的社会生物学家在诱惑之下超越了有关可能性的谜题。流行的社会生物学家想要追踪动物行为模式的真实进化，并将他们所钟爱的解释技巧用来理解人类的行为。我们应当弄清楚的是，从进化可能性问题走向真实历史问题这一步，并不是野心勃勃的达尔文主义的历史所需要的系统探究过程的捷径。

我们还应当承认，这种对人类行为的强调，以另一种方式离开了达尔文的困境。进化可能性的问题主要是一个关于那些无法思虑与计划，无法将其行为与其察觉到的利益相协调的生物的谜题。那些读过狄更斯对西德75尼·卡顿①之死的解释的人，通常都不会大声说："这个角色按照明显会降低他的适合度的方式行动，这有多么奇怪啊！"人们或许会选择做出这样的行为，它们无意于完成任何与进化有关的目的，或许会选择去做在他们看来远比以往的做法要更好的事情，我们会欣赏这种可能性。这个关于人类的谜题最初给我们留下的印象，根本比不上达尔文关于社会性昆虫的忧虑。当人类明显地降低了他们自己的适合度时（如在自我牺牲这个最

---

① 西德尼·卡顿（Sydney Carton），狄更斯（Charles Dickens，1812—1870）名著《双城记》（*A Tale of Two Cities*）中的主人公之一，他是一个愤世嫉俗的律师，他爱上了美丽善良的露西，却觉得自己没有资格去爱她，而且他还身患严重的肺病，即将不久于人世。在法国大革命时期，露西的丈夫达尔奈因受家族背景的牵连而被法庭判处死刑。为了确保露西的幸福，为了让露西在今后的人生中不时想起自己，卡顿顶替露西的丈夫上了断头台。——译注

极端的例证中)，并不存在对进化论的直接威胁。

流行的社会生物学家断言，我们必须学会重估这些平凡的例证。他们断定，他们追随的是这样一条道路，它从达尔文的原初理论与达尔文的原初问题导向诸多有关人性的激进结论。但是，这条道路似乎有两个鲜明的转向。它从进化的可能性转向进化的现实性；有些生物似乎对达尔文的进化论构成了威胁，这恰恰是因为在它们的行动中无法看出，它们将适合度隶属于那些与进化无关的目的，而这条道路却将这种生物让位于那种被我们确认为可以选择自身目的的生物。或许我们有理由被迫在流行的社会生物学家为我们绘制的路径上做一次旅行。然而，在我们出发之际，我们应当考虑我们偶尔会发现自己有所迷失的可能性；我们应当准备去批判性地思考我们的向导所做的这个自信论断，即达尔文的手指清晰地指出了一个特定的方向。

第3章　关于生命、性与适合度的新手指南

亲缘计算

77　流行的社会生物学成名的原因，依赖于它超越传统动物行为学的非系统研究进路的可能性。“新综合”的拥护者有可能推进他们前辈的努力，这不仅由于他们能够利用有关动物行为的更好的观察资料以及出自该领域的可靠事实，而且还由于他们有一个闪闪发光的技术宝库，有一些对进化论的更加巧妙的改进，这些出色的改进将让进化论适合于克服有关社会行为的诸多问题。我在本章的目的是回顾这些技术，从而准备一条通往社会生物学的清晰概念的道路。

在这些理论发展中的一个显著进步是由威廉·汉密尔顿（William Hamilton）形成的观念，它通常被称为“亲缘选择理论”或“广义适合度理论”。某些批评者已经假定，社会生物学的所有内容，都是更新了的动物行为学与汉密尔顿的精巧观念的结合产物（Sahlins 1976；Hinde 1982，152）。这些批评者是错误的。社会生物学有可能指的是种种理论观念——广义适合度的概念、将博弈论用于理解适合度的关系、运用最优化模型来分析适合度。然而，这些批评者的假设是有一定根据的。众多社会生物学家的讨论突出了广义适合度的概念，他们这么做是因为汉密尔顿的深刻见解极其有价值地拓展了新达尔文主义的适合度概念。只要我们不认为理论的社会生物学以汉密尔顿为起点与终点，我们就能合理地将理解广义适合度的尝试作为出发点。

首先，让我们设定某些阶段。汉密尔顿的建议方案出现于一场在20

世纪50年代到60年代让生物学家发生分裂的争论之中，即有关“选择单位”的争论。尽管大多数社会生物学的讨论都以例行公事的方式间接提到了这场争论，但是，它对我们所关注的争论来说是关系不大的。[最初关于“群体选择”的争论激发了某种理论机制的形成，社会生物学家孜孜不倦地用这种理论机制来完成他们的工作。这个应用在很大程度上独立于那些有关选择单位的挑衅性论题，当前有些生物学家为那些挑衅性的论题展开了争论，如理查德·道金斯（1976，1982）与大卫·斯隆·威尔逊（David Sloan Wilson 1980，1983）。] 78

1962年，V. C. 温-爱德华兹（V. C. Wynne-Edwards）试图解决某些问题，这些问题是由这样一种行为模式的存在而产生的，这种行为模式似乎降低了那些行为展现者的适合度。他的意见是，这种行为得以维系是为了增加这些生物所属群体的好处。到此为止并没有什么新鲜的东西。长久以来，生物学家就以笼统的方式求助于“那些为了群体（或物种）的好处而实施的行动”，这个主题将会继续成为动物行为学家与人性研究者特别喜爱的东西（Lorenz 1966，27ff.；Morris 1967，80 ff.；Eibl-Eibesfeldt 1971，93，105）。但是，温-爱德华兹首次明确提出了详细的建议，它阐明的是生物有可能以何种方式选择群体的利益，即便为之牺牲个体的利益。对鸟类的社会分类研究让他相信，某些鸟类的行为方式降低了它们的适合度。他试图精确地表明，它们的行为以何种方式为它们所属群体的福祉做出了贡献，这种群体以何种方式在时间的变迁中仍然保持稳定，这些具备特定有利特性的群体在竞争性的群体走向衰亡时以何种方式维系自身。

尽管这个观念是有吸引力的，但是，它立即就遭到了批评。在一本理所当然具备影响力的书中，乔治·威廉姆斯（George Williams）考察了一系列的案例，在这些案例中得到应用的是群体选择主义的说明。[讽刺的是，尽管温-爱德华兹对群体选择主义的观念给出了最为系统的论述，但是，威廉姆斯主要关切的是更早的传统，它在W. C. 阿利（W. C. Allee）与其他人的研究工作中得到了例示。] 他的结论是，不仅总是可以找到一些根据个体选择做出的替代性解释，而且这些替代性解释总是更胜一筹，除了一种情况以外——在老鼠种群中持续存在的这样一种等位基因，当老鼠拥有这种等位基因的两份拷贝时，它就会让雄性老鼠不育。威廉姆斯的指导性原则是，出于节俭的考虑，我们就应当在能够做到的情况下避免给出群体选择主义的说明（Williams 1966，5，262）。威廉姆斯所做的广泛研究让他自己相信，求助于群体层面的好处与群体选择是“无理由的与不必要的”。

补充性的反对意见则是由约翰·梅纳德·史密斯极力主张的。威廉姆斯考虑的是求助于群体选择的必要性，而梅纳德·史密斯担忧的是这么做的充分性。梅纳德·史密斯的基本直觉是简单有力的。倘若某个群体包含了那些其行动违背了自身生殖利益的成员，它将由于清除了竞争性的群体而繁荣昌盛，那么，在群体层面上的竞争必定足够快速地发生，以便于确 79 保那些具备所谓优势的群体不可能遭受来自内部的毁灭。请设想有一个物种以两个种类出现，一种是善良者，一种是卑劣者。善良者为了帮助它们所隶属的群体而打造了某些繁殖的机会。卑劣者仅仅为了它们自身而有所警惕。一群善良者有可能最终会清除掉一群卑劣者，若它们都在相同的地区内为了诸多资源而竞争。尽管如此，如果要花数代时间来解决竞争问题，那么，迁入的卑劣者就有可能影响那群善良者，并通过一般的个体选择而普遍存在于这个群体之中。梅纳德·史密斯精确地算出了这种直觉的认识（参见 Maynard Smith 1964，相关阐述参见 Maynard Smith 1976a）。他的讨论并没有表明，温-爱德华兹所构想的群体选择是不可能的。相反，群体选择有可能是一种重要的进化力量，它的条件是严格的。（此后，有些科学家试图精确地列举这些条件，参见 Boorman and Levitt 1973，Gilpin 1975，and D. S. Wilson 1980 and 1983；E. O. 威尔逊在 Wilson 1975a，106ff. 中以一种多少有点特殊的方式参考了某些这样的研究；Sober 1984 的第 II 部分对此给出了一个新近的明晰讨论。）

威廉姆斯与梅纳德·史密斯的研究工作被汉密尔顿的研究工作所补充。1964 年，汉密尔顿发表了两篇题为《社会行为的遗传进化》（“The Genetical Evolution of Social Behavior”）的系列论文。第一篇论文为这样一个观念提供了数学表述，根据传言，这个观念最初是由 J. B. S. 霍尔丹（J. B. S. Haldane）在英国酒馆的一次谈话中兜售的。（威廉姆斯也得出了相似的观念；参见 Williams and Williams 1957。）据说，霍尔丹在被问及他是否准备基于进化的理由而为了别人牺牲自己的生命时，他就抓过一个啤酒杯垫与一支铅笔，在经过一些快速的计算之后，霍尔丹宣称，如果他拯救的人能够多于两个兄弟、四个同父异母的兄弟，或八个近亲，他就情愿放弃他的生命。[汉密尔顿重复了这个在真实性上可疑的说法（Hamilton 1964a，42）。] 在计算出细节之后，汉密尔顿在他的第二篇论文中致力于表明“先前那篇论文中的模型有可能被用来支持社会进化的普遍生物学原理”的方式（1964b，44）。

让我们从霍尔丹的推理开始。假设我们拥有某种有性繁殖的双倍体生物。请考虑两个亲兄弟姐妹并选择一个特定的基因座。这两个兄弟姐妹之一在这个基因座上拥有一个特殊的等位基因。另一个兄弟姐妹通过相同父母的传递而共享这个等位基因的概率是多少？显然是0.5：父母将这个等位基因传递给第一个兄弟姐妹，或者将我们所谈论的这个等位基因传递给第二个兄弟姐妹，或者将同源染色体上的等位基因传递给第二个兄弟姐妹。现在假设生活是艰难的，每个兄弟姐妹若单独行为，就只能期待它们各自仅仅拥有一个后代。假如这两个兄弟姐妹之一为了协助另一个的利益 80 而放弃了繁殖，那么，受益者繁殖后代的期望值就将是三个。潜在的帮手将面对两种可能的方案——它们可以繁殖，或者它们可以帮助它们的兄弟姐妹。根据其传递基因至下一代的立场来看，哪一种方案更加成功？（更确切地说，如果我们假定，有一个基因座，在其上或者有可能出现帮助亲属的等位基因，或者有可能出现不帮助亲属的等位基因，那么，哪一个等位基因有可能在下一代中得到更多的表现？）

选择独行的生物，它们既不帮助兄弟姐妹，也不受兄弟姐妹的帮助，它们将自身一半的基因传递给它们的单一后代。自我牺牲的协助者无法直接将它们自身的基因传递下去。尽管如此，对于它们的每个基因来说，在它们兄弟姐妹的后代的每次复制之中，都有四分之一的概率让那个基因传递下去。（这个概率是该基因在兄弟姐妹中存在的概率以及它在存在的情况下被传递下去的概率共同作用的产物。）由于兄弟姐妹繁殖了三个后代，于是就有三个独立的场合，在每个场合下，这个基因都有四分之一的概率传递下去。这个基因在下一代中的预期频率是四分之三。因为这个基因出现三次复制的概率是 $(1/4)^3$，这个基因出现两次复制的概率是

$3(1/4)^2(3/4)$，这个基因出现一次复制的概率是 $3(1/4)(3/4)^2$。由此得出的期望值就是：

$$3(1/64)+2(9/64)+1(27/64)=3/4$$

由于相同的计算适用于那个提供帮助的生物中的任何其他基因座，不难看出，若这个生物帮助它的兄弟姐妹，那么，它的基因在下一代中的预期表现也一样好。

为什么不是更好？毕竟，独行者成功表现的仅仅是它们一半的基因。因此，这似乎是最初反思得出的结论——而最初的反思需要获得帮助。我们已经忘了添加独行者由于其兄弟姐妹繁殖的单个后代而无论如何都会实现的基因表现。一个基因在下一代中的预期频率是1/2（通过单个的后代）加上1/4（通过兄弟姐妹的后代）。因此，这些策略是同样成功的。或者我们也可以通过关注以下可能性来概括这种情况，即一个协助者用自己的一个后代来交换同胞的两个额外的后代。通过这个交换而在预期的基因表现中发生的变化是零。这第二个视角有助于思考霍尔丹–汉密尔顿的洞识。在承认了动物可通过它们的亲属来实现其基因表现之后，我们必然会领悟到，亲属繁殖的绝对区间并不重要，重要的是提供帮助的生物的存在与行动对亲属繁殖所造成的差异。

81

汉密尔顿表明了以何种方式可以推广我给出的那个简单运算。他的第一个目标是界定一种广义适合度的概念，它会与如下观念相适应，即我们的基因将通过我们的亲属而被传播到随后的世代之中。人们在此易于误入歧途。（汉密尔顿的许多后继者已经误入歧途，相关的评论，参见 Grafen 1982 and 1984；对汉密尔顿提议的批判性讨论，参见 Michod 1982。）让我们从生物后代的期望值开始。我们现在以两种方式来更改这个期望值。第一种方式是，我们忽略这个生物从亲属中获得的帮助，并且在该生物没有获得这种帮助的情况下确认它的后代的期望值。第二种方式是，我们考虑这个生物对亲属后代的期望值所产生的全部效应，无视共享基因的概率（即**亲缘系数或关联系数**）所带来的那些效应。通过这种方式的权衡，就可以将有关后代期望值的那些变化添加到这个生物自己后代的期望值之上。

一旦我们采纳了汉密尔顿的洞识，我们或许就能解决关于适合度明显降低的诸多谜题。不难看出，这是定性的解决方案。假如真正对个别适合度产生不利的效果被其对亲属的效果所抵消，汉密尔顿的概念就能转危为安，从而向我们表明，这并没有对选择的运作构成威胁。更确切地说，让我们假定，一个生物的个别适合度（或个体适合度，或古典适合度），就是这个生物的成年后代的期望值。我们现在通过无视亲属的帮助来“剥光”这种适合度。假设这个生物“被剥光了的”个别适合度就是（至少接近于）这个生物的个别适合度。这个生物对广义适合度产生的效果就是在亲属后代期望值中出现的一种增长，产生这种增长的原因可归结为这个生物的存在与行为，这种增长可以用亲缘系数来进行权衡。因此，若我们拥有这个生物在种群中的 n 个亲属的某个排序，若这个生物对第 i 个亲属的后代的期望值 ω_i产生的效果是 $\delta\omega_i$，那么，它对广义适合度产生的效果就是 $\sum r_i\delta\omega_i$，在此，r_i即最初那个生物第 i 个亲属的亲缘系数，对于在这个生物的基因组中随意选定的一个特定等位基因来说，r_i就是第 i 个亲属通过继承遗传来共享那个等位基因复制品的概率。广义适合度正是个别适合度效应与广义适合度效应的总和。一个等位基因对、一个基因组合或一个表型属性的广义适合度是通过对这些等位基因或属性的承载者取平均值而计算出来的。

如今就可以更清晰地看到有关明显降低的适合度的诸多谜题的解答轮廓。当我们在种群中拥有这样两种生物，它们的行为使其类似于第二章举例的善良者与卑劣者时，就会产生一个谜题。善良者的个别适合度小于卑劣者的个别适合度，然而，善良者得以生存与增殖。这是如何可能的?让我们进入汉密尔顿的视野。倘若善良者的广义适合度效应抵消了它们在个别适合度上相对于卑劣者的不足，那么，善良者的数量将增长，卑劣者的数量将衰减。 82

我们的概述性解决方案与霍尔丹在酒馆的演算所预设的是选择行为对广义适合度造成的差异，在人们对基因传播的直觉性观念的刺激下，产生了有关该差异的结论。汉密尔顿让这些观念变得精确。当我们思考的是广义适合度而不是个别适合度时，对在单一世代中发生的基因频率改变的分析就更加复杂，但是，汉密尔顿能够模仿经典的结果。正如费希尔与赖特（Wright）所能表明的，在特定条件下（包括在缺少随机因素与缺少依赖频率的选择的条件下），种群将达到平均适合度的局部最大值（在直觉上可以认为，选择所发挥的作用是让种群尽可能地具备适应性），汉密尔顿能够证明，在相似的条件下，种群将达到平均的广义适合度的局部最大值（Hamilton 1964a，32）。一个推论是，等位基因对（或更大的基因组合）的广义适合度若高于种群的平均值，那么，它就会（或至少暂时会）在选择中占据有利的地位。也就是说，假如一个普遍存在的表现型比某个竞争性的表现型拥有更大的广义适合度，假如在承载着这两个表现型的生物之间存在着基因的差异，那么，对“为什么这个表现型继续存在于该种群之中”这个问题来说，就没有什么真正的神秘之处。我们拥有了一个支持善良者获胜的根据。

尽管这个对平均广义适合度最大化后果的数学推导是错综复杂的，但是，大多数社会生物学对它的运用所采纳的是一个简单的推论。如果我们记得汉密尔顿所类比的费希尔–赖特定理的推导条件，如果我们正确地运用了广义适合度这个概念，我们就能通过比较广义适合度效应与个别适合度的减少，来对那些看似降低了适合度的特性的持续存在形成深刻的理解。因此，假设我们所面对的情况是，一个生物（唐娜）协助另一个生物（本尼），假若我们能够应用一个简单的不等式，那么，我们就能解决“在自然选择下唐娜的行为持续存在”这个谜题。只要我们能够表明，唐娜引发的额外成本（唐娜实施其行为所导致的后代期望值的损失）少于其在广义适合度效应中的收益（通过衡量本尼与唐娜的关联度而得到在本尼后代的期望值上的收益），接下来对唐娜所展示的类似行为的持续存在来说，就没有什么神秘之处。汉密尔顿的不等式所陈述的是，一种行为方式在自然选择下能够继续存在，假如

$$C < rB \quad 或 \quad B/C > 1/r$$

在此，C 是这个行为（降低个别适合度）的成本，B 是这个行为带来的在广义适合度效应上的好处，r 是关联系数。这个不等式不仅构成了霍尔丹演算的基础，而且构成了过去十年来大量社会生物学论证的基础。尽管如

此，我们应当记住，这个不等式的正当理由存在于汉密尔顿的如下证明，即这个被选择的种群将抵达平均广义适合度的局部最大值。因此，当这个定理的条件没有被实现时，当广义适合度无法被视为个别适合度效应与广义适合度效应的总和时，这个不等式就是不可适用的。（我们还应当记住汉密尔顿明确提出的一个见解：在表面上提升适合度的行为在自然选择下或许不利于适合度，因为它对亲属产生了有害的效应；在这里，对个别适合度的增加，有可能被广义适合度的负面效应所淹没。）

我的讨论根据广义适合度这个概念来着手处理汉密尔顿的洞识，而我避免提及的是“亲缘选择”。尽管在社会生物学的文献中流行谈论亲缘选择，但是，继续我的做法似乎是有益的。那些渴望运用这个术语的人可以将其视为涵盖了这样的情况，即个别适合度的降低被广义适合度效应所超过。然而，这实在太容易产生如下的想法，即诸多生物如此行动以至于明显降低其适合度的经历会被分成两个不同的种类：一种是亲缘选择的情况，另一种是需要对生物行为进行某种其他分析（来揭示其隐秘优势）的情况。若以这种方式进行思考，就错过了汉密尔顿的基本洞识。演变是种群基因频率的改变，对在个体选择下的一个种群来说，这种改变的方向和量级将由这个种群中诸多生物的广义适合度之间的关系来决定。当一个似乎降低了适合度的表现型持续存在于种群之中时，我们有时或许能够通过思考这个表现型的广义适合度来解决这个谜题，而不需要对促成广义适合度的诸多因素进行广泛的分析。但即便我们转而认为，广义适合度并没有消除掉我们对这种表现型的持续存在的全部怀疑，有关广义适合度的考虑因素或许仍然是相关的。无可否认，在某些情况下，我们对这个处境的理解，将依赖于我们确认的那些以不明显的方式提升了个别适合度的“促进适合度因素”所发挥的作用。在这种情况下，对演变的讨论就有可能将它视为依赖于诸多古典适合度之间的关系。（对于许多表现型来说，广义的适合度或者等同于古典适合度，或者仅仅在微不足道的意义上不同于古典适合度。）然而，在其他情况下，必须要通过考虑促进广义适合度的竞争策略来着手处理这个问题；而当后者发生时，关于表现型的维系是否源于亲缘选择的诸多争论就有可能仅仅是枯燥乏味的。

84

姐妹统治的有力之处

假设性的例证已经足够充分。怀疑论者或许会合理地想要知道，广义适合度这个概念的引入是否仅仅是应用数学巧妙的一部分——或者，假若他们读过汉密尔顿最初的论文，并敏锐地感受到计算基因频率预期变化这个问题的复杂性，他们可能会合理地想要知道，引入这个概念是否仅仅是应用数学不那么巧妙的一部分 。何处与生物学有关？

汉密尔顿在他的数学论文的结尾提到了一种可能的生物学应用：他认为，当一只鸟发出有关捕食者出现的警告信号时，这种做法导致的个别适合度的明显降低是有可能得到补偿的，若这个警告信号提醒了这只鸟的一个亲属。尽管如此，与广义适合度概念功效有关的这个了不起的例证（社会生物学的最佳成就之一），是针对社会性昆虫行为的研究的。

达尔文发现，社会性昆虫深深地令人困惑。蚂蚁、黄蜂、蜜蜂、白蚁的栖居地的显著之处通常在于它们的居民之间的合作以及这些昆虫的似乎不利于它们的个体适合度的众多行动方式。工蚁主要并不是为了它们自身而搜集食物，但它们频繁地为了别的蚂蚁的消耗而反刍食物；它们喂养将成长为幼虫的卵；它们牺牲自己的生命来捍卫其中并没有它们直接后代的栖居地。社会性昆虫的复杂系统如何进化？汉密尔顿注意到了**膜翅目**（这个目包括蚂蚁、蜜蜂与黄蜂，它们的社会性是在十一个独立的时期内进化而成）的一个奇特之处。他借助这个区别性的特征来适用广义适合度这个概念。（在白蚁中的社会性并不共享这个奇特之处，因而就不得不按照不同的方式来对它做出说明。）

这个奇特之处与性别的决定有关。不同于绝大多数其他的昆虫，蚂蚁、蜜蜂与黄蜂拥有一种决定性别的单倍二倍体系统。雄性是由未受精的卵发育而成的，它包含了母体细胞中发现的一半染色体（更准确地说，是母体的体细胞，这些细胞并不是生殖细胞）。未受精的卵中的染色体数目是这个物种染色体的单倍数目。雌性是由受精卵发育而成的，因此，它们的染色体数目是这个物种染色体的双倍数目。这个决定性别系统的一个后果是，产生了某些非同寻常的亲缘系数。

85

请考虑两个个体，O_1 与 O_2。O_1 相对于 O_2 的亲缘系数是，在 O_2 的一个基因座上发现的某个基因由于遗传而在 O_1 中存在的概率。两个姐妹之间的亲缘系数不难计算。请考虑其中某个姐妹的任意基因座，挑选存在于这个基因座上的某个等位基因。我们正在考虑的那种生物有可能通过这两种方式中的一种来传递这个等位基因：它或者来自父亲，或者来自母亲。假如它来自父亲，那么，由于父亲的基因传给了所有的后代（父亲的配子在基因上等同于父亲的所有其他的细胞），另一个姐妹必然共享这个基因。假如它来自母亲，那么，这个基因也传给另一个姐妹的概率是1/2。（母亲的配子变成了这个姐妹的合子，它拥有母亲的一半基因。）

姐妹拥有这个基因的概率
=[（这个基因来自父亲的概率）
×（假定这个基因来自父亲，姐妹拥有这个基因的概率）]
+[（这个基因来自母亲的概率）
×（假定这个基因来自母亲，姐妹拥有这个基因的概率）]

通过替换我们已经获得的数值，我们就可以得知，这两个姐妹之间的亲缘系数是3/4。

在此，还有一些其他的适用于单倍二倍体交配系统的亲缘系数。女儿相对于母亲的亲缘系数是 $r=1/2$，儿子相对于母亲的亲缘系数是 $r=1/2$，兄弟相对于兄弟的亲缘系数是 $r=1/2$，兄弟相对于姐妹的亲缘系数是 $r=1/4$。（如果姐妹中的这个基因来自父亲，兄弟由于遗传而拥有这个基因的概率是0；如果这个基因来自母亲，兄弟由于遗传而拥有这个基因的概率是1/2。）姐妹相对于兄弟的亲缘系数是 $r=1/2$。（兄弟中的这个基因来自母亲，母亲将相同的基因传给姐妹的概率是1/2。）母亲相对于儿子的亲缘系数是 $r=1$。（对于雄性中的任何基因来说，这个基因存在于它的母亲之中的概率是1。）在这里明显存在着诸多不对称。由于这些不对称，上一段的定义就不仅仅是迂腐的练习。

有关**膜翅目**的这个令人好奇的事实以何种方式进入了对它们的社会性进化的解释之中呢？在我们对不育工虫的存在的最初讨论中，我们从王后的视角审视了这种情况。达尔文提议，假如王后具备这样一种倾向，它 86

产生某些不进行繁殖的后代，但这些后代会帮助它们的母亲来抚养能生育的姐妹，那么，这位王后实际上就有可能让它在随后几代中的预期基因表现最大化。但是，为什么这些预期的协助者应当执行这个计划？对这位母亲来说，工虫不育本身几乎不足以成为一个优点，它需要的是让它们**工作**，实际上，是让它们为了能生育的姐妹的繁殖而工作。此处是汉密尔顿的解释。请设想这样一个由进化形成的物种，物种中的雌性长期繁殖后代。假如母亲在它的第一个女儿成熟时仍然在进行自己的繁殖工作，接下来我们就可以比较这个女儿的两种选择：它可以交配、筑巢，开始它自己的繁殖生涯，或者它可以待在家中，帮助母亲抚养更多的姐妹。由于这些雌性相对于姐妹的亲缘关系要比它们相对于女儿的亲缘关系更紧密（3/4对1/2），它们的基因在未来几代中的预期表现将由于它们所采纳的第二种策略而有所增加。我们可以将这个想法表述为一种可能的说明，它既解释了繁殖某种不育后代这个倾向的起源，又解释了这个倾向的维持。

请设想某些女儿继承了待在家中帮助母亲的倾向。这种女儿的任何基因，尤其是构成合作行为基础的那个基因（或那些基因），预计都有可能得到传播。接下来就会对任何重新调配资源的系统进行选择，在其他情况下，这些资源就会在发展那些协助者的繁殖系统的过程中有所耗费。（这个系统有可能是灵活的，它容许所有后代要么发展成为具备繁殖能力的成虫，要么发展成为不育的工虫；或者在具备生殖力的形态与不具备生殖力的形态之间存在着基因的差异。这种社会性的**膜翅目**遵循的是前一种形态。）因此，在这些昆虫的特定发育阶段之后，昆虫的栖居地最终就包含了某些无法繁殖的成员。进而，这种让某些后代成为不育工虫的倾向有可能是通过自然选择来维持的，因为缺乏这种倾向的昆虫，其女儿作为协助者的效率会较低。因此，达尔文的那个关于社会性昆虫中的不育工虫的存在之谜（即不育工虫**究竟如何可能**在面对自然选择时仍然继续存在）已经得到了解决。

人们可以轻易地通过扩展汉密尔顿的这个解释，来阐明其他的那些有关**膜翅目**的令人费解的事实。在蚂蚁、蜜蜂与黄蜂之中，工虫总是雌性，雄性没有做出任何贡献。汉密尔顿的解释对准的是亲缘系数值。女儿对雄性的紧密关联，恰如兄弟姐妹之间的紧密关联：在这两种情况下，亲缘系数都是1/2。汉密尔顿得出结论："支持类似工虫的本能进化的情况，从来就不可能适用于雄性。"（1964b，63）但是，这仅仅是一个解释的开端。要说明雄性懒散的寄生状态，我们就必须表明，不合作在自然选择中是有利的。威尔逊试图阐释汉密尔顿的观念，他认为，对于膜翅目雄性昆虫来说，它们传播基因的最佳途径是，准备在交配时间尽可能充满活力。在群体中懒散并向它们的姐妹索取，这是雄蜂提升自身适合度的策略。（偶尔有一些例证表明，某些雄蜂超越了它们的固定形式。参见 Hölldobler 1966；相关的简要讨论，参见 Oster and Wilson 1978，128。）87

在转向蚂蚁这个研究对象时，我们就会变得更加了解进化的诸多途径。汉密尔顿的洞识证明自身价值的方式是，它展示了那些看似注定要被消除的特性如何仍有可能变得广泛存在。尽管如此，人们有可能错误地认为，我们已经回顾的那些证据为有关进化真实过程的诸多结论提供了强有力的根据。人们有可能同样错误地认为，它确证了汉密尔顿得出的关于基因频率改变与进化轨迹改变的精细的数学结果。人们甚至有可能错误地认为，它确证了这个简单的推论，即假如 $B/C>1/r$，就有利于增进一个亲属的繁殖。

确证这个用来解释我们所勾勒的有关社会性**膜翅目**昆虫中的不育工虫进化故事的假说，要求我们比以往获得更多的东西。人们就不得不详细制定与探索其他可替代的建议。（比如，参见那些在 Seger 1983，Brockmann 1984 与 Bull 1979 中提出的观念。）相较之下，汉密尔顿的数学不需要任何来自社会性昆虫的数据就能成立。类似于古典种群遗传学的核心主张，汉密尔顿定理的根据是概率定律与遗传学的基本概念原理。恰如达尔文的论证是为了支持自然选择原理，汉密尔顿为之辩护的论断是，在特定条件（随机交配，独立于频率的选择）下，种群将达到平均**广义适合度**的局部最大值，一旦我们获得了这种关键性的洞识，汉密尔顿所做的辩护就是令人信服的。在此可以仿效 T. H. 赫胥黎（T. H. Huxley）的这个说法："若没有想到那一点，该有多么愚蠢！"（F. Darwin 1888，II，197）

膜翅目的单倍二倍体应当享有其应得的权利。在确认不同寻常的亲缘系数并运用汉密尔顿观念的过程中，我们就能认识到某些重要的东西。在自然选择下有可能形成并保持工虫的不育性吗？这就是达尔文的问题。汉密尔顿找到了一条途径，对这个问题给出了一个响亮的“肯定”回答。

进化的制胜手段

88　当我们发现一个生物似乎以降低自身适合度的方式行动时，求助于广义适合度仅仅是人们有可能尝试的诸多进路中的一种。另一种进路是引入某些来自博弈论的观念。假设我们将一个种群视为一批“博弈者”，它们寻求的策略出自一个给定的集合，我们试图分析的是那些可利用策略的预期回报（根据未来的基因表现）。接下来我们或许就能表明，一旦实现了某个特定的策略（或策略分配），它就有可能在这个种群中继续存在，因为背离了这个策略的生物的适合度将小于它们的惯常竞争者。这是一个有吸引力的观念，梅纳德·史密斯以相当复杂的方式发展这个观念。（我要赶紧加以注释的是，这个观念同样可以适用于那些在表面上并没有降低适合度的情形。）

简单的例证提供了最好的介绍。我将以一个不仅简单，而且在某些方面“相当幼稚的”例证（Maynard Smith 1982a，5）作为出发点。请设想一些为了特定的可分割资源（一流的果树、有阳光的环境或诸如此类的东西）而相互竞争的动物。当其中的两只动物在资源附近相遇时，这两只动物都更偏好于获取整个资源。在放弃了用种群遗传学来处理相似的出生之后，假定这种动物的总体是无限的，它以无性的方式繁殖。（我们做出最后这个假设是为了给这个观念提供担保，即相似的生物产生相似的后代。一个给定的基因型必然导致的那些行为，将由父母传给子孙后代。）在这些动物之间成对产生的竞争总是对称的。任何一个竞争者都不比另一个竞争者更大、更快、更聪明、更匮乏。最后，在这个种群中有两个在基因上迥异的种类。**鹰**总是为了资源而斗争，逐步升级，直到它们自己受伤或它们的对手让步。**鸽**总是以保守的表现开始，一旦对手开始认真地战斗，它们就会撤退（参见 Maynard Smith 1982a，12）。

我们需要测算各种竞争的后果。让我们继续这个简单的故事，假定所有的斗争涉及的是一种资源，用适合度的单位来表示，它的价值就是 V。这意味着，一个动物在没有付出代价的条件下所获取的资源，将提升其后

代的期望值是 V。它并不意味着，无法获取这个资源的动物们所具备的适合度是零（参见 Maynard Smith 1982a，11）。当两者的相遇升级为斗争时，失败者遭受的损失 C 也是根据适合度的单位来衡量的。鸽在任何相遇中都没有遭受任何损失。

89 请考虑这些可能的相遇。当两只鹰相遇时，就会有一场斗争。得胜者获取整个资源，失败者在伤痛中跛行离去。由于这种情况是对称的，可以预料的是，任何一只鹰都有一半的机会来胜过它遇到的另一只鹰。因此，一只鹰在适合度上的预期变化就是 $\frac{1}{2}(V-C)$。当鸽遇到鸽时，全部资源都得到了和平的共享。一只鸽由于与另一只鸽的纠纷，它在适合度上的预期变化就是 $\frac{1}{2}V$。最后，当鹰遇到鸽时，鹰侵占了全部的资源，鸽则一无所获地逃之夭夭。鹰在适合度上的预期变化就是 V，鸽在适合度上的预期变化就是 0。我们可以在一个收益矩阵中呈现我们的结果，见下表：

	鹰	鸽
鹰	$\frac{1}{2}(V-C)$	V
鸽	0	$\frac{1}{2}V$

这个表的全部内容代表的是左边这列中的动物在遇到顶部这行中的动物时，它们在适合度上发生的变化。

现在让我们来做出一些界定。一个策略就是一种行为的方式。更准确地说，它是用来绘制特定行为背景的一种函数。在我们的例证中，这些策略是简单的。鹰在所有的背景下坚决地进行战斗。鸽则永远不会进行战斗，它们若遭到挑衅就会逃跑。显然有一些更加狡猾的策略。混合的策略是一种在概率上对其他策略赋值的策略。**犹豫不决者**采纳鹰的策略的概率是1/2，采纳鸽的策略的概率也是1/2。更一般性地说，我们可以按照如下形式来构想所有的策略：以 p 的概率来采纳鹰的策略，以（$1-p$）的概率来采纳鸽的策略。最终，我们就可以设想某些依赖于背景的策略。**审慎者**仅仅在所有比它自己更小的动物面前采纳鹰的策略，而这种审慎或许是勇猛的较好组成部分。

若一个策略是不可侵入的，它就被称为**进化稳定策略**（ESS）。更确切地说，只有当一个种群中的所有成员都采纳 J，在自然选择下没有任何变异的策略能够侵入这个种群时，J 才是一个进化稳定策略（参见 Maynard Smith 1982a，10）。当一个变异的策略能够在种群中维系自身时，侵入就发生了；换句话说，这个策略并没有立即被自然选择所清除。一个策略仅仅是在相对于一组潜在的竞争性策略的意义上是进化稳定策略。对于我们有可能考虑的几乎所有的博弈来说，只要一点想象力就可以提出诸多能够侵入一个种群之中的策略（它们中某些是不合情理的），在这个种群中的成员所采纳的是我们明确考虑的任何策略。**聪明的鹰**是这样一种策略，它精确地攻击那些攻击者不受伤害即可将其打败的动物，显然，它既可以侵入一个采纳鹰策略的种群，又可以侵入一个采纳鸽策略的种群（或者侵入一个采纳任何混合鹰-鸽策略的种群）。进而，不应当将进化稳定策略这个概念与全局最优化策略相混淆。在一个采纳进化稳定策略的动物种群之中，采纳竞争性策略的变异体就会处于不利的地位。即便 J 是一个进化稳定策略，我们也可以相当融贯地假定，如果一个特定的变异策略 K 成为广泛存在的策略，那么，采纳 K 的所有动物就会比采纳 J 的动物获得更大的回报。事实上，许多博弈都具备多样的进化稳定策略，它们中有许多策略比另一些策略更好——在带来更大回报的意义上。

90

回到我们的简单例证。假如 $V > C$，那么，鹰策略就是一个进化稳定策略。充当鸽的变异体就会是罕见的，它们多半会遇到鹰，而在竞争中，它们就会比大多数野蛮的成员获得更少的回报：0 对 $\frac{1}{2}(V-C)$。鸽策略并不是一个进化稳定策略，因为充当鹰的变异体会获得尽情的享受，它们在自己所到之处几乎都会遇到鸽。在每一次相遇时，这种变异体就会得到双重的回报。尽管如此，人们或许应当更为现实地（与更为有趣地）假定，受伤的成本要远远高于从竞争资源中获得的收益。不值得为了饱满的香蕉而被打断手臂，那些逃跑的动物或许能在别处找到某些没有竞争对手的资源。

假如 $V < C$，那么，鹰策略就不再是一个进化稳定策略。充当鸽的变

异体会遇到鹰，它在竞争中得到的预期回报是 0。这种回报并不显著，但是，它优于鹰为了得到$\frac{1}{2}(V-C)$这个预期的回报而到处流血斗争。（要记住的是，这种回报是适合度的增加。这个结果不应当被理解为，它表明了鸽的适合度是 0，鹰的适合度是负值。）

我们可以轻易地引入普遍性与精确性（参见技术性讨论 A）。这种普遍性的表述支持了我们对鹰-鸽博弈的定性评价。它还帮助我们走得更远。请考虑鹰-鸽策略的混合体，它的所有策略都遵循了如下的形式：以 p 的概率来充当鹰，以（$1-p$）的概率来充当鸽。在 $V<C$ 这个有趣的情形下，这种形式的策略是否有可能是进化稳定策略？是的。假如我们有一群动物，**它们全部都**以 V/C 的概率来充当鹰，以（$1-V/C$）的概率来充当鸽，那么，那些采纳了鹰-鸽策略的不同混合的变异体就无法侵入（参见技术性讨论 A）。这个结果不应当被混淆为一种有关多态**状况**的稳定性的论断，在这种状况下，这个种群的 V/C 充当了鹰，这个种群的其余部分充当了鸽。到目前为止，我们所考虑的问题是，相对于一组鹰-鸽策略的混合体，J 是否是一个进化稳定策略。若聚焦于一个其成员只能追随一种纯粹策略的种群，并追问在那里是否有一种稳定的多态现象，这就是一个相当不同的问题。然而，这个问题是值得提出的。

91

技术性讨论 A

设 I 是一个对竞争性策略 $J_1 \cdots\cdots J_n$（或一批数目无限的策略）而言的进化稳定策略（ESS）。我们接下来要规定的是，采纳 I 的动物的适合度必须大于任何采纳一种竞争性策略的变异生物的适合度。假设这个变异的生物所具备的是与它寻求取代的任何采纳 I 策略的动物都相同的基本适合度（即不会因为竞争关系而增大的适合度），这些适合度可被写作：

$$W(I)=W_0+(1-p)\cdot E(I,I)+p\cdot E(I,J_i)$$
$$W(J_i)=W_0+(1-p)\cdot E(J_i,I)+p\cdot E(J_i,J_i)$$

此处的W_0是基本适合度，p是一个采纳J_i策略的变异体的频率，$E(K, L)$是一个采纳K策略的生物在与一个采纳L策略的生物相遇时的预期回报。[请注意，我们还假定，每一次只有一种变异的策略试图侵入。假如同时出现的是一些变异体，问题将更加复杂。梅纳德·史密斯给出的那些条件确保的仅仅是多重侵入下的稳定性，若出自一组竞争性策略的全部混合策略都被包括在这组竞争性策略之中。梅纳德·史密斯多少有点拐弯抹角地提出了这一点（1982a，附录D）。] p的值非常小（博弈者J_i是**罕见的**变异体）。对于任何竞争性的策略J，若$W(I) > W(J)$，I就是一个进化稳定策略。因此，我们规定，对于每一个i而言，

$$(1-p)[E(I,I)-E(J_i,I)]+p[E(I,J_i)-E(J_i,J_i)]>0$$

由于p接近0，因此，若$E(I, I) > E(J_i, I)$，这个不等式就成立——请回顾我们的这个论证，即如果鸽是罕见的，那么，它们遇到的多半是鹰，因此，我们就可以通过考虑鹰在鹰-鹰竞争中的回报与鸽在鹰-鸽竞争中的回报来比较鹰与鸽的运气。若$E(I, I) = E(J_i, I)$，$E(I, J_i) > E(J_i, J_i)$，这个不等式同样成立。若这些变异体在对抗I时拥有相同的适合度并严重地彼此对抗，I就能维持自身。

现在，让我们考虑鹰-鸽博弈的混合策略的可能性。我们先要确立一个简单的结果。设J为这种混合的策略，它的数值P为某个既不是0也不是1的数值。首先假定$E(鹰, J) < E(J, J)$。根据有关J的定义，

$$\begin{aligned}E(J,J) &= P\cdot E(鹰,J)+(1-P)\cdot E(鸽,J)\\ &< P\cdot E(J,J)+(1-P)\cdot E(鸽,J)\end{aligned}$$

92 因此，$E(J, J) < E(鸽, J)$。所以，J不是一个进化稳定策略。由此我们表明，若$E(鹰, J) < E(J, J)$，那么，J就不是一个进化稳定策略。因此，若J是一个进化稳定策略，$E(鹰, J) \geq E(J, J)$。但若J是一个进化稳定策略，$E(J, J) \geq E(鹰, J)$。因此，若J是一个进化稳定策略，$E(J, J) = E(鹰, J)$。以类似的方式，我们就能表明，若J是一个

进化稳定策略，E(鸽，J) = E(J，J)。因此，若 J 是一个进化稳定策略，

$$E(鹰,J)=E(鸽,J)=E(J,J) \tag{A}$$

[D. 毕夏普（D. Bishop）与 C. 坎尼斯（C. Cannings）在 1978 年证实了一个更具普遍性的结果，这个结果是在 Maynard Smith 1982a 的附录 C 中推导出来的。] 我应当明确指出，(A) 并不是 J 成为进化稳定策略的充分条件。一个简单的反例是，全部参与者在所有的相遇中获得了同样的回报。

在应用（A）的过程中，我们发现，任何进化稳定策略都必须满足这个条件：

$$\begin{aligned} E(鹰,J) &= P\cdot\frac{1}{2}(V-C)+(1-P)V=P\cdot 0+(1-P)\cdot\frac{1}{2}V \\ &= E(鸽,J) \end{aligned}$$

因此，假如有一个进化稳定策略，P 的值就必然是 V/C。（请注意，P 必定在 0 与 1 之间，因此，人们做出理智解释的关键是要假设 $V<C$。）不难核实，这种策略就是进化稳定策略。

请设想一群鹰与鸽，它们的频率分别是 p 与 $(1-p)$。鹰与鸽的适合度可被写作：

$$W(鹰)=W_0+p\cdot E(鹰,鹰)+(1-p)\cdot E(鹰,鸽)$$
$$W(鸽)=W_0+p\cdot E(鸽,鹰)+(1-p)\cdot E(鸽,鸽)$$

[理由：一只鹰的适合度 W（鹰）是基本适合度 W_0 加上由于与其他动物相遇而产生的增加值；与别的鹰相遇的概率是 p，与鸽相遇的概率是 $(1-p)$。E（鹰，鹰）是一只鹰与另一只鹰相遇的预期回报。] 在平衡状态下，这些适合度是相等的。因此，若 $\hat{p}$ 是鹰的平衡频率，那么，

$$\hat{p}\cdot\frac{1}{2}(V-C)+(1-\hat{p})\cdot V=(1-\hat{p})\cdot\frac{1}{2}V$$

由此产生的结果是，$\hat{p}=V/C$。因此，当这个种群的 V/C 充当鹰而剩余的

成员充当鸽时，就会存在一个稳定的多态现象。

93 那么，我们为什么应当在进化稳定策略与策略的进化稳定分布之间做出区分呢？有两个理由支持这种谨慎的态度。首先，演算的相似性（参见技术性讨论 A）不应当让我们盲目于如下事实，即这些结论是以相当独特的方式得出的。在一种情况下，我们拥有一批策略的集合，我们想要确定，在这个集合中究竟有哪一个策略（假如有的话）能够抵御该集合中的其他任意策略的侵入。在另一种情况下，我们有一个不同的策略集合，我们想要知道，这些策略在这个种群的成员之中是否有某种均衡的分布。其次，在这两种问题之间并没有一个普遍的形式等价性。如果纯粹策略多于两个，那么，我们在没有任何稳定的多态条件下，就可以拥有一个稳定的混合策略，反之亦然（参见 Maynard Smith 1982a，附录 D）。

我们对于一个非常简单的博弈，已经取得了很大的进展。我们能如何扩展与改进我们的进路呢？迄今为止都至关重要的一个假定是，“相似者产生相似者”。假如鹰有一个倾向，它产生的后代中有某些成员会采纳鸽的策略，那么，所有的断言都会落空。即便给定一个“稳定”的分布，博弈者的频率也有可能发生变化。这种可能性被我们的如下激进手段所限制，即我们坚持要求无性繁殖。考虑到在均衡分布上的诸多适合度是相等的，父辈的频率将是后代的频率，由于后代在基因上等同于它们的父母，这种分布将得到保留。但这个要求是必需的吗？特别是，我们能够将博弈理论的研究进路适用于类似我们的动物，即二倍体生物的有性繁殖之上吗？

如果一个纯合体能够形成进化稳定策略，那么就没有什么大问题。在这些情况下，在一个种群中采纳进化稳定策略的动物们的子孙后代，也将采纳进化稳定策略。如果涉及的是一些基因座，或者这个进化稳定策略就是由杂合体形成的，诸多复杂要素就出现了。（这些基因座看起来或许并非麻烦所在。毕竟，若有五个相关的基因座，而这个进化稳定策略是由每个基因座上的纯合体的组合所形成的，那又有什么东西能出错呢？尽管如此，假如这个进化稳定策略有可能是由不同纯合体的组合形成的——比如，若重要的仅仅是五个基因座中任意三个是充满了特定种类的纯合体的基因座，那么，麻烦就产生了。而这仅仅是冰山的一角。假如这些基因座是有所关联的，也就是说，它们在相同的染色体上是紧挨着的，或者它们是相互作用的，那么，种群遗传学的复杂细节就会干扰那个经过改善的博弈理论分析。）

请考虑一种经过修正的鹰–鸽博弈，它发生于有性别差异的生物的一个无限的、随机交配的种群之中。假设 $V=1$，$C=1/2$，因此，这个进化稳定策略（即非决定性的策略）就是，以 1/2 的概率充当鹰，以 1/2 的概率充当鸽。我们以这样的种群作为出发点，它的个体在基因座 A 上都是杂合的。杂合的结果为 AA 的动物充当鹰，为 aa 的动物充当鸽，而 Aa 的杂合体则是不确定的。这种 Aa 的个体所采纳的策略是一个进化稳定策略吗？并非如此。由于不确定的个体的有性繁殖，这些纯粹的策略不仅侵入了第一代，而且还在其中保留了下来。在此，我们**能够**确认的是一种稳定的多态性（$\frac{1}{4}AA$，$\frac{1}{2}Aa$，$\frac{1}{4}aa$），但并没有任何进化稳定策略存在。

94

由此得到的教益是，进化稳定策略的存在不仅取决于回报与可利用的策略，而且取决于在这些策略下面的基因基础。我将通过引入一种不同的复杂状况来总结我关于进化博弈策略的讨论。当我们放松了有关完美对称的要求时，将会发生什么？

动物之间的一种重要互动涉及入侵者的这样一个尝试，即将一种资源（如领地）从它原先的占有者那里抢走。在这种情况下出现了各种各样的不对称。占有者基于其对领地的知识，或许拥有一种增强了的防御能力——比如，入侵者或许会被引入沼泽与丛林。这块领地对占有者的价值，有可能要大于对入侵者的价值（更严谨地说，失去领地对占有者在适合度上造成的损失，要大于成功的掠夺者在适合度上获得的增长）。让我们忽略这些不对称，并专注于占有者的那些简单的事实。我们通过列入第三种纯粹的策略，即**有产者**的策略来扩充策略的集合。采纳有产者策略的个体在占有资源时就像鹰一样行动，在遇到另一个占有者时就像鸽一样行动。鹰–鸽–有产者博弈（假定有产者有一半的机会是资源的占有者）的回报矩阵如下：

	鹰	鸽	有产者
鹰	$\frac{1}{2}(V-C)$	V	$\frac{3}{4}V-\frac{1}{4}C$
鸽	0	$\frac{1}{2}V$	$\frac{1}{4}V$
有产者	$\frac{1}{4}(V-C)$	$\frac{3}{4}V$	$\frac{1}{2}V$

有产者是一个对抗鹰与鸽的进化稳定策略。这并不让人感到惊奇。在一个有产者的种群中，变异的鸽的预期回报将是$\frac{1}{4}V$（与之对立的大多数有产者的预期回报是$\frac{1}{2}V$）；变异的鹰的预期回报将是$\frac{3}{4}V-\frac{1}{2}C$，它不同于有产者的回报$\frac{1}{2}(V-C)$ ——一个负值，因为我们继续假设 $V<C$。我们能够表明的是，捍卫领地的斗争倾向与在另一个动物捍卫自己领地之前撤退的倾向会通过自然选择而被保留下来（倘若那些替代性的策略是鹰与鸽，倘若并不存在遗传上的复杂纠纷）。

95 有趣的是，有一个替代性的策略，它同样会是一个对抗鹰与鸽的进化稳定策略。**无产者**在入侵时充当鹰，在占有时充当鸽。片刻的反思即可揭示，鹰–鸽–无产者博弈的回报矩阵与鹰–鸽–有产者博弈的回报矩阵相同。当我们列入这两种替代性的策略时，会发生什么？

	鹰	鸽	有产者	无产者
鹰	$\frac{1}{2}(V-C)$	V	$\frac{3}{4}V-\frac{1}{4}C$	$\frac{3}{4}V-\frac{1}{4}C$
鸽	0	$\frac{1}{2}V$	$\frac{1}{4}V$	$\frac{1}{4}V$
有产者	$\frac{1}{4}(V-C)$	$\frac{3}{4}V$	$\frac{1}{2}V$	$\frac{3}{4}V-\frac{1}{4}C$
无产者	$\frac{1}{4}(V-C)$	$\frac{3}{4}V$	$\frac{3}{4}V-\frac{1}{4}C$	$\frac{1}{2}V$

此处有两种进化稳定策略。在由有产者构成的群体中，没有其他的策略能够侵入——任何变异体在与有产者相遇时得到的回报，都要小于有产者从

有产者与有产者的竞争中获得的回报。这一点也恰恰对无产者成立。因此，这两个策略中的任何一个都有可能被自然选择保留下来。[梅纳德·史密斯（1982a，101-103）表明，当资源的价值大于它对占有者的价值时，这个结论同样成立；他提供了一个有关“悖谬的”进化稳定策略的有趣讨论。当我们考虑到动物在评估它们立场时犯错的可能性时，复杂的纠纷就出现了。] 简单地说，一个进化稳定策略或许并不比那些可利用的替代性策略“更好”。或许在某些情况下，一个种群迫切需要的是在进化上的意外灾难，它能让这个种群从它所承受的低劣行为的暴政中解放出来。

自然的有产者

正如汉密尔顿的洞识所遇到的情况，人们在诱惑下会认为，这种数学分析的简洁性要优于它在生物学上的有用性。此处恰如先前的情况那样，我们不应当屈从于诱惑。甚至就连简单的博弈论分析也能提供某种对动物行为的理解。

当侵略似乎要付出代价时，动物经常会退缩。获得胜利的动物有时会仿效罗马皇帝“竖拇指”① 的反应，它们没有彻底毁灭那些被它们征服了的对手。动物有时根本就不进行战斗，即便有一些它们能够轻易从占有者手中抢走的宝贵资源。这种宽宏大度如何能与自然选择相一致？

杰出的灵长类动物学家汉斯·库默尔（Hans Kummer）进行了一项著名的实验来确定雄性阿拉伯狒狒的战斗能力的限度，这种战斗能力与雄性对雌性的“占有”有关。（正如社会生物学家时常提醒我们的，狒狒社会的显著特征是雄性好斗的严酷性与强加给始终顺从的雌性身上的重负。雌 96 性的狒狒与雄性的狒狒聚集在一起，雌性狒狒“隶属于”这些雄性狒狒

---

① 在古罗马的竞技场上，罗马皇帝竖拇指是一个决定失败角斗士命运的手势。若皇帝做大拇指朝上的手势，意思是“让他自由离开”，若皇帝的大拇指朝下，就意味着让失败的角斗士接受惩罚。——译注

的“后宫”，当雌性的狒狒在游荡中离它们的首领或主人太远时，它们就会被追逐、欺凌与撕咬。）库默尔发现，当群体之中雄性狒狒被调走之后，属于它们的雌性狒狒就会被其他的雄性狒狒所接管。当重新引入先前的“占有者”时，将发生一场战斗，战斗能力将决定“占有”雌性狒狒的究竟是过去的“占有者”还是新近的“占有者”。库默尔注意到，在此有一个谜题：倘若是新近的“占有者”取胜，那么，它先前为什么没有为了这些雌性狒狒而挑起战斗？（参见 Kummer 1971，101，104）

有一种解答或许会用到有关鹰-鸽-有产者的博弈分析。假定雄性狒狒打算采纳的是有产者的策略，而可利用的竞争性策略只有鹰与鸽。接下来我们就能理解雄性狒狒尊重其他雄性狒狒的“占有权”的行为。它们正在采纳的是有产者策略。我们还能理解这种有产者策略持续存在的原因。相对于上述可利用的竞争性策略，它是一个进化稳定策略。因此，我们就能说明，这种观察到的行为是以何种**可能的**方式被保留在这个种群之中的，尽管它初看起来似乎降低了适合度。

我们已经说明了这种观察到的行为在自然选择中被保留下来的可能性，这个事实并不意味着，我们已经孤立了那些实际发生的事情。库默尔试图检验他的这个假设，即“一只雄性狒狒不会去**占有**一只雌性狒狒，假如它已经隶属于另一只雄性狒狒”（1971，104）。他的检验方式是，试图筛选出一些除了占有权之外的显著要素，它们或许为这种局面引入了不对称性。在将某些狒狒从它们熟悉的领域与熟悉的群体中调走之后，库默尔将一只雌性狒狒与一只雄性狒狒放到一个封闭场地之中，并让另一只雄性狒狒在笼中观看。在隔离了十五分钟之后，这个旁观者被允许进入封闭场地。与库默尔的假说相一致的是，这只雄性狒狒并没有与另一只雄性狒狒进行战斗，它显然对这种局面感到烦躁不安。尽管如此，这种观察到的行为或许是由于这只狒狒认识到另一只狒狒具备较大的战斗能力。因此，库默尔颠倒了这些角色。先前的旁观者现在变成了一只新雌性狒狒的骄傲“占有者”，先前的“占有者”则变成了一无所有的旁观者。正如之前的情况，这个旁观者也拒绝作战（1971，105）。

库默尔的实验为如下假设提供了某种支持，即当“竞争资源”是雌性狒狒时，阿拉伯狒狒采纳的是有产者策略。一个显而易见的问题是，为什么这些动物有时展示的狂暴好斗（比如，对一只雌性狒狒有两只“占有者”，一只是先前的“占有者”，另一只是新近的“占有者”）在这种背景下会有所抑制？在面对自然选择时，有产者的行为是以何种可能的方式被保存下来的？我们构想了一种进化的方案。我们设想了一些不受约束的狒狒，或更确切地说，一些作为优秀战士的不受约束的狒狒，按照我们的想法，它们将比那些采纳了有产者策略的竞争对手更加成功地留下后代。博弈论分析显示，我们的设想或许欺骗了我们。假如战败所付出的代价要超过由于赢得任何雌性狒狒而带来的在适合度上的增长，那么，有产者就有可能抑制自身采纳鹰的入侵策略。我们发现，被我们视为更加成功的对抗性行为并没有提升适合度。 97

我应当提示的是，库默尔与他的同事的后续研究工作——特别是巴赫曼（Bachmann）与库默尔（1980）——表明，在阿拉伯狒狒中维系这种有产者行为的真实力量更加错综复杂。在雄性狒狒试图成为接管者的过程中，雌性狒狒偏好于扮演一种重要的角色。然而，甚至在缺少这种实验研究的条件下也应当明确的是，在解释维系有产者行为的可能性与定位发挥作用的真实要素之间，有一个逻辑上的差距。

阿拉伯狒狒并不是自然有产者的唯一可能成员。斑点木蝶或许也尊重居住权。N. B. 戴维斯（N. B. Davies）通过一系列的实验表明，在这些雄性蝴蝶中的领地竞争是以支持占有者的方式解决的。[戴维斯注意到，“一只非常低劣的雄性蝴蝶”曾经驱逐了一个入侵者，而这个入侵者“在大量条件下都是一只完美的雄性蝴蝶”（Davies 1978，145）。] 就像库默尔一样，戴维斯精心表明，他可以通过颠倒这些角色而颠倒这个结果。进而，通过诡计让这些蝴蝶“相信它们两者都是正当的占有者”，他就能引起一场对这两只蝴蝶彼此都造成损害的漫长战斗（参见 Davies 1978，相关的简要解释，参见 Krebs and Davies 1981，104）。

因此，博弈论在与进化有关的研究中有其用途。它能够帮助我们看到，我们关于适合度最大化的直觉观念或许是离谱的。由此我们就能理解，那些在表面上降低适合度的行为有可能以何种方式被保留下来。达尔文的另一种担忧在分析下被化解了。

“倘若我能帮助某个人……”

进化论似乎并不尊重古老的精神追求。那些在散步时帮助某人的人似乎是以徒劳无效的方式生活的最佳候选者——假定被帮助的某个人并不是亲族，而我们的无效标准是，它降低了基因的表现。我们能否避免得出这个令人沮丧的结论，即帮助无关的动物将在进化的过程中受到惩罚？我们能否为广泛的合作留有余地？

罗伯特·特里弗斯（Robert Trivers）在他的一篇影响深远的论文中着手处理这个问题（Trivers，1971）。特里弗斯设想一群动物反复面对这样的情况，一只动物的个体适合度将得到极大的提升，若另一只动物付出微小代价来施加协助的话。对此的古典阐释是极其不合情理的。诸多个体经常发现自己在池塘中有被淹死的危险，而在岸边则有一些可以拯救它们的旁观者，这些旁观者施救的风险是微不足道的。让我们将这群动物区分为两个种类，圣徒与剥削者。圣徒跳进池中进行救助，而不顾处于危险之中的动物的身份。剥削者乐于得到救助，但它们并非同样乐于进入水中救助其他的动物。不难表明，以下这个令人沮丧的达尔文主义的结论是成立的：被淘汰的是圣徒。（严格地说，这个结论依赖于一些遗传学上的假设。如果我们假定，这种行为是被一个单一的基因座所控制，其中的一个纯合体始终产生圣徒，另一个纯合体则产生剥削者，当一个等位基因占据支配地位时，就可以毫无困扰地完成这个推理。）然而，正如特里弗斯所表明的，圣徒的属性有可能得到维系，只要圣徒少一点高尚的情操，只要它们对那些倾向于回报的生物，而不是那些倾向于不给出回报的生物，给予了更大的好处（1971，192）。

98

假设有两只动物在两个场合下发生互动。在第一个场合下，一只动物有机会获得 G 单位的适合度，若第二只动物的行动降低了自身 C 单位的适合度。此处有两个策略，**信任**与**欺骗**。信任的动物总是给出帮助，而不考虑与它们发生互动的动物以往留下的记录。欺骗总是没有给出帮助。相关的回报矩阵如下：

	信任	欺骗
信任	$G-C$	$-C$
欺骗	G	0

我们假定 $G > C$。考虑到这个假定，它就是一个熟悉的博弈。正如特里弗斯注意到的，它是囚徒困境。在一个经典的版本中，两个囚徒被关在两个隔离的牢房之中。如果两个囚徒都坦白，他们各自都将获得两年的判决；如果一个囚徒坦白，另一个囚徒不坦白，坦白者将获得十年的判决，不坦白者将获得自由；如果两个囚徒都不坦白，他们都将获得八年的判决。

我们设想的那些动物会做些什么？假如每一对动物参与的仅仅是单独的一对互动，不难看出，在这里存在的仅仅是一个进化稳定策略。鉴于任何混合策略都带有非零概率的信任策略，欺骗策略就会侵入其中。纯粹的欺骗是不可能被任何竞争性的策略（无论它是纯粹的策略还是混合的策略）所侵入的。尽管如此，若我们假定，存在一些成对发生的反复互动，动物有某种能力记住特定的“伙伴”过去的行为方式，问题就会有所变化。 99

罗伯特·阿克塞尔罗德（Robert Axelrod）探究了反复发生的囚徒困境问题。他请求一些博弈理论家提交诸多计算机程序来呈现那种反复对抗相同对手的博弈：每次博弈几乎都是以所有其他的博弈作为背景的，尽管每次互动都是成对发生的。（这些程序的一个重要条件是，它们不应当以全部互动的知识为根据。相反，按照构想，这些程序为一系列未知长度的对抗相同对手的囚徒困境博弈提供了诸多策略。）阿克塞尔罗德举办了一次比赛，这些程序在其中彼此对抗。每个程序进行了两百次博弈来依次反对另一个程序。在通过计算回报总数（它或许是在进化背景下适合度的全部增加值，因此，这个数目似乎与合作进化的思想有关）来决定获胜者之后，阿克塞尔罗德发现，由阿纳托·拉帕波特（Anatol Rapaport）提交的一个相对简单的程序 TIT FOR TAT（针锋相对）获得了胜利。针锋相对策略是非常直接的。在第一次对抗任何对手的博弈中，它采纳的是信任；自此以后，它恰恰是根据它的对手在先前互动中的做法而展开行动的。

针锋相对策略是一个相对于其他被推荐策略的进化稳定策略，有人已经断言，相对于任何不利用系列互动的长度知识的竞争性策略来说，它是一个进化稳定策略。（一个知道互动数目的程序能够侵入针锋相对策略，它的侵入方式是，在最后的互动以外的所有互动中都采纳信任策略，而在最后的互动中，它将采纳欺骗策略。针锋相对策略有可能被一个在前一阶段的互动中采纳欺骗策略的程序所侵入。它将如此持续运作，直到这个种群由于欺骗而崩溃为止。）尽管如此，针锋相对策略并不完全符合梅纳德·史密斯给出的进化稳定策略定义，因为信任策略对抗针锋相对策略的预期回报与针锋相对策略对抗自身的预期回报相同。类似地，信任策略对抗信任策略的回报也与针锋相对策略对抗信任策略的回报相同。所以，采纳信任策略的动物在原则上有可能被一群采纳针锋相对策略的动物所侵入。

我们能够表明，在一个采纳针锋相对策略的种群中，没有什么变异的策略能够做得更好。（这个论证出自 Axelrod 1981；它在 Axelrod and Hamilton 1981 与 Maynard Smith 1982a 的附录 K 中得到了详尽的阐述。具体的细节，参见技术性讨论 B。）达尔文的那个令人沮丧的预期是混乱的。欺骗并不必然能在自然选择下繁荣滋长并大举入侵；假如这些条件是正确的，在这些没有亲缘关系的生物之间的合作性互动有可能被保留下来，它们将用来对抗那些最初似乎更加有利的竞争性策略所造成的破坏。（专心的读者将会认识到，对欺骗策略而言，迎接它的大门并没有被完全闩上。如果信任策略无法在一个最初由采纳针锋相对策略的动物构成的种群中固定，那么，只要欺骗策略能够等待有利的时机，欺骗策略随后就能侵入这个种群。）

100

技术性讨论 B

假定一个有关囚徒困境的博弈的回报矩阵是

	信任（T）	欺骗（C）
信任（T）	P	Q
欺骗（C）	R	S

在此，$R > P > S = Q$。我们还假定，$2P > R + Q$。博弈者参与到一系列针对彼此的博弈之中。在两个博弈者的一次博弈之后，相同的两个博弈者再次博弈的概率是 ω。

针锋相对策略的替代策略是什么？针锋相对策略所选择的当前行动的依据，是先前博弈中发生的事情。假如一个策略 I 被用来对抗针锋相对策略，博弈者在任何阶段选择信任，就会有效地让这个系列的博弈重新开始。因此，若 I 在开始时形成了最佳回应，那么，它在采纳信任策略的任何场合之后都应当形成相同的回应。于是，若 I 在开始时采纳的是信任策略，那么，它在随后的所有场合下都应当采纳信任策略。但是，假定 I 开始采纳的是欺骗策略，那么，在下一个阶段它既可以采纳信任策略，又可以采纳欺骗策略。若它在第二个阶段采纳的是信任策略，根据先前的论证，它就应当在第三个阶段采纳欺骗策略（因为欺骗是对最初情况的最佳回应）。如今由于信任策略是在起初采纳欺骗策略之后的第二阶段的最佳回应，又由于针锋相对者记住的仅仅是上一个阶段，由此可以推测出，在第四阶段 I 应当再次采纳信任策略。简单地说，我们可以反复进行这种论证：若 I 最初采纳的策略是 CT，I 接下来应当采纳的策略就是 $CTCTCTCT$……最后，I 起初采纳的策略也可以是 CC。但若欺骗策略是最初采纳欺骗策略之后的最佳回应，那么，对 I 来说，欺骗就是最佳的第三步。鉴于针锋相对者的策略是依据前一个阶段的行为来做出当前的行动，第三阶段的情况就恰恰与第二阶段的情况相同。我们再次可以反复进行这种论证：若 I 最初采纳的策略是 CC，I 接下来应当采纳的策略就是 $CCCCCCCCC$……

我们已经表明的是，若某个策略能够更好地对抗针锋相对者，那么，信任策略、欺骗策略与替代策略这三种策略中的某一种也能做得更好。（替换者所采纳的策略是 $CTCTCTCT$……）现在，当博弈的对手是针锋相对者时，我们就能计算这些博弈的预期回报。

针锋相对策略：$P + \omega P + \omega^2 P + \cdots = P/(1-\omega)$

信任策略：$P + \omega P + \omega^2 P + \cdots = P/(1-\omega)$

替代策略：

$$R+\omega Q+\omega^2 R+\omega^3 Q+\cdots$$
$$=R(1+\omega^2+\cdots)+\omega Q(1+\omega^2+\cdots)$$
$$=(R+\omega Q)/(1-\omega^2)$$

欺骗策略：

$$R+\omega S+\omega^2 S+\cdots=(R+\omega S)/(1-\omega)$$

显然，针锋相对策略与信任策略所取得的成效同样令人满意，而针锋相对策略至少将与其他策略取得同样良好的成效，只要

$$P/(1-\omega)>(R+\omega Q)/(1-\omega^2)\text{ 以及}$$
$$P/(1-\omega)>(R+\omega S)/(1-\omega)\text{；}$$

换言之，

$$\omega>(R-P)/(P-Q)\text{ 以及 }\omega>(R-P)/(R-S)$$

$R>P>S>Q$ 这个条件确保了 $(R-P)/(R-S)<1$，$2P>R+Q$ 这个条件确保了 $(R-P)/(P-Q)<1$。因此，这两个条件都有可能得到满足。（应当想到，ω 是一个概率，因此，$\omega<1$。）于是，只要 ω 足够大，针锋相对者至少将与任何试图侵入一群针锋相对者的变异竞争者做得一样令人满意。

阿克塞尔罗德的论证并没有为这样一个不同的问题提供解答，即合作安排以何种可能的方式在自然选择之下成为固定的。鉴于在最初的种群之中的诸多策略的恰当分类，针锋相对策略能够确立自身。但令人遗憾的是，纯粹的欺骗策略是一个进化稳定策略。因此，假如我们要推定，合作安排有可能在一群欺骗者之中出现，还需要进行更多的研究工作。[阿克塞尔罗德与汉密尔顿（1981）认为，针锋相对者或许会在这样一群欺骗者之中获得立足之地，这些欺骗者最初被分为诸多亲族的群体。]

达尔文的另一个潜在的谜题似乎并没有那么令人烦恼。多亏了阿克塞尔罗德与汉密尔顿，我们开始能够看到在并非亲属的个体之间进行合作的生物在自然选择的破坏性运作中存活下来的可能方式。进而，我们还能领

会自然选择有可能支持的东西，并预料动物之间进行的合作有可能采取的形式。

配偶与联盟

有人坚决地想要知道，这种努力是否追求任何目的？是否存在着没有亲缘关系的非人类动物彼此合作的例证？发现满意例证的一个重大困难（这个困难驱使某些社会生物学家为广义适合度大唱赞歌）是，在动物之间彼此互助的显著系统所涉及的诸多个体很有可能是亲属。可以发现不同物种成员之间的互助关系：某些大型的鱼类允许小型的清洁鱼进入它们的嘴里并吞噬寄生虫，它们放弃了终结清洁鱼的机会，因为这么做就会终止这种清洁的工作。（Dawkins 1976，201－202，道金斯将其引用为“互惠利他主义”的首要例证；这个例证也是特里弗斯提供的众多例证之一——参见 Trivers 1971，196－203。）尽管如此，让我们怀疑“这种行为是通过帮助亲属而保留下来的”这个假设的理由，同样不利于我们将其归并为先前考虑的那种博弈论分析的例证。清洁鱼和它们的宿主并没有为了在同一个种群后代中的基因表现而竞争。相较之下，当相同物种中没有亲缘关系的动物们彼此施加救助时，它们显然在双重的意义上违背了它们的繁衍利益。它们不仅承受了与救助行为有关的适合度损失，还增加了一个竞争者的基因表现。 102

然而，至少还有一种情况，非人类的动物在其中似乎与它们那个物种的没有亲缘关系的成员进行了合作。不同于它们的那些不幸的狒狒亲属，东非狒狒的雌性群体并没有成为雄性的“财产”。当一只东非狒狒在发情期时，她通常会与一只雄性狒狒成为配偶，而这种配偶关系或许会持续数日。克雷格·帕克（Craig Packer）发现，有时会形成一个由成年雄性狒狒组成的联盟，这个联盟会攻击其他单个的雄性狒狒，特别是当它们有机会在配偶关系中取代这只单个的雄性狒狒时（Packer 1977）。一只想要挑战这种配偶关系的雄性会请求另一只的帮助。假如这个联盟是成功的，这只提出请求的雄性狒狒就形成了一个新的配偶关系，而那只提供帮助的雄性狒狒所冒的风险是，在与先前配偶关系中的狒狒进行打斗时可能受伤。

帕克发现了互惠的证据：雄性狒狒倾向于向那些过去曾经帮助过自己的同类请求帮助。对于各种雄性狒狒来说，它们可以确认其“最喜爱的伙伴”。最喜爱的伙伴对满足请求所给予的回报，通常要大于它们向其他雄性狒狒提出的请求。

特里弗斯对互惠利他主义的讨论，或阿克塞尔罗德与汉密尔顿所从事的那条更加系统的研究进路，都有助于让我们理解，自然选择是以何种可能的方式在雄性的东非狒狒之中保留合作的。倘若这些东非狒狒采纳的是针锋相对策略（或某个向针锋相对策略会聚的策略），接下来**或许**会产生那些被帕克发现的关联。在此有理由保持谨慎，因为成本与收益在不同场合下并非保持恒定；一个受到委托的雄性狒狒也许无法加入联盟，因为这么做的风险太大了。进而，我们会预料到，联盟是否形成，不仅取决于那些提出请求的雄性狒狒过去的行为，还取决于那些成为攻击对象的雄性狒狒过去的行为。狒狒或许并不情愿去对抗当地的重量级战士或自己的亲密伙伴。

103

即便我们搁置这些疑虑，也存在着更深刻的困扰。当我们考虑的是库默尔的阿拉伯狒狒时，我们应用鹰-鸽-有产者博弈结果的方式是假定，“得到”一只雌性狒狒所获得的价值要小于在战斗中受伤所付出的代价。（若 $V>C$，那么，鹰策略就打败了有产者策略。）在将特里弗斯-阿克塞尔罗德-汉密尔顿的研究进路适用于帕克的东非狒狒时，我们需要假定的是，配偶的价值要大于战斗的成本。若非如此，欺骗就总是会有所收益。这些推测有可能被调和吗？

设 C_h 与 C_o 分别为与阿拉伯狒狒作战的战斗成本以及与东非狒狒作战的战斗成本，设 V_h 与 V_o 分别为这两种狒狒享有雌性的价值。由于阿拉伯狒狒的“后宫”是永久性的，似乎可以认为，$V_h>V_o$。因此，前后一致性的问题似乎比先前的情况更糟，因为前后一致性要求的是 $V_h<C_h$ 和 $C_o<V_o$。这些分析的支持者将回应说，发生在阿拉伯狒狒中间的斗争通常导致巨大的伤害，而发生在东非狒狒中间的斗争经常涉及的无非是大量的追逐。因此，C_h 非常大而 C_o 比较小，结果是，这两个不等式都可以得到满足。

我们最初或许想要知道的是，自然选择以何种可能的方式在东非狒狒中间保留合作的行为。我们现在转而想要知道的是，自然选择以何种可能的方式在被取代的配偶中间保留一种有限侵略性的策略。一种造成严厉惩罚的倾向能否在狒狒的种群中间确立自身，从而摧毁合作持续存在所依赖的那些特征？我们应当注意两点。我们对动物行为的分析是逐个取得的，这些分析必须整合在一起：我们不能在一种情况下做出某些假设，而在其他情况下又否认这些假设。进而，正如这种分析所显露的，我们揭示的或许是一些本身就极其需要获得解释的限制条件；在试图对这些限制条件给出解释的过程中，我们或许显著地改变了这种分析的形式。

假如有风险的仅仅是一个与进化的可能性有关的问题，第二个问题就不再构成威胁。我们也许会求助于博弈论来说明雄性的阿拉伯狒狒与东非狒狒的这种行为是以何种方式成为可能的，而我们进行说明的方式是表明 104 V_h、V_o、C_h与C_o的某些数值会满足这些关键的不等式，这些数值符合田野博物学者的直觉评估。如果我们想要描述这种真实的进化史，那么，我们将不得不解释这些成本与收益的先行固定性。我们无法通过简单地求助于诸多限制条件来让真实的进化史符合我们偏好的方案。但这已经超出了我要讲述的故事。

完美的设计

上一节审视的是这样一些情况，其中，动物或许会调节自身的行为来适应周围动物的行为。博弈论可以用来理解这样一些情况，其中，一种行为方式对适合度产生的效果高度依赖于其他动物所做的事情。并非所有情况都是这种类型。有时，一种特定行为对适合度产生的效果是被诸多在很大程度上独立于其他生物行为的要素所决定的。对这些情况的一种流行的研究方法是最优化模型。在面对一种其行动似乎降低了自身适合度的生物时，我们试图表明，鉴于这种生物受到的限制与可利用策略的范围，这或许是它们力所能及的最佳做法。通过分析，我们就可以认为，这种生物对它的适合度进行了最大化。对生物学家的挑战是，发现正确的分析视角。

这种分析有时以定性的方式进行。请考虑乔治·威廉姆斯（George Williams）提供的一个例证。我们设想一种每年繁殖一次的生物。这个物种的成员终其一生都在成长，它的繁殖力随着体型的增大而增大。它们产生的后代与繁殖力成正比。这些后代必须要做的仅仅是在正确的时机排放它们的生殖细胞，并确保固定比例的生殖细胞转化为受精卵。谨慎的生物将延迟它们的繁殖。采纳鹰策略的生物在具备繁殖能力后立刻就去进行繁殖。结果将证明哪一种生物的适合度更强？这视情况而定。谨慎的生物所冒的风险是，过早的死亡或许会完全阻止它们进行繁殖。采纳鹰策略的生物减慢了它们的生长速度，因而它们随后产生的生殖细胞就会变少。相对适合度被年度生存概率以及诸多生长速度之间的关系决定（Williams 1966，173）。

威廉姆斯的想法可以轻易被阐释为一种最优化模型。我们会考虑这种生物终生繁殖的后代的期望值，我们会根据生存概率与生长速度来计算这两种策略的后代期望值。在获得了相关的参数值之后，我们接下来就能表明，为什么那个起初似乎降低适合度的策略，实际上在这两个策略中具备更强的适合度。（威廉姆斯提出，通过运用这种模型，人们就有可能理解各种繁殖的日程表，参见 Williams 1966，174ff.，相关的详细阐述，参见 Charlesworth 1980。）

105

可以在大量案例中采纳这种研究方法。要构造一种最优化模型，起初就必须对我们所研究的那些生物的适合度进行某种测量。这种测量将设法对应于后代子孙的期望数值。相当频繁的情况是，仅仅分离出一种恰当的测量适合度的方法，就能解决“一种在表面上降低适合度的行为如何在自然选择中存续”这个问题。假如我们想要知道，谨慎的生物如何能够留存下来，那么，我们能够驱散困惑的途径是，不要专注于这种生物在单一季节中产生的后代数目，而是要专注于这种生物终生的后代产量。

这种模型的推进方式是断言，这些生物受到特定限制条件的制约，对它们来说有一组特定的可替代的行为方式。鉴于这些限制条件，我们就算出了通过一定测量方式所测得的这些可替代行为方式的诸多适合度数值。如果我们发现，在表面上降低适合度的行为方式让受限制的被测对象的适合度最大化，我们的工作也就完成了。通过表明这里从来就没有真正值得担忧的东西，我们就揭示了这种行为在自然选择中被保留下来的可能方式。

对于最优化模型的一次最彻底与最敏锐的运用，是乔治·奥斯特（George Oster）与 E. O. 威尔逊论述社会性昆虫在栖息地的劳动分工的研究工作。可以借助他们的一些最不具备技术性的讨论来阐明他们的研究方法。正如他们所思考的绝大多数情况，这些讨论针对的是昆虫**群落**的适合度最大化的可能条件分析。奥斯特与威尔逊选择将这个群落终生的繁殖净速率作为测量群体适合度的一种手段，在此之后，奥斯特与威尔逊寻求一种让繁殖工虫与有生育力的生物最大化该净速率的计划方案。凭借直觉获知，这个问题是，这群昆虫更好的做法是从一开始就养育某些具备生育力的个体，还是从一开始就养育一些无生殖力的工虫，接下来则可以期待这些工虫提供帮助来抚养具备生殖能力的幼虫？（Oster and Wilson 1978，50ff.）

当这些昆虫的生命周期是一年时，这个问题最为简单。我们假定，老王后在每个秋天死去，在冬天之后依旧存活下来的新王后，则在春天寻找新的栖息地。具备生殖能力的雄性昆虫在秋天获得了它们的荣耀时刻，接下来就与它们的母亲和工虫姐妹一起死亡。可以认为，这群昆虫拥有两种“职级”——工作者（它们搜寻食物并饲养照顾王后的后代）与繁殖者（王后、它的具备繁殖能力的女儿，以及必要的雄性）。为了达到适合度的最大化，这群昆虫应当如何规划这两种职级的繁殖？（倘若这个栖息地是被单一的王后所建立，那么，我们就可以根据作为母亲的王后的广义适合度或王后的作为工虫的女儿的广义适合度来重新表述这个问题。尽管如此，为了简单的缘故，我将追随奥斯特与威尔逊所偏好的表述形式。） 106

假设这个群落在 t 时刻有 $W(t)$ 个工虫。这个群落的资源累积显然依赖于工作力量的规模。因此，让我们将每个单位时间内回报给这个群落的资源写作 $W(t)R(t)$，$R(t)$ 在此处指的是每个工虫的回报率。（假如这些工虫工作做得好，R 的数值就变高。）某些资源会被用来制造更多的工虫。单位时间内制造的新工虫的数目，取决于那些可资利用的资源、用来制造工虫的资源比例、制造一只工虫所需要的资源数量。假设 $u(t)$ 是一个**时间调度**函数，它的数值指的是这个群落在 t 时刻用来生产工虫的那部分资源。最后，设 b 是一个常数，人们通过测量那些被转化为新工虫的资源比率而获得这个常数（b 与制造单一工虫所需要的资源数量成反比）。那么，在 t 时刻，产生新工虫的速率就是 $buRW$。当然，老工虫会死；这个群落在 t 时刻的工虫减少数额，是通过计算工虫数量与死亡速率而得到的结果。因此，W 随着时间而发生的变化方程是：

$$dW/dt = buRW - mW$$

在此，m 是工虫的死亡率。类似地，我们也可以用这个群落的繁殖数目 Q 来书写这个方程，即

$$dQ/dt = bc(1-u)RW - nQ$$

在此，bc 是转化繁殖资源的速率（c 是工虫与繁殖者的权重比率），而 n 是繁殖者的死亡率。

现在，我们就能陈述这个最优化问题。我们想要选择一个让 $Q(T)$（即在繁殖季节终结的 T 时刻存活的繁殖者数目）最大化的函数 u。但存在一些限制条件。$Q(0)=0$，因为起初并没有任何遗留的繁殖者——也就是说，将存活到下一个冬天的繁殖者；对于所有的时刻 t 来说，$W(t)\geqslant 0$，$Q(t)\geqslant 0$，因为我们不可能让这个群落通过使一个职级的数量成为负值的方式来增加另一个职级的产出值；最后，对于所有的时刻 t 来说，$0\leqslant u(t)\leqslant 1$，因为我们无法分配超过百分之百的资源来产生任何一个职级。我们还假定，b、c、m 与 n 都是常数。

107 显而易见，哪一个是最优方案，这取决于回报函数的本质。奥斯特与威尔逊认为，对于多种回报函数来说，最优策略在定性的意义上是相同的。这个群落生活的第一阶段，昆虫群体的所有努力被导向了工虫的制造。没有产生任何繁殖者。在关键时刻（这将取决于回报函数的特性），这个群落就会发生转向，它存在的第二阶段产生的仅仅是繁殖者（作为女儿的王后与雄性昆虫）。（参见 Oster and Wilson 1978，54－56，71－73；Macevicz and Oster 1976，265－282。）这是一个社会性昆虫群落繁衍后代的有趣结果。倘若我们思考了如下这些可能性，即通过从一开始就生育某些繁殖者，或者通过在开始抚育繁殖者之后仍然继续加强工虫的力量，一个昆虫群落（或一只作为创始者的王后）或许在繁殖上能取得更大的成功，那么，这种分析就揭示了那些替代性的策略会以何种可能的方式在自然选择中被打败。

这种建构最优化模型的一般性技巧所承诺的适用范围，远远大于它在此解决的这个有关行为方式的特定谜题。一旦我们表明了一种行为方式是最优的，人们就容易在诱惑下认为，我们已经脱离了那些维系该行为的真实进化力量（或许还包括那些最初形成该行为的进化力量）。然而，正如我反复强调的，在证实一种进化的可能性与辨明有关演变原因的诸多假说之间，存在着一种差距。之后我们将考虑，我们所揭示的这种似乎完美的设计是否自动弥合了这种差距。

整合洞识

社会生物学的批评者经常对这个事实印象深刻，即社会生物学家运用了许多不同的技巧来说明动物的行为。社会生物学研究小组严厉斥责威尔逊（1975a）的根据是，“新的综合”通过制定工具来保护自身避免遭遇任何可构想的失败：

> 整个体系的麻烦是，没有东西得到了说明，因为一切都得到了说明。假如个体是自私的，这个体系就通过简单的个体选择来进行说明。假如相反，个体是利他的，这个体系就通过亲缘选择或互惠的利他主义来进行说明。假如性别认同是明确的双性恋，个体的生育能力就得到了增加。然而，假如同性恋是常见的，这就是亲缘选择的结果。社会生物学家没有为我们给出任何可能与他们的那个具备完美适应能力的图式相矛盾的可构想例证。（Caplan 1978，288）

最后一句话提出了一个重要的观点，即在确认社会生物学的承诺时，人们在每一处都发现了适应的能力。但这种批评的主要路线是不恰当的。社会生物学家并没有在制造一种万能的工具箱，他们或许能够从中选出满足任意场合需求的工具。他们的论断是（或应当是），在本章中评述的这些技术能够得到整合。通过联合使用这些技术，我们就能对各种行为的适合度获得更加精确的理解。在不同的例证中，不同的研究方法得到了强调，社会生物学家这么做是因为即便采纳一种运用了全部技术的更为复杂的分析，这些研究方法所产生的诸多结果也不会受到影响（或不会有明显的改变）。 108

草率的社会生物学家或许会迷恋社会生物学研究小组归于他们的那些研究方法。在难以将某些行为理解为对个体适合度的最大化时，我们所假想的那些一知半解者或许就会抓住广义适合度这个概念来作为救命稻草。这是对汉密尔顿洞识的滥用。汉密尔顿扩展古典进化论的方式是确认，如果我们的目标是在个体选择的条件下记录种群的进化，古典适合度概念就应当被广义适合度概念所取代。在广义适合度中，选择总是对诸多差异有所影响。古典进化论（包括古典种群遗传学）在许多情况下都足够有效，然而，它之所以足够有效是因为在这些情况下，广义适合度等于古典适合度（或者两者的差别无关紧要）。（请回想一个生物的广义适合度，它并没有将亲族的那部分适合度添加到古典适合度之中。它用亲族适合度的增加部分增大了这种“被剥光了的”古典适合度，而这种增加导源于这个生物的行动。在许多情况下，剥离的效果与增大的数额都是零；在其他的许多情况下，它们将被抵消。）当古典适合度并非在重要的意义上与之有所不同时，社会生物学家（实际上是所有的进化理论家）能够忽略这些对广义适合度的理解——而当他们这么做时，人们可以合理地要求他们说明，这种差异是不重要的。

类似的评论也可以适用于我们已经审查过的其他观念。在某些例证中，我们可以运用博弈论的概念，而不需要担心广义适合度或某些复杂的最优化模型。在一次简单的相遇之中，两只并非亲属的动物竞争一些具备当下价值的资源，这种简单的相遇就提供了显而易见的相关实例。在其他的背景下，就不需要博弈论的装备来表明一种特定的行为对广义适合度的贡献。某些行为对家族提供了明显的好处。但显然有一些情况需要整合这 109 些研究方法。有时，亲属之间会为了同一个宝贵的资源而竞争。有时，各种行为策略的预期回报的计算方式只能是，通过先行进行最优化的分析，判定那些追随不同繁殖方案的生物能否获得终生的成功。有时，鸟类会“选择”进行领地的竞争并试图立即繁殖，或者会“选择”延迟竞争并在下一个繁殖季节生育。在类似于此的例证中，斗争模型与生态最优化模型都是相关的。

在所有这些情况下，谨慎的社会生物学家将试图把那些影响他们研究的生物的广义适合度的重要因素都分离出来，他们甚至会构想大量理论分析，这些分析将考虑所有的关系，将思考这些生物对种群中其他成员行为的全部敏感性，将细心地计算有利于繁殖成功的所有长远因素。这些社会生物学家有时是幸运的。这种庞大的分析有时可以被这样一种解释所取代，这种解释将确定一个重要的变量并仅仅使用一种被我们考虑过的技术。这种取代要获得成功的关键是，那些被忽略的因素是无关紧要的。社会生物学家不应当由于某些一般性的方法论谬误而遭到斥责，但是，在特定的情况下，他们可能犯下的错误是，遗漏了某些考虑要素，若吸收这些要素，就有可能颠覆他们所青睐的结论。

需要技术整合的一个有趣例证是特里弗斯对父母−后代斗争的分析(1974)。根据适合度的理解，父母与后代的利益通常是完全一致的。一个后代成功地留下子嗣，这增加了父母的荣誉。但是，这种令人欣慰的融洽关系有可能被破坏。增加父母的一个后代的福利（因而也增加了这个后代的适合度），这种做法虽然能对父母的适合度做出贡献，但这种贡献值并不是无限的。从父母的观点看，将资源滥用于一个后代，这通常是一个糟糕的策略，因为倘若他们还将这些资源用来帮助另一个后代，那么，他们的后代（无论是第一代还是第二代）的期望值都将更大。那个抚育的潜在对象或许会以不同的方式来看待事物。如果竞争的资源流向这个潜在的对象，不仅其后代的期待数目有可能增加，而且其广义适合度也有可能变得更大。在这种视角的差异中，展现的是父母的策略与其后代策略的一个冲突。

技术性讨论 C

110

请设想一只哺乳动物的母亲，它刚刚生下它的第一只幼崽。设子女若在 t 时间长度内得到照顾，它的适合度的增加值是 $F(t)$，母亲若在 t 时间长度内照顾初生子女，它后代的期望值的减少数额是 $D(t)$。假定任何进一步生育的兄弟姐妹都是初生子女的亲兄弟姐妹。从母亲的视角看，让自己在时间区间 $t+\delta t$ 内照顾初生子女，而不是在 t 时间区间内照顾初生子女，由此在第二代的基因表现中造成的预期变化是：

$$[F(t+\delta t)-F(t)]-\omega_t[D(t+\delta t)-D(t)]$$

此处的 ω_t 是一个在 t 时间长度内得到照顾的子女的适合度。从初生子女的视角看，在同一代（即它的子女那一代）中的基因表现的预期变化是：

$$[F(t+\delta t)-F(t)]-\frac{1}{2}\omega_t[D(t+\delta t)-D(t)]$$

由于损失的兄弟姐妹（因为遗传）被认为共同享有母亲百分之五十的基因。若这些表现有一些不同的征兆，就将出现冲突：照顾的阶段从 t 转变为 $t+\delta t$，这将有助于这个子女在第一代上的适合度，却降低了母亲在第二代上的适合度。

特里弗斯（1974）提出，存在着一个关键的区间，其中有可能发生断奶的冲突。这个区间受制于母亲所偏好的停止照顾的时间与子女所偏好的停止照顾的时间。这些时间可以按照如下方式给出：

$$F(T_m)-F(0)=\int_0^{T_m}\omega_t dD(t)/dt\ dt$$

$$F(T_0)-F(0)=\int_0^{T_0}\frac{1}{2}\omega_t dD(t)/dt\ dt$$

T_m 是母亲为初生子女断奶的最佳时间，T_0 是停止养育幼崽的最佳时间。（我对这个问题及其解答的表述由于回避了父母投入这个概念而背离了特里弗斯。对特里弗斯的概念用法的批判以及对这个主要洞识的清晰解释，参见 Maynard Smith 1976b。）

特里弗斯的例证阐明了将最优化分析与汉密尔顿关于广义适合度的观念相结合的需要（参见技术性讨论 C）。母亲与幼崽都面临最优化的问题。在每种情况下，计算最优条件的方式是，求助于有关广义适合度的诸多考虑要素。这些计算或许充当了进一步进行博弈论分析的基础，在这些分析中，我们就能思考各种父母的策略与子女的策略：子女有可能被视为拥有成为**顽童**（显示出某些退化行为来利用母亲）或**天使**的选择；母亲有可能被视为采纳了**柔和的**策略或**严格的**策略。通过阐释这个例证，我们就能揭示整合博弈论分析的洞识与其他技术的洞识的需要。由此得到的教

111

训是，谨慎的社会生物学家应当拒绝用“亲缘选择”“互惠的利他主义”与其他这样的术语来对他们研究的例证贴标签。主要的任务是探究各种行为方式的相对适合度；在这么做的过程中，一个人应当考虑全部的相关因素。这个“新手指南”试图引入的是诸多能够进行适合度分析的重要方式。

第4章　什么是社会生物学?

领域与理论

113　首先，我给出一种官方的定义。“社会生物学被界定为一种对所有社会行为的生物学基础的系统研究”（Wilson 1975a，2；这种说法再次出现于 Wilson 1978，16 以及 Lumsden and Wilson 1983a，23）。当然，此处指的是一个研究的领域。按照许多探究者的设想，他们自身为“一种对所有社会行为的生物学基础的系统研究”做出了某种贡献。但从一开始就显而易见的是，这种官方定义的风险是，它有可能沦为空洞的形式。威尔逊迅速将他的事业并入进化生物学的学科之中。他挑选了一个问题作为“社会生物学的中心理论问题”：“利他主义（根据定义，利他主义降低了个体的适合度）怎样能够通过自然选择而得到进化?”读者并不需要漫长的等待就能得到一个答案：“这个答案就是亲缘关系：假如那些导致利他主义的基因由于共同的血缘而被两个生物所分享，假如一个生物的利他行为增加了这些基因对下一代的共同贡献，那么，利他主义的倾向就将传遍这个基因库”（1975a，1−2）。那么，什么是社会生物学？一种对所有社会行为的生物学基础的系统研究？一门试图说明利他行为进化的学科？一组有关汉密尔顿主题的变奏？

已经到了汇集这些线索的时刻。在先前的章节中，我试图收集的是这样一些要素，它们能够建构出一幅描绘社会生物学的图画。对这个主题的任何严肃讨论都必须将流行的社会生物学定位于它与动物行为研究的关系之中，都必须区分社会生物学的多种努力尝试。我们现在将着手完成这些任务。

让我们以一对区分作为出发点。我们应当将社会生物学的**领域**与社会生物学的**理论**相区分。按照我的用法，科学的领域是由问题家族所构成的。生物地理学是一个由动植物地理分布的诸多问题构成的领域。生物化学则是另一个领域，它是由具备生物学重要性的分子之间的化学交互作用的诸多问题构成的。并非任何一批问题都构成一个领域。这些问题必须形成一个家族，也就是说，它们必须提供承诺让这批解答是统一的。将有关税收、出租车与分类学的诸多问题归并到一起，这并没有创造出一个超级分类学（supertaxonomy）的领域。它造就的仅仅是一团乱麻。

114

科学的领域吸引人们来建构理论。远在一种天文学理论存在之前，就有一个与天文学有关的领域（它是由关于天体运行轨道的诸多问题形成的）。而一个理论所取得的成就或许会重构一个领域，它将在那些先前看似无关的问题群周围划下边界，并对那些先前看似属于相同家族的问题进行区分。诸多领域是可以分离的（无机化学与有机化学）。它们能够合并（电学与磁学）。它们有可能作为错误的构想而被抛弃（占星术）。

我们可以通过推广对进化论的解释来思考一个针对诸多领域的理论。一个与领域有关的理论可以被划分为三个部分。第一部分是由作为该领域内容的诸多问题构成的。第二部分是由为这些问题给出解答形式的推理模式（解决问题的策略、纲要性的解决方案）构成的。在第三部分中，我们发现的是诸多关于实体或过程的普遍性论断，在构造这些问题的答案时，需要求助于这些普遍性论断。

可以认为，某些竞争性的进化论提出了一个共同的领域。那些将达尔文的所有问题都作为自己研究范围的人就领域达成了共识，但他们或许会为了理论而继续争吵。另一些人则将自身局限于一个子领域，他们拒绝自己的研究被误解为他们的那些更加野心勃勃的同事所做出的努力尝试。因此，比如说，某些谨慎的达尔文主义者就会放弃去试图解答那些与特性的普遍存在有关的问题，从而改变了进化生物学的领域。（例如，参见 Eldredge and Cracraft 1980，Nelson and Platnick 1981。）

社会生物学或者可以被构想为一个领域，或者可以被构想为一个理论。更确切地说，社会生物学拥有两个领域，每个领域都有可能被称为

“社会生物学”，每个领域都有一些候选的理论。**广义的**社会生物学符合威尔逊的官方定义。它是一种对所有社会行为的生物学基础的系统研究，它不仅包括有关社会行为进化的诸多问题，而且包括有关社会行为机制、社会行为发展、社会行为遗传学的诸多问题，或许还包括有关社会行为功 115 能的诸多问题。（我说“或许”的原因是，远不清楚的是，一旦关于进化、机制、发展与遗传的全部问题都得到了解决，是否还存在着一些关于功能的孤立问题来让我们解答，还有什么其他的东西留待我们去认知呢?）当广义的社会生物学涉及的是个别动物的特定行为或行为模式发展的问题时，它的研究者或许会以同等的兴趣来专注于在一个动物中产生的问题。广义的社会生物学的研究者的视野并不必然局限于有关进化的问题。广义的社会生物学所显露出来的领域，接近于尼科·廷伯根（Niko Tinbergen）在他对行为生物学的四个“为什么”给出的著名解释中所界定的那个领域（Tinbergen 1968，79）。

狭义的社会生物学更有选择性。它的问题是进化问题。因此，当提出“为什么动物会牵扯到它们所做的那些行为方式”这个问题时，狭义的社会生物学将此理解为是在要求确认进化的真实运作方式：这种行为最初是如何进化的？它以何种方式得到保留？显然，关于狭义的社会生物学的领域的任何理论，都与进化论有着重要的关联。它的问题是那种野心勃勃的进化论版本所提出的问题的一个子集。进而，由于这种似乎降低了作为实施者的动物的个体适合度的行为经常会被人们遇到，由于这种行为甚至会鞭策进化理论家去发现一种**可能的**设想方案，因此，几乎不足为奇的是，这种行为吸引了大量的注意力。将“利他主义”的问题称为该领域的中心理论问题，这肯定是夸大其词。该领域同样关注许多情况，在这些情况下，动物的社会行为似乎并没有降低适合度。但是，人们夸大其词的原因也不难理解。

对于广义的社会生物学的领域来说，并没有什么单一的理论。对这个领域感兴趣的生物学家利用了大量学科的资源，既包括不够发达的学科，也包括成熟的学科。比如，在欣德（Hinde）所构想的动物行为学（Hinde 1982）中，广义的社会生物学理论就是通过整合行为遗传学、发展心理学、神经生理学、传统的动物行为学、进化生物学的诸多发现而形成的。在此，任何“新的综合”最多也不过是宠爱后代的父母眼中的一缕微光，尽管有一些局部的成绩助长了这种希望。威尔逊报告的大量研究（尤其可参见 Wilson 1975a，第8−10章）关注的是各种社会现象如何真实运作的问题。（也可参见他在 Wilson 1971 中对昆虫群落的生命历史的诸多机制的精彩描述。）贝恩德·海因里希（Bernd Heinrich）论述大黄蜂的专题论著（1979）几乎完全放弃了进化问题，转而支持他的如下尝试，即准确地理解大黄蜂能够如其所是的行事方式，准确地描述大黄蜂的飞行机制、体温调节机制、觅食行为机制、植物选择机制，等等。类似于此的研究工作对广义的社会生物学做出了重要的贡献，但它并没有触及威尔逊所称的那个“中心理论问题”。 116

如果要寻求“新的综合”，那么，我们就应当寻找一种狭义的社会生物学理论。它的前景是什么？第一，任何这样的理论都将关注一个与社会行为在进化上的起源与保留有关的问题家族。此处有可能出现内在分歧，正如在进化论中所爆发的内在分歧一样。社会生物学家有可能为了行为的分类以及他们所寻求的普遍性等级而发生争论。并非所有的社会生物学家都觉得“为什么一般而言男性比女性更具侵略性？”这个问题在理论上是恰当的。那些肯定这是恰当问题的人设想，存在着一种进化解释模式，它只需要略微进行改动即可适用于各种不同的物种。那些否认这是恰当问题的人或许拒绝使用“侵略性行为”这个不加区分的范畴，或许认为，恰当的理论焦点应该是特殊的物种。某些人或许坚持认为，对社会行为模式的跨物种解释只有在今后才能实现——而且应当谨慎地进行。另有一些人通过提出比较的问题，通过为相关物种群体中的社会行为差异寻求一种进化解释来引导他们的研究。

第二，社会生物学家所偏好的解答社会行为进化问题的策略有所不同。对理查德·亚历山大来说，社会性是由裙带关系主题所构成的交响曲（Alexander 1979，52）：通常用来解释社会行为的方式是，确认其对同族产生的有助于散布共享基因的隐蔽效果。类似于威尔逊的其他人则强调广义适合度的重要性，但考虑到在个体适合度的最大化与广义适合度的最大化之间的差别有时是不重要的，他们也会关注成长的最优化模型。还有一些人（诸如梅纳德·史密斯）极为强调博弈论的分析。所有这些解答狭义的社会生物学问题的研究进路，都利用了那些在当代有所扩展的进化论，我将在最后一章中对之进行评述。它们的差别在于，它们所偏好的技术有所不同。

任何狭义的社会生物学理论的第三个组成部分是，某些产生特定行为的进化过程的普遍性原理。此处的原理性成果指的是汉密尔顿对广义适合度的定义，他对古典种群遗传学的主要结果所进行的类比推测，梅纳德·史密斯所引入的进化稳定策略概念，以及威尔逊、特里弗斯与其他人所勾勒的最优化模型的轮廓。可以认为，这种理论工作既改进了标准进化论中提出的进化过程的遗传学讨论，又提升了我们对那些或许决定了适合度的微妙方式的理解。

117

我们在自身的视野中，似乎看到了作为一种理论的社会生物学的清晰定义，以及它与一般进化论的关联的明确界定。但当我们接近社会生物学时，这种“新的综合”就显现为一个幻影。并不存在一种关于行为进化的自主理论，存在的仅仅是一般性的进化论。

总体和平与局部冲突

没有人会否认，动物的行为就像动物的形态与动物的生理机能一样，是进化的产物。只有非常谨慎的人才会认为，永远不可能解答动物行为的进化问题。因此，不应当马上拒斥那种为动物行为特征建构野心勃勃的达尔文主义的历史的规划方案。进而，在实施这种方案的过程中，我们应当求助于那些有关进化过程的可资利用的最佳观念，从而找到线索来发现野心勃勃的达尔文主义的历史应当采纳的形式。多亏了汉密尔顿、梅纳德·史密斯与其他人，在过去十年中，我们对适合度以及增加适合度的诸多方式的理解已经得到了极大的完善。在研究行为的进化时，我们能够将当代的模型投入应用之中：可以期待，通过表明某些行为方式最大化了广义的适合度，我们就能解释这些行为方式；通过形成博弈论分析，我们就能解释另一些行为方式；通过设计最优化模型，我们就能解释其他的一些行为方式。换句话说，我们将运用来自当代进化论的最佳普遍观念来研究行为的进化。

因此，在社会生物学家与那些接受了进化论，但没有将自身局限于谨慎的达尔文主义的人之间，并不存在一般性的理论争辩。在理论上的社会生物学是极其具有诱惑力的，这仅仅是因为，在狭义的社会生物学理论的范围内，它就是一般的进化论。社会生物学家提出的问题是（不谨慎的）进化理论家所提出问题的一个子集。社会生物学家所接受的解决这些问题的纲领，是一般的进化论所提供的纲领。此外，进化过程被理解为一种产生动物行为的过程，有关进化过程的普遍观念恰恰是有关进化过程与进化周期的普遍观念。诚然，社会生物学家或许自豪于如下事实，即对进化的普遍观念的特定改进是行为进化研究工作的产物，汉密尔顿的广义适合度概念就是一个显著的例证。尽管如此，一旦进行了归并，这种洞识就遗忘了它们的起源。就像杂合优势与依赖频率的自然选择这样的概念，汉密尔顿的这个概念变成了这样一种普遍框架的组成部分，在这种普遍框架中形成的是我们对进化过程的表征。118

若社会生物学家提供了任何独特的理论，它有可能是什么？或许他们提议的是要运用某些不被一般进化论的纲领所认可的推理形式？不太可能。我们应当回想到，社会生物学的主要拥护者骄傲地宣称他们对达尔文旗帜的效忠，他们坚称，反对他们，就是反对达尔文。更合情理的看法是，社会生物学的独特之处在于，社会生物学家将自身局限于他们所偏好的那种用来追溯社会行为进化的特定解释模式。但只要进行片刻的反思，我们就能相信，这是一个愚蠢的论断。正如那种认为“应对自然选择的生物形态进化仅仅是为了防御捕食者”的主张是荒谬的，这种宣称“所有动物的社会行为都涉及支持广义适合度效应的自然选择”的论断也是轻率的。严肃的社会生物学家应当期待，对社会行为特征的解释是混合型的——即便这些行为方式似乎可以还原为适合度，也应当在进化中保留相当可观的多样性。（此外，他们还应当对这种可能性有所准备，即某些解释或许并不以任何直接的方式涉及自然选择。）他们应当承认，存在着数不清的例证，无论是求助于广义适合度还是求助于个体适合度，对于它们的解释都不会造成重大的差别。他们通常应当避免认为，进化论为诸多行为特征的存在问题提供了纲要性的解答，这些答案的整体将被证明为与一般进化论解释的整体一样具备多样性。

当然，正如存在着进化论的子理论，通过一种精心构思的进化论解释风格，就能回答这些问题，我们或许也可以期待，存在着一种社会行为进化论的子理论，通过提供一种单一的论证风格，就能解决这个问题家族。模仿理论与黑化理论在社会性昆虫的形态多样性（“职级分化”）理论与性别比例理论中找到了它们的对应物。要承认这一点，就无异于在说，动物行为的研究领域为一般的进化论提供了新的子理论。仍然正确的是，不同于一般进化论的那种有关动物社会行为进化的普遍理论是不存在的。

离开“新的综合”，威尔逊就没有首创出任何宏大的新理论。社会生物学的支持者有时似乎坚持认为，他们拥有某种有关社会行为进化的独特的普遍理论，它根据的是当代进化论。他们说对了一半。这种理论根据的是进化论。其实它就是进化论。以这种方式审视它，社会生物学的可信证明是不可挑剔的。

119

我们能否停在此处，并以热烈的态度来赞同社会生物学呢？当然不能。尽管我们有可能对这个处理行为进化问题的想法感到满意，尽管我们有可能会钦佩社会生物学家建议运用的那个模式，但是，我们仍然有可能反对他们用来构造其图式实例的方法，反对他们用来支持那些合成解释的证明。根据更加周密的考察，与社会生物学有关的争论，并不是针对广义适合度概念的正当性或梅纳德·史密斯所推导出的博弈理论中的数学结果而展开的争辩。这场战斗围绕的是一种普遍理论的诸多局部问题：社会生物学家是否用具体例证说明了他们所偏好的解释模型，从而形成了对动物行为进化的正确解释？

社会生物学批评者的立场就像一位车主，他去当地的车库，希望在那里找到修理某些引擎问题的技术员工。那里有必要的全部工具。它们都处于完美的工作秩序中。但这些技术员工代代相传，直到他们仅仅以长柄大锤来装备自己，并且宣称他们只能用大锤这种手段来解决这些麻烦，此时，车主就应当去别的车库寻求帮助。理性的车主不会停下来愤慨地诅咒起重机、钻孔机、扳手乃至长柄大锤。这些都是可以进行有益运用的好东西。但是，目前的这种运用它们的计划，并不是一种能够激发人们信心的计划。

谨慎的达尔文主义者将发现，这种解释行为特征的存在的研究纲领是误入歧途的——但它并不比那些在当代进化生物学中得以通过的众多研究更加背离正道。其他人不应当为了“接受或拒绝将社会生物学（或一般的进化论）裁决为一个完全统一的整体”这个问题而陷于困境。有一些出类拔萃的实例阐明了这种进化模式，其中关于某些实例的解释形成了对一种行为特征的存在的解释。其他的实例则不那么令人印象深刻。因此，对社会生物学的可信证明的探究必定是逐个进行的。男女行为差异能否仅仅通过参照男性实现交配的最佳策略来得到解释？同性恋的存在是否可以根据通过帮助亲族来实现适合度的最大化而得到理解？人类的好斗能否被视为这样一种进化史的产物，其中，相对无害的动物在面对武力更加强大的物种时没有形成约束自身的特殊能力？当我们提出这些特殊的问题时，我们所争论的并不是普遍的理论机制。真正的问题所关注的是要用何种特殊的解释风格来做出回答。 120

我们已经得到了改变社会生物学论战形态的结果。狭义的社会生物学建议使用当代进化论的技术来绘制社会行为的进化，由此产生的诸多解释必须逐个进行评价。社会生物学的狂热支持者宁愿我们以其他的方式思考，希望我们被对一般理论的普遍承诺所控制。查冈提出了挑战：

> 约翰·梅纳德·史密斯教授在我评论结束时相当严肃地问道：“为什么人类学家对这种关于‘人类’①（人性）的理论感兴趣？”这个问题隐含着两种解答。他或许认为，这种理论并不适用于人类，在这种情况下，他想知道的是为什么人类学家要试图应用它。他或许认为，这种理论并不适用于任何物种的任何社会行为，这就让他不可避免地处于这样的立场之上，即必须解释他自己为什么从事于构造一种并不适用于真实行为的理论。(Chagnon 1982，292)

查冈的论点是，存在着一种关于社会行为的普遍理论，梅纳德·史密斯对之做出了贡献，问题仅仅是，有一些智识上的懦夫妨碍了人们将其适用于人类的社会行为。但是，这个假设是错误的，这个指控是没有根据的。当

① 原文为chaps，英国俚语，指的是“人类”。——译注

我们发现社会生物学的诸多解释必须逐个进行评价时，我们就已经承认，这种评价在不同的情况下或许极其不同。某些解释（某些聚焦于人类行为的诸多方面的解释）或许得到了相当好的支持。其他的解释所遭遇到的情况可能就没有那么好。

社会生物学若要取得成功，或更确切地说，在社会行为领域中的进化论若要取得成功，它就需要坚持表明，当前的这种模式让我们能够解释社会行为的全部情况。在成功与完全的失败之间，还有着充足的空间。如果我们发现，某种类型的行为无法通过应用我们的理论装备来得到理解，我们或许会断定，我们的进化解释聚焦于错误的要素，我们需要一种不同风格的进化论阐述。然而，无论在当前形式下的进化论是否在社会行为领域中获得了成功，无论是否需要对我们关于进化过程的普遍理解做出发展，社会生物学的争论依赖的是更加具有局限性的问题。狭义的社会生物学是进化论的一个合理正当的部分，只要它的拥护者提供的解释就像一般进化论中的解释那样得到了良好的证据支持。因此，我们必须再度回到对达尔文主义的历史的确证上。

121

社会生物学家的同等权利

请回想批评者对社会生物学在方法论上的败坏给予的过分谴责。据说，社会生物学放弃了优秀科学的标准，徘徊于由不可证伪的思辨构成的世外桃源之中。它的拥护者的回应是，社会生物学与一般的进化论一样优秀，它的反对者所采用的是一种双重标准。这些拥护者至少部分是正确的。当狭义的社会生物学理论被理解为一种适用于社会行为的进化论时，就不应当为这个结论而感到惊奇，即这两种理论在方法论上享有相同的地位。

社会生物学的捍卫者有时会指出，人们所偏爱的方法论原则相当不适合进化论，他们欣然得出的教训是，“由于社会生物学是进化论家族的组成部分，我们用来判断它的标准，不应当比我们适用于进化论的其余部分的标准更为严格”（Ruse 1979，21）。话虽属实，但是，在我们承认社会生物学家的同等权利之前，我们应当考虑的是，同等的权利预设了同等的义务。在发现了两个棒球队都无法翻译梵文的文本之后，我们仍然无法充分了解这两个棒球队的价值。类似地，没有遵循不恰当的方法论标准，这并不必然确保科学的正当性。

关键问题是，社会生物学家确证他们论断的方式，能否真正与进化生物学中的研究工作者支持他们的达尔文主义的历史的方式相同。最初，我们可以暂时不顾及这个想法，即存在着某种被称为"亲缘理论"的东西，它可以得到检验与确证。尽管社会生物学家通常以这种方式进行谈论(Barash 1977，88-93)，他们却无法主张，对一群动物的观察，可被用来评估汉密尔顿关于广义适合度的动力学，或梅纳德·史密斯所得出的"有产者是一种对抗鹰-鸽策略的进化稳定策略"这个结论的**真实性**。就像种群遗传学的数学原理一样，这种结果被接受的原因是，它们的推断根据是某些定义与某些有关基因传递的结果，这些结果得到了相当令人满意的确证（这些根据相当独立于任何进化的考虑要素）。汉密尔顿意识到，理解个体选择下的进化的古典进路，遗漏了表现型的承载者或许会对它们的亲属所产生的效果，他发现，这个遗漏有可能是严重的。梅纳德·史密斯看到了重新理解某些博弈论定理的方式。在这两种情况下，对动物行为的观察与这些论断的真实性都无关。 122

需要有经验证据来支持人们对那种适用于特定情况的普遍后果所做出的推测。在面对捕食者时，某些鸟类是否为了通过警告先前没有产生警惕的亲属来增加它们的广义适合度，而进化出了给予警报信号的行为？库默尔的阿拉伯狒狒是否采纳的是有产者的策略？帕克的东非狒狒是否采纳的是针锋相对策略？这些是社会生物学家必须回答的问题，他们需要求助的是各种汇集起来支持进化论假设的观察资料。他们必须回避的陷阱，恰恰就是等候着那些试图支持野心勃勃的达尔文主义的历史的人的陷阱。

请考虑一个野心勃勃的社会生物学家必须完成的任务。首先，重要的是要表明，这些现象与他给出的解释相一致。若他所钟爱的假说断言，一种行为方式的存在是由于它给予亲属的诸多好处。接下来，重要的就是要表明，这些亲属的适合度确实得到了提升。若他给出的解释确认，他研究的那些动物所采纳的是一种特定的策略，而相对于一批竞争性策略，这种受到偏爱的策略是进化稳定策略。接下来，重要的就是要表明，这种动物的行为符合这种受到偏爱的策略，没有理由相信，这个动物还有其他可利用的竞争性策略，这些策略并不包含在候选者的清单里。（当我们有根据将辨识能力归于动物时，就会让它们采纳更加复杂的策略，这些策略的复杂性要超过正式场合下所允许的范围——或者，当我们假设，这些动物的某些亲属实际上采纳了这种策略时，就会出现诸多麻烦。）确立一致性或许并不是什么微不足道的问题。但一致性是不够的。

正如我们在探究野心勃勃的达尔文主义的历史的确证时所发现的，成功是通过排除竞争者的方式来实现的。那些仓促拥抱一种进化方案，却没有考虑明显的替代方案的可信度的人，正确地受到了同事的严厉谴责。我们还发现了一个更加微妙的方法论处境。有时，对自身无知的恰当意识，或许让我们深刻认识到，我们在当前可能无法表述诸多竞争性的假说。我们对所研究的动物的生理机能的认识或许完全不足以来断定一种行为方式是否真正降低了那些从事这种行为的动物的个别适合度，或许完全不足以来断定这种行为方式是否真正提升了一个亲属的适合度，或许完全不足以来断定这种动物是否还可以利用某些替代性的行为方式，等等。我们总是对遗传学知道得太少，对发育成长知道得太少，对行为机制知道得太少，因而无法精心设计一组有说服力的竞争性进化假说。在这些处境下，我们就几乎无法为我们一下子就抓住最初吸引我们想象力的那个方案的做法而进行辩护。

123

社会生物学不仅继承了确证进化的所有困难，而且还产生了一些它自己的困难。不仅在诸多行为背后的机制与生长过程通常是未知的，而且我们也经常不知道动物行为的恰当分类。欣德坦率地承认，“对行为的描述，存在着大量的问题”（1982，30，参见30－32）。他的探究谨慎地反对那些令人困扰的因果描述与功能描述，反对建立在没有根据的假设之上。人们轻易就可以领会到这些危险。将某些鸟划分为一种“给予警报信号”的动物，这就已经暗示了一种行为的功能与一种进化的方案。我们的行为分类学并没有牢牢地固定下来，因此，我们无法将其用来形成有关行为模式进化的诸多假说。这种分类学本身起初是在我们的进化研究中出现的。正是通过采纳一种进化主义的眼光，人们才意识到，狒狒们采纳的是针锋相对策略。

与凯特尔韦尔研究的比较再度被证明是有用的。凯特尔韦尔以一个概念框架为出发点，他能用它来表述有关英国工业区与英国乡村的飞蛾进化的诸多假设。将飞蛾描述为白斑或黑斑，这预设了一个分类图式，但任何人都不太可能去质疑这个图式。那些思考凯特尔韦尔是否以恰当方式描述他的飞蛾的怀疑论者将会遭到嘲笑或白眼。但类似于他们的那些质疑行为描述的人就不会遭到这样的对待。假如有人告诉我们，一只蝴蝶“正在捍卫它的领地”，或狒狒们“正在对这群动物成员的统治者让步”，我们就不应当搁置这个与恰当描述有关的问题。我们用来记录行为的范畴所得到的支持，不如我们用来研究形态学与生理学的范畴所得到的支持。

我们在一开始就必须追问的是，我们关于行为机制的知识是否足以让我们信任这种行为描述，而不是去承认动物的诸多属性已经得到了正确的识别，不是去探究这种机制与生长发育是否有某些相关的方面会清楚地显现这些属性的进化历史。凯特尔韦尔或许会聚焦于染色的属性。他或许会考虑这样一种可能性，即相关特征是染色过程的一个副作用，而染色过程既产生了这种特征，又产生了一个更加重要的特性；他或许会权衡一些可能存在的替代性收益。那些从事行为进化研究的人在他们能够达到凯特尔韦尔的出发点之前，还需要做一些研究工作。 124

有人或许会错误地认为，这种研究工作是不可能的。社会生物学分析会潜在地获得成功。倘若我们最终能够充分地认识行为机制，从而得到一种有良好根据的行为分类，那么，我们就能够开始表述与检验那些竞争性的进化假说。这种成功最有可能出现于这样的领域，即动物的行为能够以相对没有争议的方式来进行识别（比如，类似觅食这样的领域），这种成功最有可能相关的是这样的动物群体，它们的行为可用来进行因果分析与遗传分析。流行的社会生物学家最想要实现的成功，即理解人类行为的那些充满争议的方面，恰恰是最令人困惑的。

社会生物学家无论是对人类的社会生物学抱有希望，还是仅仅对某些动物群体抱有兴趣，他们一般都会承认，这项事业面临诸多方法论上的困难。威尔逊的评论是有代表性的：

> 悖谬的是，在社会生物学的推理中的最大诱惑是，可以轻易地进行这种推理。物理学处理的是难以解释的精确的结果，而社会生物学拥有的是不精确的结果，它们可以按照众多不同的方案来进行解释。过去的社会生物学家由于无法恰当地分辨这些方案而失去控制。(1975a，28)

威尔逊希望，"新的综合"能比阿德雷、莫里斯、泰格尔、福克斯的传统动物行为学做得更好。正如我们将要看到的，当这些困难隐约可见时，人们在诱惑下会勉强接受更低的标准——威尔逊有时屈从于这个诱惑，但并非总是如此。这种失误恰恰发生于谬误有可能带来最大损害之处。在理解蚂蚁行为的尝试中或许会被拒斥的推测，在研究的动物是**人类**时，就有可能自由地发展。(一个绝佳的例证，出自 Wilson 1975a，343。)

动物行为的许多其他研究者表达了他们的谨慎态度。布莱恩·伯特伦(Brian Bertram)希望，我们最终或许能够测出那些塑造了动物行为的选择性压力，我们对动物诸多物种的社会系统进化的理解最终将"比如今略少一些猜测"(Bertram 1976，180)。汉斯·库默尔向他的读者提出的建议是，那些针对诸多特性的适合度做出的陈述，需要得到系统性更强的进一步检验，而他尚且无法完成这种检验(1971，16)。罗宾·邓巴(Robin Dunbar)在一篇新近的论文中更加直率地评论道：

125

> 假如我们根据某些理论论证做出了一个预测，而相关的数据并不支持这个预测，我们或许会得出如下结论：要不这个理论是错误的，要不这个行为测量是一种不恰当的检验，但我们并没有良好的根据来支持我们选择这个解释而不是另一个解释。这种局面不可避免地易于助长人们采纳这样的准则，即"倘若结果符合你的预期，就接受这个结果；倘若它不符合你的预期，就探寻一个'更好的'行为测量"，或者易于助长人们诉诸一种**特设性的**努力尝试，即创造一些混杂变量，以解释的方式除掉那些反常的结果。这通常反映了一种对基础生物学的无知状态，与之相结合的是一种根本不情愿放弃理论的"极端库恩式的"(super-Kuhnian)态度。(Dunbar 1982，23)

所有这些评论揭示的是人们对当前理解动物行为进化的实践的一种不安感。通过描述社会生物学以及确证进化假说的诸多困难，我试图表明那些位于控诉抱怨背后的东西。显而易见，野心勃勃的社会生物学家所面对的问题，正是其他的进化生物学家面对的问题。

重建阶梯

理解广义社会生物学与狭义社会生物学之间的差异是有用的。在确认了社会生物学或许既是领域又是理论之后，我们就能解决某种混淆。对困扰狭义社会生物学家的方法论问题的识别，有助于让我们注意到，社会生物学关于非人类的动物行为的哪些论断需要得到更多的支持，哪些论断能够自豪地与最好的进化论站在一起。然而，本书主要关切的是流行的社会生物学。流行的社会生物学将在何处被容纳于进化论之中？

有一个潜在的领域，即人类的社会生物学，它的问题是，将狭义社会生物学的诸多问题适用于**人类**。目前我们并不知道如何以精确的方式提出这些问题，因为我们不知道人类行为模式中有哪些要素是通过进化塑造而成的。流行的社会生物学是由试图组织这个领域并解答如此形成的进化问题的诸多尝试构成的。它的实践者假定，人类行为的那些有趣而又有争议的方面是进化过程的直接产物，他们提供了进化方案来解释为什么我们应当期待这些方面出现。

对于人类回避乱伦的倾向与以怀疑和敌对的方式对待异族的倾向，人们展开了一场旷日持久的论辩。流行的社会生物学建议，解决这场论辩的方式是，提供进化方案来表明，自然选择可能以何种预期方式来支持对陌生人的敌意，反对与近亲的交配。由于在据说是人类行为的普遍模式与进化预期之间有一个假定的关联，流行的社会生物学家就宣布了有关人性的巨大发现。这种进化解释向我们揭示了我们的真实存在，并由此表明，特定的社会组织形态是不可改变的。 126

如此构想的流行的社会生物学是一个混合物。它部分地是由一批狭义的（人类的）社会生物学的议题所构成的，必须根据我们已经确认的方法论标准来评价这些议题。流行的社会生物学添加了一种方法，这种方法将进化解释与那些有关人性的引人注目的论断联系起来。进化解释本身，乃至关于人类行为模式的进化解释本身，并不是大力宣传的素材。通过聚焦于人类行为的那些特别有争议的方面，通过根据进化的解释得出的人类社会制度的必然性，流行的社会生物学才产生了激动人心的东西。不同的流行的社会生物学家用不同的方式构造了额外的必需工具，使我们从自然知识上升到自我知识。不过，就目前而言，我将专注于一种流行的社会生物学。重建威尔逊阶梯的时候到了。

此处是威尔逊阶梯的一个新版本，在这个版本中，我们先前建构中的弱点得以弥补；在我看来，它代表的是在威尔逊的挑衅性论断背后的论证。

威尔逊的阶梯（修正了的标准版本）

1. 通过运用确证进化历史的标准方法，我们就能确证这样一种假说，即群体 G 的所有成员通过在它们遇到的典型环境下表现出一种行为方式 B，就会让它们的适合度最大化。

2. 当我们在 G 的（几乎）所有成员中发现 B 时，我们就能得出结论，B 是通过自然选择，特别是通过在第 1 步中确认的适合度所做的贡献，才变成并保持为广泛存在的行为方式的。

3. 由于自然选择只在存有基因差异之处才起作用，我们就能得出结论，在 G 的当前成员与它们的那些无法表现 B 的祖先（以及在当前偶然出现的非正常成员）之间，存在着诸多基因差异。

127

4. 由于存在这些基因差异，由于这种行为是具备适应性的，我们就能表明，在这种意义上，难以通过改变社会环境来更改这种行为，鉴于那些广泛共享的必需之物，缺少 B 的状态或者是一种不可能的状态，或者是一种受妨碍的状态。

我有四个理由将这种论证风格归于威尔逊。它触及了威尔逊所针对的那种结论。它作为出发点的主题（即对当前进化论中的最大化适合度的行为的分析），是威尔逊将其作为自身洞识根源的主题，而这个主题无法被威尔逊的先驱所利用。它避免了威尔逊努力将自己与之分离的那些立场（被威尔逊的批评者归于他的那种粗劣的基因决定论）。它进行论证的方式，是威尔逊似乎会认可的转化道路（比如，那种从最优化分析通向有关自然选择的结论的道路）。如果流行的社会生物学的威尔逊的早期版本有一条论证路线，它似乎就是这条论证路线。

暂且假定这个阶梯是牢固的。让我们看看，我们能以何种方式爬到自我知识这个令人头晕目眩的高度。我们开始的方式是，确认一群包括某些人在内的生物。这个群体或许是一群包含**人类**在内的物种。它或许是一群包含**人类**子集的物种的诸多子集。因此，比如说，G 或许是由灵长目动物构成的，或许是由包括类人猿、长臂猿与我们自身的家族构成的，或许是由脊椎雄性动物的全集构成的，或许是人类或社会性白蚁中的一群低级个体构成的。通过求助于 G 的特性与 G 的成员在其中运作的环境的特性，我们试图表明，B 的表现会最大化广义适合度。我们或许认为，一种特定的合作安排会有利于 G 中的那些动物。我们或许会给出博弈论分析，它将确认 G 的成员可利用的那些特定策略，它将证明这些策略之一是进化稳定策略，它将表明对这种策略的遵循会以何种方式在一个假定的动物种群中最大化广义适合度。由此，我们就迈出了第一步。

现在，通过审视 G 中的动物，我们就能发现，它们的行为是我们的最优化分析为它们做出的规定。让我们暂时假设，这种符合是完美的。没有必要对“混杂变量”的方向挥手告别（正如邓巴所承认的，这有时是一种受欢迎的策略）。我们的结论是，我们所分离的那种形成行为方式的倾向，是动物的那种由自然选择塑造而成的真正特征。第二步将我们带到了这样的立场之上，该立场让我们能够有信心地谈论某种特定的行为描述，让我们能够识别我们所揭示的诸多行为方式的自然选择史。

128 自然选择是无力运作的，除非存在着基因差异。假如在行为中存在变化，但不存在行为的**基因**变异，那么，自然选择就不会将这个群体带到它当前表现最佳行为的位置上。因此，在确认自然选择史时，我们还要确认的是，在表现 B 的动物与没有表现 B 的其他动物（假定的祖先或非正常成员）之间，存在着诸多基因差异。如果我们要进行随意的谈论，我们就可以说，存在着“诸多行为的基因”——只要我们用这个措辞表达的全部意思是，在常见的基因背景下，一个等位基因的存在或不存在让行为的表现有所差异。

第四步是最困难的。甚至在我们通过努力已经争取到了可以断言存在“诸多行为的基因”的立场之后，我们必须给予这个结论以意义，阻碍了我们自动做出任何有关行为固定性的推测。我们所知道的一切是，给定一个共同的背景，在 G 的成员所遇到的典型环境下，一个等位基因的存在或不存在，将让行为的表现有所差异。这种说法并没有假定，B 的表现是 G 的成员的“本性”的组成部分。我们没有根据来推测，G 的成员在不同环境下有可能以何种方式行动，包括那些如今相当常见的环境，但在这个群体的绝大多数进化史中，它们或许都没有遇到这样的环境。

为了看出那些简单的推测如何误入歧途，请思考一个众所周知的案例。许多新父母了解到，有一种偶尔折磨人类的疾病，如果让这种疾病按照通常方式发展，它会导致婴儿严重的发育问题。婴儿通常要做有关苯丙酮尿症的测试。在一个常见的基因背景下，有一个等位基因使婴儿在我们的物种所遇到的标准环境中的发育产生了关键性的差异。幸运的是，我们能够改变环境。这种发育异常导源于人体无法代谢一种特定的氨基酸（苯丙氨酸），只要婴儿在饮食中保证不摄入包含这种氨基酸的食物，他们就能成长为完全健康与充满活力的成年人。因此，确实存在着一种“关于苯丙酮尿症的基因”。幸运的是，在典型的环境下，与这种基因相关的发育模式是可以通过改变环境而发生变化的。

威尔逊阶梯的顶端需要得到某种支持。通过回到先前几步所获得的成就，我们就可以找到所需要的那些支柱。首先，我们专注于我们欲论证的结论。尽管迄今为止我们努力证明的是关于一个总括性群体 G 的成员的某些普遍性结果，但是，这个游戏的名字是洞察人性。因此，让我们根据129 第三步得出这个结论：在人类之中有一种“行为的基因”。要阐明相关的行为是人性的一种表现，我们需要论证的是，即便我们重新设计我们的环境（物理的环境，或更有可能的是，社会的环境），人性也不是某种会发生变化的东西。我们根据第一步与第二步就可以知道，这种基因是被挑选出来的。或许可以充分利用这种知识来得出行为不变性的结论，这样的论证路线有两条。

第一条强调了“适应是对环境变化的顺应”这个观念。如果一种行为方式在广泛的物理环境与社会环境中最大化了适合度，如果我们可以假定，我们的祖先遇到了这些范围广泛的环境，那么，这或许暗示，我们应当预料到，环境中的微小波动并没有改变这种行为。那种让我们不再拥有该行为的环境，彻底不同于那些让自然选择来塑造我们的环境。在进化中缺少应对周围环境的能力，我们将遭受大量的不幸。这种对环境的改变将违背人性。

让我们回到流行的社会生物学最喜爱的一个例证上。假定"母性关怀的基因"是在人类进化的过程中被选择出来的。流行的社会生物学家或许认为，母亲的奉献在范围如此巨大的人类环境中最大化了适合度，因此，就有可能存在一种缓冲系统，它促使母亲甚至在条件远非顺利时仍然养育与帮助她们的孩子。假如我们想要创造一个社会制度，这个制度鼓励母亲不花费时间来养育她们的孩子，那么，人们就会产生一些以基因为基础的抵触感。破坏现状的尝试将付出代价。

第二条论证路线评估了社会改造可用的那些方法。请设想我们想要达到这样一种状态，其中缺少一种特定的行为方式——比如，缺少民族之间的敌意。假设我们（通过攀爬这个阶梯）已经发现了人类中的"攻击基因"，假设我们已经相信，这种基因在民族间的敌意中显明了自身。（某些读者或许会发现，这些假设的态度难以实现。我也有同感。但是，关键是要理解那些可能发生的结果，而不是去担忧迄今为止经过的道路。）我们想要一个和平的世界。我们构想了特定种类的社会变革，它们有可能创造出这样一种环境，其中，那些相同的基因不再导致攻击的行为。这个提议并不是说，以特定的食物来喂养某些人，就会改变他们的行为——就好像在我们的性格形成期食用菠菜就会达到预期目的一样。（尽管如此，值得指出的是，倘若我们能够确保所有人都吃到**某些东西**，我们就会在很大程度上真正减少某些敌意。）作为替代，我们设想了一些教育计划、民族之间的合作方案、裁减军队，等等，将它们作为让攻击减少的手段。这些假想的步骤将影响我们思考其他人的方式。流行的社会生物学家有可能抓住的恰恰是这种对认知的强调，他们将其作为决定自身成功机遇的关键所在。他们或许会宣称，认知的修正过于浅薄，因而无法影响我们的攻击倾向。

130

他们论证的出发点是对适应效率的强调。考虑到人类的适合度（或者是男人的适合度）通过攻击行为的倾向而得到了最大化，流行的社会生物学家或许会挑战以下这个观念，即为早期的原始人类构造一种行为机制的最简单或最有效的方式是，运用我们的那些迅速成长的认知能力。作为替代，他们建议，这种攻击的倾向是在这样一个系统中形成的，它在很大程度上独立于我们的认知控制——它或许是在威尔逊乐于用来反对我们的"意识"的那个"下丘脑边缘复合系统"之中。由此产生的一个令人厌恶的后果是，原始的冲动将始终保留在我们之中，它们根据我们意愿的方式来提炼我们对世界的感知。

其次，相同主题的一个变种是，坚持认为这种特定的行为方式（如攻击）是发生在远祖之中的选择产物，他们的行为机制远远没有我们自身的那么复杂，据此推断，我们的攻击行为的出现在认知上是难以理解的。无论在哪种情况下，通过暗示进化为了最大化适合度而走捷径绕开了我们的认知系统，这种威尔逊式的论证就实现了它的目的，它得出结论，这种据说让适合度最大化的行为是固定的。（相较之下，诸如理查德·亚历山大这样的社会生物学家，似乎将我们的认知系统理解为一种最大化适合度的行为的近似机制。正如我们将在第 9 章中看到的，亚历山大有关人性的见解在诸多重要的方面不同于威尔逊，其中的一个重要的不同方面是，亚历山大对进化理解的强调，他将其作为**修正**我们的社会行为模式的关键。）

最后，若还需要进一步的支持，那些希望攀爬威尔逊阶梯的人或许会求助于不同社会中的人类行为的固定性。"瞧瞧这些丰富多样的文化！"他们大声叫嚷，"在这些文化中没有一个缺少这种行为。那么，我们怎么能指望通过修正我们的社会安排来清除这种行为呢？"需要谨慎地运用这种诉求。正如我们在第 1 章中看到的，真实发展出来的社会并没有构成一个可用来对人类的行为进行系统探究的样本。那些否认威尔逊的人性论断的人可以回应说，所有既存的文化都享有共同的特征，而消除某些这样的特征，对实现那些替代形式的社会结合体来说是必不可少的。进而，若认为可以从人类学的记录中读出人类行为的固定性，这就会相当不必要地离开进化论而绕远路。流行的社会生物学家从这样的期望中得到了鼓舞，即

131

流行的社会生物学能够超越人类文化的魔法般的神秘之旅，这种神秘之旅经常会形成有关“人类共性”的诸多观念。假若流行的社会生物学家运用了人类学的数据，他们必定是有所保留地运用了这些数据。

这个阶梯的最后一步要用某种精巧的平衡来进行协调。我们将在多种支持之间做出一些小小的倾斜：在这里倾向的是适应的顺应性，在那里倾向的是进化的效率，再加上对人类学数据的一点点倾斜。以这种方式，威尔逊的早期纲领完成了它的最后一步。我们将要得出的结论是，某种行为方式之所以不存在，这既不是因为它不可能存在，也不是因为它由于那些广泛共享的必需之物而成为受妨碍的状态。这两条想法都有可能丧失社会公正的理想。

拆解阶梯

我们终于做好了准备。我们知道了社会生物学是什么。我们知道了关于进化的论断以何种方式得到检验与确证。我们知道了流行的社会生物学以何种方式与社会生物学相关，社会生物学以何种方式与进化论相关。我们已经审视了一种形式的社会生物学（即威尔逊的早期纲领）的具体细节。现在我们就能够提出那些至关紧要的问题。是否有充分的证据来支持人类行为方式的固定性，特别是我们或许期望改变的那些行为方式的固定性？

我认为，这个答案是“没有”。在接下来的四章中，我将论证的是，威尔逊阶梯的每一个梯级都是腐坏脆弱的。我对此得出的某些结论将适用于流行的社会生物学的其他版本。尽管如此，它们不应当被理解为一种对所有的社会生物学的控诉。正如我多少有点不厌其烦地强调的，在社会生物学家与进化论的其他实践者之间，并不存在普遍的理论争辩。特别有可能的是，某些如今获得发展的动物行为进化假说，已经得到了良好的检验与确证。进而，我们在将来的某一天或许会得出某些关于人类行为在某些方面上的进化的正当结论。我试图揭露流行的社会生物学的缺陷的方式是，将流行的社会生物学家的论断与那些研究非人类的动物行为的人的工作进行比较，而流行的社会生物学的不足在于方法，而不在于内容。威尔 132

逊应该将他毫不吝惜地施加于蚂蚁行为研究上的谨慎与严厉同样施加于他对人类行为的研究。但他并没有这么做。

我们将开始迈出第一步。以其他的社会生物学家的工作作为土壤，我们将检验威尔逊与他的门徒得出的有关最大化人类适合度的某些结论。因为正是在此处，梯级的腐坏就已经开始了。

第 5 章　第谷的礼物

火星的教训

“神圣的上帝给了我们一位最为勤勉的观察者第谷·布拉赫（Tycho Brahe），因此，我们应当带着感恩之心来使用这份礼物，发现真实的天体运动。”约翰尼斯·开普勒（Johannes Kepler）在他努力计算火星轨道期间如此写道。开普勒所达到的小数点是他的几乎所有的天文学同行都会感到满意的小数点。通过运用哥白尼的体系，他已经算出了与一个静止的太阳有关的复合圆周运动，计算出的火星位置与火星的观察位置的符合程度在八分弧度之内。这种精确性是一个重大的成就。开普勒宣称，这是哥白尼主义的一次胜利。作为替代，他决心更加彻底地继续背离传统的天文学，他这么做的动机是想要发现一条更加严密地符合他先前的老师与同事第谷得到的观测结果的运行轨道。他的探求导向了一个革命性的提议，即行星的轨道是椭圆的。那些可将其作为“合理误差”而轻易不予考虑的东西，结果却成了视角重大变化的根据。开普勒相当清楚第谷极度的谨慎，这促使开普勒对我们的太阳系图景进行了一次转换——第谷自己从来也没有预见到这一点。 *133*

占星术是不切实际的。尽管如此，火星为当代的社会生物学带来了一个教训。动物行为的研究者会欣然祝贺自己发现了在该领域观察到的行为与他们最喜爱的那个关于最大化适合度的故事之间的一致关系。不相符的情况可以作为不重要的例外而不予考虑，它们只是一些微小的误差，抹除这些情况，不会影响基本的描述。开普勒决心要寻求不精确的根源，这件事应当提醒我们以下这种可能性，即对那些起初似乎是微小反常的东西的修正，或许会成为重大观念转换的起因。

针对非人类的社会生物学研究是一个大杂烩。达尔文主义的历史所探求的群体规模是一个巨大的范围。某些社会生物学家关注的是特定的物种，如阿拉伯狒狒或木匠蚁；其他的社会生物学家考察的是整个纲，他们专注于鸟类或哺乳动物的行为的诸多方面。还有各种居间的研究，它们的目标是有蹄类动物或清洁鱼、社会性的膜翅目昆虫、社会性的食肉动物。这些研究或许是在那些得到谨慎表达的数学模型的帮助下进行的。它们或许是用文字的措辞来完成的，它们仅仅对那些来自特定行为方式的好处做出定性的论断。在某些情况下，社会生物学家会对一个种群的多个世代的动物行为进行细致而详尽的观察。在另一些情况下，这种观察的基础存在于对一种引人注目的单一现象的报告之中。有时，动物遗传学研究得到了较好的理解。在其他的情况下，遗传、发育与行为的诸多机制几乎完全是一些神秘的事物。

134

因此，人们不应当感到惊奇的是，某些生物学家发现，社会生物学是一个充满了令人振奋的观念与研究的领域，它与进化生物学一样严格，而另一些生物学家则将其作为一种在方法论上有误导性的猜测，因而拒绝接受这项事业。正如我们已经看到的，这个问题可归结为特定解释的信用，我们必须追问的是，对某些动物种群的行为解释是否已经得到了证据的支持，而这种证明的方式是否就是野心勃勃的达尔文主义的历史让自身获得支持的方式？我们的方法论探究认为，这个答案不太可能是怀疑论者所认为的“永远不会!”，也不太可能是狂热支持者所认为的“总是如此!”。一个似乎合理的解答是，“有时如此——在不同情况下程度有所变化”。我的目标是表明，这个似乎合理的解答有时是正确的。

我们在前文就已经知道，当我们对我们所研究的行为遗传学与行为机制相当无知时，在我们要对野心勃勃的达尔文主义的历史进行强有力确证的过程中，我们将会遇到一个普遍的方法论困难。即便我们搁置了这个困难，达尔文主义的历史也许会呈现出或多或少的精确性，通过对替代性的研究进路进行仔细考虑，它们或许得到了辩护，或许并没有得到辩护；它们或许依赖于一组关于动物的精密观察，这些动物得到了极其认真的审视与检验；它们或许得到了更加具备因果关系的报告的支持，或许将某些例外当作令人恼火但并不具备重大意义的东西而不予理会；它们或许会试图追问这种不精确的根源。

一个赞同社会生物学的新近研究工作的学者应当权衡优点并原谅冒犯。甚至当社会生物学家对行为进化所提供的解释并不符合我们正确提出的那些对进化生物学解释的高标准要求时，他们的论断或许仍然可以被视为某些服务于进一步研究的有用建议。拥有错误根据的猜想有时却是富有成效的，将一种禁令强加于动物行为进化的猜测之上则会适得其反。危险 135 出现的情况仅仅是，我们自己在混淆下认为，存在着某些没有差别的研究群体，它们都得到了同样好的支持，它们被命名为“社会生物学”这个普遍的名称。因此，这个舞台是为了报告那些作为“科学事实”的发现而设置的（更确切地说，它们似乎是得到了良好确证的科学假说），而在研究工作中，这些发现被用来支持非人类的社会生物学对人类的应用。流行的社会生物学欣然陶醉于有关非人类动物的研究后果的乐观前景所焕发出来的希望之光。

因此，虽然本章进行的分析试图区分多种范围广泛的社会生物学研究，但我并没有倡导虚无主义或任何接近于虚无主义的东西。对社会生物学家的挑战是，继续这种在最好的研究中找到的富有想象力的批判性工作。当这种挑战涉及重要的实践问题时（比如，某些必要检验的真实执行方式并不明显），那么，正确的反应或许是，这个问题目前无法得到解决。我并没有建议，应当放弃那种探索动物行为进化史的尝试。某些行为特征拥有进化的历史，探索这种进化史的尝试是值得进行的。应当获得共识的仅仅是，我们不要为了那些有吸引力的逸闻秘史而欺骗自己。就像开普勒（与那些最敏锐的狭义的社会生物学家）一样，我们应当谨防过早停止研究。

粪蝇的困境

我将以两个研究作为出发点，它们都表明了最佳状态下的狭义的社会生物学。我所选择的例证是熟悉的教科书案例，而我这么做有着充分的理由。它们代表的是这样一类例证，对它们的细致观察与精确的理论分析相符合。进而，在这两个例证中，专家都不认为，他们已经对这些现象给出了最终的解释。专家谨慎地得出结论，特别是在第二个例证中，专家坚持不懈地试图处理那些没有得到解答的问题，因而推进了进化的分析。

第一个例证关注的是粪蝇的交配行为。雌性粪蝇在牛粪堆里产卵，牛粪越新鲜越好。雄性粪蝇聚集在新形成的牛粪周围，它们等待着雌性粪蝇的到来。当一只雌性粪蝇降落时，雄性粪蝇就会通过费力的竞争来争取与它交配。这种斗争是激烈的，有时它不仅伤害了雄性粪蝇，而且还伤害了雌性粪蝇。

雄性粪蝇面临一个困境。即便它们赢得了第一轮的战斗，在交配之136后，它们将由于新抵达的雄性粪蝇的努力而遭受损失，这些雄性粪蝇或许会与同一只雌性粪蝇交配。雌性粪蝇的某些卵或许是被完全不同的精子受精的，而原先的雄性粪蝇的后代数目会减少。按照我们的预期，一个经过恰当选择的粪蝇有可能采纳何种行为方式？

英国的行为生物学家杰弗里·帕克（Geoffrey Parker）研究了雄性粪蝇的交配行为，他对这种行为的多个方面提出了一些分析。我将聚焦于他对雄性果蝇交配之后的行为所给出的那个简单但又精确的模型（Parker 1978）。

我们需要知道的第一件事是，一只刚刚交配过的雄性粪蝇有可能失去的东西。帕克用某些精巧的实验解决了这个问题。第一个实验表明，假如两只雄性粪蝇连续与同一只雌性粪蝇交配，第二只雄性粪蝇的精子将让80%的虫卵受精。（帕克发现了一种方式来对雄性粪蝇进行辐射，从而让它们的精子在保留对虫卵的授精能力的同时，又阻止了正常的受精卵的生长发育。接下来，他比较了在两种情况下生长发育的受精卵的数量：第一种情况是，首先让一只受过辐射的雄性粪蝇进行交配，其次再让一只正常的雄性粪蝇进行交配；第二种情况是让这个顺序发生颠倒。在前面的例证中，大约有80%的虫卵生长发育；在后面的例证中，只有20%的虫卵生长发育。）第二个实验让帕克能够确定在受精虫卵的数目与交配时间之间的关系。交配花费的时间越长（至多达到100分钟），受精虫卵的数目就越大；但是，在开始的阶段，成功来得更快。（其对时间的依赖性，参见

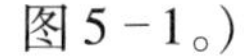

图 5－1。)

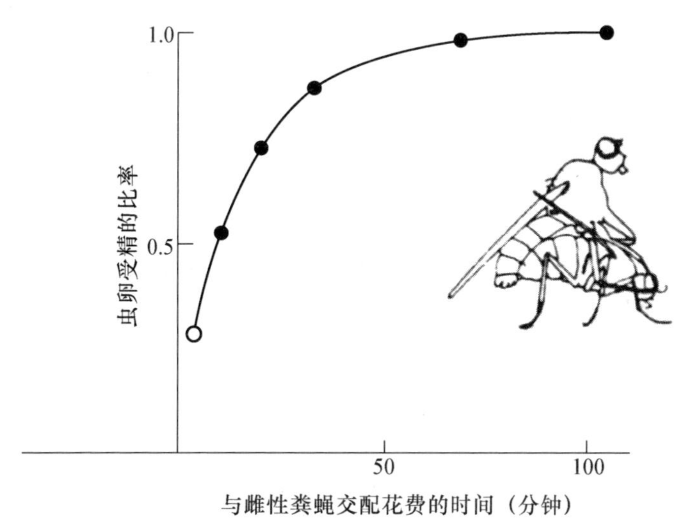

图 5－1

注：雌性粪蝇的虫卵受精，依赖于雄性粪蝇的交配时间。（出自 Krebs and Davies 1981，他们对 Parker 1978 进行了修改）

假定一只雄性粪蝇的繁殖成功与它在一生中让虫卵受精的数目成正比。请从雄性粪蝇的视角来考虑这种情况。（尽管这曾经是社会生物学分析共同采纳的视角，但是，论述雌性的选择与雌性的交配策略的文献如今正在快速增长。我接下来将从雌性粪蝇的视角来考虑这种情况。）我们可以将一只雄性粪蝇的繁殖活动期划分为三个阶段：搜寻一只雌性粪蝇并通过竞争来接近这只雌性粪蝇所花费的时间段，交配所花费的时间段，在交配之后通过防卫确保没有闯入者破坏其劳动成果所花费的时间段。从这只雄性粪蝇的视角看（而不是从雌性粪蝇的视角看），搜寻与防卫所花费的时间是固定的。可进行的交配是由粪便的分布与雌性粪蝇抵达某些粪堆的倾向所确定的。防卫时间所需要的最大值由在交配的终结与产卵之间的时间段所确定。 137

最佳的交配时间是多少？帕克提出，如果每个阶段的产卵是以最快的可能速度进行的，那么，雄性粪蝇的繁殖成功就能得到最大化。因此，若 t_c 是交配所花费的时间，若 t_{sg} 是用来搜寻与防卫所花费的时间总额，若在 t 时间内受精的虫卵数目是 $g(t)$，那么，就应当选择 t_c，以便于让 $g(t_c)/$

$(t_c + t_{sg})$ 最大化。（图 5－2 为这个最佳交配时间问题给出了一个图解。）

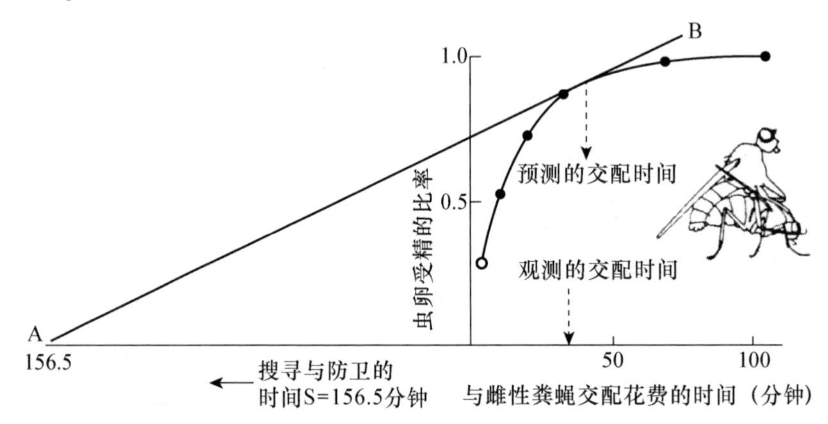

图 5－2

注：对最佳交配时间问题的图解。可以通过让虫卵在每个受精的单位时间内受精速度最大化来找到这个最佳点。用图的术语来说，这相当于找到一条穿过（$-t_{s+g}$，0）并与曲线相交的具有最大斜率的直线。这条直线是穿过（$-t_{s+g}$，0）的曲线的一条切线。（出自 Krebs and Davies 1981，他们对 Parker 1978 进行了修改）

帕克测量了搜寻与防卫所花费时间的平均值，他用这个结果与他确定的 $g(t)$ 来解决这个最佳交配时间的问题。他的预计是，交配时间的最佳值是 41 分钟。这是一个清楚明白的检验。我们可以到实地检验活动中的粪蝇，测量它们的平均交配时间。假如帕克的最优化分析被翻译为一种关于雄性粪蝇交配时间进化的达尔文主义的历史，那么，我们就会认为，自然选择青睐那些倾向于交配 41 分钟的雄性粪蝇。我们发现了什么？

138

“在这个领域中的平均交配时间是 36 分钟，相当接近于 41 分钟的预测值。”——克雷布斯（J. R. Krebs）与戴维斯（Davies）以如此方式总结了那些检验的结果（1981，61；参见 Parker 1978，230－231）。当然，这两个图的数量级相同。（我认为，倘若结果证明，这种交配时间是 30 秒或数个小时，克雷布斯、戴维斯与帕克就都会相信，他们以错误的方式提出了这个问题。）但是，仅仅根据帕克有关虫卵受精速度的图，这些结果是否真的比我们所预料的要更加接近于预测值呢？是否有任何理由认为，自然选择的运作仅仅反对那些交配时间很短或交配时间很长的雄性粪蝇，并仅仅青睐于那些在 20 分钟到 100 分钟之间的交配时间呢？

人们或许会做出两种回应。狂热的支持者将坚持认为，这些测量值充分接近于预测值，这让我们有根据认为，帕克的解释是在正确的路线上——毕竟，误差仅仅是在 12% 左右，在论述复杂生物的复杂行为时，谁有把握让误差更小呢？怀疑论者或许会极力主张，12% 的误差是重要的，它值得探究，在我们检验了这个误差的可能来源之前，我们没有正当理由来接受这种对雄性粪蝇的交配行为的进化解释。我们或许能发现，这种检验改变了对这个处境的整体描绘。

帕克的结果当然是暗示性的，他的巧妙实验确实值得敬佩。只有当我们思考以何种可能的方式来拓展这种分析并提升预测的精确性时，问题才会出现。狂热的支持者相信，真实交配时间的减少是由于某种尚未确认的限制条件。让我们假设这些支持者充满了开普勒的精神。他们有可能说些什么？

这里存在一种可能性。交配时间较长的雄性粪蝇或许抵抗新到来者的能力较差，或者当它们飞到新的场地与新的牛粪上时，它们与竞争者斗争的本领下降了。设 $h(t_c)$ 为一只雄性粪蝇在随后的交配阶段中能够成功守护一只雌性粪蝇的概率。假设当 t_c 增加时，$h(t_c)$ 减少。（一只雄性粪蝇交配的时间越长，它越无法抵御随后的篡夺者。）假如粪蝇被取代的时间发生在进行交配与损失了 80% 的受精虫卵（它们没有获得孵化）之间，那么，应当选择的那种得到最大化的交配时间为

139

$$\frac{g(t_c)\{h(t_c)+0.2[1-h(t_c)]\}}{(t_c+t_{sg})}=\frac{\text{虫卵受精的期望值}}{\text{花费的时间}}$$

由于 h 随着时间而减少，其效果就是降低了最佳的交配时间。

这里还有另一种可能性。我们或许应当质疑这个假定，即繁殖的成功与受精虫卵的数目成正比。粪蝇的适合度最终是通过它的基因表现在未来数代中的范围而测量出来的。作为一种近似的测量，我们得到的或许是存活到成熟期的后代数目。这个数目不需要与受精虫卵的数目产生比例的关系。假定在交配后期受精的虫卵更有可能被那些携带降低生存能力的等位基因的精子所受精，那么，在交配早期受精的虫卵将比那些在交配后期受精的虫卵更有“价值”——在这种意义上，它们是将基因传递给未来数

代的更可靠的媒介。正如先前的情况，最佳交配时间问题需要最大化一个不同于 $g/(t_c+t_{sg})$ 的数值，这个数值是通过测算一个随着时间而减少的函数获得的。这个解答仍然小于帕克所预测的最佳时间。

狂热的支持者有理由期待，在帕克的预测值与实际发生的数值之间的差异，可以在不改变基本分析的情况下进行解释。（帕克自己所提出的建议，参见 Parker 1978，231。）怀疑论者或许会建议对之进行解释，而这种解释将引入更加具有实质性的修改。他们提出的第一个挑战是，考虑雄性粪蝇的交配时间的遗传基础，运用行为遗传学的经典技术（如繁殖实验），从而判定是否有一些与生长发育相关的特征干预了对交配时间的直接选择——甚至如此巨大地影响了成本与收益，以至于相较之下，交配时间的细节是微不足道的。根据先前的这些讨论，相对而言，怀疑论者提出的这种建议并不让人感到陌生。他们提出的第二个挑战则更为新奇。

我们先前仅仅是从雄性粪蝇的视角来审视这个进化的处境。雌性粪蝇被认为本质上是被动的，它们是施加于可塑的雄性粪蝇行为之上的限制条件的根源。但是，这不是仅有的视角。雌性粪蝇同样面对着一个困境。

一只雌性粪蝇所面对的困难并不是由于与其他雌性粪蝇的斗争或由于守护它的雄性粪蝇而产生的。它的问题是，在相互竞争的雄性粪蝇的斗争中避免受伤。一只雌性粪蝇同样需要确保的是，它的虫卵不被有缺陷的精子所受精。因此，假如延长的交配会产生风险让雌性粪蝇在新到来的雄性粪蝇发动的攻击中受伤，假如在交配后期受精的虫卵的生存能力有可能更低，那么，对于雌性粪蝇来说，它们的最佳交配时间就会低于在表面上是最好的 100 分钟（花费这段时间将让它的所有虫卵都受精）。或许交配的长短根本就不是由雄性粪蝇决定的。

140

怎会如此？雄性粪蝇比雌性粪蝇更大，我们或许想要知道，即便雌性粪蝇有力地弓背跃起，它们是否能将坚决的雄性粪蝇从背上甩下来。尽管如此，人们很容易低估雌性粪蝇所运用的策略。无论用来保持雄性粪蝇交配的近似机制是什么，它们都有可能被推翻。因此，对于出自帕克分析的那种简单描绘来说，我们可以构想出一个替代者。我们并不认为，自然选择支持的是一种在雄性粪蝇中表现的等位基因（或等位基因组合），而是有可能假定，雌性粪蝇表现了这种被选择的等位基因。这些等位基因导致了行为的差异，让交配的长度固定于最佳的状态。或者我们还可以根据这两种性别的视角来进行思考，将每一种性别的视角都作为一种让交配时间接近于合适的最佳状态的努力尝试。真实的交配时间是由一次斗争的结果决定的。

请回想第 3 章的一个重要观点。社会生物学家对适合度的分析试图简化非常复杂的生物处境；在这么做的过程中，他们的预设是，可以忽略那些对结论不会产生差异的因素。在目前的情况下，我们可以看到，帕克的分析是对一个更为复杂的博弈论处理方式的理想化处理，这个博弈论处理方式将交配的时间视为雄性粪蝇与雌性粪蝇所追求的诸多行为策略的结果。雌性粪蝇可以做某些事，雄性粪蝇也可以做某些事；考虑到选择的作用已经达到了最优化这个一般性的假设，我们将会预计到，这个结果是由雄性粪蝇与雌性粪蝇影响适合度的诸多策略的不同组合方式决定的。一个完整的论述将会考虑雄性粪蝇的争斗对这两种性别的粪蝇所造成的困难，雌性粪蝇调整它们到达牛粪时间的可能性，以及其他的一些变量。要确认雄性粪蝇与雌性粪蝇的合理策略，我们就要像通常的情况那样，需要对粪蝇的生理学以及交配行为的发展形成一个更加清晰的见解。只有到了那时，我们的立场才能让我们明确地看清，帕克简洁的分析是对一个更加复杂的行为处境所做的正当合法的理想化处理——抑或是说，5 分钟与 12% 的误差具备真正的重要意义。

尽管如此，承认帕克的解释并不是最终的结论，这并不应当减弱我们对已经完成的工作的欣赏。就像许多科学工作的优质片段一样，帕克的粪蝇守护行为模型对我们无知的现象进行了结构化，如果我们要进一步地进行这种分析，它为我们确认了需要回答的明确问题。在这方面，它比得上任何一项有关形态学特征进化与生理学特征进化的获得广泛接受的研究。研究的不完备并不是罪过——只要不把这项研究当作最终的真理。 141

灌丛鸦的训练期

交配至少在最低限度上是社会性的。然而，社会生物学想要理解的是更加复杂的互动。让我们看看，在处理威尔逊的“社会生物学的中心理论问题”的一个实例时，我们能否保持帕克的严格性。

威尔逊提出了一个例证，他将其称赞为一项“对鸟类社会性的最新与最有教益的研究”（1975a，451－454）。这项获得如此荣誉的研究工作是对佛罗里达（Florida）的灌丛鸦的帮助行为的解释（参见 Woolfenden 1975；Woolfenden and Fitzpatrick 1978；Krebs and Davies 1981，173－179；Emlen 1978；Emlen 1984）。佛罗里达的灌丛鸦生活在佛罗里达州半岛的灌丛沙地之中。这些灌丛鸦成对生活，它们占据着一个不变的领地。许多对正在繁殖的灌丛鸦得到了其他灌丛鸦的帮助，它们提供的帮助不仅包括给幼鸟喂食，而且还包括守卫领地，防备竞争者与捕食者（特别突出的是各种蛇）。为什么这些协助者以这些方式做出选择？对这些协助者来说，离开这里并依靠自身繁殖，而不是帮助培育其他灌丛鸦的后代，这难道不会更好吗？这种“利他的”行为是以何种方式发展进化的？

一个相关的假说是，这些灌丛鸦通过协助它们的亲属来最大化它们的适合度。此处是这个故事的简易版本。那些留在巢中帮助父母的鸟直接放弃了自身的繁殖。但是，这些鸟或许几乎没有什么机会来建立自己的领地。此外，它们用一生的时间来对下一代的基因库做出的预期贡献，将借助于它们抚养兄弟姐妹的效果而得到增加。如果预期的损失要小于预期的收益，那么，帮助父母筑巢就被证明为一种最佳策略。（这或许还会对随后数代的基因表现产生诸多影响。如果这个种群有所增长，那么，繁殖的时间安排是重要的。那些能够非常快地养育大量幼鸟的灌丛鸦，将比那些繁殖速度较慢的灌丛鸦获得数量更多的孙辈后代。如果它们的孩子帮助它们处理家庭事务，那么，这或许对所有的相关者都有帮助。此后，我将忽略这种复杂要素。）

对此存在着某些明确的检验。这些协助者是否确实与它们帮助的对象有亲属关系？当领地充分，一只灌丛鸦找到自己巢穴的机会相对较高时，142 会发生什么事？在筑巢中有协助者的灌丛鸦，在繁殖上获得的成功是否多于那些在筑巢中没有协助者的灌丛鸦？若这些鸟延迟繁殖一年，这是否会对它们毕生所生育的后代数量造成实质性的损失？

伍尔芬登（Woolfenden）系统地思考了前三个问题。他标记了大量的灌丛鸦，通过对一群灌丛鸦的多年研究，他确认了协助者与被协助者之间的亲属关系。在大多数情况下，灌丛鸦帮助的是它们的父母。只有在一个案例中，人们观察到，一只灌丛鸦帮助的是一对与它没有亲属关系的同类。

伍尔芬登还发现，在通常情况下，领地往往太少，以至于无法容纳所有潜在的繁殖者。当可以占用领地时，先前从事协助工作的灌丛鸦就会占据领地并开始进行它们自己的繁殖。因此，情况似乎是，建立新领地的概率通常都比较低，一只试图直接繁殖的灌丛鸦的预期后代数目就从根本上要低于它在第一季度繁殖后代的预期数目。

帮助的行为以两种方式对亲属的生育做出了贡献——但它们并不是我们或许会预先考虑到的方式。那些在帮助下饲养幼鸟的灌丛鸦与那些设法独自饲养幼鸟的灌丛鸦都为它们的雏鸟提供了相同数量的食物。有所差别的是储存食物的模式。没有得到协助的灌丛鸦更加艰难地为它们的幼鸟获取食物，不得不花费更多时间觅食。它们的伤亡数降低了它们在不同季节之间的存活概率。而接受帮助的灌丛鸦的年度存活率更大（后者是87%，相对于前者的 80%）。协助者让父母过得更轻松并拉长了父母的寿命，从长远看，它们得到的回报是拥有众多兄弟姐妹。另一个好处是，那些给出帮助的灌丛鸦的后代似乎生存能力更强。甚至在幼鸟离开鸟巢之后，那些来自有协助者的鸟巢的灌丛鸦的存活可能性，要大于那些来自没有协助者的鸟巢的灌丛鸦。

我们是否应当得出结论，有一种广义适合度效应要归功于这些帮助的行为？并非必然如此。或许那些获得帮助的灌丛鸦是更有经验的饲养者，它们的成功源自经验，而不是源自帮助。伍尔芬登通过仔细的检验，排除了这个假设。通过进行细致的观察，他能够辨认出那些饲养经验类似的灌丛鸦，在具备相似经验的灌丛鸦中，他能够将得到帮助的灌丛鸦的成功与没有得到帮助的灌丛鸦的成功进行对比。事实上，他分析的是数对灌丛鸦在获得帮助的季节与没有获得帮助的季节的繁殖数量，他能够清楚地表明，在这些情况下，获得的帮助与后代的生存能力相关。

这种说法如今变得有点复杂。伍尔芬登与菲茨帕特里克（Fitzpatrick）（1978）证实，那些提供帮助的雄性灌丛鸦通过增加它们在随后季节中获

143 得领地的概率而得到了一个额外的长远收益。成功有可能来自以下两种方式之一：协助者或许通过其父母的死亡而获得了领地，而更常见的情况是，协助者通过其父母领地的扩张而获得了领地。一伙协助者能够取代邻近区域中的其他灌丛鸦，父母领地的扩张能够为这些协助者提供充分的空间来建立它们自己的领地。

这个核心的假说是，帮助行为增加了协助者的广义适合度。放弃繁殖的预期损失被帮助带来的收获所抵消——通过兄弟姐妹以及在未来占据领地的更大概率，基因表现有所增加。这两种检验是比较容易进行的。伍尔芬登艰苦收集的关于这些灌丛鸦亲属关系的数据，让我们能够核实"协助者是它们帮助对象的近亲"这个必要条件。通过除掉某些领地的占据者，我们也能表明，提供帮助的灌丛鸦在发现那些领地是现成可得的时候，它们就会准备夺取这个空位。有点难以检验的是这个论断，即这种帮助的行为导致了预期的基因表现有所增加。这些数据不足以建立在这种帮助行为与筑巢成功的增加之间的关联上。伍尔芬登对这个问题的研究进路应用了一个自约翰·斯图亚特·密尔（John Stuart Mill）以来受到诸多哲学家与实践者喜爱的方法论原理。为了表明 *A* 是在系统 *C* 中产生 *B* 的原因，我们就要在尽可能地将 *C* 的众多属性保持恒定的情况下，让 *A* 发生变化。我们预期的是，假如 *A* 是真正的原因，那么，它的存在将对 *B* 的存在产生重要的差异。伍尔芬登对在某些季节获得帮助，而在其他季节没有获得帮助的数对灌丛鸦的分析，就是密尔求异法的明显例证。

这个假说通过了三种真正的检验，因而有权获得人们的严肃关注。尽管如此，人们或许会过早地认为，我们已经对灌丛鸦的行为形成了定论性的解释。威尔逊称赞了伍尔芬登的研究工作，自此之后的十年中，众多社会生物学家继续进行这项研究，他们改进了这种分析，将灌丛鸦的例证与其他"在巢穴（或洞穴）中提供帮助"的动物的例证进行了比较（相关的清晰回顾，参见 Emlen 1984）。随着分析变得更加精确，社会生物学家获得了新的测量方式，某些迄今未知的复杂要素就开始出现了。

我们的故事的核心观念是，根据基因表现的标准，那些在老家提供帮助的灌丛鸦，将比那些离开老家并争夺自己空间的灌丛鸦做得更好。因此，让我们假设有两种原始的灌丛鸦。**竞争者**一旦准备好繁殖，它们就外出寻求吸引异性的能力、财富与基因表现。它们将自身完全致力于搜寻那些可用来建造并提供巢穴的地区，并很有可能为之斗争。**协助者**在偶然发现一些领地时，它们会准备抢占空闲的领地。或许它们偶尔会对相邻地区的诸多可能性做出调查评估。但假如没有出现新的可能性，它们就会返回父母的巢穴并帮助饲养兄弟姐妹。 144

要理解这两种策略的相对适合度，我们就必须审视这些假定的灌丛鸦在一生中的全部繁殖时间。存在着众多重要的参数。一个竞争者的繁殖成功是一个与如下变量有关的函数：它在第一个季度中找到一块领地的概率；它存活到下一个季度的机会；假若它在第一个季度无法找到领地，它在第二个季度成功找到一块领地的可能性；在第一个季度占据一块领地时所产生后代的期望值，在第二个季度占据一块领地时所产生后代的期望值，等等。对协助者来说，繁殖成功的决定要素甚至更为复杂。协助者或许在第一个季度就建立了自己的领地；或许在第一个季度失败，但在第二个季度的竞争中建立了自己的领地；或许继承了一块领地；或许在第一个季度之后就已经死去。在我们完成一次比较之前，必须将所有这些事件发生的概率以及由此而产生的诸多繁殖回报都考虑在内。

当这些细节得到了详尽的阐述时（参见技术性讨论 D），就会出现一些要点。第一点，人们应当清楚的是，甚至有可能对伍尔芬登的假说进行更加严格的检验。实际得到测量的参数是提示性的，而这种分析揭示的是，还有一些更加精细的测量是相关的。[正如恩林（Emlen 1984）以令人钦佩的方式清晰表明的，那些对合作抚养感兴趣的社会生物学家既积极主动地表述关键的参数，又积极主动地试图测量这些参数的数值。] 第二点，它泄露了如下的情况，即假如这些参数采纳的是特定数值，那么，帮助行为之所以是有利的或许是因为，协助者继承领地的概率或竞争者死亡数增加的概率相对较大。在这些条件下，协助者与被协助者的亲属关系或许是无关的。关键要素或许是这些灌丛鸦的死亡与领地继承。如果这是正确的，那么，我们或许会推断，灌丛鸦帮助**父母**筑巢的倾向，仅仅是一种在熟悉环境下从事训练的倾向。那个协助者与繁殖者没有亲属关系的案例就不再被视为一种反常——更不会被视为有关鸟类的误差的一个例证。

145

技术性讨论D：灌丛鸦或许会做些什么？

我通过做出一些假设来简化这个定量的论述。假定这个种群不会成长，因此，就可以忽略在选择繁殖时间中的复杂要素。我还假定，协助者与竞争者在第二季度之后的所有季度中都获得了相同的结果。第二个假设是不现实的，但它的优点是，让这个分析更加清晰。

设 p_{HT1} = 一只带有协助者基因型的灌丛鸦在第一个繁殖季度获得一块领地的概率。一般而言，设 p_{xy1} 为一只带有基因型 x 的灌丛鸦在第一季度获得结果 y 的概率，设 p_{xy2} 为一只带有基因型 x 的灌丛鸦若在第一季度没有获得一块领地的情况下，在第二季度获得结果 y 的概率。为了与这种约定相一致，我将使用如下定义：

p_{CT1} = 竞争者在第一季度获得一块领地的概率

p_{CD1} = 竞争者在第一季度结束时死亡的概率

p_{HD1} = 协助者在第一季度结束时死亡的概率

p_{HT2} = 协助者在第一季度没有获得一块领地，在第二季度赢得一块新领地的概率

p_{HI2} = 协助者在第一季度没有获得一块领地，在第二季度继承一块领地的概率

p_{HH2} = 协助者在第一季度没有获得一块领地，在第二季度进行帮助的概率

p_{CT2} = 竞争者在第一季度没有获得一块领地，在第二季度获得一块领地的概率

设 d_1 是一只存活到成熟期的第一季度繁殖者的后代期望值，设 d_2 是一只曾经在第一季度繁殖过的第二季度繁殖者的后代期望值，设 d_{12} 是一只首次进行繁殖的第二季度繁殖者的后代期望值。最后，设 b_1 与 b_2 是同样由于协助者分别在第一季度与第二季度进行的筑巢工作而导致的后代产量的增加值。（b_i 的数值是以如下方式进行计算的。首先是要

获得父母在第 i 个季度获得帮助的情况下终其一生所生育后代的数目；其次是要获得存活到成熟期的后代数目；再次是要获得父母在没有协助者做出贡献的情况下生育的存活的后代数目；复次是算出差额；最后乘以协助者与父母之间的亲缘系数。） 146

对于第一个季度来说，基因表现的预期贡献是以如下方式给定的。

协助者：　$p_{HT1}d_1 + (1-p_{HT1})b_1$

竞争者：　$p_{CT1}d_1$

在第一季度之后，这些灌丛鸦的生命由于死亡和继承的事实而变得复杂。通过思考所有可能的场景，我们或许可以写出它们在第二季度的努力对基因表现的预期贡献。

协助者：

$$p_{HT1}(1-p_{HD1})d_2 + (1-p_{HT1})(1-p_{HD1})(p_{HT2}+p_{HI2})d_{12} + (1-p_{HT1})(1-p_{HD1})p_{HH2}b_2$$

竞争者：

$$p_{CT1}(1-p_{CD1})d_2 + (1-p_{CT1})(1-p_{CD1})p_{CT2}d_{12}$$

通过运用“对这两个策略来说，后期的效果都是相同的”这个假定，我们就能陈述协助者在未来数代中具有更大的预期基因表现的条件：

$$\begin{aligned} p_{HT1}d_1 &+ (1-p_{HT1})b_1 + p_{HT1}(1-p_{HD1})d_2 \\ &+ (1-p_{HT1})(1-p_{HD1})(p_{HT2}+p_{HI2})d_{12} \\ &+ (1-p_{HT1})(1-p_{HD1})p_{HH2}b_2 \\ > p_{CT1}d_1 &+ p_{CT1}(1-p_{CD1})d_2 \\ &+ (1-p_{CT1})(1-p_{CD1})p_{CT2}d_{12} \end{aligned} \qquad \text{(A)}$$

我们对这个不等式中的诸多符号之间的关系知道些什么？先前的研究已经确立了某些关系。恩林的研究工作（1978）告诉我们，b_1 与 b_2 都小于 d_1。伍尔芬登用证据表明，饲养的经验是有回报的。因此，我们可以认为，$d_1 < d_2$。目前有效的研究无法确定 d_{12}、d_1 与 d_2 之间的关

联。给定经验带来的收益，我们可以假定，$d_1 < d_{12} < d_2$。由于竞争者花费了更多时间积极地外出搜寻领地，$p_{HT1} \leqslant p_{CT1}$，$p_{HT2} \leqslant p_{CT2}$。

这种知识留下了范围广泛的可能性。假设p_{CD1}较大，p_{HD1}较小，$p_{CT1} < 2p_{HT1}$，那么，这个不等式就几乎是成立的，无论b_1与b_2是否重要。竞争者将处于不利的地位，因为它们的死亡率较高。类似地，假如p_{CT1}与p_{HT1}都比较小，p_{CT2}相对较大，$p_{HI2} + p_{HT2} > p_{CT2}$，那么，这个不等式将成立。在这种情况下，关键要素就是灌丛鸦通过继承获得一块领地的概率。

147

请考虑对（A）的一种简化处理。假定p_{HT1}相当接近于0，p_{CT1}相当接近于1；设$p_{HT2} + p_{HI2}$为1，$p_{HH2} = p_{HD1} = p_{CD1} = 0$。我们假定，实际上，所有的竞争者马上就会获得领地，所有的协助者在第一个季度没有获得领地，而在第二个季度则会成功地获得领地。（A）被简化为

$$b_1 + d_{12} > d_1 + d_2 \qquad \text{(B)}$$

由于我们知道，$b_1 < d_1$而且$d_{12} < d_2$，（B）就是不可满足的。结果是：如果这个假设恰恰是真的，那么，竞争者就应当是有利的。

这是可能的吗？请考虑这种可能性，即竞争者在周围竞争的同类数量较少时做得更好。假定p_{HT1}独立于协助者出现的频率，而且$p_{CT1} = f(q)$，此处的q是协助者出现的频率。通过假定f随着q的增加而增加，$f(0) = p_{HT1}$，$f(1) = 1$，我们就能够表征我们所设想的那种可能性。假如我们忽略第二季度的效果，将这种适合度视为第一季度贡献的表现，那么，我们就会期待这个种群保持一种多态性。协助者的均衡频率将是如下方程的解：

$$f(q) = p_{HT1} + (1 - p_{HT1})(b_1/d_1)$$

最后，我们可以放心这个假定：一个竞争者在一群协助者之中将会确保自己找到一块领地。假设f随着q的增加而增加，$f(0) = p_{HT1}$。但我们并不需要让$f(1) = 1$。多态性均衡的条件是：

$$f(1) > p_{HT1} + (1 - p_{HT1})(b_1/d_1)$$

（我再度忽略了第二季度的效果。不难看出，将它们包括在内，或许会让某些竞争者更加易于在这个种群中保存自身。）恩林对 b_1/d_1（或更确切地说，是某个可能有点大于 b_1/d_1 的东西）的计算结果大约是0.25。因此，假如 p_{HT1} 大约是0.2，我们所要求的条件就仅仅为，对于一个罕见的竞争者来说，它发现一块领地的概率应当大于0.4。

我引入这个模型不是因为我认为它特别现实，而是因为它强调了这个要点，即当代进化论有办法提供关于适合度的精确分析，这种分析不仅将清晰地展示什么参数有可能是重要的，而且将清晰地揭示未知的依赖形式。显而易见的是，通过将极其不同的数值组合赋予这些参数，我们就能得到诸多在性质上相似的结果，而对细节的关注，让我们能够梳理诸多生物学状态，否则的话，这些状态就会被我们混为一谈。

148

第三点是，结果证明，对于那些提供帮助的灌丛鸦来说，难以确定它们终生是否承受了繁殖上的损失。在一篇重要的论文中，恩林试图评估那些帮助父母，而不是建立一块新的繁殖领地的灌丛鸦所付出的代价（Emlen 1978）。他建议，我们应当将新繁殖者产生的预期后代与它们由于协助父母筑巢而在基因表现上的收获进行比较。只有当一个第一季度的协助者（当然，这个协助者在第二季度是一个新的繁殖者）在第二季度的繁殖数量与一个第一季度的繁殖者（它在第二季度将成为一个有经验的繁殖者）在第二季度的繁殖数量相同时，这个评估才是准确的。恩林假设，协助者损失了一个季度的繁殖期，他认为，合适的繁殖期是第一季度。但如果没有经验的繁殖者始终要比那些具备一年经验的繁殖者做得更糟糕的话，协助者就往往能追赶上来。

第四点，也是最重要的一点是，对这些细节的思考暗示，有可能转换视角来审视整个局面。恩林的研究工作揭示，一只进行繁殖的灌丛鸦的后代期望值从根本上要大于一只帮助父母筑巢的灌丛鸦在广义适合度上的收获。（更确切地说，它告诉我们，对繁殖者来说，第一季度在基因表现上的预期贡献，要大于这种帮助所导致的**平均**广义适合度效应。有理由认为，第一季度提供帮助的效果要小于这个平均值，因为没有经验的协助者很有可能对基因表现做出更少的贡献。）伍尔芬登的观察表明，新领地是相对稀少的，以至于无论是对协助者来说，还是对竞争者来说，它们在第一季度获得领地的概率都比较低。这些结果共同产生了一个有趣的结论。

请考虑一些积极搜寻住处的竞争者，它们指望能去占便宜，尽管这种事情并不常见。它们有可能比它们的那些待在家中的表亲更为成功地发现并获取自己的新领地，后者整天都在帮助亲族，仅仅在周日下午冒险外出进行野外调查。假设它们与其他试图占便宜的积极搜寻者之间几乎没有什么竞争，**若这群竞争者的数目较小**，那么，一些可资利用的新领地或许就足以满足这群竞争者的需要，因此，假如协助者出现在这个种群中的频率相对较高，那么，一个不常见的竞争者赢得一块新领地的机遇就有可能大大增加。

149

那又怎么样？对此的回答是：由于直接繁殖在适合度上的优势，竞争者在其数量不多的时候就比较有利。类似地，我们可以认为，在竞争者占据统治地位的时候，协助者就比较有利。在后一个条件下，协助者与竞争者都拥有同样（小）的机会来获得领地，由于协助者在第一季度付出的努力，它们在一生中易获得更大的繁殖成功。（它们或许还拥有更高的概率通过继承而在之后的阶段中获得领地。）

我们轻易就能将这个问题变得更加复杂。假如继承是一个重要的因素，假如绝大多数领地被带有协助者的灌丛鸦所占据，那么，竞争者抢夺空位的机会就减少了。假如某些领地拥有众多协助者，而某些领地没有协助者，那么，数量不多的竞争者就有可能被认为会充分赢得后一种领地。由此导致的某些模型会让我们得出在先前段落中的那个结论。自然选择有可能是依赖于频率的，我们或许会期待在自然中发现一种多态性（并非必然是一种稳定的多态性）。不同的模型会让我们回到我们对这种情况的最初描述。

定性分析有可能是非常精微细致的。当它们以一种方式精确表述时，它们或许会形成一种预期；以不同方式阐述，它们或许就会暗示某些相当不同的东西。（相关的细节，参见技术性讨论 D。）显然，当我们获得了某种看起来多少类似于自然发生机制的东西时，这不足以让我们停止研究。需要算出细节，否则，我们也许就有风险错过那些真正发生的事情。

那些过早满足的人们就不会发现开普勒的椭圆轨道。

我们是否应当回到佛罗里达州的灌丛并期待找到一群具备多态性的灌丛鸦呢？或许应当，但或许并不应当。请考虑某些有可能让我们的期待落空的方式。或许为了新领地的斗争对一只灌丛鸦造成了重大的损害，以至于缩短了它的繁殖生命。或许我们所构想的那只灌丛鸦的可利用的那组策略的局限性太多。灌丛鸦拥有的或许是一系列连续的可能策略，它们取决于灌丛鸦对它们搜寻领地时间与提供帮助时间所进行的分配。或许“当协助者占多数时，竞争者就能够确立并**保留**领地”这个想法是错误的。新领地或许易于受到在邻近区域筑巢的协助者成群结队的入侵。

尽管我不会深入探究这些复杂要素，但是，值得审视最后一种可能性。在一种意义上，它重新确立了最初的结论。结果是协助者再次领先。然而，当我们开始仔细考虑这个设想的场景时，帮助行为本身就开始失去了它的重要性。我们甚至有可能发现，那些看起来像子女合作的东西，导源于进化的意外事件。 150

请考虑如下可能性。无法建立它们自己的巢穴的灌丛鸦被迫生活在某个地方。假定灌丛鸦有一种返回熟悉环境的倾向。假定它们还有一种模仿其他灌丛鸦行为的倾向。那么，兄弟姐妹协助抚养幼鸟这个最初偶然的倾向，就易于在这些鸟巢中保留下来，并扩展到了这个种群之中。因为如果这种行为增进了后代的福祉，如果灌丛鸦经常通过扩张与分裂来获取领地，那么，这些产生大量幼鸟的鸟巢就会放出一大帮准帝国主义者（would-be imperialists）。结果是，栖息地就易于分裂成诸多领地，每一个领地被少数有亲属关系的灌丛鸦所占据，它们由一对正在繁殖的灌丛鸦与这个团体的其余雄性成员构成。后一种灌丛鸦不仅由于它们具备模仿它们年长同胞行为的倾向，而且由于它们拥有在鸟巢中的同胞帮助下抚养幼鸟的历史，它们也会遵循这种模式。我们应该可以在任何地方都看到这种帮助的行为——即便并不存在“帮助的基因”。

我并不认为，我提及的这些可能性诉说了灌丛鸦的真实情况。尽管如此，我们发现，甚至略微关注这个由数理社会生物学家设想出来的正式模型，就能揭示丰富的复杂要素，或许，我们会对那些似乎与观察到的动物行为有关的定性分析抱持一种不那么乐观的看法。佛罗里达的灌丛鸦是一种其行为得到了精心研究的鸟类。近十年来，研究者将有关各种动物群体中的“帮助行为”的数学分析与细致观察令人振奋地结合起来（参见Emlen 1984）。研究这个问题的社会生物学家通过阐述替代性的进化可能性，通过搜集那些用来辨别诸多进化可能性的观察资料，展示了伟大的技巧。甚至在这个得到众多研究的案例中，我们都不知道我们告诉自己有必要知道的一切。动物行为的复杂性拒绝满足那些渴求快捷而又明确解答的人。然而，精密分析与翔实的野外考察的联姻，却提供了一些令人振奋的前景。

恩林通过总结众多社会生物学家观点的评论，对他自己的回顾得出结论。在略为提及自己对这卷论文集的先前版本所做的贡献之后，他写道：

151

> 自从那个版本发行之后，短时间内，研究者在合作行为理论与经验领域的资料搜集上有了大量的发展推进。如今，在我们面前的是一组初步的模型和可检验的假设。未来十年应当是一个令人振奋的十年，因为我们开始看到对这些不同假设的严格检验。（1984，338—339）

这不仅是对狭义的社会生物学的最佳成就的恰当评论，也是对当代进化论提出的最为有趣的方案的恰当评论。流行的社会生物学仓促地鼓吹诸多有关人类进化与人性的宏大结论，当我们思考这些结论时，我们应当牢记这些评论。

兽群中的隐忧

在非人类的社会生物学中，并非所有研究都像我们迄今为止所回顾的研究那么严格与谨慎。试图理解动物行为模式的进化的尝试，轻易就可受到各种谬误的影响。现在，我将简要审视让事情出错的某些可能途径。这个审视以两个独特的方式推进了我们的计划。第一，它揭示了我们将在那些有关人类最大化其适合度的方式的大胆论断中发现的各种错误。第二，它动摇了流行的社会生物学家用来转述动物研究结果的自信腔调。许多有兴趣绘制特定动物群体中的行为进化的人非常清楚我将确认的那些困难。他们的主要目标是要克服这些困难，而不是要宣布一种关于动物的终极真理，这种真理能够充当通向有关我们自身的结论的跳板。

我们可以将顶端，即“野兽之王”作为我们的出发点。乔治·夏勒（George Schaller）报道了一个令人困惑的事实：雄狮有时比雌狮更倾向于与幼狮共同分享它们猎杀的食物（1972）。在一篇有趣的文章中，布莱恩·伯特伦（Brian Bertram 1976）试图解释这个谜题。根据他对雄狮、雌狮在狮群中与幼狮的亲属关系的评估——这种评估在随后的研究中得到了改进（例如，Packer and Pusey 1982）——伯特伦得出的结论是，对于从狮群中随便选出的一只幼狮来说，它与狮群中成年雄狮的亲属关系或许要比成年雌狮更为紧密。他建议用这个发现来解释为什么雌狮不太倾向于与幼狮分享食物。

这种应用似乎有一个明显的问题。不同于雄狮，雌狮被认为能够辨认它们自己的后代。因此，我们就会认为，雌狮更有可能与某些幼狮分享食物，而拒绝与除此以外的所有幼狮分享食物。伯特伦确信广义适合度效应将解决这个谜题，他通过求助于一个特设性的假说来做出回应。“通常而言，一头雌狮或许能够辨认它自己的后代，但在实践中，雌狮在饥饿的动物为了猎物而进行的竞争中难以辨认这些幼狮”（1976，171）。这幅图画描绘了一大群饥饿的狮子在猎物尸体周围的混战中狼吞虎咽，这头可怜的雌狮在所有这些喧哗与骚乱中无法运用它正常的辨别力。 152

无论雌狮是否有可能如此糊涂（这个假设确实对那些大胆的实验者提出了诸多问题），这幅图画是不相关的。夏勒对狮子猎杀过程的漫长观察，提出了伯特伦想要处理的问题。根据夏勒的描绘，狮子为了自身而抢夺尸体的各个部分，它们经常撤到那些可以不受干扰地进食的地方。然而，甚至在一场盛宴的当场，雄狮的行为也更为复杂。只有在起初用“掌掴”阻止幼狮之后，雄狮才会倾向于允许幼狮进食（Schaller 1972，152）。雌狮在去接它们自己的幼狮之前，通常会填饱自己的肚子，因此，幼狮到达盛宴的时间总是太晚，以至于无法找到任何东西（151）。夏勒还报道了某些古怪的事件，其中，雌狮似乎将肉食带给它们的幼狮，但是，当它们的后代真正出现时，雌狮却拒绝与它们分享食物（152）。毫无疑问，雄狮与雌狮的这些分享食物的倾向是令人困惑的。但是，若假定解释这种行为的方式是援引雄狮中较大的广义适合度效应，并用雌狮的短暂困惑来支撑这个假设，这肯定是用一种不合情理的说法来替代一种模糊不清的说法。

在这个例证中，我们发现人们试图解决一个有关适应性的显著失败（这个失败导源于如下假设，即雌狮被认为能够辨认它们的后代，因而能够与它们的后代分享食物），这种适应性直接与那些产生反常的数据相冲突。这些麻烦通常没有那么显眼。在许多情况下，人们可以找到一种机智的辩护，从而暂时不让这个假说走向破产，但是，在这种辩护中有一个更为微妙的方法论谬误。人们为了挽救这个假说，在解释中引入了一个新的要素，而这个新要素对先前分析的作用却没有得到探究。倘若解释明显反常数据的第一个要求是真正完成这个工作（思考这些矛盾的细节并清除这些矛盾），那么，它的第二个要求就是，不要扰乱那些先前被称赞为成功的例证。

甚至在某些提示性的社会生物学研究中也存在一种氛围，在这种氛围中，社会生物学家出于便利而有选择地提到了某些重要的因素，而这些因素在别处是被忽略的。在一篇论述鸟类与哺乳类动物的交配系统的开拓性文章中，戈登·奥利恩斯（Gordon Orians 1969）制订了一种简单的模型来确定雌性与已经交配过的雄性进行交配的有利时间。他考虑了这种可能性，即在一个高质量的栖居地定居所带来的好处，或许足以超过帮助抚养幼崽所带来的损失，因此，一夫多妻制就有可能在一个物种中进化出来。奥利恩斯敏锐地感受到了反作用力的可能性。过度拥挤或许会引来捕猎者。事实上，对雄性与雌性所采纳的策略的完整分析是相当复杂的。在这些策略的众多特征中的一个特征是，自然选择有一种显著的倾向，即倾向于形成雌性的竞争，若这些竞争足够强烈，它们就会导致一夫一妻制的确立。

153

奥利恩斯指出了他的模型形成定性预测的方式，他承认，这些预测并非总是能够得到满足。他对一次失败的回应是有启发的。根据这个模型，“相较于那些晚熟的物种，一夫多妻制更容易在早熟的鸟类之中进化”（Orians 1969，125）。早熟物种的幼崽在出生时相对自给自足。晚熟物种的幼崽的存活依赖于某种照顾。奥利恩斯的预测根据的是一个简单的想法，即当需要亲代抚育时，雌性就应当更加倾向于与那些尚未交配，因而可以指望其为后代做出更多工作的雄性进行交配。假如几乎不需要照顾，雌性就会对“它将交配的雄性是否与其他雌性交配过”这个问题漠不关心。诸如栖息地或“良好的基因组合”这样的因素就变得更为重要。

这个预测似乎遇到了众多的例外，奥利恩斯注意到由天鹅、鹅与鸭子构成的失败案例：“在鸭子的绝大多数种类中，仅仅由雌性来照顾幼雏，然而，以一夫一妻的方式配对结合似乎就是它们的规则”（125）。为什么会这样？奥利恩斯注意到，热带鸭就如预期的那样是一夫多妻的，他提出，“高纬度物种中一夫一妻的盛行，或许是由于成对的构造在冬季场所与快速着手抚育上的优势，相较于其他地区类似情况下的雄性，一夫一妻为高纬度地区的雄性带来了更为强有力的优势”（125）。

有可能是这样。然而，一旦这个解围之神[①]上场了，就有必要考虑，它将以何种方式影响所有演员的命运。如果在高纬度的物种中，快速抚育有额外的回报，那么，它就是一个应当在其他高纬度鸟类的群体中发挥作用的因素。我们或许应当停止将交配系统作为雌性为了确保雄性照顾其幼雏而做出的诸多反应，转而认为，雄性与雌性共同工作，以便于在严寒的天气到来之前让它们的幼雏得以良好的生长。当然，鸟类受制于这两种选择的压力。需要论证来促使人们认为，北方短暂的繁殖季节仅仅干预了某些物种的行为。隐藏在奥利恩斯模型背后的是一组更加复杂的选择性要素，只有当诸多现象无法相符时，这些复杂要素才变得显著起来。 154

还有许多类似的例证。奥斯特与威尔逊在他们对社会性昆虫的“职级”研究中考虑了这样一种可能性，即工虫或许会保留它们的卵巢，并产下可以生长为雄性的未受精虫卵。显然，对于个别的工虫来说，生育子嗣是有利的。从王后的视角来看，这是糟糕的廉价物。可以想到，王后会

① deus ex machina，拉丁语，字面意思是“出自机关的神”。在古希腊戏剧中，当剧情陷入胶着，困境难以解决时，往往会突然出现拥有强大力量的神将难题解决，令故事的剧情顺利地发展或终结。按照惯例，古希腊人利用起重机的机关，将扮演神的演员载送至舞台之上，因此，通常将这种出自舞台机关的神称为“解围之神”。——译注

反对产出工虫的虫卵。由于在巨大群落中的工虫似乎最容易逃避王后的监督，奥斯特与威尔逊得出了一个假设，即巨大的群落应当有利于工虫卵巢的保留，因而会拥有一些单态性的工虫（只有一种“职级”的工虫）。

> 令人遗憾的是，这个假说的反面才是真实。尽管如此，对这种关联，有一个竞争性的解释：那些拥有巨大群落的物种，也拥有最为复杂的适应性，它需要有一系列的职级，例如，切叶蚁与兵蚁。它们的工虫或许还拥有最大的发展速度与周转率，从而需要更为精细的劳动分工。（Oster and Wilson 1978，103）

这种评论让人滋生的想法是，这个研究事业的核心准则是“正面我赢，反面你输”。

奥斯特与威尔逊正确地假定，存在着诸多竞争性的选择压力——个别工虫的利益无法被简单地解读为关联系数。真正的问题是，在某些特定的解释中，他们考虑的并不是所有与进化相关的因素，但是，这些解释被宣称为完整的，只有在出问题的时候，他们才去求助于其余的因素。这些理论家在一个地方将其视为交配策略问题，在另一个地方将其视为劳动分工问题，而在别处又将其视为觅食问题。接下来要指出的是，他们最钟爱的分析所面对的困难，可以通过考虑某些被忽略的因素来得以克服。只有当我们有正确的根据确信，这种承认一切事物都具备恰当权利的组合式分析能够支持那些从简化的分析中得出的结论，这种为自己开脱的理由才是令人信服的。

这个问题在社会生物学的研究工作中反复出现。社会生物学家有一次试图通过考虑灵长类动物的诸多食物分布来解释它们的群体规模，他们只是在随后阶段才考虑了回避捕食者的困难。（对这个问题的明确承认，参见 Kummer 1971，43-45，52。）他们或者假定，动物之间的空间距离是固定的，群体的规模必须适合动物对彼此的忍受力。他们或者暗示，这些动物拥有一种特别的交配策略，这决定了它们相互容忍的模式与觅食的模式。当我们讨论的是复杂的脊椎动物（尤其是鸟类、食肉动物、有蹄类动物与灵长类动物）时，就特别难以同时在全部可能因素之间保持平衡。因此，就产生了一种诱惑，让理论家集中于一种特定的选择方式，坚决地将其适用于手头的问题，直到例外出现为止。在例外出现的阶段，理论家提醒自己和自己的读者，当然，还存在着其他或许应当考虑的因素。但是，除非能够清楚地表明，那些因素在先前的例证中被忽略是正确的，否则，就没有理由可以认为，由此产生的选择性解释是正确的。

不仅作用于动物的诸多选择压力是不同的，而且在任何复杂的社会群体中，都有可能根据众多不同的动物或动物群体的视角来思考这个处境。请考虑那个过去总是被灵长类动物的观察者称为“敌对缓冲”的现象。观察者在多个物种中见证了一种共同的行为模式。在猕猴、长尾猴、东非狒狒与叶猴中间，雄性有时会在同一群动物的“占据统治地位”的雄性面前捡起幼崽，或“使用”幼崽来作为进入一个新群体的“缓冲策略”。（对此的简要评述，参见 Wilson 1975a。）过去的解释假定，这种行为对雄性是合适的，因为幼崽可充当防护物来抵御一个可能的危险竞争者所发起的攻击。然而，在偶然的情况下，一组动物学家发现，假如缺乏成年动物的保护，这些幼崽将由于邻近兽群乃至同一个兽群中的某些雄性而遭受巨大的风险。因此就产生了一个新的解释。那些携带幼崽的雄性动物是为了保护幼崽免受潜在的杀戮，它们这么做是因为它们捡起的幼崽有可能是它们的亲属。

萨拉·赫迪（Sarah Hrdy）为她从这个例证中得出的教训提供了一个意味深长的陈述：“我们关于灵长类动物杀婴行为的知识发展史在许多方面都是对那些困扰观测科学的偏见与可错性的写照：我们忽视了没有设想到的东西，没有看到我们未预料到的东西”（Hrdy 1981，89）。赫迪的教训仅仅抓住了这个例证的部分意义。在雄性动物携带幼崽的行为处境中，存在着众多参与者——具有威胁性的雄性动物、携带幼崽的雄性动物、幼崽与旁观者，有时还包括幼崽的母亲。要理解这个局面，仅仅注意到一种特定的行为方式会对参与者之一带来的好处，这是不够的。最终必须考虑各种可能的策略对每个参与者的诸多效果，必须解释为什么没有发生任何冲突，或者各种冲突以何种方式得到解决。社会生物学的分析似乎总是缺少彻底的严格性，他们好像是在挑选他们的合适位置，专注于研究者在研究手头案例时突然想到的任何进化因素，并选择对参与者攻击幼崽的任何 156

行为进行最优化的处理。动物之间的互动恰恰就是——互动。如果我们确实将进化视为动物在其中获得最佳行为方式的过程，那么，我们就必须领会到，在任何给定的场合下，不同的动物都将把它们的行为与其他动物的行为相协调，始终存在潜在的冲突，任何反应都不能被当作进化图景的一个被动组成部分而不予考虑。

让我们来评估现状。我们已经发现了一些困扰非人类的社会生物学的难题。对动物行为的诸多解释或许并没有以精确的方式来表述。试图修正差额的尝试有可能揭示，一个貌似合理的方案遮蔽了众多有趣的可能性。理论预测或许与实际观察到的行为之间有一定的差额。对这些差额进行解释的努力尝试，或许并没有对真实的数据给出解释。反常现象或许可以通过求助于新的因素来得到解决，但这些新因素在其他情况下的作用并没有得到探究。社会生物学家或许会通过承认彼此冲突的最佳状态来寻求庇护，并满怀期望地认为，这些观察到的行为是这种冲突的解决方案造成的。或许有许多途径让被提议的达尔文主义的历史无法获得证据的确证，而这些证据是我们在最佳的进化论研究中赞赏的证据。

这些问题几乎不是致命的。就像其他年轻的科学一样，社会生物学不应当因为它无法对自身提出的问题给予完美无缺的解答而遭受斥责。存在着各种各样的社会生物学解释。有些解释显示了值得赞许的精确性，其他的解释则不那么准确。有些解释是有启发的，其他的解释则是出于必要而增加的借口。通过思考一系列的例证，我希望已经揭示了各种有可能位于表面合理方案之下的困难。

那些并没有致力于宣传流行的社会生物学的社会生物学家通常清楚地知道，已经完成了什么以及需要去做什么。桑德拉·费雷坎普（Sandra Vehrencamp）与杰克·布莱伯利（Jack Bradbury）在一篇有关交配系统的评论中讨论了自奥利恩斯与其他人的开拓性研究工作以来，人们在这个主题上做出的众多改进，他们强调了如今可用的模型的多样性、被研究的行为的复杂性，他们认为，在这些模型无法相符的情况下提出的诸多假说，需要得到广泛的检验。（参见 Vehrencamp and Bradbury 1984，特别是 260－157 264，277－278。）对于这种社会生物学家来说，我所提出的这些方法论见解不是什么新的消息。他们积极地参与克服这些困难的尝试。

然而，流行的社会生物学期望获得快速的回报。它还追求着一个即便不是更好的，也是更加宏大的游戏。

狂暴的守护者

那些承认针对特定物种的特定限制条件的局部研究，最有可能追求严格的结论。然而，对于人类的社会生物学的宏大纲领来说，它几乎不需要对粪蝇的交配时间给出正当的解释。为了攀登威尔逊的阶梯，我们需要对**智人**成员所属群体中的行为进行推广。它是什么群体？在此处受欢迎的是两种动物。人类在进化上是灵长类动物的亲族，因此，似乎自然的做法是，将灵长类动物，特别是类人猿，作为我们自身的模型。但是，我们在生态环境的意义上是与众不同的灵长类动物，根据化石的记录，有充分的理由认为，长久以来，我们在生态环境的意义上就是与众不同的。或许我们应当聚焦于一个不同的群体，即狩猎的动物。“男性狩猎者”的正确模型或许是社会性的食肉动物。这两种研究进路涉及的是解释人类行为的不同方式。那些相信我们与灵长类动物共同享有诸多行为倾向的人会坚持主张，这些倾向是在某些共同的祖先之中进化而来的，它们被传给了这些祖先的后代。当我们的倾向被比作社会性食肉动物的倾向时，这些人必定会断言，相似的进化力量以独立的方式在不同的种族之中形成了这种行为。

可以理解，动物行为研究者经常会喜欢上他们研究的动物，并逐渐将这些动物的行为视为我们自身的反映。甚至鬣狗也有可能逐渐被视为有趣的，并且有可能被肯定为一种有关我们自身信息的来源（参见 Kruuk 1972，3）。从流行的社会生物学的观点看，在不同动物的支持者之间发生的争吵是执迷不悟的。套用巴特勒主教（Bishop Butler）的说法，动物的每个物种都是它所是的东西，而不是别的东西，但是，在一群不同物种之中也许有交叉的相似模式。流行的社会生物学希望对之进行概括，这种概括将特定的行为规则归于一个特殊群体中的所有物种（或者有可能是那些物种的某些子集——比如，不成熟的雌性），通过对这种普遍化进行表述与辩护，流行的社会生物学汇集出了一幅关于人性的综合性画像。这种总括性的群体或许随着情况的不同而有所变化。对它做出的全部要求是，它是**相关的**——也就是说，它与**智人**（或者有可能是我们在原始人类中间的祖先之一）部分重叠——而且，整体的归因是**一致的**。当我们对具备共同成员的不同群体的诸多成员进行概括并发现这些概括所归因的是某些不相容的行为方式时，麻烦就有可能来临。

158

归因的一致性来得并不容易。我们在进化过程中的亲属黑猩猩与大猩猩并不具备侵略性，巴拉什对此给出了一些令人宽慰的话语，“这反映了在这些物种的适应策略中，争斗式的竞争是相对不重要的”（1977，236）。由于它们是我们在进化过程中仍然存活的最为亲密的近亲，巴拉什就用我们或许也不具备侵略性这个想法来慰藉我们。（可叹的是，这幅图景被最近在黑猩猩中发现的群体冲突所颠覆。）其他希望根据动物行为研究来得出有关人类结论的人在头脑中想到的是一个不同的模型：“在许多方面，阿拉伯狒狒社会的封闭而又协调的家庭单位更适宜成为人类社会结构的模型，而不是黑猩猩社会结构的模型”（Kummer 1971，152）。但相较于黑猩猩，狒狒与我们的关系没有那么紧密。这无关紧要。狒狒所适应的环境正是原始人类的进化环境。当我们从树上下来的时候，我们就变得受制于那些已经塑造了狒狒社会的相同的选择压力。因此，不足为奇的是，我们的社会系统类似于阿拉伯狒狒的社会系统。

各种概括进行着竞争。一种概括告诉我们，具备性状 A 的物种（包括黑猩猩、大猩猩与人类在内），拥有一种特定的行为倾向。另一种概括告诉我们，具备性状 B 的物种（包括阿拉伯狒狒与人类在内），拥有一种不相容的行为倾向。这些概括中必定有一种是错误的。在这些关于我们自身的预测中必定有一种是不正确的。但究竟是哪一种？若我们退回这种建议上，即一个物种若具备 A，就有极高的概率拥有第一种行为倾向，这个物种若具备 B，就有极高的概率拥有第二种行为倾向，我们或许就得出了一个正确的假设。但是，我们应当从中得出什么结论？这种概括在重要的例证（即类似于我们的那些同时具备性状 A 与 B 的物种）中无法有助于人们决定要做些什么。倘若我们知道的是，佛蒙特州（Vermont）的一个小镇上的人们几乎都是民主党，佛蒙特州的农民几乎都是共和党，那么，我们并没有根据来判定这个小镇上仅有的一些农民的政治归属关系。

假如对这些物种群体的概括发现被证明是不一致的，那么，汇集这些概括的策略就是不得要领的。留给我们的是，给定一系列引向不同方向的独特因素，追问我们所预期的各种行为。在这一点上，负责的人类社会生物学家将不得不得出这样的结论，即野兽用许多语言来表达自身，理解我们行为的唯一途径是，将我们自身的物种作为认真研究的对象。 159

然而，流行的社会生物学努力要做出重大的概括，这种概括能够作为实例来阐明有关人类行为的诸多结论。一个经常产生的意见是，我们的祖先共同组成一个小的团队，每个团队的男性守护他们的群体，男性首领（或“统治者”）准备以暴力应对接近他们的邻近者。（比如，参见 Wilson 1975a，553，564-565；1978，107ff.；与此相关的一个特别简洁的版本，参见 Barash 1979，188-189。）这种描绘得到了对动物防御行为的概括的支持。让我们暂时延缓对这种概括适用于人类的方式的担忧，转而审视这种在流行的社会生物学中出现的有关动物的宽泛论断的一个例证。

请考虑如下这个有关防御捕食者的讨论。

> 尽管脊椎动物很少以社会性昆虫的方式进行自杀，但许多脊椎动物为了保护亲属而将自身置于有危险的境地之中。一队豚尾狒狒（*Papio ursinus*）中的雄性首领在群体的其他成员觅食时，为了审视环境而将自身置于暴露的地点。如果有捕食者或竞争性的群体接近，雄性首领就会通过狂吼来警告其他成员，并有可能以威胁性的方式跑向这些入侵者。当这队狒狒撤退时，雄性首领就会掩护队尾（Hall，1960）。阿尔特曼（Altmanns）在黄狒狒（*P. cynocephalus*）中观察到了本质上相同的行为（Altmanns，1970）。当不同队的阿拉伯狒狒、恒河猴与黑长尾猴相遇并打斗时，成年雄性领导着这场战斗（Struhsaker，1967a，b；Kummer，1968）。许多生活在家族群体之中的有蹄类成年动物，如麝香牛、麋鹿、斑马和条纹羚羊，让自身居于捕食者与未成年动物之间。当雄性负责保护一群雌性时，雄性通常就承担这种角色，否则雌性就是守护者。通过亲缘选择，就能够轻易解释这种行为。雄性首领有可能是它们所保护的弱小个体的父亲，或至少与这些弱小个体有着紧密的亲缘关系。在如牛羚这样的有蹄类动物的迁徙

> 群体与狮尾狒的单身群体中进行的可控实验表明，在这些松散的社会中，雄性将威胁在性关系上的竞争者，而在对抗捕食者时不会保护其物种的其他成员。然而，确实存在少数或许可用其他方式进行解释的情况。人们已经观察到，一群非洲野狗的成年成员冒着相当大的生命危险去攻击猎豹与鬣狗，它们这么做是为了拯救一只其亲缘关系还不如表亲或侄甥的幼小野狗。未结婚的阿德利企鹅在对抗贼鸥的攻击时，帮助其他鸟类守护了养育幼鸟的鸟巢。这些企鹅的繁殖群落是如此之大，而这种守护行为的范围如此之广，这让守护者不太可能细致地分辨出那些在亲缘关系上紧密的个体。尽管如此，对于我的认识而言，还不能完全排除这些企鹅能够进行分辨的可能性。（Wilson 1975a，121－122）

160

《社会生物学》正确地被人们视为一部百科全书式的著作。［列万廷、罗斯（Rose）与卡明将威尔逊描述为“研究蚂蚁的专家”，这没有给予威尔逊应得的评价——参见 Lewontin，Rose，and Kamin 1984，227。］威尔逊在这个段落中提到的那些范围内的例证完全是令人印象深刻的，这轻易就能滋生如下信念，即构成该论著基础的解释必然具备同等强大的说服力。更为细致的审视将揭示，求助于“亲缘选择”的做法建立在由诸多困难构成的泥潭之上。

威尔逊显然不关心那些针对好斗行为的普遍解释。他专注的是“利他”机制的进化，这种机制在特定的场合下释放出一种好斗的倾向，其中，好斗者遭受伤害的风险似乎有所增加，而其他个体似乎由于这种好斗行为而有幸降低了自身的风险。我们必然会对一群动物的利他机制所采纳的如此多样的不同形式而感到惊奇，并会怀疑，在不同的情况下，潜在的“利他”基因将以相当不同的方式与基因组的其余部分发生互动。让我们搁置我们的怀疑，暂且承认存在这种假定的机制与基因的可能性。我们应当提出的问题是，为什么这种基因有可能被选择出来。

威尔逊的回应是，相较于缺乏利他基因的个体，带有利他基因的个体的广义适合度更大。但有任何理由让人们相信这一点吗？进而，是否有任何理由认为，那些并没有表现这种行为的个体若做出类似的行动，仍然不会拥有更大的广义适合度？对某些例证的审视表明，这些问题是恰当的。只有当我们避免给出相关的成本与收益的细节时，“存在着一种针对利他基因的简单的广义适合度效应”这个假说才看起来是合理的。

在威尔逊的例证清单中，出现了三种相遇的情况。捕食者接近一群动物的情况，相同物种的雄性竞争者接近一群动物的情况，属于相同物种的两群动物相遇并打斗的情况。此外，还有威尔逊似乎要处理的两种与这些情况相关的问题：为什么群体中的某些个体用好斗的行为（豚尾狒狒将自身置于暴露的地点，雄性在群体之间的打斗中带头冲锋）将自身置于危险的境地？为什么在特定的处境下，这种角色被特定的个体（“占据统治地位的雄性”）所付诸实现？简单区分这些问题，就能让我们开始弄清，我们为之寻求单一进化解释的，或许并不是一种单一的行为现象。与一群同类的相遇或雄性竞争者的接近所带来的潜在损失有可能是这群动物中的雄性个体适合度的减少。但同样清楚的是，这种进化解释是相当复杂的。为了将汉密尔顿的不等式 $B/C>1/r$ 适用于一群遇到如此众多竞争的“守护该群体”的成员的**一般**情况，就要预先假定，我们能够确认 B 与 C 的某些期望值，因此，对于我们所考虑的每个物种来说，B 与 C 的数值连同那些物种群体的 r 的期望值（即那些进行守护的个体与那队获得守护收益的成员之间的亲缘系数）都满足了汉密尔顿的不等式。指出这些守护者与被守护者之间的亲缘关系，这仅仅是以最为随意的方式试图表明，这种解释实际上与这些现象是**一致的**。

161

然而，还有进一步的复杂情况。请考虑这个问题：为什么恰恰是“占据统治地位的雄性”承担这种守护的角色？威尔逊假定，在雄性之中有一种“占据统治地位的雄性”，假如这队动物的成员之一遭到闯入者的攻击，这些雄性的损失就会最大。为了让情况更为具体，我们设想，这种威胁来自一个捕食者，这队动物中的成年动物是相对安全的，而年幼的动物处于危险的境地。威尔逊所概述的解释假定：（1）相较于其他任何成年的雄性，年幼的动物有可能与“占据统治地位的雄性”有着更加紧密的亲缘关系；（2）伴随“利他基因”的是一种能够让这些动物判定它们自身的繁殖利益何时受到威胁的机制；（3）在“占据统治地位的雄性”面前，任何雌性的守护行为都受到了抑制。尽管如此，正如我们将在随后的章节中看到的，有理由怀疑，一队动物的首领地位必定被那种具备更多的后代繁殖数目的成员所占据。因此，（1）绝对不是永远正确的。威尔逊自己就做出了大致这样的限定，即“占据统治地位的雄性”有可能是它们保护的那些个体的近亲，这表明威尔逊敏锐地感受到了问题所在；但这又提出了如下问题：为什么在特定的处境下，近亲没有担任这种守护的角色？至于（2），没有证据表明，威尔逊所考虑的所有这些动物的群体拥有任何这样的机制。这种机制的存在，仅仅是一种需要得到解释的假设。最后，还有一个关于雌性行为受到抑制的谜题。雌性或许也带有“利他的”基因，因此，当合适的雄性在那里守护它们的幼崽时，似乎必然存在着某种抑制机制不让雌性做出守护的行为。

162

为了看到这些关切的说服力，让我们推进在两个不同案例中的分析。首先，让我们考虑一队拥有多个雄性的动物群体，其中所有的幼崽都是一个叫多姆的雄性的后代。我们或许会根据如下理由来解释多姆将自身置于队伍边缘的行为。对于这个队伍中的任何其他雄性来说，由于捕食者的攻击而让它的一个后代遭受损失的概率是零。（其他的雄性没有后代可以损失。）对于在这队动物中的一个雌性来说，由于捕食者的成功攻击而让它的一个后代遭受损失的概率是，它在这队动物中的后代数目除以这队动物中的幼崽的总数。（我在此假定，一个成功的捕食者恰恰只会除掉一个幼崽，所有的幼崽都有相同的可能性成为受害者。）那么，在一次成功的攻击中，一个雌性所付出的代价或许就等同于这个概率。尽管如此，根据假设，多姆是所有幼崽的父亲，它由于捕食者的一次成功攻击而付出的预期代价就始终是一个后代。因此，它的确保幼崽避开捕食者的行为所造成的广义适合度效应，要大于其他雄性的相似行为所造成的广义适合度效应。

然而，这种对于广义适合度问题的研究进路过于简单。社会生物学的一个重大主题是，失去幼崽对雄性与雌性所造成的影响是不同的。因此，我们应当问的是，捕食者的一次成功的攻击会对多姆终生的繁殖产量造成什么差异。假如正如这个故事所表明的，多姆在繁殖上控制了这队动物，那么，通过付出少量代价，它失去的那个后代或许就是可以替代的。对于这队动物中的一个特定的雌性来说，失去一个后代或许会对它终生的繁殖产量造成更加显著的差异。因此，上一段的简单计算远远不是精确的。进而，假如在这队动物中的雌性之间有着亲缘关系，那么，任何幼崽被杀，这些雌性都会遭受间接的损失。最后，假如我们试图求助于“雌性完全没有守护的能力”这个想法，那么，就有必要表明这个想法是合理的，并且有必要解释为什么这是真的。随着我们对这个例证的探索，我们开始看到，那个认为“占据统治地位的雄性”拥有更大的适合度效应的假设，需要得到仔细的探究与辩护。

163 其次，当我们考虑一个拥有单一雄性，并容纳了某些雌性及其幼崽的动物群体时，这些问题就变得更加糟糕。倘若这队动物被一群捕食者攻击，那么，仅仅依靠雄性做出的防卫很有可能是无效的。尽管我们也许会认为，站岗的职责只需要让一只动物将自身暴露于危险之中，但是，我们可以预料到，若有更多成年的成员参与守护，这队动物的防御就会更加成功。因此，没有理由认为，雄性与雌性在守护中所起的作用会有什么差别：通过激烈的反抗，它们都可以提升它们的广义适合度。讽刺的是，威尔逊所援引的一个例证恰恰激起了这种忧虑。斑马群体对大量鬣狗攻击的防御相当糟糕，这恰恰是因为雌性斑马并没有加入雄性斑马的防御活动(Kruuk 1972，183－185，208)。(当然，当参加防御的斑马数目低于这队动物的某个规模时，增加防卫者的数目或许也不会改善防御的状态。如果是这种情况，我们就可以构想一种有趣的博弈论分析：对于这队斑马中每个成员来说，如果团结起来进行抵御的斑马数目恰恰达到某个关键数值时，它们的适合度就能得到最大化——当没有达到这个关键数值时，它们的适合度就无法得到最大化。)

最后，无论是拥有单一雄性的动物群体，还是拥有多个雄性的动物群体，人们都不应当错误地认为，根据如今在被研究的物种中观察到的性别二态性与团队构成，将其作为解释的出发点，就能够开始进行一种进化的分析。我们没有根据假定，团队的规模与团队的构成是最先被选定的，雄性与雌性进化到它们当前的相对规模，受制于这些条件，自然选择**接下来**才在运作之下选择团队的成员来形成捍卫它们同伴的倾向。我们难道可以假设，被研究的这群动物在没有任何防御组织的情况下就设法解决它们团队的最佳规模问题，只有当它们解决了这个问题之后，它们才面对被捕食的问题？肯定不能。

我的结论是，简单地求助于广义适合度，无法为威尔逊对横跨如此多样的群体与处境的防御行为给出的解释尝试提供担保。**或许**有可能为某些例证详尽地发展相关的解释——但它能否为其余例证提供相关的解释，这有待进一步的证明。

这种解释的狂热支持者或许会反对说，我已经错过了那些显而易见的东西。当团队的某些成员与众多潜在的受害者之间有着亲缘关系时，就可以发现一个团队成员对其他成员的守护，当没有这样的个体时，团队就不会出现发挥守护作用的成员。这种关联难道不是必然会意味着某些东西吗？它难道没有在暗示，不管在特殊情况下出现了什么复杂的因素，广义适合度仍然是守护行为进化中的一个重要因素？

164 并非如此。威尔逊的所谓的可控实验产生了一些非常含糊的结果。请回想威尔逊所强调的各种动物群体的守护行为差异，威尔逊暗示，在诸如羚羊群这样的"宽松社会"中，成年的雄性不会守护它们的幼崽。第一，成年的羚羊在面对鬣狗的攻击时，非常不擅长保护自己——更不必说保护它们的幼崽了。[克鲁克（Hans Kruuk）报告说，鬣狗是羚羊的主要捕食者，在恩戈罗恩戈罗自然保护区（the Ngorongoro crater）中，鬣狗每年至少要杀死75%的新生羚羊幼崽；参见 Kruuk 1972，166。]鬣狗也经常成功地猎食成年羚羊。第二，雌性羚羊确实守护了它们自己的后代，它们或者试图插入捕食者与幼崽之间，或者试图警告那些已经抓到了自己幼崽的鬣狗。无可否认，雌性羚羊并不守护其他雌性羚羊的幼崽——但接下来威尔逊根据假设，将雌性羚羊比作正在守护它们自己幼崽的阿拉伯狒狒与斑马。第三，雄性羚羊有时**会**在防卫中帮助其他的同类。克鲁克报告说，"鬣狗在追捕一只羚羊幼崽时，它有时不仅会受到幼崽母亲的攻击，而且还会受到公羚羊在其领地中发动的攻击，甚至有可能受到雄性成年斑马的攻击，若这只羚羊幼崽到附近的一个斑马家族中寻求避难"（1972，171）。尽管克鲁克进而注意到，这种干预是非同寻常的，它的发生从根本上暗示，这种守护并非纯粹是一个计算亲缘关系的问题。（或许这种情况可以借助动物所犯下的错误来做出解释。这些被误导的守护者的活动，根据的是一种不精确的计划，这种计划偶尔可能导向匪夷所思的结果。）

因此，羚羊的例证为两种解释留下了余地，而这两种解释相当不同于威尔逊给出的解释。合作性防卫在羚羊中或许是罕见的，因为羚羊相当不擅长通过对抗捕食者来保护自身。或者，合作性防卫在羚羊中的存在，恰恰就是这样一些情况，威尔逊将其作为亲缘选择奏效的例证——比如，斑马与狒狒。狮尾狒的情况也并非更加令人满意。我们在此处理的是一种相当不同的“社会”，由年龄不大的成年雄性构成的松散组织。狮尾狒似乎拥有一个基于雌性互动的社会结构。一个雄性与某些雌性构成了一个社会单位，但雄性是“这个社会的后备，它在这个群体中扮演的角色主要是抚育者”（Dunbar 1983，301）。狮尾狒一旦设法形成了自己的一个小团体，它们彼此之间就没有什么联系，在预期的单身者之间的社会交换并不广泛。年轻的狮尾狒自身真正形成的团队，无法与威尔逊所提到的其他社会单位相比较。将狮尾狒的行为与一群豚尾狒狒或一帮阿拉伯狒狒的行为 165 相比较，多少类似于将一群等待一辆公交车的陌生人的活动与一个等待同一辆公交车的正在郊游的家庭的活动相比较。

当然存在着例外，如非洲猎狗与阿德利企鹅。［我们或许偶尔还会将大型的（bull）公羚羊乃至陷入混乱状态的斑马添加到例外之中。］我们对这些情况可以说些什么？威尔逊的回答是不清晰的。或许他打算在这些例证中看到一种不同的选择力量在起作用。如果是这样，那么，让人们产生兴趣的是辨认这种力量，并判定它是否并没有对众多所谓没有问题的例证产生作用。或者威尔逊期望在这样一种微小的可能性中寻求庇护，即协助者与被协助者最终是有亲缘关系的。

我们仔细审视的这段出自《社会生物学》的文字表明，非人类的动物研究有一些麻烦，流行的社会生物学的许多著作运用了这种研究，就好像它们是不成问题的。有一种暗示认为，自然选择了特定的行为方式，因为这将为表现它们的动物带来特定的好处，然而，无论是这种行为，还是这种好处，都没有得到精确的识别。豚尾狒狒可被认为遵循了什么行为规则？雄性狒狒之间逐步升级的打斗可被认为带来了什么好处？这些情况被归并在一起，就好像有某种单一的进化解释系统能够适用于所有的情况。诸多约束条件是无中生有的。伴随着例外而表现出来的期望是，它们最终被证明为根本不是例外。此处暗示的是一种前后一致的解释——但这仅仅是因为它的焦点相当容易改变。

人们试图完成的这种概括成为我们在先前数节中注意到的所有麻烦的受害者。然而，不同于那些承认问题并对之进行详细解答的社会生物学家，流行的社会生物学家打算以他们关于动物的不成熟概括为根据，来支持有关人性的宏大解释。通过这种做法，他们根据有关动物的猜测性概括，创立了诸多有关人类的争议性论断，不仅如此，他们还歪曲了那些试图彻底公正地对待动物行为复杂性的同事的成就。（哪怕能对威尔逊提到的物种之一的合作性防御进化进行详细论述，这也会成为一项令人钦佩的成就。）

一点小瑕疵并不会让一个观点失效。为了预防人们认为我过高估计了这种弊病的严重性，就需要给出更多的例证。我将以这样一个例证作为出发点，它提供了一个更具挑衅性的结论，包含了一些更加可疑的论证。

性别概括

166 性别尽管不是普遍的，却是相当常见的。威尔逊早期的社会生物学的一个最著名的（或许是最臭名昭著的）提议断言，我们能够根据基本的性别不对称来理解人类中的性别角色。从生物学的观点看，男性是数量众多的微小而又可移动的配子的制造者；女性形成的是一些数目较少的大型配子。根据这种基本的差异，就可以得到男人与女人的行为的主要形态。

至于这种论证的主要轮廓，威尔逊为之提供了最好的原始资料。

> 两性的性细胞在解剖上的差异通常是悬殊的。尤其是，人类的卵子要比精子大 85 000 倍。这种遗传二态性对人类的性生理与性心理产生了多重的后果。最重要的后果是，女性对她的每一个性细胞都进行了更大的投入。可以预计的是，女性在她的一生中只能产出大约 400 个卵子，其中最多只有约 20 个能够成为健康的婴儿。女性孕育与抚养一个孩子，要付出较大的成本。相较之下，一个男人一次射精就释放出 1 亿个精子。一旦完成受精，男性纯粹的生理任务就结束

> 了。男性的基因与女性的基因将得到同等的好处，但男性的投入要远远少于女性，除非女性能够诱使男性为抚育后代做出贡献。从理论上讲，假若一个男人完全被赋予了行动上的自由，他在一生中就能让成千上万个女人怀孕。
>
> 由此产生的两性之间的利益冲突不仅存在于人类之中，而且存在于绝大多数的物种之中。雄性的典型特征是好斗，在同性之间尤其显著，在繁殖季节最为激烈。在多数物种中，果断是雄性最有利的策略。在整个妊娠期间，即从卵子受精到幼崽诞生这段时间内，一个雄性能够让许多雌性受孕，但一个雌性只能被一个雄性受精。因此，如果雄性能够接二连三地向雌性求爱，那么，某些雄性将成为大赢家，其他的雄性将成为完全的失败者，而几乎所有健康的雌性都将成功地受孕。雄性的好斗、急躁、用情不专、来者不拒对它们自身而言是有回报的。从理论上讲，雌性在确认雄性具备优秀基因之前持有腼腆与矜持的态度，对雌性自身更加有利。在那些要养育幼崽的物种之中，167 对于雌性来说，还有一个重要的择偶原则，即选择那些在雌性受孕后更有可能与雌性住在一起的雄性。
>
> 人类忠实地遵循着这条生物原则。(1978，124—125)

威尔逊继续开列的目录包括了许多来自街角酒吧的刻板印象：“绝大多数的配偶更换”是由男人发起的；男孩子“在外面放荡不羁”，女孩子则有“被糟蹋的危险”；政治领袖通常是男人。结果发现，我们关于男人与女孩（不停的唠叨者）的常识变成了一门体面的科学。

威尔逊让这个设想听起来相当合理。对于一大批物种来说，我们显然能够表明，特定种类的行为将让雄性的适合度最大化，另一些特定的行为将让雌性的适合度最大化。当我们将这种理论上的最佳条件与雄性和雌性的真实行为进行比较时，它们之间似乎存在着完美的匹配。因此，我们就能够开始攀登威尔逊的阶梯，而这个阶梯所抵达的结论将遭到女性主义者的强烈谴责，却有可能为街角酒吧中的许多平民（特别是男性平民）带来慰藉。

让我们更加细致地审视这个结论。理论上的最佳条件是什么？威尔逊关于“大多数物种中”的真实行为的论断是正确的吗？对第二个问题的答案是：“不尽然。”威尔逊的这个概括的许多例外在表面上似乎仅仅强化了他的基本观点。在某些动物群体中，雄性养育幼崽，雌性为了争夺雄性而展开竞争。这方面的最好例证是尖嘴鱼与某些鸟类（参见 Trivers 1972，59）。尽管如此，还有许多这样的例证（特别是在鱼类与两栖动物之中），其中，雄性抚育幼崽，而雌性并不会为了争夺雄性而展开竞争。这些例证有时可以通过以下方案来得到解释，即雄性能够在不放弃争夺交配机会的情况下守护幼崽（参见 Gross and Shine 1981，特别是第 781 页）。

这些例证揭示的是，威尔逊充满敬畏地强调的男性精子的绝对数量并非主要的关键。假如这种社会生物学的分析获得成功，那是因为交配与受精的动力学。对于在体内受精的物种来说，雌性难以避免地会对后代有大量的投入。当受精在体外进行时，雄性有时就会被留下来养育后代，而雌性则会离开并到别处进行繁殖。威尔逊关于性别的论断依赖于一个在他的陈述中并不明确的概括。当一种性别对后代投入更多时，这种性别的成员对于另一种性别的个体来说，就变成了“一种有限的资源”，另一种性别的个体就会为了接近这种有限的资源而进行竞争。人类正如大多数的哺乳动物，女性对男性来说是一种有限的资源。因此，威尔逊真正依赖的是这样一个故事。

168

这个故事的来源是特里弗斯的一篇挑衅性的论文。特里弗斯的解释的核心内容是一个扩展了的经济学隐喻。特里弗斯首先将**父母的投入**界定为“父母对个别后代的投入，这种投入增加了这个后代的存活机遇（因而增加了这个后代在繁殖上获得的成功），其成本是父母对其他后代的投入能力”（1972，55）。现在假定，一个物种的不同性别对后代的投入不同。就平均状态而言，一种性别的成员对每个后代的投入要超过另一种性别的成员。两种性别产生的后代总数相等。因此，投入较少的性别在付出较少进化“成本”的条件下获得了相同的进化“回报”。假定这两种性别拥有相同数额的“资本”进行投资，对于那种投入较少的性别来说，投入较多的性别通常就变成了有限的资源。所以，我们就应当预料到，那种投入较少的性别成员会为了与这种作为有限资源的成员繁殖而进行竞争。然而，由于雄性配子与雌性配子的不同大小，雌性**最初的**投入总是更大一些，即便雄性的投入活动有时会超过雌性。

甚至那些持同情态度的读者也会迅速指出，这些经济学的术语有其困境。我们在一开始或许就会注意到，特里弗斯的投入概念似乎是根据自身而得到界定的，他的意图似乎是想理解，关于另一种性别的种种行为策略会以何种方式产生不同的后代期望值。[后面这个要点是梅纳德·史密斯在一篇清晰透彻的论文中提出的（1976b），他极力主张对父母投入概念进行一种“前瞻性的分析”。] 然而，我们目前遇到的是一个在算术上的乏味事实。一个雄性的后代期望值是在一个世代中产生的后代总数除以雄性的数目。假定雌性与雄性在大致上是等量的，那么，一个雄性的后代期望值就会与一个雌性的后代期望值相同。

假设一个种群的初始状态是，所有雄性采纳的策略是 M_1，所有雌性采纳的策略是 F_1。假定出现了一种采纳 M_2 策略的变异雄性，它们在与采纳 M_1 策略的雄性竞争时占据优势；类似地，假定出现了一种采纳 F_2 策略的变异雌性，它们在与采纳 F_1 策略的雌性竞争时占据优势。最后假设，在一个世代中能够产生的后代数目有某种环境导致的极限，这个种群始终设法要让自身的繁殖达到这个极限。虽然 M_2 有可能侵入这个初始的种群，并成为其中普遍流行的雄性策略，虽然 F_2 也有可能这么做，但是，在一种显而易见的意义上，这些策略并不比它们所取代的策略更好。假定在这个取代过程中，这个种群始终保持相同的规模并产生相同的后代数目，雄性的最终预期回报恰恰等于雌性最初的预期回报。 169

这些评述暗示，特里弗斯的论证最好根据博弈论的视角来着手处理。我们需要探究的是，果断是不是这样一种雄性策略，它不仅有可能**在特定雌性策略的背景下对抗特定的竞争性雄性策略时**占据优势，而且或许是一种进化稳定策略。这些果断的雄性如今或许并不比它们在进化上的祖先境况更好。但是，这种果断的变异体出现于那种起初没有竞争性的种群之中时是有利的。它们的种子在全球都得到了继承。

根据导源于特里弗斯的那个宏大的视角，我们就能够开始取得进展。许多动物，特别是鸟类与哺乳类动物，参与了各种两性间的接触，那种认为“每种性别仅仅选择一种性行为策略”的过度简化的假设是荒谬可笑的。因此，让我们提出一个有所限制的问题。让我们不再关注两种性别在其他方面上的关系，转而探究每种性别遗弃另一半的可能性。在做出这种抽象的过程中，我们要意识到，不应当将不同种类的忠诚彼此混淆。一只与它的配偶待在一起的动物，并不必然会反对与其他的同类发生交配。事实上，复杂的动物（特别是食肉动物、灵长类动物与人类）放弃交配活动的精致模式所展示的关系是模棱两可的。用梅纳德·史密斯的话来说，如此众多的行为模式是可能存在的，以至于这种模型“显然有一种不现实的气息”。然而，梅纳德·史密斯对这种模型构造的辩护是恰当的。它迫使我们澄清我们的诸多假设。（这种分析的具体细节，参见技术性讨论 E。）

假设有两只已经交配过的动物。它们中的每一只都要做出选择：或者留下来抚育后代（“守护”），或者遗弃对方并寻找新的配偶（“遗弃”）。人们假定，那些选择遗弃的父母有可能再次交配，它们以此产生的后代数目要大于通过守护而得到的后代数目。我们还假设，如果后代被父母双方所照顾，它们最有可能存活到成熟期，如果后代只被父母一方照顾，它们存活的可能性就有所下降，如果后代被迫独自努力维生，它们存活的情况就最为糟糕。给定这些假设，我们预计会发现的情况是否为雄性选择遗弃，雌性选择守护？

并非如此。博弈论分析显示，这个由特里弗斯最先给出并被威尔逊简化了的定性论点依赖于某些假设。（具体的细节，参见技术性讨论 E。）“不专一的雄性会有回报”这个想法的关键是如下推测，即一个遗弃对方的雄性不仅拥有更高的概率与第二个雌性交配，而且还拥有更高的概率让第二个雌性的某些卵子受精。另一个重要的假设是，得到额外后代的重要性要超过已经产生的后代的生存能力的降低。这个想法还理所当然地认为，第二个雌性的幼崽的存活概率可以比得上第一个雌性的后代的存活概率。这很有可能是错误的。假如雌性与雌性之间存在着竞争，这就导致了第一轮交配中的雌性获得了有助于成功抚育幼崽的重要资源，或者假如第二轮交配发生于繁殖季节相对较晚的时期，那么，这将极大地降低第二轮交配的后代的存活概率。

170

技术性讨论 E：动物何时不专一？

有两个已经交配过的动物。它们中的每一个都有两种选择——遗弃与守护。P_0、P_1 和 P_2是幼崽分别被0个、1个或2个父母照顾时的存活概率。我们假定

$$P_0 < P_1 < P_2$$

设 p 为一个雄性选择遗弃后与第二个雌性交配的概率，p'为一个雄性选择守护后与第二个雌性交配的概率；设 V 为一个雌性选择遗弃后产生后代的数目，v 为一个雌性选择守护后产生后代的数目。我们的推测是

$$p' < p, \quad v < V$$

回报矩阵可以用如下方式表示：

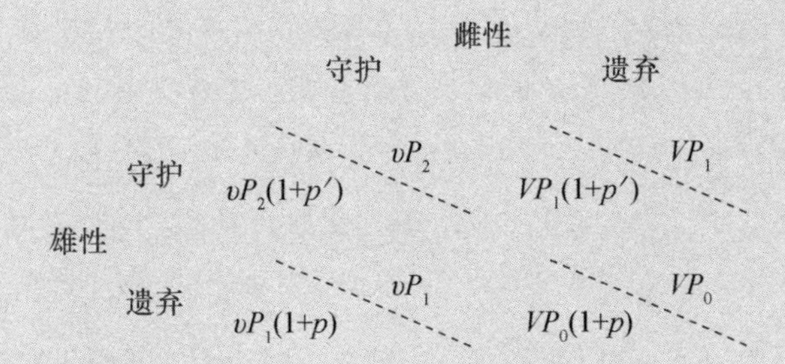

这个矩阵出自 Maynard Smith 1982a，127。对雌性的回报位于每个方格的右上角，对雄性的回报位于每个方格的左下角。

雄性策略与雌性策略的四种组合中的**任意一种**都有可能是进化稳定策略，这取决于参数值。比如，假设 P_2远远大于 P_1，p 与 p'的大小类似。（父母双方的照顾要远远好于一方的照顾，遗弃并没有让再次交配的概率得到极大的提升。）那么，父母双方选择守护就符合进化的利益。类似地，假如 P_0并非比 P_1 小得多，那么，选择守护的变异体就不会侵入一群遗弃者之中。假如父母中有一方提供照顾要比没有父母照顾好得多，但又和父母双方照顾的效果差不多，那么，由父母一方提供照顾就是一种进化稳定策略。（进一步的分析，参见 Maynard Smith

1982a，127－128。）

现在让我们考虑一个**威尔逊式的种群**，在这群动物中，雄性选择遗弃，雌性选择守护，两种性别的比例近似于1∶1。假设一个选择遗弃的雄性发现一个新配偶的概率是$f(r)$，r在此指的是遗弃者的频率；$f(1)$相当小，$f(0)$为1，f随着r的增加而减少。还要假设雄性若选择遗弃并在此交配，它们会与第二个配偶待在一起。那么，在一群选择遗弃的雄性的频率为r，雌性都选择守护的动物中，一个雄性遗弃者的预期回报是：

171

$$P_1v+f(r)P_2v$$

而对于一个选择守护的雄性的预期回报是：

$$P_2v + p'P_2v$$

在一个威尔逊式的种群中，r是1。由于$f(r)$相当小，它最多以可以忽略的方式大于p'（选择守护的雄性再次发生交配的概率）。因此，即便考虑到在P_2与P_1之间的微小差别，可以认为，一个新出现的选择守护的变异雄性能够侵入这个种群。在另一个极端的情况下，假如所有的雄性都选择守护，而且p'是可以忽略的，那么，一个新出现的选择遗弃的变异雄性所获得的回报，就将大于选择守护的大多数成员所获得的回报，若

$$P_1v + P_2v > P_2v$$

由于这个不等式经常成立，我们或许会期待发现一个混合了选择守护的雄性与选择遗弃的雄性的种群。

同样容易被忽略的是那种可能存在的延迟的适合度效应。如果我们的动物所面对的情况是，寻找配偶（某种性别的配偶或两种性别的配偶）的竞争相当激烈，那么，存活后代的数目就不再是一个测量适合度的恰当手段。增加交配的数目、受精的数目乃至存活到性成熟时期的幼崽的数目，都是不起作用的。有价值的恰恰是质量。通过重新解释回报，我们就能公正地对待这些意见。我们可以不仅仅考虑存活的概率，而且还要考虑

172

幼崽的预期回报，不管这些幼崽所面对的是什么竞争。因此，如果是为了交配而斗争，那么，恰当的测量手段是，一个后代在没有父母（或父母一方、父母双方）的照顾下存活到成熟期并在这种斗争中成功获得所需资源的概率。根据直觉，我们会预料到，引入这种延迟的适合度效应，将增加父母双方照顾幼崽的价值，因而导致这样一种局面的出现，其中，雄性与雌性选择守护的策略将成为一种进化稳定策略。

一个进一步的复杂要素迫使我们对这种博弈做出众多精致的阐释。在我们的解释中出现的诸多概率，至少有一个可能不是恒量。假如不专一的雄性有可能比忠实的雄性做得更好，那么，它们必定能够垄断第一轮配偶的繁殖产量，并且此后仍然能够找到第二轮的配偶。再次交配的可能性取决于它们与其他雄性竞争的范围。随着遗弃配偶者的频率的上升，任何遗弃配偶的个体发现第二个配偶的概率将会下降。因此，在一个遗弃配偶者占据统治地位的种群中，再次交配的可能性或许太小，以至于无法弥补第一轮后代在生存能力上的损失。于是，一个选择了守护的罕见的变异雄性将比选择遗弃的大多数雄性拥有更大的回报，我们就会认为，这种变异体能够侵入这个种群。因此，根据这个相当合理的假定，一群遗弃配偶者在进化上不会是稳定的。大致而言，这些根据酒吧间的刻板印象构想出来的相关行为会倾向于被一个由诸多雄性策略构成的混合体所取代，在这个混合体中，某些雄性选择守护，其他的雄性则选择遗弃。

尽管这种分析仅仅大致是可以分辨的（我们甚至还没有考虑一种略微复杂的博弈，其中拥有雄性变异体与雌性变异体），但是，这种分析确实具备的一个优点是，它打破了这样一种支配性的看法，即进化确立与保留的必定是某种单一的雄性策略或某种单一的雌性策略。进而，一旦我们开始考虑那些能够评估自身立场、自身优势、周围动物所采纳的策略等的复杂脊椎动物的行为时，我们就可以清晰地看到，威尔逊勾勒的定性解释是荒唐可笑的。可以认为，雄性与雌性能够采纳高度复杂的受条件限定的策略，只要进化为它们配备了这些策略所需要的认知能力。正如纯粹的鹰 173 策略实施者有可能被那些评估了每个竞争者力量的争斗者所取代，可以预料的是，纯粹的遗弃者（与纯粹的守护者）有可能被那些根据周围的雄性与雌性的行为来协调自身行动的动物所取代。无论对遗弃的动力分析是否完整（即公正对待了那些配备有评估自身竞争机会的能力的雄性动物与雌性动物的所有可能性的分析），这种分析让我们得出结论，我们显然无法断定存在着一种单一的最佳雄性策略与一种单一的最佳雌性策略。（正如我们已经看到的，分析的第一步就向我们暗示了多态性。）然而，即便结论是，对于雄性与雌性来说，存在着独一无二的最佳条件，也绝对没有理由认为，威尔逊华而不实的设想把握到了这种最佳条件。

在这种情况下，我们已经发现了这个阶梯在第一个梯级上就已经产生的裂缝。威尔逊所谓的最优化策略并不是最佳的。结果表明，需要对“性别斗争”进行的分析是相当复杂的——事实上，可以怀疑，是否有一种单一的分析能够表现威尔逊想要概括的动物群体中所有可用的替代性策略。这些结果严重依赖于诸多参数值的假设。进而，这种评价不仅适用于威尔逊的陈述，而且适用于特里弗斯与道金斯等流行的社会生物学家提出的更为谨慎的解释（Trivers 1972；Dawkins 1976，162－165）。尽管如此，社会生物学家对有关父母遗弃的诸多模型进行了一些谨慎的讨论，在讨论中，社会生物学家辨认与探索了这些模型对特定假设的依赖性。（例如，参见 Grafen and Sibly 1978；Schuster and Sigmund 1981。）需要再度指出的是，不能因为流行的社会生物学的疏忽与简化而去指责社会生物学。舒斯特（Schuster）与西格蒙德（Sigmund）的那些半开玩笑的结论恰好把握到了这种态度上的差异，他们评论道，“情人的行为就像月亮一样来回变动”，他们承认，“人们先前并不需要微分方程就会注意到这一点”。

与第一步中的失败相称的是第二步中的失败。假若人们想要安稳地聚焦于动物的真实活动，那么，酒吧间的刻板印象就只能适用于动物的行为。一夫一妻在鸟类中相当盛行，尽管它并非仅仅适用于鸟类。在更高级的灵长类动物中，我们的某些近亲（如六种长臂猿）是一夫一妻的。此外，雌性的黑猩猩在性关系上是果断的。发情期的黑猩猩积极地引诱雄性。雌性与雌性的竞争以及雄性与雌性合作的复杂模式出现于狒狒（Seyfarth 1978）与黑猩猩之中。雌性的鬣狗不仅大于雄性，而且比雄性更好斗。

174

在许多例证中，动物并不符合急躁、用情不专、好斗、滥交的雄性典范与谨慎、被动、没有竞争性的雌性典范，相关的目录可以进一步扩展到这些熟悉的例证之外。那些被刻板印象控制的人总是有办法为这些失败寻找借口。生态条件有时会扭曲生物的基本性别差异，将其转化为一种新的性别差异，从而将一夫一妻强加给某些动物。要不是食物资源（果树）的分布，雌性长臂猿就不会按照它们的方式来划分领地；要不是这种划分领地的方式，雄性之间为了接近众多雌性而竞争这种古老的灵长类动物的模式就会再次得到确证（Hrdy 1981，55－56）。传说中的雌性黑猩猩的滥交在进化上有其优势。在任何一群动物之中，若雄性倾向于杀死那些被它们“察觉”并非自己后代的幼崽，雌性就会通过尽可能让众多雄性相信自己是幼崽父亲的可能性而获益。我们再次发现了一种对潜在性别模式的扰动。

我们抵达的是一种微妙的处境。我们所阐述的雄性与雌性最优化策略的理论分析表明，没有理由认为，这种刻板印象描述了最佳条件——或存在着有待描述的最佳条件。我们现在发现，没有事实根据的最佳条件被用来作为判断行为“偏差”的标准。威尔逊的宏大概括断定，“绝大多数物种中”的雄性是果断的与不专一的，雌性是被动的与羞怯的。然而，这个论断最终破碎了。在没有一批混杂的条件时（这些条件是根据当前已知的例外汇集而成的），有人认为，这种概括是成立的。但是，我们不应当相信这样一种如此弄虚作假的概括。没有理论根据来支持人们认为，雌性黑猩猩的滥交、雌性鬣狗的统治地位、赛法斯（Seyfarth）研究的狒狒之间的合作是由于特殊条件修正了雄性与雌性的基本行为。进而，我们不应当相信，我们迄今所获得的那份随机的“偏差”清单是完整的。

我们在没有对一个明显令人尴尬的来源进行简要审视之前，就不应当离开性别策略这个主题。艳丽的雄性与单调的雌性经常被引证为显示了雄性为了接近“有限资源”而进行激烈竞争的一种迹象。然而，在人类中，女性通常比男性打扮得更加花哨。为什么？这是否意味着“角色的颠倒”？难道我们应当将男性的充满竞争性的刻板印象替代为女性的充满竞争性的刻板印象，将伴随着把选择者的那些特征归于女性，并把被选择对象的那些特性归于男性吗？ 175

达尔文似乎没怎么认真地考虑过这种想法（1871，369－371），而这种想法最近有所复兴（Low 1979，463）。洛（Low）提出，在（包括我们自身在内的）物种之中，“雄性品质的变化极大”，我们应当预料到的是，雌性与雌性竞争的目的是从最令人满意的雄性之中确保某些东西（精子？或对幼崽的亲代抚育？）。羞涩的紫罗兰让位于蛇蝎美人。

洛的提议暴露了潜在的理论分析的贫乏。这个提议认为，对于那些与“高品质”的雄性交配的雌性来说，存在着延迟的适合度效应与在第二代上的好处，然而，这个提议恰恰无法与威尔逊或特里弗斯所青睐的那种简单的定性分析相结合。对于有关雄性的果断、雄性的不专一与雄性的竞争的普遍性论断，我们不能以如下方式进行论证，即选择一种测量适合度的手段，事后经过选择添加一种不同的测量适合度的手段，以便于恰恰在我们期待的地方能够给予我们某种在雌性之间进行的竞争（特别是为了诱惑异性而做出的斗争）。洛的提议冲垮了堤坝。它向我们表明，那些试图理解性别策略的进化稳定性的相对谨慎尝试，将不得不对这种延迟的“投入回报”做出让步（比如，它们将承认，值得考虑的并非仅仅是幼崽的**存活**概率，而且还包括它们的**预期竞争能力**）。我们若要将一种随意选定的最优化分析堆叠到另一种最优化分析之上，在此之前我们最好审视一下我们所构造的东西的基础。

流行的社会生物学家经常谴责他们的批评者是一群感伤的情感主义者。请回想巴拉什与范·登·贝格捍卫那些不受欢迎的刻板印象的大胆勇气（当然，他们并不是那些由于这类刻板印象而蒙受最大损失的人类成员）。我坦率地承认，我更喜欢生活在一个男性与女性有机会平等地交往互动的世界之中，其中的性别角色并不是由酒吧间的“聪明人”来规定的。但是，我反对流行的社会生物学为刻板印象所做的辩护，这不是幼稚地拒绝适应事实。我根据的是对这种所谓的科学论证的诊断。

流行的社会生物学的批评者频繁地指控那些信徒过于强烈地想要忽视竞争性的假说（比如，他们无法理解，男性统治地位的历史效果），在最佳条件与自然选择之间的关系假设以及有关基因与表现型的诸多假设都是可疑的。这些是重要的批评，人们将从它们之中获得回报。然而，批评者应当以威尔逊阶梯的最底端作为出发点。他们应当问的是，这些有关176最优化行为的故事是否真正确认了那些让广义适合度最大化的行为方式？这些故事是否确实与我们所拥有的证据前后一致？我在先前的章节中已经提出，社会生物学的解释应当按照普遍支配进化论研究的准则，根据自身的优缺点来进行判断。通过对一个颇具影响力的悬而未决的解释进行权衡之后，我发现，这个解释是有所欠缺的。

通过我们先前考虑的例证，这种对比将更加显著。非人类的社会生物学是不完美的。不过，**它常常是极其有前途的**。我们已经看到了对粪蝇与灌丛鸦的各方面行为进行的进化分析的诸多优点，这些分析寻求的是将精心的观察与精确的模型相结合。在范围更大的生物群体的情况下，即那些包括了就像我们自身那么复杂的动物在内的群体，人们既难以实现这种观察上的谨慎态度，又难以获得那种公正对待这类复杂性的精确模型。尽管如此，人们不应当根据某种古怪的逻辑认为，这意味着我们自身可以满足于那些举例说明的信息与随意选定的最佳条件。如果说酒吧间的流言蜚语归属于某个地方，那么，它们只能归属于酒吧间。

人民的鸦片

荷马（Homer）有权偶尔享有人们对他的点头致意。即便“新的综合”的开创者在流行论著中所犯的过失与草率的论证片段是可以被原谅的，然而，那些通过提供受人欢迎的安慰剂来哄骗人民良知的人就不那么容易被原谅。在人类的社会生物学的表述中，对最佳行为的观察与推测的错误报告司空见惯。

威尔逊对男性与女性的性别策略的讨论具备了特里弗斯所勾勒的模型基础的优点。在他所做的其他讨论的氛围中，有一些关于这些优点的不假思索的想法。在强调了“高级哺乳动物”的游戏所具有的适应价值之后，威尔逊继续写道：

> 最有说服力的是，在人类以及包括日本猕猴和黑猩猩在内的其他一些挑选出来的高级灵长类动物中，游戏行为已经导致了开发环境的新颖方法的发明与文化传承。事实上，某些道德主义者担忧的恰恰是，美国人与其他文化发达的人们持续花费他们的大量时间来专注于那些粗劣的文化。他们喜欢把无法食用的大鱼镶嵌到起居室的墙壁

177 上，过度崇拜拳击比赛的冠军，有时对足球比赛达到了入迷的状态。这种行为可能并不是堕落的。它们可能就像工作与有性繁殖一样，是心理需求与遗传适应的产物，它们甚至有可能导源于这样一种情感过程，正是这同一种情感过程，激发了我们进行科学创造、文学创造与艺术创造的高级冲动。(1975a，167)

或许是这样。然而，也有可能并非如此。几乎不用怀疑，灵长类动物有时通过游戏操控它们环境中的对象，从而进行学习与传递信息。关于动物游戏的文献数量的增长令人印象深刻，这些文献细致地探究了各种可能的适应优势（比如，参见 Fagen 1981；Smith 1982）。尽管如此，即便我们承认，这种游戏的倾向具备适应性，在高级灵长类动物与威尔逊所提及的那些行为方式之间也只有一些松散的联系。威尔逊认为，促使美国成年人捕鱼，展示捕获的鱼类，成群前往拳击场与足球场的倾向，与激发他们在童年时期进行有益探索的倾向是相同的，这个想法本身就是一个有待证明的论点。有关适合度的结论是无法通过随意的联系来得到确立的。此处就如同先前的情况，那些关注细节的研究者的说法就与威尔逊的猜测形成了显著的对比。法根（Fagen）承认，“对于包括人类在内的物种中的诸多效应（乃至诸多功能），我们知道得并不多”（1982）。

在对某些意在表明动物偏爱熟悉事物的实验进行讨论的过程中，威尔逊对该偏爱的适合度提供了一种猜测：

不造成伤害的事物在身边越久，它就越有可能是有利环境的一部分。在情感中心的原始本能中，陌生就意味着危险。在异乡或许容易患上思乡病，甚至有可能感受到文化冲击的痛苦。对于动物来说，似乎会谨慎地将熟悉而又相对无害的敌人视为可爱的。(1975a，274)

然而，威尔逊仍然没有认真地试图探究那种据认为将让适合度最大化的途径。人们或许同样会做出如下论证，即对于许多动物来说，它们需要应对新的环境——或许是因为按照惯例，不成熟的动物在父母的巢穴、群体或活动范围中会被驱逐出去——因此，自然选择将有利于那些喜爱新鲜事物的动物（或许伴随着它们的还包括厌倦熟悉事物的倾向）。我们更明智的做法或许是建议，动物有时会被新的刺激与环境所吸引，有时则不会。

（正如流行的社会生物学家不厌其烦地提醒我们的，高级的灵长类动物不会选择那些与自身联系最为紧密的同类来进行交配。）理解适合度的真正问题是，要对那种通过证明可以认为具备吸引力的新颖性形成精确的分析。有关思乡病的奇闻轶事无法替代这种分析。 178

威尔逊并不是这种情况的个例。尽管我已经注意到的这些麻烦已经密集地遍布于《社会生物学》与《论人性》，然而，它们在威尔逊的某些追随者的作品中甚至更加显著。此处的文字是巴拉什对争斗中的动物忍耐力的一个尚未解决的重要问题所做的论述。

> 对克制斗争的一个更加现实的解释（它要比"克制对这个物种有好处"这个想法更加现实——作者注）是，这也是自私的。倘若胜利者在没有竭尽全力让对方接受其优势的情况下就能证明它的优越性，它就能更好地克制自身，因为否则它就有可能伤害到自身。它的对手也有可能是一个亲属或一个有利于胜利者群体利益的个体，因此，从自我利益的角度考虑，胜利者"宽宏大量"是有利的。此外，一个宽大的胜利者甚至有可能通过互惠而在将来直接受益。（1979，183）

这段文字是某个进一步推测的序奏，这种推测论述的是为什么人类并不具备那种或许需要用来阻止我们自杀的禁令。尽管这个进一步论证的思路十分紊乱，但是，值得强调的是这个对非人类动物的克制的讨论的松散性。尽管巴拉什有可能正确地拒斥了那个古老的行为学解释（即动物所表现的宽大是为了促进它们这个物种的福利），但是，我们完全不知道如何根据个体的利益来给出详尽的解释。人们若求助于"胜利者竭尽全力让对方接受其优势的做法或许只会让自己付出受伤的代价"这个想法，就完全无法解释以下这些观察到的现象：动物的克制表现最显著的一些例证是，被打败的动物暴露其身体结构上最易受伤害的部分，正如在一个著名的实例中，被打败的狼展示其咽喉部［参见洛伦茨（Lorenz）的描述与巴拉什的引用］。在雄性与雄性争斗的众多例证中，我们有理由相信，这些雄性并没有亲缘关系，在某些这样的例证中，被打败的雄性并不属于任何包括胜利者在内的社会性单位。仪式化的战斗在相对不合群的动物中是常见的，如蜥蜴与有蹄类动物。最后，一旦进行了认真的考察，可能存在互惠的暗示就被瓦解了。假如这种“回报”采纳的是“宽宏大量”的形式，那么，被打败的动物在今后的某个场合中将被证明是胜利者，因此，当前的胜利者肯定会通过防止这种未来场景发生的可能性来让它的适合度最179大化。假如这种回报采纳的是某种其他的形式，那么，我们就不得不假设一个社会关系的网络，而在仪式化战斗发生的许多例证中都明显缺少这种网络。

这个问题的真相是，巴拉什并没有一个关于克制的深思熟虑的模型。他散布了一些与可能存在的好处有关的意见，如果这些意见要以融贯的方式形成一种对已经观察到的诸多行为的令人信服的分析，它们就会面临严重的障碍。正如他最终承认的（1979，184），非人类的动物并不像动物行为学家曾经相信的那样有忍耐力。人们在描绘那些有可能期待动物有所克制的精确条件时有一个严重的问题。并不存在一种清晰的解决思路。并没有稳固的根据来支持那些有关人类具备侵略性、人类缺乏抑制力的幻想，也没有稳固的根据来支持这样一种幻想，该幻想认为，当某人“将手指放到导弹发射按钮上”时，这个世界就有可能发生诸多悲惨的后果（185）。

巴拉什也没有完全一丝不苟地报告这些现象。有一个章节意在支持他关于“人类在本性上是一夫多妻的”这个命题，在这个章节中，他开头就解释了为什么一夫一妻在哺乳动物中是罕见的状态：对于幼崽来说，雄性并不是一个良好的食物来源。一个严肃而又重要的科学争议再次隐藏于相关的背景之中，而巴拉什并没有注意到这个争议。由于在许多哺乳动物的群体中，将雄性作为食物来源，似乎就能让广义适合度得到最大化，因此，人们就严肃地提出了这个问题，即为什么雄性哺乳动物没有进化出产乳的能力（Maynard Smith 1976b，110）。不过，巴拉什并没有满足于忽略复杂的情况。他继续评论道，“灵长类动物中的……一夫一妻……几乎闻所未闻”（1979，65）。当然，这些“事实”有助于强化人们认为，既然灵长类动物是这样，那么，**人类**也是这样，从而支持了巴拉什对于男性行为的刻板印象。尽管如此，对狐猴、绢毛猴、长臂猿与合趾猴的真实观察动摇了巴拉什的这种充满信心的摒弃。萨拉·赫迪作为一个提醒者，可以让人们意识到，一个人能在没有误导读者的情况下，撰写一本易懂的书。

> （根据当前的信息，）在灵长类动物中的一夫一妻的哺育系统，通常要比在一般哺乳类动物中的一夫一妻的哺乳系统多出4倍。在200多种灵长类动物之中，多达37种（可能更多）灵长类动物以成对的方式哺育后代，其中，雄性不仅对后代的投入是实质性的，而且专门聚焦于单一雌性的后代，这样的灵长类动物约占总体的18%。（Hrdy 1981，36；也可参见Kleiman 1977）

当然，无论人类是否应当包括在这个俱乐部之内，这都是悬而未决的问题。不过，相当不合适的是，切割这个争议，佯称在这个群体近乎五分之一的成员中发现的情况在该群体中“几乎闻所未闻”。

至于流行的社会生物学关联于现实的科学实践的最后一个例证，我们最好看看巴拉什的同事范·登·贝格的某些评论。 180

> 那些行使统治权力的雄性灵长类动物倾向于更多地进行交配与繁殖。因此，政治（在最宽泛的意义上，政治就是为了统治地位而进行的斗争）主要是男人的游戏，政治的最终目的是繁殖（Tiger and Fox 1971）。事实上，就是性别政治，即便这相当不同于凯特·米利特（Kate Millett 1970）所希望的！
>
> 不幸的是，意识形态的激情污染了我们审视与理解这些素材的方式。我并没有暗示，男性的统治地位是好的，而仅仅认为，政治**是**男性的统治地位。我也没有否认，个别女人**能够**统治个别男人。尽管如此，一般而言，男性是统治性的，纵观我们以往的进化史，男性拥有的统治权力越大，繁殖就越成功。男人展现的统治力量被大多数女人作为一种性别上的“魅力”，反之，女人的统治力量被大多数男人作为一种性别上的“缺陷”。（1979，197）

我们从帕克的粪蝇与伍尔芬登的灌丛鸦出发，已经走过了漫长的道路。我们甚至根据威尔逊对于防御行为的推测而置身于一个不同的领域，尽管威尔逊的这些推测或许存在缺陷。

什么东西被认为是具备适应性的？在男人之间进行的为了统治地位（无论这种统治地位究竟有可能是什么东西）的斗争？女人对男人所展示

的统治权力的接受？这些东西彼此之间的关联是什么？为什么他们排除了女性之间进行的为了统治地位的斗争或男性接受女性所展示的统治权力的适应性？男性斗争所付出的代价是什么？这些代价如何相关于男性的广义适合度？（在范·登·贝格的宽泛意义上的）统治地位如何相关于繁殖上的成功？（正如我们将发现的，占统治地位的男性无论如何都并非始终能获得最大数目的交配。）所有这些与政治有什么关联（狭义的政治）？据称，在许多灵长类的物种（包括黑猩猩与猕猴）中存在着雌性的竞争，范·登·贝格对此如何理解？他如何解释雄性狐猴能被占据统治地位的雌性“激发性欲”？在这个领域中肯定存在意识形态的激情，可以发现，其中的某些激情恰恰存在于我所引用的那段文字中。在我看来，可以合理地追问，究竟谁的眼中有刺，谁的眼中有梁木？①

当流行的社会生物学的践行者依赖于不恰当的模型时，当他们无法将他们的分析关联于那些观察到的行为方式时，流行的社会生物学是不令人满意的。当他们根本就没有模型，当他们用那些根据可能优势而形成的不假思索的想法来替代严格的分析时，当他们遗漏了令人不安的事实并错误报告了动物行为研究者的发现时，情况就更加糟糕。本章审视的是社会生物学理论化的整个范围，无论是好的、坏的，还是完全令人厌恶的。我的建议是，我们应当珍视那些好的社会生物学理论，改进那些不是那么好的社会生物学理论，抛弃那些糟糕的社会生物学理论，并揭露那些不负责任的社会生物学理论。

181

在结束本章时，值得提醒的是，动物行为进化的最佳研究者不时展示出了谨慎的态度。克拉顿－布洛克（Clutton-Brock）与哈维（Harvey）在对他们关于灵长类动物中的社会组织所做的广泛而又相当令人尊敬的研究得出结论时强调，那些对他们所记录的完整范围内的变化所构造的解释，面临着诸多困难（Clutton-Brock and Harvey 1979c，368－370）。彼得·贾曼（Peter Jarman）详细地探究了社会生物学在种类间进行比较的

① 出自《圣经》典故，在《马太福音》7：3中，耶稣问道：“为什么看见你弟兄眼中有刺，却不想自己眼中有梁木呢？”这句话意在告诫人们，不应当只看到别人所犯下的错误和缺陷，却罔顾自己身上存在的类似问题。——译注

尝试所面对的诸多问题（1982）。帕克对动物的评估行为与打斗行为进行了一种得到特别改进的分析，他明确否认能够直接从这种分析中得出任何与人类有关的结论（Parker 1974，292）。就像在这个连续统另一端的不健全例证那样，那些具备健全的谨慎态度的例证有可能成倍增加。开普勒的精神并不是没有生命力的。它可以在许多社会生物学家的作品中找到。缺少它的地方，恰好就是我们最期待它的地方。

第 6 章　方法中的灾难

社会生物学家的诸多罪过

183　大多数方法论者都有他们自己最中意的过错一览表。先前批评社会生物学的人们也不例外，他们撰写了大量的文献来谴责社会生物学在方法论上的堕落。批评者暗示，社会生物学成了粗俗的拟人论的牺牲品。他们用同一种时而华丽的语言描述了人类与非人类的行为，以此方式，他们产生了诸多有关动物群体（包括人类在内）的误导性结论。与粗俗的拟人论相结合的，是同样粗俗的还原论。在社会生物学对进化方案的建构中，有竞争性的重要可能性通常都被忽视了，因此，外行在欺骗下相信，社会生物学家所提出的故事提供了在进化上可能的仅有解释。最后，在为他们关于人性的学说进行论证的过程中，社会生物学家忽视了重要的文化因素，这些文化因素或许也能相当容易地塑造出我们所观察到的行为方式。因此，社会生物学家容忍了一些方法论上的过错，而那些在方法论上正确的人不会容忍任何这样的过错。

就像对社会生物学的许多批评一样，这些指责是过分的。在动物行为进化的研究者中，有许多人敏锐地注意到了这些批评者提出的所有问题。他们谨慎地清理着这样一些语言形式，它们或许为那种在有关动物的论断与有关人类的论断之间没有根据的转化提供了便利。他们探索了他们自己所青睐的进化方案之外的替代方案。最后，由于他们并没有规划来洞悉人性，他们就没有被诱惑去为人类行为的固定不变与我们社会制度的必然性进行仓促的论证。

尽管如此，由批评者提出的诸多要点既相关于流行的社会生物学，又相关于非人类的动物的社会生物学的**某些**研究工作。那些攀爬威尔逊阶梯的特定尝试预设了那些用相似术语表达的有关动物行为与人类行为的描述。此外，这种描述有时可在那些有关非人类行为的描述中发现。这些语言的实际做法是正当的吗？正如我们已经看到的，对野心勃勃的达尔文主义的历史的确证，取决于对其替代解释的仔细探究，当一个行为的特性的历史有可能涉及文化传递过程时，就需要给予特别的关注。流行的社会生物学家是否前后一致地忽略了那些求助于人类文化及其历史的潜在解释呢？最终，为了绘制人性与人类社会制度的界限，那些攀爬威尔逊阶梯的人必定会越过最后这一步。他们能够这么做吗？他们求助于适应效率与认知不可测知性的做法是成功的吗？ 184

我将论证，通过恰当的表述，这些问题明确地不利于威尔逊的早期纲领。（其中的某些问题对其他版本的社会生物学也提出了重要的反对依据。）我们还将发现，有一些关于动物行为进化的讨论陷入了方法论的谬误。尽管如此，在开始就值得重申的是，敏锐的社会生物学家留意到了这种误入歧途的可能性。这类似于我们在上一章中察觉到的情况。社会生物学内部的争论所提出的某些要点类似于我将表述的观点。这些争论为改进人们对动物行为进化的理解预备了道路。它们为流行的社会生物学敲响了丧钟。

原罪

据说，在人类堕落之前，亚当将野兽召集起来并为之命名。动物行为的研究者是亚当的忠实后裔。在记录一个物种的诸多活动的过程中，他们必须为他们看到的东西命名，因而有可能处于方法论的谬误之中。对于行为分类来说，它就像任何分类一样，包含了诸多假设。科学家不可避免地要假定他们用相同的名称来命名的东西在至为重要的方面是相似的——这份氧气的样本与先前准备的氧气样本都拥有相同的化学属性，如此等等。不过，在讨论动物行为时，似乎有一个特殊的危险。由于我们拥有如此丰富的词汇来描述人类同伴的活动，人们就会在诱惑下运用相似的表述来讨论那些看似非常像人类行为的动物行为。因此，就有可能产生一大批未经检验与没有事实根据的假设，它们潜藏于我们语言的用法之中，它们让我们随意地根据有关非人类的动物的结论通向有关我们自身的结论。由此就有可能出现大量的祸患。

185 某些批评者将拟人论视为流行的社会生物学的原罪。这个原罪在于忽视了探究在表面上相似的诸多行为方式之间的亲缘关系。我们在一个物种中发现了某种交配前的行为模式，这种行为模式让我们想起了人类所做的某些事情。我们用相同的名称来称呼这两个行为片段。接下来我们获取了诸多证据，它们支持被我们研究的动物对象中的一种遗传行为倾向存在。我们宣告了一个普遍性的结果：这种行为有遗传的基础。那些担心这种行为在人类中是否有遗传基础的批评者遭遇到了这样的回击，即批评者是“人类并非动物”这个古老妄念的愚蠢牺牲品，批评者对此哑口无言。有一种关于行为的研究结果可以适用于全部动物，真正强硬的心智将毫不犹豫地将其适用于我们自身。然而，这些批评者应当表示抗议。假如这些证据共同支持的人类行为分类与非人类行为分类仅仅具有表面上的相似性，那么，“人类行为与非人类行为都类似地具备一种遗传上的基础”这个论点就从未得到认真的检验。这种有关人类的论断就是一个魔术，即从一个精心准备过的帽子中变出一只兔子的魔术。

让我们以一个惹人注目的例证作为出发点，即那种用“强暴”来涵盖蝎蛉、绿头鸭与人类的某些行为的做法（参见 Barash 1977，67－69；Barash 1979，54－55；Krebs and Davies 1981，131，153，256），其中的著名例证是绿头鸭的情况。巴拉什在一个脚注中为他使用“强暴”这个术语进行了辩护：

> 有些人或许会被动物中的强暴概念所激怒，但是，当我们仔细观察所发生的事情时，这个术语就似乎完全是恰当的。例如，在鸭子当中，通常在繁殖季节的早期就形成了配偶，两个配偶进行的是复杂而又可预测的交配行为。当这个仪式以逐渐递增的方式最终达到高潮时，雄性与雌性显然都是同意的。但有时，陌生的雄性会突然袭击有配偶的雌性，并试图立即强迫与之进行交媾，这些雄性既没有进行任

何标准的求爱仪式，也不顾雌性明显而又强有力的抗议。如果说这不是强暴，它也肯定相当类似于强暴。（Barash 1979，54）

那些有可能被动物中的强暴概念激怒的人，或许同样想要知道，这种同意在何等程度上是显而易见的，这种抗议在何等程度上是强有力的。巴拉什在这一点上可以轻易为自己进行辩解——被“强暴”的雌性经常试图逃离那只或那些强迫其进行交媾的雄性，雌性在这个过程中有时遭到了极大的伤害。但我们应当追问的是，为什么要使用这个术语，根据这个用法，随后将得出什么推论？

此处所冒的风险，要比蛋头先生[①]按照自己的选择运用词汇的特权所带来的风险，或运用丰富多彩的语言来活跃枯燥的科学文体这个令人嘉许的尝试所带来的风险更多。在他的那个更加具有学术性的解释中，巴拉什 186 有点痛苦地回避了一个显而易见的潜在暗示。尽管他表明了“强暴”在自然中的发生，解释了“强暴”有可能以何种方式最大化一个雄性的适合度，但这不应当被视为对此类行为的认可（Barash 1977，68－69）。他对于这种有关绿头鸭和人类的“强暴”概念的使用，意在暗示人类行为与绿头鸭行为的密切关系。

人类的强暴绝不是简单的，实际上它受到了极其复杂的文化态度的影响。尽管如此，绿头鸭的强暴与蓝知更鸟的通奸或许在某种程度上相关于人类的这种行为。一个要点是：人类的强暴者自身也许以刑法上误入歧途的方式尽其所能地最大化了他们的适合度。倘若是这样，他们在这方面就无异于那些在两性关系上被排除在外的单身绿头鸭。另一个要点是：无论他们是否乐意承认，许多男性会由于强暴的想法而感到兴奋。这并没有让他们成为强暴者，但这确实又给了他们某些与绿头鸭共同享有的东西。还有一个要点是：在与孟加拉国有关的印巴战争期间，数千名印度妇女被巴基斯坦士兵强奸。这些妇女所面对的一个重大问题是，她们将被丈夫与家庭所抛弃。当然，这是一

---

① 蛋头先生（Humpty Dumpty），英国民间童谣集《鹅妈妈童谣》（*Mother Goose*）中最有名的形象之一。——译注

种文化模式，但它显然是一种与生物规律相一致的文化模式。(Barash 1979，55)

巴拉什对于那些让男人觉得兴奋的东西的推测，并不适合进行严肃的讨论。关键的科学问题是，他自己的结论是否有任何根据。他的核心思想（尽管它是以羞羞答答的方式表达出来的）似乎是，那些被自然选择出来的雄性绿头鸭拥有某种参与“强暴”的倾向，假如它们缺少配偶或有能力对另一只鸭子的配偶进行突然袭击，它们就有可能践行这种倾向，以此方式，它们让自己的适合度最大化。我们在此引导下认为，某些类似的事情也在男性人类中间如此运作。据说，我们同样拥有一种通过强暴来让自身的适合度最大化的遗传倾向。在罪犯中，这种倾向在爆发中变成了真实的行为。

整个故事依赖于巴拉什支持如下想法的证据，即在绿头鸭的强暴行为与人类的强暴行为之间的表面相似性确保了将该遗传倾向归属于人类的想法。存在着两条可能的推理路线。第一条推理路线是，这些行为方式可被视为相似的因果过程造就的。表面的相似性可能导源于机制的相似性。第二条推理路线是，这些行为可被视为既有利于表现了这些行为的绿头鸭，又有利于表现了这些行为的人类。在表面的关联之下，我们会察觉到一种共同的适合度优势。

187 第一个论证是不切实际的。并非仅仅是由于自负才让我们认为，人类的性行为机制相当不同于鸭子的性行为机制（更不用提蝎蛉了）。第二个论证同样不合情理。即便我们接受了巴拉什关于雄性绿头鸭最大化自身适合度的那些途径的草率故事——这个故事与威尔逊为雄性的急躁与不专一（或雌性的羞怯与被动）的好处提供的那些趣闻一样缺乏根据——若据此就认为，“它同样适用于人类”，这显然是不成熟的。让我们为巴拉什给出两个有争议的假设。假定雄性绿头鸭一有机会就会通过“强暴”雌性来让它们的适合度最大化。假定我们有权得出结论，有一种基因或基因组合给予了绿头鸭一种从事强暴行为的倾向。我们仍然没有根据来支持那个关键的想法，即男性人类（或更贴切地说，男性原始人类）在我们的行为倾向的进化环境中，会通过相似的行为方式来让**他们的**适合度最大化。

倘若我们根据巴拉什自己的术语来认真对待这个想法，就能轻易看到，我们可悲地无知于各种潜在的重要因素。初看起来，强暴者或许要比非强暴者拥有更多的孩子。但是，经过一段时间的思考，就可以揭示出那些有可能干扰某种假定的“强暴基因”传播的复杂要素。如果强暴者受到频繁的攻击或惩罚，那么，这种强暴的倾向所起的作用就有可能不利于长期的繁殖成功。如果被强暴的女性很少怀孕，或者强暴者的后代通常都被杀死、抛弃或虐待，那么，强暴者的回报也许是微不足道的。我们几乎不了解，这些潜在的复杂因素是否在原始人类的环境中发挥作用。巴拉什的那些术语奠基于“它们并没有发挥作用”这个相当没有根据的假设之上。

我们对人类中的强暴确实知道一些东西。它经常在幼童、过了更年期的女性与相同性别成员的身上发生。受害者有时由于强暴而死亡。所有这类行动对强暴者基因的传播没有做出任何的贡献。当然，流行的社会生物学家可以争辩说，这种行为是在不同条件下选择出来的机制的副产品。强暴的倾向在假定的远古条件下让适合度最大化。如今在变化了的条件下，它促使某些人做出这样的行动，但这并没有提升适合度（而是有可能从根本上减少适合度）。这种专门做出的辩护掩盖了我们对原始人类的社会环境的无知，它试图让自身适应那些过于明显的麻烦事实。

我们对水禽中的“强暴”也略有知晓（许多研究者宁愿将其称为“强迫的交媾”；参见 McKinney，Derrickson，and Mineau 1983）。强迫的交媾通常是由那些已经与雌性配对的雄性实施的（McKinney，Derrickson，and Mineau 1983，283；这与巴拉什在 Barash 1977，68 中做出的预期与论断发生了矛盾）。它通常发生于鸟蛋已经受精的季节之中，它通常针对的是在繁殖状态下的雌性。然而，没有坚实的证据表明，在繁殖期间存在着强迫交媾的问题。甚至在经过大量仔细的观察之后，对水禽的交配模式感兴趣的社会生物学家也强调，他们仍然不能提供有关适合度最大化与适应重要性的稳固结论（McKinney，Derrickson，and Mineau 1983；反对社会生物学家的某些成员使用“强暴”的其他论证，参见 Estep and Bruce 1981 与 Gowaty 1982）。 188

一旦我们仔细地审视被巴拉什放到一起的那些行为，我们就能看到，表面上的相似性掩盖了重要的差异。对原始人类的行为与绿头鸭的行为的选择压力显然是相当不同的：我们只需要想到这个重要的关键，即水禽拥有繁殖的季节。完全没有任何论证来支持人们认为，在水禽与人类中的强迫交媾会令适合度最大化，而在其他没有记录“强暴”的众多情况中，也没有论证来支持人们这么认为。若认为巴拉什有任何理由来支持他断定的“强暴”提高了适合度的想法，那么，就会有理由认为，这种想法适用于几乎任何动物群体。

整个污秽的故事依赖于一些对绿头鸭的误解与一些对人类以及他们过去环境的疯狂假设。不过，对拟人语言的运用不仅被用来掩盖逻辑的缺陷，它还带来了其他的危害，承诺了一种关于人类强暴的广为流传的刻板印象，这种刻板印象所反映的想法是，强暴是**性**行为的一个组成部分。在这方面，其他的社会生物学家对于非人类的“强暴”、人类强暴的起源与强暴规律所做的诸多推测同样是令人遗憾的。克雷布斯与戴维斯通常对于那些围绕社会生物学的方法论问题是敏感的，但他们在这方面反常地犯下了过错（1981，256；然而，他们确实设法抵制了那种“正视事实的忏悔”风格）。亚历山大与努南（Noonan）也都拥有这种将强暴作为交配策略的想法（Alexander and Noonan 1979，449－450）；而亚历山大的补充看法是，强暴违背了一个在利害关系上拥有所有权的雄性的性权利（Alexander 1979，242）。

近年来，有人认为，强暴首先也是最重要的是一种暴力犯罪。这种行为的本质所在就是施加痛苦与羞辱。所发生的交媾事实是次要的。（当然，强暴者有可能在没有与受害者生殖器官发生任何接触的情况下实施强暴。）对于某些社会理论家来说，这种犯罪的根源可以追溯到那些对待女189 性的社会态度，有关女性的角色与价值的流行观念，有关男性地位的同样流行的观念，以及通过男女关系确定男性地位的方式。这些理论家持有两个论点：（1）这种导致强暴的行为机制是一种暴力倾向；（2）个体是由于我们的社会环境的特征而获得这种机制的。值得注意的是，即便（2）是错误的，（1）是真实的，但也毫无价值，即便在强暴中出现的倾向是进化的产物，这也会形成一个相当不同于巴拉什所思考的进化问题。对这个谜题的解答，将解释为什么进化会支持这种暴力倾向。

无论那些将强暴同化为暴力犯罪的人正确与否，他们的观点无法先行通过语言的把戏而被抛弃。讽刺的是，巴拉什自己的讨论提到了一个案例，其中，将强暴作为一种侵略行为的概念是最合乎情理的。众所周知，那些获胜的战士（无论他们是隶属于孟加拉国，还是隶属于比利时）对被征服的女性（所有年龄的女性）都是一个威胁。紧跟着征服发生的强暴自然就被视为征服者对战败者的附属地位的暴力认定，被视为征服者对被征服者施加的进一步的痛苦折磨。通过关注一个战士所获得的交媾数量的微小增加，几乎无法对这种暴力进行解释（即便是进化的解释）。

在一个名称中有什么东西？有时没有任何东西。在许多场合下，我们可以对蛋头先生的奇想抱以宽容的微笑。但是，在类似于这样的情况下，全部“科学的”论据都是由那些窃取论题的用辞产生的，方法论的非难就完全是理所当然的。

还有许多其他的实例。巴拉什追随拉里·沃尔夫（Larry Wolf 1975），他准备谈论在热带蜂鸟中的“卖淫”（1979，78；1977，159－160）。道金斯与威尔逊提出，“腼腆性”有可能是“被求偶的性别”（通常是雌性）的一个特征（Wilson 1975a，320；Dawkins 1976，161）；存在着许多相似的拟人论，每种拟人论都有其关联的能力，从而让那些有关非人类的论断顺利过渡到那些有关人类社会性的结论。然而，这些惹人注目的例证并没有穷尽社会生物学语言的诸多困难。还有一些更加微妙的情况，其中，语词的选择让读者得出了一些没有根据的结论。

在拉姆斯登与威尔逊最近的论著中，连续几页的阐述偶尔会被自觉的故事讲述所打断。作者希望通过建构一些有关我们祖先生活中常见的事件的故事，来为原始人类的“社会世界”提供洞识。他们认为，这些小插曲并非纯粹是虚构的：在每一个案例中，拉姆斯登与威尔逊都参考了诸多科学研究，他们对于这种构想出来的行为的描述，都导源于那些科学研究。此处就是这种手法的一个实例。 190

在几天之内，这伙人将前往一个冬季集结地点。他们在那里将加入一个友好的群体，这个群体是由熟悉的面容所组成的。一般而言，其中的某些成年人将被识别为亲族。在古代的原始人类的习俗中，将

发生年轻女性的交换。(Lumsden and Wilson 1983a，100)

我们的原始祖先在此处被设想为以类似于物物交换的方式来交换女人。这就让读者对当代某些对待女人的态度的可能存在的基因根据得出他们自己的结论。但是，“交换女人”是原始人类的一种行为方式这个想法来自何处？拉姆斯登与威尔逊援引了安妮·普西的一篇论文（Anne Pusey 1979)，这篇论文描述了“黑猩猩共同的转移”模式。普西的主要观点是，根据记录的事实，黑猩猩不同于许多其他的灵长类动物，在黑猩猩的社会系统中，从家族团队中迁徙出去的年幼成员是雌性，而不是雄性。(在许多灵长类的物种中，年幼的雄性被逐出它们诞生的团队，或简单地迁移到另一个团队之中；参见 Hinde 1983，特别是 309－311。）这篇论文并没有暗示存在着一个**交换**的系统。黑猩猩中年幼的雌性离开它们自己的团队，出发去任何地方寻找配偶。而伴随着这篇论文的那些有关当前男女关系的进化基础的暗示是完全没有根据的。假如拉姆斯登与威尔逊认真关注的是用灵长类动物研究来讲述一些关于我们祖先的具有阐释性的故事，那么，他们就应当这么谈论：那些偶尔离群走散的年幼的雌性，通常都会遇到另一伙黑猩猩，随后在这伙新的黑猩猩中成为母亲。这种叙事的暗示就会有些不同。

流行的社会生物学充满了文字的把戏，它们充当了论证的替代品或表达误导性暗示的工具。然而，即便将它们全部清除，仍然会有一个关于拟人论的问题。当我们仔细审视动物行为研究中使用的某些核心概念时，我们就会发现诸多重大的困难。

怎样不去谈论性与权力？

在社会生物学与动物行为学的主要理论概念中，至少有两个家族特别值得对之进行彻底的审查：那些有关动物交配系统的理论概念与那些试图概述权力关系的理论概念。交配系统分类法中的种类所获得的名称，来自191 人类的婚姻制度。许多研究将物种划分为“一夫一妻”、“一夫多妻”、“一妻多夫”或“滥交”，这就为接下来对人类是否为“一夫一妻”“滥交”“适度的一夫多妻”或其他状况的猜测铺平了道路。在这种用法背后究竟有什么理论假设？

人类与其他的动物共同享有某些显著的行为方式：人们进食、打斗、从事性活动。在人类事务的背景下，这些行为模式是变化的。它们发生在不同的场合下，它们不仅在彼此之间具备不同的关系，并且与我们其余的行为发生了不同的关系。我们不需要特别富有想象力，就可以辨识出交配、性活动、繁殖、婚配与亲代抚育的结合或分离的各种方式。当代的技术与当代的社会情景为所有的可能性提供了丰富的实例。因此，当我们审视动物的交配系统并试图得出对**人类**是“自然的”结论时，我们就应当理解，我们关注的究竟是人类性行为的哪些方面。对整体概念的盲目应用，有可能轻易就导向混乱。在电影《汤姆·琼斯》（*Tom Jones*）中有一个令人难忘的场景，其中，进食成了满足性欲的手段。这个场景的作用是，它生动地提醒了人们，人类的进食行为（或性行为，或打斗行为）有可能让任何试图通过审视动物行为来探索其意义的尝试落空。（感谢理查德·列万廷提供了这个例证。）

当诸如“一夫一妻”这样的术语适用于人类时，它们通常被用来指示在这个群体中发现的社会安排或法律协议。假如在一个社会中存在着某些有效的协议（法律的协议、经济的协议或仪式的协议）来让雄性与雌性配对，而且在任何给定的时间里，都是以一对一的方式配对，那么，这个社会就被认为是一夫一妻制的。显而易见，合法的一夫一妻制可以与性滥交共存。在许多社会中，虽然人类拥有的是一对一的正式配对系统（甚至是永久的配对系统，因此，个体之间一旦成为配偶，就要终生为伴），但是，这个社会中绝大多数的交媾发生于并非配偶的人们之间（在某些社会中，夫妻分开居住，如多布人与阿博隆人）。尽管在动物王国中存在着某些复杂的求爱仪式，但是，在任何情况下，动物都不会交换戒指或发誓，也不会彼此警告不要拆散那些已经结合在一起的配偶。因此，当我们谈论动物的一夫一妻（或一夫多妻等）时，我们必定会讨论性与繁殖。

不过，我们必须谨慎地前进。当我们关注的是法律上的一夫一妻制时，我们专注的是一个社会的典型特征，即在该社会中存在的特定礼仪或强制的行为规则。当我们开始考虑性关系时，我们就已经进入了对动物个 192

体行为的思考之中。我们的分类法意欲识别的是一个物种的个体交配模式。我们想要知道这个物种成员的典型行为，即大多数成员交配的共同方式。或者我们还有其他的选择？我们是否可以仅仅对繁殖的模式感兴趣，或者仅仅对繁殖与亲代抚育的模式感兴趣？若一个物种中的两个个体共同繁殖并合作抚育幼崽，但这个物种在配偶之外存在着大量的交媾，我们应当对这个物种说些什么？若一个物种中的雄性与许多雌性交配，但仅仅帮助一个雌性抚育后代，对这个物种的恰当描述是什么？以一个在自然中发生的复杂情况为例，人们观察到，在一个（狒狒的）物种之中，一个“占据统治地位的”雄性与许多雌性交配，但在亲代抚育上几乎没有做什么，而它的“下属”被发现主要与一个雌性交媾，并协助一些雌性照顾后代，我们应当以何种方式来描述这个物种（Seyfarth 1978）？

通常提供的定义并没有解决这种疑问。克雷布斯与戴维斯为这些术语提供了一种较好的解释。

> **一夫一妻：**一个雄性与一个雌性形成配偶的纽带，无论它是短期的还是长期的（繁殖季节的一部分、整个繁殖季节，乃至终生如此）。父母通常都会照顾卵与幼崽。
>
> **一夫多妻：**一个雄性与一些雌性形成配偶，而每个雌性只与一个雄性形成配偶。一个雄性或许同时与一些雌性结合（同时的一夫多妻），或许前后相继地与一些雌性结合（交替的一夫多妻）。在一夫多妻中，通常由雌性提供亲代抚育。
>
> **一妻多夫：**这恰恰是一夫多妻的反面。一个雌性或许同时与一些雄性相结合（同时的一妻多夫），或许前后相继地与一些雄性结合（交替的一妻多夫）。在这种情况下，进行绝大多数亲代抚育的恰恰是雄性。
>
> **滥交：**雄性与雌性多次与不同的个体交配，因此，存在的是一种一夫多妻与一妻多夫的混合体。每种性别都有可能照顾卵与幼崽。**多配偶**作为统称，通常被用来描述任何性别中的某一个个体拥有一个以上的配偶。(1981，135)

这些是定义。现在让我们通过实践来检验我们对这些定义的理解。我们的计划是，通过辨识我们的动物亲属中典型的两性系统来探索人类的性行为，我们选择黑猩猩作为人类在自然状态下的模型。接下来的问题是：黑猩猩是滥交的、一夫多妻的、一妻多夫的，还是一夫一妻的？

193

解答我们这个问题的麻烦并不纯粹是经验的。这些概念如此宽松，以至于通过求助于我们对黑猩猩的知识，几乎能为任何解答提供辩护。鉴于性伴侣改变的频率，将黑猩猩作为一夫一妻的理解是不切实际的——它们在繁殖季节的某些部分中的稳定配对确实是相当短暂的！但是，我们能够提出充分的理由来让其他的任何概念都适用于黑猩猩。

早期的研究者将黑猩猩归类为一种滥交的动物（比如，参见威尔逊的概述，1975a，546）。他们这么做的根据是，他们观察到，发情期的雌性黑猩猩经常与许多雄性交媾。雄性努力与每个进入发情期的雌性交媾，而它们只有在极少数情况下才会失败，因此，套用颠倒了的霍布斯（Hobbes）的措辞来说，黑猩猩的社会似乎是一个一切黑猩猩支持一切黑猩猩的结合体。为了有根据地适用这个定义，我们仅仅需要将“交配”（mates with）理解为“交媾”（copulates with）。但是，我们同样可以将这个系统理解为雄性承诺一种交替的一妻多夫，雌性践行一种同时的一妻多夫。从雄性的视角看，它前后相继成为一妻多夫结合体的成员，这个结合体是由一个雌性完全控制的。这个雄性在繁殖期间隶属于这类数目可观的结合体，其发生的频率取决于在其活动范围内的雌性进入发情期的比例。（这个雄性偶尔有可能同时隶属于两个一妻多夫的结合体，若两个雌性同时进入发情期，但这种情况可被视为非典型性的情况。）

有可能存在一种相当不同的处理方法。我们或许会断言，黑猩猩实际上是一夫多妻的。虽然在一群黑猩猩中的所有雄性都有可能只与一个发情的雌性交媾，但是，仍然有某种理由相信，这种交媾的时间安排并非如此平等。某些雄性（**或许**是那些被认为“具备统治地位的”雄性，或许是那些对雌性最有吸引力的雄性）有可能成功地与发情的雌性交媾，直到接近于雌性真正的排卵期，雄性之间所产生后代的数目有可能是不成比例的。因此，如果我们将“交配”理解为“繁殖”，那么，或许有根据认为，黑猩猩是一夫多妻的。存在着大量的调情，但真正算得上交媾的行为所涉及的是这群雄性黑猩猩中的少数子集；我们或许会选择为这些个体分配若干雌性的“配偶”，而根本不为它们的那些不幸的同伴分配任何“配偶”。

这些定义的困难有两个根源。一个是如下事实，即通过选择一个特定的时间范围，人们就可以有根据地决定去谈论多配偶、连续的一夫一妻或滥交。对于几乎任何给定的物种来说，其身体结构要求在一段时间内，无论这段时间有多么短暂，它们的性行为配对是一对一进行的。对于许多物种来说，通过延长这种时间段，我们就能发现，这些配对是一对多或多对多的。以仔细选择的方式来分割被研究的动物的生命，我们就能让我们所选择的任何术语都符合这些现象。这种分割有时似乎是勉强的与不自然的。但是，情况绝非始终如此。另一个是“交配”的歧义性。当繁殖配对并不反映交媾的分配时，将“交配”作为“交媾”的理解与将“交配”作为“繁殖”的理解，就会产生不同的结果。

194

还有一些进一步的问题没有被我们这个简单的操作所暴露。交配系统或许也被当作抚育幼崽的系统；在那些提供了大量实质性的亲代抚育的物种中，经常会有迹象暗示，特定的父母角色与特定的繁殖角色有着紧密的关联。不过，在许多情况下，两性之间的多配偶有可能与父母辈的一夫一妻相伴随。在某些鸟类中，已经配对的雄性（或雌性）有时似乎会与外来者交媾或繁殖。雪雁或许就是一个恰当的例证［参见麦金尼（McKinney）的私人通信］。

在他对社会性昆虫的精湛解释的开头，威尔逊相当费心地区分了社会性的各种等级，并识别了那些有可能伴随彼此的特征的各种组合体（1971，4−6）。讽刺的是，尽管那些被认为普遍适用于所有物种的性别系统与双亲系统似乎更加复杂，某些社会生物学家与动物行为学家仍然满意地应用着这些既含糊又有歧义的标签。根据威尔逊对社会性昆虫的做法，或许有可能解决我们发现的某些问题，即区分交媾、繁殖与协作性的亲代抚育的诸多模式。（人们或许还要考虑在彼此守护或觅食中的合作。）但甚至是一夫一妻、多配偶等概念的改良版本，仍然会给我们留下最后一个问题。

当我们对一个物种中典型的交配模式进行分类时，我们难道不应该考虑这个物种的成员在自然条件下进行的真实交配行为吗？这个答案似乎显然是肯定的。但是，如果我们的兴趣是人类个体对于各种性行为方式的倾向，就无法肯定它与物种交配模式有关。描述性的人类学为我们解释了社会条件与生态环境影响人类性关系的诸多途径。假如我们的兴趣点在于理解变异的性行为安排在何种范围内对我们有效（或者是在何种范围内能在“没有付出重大代价”的条件下对我们有效），那么，我们明显应当关注的是动物个体的性偏好。尽管如此，对交配系统的研究所揭示的是生态 195 环境的约束条件对一个物种诸多成员形成典型交配行为的性偏好作用过程的后果。因此，人们或许会提出，我们真正应当专注的是那些有可能在理想条件下展示出来的交配模式，在理想条件下，那些干扰诸多性行为倾向自由发挥作用的生态环境的约束条件就会被消除。

一个有关威廉·詹姆斯（William James）的（可能是杜撰的）故事阐明了这一点。据说，詹姆斯连续几个晚上梦到，他已经揭开了生命之谜。这个好机会不容错过，詹姆斯决定在他的枕边存放一本笔记本与一支铅笔。这个梦境再次发生，他醒后潦草地写下了他被赐予的信息并再次入睡。他在第二天早上有点失望地发现了以下这个对偶句：

> 阴阳同体（Higamus），阴阳异体（hogamus），女人是一夫一妻的；
>
> 阴阳异体，阴阳同体，男人是一夫多妻的。

有些人似乎相信，人类性别之谜（即便不是生命之谜的话）就存在于这个对偶句之中。（比如，参见 Wilson 1975a，554；Wilson 1978，125；Barash 1979，64。）迄今为止，这些人还会错误地通过求助于在灵长类物种的某些群体中存在的一夫多妻的交配系统来为他们的论断进行辩护。他们以几乎未经察觉的方式将一个群体的特性（阿拉伯狒狒是一夫多妻的）转化为诸多个体的特性（诸多阿拉伯狒狒是一夫多妻的）。然而，这种做法应当得到仔细的检查。一群动物的行为并不必然反映了这群动物的任何成员的倾向。

让我们来考虑长臂猿的情况。长臂猿通常被归类为一夫一妻的物种——这么做有着充分的理由。一只雄性的长臂猿与一只雌性的长臂猿通常终生成为配偶。它们协力抚养后代，并且协力守护它们占据的领地。尽管如此，无论是雄性还是雌性都乐意与经过其领地的陌生者交媾。作为一个群体，长臂猿是一夫一妻的。但是，个别的长臂猿情况如何？就它们的交媾倾向而言，雄性长臂猿与雌性长臂猿在个体上与其他的类人猿似乎并没有什么不同。它们仅仅是缺少机会。对它们的交配系统的一个似乎合理的解释是，它导源于食物的分布，这迫使雌性分散，由此阻碍了雄性长臂猿独占一群雌性长臂猿。匮乏是忠诚之母。

当我们审视灵长类动物的交配系统时，我们学到的是，当生态条件干扰了我们这些亲属的性癖好时，它们会做出何种程度的让步。若要据此得出关于我们自身的结论，这或许是没有根据的。因为倘若我们将交配系统理解为一群个体的倾向，那么，我们所假设的前提就是一个关于典型个体在生态约束条件下所实施的行为的陈述；由于不同的人（至少可以说）处在相当不同的生态约束条件下，这个假设前提的重要性是不清晰的。假如我们对类似"一夫一妻"的术语的理解是，它们指称了个别动物的倾向，那么，我们似乎就接近于在为一个有用的结论进行辩护；假如我们知道了我们近亲的诸多倾向，那就有可能帮助我们得出关于我们自身倾向的结论，因而就有可能帮助我们理解什么样的性关系系统对我们是可能的。然而，我们无法以任何显而易见的方式，根据群体的交配系统来推断出个体的倾向。根据狒狒的社会组织的假设前提，无法推断出有关雌性狒狒的个体偏好。因此，我们根据我们所钟爱的灵长类物种（当然，那些滥交的黑猩猩总是被排除在外）的交配体系，就能理解女性人类的一夫一妻倾向这个想法，仅仅是一个粗俗的错误。我们倒不如依靠梦境的帮助。

那么，一夫一妻这个理论概念对我们有什么用呢？它涵盖的是动物的诸多物种实现一种特定交配方式的多种途径，而这种交配方式是由于个体的性偏好与生态环境对物种的约束条件（后者包括社会组织安排方式的历史）的相互作用造成的。以这种方式就可以看到，一夫一妻的物种是一个混杂的集合体，它们在应对相当多样的生态条件的过程中最终获得了一种共同的状态。一夫一妻的物种成员的个体性偏好在彼此之间的共同之处，或许并不多于那些属于完全不同的交配系统的物种成员之间的共同之处。

我得出的这个结论阐明了由 S. L. 沃什伯恩（S. L. Washburn）提出的一个论点。在注意到即便人类的一夫一妻也并非一种或许具备基因基础的统一行为之后，沃什伯恩继续写道，“社会生物学家对这类语词的使用，表明了他们对社会科学的彻底误解。甚至猿猴的行为也远为复杂，以至于无法通过贴标签与猜测的方式来进行分析”（1980，261）。我们最好将沃什伯恩的这个评论理解为一种反对流行的社会生物学的指责。威尔逊与他的追随者考虑的是，一夫多妻是否为我们的“自然状态”。其他人则注意到了这些有关交配系统的术语的诸多困难，并试图提醒他们的同事。[最近有一些研究让人们注意到了一个物种达到“一夫一妻”状态的多种可能方式（Wittenberger and Tilson 1980），并且强调了种内交配系统变异的可能性（Lott 1984）。]

类似的论点也适用于社会生物学与动物行为学钟爱的另一个概念，即统治的概念。占统治地位的动物能够用贵重的资源来取代它们群体中的其他动物。更确切地说，统治的初始概念是相对的。对于两个任意指定的动物多姆与萨伯来说，如果多姆能够用珍贵的资源来取代萨伯的话，多姆就具备了相对于萨伯的统治权。但是，这是含糊不清的。我们的要求难道不应当是，多姆能够用任何资源来取代萨伯？多姆能够在任何情况下做到这一点？修正这些不明确性的尝试，揭示了统治这个概念存在的诸多问题。 197

库默尔以标准的方式引入了首领统治这个概念：“‘统治’这个术语被广泛用来描述在有组织的群体中存在的一种特定的秩序。它最普遍的标准是如下事实，即当一个动物被群体中具有更大统治权的成员接近时，它一贯以不抵抗的方式放弃它的位置，这被称为一连串的‘排挤’”（1971，58）。在统治这个概念背后的关键思想是一贯取代与回避暴力。统治起初被理解为一种增进群体福祉的重要手段：为了避免伤害和浪费时间的争斗，在一个群体中的动物迅速将自身组织成为一种控制性的等级制度（或“社会等级”），而统治关系被用来解决“谁将得到好东西”这个问题。不过，一旦我们放弃了群体利益与关联群体选择这两个概念，我们就会明白，“排挤”行为有可能是错综复杂的。为了论证的方便，假定这种行为确实是进化而来的，因此，当前的行为策略在进化上是稳定的。那么，以下这个想法就是相当不合情理的：一个动物在有关竞争资源的任何互动中始终以相同的方式对待另一个动物。我们或许会认为，萨伯安静走开的倾向将会随着背景的变化而发生变化，这取决于资源的价值、萨伯所估计的对手的决心、在一场逐步升级的斗争中获胜的预期概率等。可以预料，当资源可轻易替代时，萨伯或许会对多姆让步，当资源不可轻易替代时，它们就会进行战斗。对这种最低程度的背景依赖性的确认，仅仅是这些复杂要素的开端。

因此，我们在理论上有理由相信，统治这个概念或许是一个解释作用贫乏的概念，简单地求助于统治关系，可能无法解释动物按照它们的方式进行竞争的原因。一旦我们确认了统治关系时而有效、时而无效这个现实的可能性之后，我们就不会满足于被告知，一只动物在睡眠的位置上顶替了另一只动物，这是由于前者的统治权。我们还想要理解的是，为什么这是所谓的统治关系发挥作用的那些情况之一。

198 这些理论上的理由得到了那些表明竞争后果可变性的经验发现的支持。在为统治给出定义的几页篇幅中，库默尔评论道：

> ……狒狒有时会为了禾本植物而排挤地位较低的群体成员，这种排挤可以在一连串没有任何威胁姿态的微妙的接近与回避中发现。由此得到的好处通常没有什么重要的价值，因为灵长类动物的蔬菜食品绝大多数以微小的数量分散于一个能够容纳觅食团队的全部成员的领域之中。然而，对于较大的食物来说，统治权就变成了决定性的。有时，狒狒会杀掉年幼的羚羊，这些羚羊几乎专门供成年的雄性狒狒食用，而狒狒为了这种猎物展开的斗争是频繁的。(1971，59)

当资源易于被替代时，统治权就是有效的。一只狒狒将明智地在别处寻找植物的根茎，假如它被另一只有可能在随后发生的争斗中打败自己的狒狒接近的话。但是，为了死去的羚羊而爆发的斗争表明，统治权在这些情况下**并非**决定性的。对于珍贵的资源来说，下属有时值得花费一段时间来为之斗争。**假如**下属失败了，那么，它们的损失无法归因于统治权的效果。胜利者获胜，不是由于它们的统治地位，而是由于它们所拥有的那些或许最初让它们占据统治地位的品质。但是，没有理由认为，下属实际上始终是失败的——当然，除非人们错误地认为，胜利者事实上就是统治者。以这种方式设想统治权，也就是以如下方式界定统治权，即在任何给定的时间上，只要 *A* 在此时发生的与 *B* 的斗争中获胜，或者在最近与 *B* 的斗争中曾经获胜，A 就统治 B。通过采纳这个定义，我们就能始终确定，具有统治权的动物将会获胜。然而，我们几乎无法通过援引它们的统治事实来解释它们的获胜——因为这种“解释”会暗示，凯旋的动物获胜是由于……它是得胜者。

统治这个概念的问题是多样化的。我们不仅应当提出“在全部背景下的所有竞争是否都展示了同一种获胜与征服的模式”这个问题，而且还应当追问，拥有统治权的动物是否被证明为在繁殖上更加成功？它们是否将领导它们的群体？等等。与人类有关的“统治”的日常用法的诸多含义是难以回避的。尽管如此，在领导地位、竞争胜利与繁殖成功之间的关联时常会被打破。库默尔对阿拉伯狒狒的观察报告提供了一个出色的例证。根据他的报告，一个年幼的雄性阿拉伯狒狒（“瑟库姆”）试图确定一群狒狒寻找食物的方向，这群狒狒是由它自己、一个年长的雄性（“帕特尔”）与“它们的”雌性组成的。帕特尔关于这次旅程的计划对立于瑟库姆，帕特尔最终决定了这群狒狒行进的方向。这是年龄、经验与统治权的一次胜利吗？或许是这样。但假如我们认为，雄性狒狒的统治权是根据一个雄性能够独占的雌性数目来衡量的，那么，情况就有所变化。帕特尔“拥有”一个雌性，而瑟库姆“拥有”一些雌性。领导能力并非与独占雌性的能力相一致。 199

阿拉伯狒狒、艾草松鸡、马鹿与象海豹都助长了人们形成一幅将雌性作为雄性为之斗争的宝贵资源的图画。在这些例证中，我们会认为，统治权与繁殖上的成功有关。尽管许多社会生物学家了解得更多，但是，众多流行的社会生物学家根据“这种关联普遍成立”这个假定来推进他们的作品——拥有统治权的雄性被认为是那些赢得了争斗与繁殖后代最多的雄性（它们或许以群体头领的方式来行动）。请考虑特里弗斯迅速给出的如下解释：“那些选择与具有更大统治权的雄性交配的雌性或许更加具备适应性的第二个理由是，这种雌性让它们的基因与那样一些雄性相结合，那些雄性用它们统治其他雄性的力量证实了它们的繁殖能力”（1972，88；也可参见 Dawkins 1976，170）。假如这个想法是，这种雌性的雄性后代有可能继承那种统治其他雄性的能力，**因而**它们被认为在繁殖上是成功的，那么，特里弗斯仅仅是在假定，（用对其他雄性取得的胜利来衡量的）统治权与繁殖上的成功有关。这个假定似乎对鹿科动物（鹿、羊等）是成立的，特里弗斯当即就提到了这些动物。（参见 Geist 1971；Clutton-Brock，Guinness，and Albon 1982，152－156。）但是，它仅仅是对那些已经排除了特定种类的雌性性别策略的物种来说才是合情合理的。当然，流行的社会生物学的首要主题之一是被动雌性的概念，这种雌性被剥夺了任何有关自身的深思熟虑的性别策略。最近有一些研究，如克拉顿-布洛克与其同事的研究，就敏锐地感受到了这一点；尽管他们事实上关注的是在群体中似乎相对被动的雌性，但是，他们探究了诸多可能的雌性策略。

越来越多的证据表明，雄性的统治权并非总是与繁殖上的成功相关。威尔逊注意到这种关联在黑猩猩中的破裂（或**表面上的**破裂）：“成年的雄性卷入了大量敌对的行为之中。然而，考虑到这个事实，令人费解的是，这种统治系统的影响似乎并没有触及雌性”（1975a，546；也可参见第531页上关于狐猴的论述）。库默尔同样注意到，东非狒狒配偶关系的形成在某种程度上背离了这种统治系统（1971，93——更为详尽的分析，也可参见 Packer 1977）。巴拉什试图解释这些对事物的自然秩序的背离。“这取决于物种与环境，它或许仅仅反映了这个事实，即占统治地位的动物无法在所有的时间内都完全处于统治的地位之上”（1977，241）。当然，这危险地接近于对我们在上文中构想的统治概念进行的琐屑化的处理：暂时的统治权对应于暂时取得的胜利。或许巴拉什感觉到了自己正在朝着贫乏的见解前进，因为他在这个解释之后又简要地提到了贵族的恩赐——下属在统治者的桌子上“收集面包碎屑”。（巴拉什从未确认下属是否有真正的好处或统治者是否真正付出了代价。）

许多动物行为的研究者都知道与统治概念有关的那些问题。赫迪写道，“通常而言，统治权难以评估并高度依赖于环境；进而，在不同活动范围内的诸多统治权并不必然相关”（1981，3）。就我所知的那个对统治概念（限定）用法的最为敏锐的辩护是由克拉顿-布洛克与哈维做出的，他们在其中建议，在解释统治概念的普遍化问题的过程中，博弈论的考虑要素是有用的（1979b，301－303；对于雌马鹿的统治等级与繁殖成功的不相关性的精心论证，也可参见 Clutton-Brock，Guinness，and Albon 1982，216）。无论关于竞争的经验研究与博弈论分析有多么简单，但是，人们从中得到的教训是，个体之间的各种冲突越多，在权力、资源评估、对他者能力的评估能力中的变化越大，动物互动的结果就越复杂。敏锐的研究者对这个问题的回应方式是建议，应当对“统治”给出一种精确的、定位于背景的操作性阐释。我们将仅仅在由一个灵长类物种的发情阶段的行为或照料关系构成的背景下来评估统治关系。不应当假定，在各种用法之后有某种单一的典型特征。

因此，社会生物学中的概念进步动摇了流行的社会生物学的随意指称。威尔逊关于人类（以及一般的灵长类动物）中的“侵略性统治系统”的总括性论断假定了这样一些概念，一旦我们认真地审视了动物的复杂互动之后，它们的定义就不得不进行面目全非的改动。（代表性的相关评述，参见 Wilson 1975a，551，567。）这个困境并不陌生。许多科学家如今已经确信，并不存在任何单一的智能测量标准——不存在统一的智力。他们对智力概念的怀疑根据是“各种智能并没有充分地相互关联起来”这个观点。心理学现在面对的是描绘各种认知能力及其相互关联的重要任务。由于智力研究的论断所根据的是一种统一能力的概念，由于智力研究被认为在社会政策的建构上发挥着重要的作用，对“一般智力”的神话的持续揭露是有实际价值的（比如，参见 Block and Dworkin 1976b，Gould 1981）。类似地，尽管谨慎的社会生物学家已经开始描绘动物解决冲突的诸多途径，但是，对“一般统治权”神话的揭露是中肯的。在这个过程中，流行的社会生物学的某些最重要的主题消亡了。 201

仅仅适合那些冷静的头脑

流行的社会生物学家为他们智识上的勇气而感到自豪。不同于那些试图约束有关人类行为的科学研究的人，他们并不准备承认这种研究是不可能的（甚至有可能不承认这种研究是困难的），即便他们的研究有可能将他们导向没有浪漫色彩的结论，他们也不准备退缩。他们捍卫他们的拟人论语言的方式是，谴责他们的批评者试图将人类分离于自然。类似地，作为正直的还原论者，他们欣然将他们的对手描绘成了一群陷入模糊的不可知论泥潭的人。据说，否认生物学是理解人类行为与人类社会的关键，就是求助于非物质的“心灵”或“意志”，就是求助于“文化”这个带有古怪而又不明确特征的虚构实体。（比如，参见 Lumsden and Wilson 1983a，172-173。）冷静的科学家（即那些真正的科学家）不会持有任何这类慰藉性的神话。他们没有看到任何东西在阻碍从动物到人类的推断。换言之，除了烟雾之外，别无障碍。

存在着各种各样的还原论与反还原论。在任何情况下，都不应当将一个学说的所有版本都谴责为犯下了某种特定的原罪。我们的出发点应当是，理解流行的社会生物学家与他们的反对者在何处意见一致，在何处有所分歧。

物理主义是这样一个论题，即所有的事物、过程、状态与事件，最终都是物理的事物、物理的过程、物理的状态与物理的事件。当一个细胞分裂时，发生的是一种相当错综复杂的分子重新排列，而不是某种“活力”的行动或某种“活性物质”的入侵。当某人给朋友写信，坠入爱河，或想到了一个新旋律时，发生的是巨大数量的神经元刺激。并没有任何神秘的非物质的“心灵”徘徊于大脑中发生的事件背后，并没有任何这样的“心灵”在真正思考着诸多想法，感受着诸多情绪，并充当创造的中心。当英国期待每个军人在这一天都将履行他的义务时，这是英国人民对于参战者的诸多态度的复杂集合体。在这个场景的背后，并没有徘徊着一个在秘密调查着每个英国海军士兵行动的大不列颠幽灵。

202

物理主义是真实的。反还原论者不应当否定物理主义。明智的反还原论者会与可疑的科学所假定的可疑实体划清界限。他们否认生命冲动（élan vital）、机器中的幽灵以及被称为“文化”的神秘实体。尽管如此，他们或许会谴责流行的社会生物学家犯了还原论的谬误（Lewontin，Rose，and Kamin 1984，9-10）。这是否仅仅是混淆的结果？

还原论的方案所采纳的论断形式是，某种东西 X 的特征可以通过参照另一种东西 Y 的属性来获得解释。这种方案的优缺点将根据 X 与 Y 的关联性而有所变化。当人们普遍认同，X 仅仅是由 Y 构成的，还原论或许相当有吸引力。片刻的思考就驱散了这种吸引力。合子仅仅是分子的复杂排列组合。然而，我们无法仅仅通过参照构成合子的诸多分子的属性与排列来解释一个合子的成长。合子的成长方式依赖于周围的环境。类似地，人类社会仅仅是人的群体；然而，若由此推断，仅仅通过专注于构成这种社会的人们的诸多态度，就能理解这种社会的典型特征，那就是荒唐的。对于各种社会制度的存在而言，过去的情况或许是至为重要的。

批评家断定，流行的社会生物学家从“人类社会是由那些在进化史上属于一个物种的动物构成的”这个无伤大雅的真理出发，不知不觉地陷入了以下这个有争议性的命题，即仅仅通过诉诸进化生物学，就能解释人类的社会行为与社会制度。在此产生了两个问题。第一个问题与我们先前已经看到的错误的一个变种有关。一种粗俗的还原论假定，社会的特性可以根据大多数人的心理特征来进行辨认。若断定一个社会拥有让男性统治的倾向，这仅仅是说，其中的大多数个体拥有这种倾向。若将一个民族视为侵略性的，这仅仅是将这个民族视为一群好战的个体。粗俗的还原论在诸多层面之间来回穿梭，它利用了以下这个便利的事实，即我们有时用相同的术语来描绘群体的态度与个体的态度。

反还原论者的第二个谴责是，流行的社会生物学忽视了某些解释。假定我们已经相信，某种特定的人类行为将让表现该行为的那些人的广义适合度最大化。进而假定，这种行为方式毫无疑问地普遍存在于**智人**（*Homo sapiens*）之中。我们是否有权得出结论：存在着这样一个自然选择的历史，其中，促进这种行为的基因取代了那些假定的原始基因？或者我们是否有可能断言，在没有求助于某种神秘的文化力量的条件下，这种行为的普遍存在是由于人类文化的历史？一种反还原论认为这类可能性是真实的，并责备流行的社会生物学忽视了这类可能性。我将按照顺序来考虑反还原论者的这两种抱怨。 *203*

有丰富的迹象表明，流行的社会生物学家喜爱粗俗的还原论的这些便利策略。请考虑威尔逊关于灵长类动物的交配倾向的讨论。“对于雄性来说，它们倾向于一夫多妻与彼此之间的攻击，尽管少数雄性也有可能将一夫一妻的平静结合作为它们的策略”（1975a，515）。这个结论所根据的是我们对灵长类动物中的**群体**交配系统所知道的东西。类似地，威尔逊利用了一种对部落与国家的行为分析来得出如下结论：“人类有强大的先天倾向，用非理性的敌意来应对外在的威胁，也会为了确保安全的广阔边界而不断地将敌意升级到足以战胜这种威胁来源的地步”（1978，119）。无论威尔逊对人种志记录的悲观解读是否正确，这个论证涉及一个在整体上未经证实的假设。通过假设群体的行为直接反映了参与者的习性，我们就只能将部落之间的战争视为支持人类与生俱来的敌意的证据。如果在由社会制度、传统与当前需求构成的复杂解决方案的背景下来审视战争，那么，就没有理由认为，部落之间的斗争标志着我们用暴力来反对陌生者的质朴渴求。统治者与官方权威有可能是以强制与威胁的手段将人们送上战场的。

精致的还原论者与反还原论者都会嘲笑“一个国家的侵略性是因为它由在个体上具备侵略性的人民构成”这个想法，正如他们会嘲笑“一种动物具备智能是因为它的大脑由具备智能的细胞构成”这个观念。我们没有必要继续关注这个问题。这个争论的剩余方面更加难以捉摸。

请设想我们已经到达了威尔逊阶梯的第二个阶段。我们已经发现了这样一个例证，其中，表现某种行为方式的人们让他们的广义适合度最大化。通过假设在那些表现了让这种适合度最大化的行为的人与那些没有表现这种行为的假定祖先之间并没有基因差异，我们是否有可能理解这种情况？我们对佛罗里达州的灌丛鸦的行为讨论表明了这种可能性。我们构想了一种可能的场景，其中，帮助行为通过模仿而得到了传播。实际上，这个想法是，这些鸟根据它们自身的早期经验而重新创造了鸟巢的环境；由于具备协助者的鸟巢将更多幼鸟送到灌丛之中，具备协助者的鸟巢就在那些可用的领地中逐渐盛行起来。

204

我们能够轻易地推广这种想法。假设在一个物种中的等位基因的常见组合在一个环境群落中以一种方式表现，在另一个环境群落中以一种不同的方式表现。假如居住于第二个环境群落中的物种成员比居住于第一个环境群落中的物种成员留下了更多的后代，假如这些后代倾向于在类似的抚养环境中养育它们的幼崽，那么，在没有任何基因变化的情况下，第二个环境群落或许就会逐渐占据优势，与这些环境相关的行为或许就会普遍盛行起来。这种解释的关键是，行为的变化依赖于环境，文化传递的某种形式将父母抚养其幼崽的环境与幼崽抚养其后代的环境关联起来。

让我们进一步增添一个难题。最初假定，一个物种被区分为诸多群体，某些群体居住在一种环境之中，另一些群体居住在不同的环境之中。

完全有可能的是，一个群体引入了一种从该群体成员的观点看是灾难性的社会安排，并且对其他群体造成强大的压力，迫使其他群体修改它们自身的社会结构。这个结果或许打破了那个有利于最初呈现的一种环境的平衡，因此，与这种环境相关的行为在这个物种之中盛行起来。

更具体地说，我们可以构想如下可能性，即对部落之间敌意盛行的解释，并不需要假定存在着一种支持“反对陌生者的敌意基因”的自然选择，而是可以认为，我们的基因得到表现的环境是被这样一种过程塑造而成的，其中，不定期产生敌意的群体迫使其他的群体形成了一种提升对外来者的暴力的社会机制。显而易见，要弄清这类场景的诸多细节，这并不是一项微不足道的任务。我在此的目的是将人们的注意力转向这种可能性，并让人们注意到，当狂热的追随者仓促地攀爬威尔逊的阶梯时，他们似乎忽视了这种可能性。正如威尔逊的早期纲领的批评者已经注意到的（Sahlins 1976，特别是 Bock 1980），即便不认为需要将克利俄①添加到生物学家有关进化力量的目录之中，也能够领会到历史事件与文化传递的重要性。

205 为了强调这个观点，让我来探索流行的社会生物学家所钟爱的一个故事的可能替代者。据认为，人类对乱伦的回避有着遗传的基础。忽略掉某些复杂因素，这个想法似乎是，自然选择偏爱那些不与自己的抚育者交媾的人的基因。近亲交配与繁殖的后代在身体与行为上有着更高的发生异常情况的概率，因此，我们或许会认为，自然选择将不利于那些倾向于与亲属交媾的人，有利于那些拥有相反倾向的人。

还有一个不同的故事。假设人类的性行为极其灵活，它在成年人身上的表现高度依赖于儿童生长环境的诸多特征。进而假定，这些孩子倾向于在与自己类似的养育环境中来抚养自己的后代。现在就可以论证，即便诸多个体在乱伦回避的问题上并没有基因的差异，只要最初有一些环境让人们容忍乱伦，有一些环境则促使人们对乱伦进行回避，乱伦回避就有可能在人类的群体中扩散。根据假设，在后一种环境中抚养长大的孩童将留下

---

① 克利俄（Clio），古希腊神话中的九位缪斯之一，掌管历史与史诗的女神。——译注

更多到达成熟期的后代，因此，促使人们对乱伦进行回避的环境就变得更加普遍；由此得出的推论是，乱伦回避本身将变得更加普遍。这个情况恰恰类似于灌丛鸦的情况。（艾利奥特·索伯独立地提供了一个相似的设想，从而对社会生物学的解释表明了一种相似的看法；参见 Sober 1985。）

从这些思考中得出的教训是，我们必须非常谨慎地认为，一种行为特征的盛行连同“这种特征让广义适合度最大化”这个有说服力的论证，就能让我们有权利得出如下结论：这种特征拥有一种特定的进化历史。我们无法将诉诸文化或历史重要性的做法作为一种愚昧的多愁善感而将其抛弃，我们已经看到了扼要地理解它们的可能方式。

便利的准则

让我们攀登得更高一些，从而到达威尔逊阶梯的最终阶段。请设想对人类社会行为的某些部分的分析开始获得了前所未有的成功。信徒们设法表明，这些行为有一种倾向，可以在包括人类的动物群体中发现这种倾向；可以预料的是，（给定恰当的环境）这种倾向能够最大化广义适合度；有充分的理由认为，在表现了这种倾向的人们与没有表现这种倾向的祖先之间，存在着基因上的差异。由此是否可以推断，即便改变人类在其中生长与彼此互动的环境，也无法改变人类表现这种行为的倾向？

206

当然不是这样。即便发现了人类基因通过结合某种范围的环境而形成了某种行为表现型的方式，也无法由此得出“这种行为在所有环境中都具有固定不变性”的结论，除非我们假定，已经研究的范围完全代表了人类可能拥有的环境。这个缺口必须要用第 4 章详细讨论的那些方式之一来进行填补。那些想要得出人性结论的流行的社会生物学家必定会强调进化的效率或如下观念，即这种行为倾向是一种不太可能被我们的认知状态影响，因而也不太可能对社会环境的变化产生回应的适应结果。或许，通过求助于这种行为在其中形成的人类社会的多样性，他们就能够支撑他们的论据。当我们认真审视这些论证时，我们将发现，我们回到了在上一节中详细讨论的某些问题。

首先请考虑他们求助于进化效率的论证策略。我们最初就假定，我们所确认的那种倾向在一系列的动物环境中让广义适合度最大化。倘若这些环境恰恰是被人们研究的动物群体成员遇到的环境，那么，这或许意味着，自然选择最简单的运作方式是，支持那些倾向于展现这种行为的动物，而不考虑这些动物的成长环境。因为这种做法将基因与那些规定动物始终倾向于展示这种行为的行为规则相结合，难道还有什么能比这种做法更加简单？如果对陌生者龇牙让灵长类动物在以小团体觅食的环境中最大化它们的适合度，那么，进化所选择的灵长类动物的基因就会让其对着陌生者龇牙，而不管其生长环境如何，难道这不是效率最高的做法吗？

并非必然如此。自然选择或许会在一批不同的环境下仔细审查生物的行为，但是，假如它仔细审查的是真实遭遇的环境，那么，在这批环境之外的情况就是无关紧要的。自然选择所要求的是有利于在真实环境中成功的机制；那些在极其不同的处境下拥有失败倾向的动物并不会暴露其劣势，直到那些处境真正出现为止。进而，在没有对讨论中的那些动物的发育生物学进行考虑之前，无法先行断定，对进化“问题”的哪一种解决方案是最简单的。求助于“对一个独立于其生长环境的动物来说，以相同的方式行动总是更加简单”这个想法，也就是发明了一种便利的准则。 207

接下来让我们考察为了议定威尔逊阶梯的顶级台阶而采纳的第二种策略。某些行为倾向是古老的适应结果，它们固定于动物的基本认知能力之中，并且被我们继承下来。为什么我们应当认为，通过我们迅速发展的心智来改变环境，这些倾向就是可以更改的？即便按照你愿意的方式来改变一个社会及其教育制度的诸多理想，你仍然无法影响那个原始的核心，其中可以发现男性好斗、女性服从、不信任陌生者与喜爱熟悉地区的诸多根源。

显而易见的答案是，这完全是一个没有事实根据的故事。没有理由认为，随着人类更为精致地分辨他们周围的对象与情况的能力的进化，我们的那些更加古老的行为倾向会不受影响地保留下来。恰恰相反，增强了的认知能力的进化，似乎需要一种更加具备感知能力的心灵来干涉那些已经得到自然选择支持的行为机制，从而运用增强了的认知能力帮助我们更好地应对我们的环境。这更多的是一种猜测，而不是可靠的论证。我们仅仅是对我们行为的源泉了解得不够充分，因而无法对那些有可能影响假定原始倾向的社会要素与文化要素的范围进行界定。假如我们了解得足够充分，那么，流行的社会生物学家自豪地提出的那些问题就都会得到解决。

一个与家庭有关的类比或许会被证明是有帮助的。在广告宣传的欺骗下，一个家庭买下了一台家用电脑，这个家庭期望这台电脑将有助于子女完成学校的作业。在购入电脑之后，这个家庭以未曾预料到的方式将这台电脑投入了应用。这台电脑接管了打字机与家庭归档系统的功能。索引卡片容易变黄与发霉，它们不再获得更新，破旧的打字机则被放到垃圾之中。营销人员的理想家庭最终只是以崭新的方式来完成陈旧的工作而已。类似地，在人类大脑的进化过程中，曾经被其他机制履行的任务或许会被认知系统所接管，从而让陈旧的机制萎缩并消失。如果情况是这样，那么，我们为了让我们的适合度最大化的诸多行为方式（乱伦回避、对陌生者的反应）就有可能相当不同于目前存在于我们非人类的亲属之中的那些行为方式。我们的行为或许可以被认知所渗透，即便这些行为实现的目标似乎与仅仅具备基本认知能力的动物的行为所实现的目标相同。假定自然选择从来就没有为了古老的适应性目标而形成新的方法，这仅仅是构造了另一种便利的准则。

208 第三种策略，即求助于人类行为在多种文化条件下的恒久不变性的策略，让我们回到了还原论的问题上。对人种志记录叙述的自然回应是断定，这些社会的真实发展并没有接近穷尽所有可能性的范围。假若我们发现了普遍的雄性统治、普遍的侵略性、普遍的私有财产制（我将给人类学家留下任务来判定，这是否确实是我们所发现的东西），由此揭示的仅仅是，我们所完成的社会或许共同享有某些常见的状态，我们能够改变这些状态，从而将我们自身从那些据说成为我们命运的社会行为中解放出来。流行的社会生物学家或许试图为这幅乐观的画面投上阴影。威尔逊的追随者会认为，这种常见的状态本身就反映了我们的生物状态的要求，因此，我们无法通过选择将其真正从社会范围内清除。由于我们的诸多社会解决方案表现了我们的生物遗传，因此，我们若要摆脱那些如今被许多人视为不公正的制度，就只能招致“没有人能够估量的损失”。

这个基本争论的轮廓是显而易见的。那些抵制流行的社会生物学结论的人认为，假如人类经过发展而生活在不同的社会环境中，那么，这些所谓的人性特征不会再有所表现。流行的社会生物学家的回复是，要实现一种替代性的社会环境，就会要求我们清除掉我们社会处境的典型特征，而这些典型特征的**当下存在是根据我们的生物属性来进行解释的**。最终，我们面对的是一系列还原论的方案。

有两个例证阐明了这场争论的性质与流行的社会生物学排除关键问题的渴望。在导向他关于性别行为差异的结论的道路上，威尔逊思考了年轻的男孩与女孩在微笑上的差异。在假定可以正当地忽略任何对社会环境变化的探究之后，他评论道，“有一些独立的研究已经表明，新生的女婴比男婴更为频繁地用闭着眼睛的自发微笑来做出应对。这种习惯将一直持续到两岁，并很快被有目的的交际式微笑所取代”（1978，129）。由此我们就开始了一个关于两性行为差异的故事，在这个故事中，这种差异只有通过与我们的本性进行斗争才能被消灭。

对于微笑行为的变化，是否存在一种替代性的解释？当然存在。甚至相当年幼的男孩与女孩也有可能在行为上有所差异，这是由于人们照顾他们的方式有所不同。（比如，参见 Money and Ehrhardt 1972，12，119。）威尔逊对这个显著观点的忽略透露出了某些实际情况。这或许导源于还原论的以下三个版本的见解之一。 209

第一个版本：父母的照顾行为对幼婴没有造成任何差别；照顾行为所需要做的仅仅是喂食、保暖，等等。根据这个版本，这种微笑反映的无非是在孩子的基因型与环境的物质要素之间发生的互动结果。男孩与女孩被暴露于共同的物质因素中。因此，微笑时间的差异反映的是行为倾向中的基因差异。

第二个版本：父母的照顾行为或许对幼婴的行为造成了差别，但是，父母以不同方式回应男婴与女婴这个事实本身，应当被视为那种预示了性别差异的迹象。我们自然会对女孩更加温柔，我们这么做是因为这种行为在我们过去的进化中被证明具有适应性。因此，尽管男婴与女婴所回应的是多少有点不同的环境，但是，环境的差异标志着心理的差异，而它们最终都将被追溯到我们的基因之中。

第三个版本：父母的照顾行为或许对幼婴的行为造成了差别，这种行为本身或许是父母社会化的表现。目前以不同的方式对待男婴与女婴的父母，或许是由于他们生长于一个鼓励人们区分男孩与女孩的社会之中。尽管如此，我们生活于这样的社会之中这个事实无法被当作一个偶然的意外。它是我们的基本生理的后果。**人类**（*homo*）的进化在我们之中固定了基因，这些基因预先就让我们发展出了特定种类的社会机制，特别是让我们以不同的方式对待男孩与女孩。要试图抵消这些差异，就要求我们创造出这样一种社会环境，其中，我们的许多适应性都将不再适合这种环境。

我们没有证据来支持这三个版本的任何细节。在每一种情况下，那种试图将现状解释为我们生物本质表现的尝试，都仓促地得出了某些问题的结论，而这些问题应当得到仔细的经验探究。流行的社会生物学家也无法认为，在这种普遍类型的解释中，有某些**必定**是正确的。正如我们在上一节中看到的，在没有对大写的历史或大写的文化进行拟人化的情况下，仍然有可能对我们当前的实践与制度给出文化的或历史的解释。

没有理由认为，通过增加这类版本，我们最终就将达到这样的阶段，我们在其中将面对的是我们生物本质的某种纯粹表现。反还原论者应当通过提供某些直截了当的论断来冷却流行的社会生物学的狂热。我们确实以不同的方式来对待男孩与女孩。我们对待他们的方式对他们的成长产生了影响。我们区分性别的习性反映了抚育我们自身的社会环境，这些社会环境是对先前的社会安排的回应，它们最终是由我们的原始祖先开创的文化发展而来的。我们的社会制度本身似乎是永久存在的。这并没有暗示，我们没有能力改变它们，没有能力开创一种新的传统，在这种新的传统中，我们能够实现两性的平等待遇，而不会觉得我们自身与我们的适应性相抵牾。我们需要提醒自己的是，我们在上一节中回顾的那些文化解释的可能性。

210

一种更加显著的还原论可以在某些流行的社会生物学家对“基布兹集体农庄实验”（kibbutz experiment）的失败的强调中找到。此处罗列的是关于这个例证的诸多事实。在最初阶段，基布兹集体农庄中的女性为了支持其他形式的工作而放弃了“传统的角色”，此后就发生了对重要的亲代抚育的回归。基布兹集体农庄的第二代女性明显不情愿完全放弃她们在白天对她们的孩子的照顾，她们要求在中午与她们的孩子待在一起——

“爱的时刻”。应当如何解释这种对“传统行为”的回归？

威尔逊思考了一种可能的解释。“有人认为，尽管基布兹集体农庄内部的角色分工现象如今比农庄之外还要大，但是，这种回归仅仅反映了在基布兹集体农庄之外的以色列社会中持续存在的强大父权传统的影响”（1978，134）。威尔逊相当谨慎，因此，他并没有主张，这种解释已经抵御了各种反驳，而是满足于一种怀疑论的腔调。然而，范·登·贝格不愿让这种遗传的解释有任何替代者。在对这个改变照顾子女模式的故事进行详细阐述之后，他声称：

> 在半个世纪的无效压制之后，亲缘选择获得了胜利。为了避免将这种变化理解为阴险的男性至上主义者将女性安排到她们位置上的阴谋，就应当强调，这种对标准的家庭团队的回归，是对女人不断增加的不满的不可抗拒的回应。（1979，74）

在流行的社会生物学作品中，基布兹集体农庄的“实验”被假定具有一种令人骄傲的地位，因为它似乎是对植物遗传学家经常进行的一种检验的罕见模拟。所谓的环境变量是多变的，而且人们审视了表现型中的变化。这种模拟显然是罕见的——我们不得不等待机会让人们以恰当的方式控制他们的环境。（控制别人的环境似乎是国王以及他们在现代的继承者所拥有的特权。很少有国王像詹姆斯一世这样冷酷无情，他希望判定，以隔离的方式抚养长大的孩子是否能学会说拉丁语。对于这位国王来说，遗憾的是，这些孩子拒绝配合。于是，他们就被处死了。）211

不仅仅是这种例证的稀少才导致了流行的社会生物学家如此强调这个便利的例证。粗俗的还原论者可以用这个基布兹集体农庄的故事来大显身手。诱人的做法是，将社会成员的态度投射到社会的态度之上，并假定那些显现的社会实践仅仅取决于第二代女性的生物习性与抚养她们的第一代人的态度。回归传统的女儿们是在基布兹集体农庄内部提供的照料下长大的，而那些照料者忠于某种意识形态。因此，她们免于受到附近社会偏好的影响。那些偏好属于远离这个场景的个体，无法期待这些个体态度所产生的影响要超过照料者所持有的对立观点。因此，根据这种理解，这个“实验”表明，所谓的关键环境因素已经有所变化，而这种变化无法产生行为的变化。范·登·贝格的结论是，从遗传学的角度来看，将女性从主要照料者这个角色中解放出来这种做法是无法实现的。

这个论证依赖于一个还原论的假设。女儿们的态度只能根据在意识形态上有所效忠的父母的态度或女儿们的遗传习性来得到解释。由于父母的态度所赞同的那种社会实践被他们的女儿们抛弃，我们就被迫得出结论，子女的反叛证明了基因的力量。反还原论应当做出这样的回应：我们不会被强迫做出任何这样的结论。对于女儿们的行为，存在着许多替代性的文化解释，其中有不少会求助于周围的父权制社会的影响。对于复杂的社会制度与其他人（包括那些或许并没有直接接触的人）的态度影响人类的目标与抱负的诸多方式，我们知道得远远不够，以至于无法自信地判定回归“传统的角色”的诸多原因。（我们用这些术语来描述所发生的事情这个事实本身，就暗示了一个致力于保留传统的社会可能会影响其年轻公民态度的诸多途径。）“基布兹集体农庄实验”的失败所揭示的是，一种特定的、非常直接的改变性别角色的方式并没有实现它预期的目标。若没有一种暗示性的（与高度有争议的）还原论假设，这就是它表明的一切。

威尔逊的许多早期批评者精力充沛地发起运动来让人们承认社会在人性发展中的作用。马歇尔·萨林斯（Marshall Sahlins）提醒读者注意一个“人类学的老生常谈”：“人们打斗的理由并不是战争爆发的理由”（1976，8）。威尔逊并没有忽视这种批评。从威尔逊的早期纲领到由威尔逊与拉姆斯登贯彻的基因—文化协同进化研究的转向，就是意在对之做出明确的回应。我们将在随后的章节中探究，这种谴责是否真正触及了要害。

212

就目前而言，我们能够将充斥于威尔逊的流行的社会生物学中的方法缺陷添加成为一个清单。通过求助于便利的准则，无法得出关于人性的结论。通过引入未经证明的还原论假设，也无法获得这样的结论。历史是重要的。

第 7 章　潘格洛斯博士[①]的最后欢呼

充分利用一切事物

潘格洛斯博士审视这个世界，在他看来，这个世界是美好的——这个世界实际上是如此美好，以至于这个世界的每一处都证明了它的神圣起源。当代的适应主义在其极端形式中继承了潘格洛斯关于最佳设计的狂想。在潘格洛斯辨认出全能者的设计之手留下痕迹的地方，某些进化生物学家找到的是一种先前无法被粗俗者的低劣肉眼所发现的生物设计的完美，他们在探索自然选择的工作方式时也做出了这样的论断。正如在潘格洛斯那里的情况一样，此处也存在着过度狂热的危险。

最优化证明的允诺是，开辟一条道路来解决在确证适应主义历史的过程中出现的某些困难。当然，如果我们能够像奥斯特与威尔逊所说的那样成功地“扮演上帝”（1978，294），根据我们所构想的相关参数来重新设计生物系统，如果我们发现我们的最佳设计严密地与自然所产生的东西相一致，那么，若将这个结果作为纯粹的巧合而不予考虑，我们就未免太多疑了。

我们在此着手处理的是一组具有争议的技术性问题，它们不仅影响了流行的社会生物学，而且还影响了一般性的社会生物学与进化论。我将试图表明，这些问题是需要慎重处理的，进化生物学家总是过于轻易地忽略

---

① 潘格洛斯博士（Dr Pangloss），伏尔泰（Voltaire，1694—1778）小说《天真汉》（*Candide*）中的人物，以毫无根据的乐观著称。——译注

了诸多重要的可能性。尽管如此，重要的是在一开始就要明确，许多提出了有关进化过程诸多假说的进化生物学家，包括许多对非人类的社会生物学做出贡献的进化生物学家，敏锐地意识到了这个领域中的诸多困难。流行的社会生物学家则是另一回事。“在最佳设计与自然选择的历史之间存在简单的关联”这个想法对威尔逊阶梯的第二步来说是必不可少的，这个想法也以显著的方式出现于流行的社会生物学的其他版本之中。

在发现了一群动物的某种行为与一个最优化证明的判定相一致之后，我们就做出推论认为，自然选择固定了这种行为，因为这种行为是最佳的，此时存在着一个不言而喻的假定。我们假定，进化或在自然选择下的进化固定了这些最佳的特征。值得追问的是这意味着什么。奥斯特与威尔逊谨慎地对最优化证明的使用进行了评述（1978，第 8 章）。但是，有一个假设没有受到仔细的检查。根据他们的料想，自然选择是一个最优化的过程，而这几乎被他们当作一个定义的问题，他们所表达的关切是，这个论题将沦为“重言式的废话”。在本节中，我将思考两个问题：在何种意义上（假如存在任何这样的意义的话），自然选择必然是最优化的？在何种意义上（假如存在任何这样的意义的话），进化必然是最优化的？

214

对于第一个问题的解答似乎是显而易见的。自然选择散布的是适合度更好的基因，如果不存在其他的进化动因，自然选择最终将固定适合度最好的基因型。对这个过程或许存在着一些限制条件。某些优越品质的基因或许在这个种群中是无法获取的。某些产生有利效果的等位基因或许也导致了诸多有破坏性的副作用。尽管受到这些限制，自然选择似乎就是一个优化过程。“适者生存”这个斯宾塞的标语或许有点误导性，但我们仍然倾向于认为，这个标语位于一条通向重要真理的道路之上。

问题并没有那么简单。这个标语的**朴素**版本马上就会面对诸多困难。自然选择并非必然会将适合度最强的基因固定于一个基因座——因为或许并不存在这种有待固定的东西。平衡多态性的诸多例证，如镰刀型细胞贫血症（第 2 章），立即造就了诸多复杂情况。人们也无法将自然选择作为一种对适合度最强的整个基因组的固定：这种基因组一出现，有性繁殖就会将其拆散。更有前途的一条道路是走向基础种群遗传学的中间立场，它认为，自然选择固定的是在一个基因座上的适合度最强的等位基因对。

但这种问题会再次出现。倘若我们考虑的是有性繁殖的生物，而且在一个基因座上适合度最强的是杂合体，那么，即便给定一群杂合体的短暂成就，交配也会自动产生某种纯合体的后代。

这些基本的考虑揭示了一种困难。倘若我们认为，有关自然选择最优化的论断是这样一个命题，即这种选择导致了个别生物的某种属性（以对立于生物种群的某种属性）的固定，那么，固定的是什么属性？倘若我们并不这么认为，那么，流行的社会生物学将如何把它对成功实现最大化的适合度的解释转变为自然选择的历史？

对此有一些可能的回应。首先，我们或许会指出，假如在一个基因座上的最佳等位基因对是杂合体，那么，我们若要将自然选择的概念理解为一种进行优化的动因，我们就不能说，自然选择固定的是在那个基因座上适合度最强的等位基因对。不过，这只是表明，当我们成功地制造出我们的最佳设计并发现它符合自然中存在的结构与行为时，我们不得不假定的仅仅是，普遍流行的特征是被一个纯合体所引导的。考虑到这个假定，人们就可以相当有道理地认为，自然选择是通过固定适合度最强的等位基因对来进行优化的。但是，这个新的提议依赖于一个前提：如果在一个基因座上有一些竞争性的等位基因，如果它们形成的每个等位基因对都呈现于这个种群之中，如果这些纯合体之一拥有更优秀的适合度，那么，自然选择就会发挥作用来固定这个种群中的相关等位基因。这个假设是真实的吗？ 215

令人遗憾的是，它并不是真实的。自然选择甚至有可能导致适合度最大者的死亡。长久以来，种群遗传学家就已经确认，当在一个基因座上存在着三个或更多的等位基因时，进化的过程就无法简单地根据适合度次序的定性特征来解读（参见 Roughgarden 1979，第 7 章，特别是第 107 页）。此处就有一个出色的例证，它是由艾伦·坦普尔顿描述的（Alan Templeton 1982，16—22）。假定有一个种群，其中存在着三种等位基因 A、S、C，它们最初都有所呈现。在这个种群的几乎每个成员上都发现了 AA，而且如下条件成立：

AS 的适合度比 AA 更强；

SS 是致命的；

C 对 *A* 是隐性的（也就是说，*AC* 与 *AA* 具有相同的表现型，因此，它们具有相同的适合度）；

CS 在适合度上不如 *AA*；

CC 是适合度最强的等位基因对。

这个种群将发生什么？答案是：*C* 将被清除掉；因此，适合度最强的基因组合 *CC* 尽管最初存在于这个种群之中，但是，它们不仅无法变成固定的基因组合，而且实际上还被驱除到这个种群之外。正如坦普尔顿所做的评论，"'适者生存'这个说法就到此为止了"（1982，20）。由于等位基因 *A* 起初占据优势，等位基因 *S* 就最为频繁地出现于 *AS* 的组合之中，由于 *C* 是隐性的，在 *AC* 组合中出现的等位基因 *C* 就显示了 *AA* 的表现型。由此，这个种群就走向了一种在 *A* 与 *S* 之间的平衡多态性，并带有少量仍然存在的等位基因 *C*。一旦达到了这种多态性，自然选择就致力于驱除那些罕见的等位基因 *C*。这是由于将等位基因 *C* 吸收到一个合子之中的平均效应是消极的：当等位基因 *C* 出现于 *AC* 组合之中时，它并没有什么用处，当它伴随着 *S* 出现时，它的作用是相对次要的。尽管事实上 *CC* 是可以利用的最佳基因型，但是，自然选择的工作是从这个种群中替换 *C*。

这个结果的意义是什么？首先，它并不是建模者无意义的幻想。刚刚勾勒的进化故事所描述的是一群班图人的血红蛋白基因座上的进化过程。*216* 其次，这个结果表明了那种将自然选择作为固定可获得最佳基因型的最有效力量的企图所面对的普遍困难。人们倾向于认为，自然选择的力量受限于可利用的可能性。假如有利的变异从未发生，那么，自然选择就无法将其固定。进而，一旦确认了有利的杂合体的可能性，我们就会看到，自然选择并非必然就会固定最佳的基因型。坦普尔顿的例证表明，这不仅仅是自然选择的问题。仅仅存在一个在纯合体的条件下得到支持的等位基因，这是不够的。即便这个等位基因在该种群中是可利用的，它仍然有可能没有遵循我们所预期的那个轨迹。

这个故事还提供了一个进一步的教训（坦普尔顿注意到了这个教训）。改变这个案例的条件，以便于允许发生少量的近亲交配。在这个新的规范下（当然，它既没有改变这个种群最初的构成，也没有改变这些基因型对拥有它们的个体所产生的效应），等位基因 *C* 就被自然选择所固定。因此，即便我们考虑了等位基因初始分布的效应与拥有特定基因型的决定性后果，一个种群在自然选择下的进化仍然有可能产生诸多在性质上有所不同的后果，这取决于在繁殖结构中的微小差异——而这种差异本身取决于在不同基因座上呈现的等位基因，取决于外部环境的特征，或取决于这两种因素的结合。

当我们将我们的注意力转向涉及多于一个基因座的遗传系统时，问题只会变得更加糟糕。在诸多基因座之间的互动效应将挫败那个固定任何基因座上适合度最强的等位基因对的计划，从而嘲弄了巴拉什的这个论断，即“生物类似于一支全明星阵容的球队——生物就是由这样一些个别的基因逐步构成的，它们每一个都始终倾向于在繁殖游戏中拥有高击球率（原文如此）”（Barash 1979，21）。基因并不是通过它们独自的努力来编制这种令人印象深刻的统计学的。

姑且可以说，假如这个种群最初包含了一批在诸多基因座上的等位基因，假如这些等位基因的适合度最强的组合无法在自然选择下得到实现，那么，该种群就有一个**轨迹问题**。（直观地说，这个想法就是，你无法从此处到彼处。）涉及不同基因座的轨迹问题的一个典型例证是关于澳大利亚直翅目莫蜢科昆虫（*Moraba scurra*）的染色体多态性的研究。（参见 Lewontin and White 1960；对这个研究的一个阐释，参见 Lewontin 1974，第 6 章。）这个例证涉及的是两对同源染色体。每一对染色体都有替代性的基因排列（**逆转系统**）呈现于自然的种群之中。逆转系统相互作用，在这个意义上，表现型依赖于这两对不同的染色体的排序组合。列万廷与怀特（White）测量了连续世代中的诸多频率，从而估算了各种组合的适合度。 217

他们考虑了四种排列。在染色体对 *CD* 上有一种**标准的**排列，在染色体对 *EF* 上也有一种标准的排列，在染色体对 *CD* 上有一种竞争性的排列［**布伦德尔**（*Blundell*）］，在染色体对 *EF* 上也有一种竞争性的排列［**铁宾比拉**（*Tidbinbilla*）］。这些非正常排列的名称导源于首次发现这些排列的种群。列万廷与怀特发现，整体上适合度最强的组合是，*CD* 上的布伦德尔/布伦德尔，*EF* 上的铁宾比拉/铁宾比拉。因此，假如自然选择的运作始终是为了让生物个体的适合度最大，我们就可以预料到，在这两个染色体对上，标准排列将被排除，而从布伦德尔到铁宾比拉的非正常排列将被固定。尽管如此，一个种群在自然选择下的轨迹严重依赖于最初的构成。假定这个种群最初包含了在这两个染色体对上的标准排列、铁宾比拉排列与布伦德尔排列，因此，这四种排列都是可利用的，在自然选择下的进化过程就是通过这些排列的最初频率来决定的。存在着两种稳定的最终状态。一种状态是，标准的排列与布伦德尔的排列在 *CD* 上实现了稳定的多态性，而标准的排列在 *EF* 上被固定。另一种状态是最佳状态，其中，布伦德尔排列与铁宾比拉排列都被固定。次优的状态是通过以下这种初始条件来实现的，即在其中呈现的是布伦德尔排列与铁宾比拉排列的诸多真实频率。（比如，布伦德尔排列的频率初始值是 75%，铁宾比拉排列的频率初始值是 10%，这将驱使这个种群达到多态平衡状态，其中的铁宾比拉排列被清除，布伦德尔排列的频率是 55%。）

我们对于遗传的分子基础所知道的每一件事都在暗示，诸多基因之间的相互作用是不可避免的，因此，一个等位基因的适合度始终是它有可能保留的同伴的一个函数。由此，我们就应当预料到，轨迹问题在自然中或许是普遍存在的——或许在大量的情况下，在所有可利用的基因组合中共同造就了适合度最强组合的那些等位基因起初都在恰当的组合中呈现，但它们在自然选择下被排除或降低了出现频率。为了捍卫“自然选择是一种进行优化的动因，它总是制造出可以利用的适合度最强的基因型（巴拉什的‘全明星阵容的团队’）”这个论题，就必须做出的辩护是，最佳的基因型在这种情况下并不是真正可以利用的。但是，在此处使用的“可用性（availability）”这个概念是什么？等位基因都是有所呈现的，它们都呈现于恰当的组合之中。适应性最强的基因型从一开始就存在于此。218 因此，最优化论题的拥护者必定会宣称，只有当自然选择能够在所研究的种群中固定一种基因型时，这种基因型对自然选择来说才是可利用的。

现在我们抵达的是奥斯特与威尔逊希望与之保持距离的空洞深渊。自然选择就像我们的讨论所考虑的那样，是一个决定性的过程：给定一个种群的最初状态，自然选择下的最终状态就是固定的。这意味着，假如一个种群**有可能**在自然选择下固定某个特定的基因型，那么，这个基因型就**必**

定会得到固定。最优化论题已经被化归为这样的论断：自然选择固定了可以利用的最佳基因型，即有可能在这个种群中被固定的最佳基因型，也就是在一批基因型中恰恰只有一个成员的最佳基因型，自然选择在那个种群中不可避免地会固定的单一基因型。（或许我应当做出明确的注释，可以预料，对这个支离破碎而又微不足道的结果做出的充满干劲的辩护所依赖的假设是，存在着一种独有的适合度最强的纯合体基因型。）

这个结果相当于在论断自然选择做了它所做之事，不仅如此，而且它完全无助于“流行的社会生物学家期望对最优化概念进行运用”这个目的。请回想野心勃勃的达尔文主义者的困境。在承认了适应主义的历史难以被确证之后，我们或许会在诱惑下通过“扮演上帝”走捷径的方式解决我们的问题，即指望看到我们的最佳设计在自然中被发现，倘若我们的期望得到了实现，就断言自己的立场获得了令人振奋的支持。这个步骤依赖于我们可以将其作为我们关于可理解的原始生物与强加于其上的约束条件的先验知识基础的那个“可利用的最佳设计”概念和由自然选择造成的那个“可利用的最佳设计”概念之间的联系。当我们以我所描述的方式为最优化论题弄虚作假时，这种联系也就被破坏了。

还可以尝试一条不同的道路。我们可以不聚焦于个体适合度的最大化，而是考虑一个种群的平均适合度。数理种群遗传学中的一个著名定理［它是由休厄尔·赖特（Sewall Wright）导出的］告诉我们，在特定的简单条件下，自然选择倾向于让一个种群的平均适合度最大化。当我们考虑的仅仅是一个单一的基因座时，这个定理成立，因为在那个基因座上的等位基因对的适合度是确定不变的。这可以推广到**某些**基因座相互作用的情况之上（参见 Crow and Kimura 1970，第 5 章，特别是第 232—236 页）。在忽略了这些复杂要素之后，让我们关注一种不同的限制。

在依赖于频率的自然选择的情况下，一个种群的平均适合度或许在自然选择下会真正有所下降。假定等位基因 A 相对于 a 是显性的，这个基因型的适合度与等位基因 A 在这个种群中的频率 p 成正比，而对于 p 的每个数值来说，基因型 aa 的适合度都大于基因型 AA 的适合度（或大于基因型 Aa 的适合度，考虑到“A 相对于 a 是显性的”这个假设）。接下来，在自然选择下，这个种群将从 A 与 a 的最初混合体转向对 a 的固定。尽管如 219

此，这个种群的平均适合度将继续降低。（具体的例证，参见技术性讨论 F。）

对于这种选择方式，可以轻易给出一种相对现实的解释。假设 A 是一种促进动物合作行为的基因，而拥有 aa 的个体则乐意成为受益者，并永远不会倾向于成为协助者。那么，这种适合度的分配就似乎是合情合理的：在这个种群中的所有个体都由于利他主义者的存在而得到了同等程度的好处，这种好处与实施帮助行为的动物的频率成正比；但是，那种自私的个体拥有更大的适合度，因为它们并不承担任何付出的成本。若到处都存在着利他主义者，这个种群作为一个整体的状况将得到改善，若每个成员都相互合作，这个种群将实现适合度的最大化。但遗憾的是，任何进入该种群的动物若带有促进自私自利的基因型，它就会具备竞争的优势，这种动物的基因将在自然选择下得到传播，从而对这个群体造成损害。

赖特的定理对“自然选择是一种进行优化的动因”这个观点提出了一种简单的解释。自然选择对一个在特定初始情况下的种群的平均适合度进行了最大化；然而，在某些情况下，无法实现这种结果。正如我假设的例证所揭示的，那些依赖于频率的特定种类的自然选择将**最小化**种群的平均适合度。因此，在对受制于依赖频率的自然选择的种群进行讨论时，最优化分析的支持者表明了特定的设计会最大化平均适合度，但他们或许并不能未经思索地假定，自然选择能够产生这种设计。

让我们对现状进行评估。在两种情况下，或许可以求助于最优化模型来为适应主义的历史进行辩护。在第一种情况下，生物个体的属性是研究的焦点。适应主义者自豪地将一组施加于被研究种群的约束条件放到我们面前，并向我们表明，给定了这些约束条件，一个将最大化某种东西的具体特征被当作测量生物适合度的手段。我们走进自然，看到这种特征（或更现实地说，某种类似的东西）存在于真实的种群之中。我们是否应当得出结论，适应主义者已经确认了那些让自然选择的运作产生这种特征的条件？答案远非清晰。在缺乏任何关于这个过程的遗传学知识的情况下，我们既没有坚实的根据来判断，这是不是那种有可能期待自然选择在起初存在的等位基因组合中固定适合度最强组合的情形之一，也没有坚实的根据来判断，这是不是那种自然选择已经完成了对可利用的次优基因型的固定的情况。在后面这种事件中，若在现实中发现同时出现了一些带有这种特征设计的模型，这就会成为反对这个模型正确性的证据，它将表明，我们先前对于这些约束条件（或测量适合度的手段）的判断是错误的。

类似的考虑也适用于第二种情况，其中我们聚焦的是一个种群的某种属性，并揭示了在这个种群中真实发现的特性符合那种会最大化平均适合度的设计。可以期待，只有在特定种类的遗传条件下，平均适合度的最大化才有可能实现。当预期的是依赖于频率的效应时（或者当我们有理由相信，由于关联性，存在着诸多严格的复杂要素），就不容易将最佳设计与真实发现的一致性转化为有关自然选择运作的诸多结论。

技术性讨论 F

220

设 AA（与 Aa）的非正规的适合度为 $bp+c$，aa 的非正规的适合度为 $bp+d$，且 $0<c<d$，$b>2(d-c)$。这个种群的平均适合度 $\overline{\omega}$ 以如下方式给定：

$$\begin{aligned}\overline{\omega} &= p^2(bp+c)+2p(1-p)(bp+c)+(1-p)^2(bp+d)\\ &= (bp+c)[p^2+2p(1-p)+(1-p)^2]+(d-c)(1-p)^2\end{aligned}$$

由此得出的结果是：

$$d\overline{\omega}/dp=b-2(d-c)(1-p)$$

在给定的上述条件下，这个结果始终是正值。据此，$\overline{\omega}$ 随着 p 的增加而增加。因此，当 a 变得普遍流行时（即当 p 趋近于 0 时），这个种群的平均适合度有所下降。

一个与家庭有关的类比提出了这一点。父母通常都倾向于相信他们的孩子是完美的。尽管如此，在更加现实的时候，我们每个人都会意识到，即使在最像天使的后代身上，也存在着某些缺陷。一旦我们在头脑中有意识地形成了这样的观点，过于完美的行为就有可能让我们产生怀疑。这同样应当适用于我们对进化的理解。甚至当我们将自身局限于对自然选择的

221 思考时，我们也不得不面对这个事实，即自然选择并不必然产生可以获得的最佳生物。因此，一系列让自然完美地符合我们关于良好生物设计的见解的最优化模型应当激起人们的怀疑。最优化模型有可能过于美好，以至于不可能是真实的。

迄今为止，我们已经考虑了自然选择与最优化之间的关联。不过，自然选择在进化中并不具备绝对的权威。正如每个生物学家都知道的（并且正如先前某些持续专注于自然选择的生物学家所宣称的），偶然的效应在小种群的进化中能够发挥巨大的作用。请设想这样一个小种群，它最初有三个等位基因呈现于一个基因座之上。诸多基因型的适合度排序为 $AA < AB < BB < AC < BC < CC$。在这种情况下，假定最初普遍存在的是等位基因 *A*，等位基因 *B* 与 *C* 的频率较小，那么，自然选择的工作将固定等位基因 *C*。然而，若一场洪水在交配前就摧毁了所有具备等位基因 *C* 的生物。在这种形势下，这个种群随后的选择进程将固定中间的等位基因 *B*。进而假定，这些等位基因的分子构成相当不可能从 *B* 直接变异为 *C*。（这有可能发生的情况是，比如说，*B* 与 *C* 都可以通过单一的基本替换而从 *A* 中获得，以至于通过两种基本替换，*B* 与 *C* 彼此有所不同。从 *B* 到 *C* 的最直接的变异路径就有可能取道于较差的等位基因 *A* 的路径。）由于外部的事件（洪水），一个本来有可能固定可利用的最佳等位基因对的种群却抵达了一个不同的最终状态。起初最优化的条件已经发生了改变。偶然的事件让一个种群偏离了它有可能抵达的最佳状态。

为了支持特定的变异历史而排除外部事件，仍然有可能得到这种相同的效应。假定从 *A* 到 *B* 的变异与从 *A* 到 *C* 的变异都是不太可能的，但可能性略大的情况是，这个种群包含了具备等位基因 *C* 的变异体，而不是包含了具备等位基因 *B* 的变异体。尽管如此，虽然在一种显而易见的意义上，这个种群的进化更接近于最佳的等位基因组合 *CC*，但是，它或许将去固定适应性居间的等位基因 *B*。这仅仅是由于相对不太可能存在的东西有时却会出现，在这段历史中，拥有等位基因 *B* 的个体出现并获得了成功，因此，等位基因 *B* 完全有可能在任何等位基因 *C* 出现之前就席卷种群并获得了固定。（请注意，适合度次序的轻微改变，即让 *BC* 的适合度低于 *BB* 的适合度，就会对任何恰巧在随后出现的带有等位基因 *C* 的变异体的生涯造成根本的阻碍。）“在漂变中有可能丢失罕见的变异等位基因”这个观点有一个很少被人们注意到的推论，即对罕见等位基因的清除，并不需要符合这些等位基因的相对适合度。另一个没有得到充分强调 222 的后果是，当研究的遗传系统是一个类似于列万廷与怀特在直翅目莫蜢科昆虫中发现的遗传系统［其中，特定的等位基因组合（或基因排列）的初始频率将对进化的轨迹产生关键的差异］时，那些接近临界点的种群在其基因频率的微小随机波动下，它们的进化历史就会发生显著的改变。在某些最初由布伦德尔排列、标准排列与铁宾比拉排列构成的混合体中，一分钟的干扰就能改变这个进化过程的结果（参见 Lewontin 1974，280）。

人们自然会抗议，尽管自然选择的工作方式有可能被离谱的命运的明枪暗箭所影响，但是，这不太可能是生命历史中的重要因素。对此有两种回应。第一种回应断言，偶发事件进入进化事态的场合太少，以至于不值得对之进行严肃的思考。第二种回应坚称，偶发事件的扰动仅仅具有暂时的效应，从长远看，自然选择将战胜这种暂时的效应。在这两种情况下，我认为，这些回应对自然选择的力量都过于自信。

偶发事件改变这些条件，从而影响自然选择结果的可能性有多大？这个泛泛的问题几乎不可能获得解答。我们能做的是提出更加明确的问题。首先，让我们把注意力局限于小种群。其次，让我们将注意力限定于这样的种群，对于这个种群来说，在某种灾难性事件的作用下，其数量降低的概率是不可忽视的。我怀疑，满足这两个条件的种群是罕见的，或者它们在生命的历史中扮演的角色是不重要的。（许多进化生物学家都强调了这样的观念，即这种进化行为发生于边缘栖息地的小种群之中。）现在我们就能提出一个更加明确的问题：假如这个种群包含了 n 个个体，有少量数目为 k 的个体携带等位基因 B，有少量数目为 m 的个体携带等位基因 C，在一场洪水消灭了它们之中的 r 个个体之后，所有等位基因 C 都丢失，至少有一个等位基因 B 被保留的概率是多少？（对这个问题的一个初步分析，参见技术性讨论 G。）

请考虑一个特殊的情况。设我们拥有一个包含了 10 个个体的种群，其中有 1 个个体携带了等位基因 B，另 1 个个体携带了等位基因 C（也就是说，$n=10$，$k=m=1$）。考虑到洪水消灭了这个种群的某个子集，保留

B 而清除 C 的概率结果约为0.18。这是一个几乎无法忽略的概率。因此，若我们有权得出结论，大灾难有时清除了小种群的诸多子集，那么，忽略“这种事件仅仅在罕见的情况下改变自然选择的条件”这种可能性，或许是错误的。（这个结论将得到强化，倘若就像在我们的变异设想中那样，诸多外在因素或许有着大量的可能途径来影响一个种群。）

223

技术性讨论 G

让我们忽视由于性别产生的诸多复杂要素，假定这个种群能够无性繁殖，因此，即便洪水过后只有一个成员存活下来，这个种群也能存活下去。这个假定并没有严重改变诸多判断，但它确实让计算变得更加容易。我们还将假定，假如发生了一场洪水，在洪水中失去任意数目生物的诸多概率都相同。更确切地说，对于任意数目 r 与 r'，它们的数值都大于0小于 n，在给定洪水中恰恰有 r 个成员死亡的条件概率，与在给定洪水中恰恰有 r' 个成员死亡的条件概率完全相同。在恰恰杀死了 r 个成员的给定洪水中，保留等位基因 B 并清除等位基因 C 的概率是：

$$\frac{k \cdot {}^{n-m-1}C_{n-r-1}}{{}^{n}C_{r}} = \frac{k \cdot (n-m-1)! \cdot (n-r) \cdot r!}{n! \cdot (r-m)!}$$

（请回想，起初有 k 个成员拥有等位基因 B，m 个成员拥有等位基因 C。）给定这样一场洪水，它恰好杀死这个种群的 r 个成员的概率是 $1/(n+1)$。因此，在给定的这场洪水中保留 B 并清除 C 的概率是：

$$\sum_{r=m}^{n-1} \frac{k \cdot (n-m-1)! \cdot (n-r) \cdot r!}{n! \cdot (r-m)! \cdot (n+1)}$$

我的结论是，不予考虑偶发事件的效应在形成进化道路的过程中发挥作用的可能性，这是鲁莽的。尽管如此，这或许仍然让人觉得，这种对自然选择的平稳行为的破坏仅仅是暂时性的。偶发事件在种群中排除了可利用的最佳等位基因，并固定了适合度不那么强的等位基因，这种情况的诸多例证激起了一个显著的回应：这个不幸的等位基因迟早将通过变异而重新出现，当它重新出现时，自然选择就将有一个新的机会让这个种群从次优的状态走向真正的最佳状态。但这种对自然选择的长期力量的乐观估价或许将被证明为不现实的。通常而言，一个等位基因在一个基因座的固定，将影响出现于其他基因座的诸多变异体的适合度。如果在这个不幸的等位基因获得它的第二次机会之前，这些变异不仅发生而且成为普遍存在的现象，那么，这个新的机会或许就来得太晚了。在已经改变的基因环境中，先前最佳的等位基因或许就不再具备优势地位。而取代它的那个起初适合度较差的等位基因也许为自身装备了其他基因座上的等位基因，因此，那个不幸的等位基因的入侵如今就被自然选择所抵制。 224

休厄尔·赖特为思考进化而引入了一个有帮助的策略。请设想一个具有峰值与谷值的曲面。每个峰值是平均适合度的一个**局部最大值**——这个状态是由这样的一个种群实现的，它以相邻状态的基因构成作为出发点。(**局部的**最大值这个概念明确被用于表征一个种群的可利用的进化轨迹的最后状态，因此，它回避了我们已经注意到的某些困难。)

赖特以及新近的坦普尔顿已经证明，经过恰当的理解，随机因素的运作与自然选择协调一致。坦普尔顿的表述是明晰的与简洁的。他要求我们颠倒适合度地形（adaptive landscape)，“将峰值转变为凹点，将谷值转变为脊点”（1982，25)。请将诸多种群设想为在适合度地形附近滚动的球。它们倾向于落入最近的凹点（获得平均的广义适合度的局部最大值)。一个种群或许并没有陷入最深的凹点。因此，在没有随机因素，没有交配与死亡的意外事件的情况下，诸多种群将被卡在局部的最佳状态，而不是普遍的最佳状态上。当我们考虑到这种随机因素时，局势就有所变化。我们可以将它们视为对这个地形的横向震动，这种震动导致了某些球向上滚到了凹点的其他侧面，翻过了脊点，并落入了新的凹点。由于相较于那些较深的凹点，球更有可能向上滚出不深的凹点，因此，延长的震动将倾向于产生让球定位于最深凹点的情况。

坦普尔顿的类比似乎恰恰给了最优化选择之友他们想寻找的东西。从短期看，混乱的诸多力量或许破坏了自然选择的行动。从长期看，它们让自然选择能够更为高效地运作。潘格洛斯主义者应该会欣赏这种解决方案。他们总是更喜欢**按照普遍的视角**（*sub specie aeternitatis*）来进行思考。

然而，赖特–坦普尔顿的这个类比涉及一个假设。如若违背了这个假设，这个类比就将被证明具有误导性。关键是，自然选择的压力是相对恒定的，相较于由漂变引起的种群运动，它们的改变恰好是缓慢的。假如适合度地形以足够迅速的方式发生改变，那么，种群达到的局部最大值或许就在随后的进化中留下了它们的印记。一个球在发现自身位于一个特定的凹点之后，它如今或许紧接着另一个新形成的凹点，而在先前地形的其他位置上，它就不可能抵达这一点。

225

甚至更为明确的是，赖特–坦普尔顿的论证取决于依赖频率的自然选择的缺失。假如自然选择的压力依赖于种群在适合度地形中的分布方式，那么，人们就将在特定的等位基因组合的改变了的适合度中感受到偶发事件的诸多效应，因此，在自然选择下随后进行的进化过程或许就会发生本质性的修正。它就好像球落入凹点这件事本身影响了适合度地形的线路，既加深了某些凹点，又让其他的凹点变浅，甚至有可能消除凹点。在这些情况下，人们或许会不正确地认为，偶发事件的效应仅仅是短暂的。因为缺少一个由于反复无常的偶发事件而被清除掉的竞争性的等位基因，一个不寻常的等位基因或许就变得固定于一个局部的种群之中。由于它被固定，在其他基因座上的等位基因的相对适合度或许就有所改变。由于它们被改变，这个种群或许就以未曾预料到的方式进化，而它的进化或许就对相同物种的其他种群施加了新的压力，甚至有可能对不同物种的诸多种群也施加了新的压力。

对于任何数量足够大的种群整体，无论我们选择什么时刻，那些种群的某些部分都将不会处于自然选择为它们规划的状态之中。那些贬低进化中随机要素的作用的人倾向于认为，这些种群最终将实现的那个表现型分布，恰恰是纯粹而自由的自然选择所导向的表现型分布，而这些种群仅仅是暂时背离于这些表现型分布。但由于先前的最佳状态一旦失去，或许就永远无法再次获得，真实情况是，始终有某些群体偏离于它们在不同条件下有可能达到的最佳状态，不仅如此，那种认为任何种群最终都将达到它们在没有偶发事件干扰的条件下会达到的最佳状态的想法也是错误的。同样错误的是认为，进化必然会进行最优化。

最优化选择之友还有最后一个回应。他们能够用如下论断来反击我的已经引起人们注意的那些理论上的可能性，即他们（或许还包括流行的社会生物学家）最感兴趣的那种特征是被众多不同的基因座所影响的，它们以彼此独立而又多少类似的方式发挥着作用。因此，一个正在进化的种群有大量可能的途径来实现表现型的最优化分布。即便历史的偶然性或许会干扰某些基因座上的进化过程，在别处则有充足的基因变异来确保进化过程最终抵达最佳状态。因此，这种对话终止于猜测之中。当代进化论的一大使命是，探索一个正在进化的种群可利用的众多基因变异。我们知道，我已经讨论过的理论可能性确实发生过。我们不知道的是，它们的分布有多广泛，因而我们就不知道，种群的进化在何种程度上被随机要素所影响。狂热的潘格洛斯主义者假定，在他们需要的任何时候都能找到充足的基因变异，他们却回避了重要的经验问题。 226

因此，可以期待，进化过程所造就的生物有时会违背我们关于最佳设计的看法：多久可能违背一次，这仍然是一个尚未解决的问题。当我们试图通过发现一组限定条件与替代性的特征来重构那种自然在其中选择了最佳特征的进化历史时，我们应当预料到，我们的分析有时可能是错误的。一个有关一切事物的完备的适应故事肯定是错误的。那种认为所有生物在一切方面都是最佳设计的潘格洛斯式的世界构想，并不是对于我们这个世界的精确构想。我们也不应当被潘格洛斯的现代门徒所欺骗，他们坚称，在这种历史过程的每个阶段，尽管最佳设计受制于那个时候存在的诸多约束条件，但是，它始终将会普遍存在。在所有可能存在的建筑师中，进化并不是一位最好的建筑师。

在全部预期都令人满意之处

在考虑最优化的“严格哲学”进路的过程中，我们考察了一种获得较为细致关注的策略，即根据有关盛行特征的最优化分析来理解进化历史的策略。现在应当审视的是一种对最优化的“宽松而又流行”的运用，以及那些忽略了在反思性讨论中得到详细阐述的方法论责难的建议方案（Oster and Wilson 1978，第8章）。

流行的社会生物学的批评者有时会谴责这项事业导致的结果是一批

“正是如此的故事”（Just-So-Stories）（Gould and Lewontin 1979）：流行的社会生物学家（与某些误入歧途的进化理论家）聚焦于那些捕捉到了他们幻想的动物属性，并且努力表明，从正确的视角看，那些被讨论的属性展示了进化的优化手段。（社会生物学家时而表达了相似的担忧；参见Rubenstein 1982，87；Thornhill and Alcock 1983，第1章。）不过，古尔德与列万廷的指责是，尽管流行的社会生物学实践明确承诺，它所识别的自然选择的力量发挥作用的途径是有限的（关联影响、多效性、异速生长以及遗传漂变），但是，它在一个美好故事的诱惑下成了牺牲品。

227

古尔德与列万廷通过思考一个由巴拉什提出的解释而具体化了他们的指责。因为着迷于想要对“动物的行为是为了让它们的适合度最大化”这个论点进行检验，巴拉什进行了一项有关山地蓝知更鸟行为的研究：

> ……当雄鸟外出觅食，将它的配偶留在它们新建的鸟巢中时，我在这个鸟巢与这只雌鸟附近添加了另一只雄性蓝知更鸟的模型。我感到好奇的是，当雄鸟返回并发现这对“通奸者”时，它会做出何种反应。特别是，我想要比较雄鸟在繁殖季节**当场**抓到它的雌鸟通奸时的行为与雄鸟在雌鸟已经产卵之后抓到它的雌鸟通奸时的反应。在繁殖季节的早期，当丈夫回巢时就会闹得一团糟；正如所预料的，它相当好斗地攻击那个虚假的雄鸟。但是，它同样攻击它自己的配偶（而我发现这一点特别有趣），在一个案例中，它甚至赶走了这个可疑的通奸者。它的配偶最终被另一只雌鸟所取代，它与后者成功地抚育了一窝后代。当雄鸟在雌鸟已经产卵**之后**出现于相同的场合下，会发生些什么？那只雄鸟仍然会对入侵的雄性进行攻击，但强度大大下降，而且它没有进一步进攻雌鸟。（Barash 1979，52；也可参见Barash 1976）

巴拉什在这种行为中看到了自然选择的设计手段：这种雄鸟的最佳设计表现是，当好斗有用时，它就是好斗的（也就是说，当雌鸟后代的父系血统有危险时），当入侵者的存在不再重要时，它就不那么好斗。假如我们要设计一种最佳的雄鸟，那么，巴拉什暗示，我们的设计就应当是，让雄鸟在配偶的通奸具有严重的进化后果（也就是说，让外来基因的承载者在它的鸟巢中茁壮成长）时狂热地捍卫自己的尊严，在没有危险产生这种可悲的结果时变得更加宽容。瞧！这（或多或少）就是我们在自然中发现的雄性。在它们身上体现的自然选择的力量更大。

我要提出的第一个要点是，巴拉什并非真正想要验证"动物的行为是为了让它们的适合度最大化"这个命题。我们对这个命题的信念扎根于我们对这种进化过程的遗传学理解；正如先前章节所提议的，一种更加精确的理解将产生一个更加精确的命题。巴拉什投入检验的是一个有关雄性山地蓝知更鸟最大化其适合度的途径的特定想法。（倘若巴拉什发现，这种雄性在繁殖季节的行为与在繁殖季节之后的行为之间并没有差别，他是否会放弃"动物的行为是为了让它们的适合度最大化"这个命题呢?）第二个要点是，巴拉什在进行这项研究时，似乎并没有顾及关于原始的山地蓝知更鸟或许可以实施的替代性行为的信息，或关于在这种行为的进化中可能发挥作用的约束条件的信息。我们轻易就可以设想到一只山地蓝知更鸟终结这种在鸟巢中发生的私通行为的替代手段，但巴拉什并没有试图认真探究这些在进化上或许可以利用的替代性策略。第三个要点是，在这种得到展示的行为与预期后代数目的最大化之间，并没有显而易见的关联。我们在诱惑下忘记的是，对另一只雄鸟的攻击或许将让归来的山地蓝知更鸟付出相当高的代价，这种受伤的风险有可能超过将这个闯入者从鸟巢中赶走所带来的任何好处。

228

然而，关于巴拉什的这个设想，最值得注意的是它欣然忽略了一个显著的竞争性解释。正如古尔德与列万廷指出的，存在着一种简单的方式来解释繁殖季节之后敌意的降低。山地蓝知更鸟就像人类一样，它们有可能暂时被愚弄，但它们最终弄明白了情况。过了一阵子之后，那只在门口的虚假雄鸟并没有构成严重的威胁，它也就不再激起回巢的雄鸟捍卫它那受伤的尊严。通过继续进行一些实验，就能轻易分辨这两种解释。通过改变虚假雄鸟首次出现的时间，人们就可以确定，敌意是随着熟悉程度而有所降低，还是随着繁殖季节的终结而有所降低。显然，这是巴拉什没有想到要做的一个试验，由此，古尔德与列万廷发现了一个重要的教训。

如果这个教训仅仅是，人们易于粗心地进行最优化分析，适应主义者在他们热衷于某个特定的设想时或许没有探索那些显而易见的竞争性假说，那么，许多适应主义者与社会生物学家肯定会认同。巴拉什应当更为清晰地辨明他认为在山地蓝知更鸟的行为进化中可资利用的那些替代性设想，他应当明确地表述在这种行为的进化中发挥作用的诸多限定条件，他应当对那些被称为最优化行为的东西提高适合度的真实方式给出一个更加精确的解释，他应当对那些反对彼此的竞争性解释进行检验。这些方法论的要点并不陌生，奥斯特与威尔逊在对最优化模型的回顾中对这些要点给予了应有的关注。

根据奥斯特与威尔逊的观点，“最优化模型在形式上是由四个部分组成的：（1）一个状态空间；（2）一组策略；（3）一个或多个最优化标准，或适合度函数；（4）一组约束条件”（1978，297）。可以认为，状态空间的选择反映了应当获得思考的诸多变量；在许多生物学的例证中，需要考虑的仅仅是被研究的动物的某些方面。一组策略是一批可被自然选择利用的替代性策略。因此，比如，我们或许会设想各种对我们研究的动物来说是可利用的行为。最优化标准意在挑选出某些关联于适合度的量值，由此，这种量值的最大化将对应于适合度的最大化。在山地蓝知更鸟这个例证中，巴拉什暗中假定，在一个繁殖季节中产生的合子的数目就是恰当的适合度标准——在他研究的这个例证中，这或许是一个合情合理的假设（尽管这个假设并非在所有情况下都合情合理）。最后，诸多约束条件是由人们研究的生物的各种特征（它们的遗传特征、它们的生理需求、它们的环境，等等）所强加的。

229

通过参照奥斯特与威尔逊所确认的那些组成部分，就不难描述一个谨慎的最优化分析。状态空间的选择，将通过有关人们研究的动物的背景生物知识来获得辩护。类似地，策略集合的选择应当反映出我们对这些动物的理解：我们有根据不去考虑这种可能性，即一只雄性山地蓝知更鸟或许会设计出某种鸟类的贞操带作为它对于入侵雄鸟问题的解决方案。我们对适合度标准的选择，必然反映了我们对当前行为的长期后果的一种理解。若将一个生物产生的合子数目作为恰当的适合度标准，那就是认为，这个生物现在产生的合子数目几乎不会对这个生物在未来的繁殖季节中实现的繁殖成功带来什么影响，并且包含在这种策略集合中的诸多策略对合子生存概率的影响没有什么变化。对于那些想要知道雄鸟对雌鸟的侵犯是否有可能干扰对后代的成功抚育的人来说，制造合子的数目就不会是一种恰当的适合度标准。最后，人们必须承认，诸多限制条件是由这种动物的生理机能、生态需求等因素来设定的。通过运用我们关于日常食物要求、各种运动的能量要求等方面的知识，我们就会承认，动物所能做的事情是有限的。假如一只山地蓝知更鸟独占了雌鸟的关注，却损失了交媾所需的能量，这对它有什么好处？

我们现在开始能够明白，为什么奥斯特与威尔逊会谨慎地评估最优化模型的运用。如果一个模型的严格陈述需要我们刚刚罗列的各种洞识，我们就有充分的理由想要知道，所有这些必需的信息来自何处。比如，请考虑有关策略集合的选择。我们如何能够阻止那些在进化上可被一个种群利用的替代性策略？是否真有可能评估这样一种可能性，即一种变异或重组产生了一个等位基因，通过与基因组的其余部分相结合，通过与环境相协作，这个等位基因产生了一种特定的特征？奥斯特与威尔逊承认存在这样的问题：

230

> 我们形成的用来描述职级结构的绝大多数模型在概念上都是经济的：它们的目的是在预先确定的一组替代方案中间指定对稀缺资源的最佳分配。这些替代方案绝大多数是由那些根据我们的博物学知识做出的猜测构成的。在某种意义上，我们不得不通过在我们的想象中重构进化来预期可获得承认的替代性策略。(1978，299)

这是他们对困难的坦率承认。然而，奥斯特与威尔逊的猜测并不是盲目的，他们的想象也不是天真的。威尔逊关于社会性昆虫的无与伦比的知识被精巧地用来形成有关社会性昆虫或许可利用的各种选择的想法。由此产生的结果是一些在其对假设的表述与捍卫中异常严格的分析。对社会生物学家与适应主义者所使用的最优化模型的一种回应方式是，将奥斯特与威尔逊作为模型的塑造者，通过与他们的工作进行比较，就能轻易鉴别出更加随意的研究（如巴拉什对山地蓝知更鸟的讨论）的诸多缺陷。

然而，对于最优化分析的最为显著的批评者并不想停留在这一点上。他们并非简单地认为，奥斯特与威尔逊表述并遵循了一组规则，但对于绝大多数的社会生物学家与适应主义者来说，他们通常都无法遵循这组规则。古尔德与列万廷在适应主义的纲领中辨识出了一个更为深刻的缺陷。他们的忧虑产生于一个奥斯特与威尔逊都没有明确提出的问题，即人们如何选择被认为得到最佳设计的动物属性。抓住符合自己口味的任何生物属性并追问自然选择如何发挥作用来产生这种属性的最佳形式，这种做法是否正当？当然不正当。生物的诸多特征深刻地彼此关联——请回想达尔文对诸多特征之间的关联的频繁提及。抓住生物的一个特征，却缺乏对其发展史的任何理解，我们就没有根据假定，这个特征本身是自然选择的焦点。然而，在一阵狂热之中，我们或许就会着手建构宏大的最优化故事，231 这些故事充斥着明确陈述的假设，这些假设反映了我们训练有素的诸多猜测——而这些猜测的无知之处恰恰在于，它们忽略了诸多发育的现象。

例如，请考虑人类的下巴。人类下巴的发育其实是由于两个不同发育领域的行为造成的。下巴并不是一个器官，它是通过两个不同的面部结构的相互作用而形成的。但是，人们可以相当容易地讲述一个关于下巴价值的故事。在社会生物学最理想的传统中，我们会考虑一个杰出的男性，我们会寻求男性面部的最佳设计。突出的下巴无疑就是那种最佳设计的一个组成部分。下巴长得好的男性将向世界宣示他们的卓越能力。他们并不需要通过收回下巴来防护面部的这个精致的组成部分。不，他们准备肯定自身，他们通过改进他们易受攻击的下巴来表明这一点。

古尔德与列万廷的担忧是，一旦开始了这种类型的讲述故事的规划方案，对这类故事的讲述就不会停止，直到人们对下巴的存在提供了某种（至少暂时）无可反驳的解释。他们以如下方式对适应主义的纲领进行了指责：

> 倘若在任何特殊的情况下，适应主义的革新都有可能因为缺少证据而在原则上招致抛弃，那么，我们就不会如此费劲地反对适应主义的纲领。而若它在某种明确的检验失败后就会被抛弃，那么，替代理论就会获得它们自身的机会。令人遗憾的是，进化论者的通常程序出于两个理由而不允许这种可限定的拒斥。第一，对一个适应故事的拒斥通常导致它被另一个适应故事所取代，而不是怀疑或许需要一种不同类型的解释。适应故事的范围恰如我们的心智一样宽广丰富，总是

能够假定新的故事。假如一个故事并非立即就可以被使用，人们始终能够将暂时的无知作为借口，并相信相关的知识终将来临……第二，接受故事的标准如此宽松，它们在没有经过恰当确证的情况下或许就会得以通过。进化论者经常用与自然选择的**一致性**作为仅有的标准，并在他们捏造一段貌似合理的故事时就认为已经完成了他们的工作。但是，他们始终可以讲述出那些貌似合理的故事。历史研究的关键在于，在一组通向任何现代结果的合理路径中设想出诸多用于辨识恰当解释的标准。(Gould and Lewontin 1979，587–588)

根据我们先前的讨论，我们就能辨认出，在这个批判中什么是有深刻见解的，什么是具有误导性的。首先请考虑接受适应主义历史的标准过于宽松的指责。我们已经看到，对于一个适应主义的历史，难以实现根本性的确 232 证，我们已经探索了几条有可能克服这些问题的途径。古尔德与列万廷倘若认为，不可能获得令人满意的根据来相信，一个具体的特征是通过自然选择产生的，对它的出现来说，至关重要的是要有某个特定的好处，那么，他们的这种否定就过分夸大了他们的论据。

在他们的批评背后，有一个更为深刻的观点。他们的主要目的是敦促生物学家在他们的实践中展示那些始终在原则上被允许的东西，即对于“一个特征是在自然选择的行为下出现的”这个论断来说，存在着诸多替代性的假说。古尔德与列万廷强调了基因的多效性、关联性、异速生长以及生长的限制条件的重要性。当我们为了进化研究而挑选出一个生物的某种特征时，我们既不应当马上就让我们自己承诺这样一个假设，即这种特征是直接通过自然选择形成的，也不应当马上就开始寻找它给予原始承载者的好处。相反，我们应当试图理解这种特征在生物成长过程中的诸多发展方式，因此，我们就能理解进化行为的诸多真正的可能性。以此方式，我们将不再依赖于那种用来表明自然选择了何种属性的先验判断，而是对达尔文主义的历史表述拥有一种合理的根据。重构发展史的路径或许要通过（至少要部分通过）个体发生学的研究。

应当说，这并不是一个新的观点。它在第2章讨论适应主义历史的确证时就已经出现了。我在那里提出，获得有利于适应主义历史的强有力证据的可能性，在很大程度上取决于能否评估诸多竞争性假说的合理性，而这通常需要那种有关人们感兴趣的特征的遗传与发展基础的知识。古尔德与列万廷为了让人们关注进化假说的诸多竞争形式而争论，但他们认为，适应主义论断的不可证伪性是一个不可克服的障碍，这扭曲了他们的重点。如果我是正确的，那么，正确的立场就应该是，对生物特征的适应主义假说的成功追求所预设的，恰恰就是古尔德与列万廷敦促其同事关注的那些竞争的可能性。对适应主义假说的有效确证是可能发生的——但这也只有在生物学家准备严肃地对待他们承认有可能存在的所有形式的进化方案，并且准备承担必要的研究来阐明诸多有关异速生长与基因多效性等的论断时才会发生。（正如约翰·比蒂向我指出的，古尔德-列万廷的观点或许可以用两种不同的方式来进行调解。人们或许会鼓励所有的生物学家发展与思考诸多替代形式的进化解释。或者人们有可能助长一种多元主义的**共同体**，其中，某些生物学家追求适应主义的解释，另一些生物学家则专注于发展的限定条件，如此等等。对此的清晰讨论，参见 Beatty 1985。）

233

在这种方式的审视下，古尔德-列万廷的批判就避免了那些用来反对它的最为重要的异议。正如某些人已经料想到的，他们并没有建议要完全抛弃适应这个概念，也没有建议要拒绝承认任何适应主义的解释的正确性。（尽管如此，值得注意的是，列万廷现在支持的立场比他在与古尔德共同撰写的论文中所主张的更加激进。参见 Lewontin 1983a，他在那里指责适应这个传统的概念是不融贯的。我并没有考虑支持他的这个最新发展的诸多理由。）古尔德与列万廷能够为有时得到确证的适应主义历史的可能性留有余地——尽管他们或许也会正当地坚称，有可能存在这样的情况，其中，我们可以获得的证据不足以让我们能够排除所有的其他相关假设，而只保留一个有关生物群体特征出现的进化历史的貌似合理的假设。我们不应当如此专注于构造达尔文主义的历史的规划方案，以至于我们在方法论标准不令人满意的情况下仍然要讲述这种历史。

另外，人们不应当像恩斯特·迈尔（Ernst Mayr 1983）那样断言，适应主义是唯一的选择，我们永远无法获得证据来支持任何竞争性的进化解释。当然，历史的偶发事件难以确定；然而，我们根据一般性的深思熟虑就可以知道，它们有时在进化中能够发挥一个重要的作用，因此，适应主义对于生物的五个领域的完备论述或许是一个误解。此外，还存在着诸多途径来探究那种求助于古尔德与列万廷所强调的发展限制条件的可能假设；倘若放弃了这些探究，那么，讽刺的是，适应主义的历史也将遭受同样的困境。（我认为，当这个结论以这种方式表述时，迈尔就有可能表示同意。）

适应主义纲领的两个例证或许有助于我们将古尔德-列万廷的这个批判的概述变得更加具体。在其对社会生物学的阐述中（他们认为，社会生物学是一门有关“行为生态”的科学的组成部分），克雷布斯与戴维斯承认了适应主义者讲述故事方式的诸多危险。尽管如此，就像迈尔一样，他们并没有看到任何有关行为进化解释的替代可能性。“非适应主义解释的问题是，它们是人们最后予以求助的假设。进一步的科学探究被扼杀了”（1981，36）。

反适应主义者并不是卢德派的知识分子，但他们确实认真对待了以下这种可能性，即由于在实践上不可能获取证据，某些关于特定行为方式的假说也许就没有获得确证。进而，他们辨识出了某些无法被扼杀的探究途径，而行为生态学家有时似乎忽视了这些途径。请考虑克雷布斯与戴维斯对将进化论适用于动物行为所做的论述：234

> 没有人研究过雄性粪蝇交媾时间的遗传基础，但是，似乎可以合理地假定，这是自然选择的结果。在某种意义上，所有的行为都是由基因来指定遗传密码的；将行为还原到最简单的形式，就无非是一系列的神经冲动与肌肉收缩，而神经与肌肉的蛋白质结构是在基因的指示下来指定遗传密码的。我们认为，交媾时间、觅食行为以及其他的行为形式，就像颜色这样的特征，是在进化中被选择出来的。（1981，12）

人们不应当怀疑，对于粪蝇的特定颜色或它们在交媾上花费的特定（平均）时间长度，可以给出一种进化的解释。人们不应当低估自然选择在进化中的作用。但是，由此并不能推导出，粪蝇的颜色与交媾时间是“在进化中被选择出来的”。很有可能真实存在的情况是，自然选择**反对**

那些如今已经成为颜色与交媾时间的标准范围的东西，从而出现了对标准范围的某种极端背离，那些尝试了新奇进化的不幸生物在没有留下持久痕迹的情况下走向灭亡。尽管如此，我们无法知道，自然选择是否**支持**某种颜色或交媾时间（也就是说，具有某些具体特征的粪蝇是否由于这些存在的特征带来的好处而留下了更多后代），除非我们已经理解了那些遗传与发展的基础，而正如克雷布斯与戴维斯所承认的，这恰恰是我们现在所缺乏的认识。没有这种理解，我们或许能够断言，根据得到良好支持的最优化模型与在自然中的发现之间的紧密一致，“特定交媾时间是由于它带来的明确好处而被自然选择出来的”这个假设已经变得相当合理。但是，若要走得更远，我们恰恰必须认真对待古尔德与列万廷提醒人们注意的那些可供选择的可能性。

我们可以将汉斯·克鲁克那个有关斑鬣狗的可敬研究作为适应主义有所限定的效力的第二个例证。克鲁克花费了大约四十个月的时间来观察东非［塞伦盖蒂平原（the Serengeti Plain）与恩戈罗恩戈罗自然保护区］的鬣狗行为，他在技术上时常富有创造性的艰辛研究工作有助于推翻那些有关鬣狗的一度流行的神话。在其探究的过程中，克鲁克经常去追问那些明显令人困惑的特征在适应上的重要性。比如，克鲁克就以这种方式仔细考虑了雌性鬣狗拥有类似于雄性的外部生殖器这个事实，克鲁克的结论是，这些结构的进化是为了有助于在复杂集会仪式中的辨认，而这种集会仪式是鬣狗社会生活的一个独特的组成部分：

> ……雌性是鬣狗在两性中的支配者，在雌性鬣狗中进化出了外部生殖器的特定形态，维克勒（Wickler）……或许是正确的，他说，它是对雄性的相同结构的模仿。就目前而言，除了在集会仪式中的用途之外，不可能想到这个具体的特征还拥有任何其他的目的。（Kruuk 1972，229；也可参见 Kruuk 1972，211 与 Wilson 1975a，29）

但是，正如古尔德所论证的，没有理由认为，存在着一种支持鬣狗生殖器形态的自然选择（1983，152ff.）。我们能够探究外部生殖器的发展，探索雌性鬣狗的该显著特征是服务于某种相当不同的东西的自然选择的副产品的可能性。研究揭示，雌性鬣狗的胎儿拥有两种浓度高得非同寻常的雄激素。因此，古尔德建议，我们应当认真对待这样的假设，即增加的雄激素浓度得到了进化（这有可能让雌性的外形更大，并增强雌性的支配力），作为一种副产品，雌性鬣狗最终拥有了看起来类似雄性的外部生殖器。在讨论涉及这个案例以及类似情况的问题时，运用索伯在“**关于**……的选择”与“**支持**……的选择”之间做出的区分，这是有帮助的。鬣狗生殖器的形态出现于自然选择的过程之中，存在的是一种**关于**该生殖器形态的选择。但是，并没有一种**支持**该生殖器形态的选择。（参见 Sober 1984，97－102。）

这并不是孤例。就像众多其他领域的生物学家一样，克鲁克着迷于那些看似缺乏任何正面的适应价值的特征，他的论著展示了众多表述精确的适应主义历史并收集相关的观察报告来验证它们的认真尝试。他特别诚实地记录下了他对于鬣狗的各种捕食猎物（牛羚、斑马、汤氏瞪羚）在面对一群捕食者的危险时所做出的诸多反应方式的迷惑。成年斑马进行了通常无效的进攻，瞪羚所实施的是它们那种得到了众多讨论的“跳跑”步法，雌性瞪羚有时试图分散捕食者的注意力，但通常徒劳无功。克鲁克记录了鬣狗成功捕获这些动物的比率，他试图考虑的是有可能改善反抗捕食者策略的各种途径。

> 为什么牛羚在被追逐时会跑入水中？[结果经常是溺死——作者注] 为什么并非所有的雌性牛羚都去守护它们的牛犊或在守护中进行联合？为什么雌性斑马不像成年的公马那样去攻击鬣狗？为什么瞪羚被追逐时在进入快跑之前要弹跳那么久？人们可以轻易提出更多的类似问题。（1972，207－208） 236

克鲁克自己对这些问题的回复是，他希望，通过在生态变量完整范围的背景下进行的最优化分析，人们能够解决这些问题。但是，他承认，甚至在考虑了更宽泛的背景之后，看起来就像对抗捕食者策略的那些行为方式仍然显得“不可思议”，他的结论是，“需要更多的观察报告来对有蹄类动物行为的这些功能情况形成深刻的见解”（1972，209）。就其本身而言，对一个行为的优先选择表明了展示该行为的生物所获得的毋庸置疑的好处。不同于更加随意的适应主义者，克鲁克并没有展现一个所有的预期都令人满意的世界，但他困扰于这样的一个想法，即所有的预期都应当是令人满意的，只要他认为这些预期是正确的。

啊，美丽的新世界！

相较于流行的社会生物学的实践，我们刚刚评述的适应主义者的错误判断就相形见绌。对于进化生物学家的共同体来说，应当如何在为当前特征的存在寻求适应主义解释的规划方案以及在探索那种替代性的达尔文主义的历史的规划方案之中分配资源，这是一些严肃的问题。对于流行的社会生物学家来说，这些问题却从未发生。他们的纲领的一个必不可少的组成部分是，将人类的行为模式（有时是非人类的行为模式）等同于那些有关随意最优化的诸多正式意见。我们已经看到了大量的例证。请回想在第 5 章中评述的那些对于相关优势的不假思索的想法。请回想威尔逊想要表明在那些符合进化期望的行为中的性别差异的努力尝试。在下一章中有更多的例证等待着我们。

对于那些想要攀登威尔逊阶梯的人来说，极端的适应主义是他们的信条。测探人性方法的一个组成部分是，将最优化分析的结果（或那些通过了最优化分析的东西）与有关人们真实做法的结论相比较。当我们（或多或少）发现了一致时，流行的社会生物学家辨认出了自然选择的手段，并继续得出了他们关于“行为的基因基础”以及“内部的低语”①的诸多结论。

237 毫不奇怪，威尔逊的某些追随者将进化等同于选择，将最优化的自然选择作为进化的第一原则。巴拉什宣称，“社会生物学出现的根源是，它承认，行为乃至复杂的社会行为是进化的与适应的”（1977，8）。这种悄无声息的转化不仅在原则上得到许可，而且在实践中得到了彻底的贯彻。

---

① “内部的低语”（whisperings within）这个措辞出自大卫·巴拉什的一本进化心理学论著的书名，即《内部的低语：进化与人性的根源》（*The Whisperings Within: evolution and the origin of human nature*，Harper & Row，1979；Penguin，1980），在这部论著中，巴拉什探究了诸多本能天赋对于特定种类行为的驱动方式与驱动机制。——译注

滨鸟受制于斗争的压力。它们通过聚集来帮助自身察觉与回避它们的捕食者，但这又干扰了它们获取食物的努力尝试。尽管如此，巴拉什却自信地认为，“在每种滨鸟中的群居本能，代表的是一种在逃避捕食者的斗争需要与避免不利于适应的觅食干扰之间进行的独特的最理想妥协”（1977，119）。他没有为这个结论提供任何证据。事实上，对这个问题的一种得到了改进的分析，通过运用博弈论的技术，明确地否定了任何这类评价。(参见 Pulliam and Caraco 1984，第 138 页及其后，特别是第 147 页；正如在许多其他的情况中，所给出的这种分析坚持认为，对于进一步的发展，有一个令人振奋的前景。）巴拉什关于最理想妥协的论断，仅仅反映了潘格洛斯式的信仰。

当我们来到人类的主题时，适应主义就充分发挥了它的最高水平。巴拉什的所有关于性关系的挑衅性结论是通过将最优化模型与那些时常来自轶事的数据进行宽松对比而获得的。巴拉什明确地论述了这种技巧：“在这一点上，仅仅有可能指出，自然选择的预测与人类行为的现实之间的相似性在所有其他的物种之中一再得到确证。接下来我们或许只要拿定主意对这种巧合感到惊讶。”（1979，89）当然，他的建议是我们不应当感到惊讶的，因为并不存在巧合。当人类行为符合最优化分析时，自然选择的塑造手段就得到了揭示。

威尔逊通常要比巴拉什更为谨慎。他不仅清楚地意识到自然选择并非演变的仅有动因，而且明确地记录了这个事实（参见 1975a，20—25）。进而，正如他与奥斯特的研究工作所表明的，他敏锐地意识到最优化分析应当满足的那些条件。然而，在最热烈地探求人性时，他的克制与谨慎就消失了。同性恋的倾向、性别策略、对陌生者的敌意以及大量其他的社会行为方式被视为最佳的，因而被视为通过自然选择而形成的。诸多篇幅被花费在如下推测，即那些让自身服从于宗教的匪夷所思的极端要求的人，实际上以某种方式被自然选择所支持（1978，185ff.）。潘格洛斯式幻觉的高涨，是专门为了捍卫以下这个不合情理的概括，即“当神明受到供奉时，部落成员便是达尔文式的进化适合度的最终受益者（即便成员或许没有意识到这一点）”（1978，184）。

威尔逊对适应的探求，在每一处都会进行某种古怪的转向。根据酒吧 238

间的刻板印象，男性是坚定的竞争者，他们在能力范围内无所不用其极地确保自身可以接近女性。然而，某些男性面对的是一种艰难的斗争，而他们最终放弃了斗争。

> 昆桑男性恰如发达工业社会中的男性一样，他们一般在35岁左右安家，否则就将接受一种较不重要的生活地位。某些人从未试图去做到这一点，他们住在破旧的小屋之中，几乎没有对他们自身或他们的工作表现出自豪……堕入这种角色并让自己的人格符合这种角色的能力本身，或许就表现了适合度。(1975a，549)

无疑，这种对于“低阶层以顽固方式持续存在”的解释，将让布拉克内尔夫人感到欣慰。

当然，“从竞争中撤离是符合适合度要求的”这个想法与那种有关男性竞争性的更为显著的观念相抵触，没有任何严肃的尝试来证明，男性恰恰在竞争提升了他们的适合度的地方才进行竞争。不需要做出任何这样的尝试。尽管威尔逊在序言中评述了演变的诸多竞争性的动因，但是，对于“什么样的人类行为特征具备适应性”这个问题的一个未经论据证实的解答支配了威尔逊关于人类社会行为模式的具体讨论。这个答案是：它们全部都具备适应性。

其他的流行的社会生物学家共同享有这种想要到处都看到最优性与自然选择的强烈愿望。亚历山大断言，“我们必然会认为，生物的所有功能都是繁殖性的，并且要让繁殖最大化”（1979，25)。潘格洛斯式的论断得到了一点限定，但仍然非常强硬。

> 若认为人类的所有活动（不包括那些由于环境的改变而暂时不利于适应的活动——在生物学的意义上，这种活动并没有实现在繁殖上的最大化）都导源于个体的繁殖努力，或更恰当地说，都导源于他们的基因，这似乎是荒谬可笑的。尽管如此，除非在迄今为止呈现的论证中存有缺陷，否则，我们将被迫检验这个假设。(1979，26)

这种检验并没有揭示其缺陷，于是，我们就着手进行一次有关人类社会制度的适应主义之旅。

适应主义方法的最终版本是，允许最优化分析取代有关人类真实行为的调查研究。在许多领域中，我们都不知道人类社会行为的诸多模式。进化预期能够将这种无知转化为知识。要看到这种技术能有多强大，就请考虑对雌性的性高潮与自发性流产之间关系的如下见解。 239

> 雌鼠若接触到了陌生雄鼠的气味，倘若它怀孕的话，它通常就会吞食它之前已生出的幼崽（Bruce 1966）。或许可以认为，这种反应表现出了一种适应性，因为雌鼠终止了对这窝幼崽的投入，假如它怀着这窝幼崽到分娩期，它们就有可能被新的雄鼠所杀害，而开始生育一批新的幼崽，雌鼠就会被新的雄鼠所接受。在人类历史中并非罕见的是，将女人作为战利品（Mead 1950）。如果接下来出生的后代将遭到杀婴者的屠戮，那些由于高潮而流产的女人就会在自然选择上具备优势。（Bernds and Barash 1979，500）

这些作者在别处将支持性高潮与人工流产之间关联的证据描述为“与环境有关的”。这无关紧要。请思考我们从这个适应主义的故事中能够学到的东西。在性高潮与自发性流产之间存在着一种关系。女性经常被当作战利品。这类似于一种命运，对于她们来说，重要的是对之有所准备。因此，她们在与她们的征服者性交时最终达到了高潮（甚至有可能在性交之前就达到了高潮——因为征服者在宠幸他们所有的战利品时，他们的速度有时或许有点慢）。她们自发性地流产，迅速怀上了有前途的子女，从此以后就过着幸福的生活。啊，我的至爱，这就是女人获得她的高潮的方式。

在最极端的形式中，流行的社会生物学家根据“进化预期”，对人类的真实行为方式（以及人类在过去的真实行为方式）提供了诸多的猜测。这些预期是从进化论的删节版本中得出的，其中，人们可以在人类社会生活的每一个细节中看到自然选择的优化手段。我们只能以仿效米兰达①的方式说道：“啊，美丽的新世界，竟有这样的人在里头！”

---

① 米兰达（Miranda）是莎士比亚（William Shakespeare，1564—1616）戏剧《暴风雨》（*The Tempest*）中的人物，生活在远离文明社会的岛屿上。米兰达有关“美丽新世界”的对白，是奥尔德斯·赫胥黎（Aldous Huxley，1894—1963）的反乌托邦名著《美丽新世界》（*Brave New World*）的书名由来。——译注

第8章　恰当的研究？

大量的嫌疑人

241　在优秀的推理小说中有一个最佳的诡计，它利用了读者的如下假定，即存在着一个嫌疑人的候选名单，其中恰恰只有一个嫌疑人对这个罪行负有责任。当赫克尔·波洛[①]在东方快车的餐车中将嫌疑人集合起来时，我们有充分的根据怀疑他们中的每一个人。然而，我们仍然没有对波洛的解答做好思想准备。所有的嫌疑人都是罪犯。

根据流行的社会生物学的众多批评者的描述，在这个纲领中似乎应该有一个关键的缺陷。倘若情况是这样，对它们的批评就会简单得多。倘若我们能够在所有有关人类社会行为的有缺陷分析中揭露出一个潜在的谬误，那么，就没有必要像我所做的那样，以逐个审视例证的方式来进行批评了。令人遗憾的是，社会生物学是一个混合体。有待详细考察的并不是一个完全统一的理论，不仅如此，流行的社会生物学家所提供的个别的达尔文主义的历史或许是以若干不同的方式而有所缺陷。存在的是一个谬误的家族，在不同的例证中涉及的是不同的成员。

威尔逊的阶梯首先试图表明，一种特定的行为方式将让一种特定动物

---

① 赫克尔·波洛（Hercule Poirot）是英国著名推理小说家阿加莎·克里斯蒂（Agatha Christie，1890—1976）笔下塑造的比利时大侦探，主要的出场作品包括《罗杰疑案》（*The Murder of Roger Ackroyd*）、《东方快车谋杀案》（*Murder on the Orient Express*）、《尼罗河惨案》（*Death on the Nile*）、《阳光下的罪恶》（*Evil under the Sun*）、《ABC谋杀案》（*The ABC Murders*）等，是古典推理小说时期与歇洛克·福尔摩斯齐名的名侦探之一。——译注

群体的成员的适合度最大化。正如我们已经发现的，这种意在阐明适合度最大化方式的分析有可能或多或少是以严格的方式进行的。诸多假设或许是以精确的方式来表达的。诸多限定条件或许是通过参照有关人们研究的动物的先前的生物学知识来得到辩护的。社会生物学家提供给我们的或许是一个模糊而又定性的故事，其成立的条件是无中生有的。

威尔逊的阶梯在第一个阶段用来描述行为的语言就已经值得我们认真审查。一个重要的问题是，我们是否有根据认为，以相同术语描述其行为的动物就是在做完全相同的行为。一个同样重要的问题是，那种确认行为功能的行为描述是否偷偷带入了诸多进化的假设。最后，社会生物学家有大量机会来运用含糊的或模棱两可的语言，反复地在关于动物群体的论断与关于动物个体的论断之间悄悄变动，扩大了那种仅仅在狭隘语境下有意义的概念的适用范围。 242

在下一个阶段，当有关最优化分析的诸多判定与真实的行为进行对比时，社会生物学家进而就有机会让论证误入歧途。与相关模型的诸多结论进行比较的是否为精确的观察报告？诸多差异得到了认真对待，还是没有得到考虑？如果被引入的诸多假说是为了解释反常的发现，这些假说是否解决了这些困难？引入这些假说是否有可能推翻那种让最优化模型此前在其中似乎成功的例证？这种分析是不是从一种有关动物相互作用的片面观点出发的，它疏于去解释诸多冲突应当以某种特定方式来获得解决的原因？

假设迄今为止提到的所有这一切都是可靠的，我们接下来必须提出的问题是，我们是否有权利将一个有前途的最优化分析当作一种自然选择史的标志？我们知道，在发现一个有关自然选择优化力量的融贯的基因视角观的过程中，存在着一个普遍的问题，我们能否将最优化分析归为这种力量，从而让我们能够无视我们对于这种基因细节的无知？我们能否认为，关于最优化模型的诸多判定与这些发现之间的一致如此精确，关于任何竞争性观点的数据如此出人意料，以至于我们有根据认为，必定存在某种遗传机制（我们不知道它是什么）满足了这种分析的诸多要求？我们是否应当忽略竞争性解释的可能性，而仅仅简单地假定，关于这种近似机制与这种行为发展的进一步的知识，不会影响我们对于这些动物的所作所为的理解？那些将社会生物学与大部分进化论理解为一种误入歧途的适应主义纲领的人会辩称，对所有这些问题的解答始终都是否定的。我并不认同他们的怀疑论。相反，我的建议是，我们应该对诸多个别的分析进行批判性的思考。在面对一个试图根据最优化分析来构造野心勃勃的达尔文主义的历史的特定努力时，我们必须提出我已经罗列的那些问题。在许多情况下，我们将发现，最优化模型太不精确，对竞争性假说的考虑太不充分，因此，我们没有权利忘掉那些近似机制、遗传学与发育生长的错综复杂性。

即便社会生物学的分析达到了这种高度，它们仍然没有达到威尔逊及其追随者所追求的那种令人晕眩的高度。倘若我们要宣称人性的宏大结论，那么，我们就无法让自身满足于这样的简单真理，即在我们的世系中243存在着一种自然选择的历史与一些基因的变化，因此，人们就在典型的环境中以特定的方式行动。假如我们要解决的是“我们这代人的重大智识争论”，我们就会想要知道，给定不同的社会环境，有可能产生什么样的行为变化。流行的社会生物学家只能通过采纳可疑的还原主义策略，将他们的适应主义历史转化为对这些主要问题的解答。他们必然试图阐明，那种或许可以指望其修正被研究行为的可能环境的范围要比我们所认为的更小，已经改变了我们的进化是为了固定跨越那些范围的行为，变革所破坏的社会制度本身是我们本性的表现，由此丧失的是我们的天性所珍视的品质。并没有任何普遍的理由来让人们相信，这些策略根据的是可靠的假设；而在某些特定的例证中，正如我们已经看到的，它们是高度可疑的。当然，有关人类行为遗传学的周密研究有可能弥补“只有在付出巨大代价的条件下才能改变我们的行为”这个威尔逊的论断中存在的缺陷与猜测。事实上，借助行为进化研究的迂回做法之所以吸引了那些有抱负的人性探求者，这恰恰是由于无法利用人类行为遗传学的相关部分。

威尔逊的早期社会生物学通过堆积推定的例证来获得它的影响。由于不存在理论争议的单一轨迹，我们就被迫以逐个例证的方式来检验这些结论。这些分析有时存在的是一种方式的缺陷，有时则混杂着一些不同的谬误。我的目的是确认大量的嫌疑人。每个嫌疑人在某个时刻是有罪的，没有任何嫌疑人在所有时刻都是有罪的，而每个有关人性的宏大结论都至少涉及一位有罪的嫌疑人。这就是威尔逊的流行的社会生物学的处境。

对同性恋的两个支持

我在考察潜在陷阱的过程中就已经表明了这个纲领的某些主要的吸引力。在这么做之后，我就能向早期的威尔逊主义者告别，我确信我已经揭露了这些谬误，而在具体例证中识别这些谬误的任务，可以留给那些对特定主题感兴趣的人来完成。我或者可以在冒险耗尽我自己与读者们的力量与耐心的条件下，开始对威尔逊及其门徒所提供的人性解释的整体进行系统性的彻底检验。我不打算采纳这两种极端的路线，而是将本章致力于审视人类的社会生物学所提供的一些最为流行的例证。通过将这些讨论与先前对威尔逊的性别差异分析、领地守护分析、雄性强暴倾向分析、娱乐行为分析、家庭之爱分析等的批判相结合，我希望破除以下这个印象，即流行的社会生物学研究为我们关于自身的新洞识带来了希望。 244

让我们将威尔逊关于同性恋行为的解释作为出发点，这种解释的构思在表面上带有一个值得嘉许的目的，即表明同性恋并非必然是“不自然的”。这个主题是在讨论“职级”时被**顺带**（*en passant*）引入的。

> 如果这种情况存在，脊椎动物的职级就应当在诸多社会中以可预期的频率，反复出现不同形式的生理类型或心理类型。某些类型在行为上有可能是利他的——进行不同服务的同性恋者，作为看护替代者的独身的“老处女姑妈”，进行自我牺牲的繁殖能力低下的战士以及其他相似的类型。(1975a，311)

论述的焦点似乎是，他发现了昆虫群落的不育成员在脊椎动物中的相似类型。不过，威尔逊也受到特里弗斯对于父母—子女冲突分析的启发，特里弗斯的分析认为，父母或许会通过操控一个子女的行为来让其广义适合度最大化。威尔逊在后面的一段文字中发展了这个观点。

> 在某些情况下，父母有可能希望将其对子女行为的影响持续到子女的成年生活之中。当利他行为通过向父母与其他亲属输送利益的方式来增加广义适合度时，它就有可能被采纳。单身的僧侣、老处女姑

> 妈或同性恋者在遗传上未必会受到损失。在特定的社会中，他们的行为能够让父母、兄弟与其他亲属的适合度提高到这样的程度，以至于自然选择了那些倾向于这种行为的基因进入其生活方式之中。(1975a，343)

这幅图画开始成形。存在着一种支持同性恋的“基因倾向”，由于广义适合度效应，相关的基因就得到了支持。

威尔逊试图通过并列进化论与行为遗传学的诸多判定来聚集“一组线索”（1978，146）。他求助于双胞胎研究的数据材料来断言，存在着“某种证据”来支持“某些同性恋的倾向”（1978，145）。通过将该论断与“同性恋者或许将被证明有助于其同族亲属”这个暗示相结合，威尔逊发起了宽容同性恋行为的运动：“对于一个坚持要让其成员遵守特定范围内的异性恋行为的社会来说，还存在着另一个代价（我们的某些成员已经以私人痛苦的方式付出了代价）”（1978，148）。我们将为“回避我们与生俱来的倾向”的尝试而付出代价。

245

当威尔逊呼吁废除那些破坏了如此众多的同性恋者生活的偏见与压制时，人们很难不赞同他的这个观点。但是，约翰·斯图亚特·密尔无疑在很久以前就给出了一个宽容的恰当论证。只有在人们的行为影响了福利事业或削减了其他人的自由时，才应当限制人们的自由。威尔逊的推理路线是通过提供可疑的假说并做出明显的推理谬误而形成正确结果的。据认为，生物学告诉我们，同性恋的行为是自然的——至少对某些人而言是这样。根据这个假说我们将得到的推论是，同性恋应当得到宽容，我们不应当试图去纠正、惩罚或压制同性恋。那些拥有清醒头脑与压制倾向的人将会取笑这个想法。即便“喜爱同性恋的基因”可以在一个种群中“仅仅通过亲缘选择”就保持为“一种高度平衡的状态”（1975a，555），同样的说法也可以适用于众多让携带者倾向于我们期望矫正过来的状态的基因。支持镰刀型细胞贫血症的等位基因在自然选择下保留于非洲人的种群之中。镰刀型细胞贫血症是一种疾病，尽管如此，我们竭尽所能地改变了那些携带这种有害等位基因的两种拷贝的人的环境。更宽泛地说，威尔逊犯了一个常见的错误，他认为，将某物揭示为自然的，就足以将其描述为好的，或至少是可以容忍的。我们已经可以听到道德多数派的大声吼叫：“虽然性病是自然的，但是，它将遭到人们的坚决反对！”

我目前关注的并不是威尔逊的那个有缺陷的伦理论证，而是他的那个可疑的生物学，其核心信息是，“很有可能”存在“某种支持同性恋的倾向”，这种倾向“或许是”具备适应性的。我们面对的是两个问题：这个结论的意思是什么？它是如何得出的？

对威尔逊的生物学假说的一个最为明确的解释是在如下段落中给出的：

> 和其他更为确知是受到遗传影响的众多人类特征一样，同性恋的遗传倾向并非必然是绝对的。它的表现取决于家庭环境与儿童早年的性经历。一个个体由此遗传的东西是，在允许其发展的情况下得血友病的更大概率。(1978，145－146)

尽管威尔逊鼓励人们宽容同性恋的愿望是值得称道的，但是，这段文字几乎没有为同性恋提供任何振奋人心的大声欢呼。与之形成明显比照的是同性恋者更容易罹患某种疾病（“血友病”）的可能性。尽管如此，这个比照有助于让我们明确表述威尔逊的论题。 246

请考虑一个非常简单的遗传模型。性取向是由单一的基因座来决定的。在这个基因座上携带 AA 或 Aa 基因组合的个体就拥有异性恋的倾向，那些携带 aa 基因组合的个体就拥有同性恋的倾向。这种关于倾向的说法应当按照如下方式来理解。与等位基因对 aa 有关的是一个将可能的环境映射到行为表现型之中的函数。在这些环境的特定类型（可称之为 H_{aa}）中，aa 的个体就偏好于在它们自己性别的成员之间进行性行为。类似地，与基因型 AA 与 Aa 相关的函数也将可能的环境映射到行为的表现型之中，存在的环境类型为 H_{AA} 与 H_{Aa}，其中，AA 与 Aa 的个体表现出同性恋的行为。威尔逊断言，aa 的个体拥有更大的概率“得血友病”。理解这个论断的一种方式是主张，环境类型 H_{aa} 恰好包括了 H_{AA} 与 H_{Aa}。直观地看，这个想法是，具有同性恋遗传倾向的个体如果是在特定类型的环境（这些环境包括那些没有同性恋遗传倾向的个体在其中变成同性恋的环境以及其他更多的环境）中被抚养长大的，那么，他们将发展成为同性恋者。（对于这种解释的图解表示法，参见图 8－1，而对此所做的一个替代性的图解表示法似乎不怎么能代表威尔逊的意图。)

一旦陈述了这个结论之后，变得显而易见的事实是，它难以获得支持。我们没有能力繁殖出纯系的人类，当他们在不同环境中被抚养长大后，我们也没有能力检验各种家系的性行为。那么，我们将如何来获得证据呢？

证据的一个来源是人类行为遗传学。行为遗传学家对于是否存在同性恋的遗传倾向这个问题展开了激烈的论辩。他们这么做是因为研究这个问题的标准方法并没有产生清晰的答案。威尔逊援引了卡尔曼（Kallmann）的研究（Wilson 1975a，555）以及赫斯顿（Heston）与希尔兹（Shields）的研究（Wilson 1978，145）。威尔逊承认，这两个研究“都受损于常见的缺陷，这些缺陷让绝大多数的双胞胎分析无法提供定论”（1978，145；这是对卡尔曼研究的过度夸奖，参见 Futuyma and Risch 1984，162－163）。这两个研究根据的都是在兄弟姐妹与双胞胎之间的性行为的关联分析。我们发现，“从单一的受精卵中发育而成的双胞胎……在异性恋或同性恋行为上表现的相似程度，就要高于异卵双胞胎的相似程度，后者是从两个分离的受精卵中发育而成的”（1978，145）。对于同性恋的倾向，这究竟表明了什么？ 247

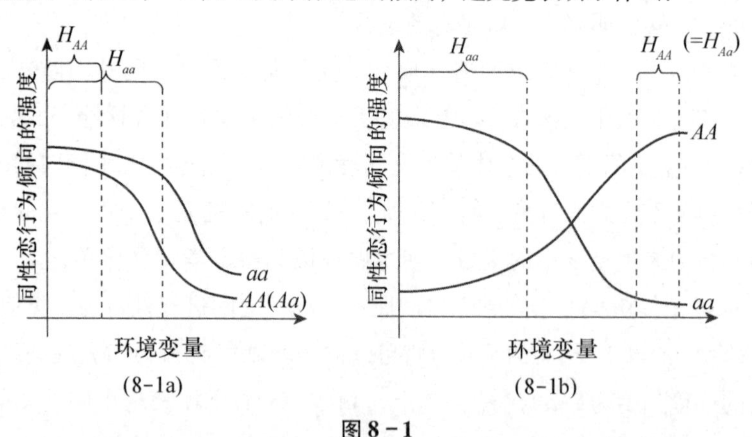

图 8－1

（8－1a）与（8－1b）代表的是 H_{aa} 或许大于 H_{AA}（$= H_{Aa}$）的诸多方式。在这两种情况下，假如诸多环境变量的所有数值均相等，那么，*aa* 的诸多个体就拥有更大的概率发展成那种具有强烈的同性恋行为倾向的人。对威尔逊论断的最为自然的解释是，他在心中想到的是类似于（8－1a）的东西——给定任何生长的环境，*AA*（与 *Aa*）的诸多个体拥有的同性恋行为倾向较低，它们仅仅在 *aa* 的诸多个体在其中变成同性恋者的环境中才会发展成为同性恋者。（8－1b）对于威尔逊的明显意图的代表性较差，因为它并不支持关于同性恋行为的遗传倾向的概念：假如（8－1b）描述的是实际状况，就有可能存在这样的环境，其中，缺少这种所谓的倾向的人们（在环境 H_{AA} 中）形成了一种远为强烈的同性恋行为倾向。

它表明的东西并不多。请回想预期的结论：没有这种遗传倾向的个体在其中形成同性恋行为的所有环境，就是那些拥有这种遗传倾向的个体在其中形成同性恋行为的环境，但是，在某些环境中，后者发展成同性恋者，而前者并没有发展成同性恋者。竞争性的解释是，不考虑基因型，如果人们在相似的环境中被抚养长大，他们就会形成非常类似的性取向（参见图 8－2）。通过表明在基因上等同的个体比在基因上并不等同的兄弟姐妹更有可能拥有相似的性取向，我们将如何支持威尔逊的结论并怀疑竞争性的图表呢？显然，它需要这样一个前提，即同卵双胞胎在生长环境中的差异，几乎就等同于任何兄弟姐妹在生长环境中的差异。假如这个前提是真实的，那么，人们就可以证明，这个竞争性的图表与观察到的诸多关联并不一致。考虑到这个竞争性的图表，就无法指望，诸多在基因上等同的个体将比在基因上不相似的人们更有可能具备相同的性取向（参见图 8－3）。 248

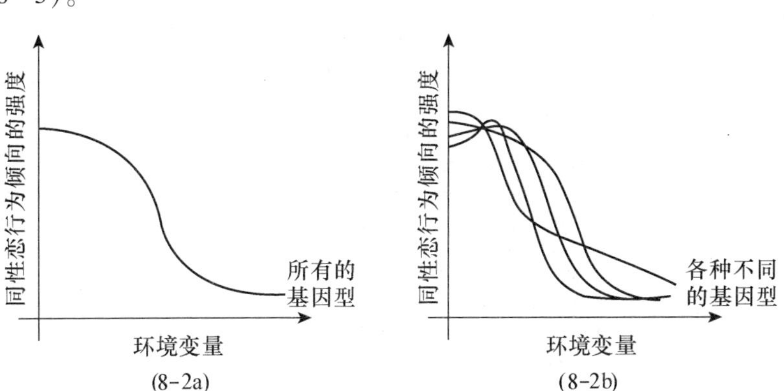

图 8－2

这是同性恋行为发展中的遗传因素与环境因素之间的可能关系的竞争性图。根据简单的版本（8－2a），所有的基因型展示的是环境中相同的变异模式。对“性取向在很大程度上是由环境要素形成的”这个想法的富有经验的支持者或许会觉得某种类似于（8－2b）的东西更可取，其中，诸多基因型的差异导致了对共同环境模式的轻微扰动。显然，存在着大量方式来思考基因与环境在性取向的发展中所扮演的角色。比如，一个类似（8－2b）的图或许就精确地表征了诸多常见的基因型之间的关系，而某些更类似于（8－1a）或（8－1b）的图就有可能对某些罕见的基因型成立。

几乎可以肯定，这个前提是虚假的。正如行为遗传学家相当清楚地知道的，同卵双胞胎所共同享有的环境，要远比普通的兄弟姐妹或异卵双胞胎所共同享有的环境更为相似。环境的相似性与遗传同一性的效果被混淆在一起。由此产生的宏大（而又不令人吃惊）的结论是，相较于那些在遗传上更为多样，在更加多变的环境中被抚养长大的个体，那些在遗传上更类似，并在更相似的环境中被抚养长大的个体有可能具备更加相似的行为。

然而，威尔逊的例证并不仅仅取决于行为遗传学的判定。他对这个主题的绝大多数讨论都致力于论证同性恋或许受到了自然选择的青睐。249

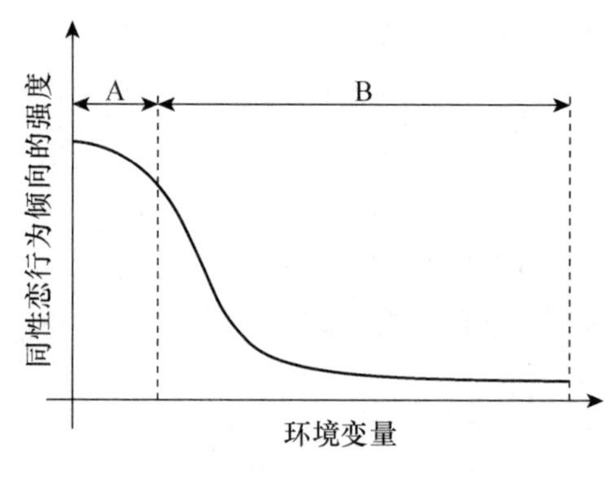

图 8－3

让我们对这个想法采纳一个简单的版本，即环境要素在同性恋行为的发展中是至关重要的（正如在图 8－2a 中的情况）。数据揭示，同卵双胞胎比异卵双胞胎或普通的兄弟姐妹更有可能共同享有一种性取向。假如我们的图是正确的，那么，共享性取向的个体或者都在区域 A 的环境中生长，或者都在区域 B 的环境中生长。由此，相较于其他种类的兄弟姐妹，同卵双胞胎必定更有可能在相似的环境中生长。因此，如果我们可以假定，同卵双胞胎的环境（在重要的方面）并不比其他那些兄弟姐妹更相似，我们就可以运用这些数据来得出结论，这个简单的图是不精确的。通过放弃这个假定，我们就能够恢复这个图。那种认为环境要素至关重要的想法的诸多更为精致的版本，还能够以相同的方式来解释这些数据——它们有额外的办法来解释这些已经被人们观察到的关联。

这个故事肇始于一个重要的假定。威尔逊想当然地认为，其存在有待理解的是一种单一的性行为，即选择相同性别的性伴侣。这绝不像初看起来的那么显而易见。尽管人类的两性研究已经有所进展，我们仍然不知道，我们对性行为的基本分类，应当专注于参与者的性别，还是应当专注于这种情况的某些其他的特征。我们不知道，同性恋与异性恋的诸多种类之间是否有重要的差别，某些同性恋更相似于某些异性恋，而不是相似于其他种类的同性恋。将这些行为方式混为一谈，或许会让我们误以为，有待解释的是一种统一的现象，无论它们是在罗马帝国、古希腊，还是在今日的旧金山。（我们的知识确实不足以识别跨文化的同性恋行为的诸多模式之间的重要差异。参见 Money and Ehrhardt 1972，227ff.。）

威尔逊满足于认为，人类的同性恋行为是一种单一的行为方式，它的存在需要得到进化的解释，他迅速扩展了他的研究范围：

> 同性恋行为在其他的动物中间是常见的，从昆虫到哺乳动物都有这种行为，不过，人们发现，在智慧最高的灵长类动物（包括恒河猴、狒狒与黑猩猩）中，这种异性恋的替代行为有着最完整全面的表现。这些动物的行为表明，在它们的大脑中潜藏着真实的双性恋倾向。雄性能够采取一种完全是雌性的姿势与其他雄性性交，雌性偶尔也能与其他的雌性性交。（1978，143－144）

250

几乎每一个养狗的人都熟悉威尔逊所援引的那种经历。某些狗（根据我的经验，特别是雄性的拉萨犬）会发出声音表达它们要在可轻易触及的范围内与任何东西性交的强烈欲望。树桩、人类肢体、家具物件都会激发它们进行一种活动，它们欣然将这种活动强加于其他任何浮现于它们视野之中的（体型接近的）狗身上。在我们根据华丽的机会主义与旺盛的创造性而对犬类动物的性行为可塑性进行猜测之前，我们应当提醒自己的是动物行为研究的较为古老的传统所做出的诸多判定。灵长类动物的观察者对这种熟悉的性交行为提供了一个竞争性的解释。在斗争性的互动之后，被打败的动物经常会允许战胜者趴在自己身上性交。或许，被威尔逊指称为“同性恋行为”的诸多场合，可以根据动物冲突（无论是现实的冲突还是潜在的冲突）的解决方案来获得理解。它们不得不做的或许是一些完全不同的事情。将它们理解为“在大脑中潜藏着真实的双性恋倾向”的迹象，这肯定是仓促的。

于是，在威尔逊阶梯的第一步，我们发现，威尔逊将人类行为的诸多形式与对其他灵长类动物的活动的拟人描述合并到一起。下一步就是编造与适应性有关的故事。

> 同性恋者并没有子女，那么，那些让其携带者倾向于成为同性恋者的基因如何能够在种群中流传呢？一种回答是，他们的近亲由于他们的存在而能够拥有更多的子女。原始社会的同性恋成员能够帮助相同性别的成员进行狩猎与收集食物，或者帮助他们在居住地点完成更

> 多的家务劳作。由于他们不需要履行专门的父母职责，他们所处的地位就有可能拥有特别的效率来辅助他们的近亲。他们进而有可能充当先知、巫师、艺术家与部落知识掌管者的角色。倘若这些近亲（兄弟姐妹、侄子侄女等）由于具备更高的生存率与繁殖率而有所收益，那么，这些个体与诸多同性恋的专家所共享的基因就会增加，另外的基因就会减少。在这些共享的基因中，某些基因不可避免地将让那些个体倾向于成为同性恋者。(1978，145)

251 好色成性的性欲反常者的刻板印象让位于乐于助人的同性恋者的刻板印象。每个家庭都应当有一个同性恋者。

令人遗憾的是，威尔逊的叙述仅仅是另一种故事。没有理由认为，威尔逊作为出发点的这个问题是一个现实的问题。那些携带让其具有同性恋行为倾向的基因（假如确实存在这样的基因）的人所拥有的子女，是否就少于那些不携带这种基因的人所拥有的子女？谁知道呢？它似乎看起来是这样的——直到我们考虑了这样的可能性，即同性恋者或许比异性恋者具备更高的倾向来从事性行为，而社会的压力有可能将他们的性能量引导到异性恋的行为之中。同性恋行为的广义适合度效应是否超过了那些据说是由于同性恋者的无子女而带来的遗传表现损失？威尔逊并没有向我们提供任何模型——他仅仅模糊地暗示，同性恋者为他们的家族提供了帮助。他并没有做出任何尝试来表明，存在着这样一些生态条件，在这些条件下，一个家庭的单位或许由于其中的同性恋帮助者的存在而得到了蓬勃发展（这种蓬勃发展的结果是，那些自身放弃繁殖的成员提升了他们的广义适合度）。我们是否会认为，对于那种让父母倾向于繁殖某些不育后代或无性后代的（假定）基因的持续存在，也可以用类似的方式来进行解释？这些产生倾向的基因是否有某些多向性效应来将同性恋与艺术的才能或运用先见之明劝说其他人的能力联系起来？“先知、巫师、艺术家与部落知识掌管者”恰恰能以何种方式来辅助他们的近亲？他们是否必须要成为同性恋者才能这么做？这些问题成群地涌现。由于没有人知道这些答案，我们或许可以自由地承认讲故事的权利——只要我们明白，这恰恰是威尔逊一直在做的事情。

威尔逊用一个重要的真相开始了他对同性恋的讨论："在同性恋治疗中将不成熟的生物学假说奉若神明，这种做法造成了无与伦比的痛苦"(1978，142)。对此的补救，并不是用某些没有根据的猜测来取代生物学的神话。没有好的理由认为，有一种单一的行为对应着那种被我们称为"同性恋"的东西。没有证据支持倾向于这种行为的基因的存在。没有根据认为，这种行为是由于广义适合度效应而被自然选择出来的。

相较之下，有充分的理由相信，对同性恋的顽固压制应当让位于对它的宽容。我们并不需要有关基因倾向与适应行为的幻想。我们知道，给定其基因构成与生长环境，某些人在成年之后将参加到同性恋的行为之中。他们的活动往往不会对自由构成限制，也不会对他人带来损害。当情况是这样的时候，对人类自由的基本尊重要求我们不应当对之进行干预，无论是以暴力的方式还是以道德强制的方式。 252

"不要因为我的肤色而讨厌我"

波西娅[①]的第一个求婚者来自摩洛哥，他担心他的外表对他不利，因此，他在介绍自己时提到他的肤色："不要因为我的肤色而讨厌我。"这行文字标志着我们生活中的一个令人不快的特点，我们就像莎士比亚一样熟悉这个特点——不同种族之间的敌意。

有些人抱有这样的希望：假如清除了某些造成种族隔阂的原因，假如拥有不同种族传承的人们逐渐能够欣赏彼此的背景与传统，那么，就有可能消灭种族之间的憎恶。他们坚持认为，我们并没有自然的倾向来憎恨那些属于不同种族的人。他们的这种观点在一首来自《南太平洋》(*South Pacific*)的歌曲中得到了概述："必须在为时已晚之前，必须在你六岁之前、七岁之前或八岁之前，教你憎恨所有被你亲属憎恨的人们。必须仔细地教导你，必须精心地教导你。"

巴拉什引用了这几行歌词，但他的主题并不是歌唱这首歌的水手们

---

① 波西娅(Portia)，莎士比亚的著名戏剧《威尼斯商人》(*The Merchant of Venice*)的女主人公。——译注

的主题。根据巴拉什的观点，进化或许“让我们在一定程度上倾向于种族偏见”（1979，154）。那些认为我们的社会规划必须废除我们过去与当前的文化所强加的隔离与不公正的人，扮演了浪漫的理想主义者的角色。“如果社会生物学是正确的，那么，就必须精心地教导我们不去憎恨不同于我们自身的其他人，因为我们或许具有这么做的生物倾向”（1979，154）。巴拉什的论证是，“亲缘选择式的利他主义原理”钟爱那些将增强对外表不同于我们自身的人的敌意的基因。这个论证分为三个阶段。

第一阶段的论证关注的并非人类，而是地松鼠。巴拉什报告了一些实验。地松鼠有时会“收养”某些并非它们后代的幼崽。因此，就有可能模仿人类遗传学家所钟爱的标准条件，造就几对共同抚养的兄弟姐妹、几对分开抚养的兄弟姐妹、一些共同抚养的没有亲缘关系的个体、一些分开抚养的没有亲缘关系的个体。当这些动物被放到一起时，亲属之间就能够辨认彼此，并准备以特别关注的方式来对待彼此。

253

> 在生物学意义上的兄弟姐妹，无论是共同抚养的还是分开抚养的，它们对待彼此的方式要比社会生物学意义上的兄弟姐妹对待彼此的方式更加“友善”。它们显示的敌意更少，它们更多地表现为抱成一团并彼此照料。最终的好处相当明确：诸多基因通过友善地对待自身而帮助自身，即便这些基因包含于不同的身体之中。（1979，153）

这项研究工作肯定是暗示性的。初看起来，似乎存在着诸多让动物辨认它们的亲属的机制；**在其他条件均等时**，我们应当期待的是，假如相关的广义适合度效应超过了参与这种合作行为所付出的成本时，那些促进合作交换的基因就会得到支持。然而，在其他条件并非总是均等时，在更加复杂的灵长类动物的社会中有几种常见的活动，在这些活动中，动物将自身与并非其亲属的团队成员相联合，或者分散之后加入到并非亲属的群体之中。因此，尽管对在哺乳类动物的社会生活中的广义适合度效应的否认或许是错误的，但是，这些决定性的问题所关注的是这样一些情况，其中，广义适合度效应有可能支配其他影响适合度的因素。没有根据假定存在着某种在所有环境下都不容例外地会与亲属合作的行为。即便我们将地松鼠之中亲属的彼此照料视为符合汉密尔顿不等式的自然选择所青睐的一种行为方式（我赶紧要做出的一个注解是，人们尚未算出这种符合的细节），这也不意味着那种自然选择青睐于某种让动物“友善地”对待有可能共享其基因的同类的普遍倾向。

在第二阶段的论证中，我们从针对地松鼠的谨慎实验突然变换为有关小学教室与夏令营的实验。

> 有关小学生的实验表明，他们能够在一个教室中快速划分为一些明显不同的阵营，在每个群组中具有真正的友好关系，在这些群组之间则具有敌意，他们采取的简单方式是，专注于某种可辨认的特征，它将某些人分隔开，将其他人团结起来。比如，一方是蓝绿色的眼睛，另一方是棕色的眼睛。或者是在夏令营的“颜色竞赛”① 中完全随意地区分为几个小队。我们似乎总是由于热切地想要使用这种区分而苦恼，甚至在我们非常年轻时也是如此，尽管由此形成的歧视或许是“非人性的”，但是，亲缘选择与广义适合度理论暗示，这种行为实在太符合人性了。事实上，它甚至暗示了一种支持种族主义的进化倾向。（1979，153）

巴拉什并没有为他有关小学生实验的论断提供原始资料，因此，没有办法评估这些研究的价值。尽管如此，除非他错误报告了这些发现，否则的话，这些研究就无关于他的重要观点。第一，他提到的种种行为似乎与**种族主义**的关联非常小。需要某种论证将小学生的竞争性游戏与类似三K党的组织活动联系起来。第二，通过教导来让孩子歧视他们的某些同龄人，这仅仅是一种可能性，它无法支持以下这种观念，即存在着一种有利于任何形式的歧视习性的进化倾向。我们并不需要精巧的实验来表明这是 254

① 颜色竞赛（color wars）是在西方的夏令营、学校或某些社会组织中经常举办的一种竞争性游戏，其中，参与者被分为几个团队，每个团队被分配一种颜色。这些团队在各种挑战游戏（这些挑战游戏通常包括拔河、躲避球、射箭、英式足球与篮球等）中彼此竞赛来获得分数，游戏活动时间从一天到数月不等，在游戏的最后，获得最多分数的团队为获胜的团队。——译注

可能的。有待解决的问题是，在年幼的孩童之中观察到的歧视行为是否仅仅在这种歧视得到了故意助长的环境中才会形成。我们已经知道的是，我们可以通过践踏、在干旱的天气中不予浇灌或在寒霜中忽视了对它的保护而让一丛玫瑰死亡。我们想要知道的是，假如我们不那么粗暴地对待玫瑰丛，它是否就有可能开花。

现在我们已经为结果做好了准备。据认为，在有亲缘关系的地松鼠中的合作交换与在教室中反复灌输的社会歧视向我们指出了一些有关**智人**的普遍结论。

> 不同种族的人**是**不同的。尽管我们都是一个物种，而且完全有可能交换基因。事实依旧是，相较于不同种族的个体，任何种族的成员似乎有可能在彼此间共享更多的基因。身体上的相似几乎肯定与基因上的相似有某种关联，相应地，我们就可以预料到亲缘选择的利他主义原理在这个事实上的运作。更扼要地说，对于那些属于不同种族的人，我们可以预料到这枚硬币的另一面——敌意。(1979，153)

为了避免让读者期待更多的东西，就让我在此做出解释：这些就是普遍性的结论。第三阶段的论证，巴拉什接下来继续对总体上的种族差异的进化起源做出了某些猜测，他使用的是［由荷兰的社会学家霍婷科（Hoetink）提出的］对种族刻板印象的某种高度有争议的研究纲要，他带着某种后悔的态度认为，他本应当在压力之下得出这些令人不快的结论。鉴于缺乏论证，我们只能感到疑惑：这种压力究竟是什么？

巴拉什以老生常谈作为出发点。显而易见，被我们算作属于不同种族的人之间是有所不同的。他们在表面上有所不同，数个世纪以来，人类就是根据这些表面的差异而进行区分的。他们还在历史、习俗、住所与财富上有所不同。白种人与最近的祖先的共同之处，就要多于他们与其他种族（如黑种人）成员的共同之处。因此，我通过遗传与其他的白种人共享相同基因的概率，要高于我通过遗传与黑种人共享相同基因的概率。由此将得出什么论断？

255

并不多。让我们严肃地对待这样的可能性，即在每个种族中，自然选择青睐于那种具有让携带者倾向于“友善”对待相同种族成员的表现型效应的等位基因。如果“亲缘选择的利他主义原理”将发挥作用，那么，我们就不得不认为，在汉密尔顿不等式的条件下，存在着一种实施有助于他人的行动的倾向。假定在相同种族成员之间的平均亲缘系数是 r_s。那么，这种倾向所青睐的就应当是以 C 为代价，将好处 B 带给相同种族的一个成员，若 $B/C > 1/r_s$。同样地，亲缘选择的利他主义原理就应当让人们倾向于帮助不同种族的成员，若 $B/C > 1/r_d$，此处的 r_d 是不同种族成员之间的平均亲缘系数。因此，我们应当预料到，有条件地帮助相同种族成员的意愿，不会促使人们去帮助其他种族的成员。更准确地说，当 $1/r_s < B/C < 1/r_d$ 时，好处就应当被分配给相同种族的成员，而不是不同种族的成员。

由于 r_s 大于 r_d（相同种族成员的亲缘系数高于不同种族成员的亲缘系数），B 与 C 的某些数值就将满足这种条件。但我们现在遇到了一个显而易见的困难。r_s 与 r_d 的数值都是非常小的。因此，只有在非常极端的情况下，才可以期待这些行为倾向于帮助相同种族的成员，而不是不同种族的成员。更确切地说，若我们假定，这些条件正确地达到了最高限度，且不存在那些基于不同种族互惠历史的复杂要素，或许就可以期待这一点。一旦我们意识到，由此所预计的在对待相同种族成员的行为与对待不同种族成员的行为之间的差异有多么微小，我们就不难领会到，在这些真实的行为之间的差异或许会由于无法识别而被抹杀。

因此，当人们认真对待求助于“亲缘选择的利他主义”的做法时，就没有理由认为，自然选择青睐于人类的某种“友善地”对待他们同族的普遍倾向，更没有理由认为，那些属于我们同族的人将享受到我们的爱所放射出来的光芒。即便我们轻信了巴拉什的大量无稽之谈，我们仍然需要进一步才能得出结论，我们是在自然选择下对那些不同于我们自身的人抱有敌意的。请回想我们先前（根据公认的过于简化的模型）有关动物敌对互动的讨论所表现的错综复杂性。巴拉什并没有让他的读者 256 困惑于这些数学的细节。一旦确定了我们拥有一种让我们与那些看起来模糊地相似于我们自身的人进行合作的遗传倾向之后，他就马上得出结论，我们拥有一种敌视那些不同于我们自身的人的遗传倾向。不必介意敌对行为通常让人们付出代价这个事实。不用担心与成本–收益的比例以及亲缘系数有关的细节，尽管汉密尔顿有关广义适合度的概念的任何重要应用都必然会涉及它们。不应当让这些复杂要素来破坏一个精彩的故事。

但是，这个故事并不精彩。它是一种废话，一种有待指责的危险废话。它要求我们接受一个导向极端仇恨的遗传倾向的概念，而它根据的论证则犯了如下的错误。第一，它错误报告了人们对非人类的物种中某些有局限性的合作交换的分析，以至于它认为，广义适合度这个概念承诺了某种对同族"友善"的普遍策略。第二，它对小学生的某些习性提供了不相关的与误导性的信息。第三，它并不怎么谨慎地指出了应用汉密尔顿洞识的方向，一旦我们认真地思考它所涉及的亲缘系数，这个尝试就失败了。第四，它没有经过论证就进行跳跃，甚至在没有具备一种理论分析纲要的情况下就推测，对相同种族成员的同情反映了对不同种族成员的敌意。要不是有关种族不信任的持久问题如此重要的话，对这种"推理"就会只存在一种恰当的回应：嘲弄的笑声。

理解青春期

威尔逊高度评价了巴拉什对于流行的社会生物学的阐述。我刚刚分析的那段文字出现于一本受到大师推荐的书籍之中，"一本令人愉快的书籍。它的论证有力而又有效"（威尔逊为 Barash 1979 所写的书籍护封简介）。这段文字并非不典型。我先前对巴拉什与威尔逊的论述所进行的引用应当已经表明，这些作者的论证为了获得显著的力量与效果而付出了什么代价。他们的支持者提出了一个借口：在努力获取广泛观众的过程中，流行的社会生物学已经销售一空。为了以最佳方式看清威尔逊的研究纲领，我们就应当将这些具有争议的结论追溯到技术性更强的根源之中。

我并不接受这个借口。这些流行的表述呈现的是大量行为的关键所257 在。流行的社会生物学家在书中提出了他们关于性行为、人类的好斗、种族的仇恨与其他一切的挑衅性论断。分析中的谬误与误导性的报告如果让人类承担如此之高的风险，它们就并非微小的过失。

尽管如此，即便这种挑衅性的普及让流行的社会生物学凸显于当代智识舞台之上，但是，仍然值得审视某些并非意在服务大众消费的研究工作，它们之中的诸多技术性理念朝着流行的社会生物学的方向而有所扩展。一个显著的来源是特里弗斯，不同于绝大多数其他的对威尔逊纲领有所贡献的人，他提出了某些对于社会生物学来说是重要的理论观念。[另一个来源是道金斯。我避免从道金斯的挑衅性论著《自私的基因》（*The Selfish Gene*）中举出有关流行的社会生物学的论断与论证的例证，因为他的描述引入了一些问题，而这些问题并不是我专注的主题的固有内容，即围绕着他将基因作为选择单位的极端概念的那些问题。在除去了这些问题之后，就可以证明，道金斯的许多论证容易遭到我在其他的流行的社会生物学家那里提出的相同种类的考虑要素的攻击。]

在一篇论述父母与后代冲突的重要论文（1974）中，特里弗斯为本书第 3 章结尾所提出的那个分析提供了一个更加普遍的版本，并通过提供一个有关青少年对抗社会化的解释而形成了他的模型。请考虑这样一种情况，其中，一个年幼的动物有机会去帮助它的一个（亲）兄弟姐妹。假如它给予帮助，这个兄弟姐妹的适合度就增加了 B，而这个帮助者所付出的成本若按适合度的单位来表述就是 C。从这个年幼的动物的视角来看，若 $B > 2C$，这种行为将增加广义适合度。然而，从父母的视角来看，若 $B > C$，这种行为就会对广义适合度做出贡献。假如一个兄弟姐妹得到的要多于其他兄弟姐妹的损失，第三代的预期数目将得到增加。因此，这些不同的视角让人们产生了关于这种帮助行为的可取性的不同结论。

特里弗斯的结论是，我们可以预料到，父母与其子女在社会化的过程中将发生冲突。

> 父母期望社会化让他们的后代能够比自然方式更为利他与更不利己地行动，而他们的后代则期望抵制这种社会化。假如这个论证是有效的，那么，将人类（或任何有性繁殖的物种）中的社会化仅仅视为或主要视为一种“教化”的过程，即一种父母将其文化教给子女的过程，这显然是错误的。(1974，250)

258 此处存在着某种跳跃。即便我们最终将社会化视为一种父母以牺牲他们的子女来最大化他们自己的广义适合度的过程，也绝对无法由此认为，社会化没有通过文化教育来提升父母与子女的利益和爱好。然而，相较于特里弗斯从中得出的进一步教益，我更感兴趣的是他对父母与年轻子女之间的冲突所做的论断。我们是否应当期望特里弗斯确认的那些分歧？

某些社会生物学家从一开始就怀疑父母与子女发生**任何**种类的冲突的可能性。亚历山大在一篇较有影响力的文章中认为，自然选择会反对那种促使子女对抗父母要求的基因，因为这种基因有一种延迟的成本：这种对抗父母的变异子女有可能拥有同样表现为对抗性的后代，而变异子女后代的对抗性将降低变异体的广义适合度（1974，340ff.）。然而，随后对基因细节的关注已经表明，考虑到恰当的遗传条件，诸多等位基因就可能让倾向于对抗父母要求的子女在频率上有所增加（Parker and MacNair 1978；Stamps，Metcalf，and Krishnan 1978；Stamps and Metcalf 1980）。直观的理由是，无私合作者所遭受的损失，要大于反对其父母的自私后代所遭受的损失（这些自私的后代反过来也被他们自己的子女所反对）。

因此，我们可以假定，特里弗斯所构想的某些普遍类型的场景是有可能发生的。我们可以尝试某些途径来弄清这些细节。我们必须提出的第一个问题与这种被假定的机制类型有关。我在此将考虑两种可供选择的设想。第一种设想假定，不仅有一种**感知的**机制在父母中起作用，而且有一种相似的机制在子女中起作用。父母能够分辨出子女的何种行为将对他们的（父母的）广义适合度做出贡献。子女继承了分辨那些会增加他们自身的广义适合度的行为形式的能力。就这种可供选择的设想而言，我们应当提出的问题是，自然选择是否支持父母中的那些迫使子女实施行动来提高父母广义适合度的基因，自然选择是否支持子女中的那些强硬抵抗父母压力的基因，只要子女被要求做出的行动会降低子女自身的广义适合度。冲突恰恰出现于$\frac{1}{2}C < r_P B$与$r_O B < C$的场合之中（在这里，r_P是受益者相对于父母的亲缘系数，r_O是受益者相对于子女的亲缘系数，B与C分别是

接受帮助者得到的好处与子女付出的成本；假如这个受益者是子女的亲兄弟姐妹，那么，这个不等式就还原为特里弗斯通常考虑的那个形式，即 259 $C<B<2C$）。

第二种可供选择的设想认为，这种机制是**盲目的**。根据这种解释，我们假定，冲突总是出现于父母提出要求之时。并没有什么机制来辨别那种让广义适合度最大化的方式。相反，我们假定，自然选择支持那些助长了子女之间相互合作的基因（它们在父母的行为中有所表现）。经常会有一些场合，子女的合作行为将提升父母的广义适合度。我们还假定，当合作会降低子女的广义适合度时，对合作的鼓励也会偶尔出现，以此方式，自然选择支持了那些将自身表现为子女抵抗的基因。然而，由于他们是盲目地行动的，因此，父母与子女双方有时会犯下错误。父母甚至在合作有可能降低他们在繁殖上的成功的情况下仍然会要求合作，子女甚至在合作或许有助于传播他们的基因时仍然进行反抗。

这两种设想都有它们的困难所在。首先请考虑这个假设：父母与子女能够辨别那些促进自身基因传播的行动。（我要立即指出的是，他们或许是以完全无意识的方式来做到这一点的。）辨认的机制将不得不与有关隐蔽成本与延迟收益的可能性相协调。请设想两种性格：吝啬与善良。吝啬者有时无法领会到，从长远来看，他们与兄弟姐妹的合作有可能带来重大的收益。他们的适合度计算没有得到恰当的调整，由于他们忽略了长期的收益，他们甚至在合作将促进他们在繁殖上的利益时仍然会抵制他们的父母极力敦促的合作。（与之相关的情境是，一个行动为一个兄弟姐妹带来的收益 B 大于 $2C$，但吝啬者认为，B 小于 $2C$。）善良者总是会做父亲与母亲鼓励他们去做的事情。因此，他们有时会被他们的父母剥削利用。在这些情况下，善良者不如吝啬者。相当明显的是，若 $mB^{*}>nC^{*}$，善良者就比吝啬者更有利，此处的 m 是吝啬者做出错误计算的场合的预期数目，B^{*} 是在这些情况下得益于善良者的平均净收益，n 是善良者被父母操纵的场合的预期数目，C^{*} 是善良者由于被操纵而产生的平均净成本。重点在于，假如可观的长期收益有可能被子女轻易忽略，那么，勉强接受一些父母的操纵或许就会好得多。假如母亲与父亲最了解情况，聪明的子女就应当按照他们所说的去做。

260 根据鼓励与抵制的感知机制来阐明特里弗斯的构想，这或许对辨别最大化广义适合度的诸多可能性的机制设置了相当高的标准。（当然，没有证据让人们认为，任何这样的机制在生理上、发育上或遗传上是可能的。）讽刺的是，那种认为人们拥有**精确的**机制来辨别什么行为有可能提升他们自身的广义适合度的假设，或许提出了一些关于特里弗斯关注的各种情境的有趣问题。对我们的子女进行社会化的努力尝试会有什么意义？根据特里弗斯的假设，父母的教化源自最大化父母的广义适合度的努力。倘若子女与父母都能精确地计算出诸多行动影响他们的广义适合度的方式（或者倘若他们表现得似乎已经做出了精确的计算），那么，根据流行的社会生物学的风格，我们或许会认为，可以预料，自然选择有可能支持父母采取这样的行为，即只有在父母与子女在广义适合度的利益上不一致时才鼓励子女实施合作行为。在其他的场合下，就可以让子女采纳自己的策略。子女将辨别最大化他们自身的广义适合度的行动路线，由于在此情况下，他们的广义适合度并没有与父母在繁殖上的利益发生冲突，子女的行为将最大化父母的广义适合度。因此，并不需要范围广泛的社会化。我们应当留意观察的仅仅是冲突。

因此，根据我们第一种可供选择的设想（我们在那里假定了一种感知的机制），我们就面临着一个进退两难的困境。假如这种机制运作良好，范围广泛的社会化就应当被证明是没有必要的（由于浪费时间和能量，它大概就应当消失）。假如它运作得并不好，那些顺从者就更有可能被自然选择所青睐。

当我们审视第二种可供选择的设想时，会发生些什么呢？这里的困难似乎是显而易见的：自动对抗父母建议的子女似乎有可能做得很糟糕，驯服者将成为地球的继承者。在一群叛逆者中，我们将预料到，自然选择会有利于服从者。他们在父母与子女的利益符合一致的所有场合下都将获得好处，他们只有在他们的父母剥削利用他们时才会有所损失。在排除了父母剥削利用的大量可能性之后，可以认为，利益符合一致的情况在数量上要超过冲突会出现的情况。

先前的讨论应当让我们意识到这种想法，即表面上合理的构想有时能在周密的审视下被消解。因此，值得审视的是，我们这个定性的评估是否会得到一个更加精确的分析的支持？在此有一条着手处理这个问题的途径。假设有两种父母（剥削者与慈爱者）与两种子女（顺从者与叛逆者）。父母与子女定期面对这样的情境，其中，假如子女实施某种特定的行为，父母的广义适合度就有可能得到增加。在某些这样的情境中，这种行为会增加子女的广义适合度（这些情境被称为**一致的**情境）。在其他的情境中，这种行为会降低子女的广义适合度（这些情境被称为**冲突的**情境）。当任何这样的情境出现时，父母就会要求子女履行恰当的行为。假如子女是一个叛逆者，结果就会发生斗争，父母与子女都会付出代价。父母有一半的次数获胜并让这种行为得到实施；在其余的次数里，子女将获胜，这种行为就不会得到实施。假如子女是一个顺从者，那么，他将始终实施这种行为。剥削的父母与慈爱的父母之间的差别是，前者更多地参与了这样一种互动之中，若子女以恰当的方式行动，这种互动就有可能增加父母的广义适合度。我们可以设想，剥削者的行动是为了替换某些一致的情境，剥削者与剥削者的子女会发现自身所处的冲突的情境的次数更多。他们遇到的一致的情境要少于慈爱者遇到的一致的情境。尽管如此，冲突的情境数目的增加将对一致的情境数目的减少做出额外的补偿。

261

在自然选择下，我们会期待这些策略以何种组合出现？或提出一个确切的（与有点不同的）问题：哪些组合在进化上是稳定的？当这种分析得到发展时（参见技术性讨论 H），我们发现了我们或许已经有所期待的东西。我们可以得到我们想要的几乎任何结论，这取决于我们调整成本与收益、剥削机会等因素的方式。假如一致的情境的收益足够大，那么，它将对那些作为慈爱者的父母与作为顺从者的子女给予回报。假如斗争的成本是微小的，假如冲突的情境带来了可观的回报，那么，剥削者-叛逆者的组合就有可能在进化上是稳定的。甚至存在着一些途径来玩弄参数，从而产生了这样的结果：纯粹的组合中没有一个是稳定的，或者（以不怎么合理的方式）确保了剥削者-顺从者或慈爱者-叛逆者的稳定性。因此，当我们对特里弗斯的分析进行少许探索之后，我们就会看到，对于“可以期待自然选择支持什么或保留什么”这个问题，并不存在清晰的结论。

技术性讨论 H

假定在任何一致的情境中，子女都能够通过行动来让一个兄弟姐妹的适合度的数额增加 B_1，而它自身消耗的成本是 C_1，在此情况下，$B_1>2C_1$。在任何冲突的情境中，子女都能够通过行动来让一个兄弟姐妹的适合度的数额增加 B_2，而它自身消耗的成本是 C_2，在此情况下，$C_2<B_2<2C_2$。对父母与子女来说，斗争付出的代价都是 C_3。剥削者与其子女卷入一致的情境中的次数是 m_1，卷入冲突的情境中的次数是 m_2。慈爱者与其子女卷入一致的情境中的次数是 n_1，卷入冲突的情境中的次数是 n_2。根据正文的描述，我们假设 $m_1<n_1$，$n_2<m_2$，而且有一个数值 k，$k>1$，因此，$m_2-n_2=k\ (n_1-m_1)$。

这个博弈的回报矩阵可以写作如下的形式：

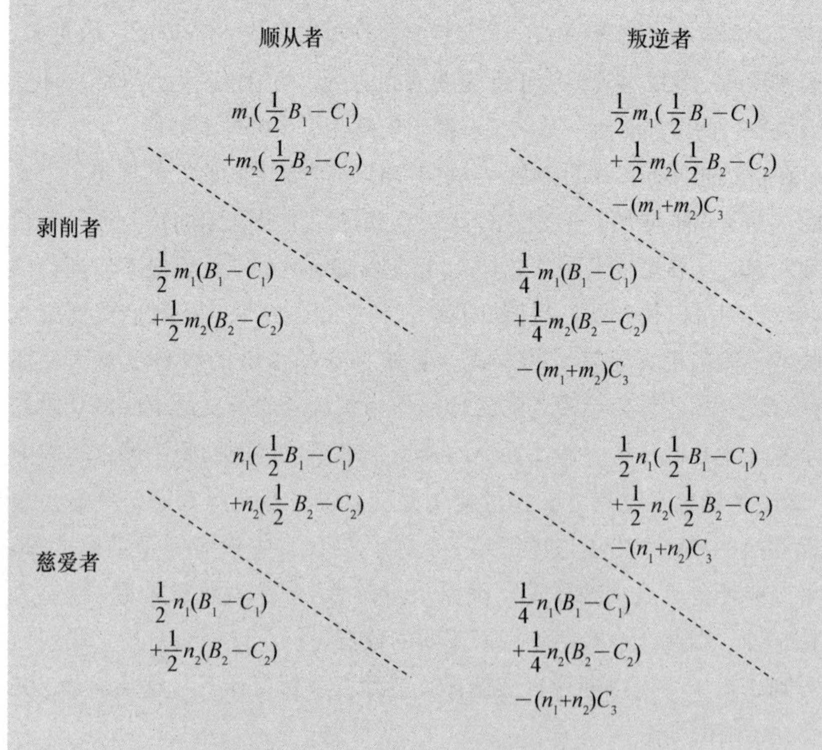

	顺从者	叛逆者
剥削者	$m_1(\frac{1}{2}B_1-C_1)+m_2(\frac{1}{2}B_2-C_2)$ / $\frac{1}{2}m_1(B_1-C_1)+\frac{1}{2}m_2(B_2-C_2)$	$\frac{1}{2}m_1(\frac{1}{2}B_1-C_1)+\frac{1}{2}m_2(\frac{1}{2}B_2-C_2)-(m_1+m_2)C_3$ / $\frac{1}{4}m_1(B_1-C_1)+\frac{1}{4}m_2(B_2-C_2)-(m_1+m_2)C_3$
慈爱者	$n_1(\frac{1}{2}B_1-C_1)+n_2(\frac{1}{2}B_2-C_2)$ / $\frac{1}{2}n_1(B_1-C_1)+\frac{1}{2}n_2(B_2-C_2)$	$\frac{1}{2}n_1(\frac{1}{2}B_1-C_1)+\frac{1}{2}n_2(\frac{1}{2}B_2-C_2)-(n_1+n_2)C_3$ / $\frac{1}{4}n_1(B_1-C_1)+\frac{1}{4}n_2(B_2-C_2)-(n_1+n_2)C_3$

对于一个进行慈爱者—顺从者博弈的群体，一个采纳叛逆者策略的子女无法侵入其中，若

$$\frac{1}{2}n_1\left(\frac{1}{2}B_1-C_1\right)+\frac{1}{2}n_2\left(\frac{1}{2}B_2-C_2\right)+(n_1+n_2)C_3>0$$

一个采纳剥削者策略的父母无法侵入其中，若

$$(n_1-m_1)(B_1-C_1)+(n_2-m_2)(B_2-C_2)>0$$

也就是说，

$$(B_1-C_1)/(B_2-C_2)>k$$

轻易就可以看出，这些条件能够得到满足，假如 B_1 较大，而 C_1、B_2 与 C_2 都相当小。

263

对于一个进行剥削者—叛逆者博弈的群体，一个采纳顺从者策略的子女无法侵入其中，若

$$\frac{1}{2}m_1\left(\frac{1}{2}B_1-C_1\right)+\frac{1}{2}m_2\left(\frac{1}{2}B_2-C_2\right)+(m_1+m_2)C_3<0$$

一个采纳慈爱者策略的父母无法侵入其中，若

$$(m_1-n_1)(B_1-C_1)+(m_2-n_2)(B_2-C_2)$$
$$+(n_1+n_2-m_1-m_2)C_3>0$$

我们能够满足这些不等式，满足的方式是：让 C_3 变小，B_1 近似于 B_2，C_1 略微小于 $\frac{1}{2}B_1$，C_2 略微大于 $\frac{1}{2}B_2$，并让 k 变大。以此方式，设 $B_1=B_2=5$，$C_1=2$，$C_2=3$，$C_3=0$。第一个不等式就被简化为

$$m_2>m_1$$

由于这个模型的诸多条件，这个不等式将始终成立。第二个不等式[①]变为

$$2k<3$$

每一个纯粹的组合都有可能是不稳定的，正如我们在如下例证中

① 经作者确认，第二个不等式指的就是 $(B_1-C_1)/(B_2-C_2)>k$。——译注

所能看到的。设 $C_1 = 2$，$C_2 = 4$，$C_3 = \frac{1}{4}$，$B_1 = B_2 = 5$，$m_1 = 10$，$m_2 = 50$，$n_1 = 20$，$n_2 = 10$。（由此可得 $k = 4$。）这个回报矩阵如下：

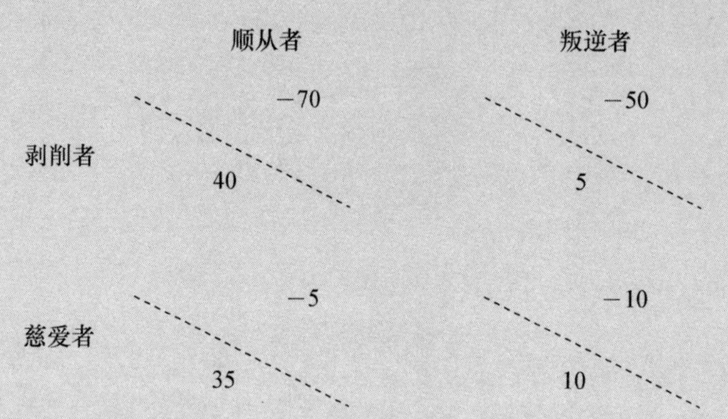

在这些情境下，在一个进行慈爱者–顺从者博弈的群体中，父母转变为剥削者就会有所回报。假如这个群体进行的是剥削者–顺从者的博弈，采纳叛逆者策略的子女就将占据优势。若给定的是剥削者–叛逆者这个组合，采纳慈爱者策略的父母就将获利。最后，假如出现的是慈爱者–叛逆者的组合，采纳顺从者策略的子女就将获利。

264

构造那些剥削者–顺从者或慈爱者–叛逆者的策略在其中稳定的例证也不难。我将这些留给读者的智慧。

尽管这个分析在许多方面显然是过度简化的，但是，它的价值在于，它指出了一个重要的特征。那种认为剥削者以做交易的方式用一致的情境来换取冲突的情境的想法或许看起来有点不自然。然而，如果我们考虑到，在更现实的博弈中，当子女发现自身遭到剥削时，他们会增加其抵抗，那么，我们就能看到，可以期待发生某种类似交易的事情。那些试图剥削其子女的父母即便在他们的利益一致时也会遇到抵抗。假如情况是这样，那么，（由参数 k 所表征的）交易这个明显不自然的概念，或许提供了一个简单的途径来部分把握在更现实的分析中发生的事情。

不管怎样，这个讨论的主要观点是要表明，当我们孤立（并修改）这些重要的假设时，进化预期有多么易受影响。

迄今为止，我遗漏了这个问题的一个重要方面。受益者被视为这幅画面中的一个纯粹消极的组成部分。当我们正在考虑的是对特里弗斯有关父母–子女冲突的**普遍性**概念的某些应用时，这个视角就完全是恰当的。例如，在对断奶冲突的讨论中，一个在早期就放弃了母亲哺乳的“利他者”的受益者是其尚未出生的兄弟姐妹。然而，当我们感兴趣的是人类子女的社会化时，就需要考虑受益者的态度与行为。

请设想一个拥有两个子女的家庭，两个子女的年龄接近，父母不偏心。定期会出现这样的情境：一个子女会帮助另一个子女，从而提升了兄弟姐妹的广义适合度与父母的广义适合度，但也带来了适合度上的净损耗。请设想在这些情境中有一种大致的对称性：假如一个子女在今日会提供帮助，另一个子女在明日也会提供帮助。请思考任何这样的成对情境。存在着四种可能的结果，我们就可以将对子女的回报以如下的方式表征：

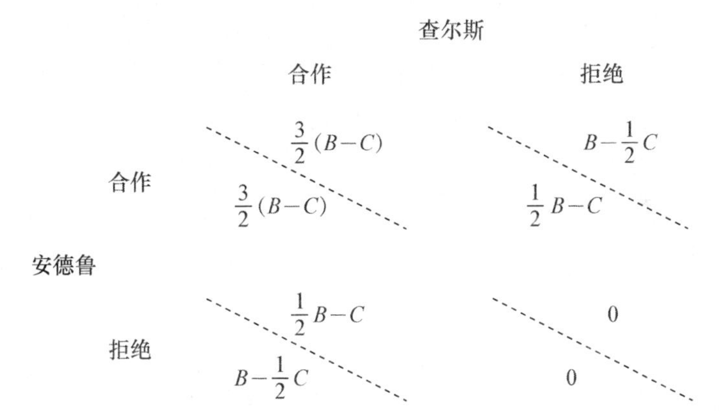

265

我们在此处假设，B 是在每种情况下带给兄弟姐妹的收益，C 是子女做出帮助行为所付出的成本。由于我们假定，在这种情况中，在父母的广义适合度与那些会做出这种行为的子女的广义适合度之间存在着冲突，我们就知道，$C<B<2C$。这些不等式确保了这个回报矩阵就是囚徒困境的回报矩阵（参见第 3 章），阿克塞尔罗德在他讨论反复发生的囚徒困境中所使用的条件得到了满足。我们据此就能得出一个有趣的结论。

倘若这两个兄弟在他们的童年时期参与了一连串的互动，那么，他们在实际上就会对彼此进行一连串的囚徒困境的博弈。我们从阿克塞尔罗德的研究中得知，针锋相对策略对于反复发生的囚徒困境来说是一种在进化上稳定的策略。因此，如果我们假定，进化已经能够实现那种在进化上稳定的策略，我们就会预料到，这两个兄弟将遵循针锋相对策略。当针锋相对策略与自身相遇时，结果就产生了一连串的合作交换。由此得出的推论是，可以期待这两个兄弟彼此帮助，在这么做的过程中，他们会让其父母的广义适合度最大化。因此，当人们根据诸多（被假定为大致对称的）场合的漫长历史视角来审视这些情况时，它们每一个都满足了特里弗斯的冲突条件，而一种针对全部历史的进化稳定策略则消除了任何冲突。

相当明显的是，我对这个问题的简要论述涉及一些假设，某些假设或许是不现实的。尽管如此，重点在于，特里弗斯对于他所预料的子女对父母社会化的抵制的定性论证在分析下崩溃了。恰恰没有理由接受他关于进化的可能路径的诸多结论。我们能够给出同样好的（或许是更好的）论证来支持一些完全不同的结论。

任何详细地阐明特里弗斯的推理的尝试，都有可能具有“一种明显不现实的气氛”。这个缺陷想必在特里弗斯作为出发点的那个普遍性的问题之中。他要求我们将社会化视为这样一种过程，其中，单一的机制在父母与子女中发挥作用。这是不合情理的。父母试图塑造其子女行为的背景是高度多样的。若人们认为，子女对多种要求的回应主要是由某种机制决定的，他们就是用夸张的描绘来表征子女行为的诸多方式。对这种情境的自然描绘提出，父母的压力是由父母为了他们自己与他们的子女而想要实现的特定社会目的激发出来的，当父母的后代拥有他们自己的派生目标时，子女就会产生抵抗。坚定的社会生物学家将立即回复：父母的目标被视为可取的，因为这些目标的达成会让父母的广义适合度最大化，父母后代的派生目标是重要的，因为实现这些目标会让子女的广义适合度最大化。然而，当我们考虑的是父母与其子女（特别是处于青春期的子女）进行最为激烈斗争的情况时，我们肯定难以看出，在广义适合度的最大化与被选择的诸多行为之间有何种关联。特里弗斯的故事不仅在理论上是不充分的，而且它对这些现象采纳的是一种贫乏的见解。

266

我们以一种模糊的方式知道，父母与子女有时会发生分歧。特里弗斯对“为什么可以预料到父母与子女有时会发生分歧”这个问题概述了一种解释。迄今为止我们所做的最多不过是某种相当于早期科学的探索性尝试的事情。当我们发现某种疾病倾向于在低洼沼泽地区爆发时，我们并不会让自己满足于那种认为该疾病或许与水有某些关联的论断。我们一方面试图对有可能正在发生的事情形成一种理论上的解释，另一方面试图以更精确的方式描述该疾病发生的诸多条件。

事实上，我们对父母与子女之间的冲突所了解的，要比特里弗斯的故事所包含的东西更多。比如，在子女的成长过程中，父母与子女之间的斗争在数量与强度上都会有所变化。进而，叛逆行为不仅针对父母，而且还针对其他的成年人与社会制度。在这种行为与其他的态度和行动之间存在着错综复杂的关联。这些并不陌生的事实以何种方式进入特里弗斯的简单演算？

在一段文字中，特里弗斯关于这种冲突的某个普遍性倾向的见解，让位于他对某些更加特定的分歧的讨论：

> 父母-子女的冲突或许会延伸到那些在表面上既不利他也不利己的行为之中，但这些行为的后果可以如此分类。当父母为子女提供能量时，当子女消耗能量的方式影响了子女在未来以利他的方式行动的能力时，子女每天消耗的能量总额、子女消耗这种能量的方式，这些对于父母来说就都不是无关紧要的问题。例如，当父母与子女就子女的入睡时间发生分歧时，可以预料的是，父母通常赞成子女及早入睡，因为父母预先就考虑到，这将减少子女在第二天对父母资源的索取。以类似方式可以预料的是，父母赞成子女以严肃而有用的方式来消耗能量（如在家里养鸡或学习），反对子女以无聊与不必要的方式来消耗能量（如打扑克）——前者或者本身就是利他的，或者它们在将来让子女准备成为利他主义者。总之，我们预料的结果是，根据子女的感受，父母所赞成的那些行为是无趣的、令人不快的、道德的，或这些感受的任意组合。人们至少必须考虑的一个假设是：如果这种行为事实上让子女的广义适合度最大化，那么，子女或许就会觉得这种行为更令人愉快。（1974，251）

267

值得仔细考察的是与此处提供的例证有关的诸多假设。

特里弗斯似乎赞成这个进化构想，其中，自然选择所造就的感知机制让父母与子女发生冲突。自然选择让父母重视的情境是，让子女的行为方式实现父母的广义适合度的最大化。因此，父母觉得，尽早入睡与从事家务的时间是高度可取的。（我们不必担忧位于这些愿望背后的精密机制。）自然选择同样支持那些在子女之中将自身表现为追求如下情形的愿望的基因，即（通过推迟入睡时间或玩扑克的方式）让子女最大化自身的广义适合度。这些假设是否存在任何根据？我们是否拥有令人满意的理由来认为，尽早入睡真正有助于父母最大化他们的广义适合度，或真正减少了他们子女的广义适合度？子女通过玩扑克是否真正最大化了他们的广义适合度？

这个解释的最显而易见的奇特之处在于它对"父母支持家务活"所做的诸多假设。父母坚决要求的学习美德会以何种方式对父母的广义适合度做出贡献？想必是通过提升子女的广义适合度。如果父母事实上确实通过劝告子女学习而让自身的广义适合度最大化，那么，这种明显的好处表现为子女在未来的学术研究中获得成功的概率有所增加（**假定**这将被转变为子女的后代在期望值上有所增加）。如果这个关于父母收益的假设是正确的，那么，我们似乎放弃了这种可能性，即它减少了子女的广义适合度，而这种可能性是有关冲突的整个故事的基础。我们似乎走向了一种令人愉快的在利益上的符合一致。但这并没有那么快！或许学习"准备将来让子女成为利他主义者"。父母获取了双重的红利，因为一个成功的子女或许同样处于一种能够帮助其兄弟姐妹的位置上。在此编织而成的是一个纠结复杂的网络。为了让这个故事变得融贯，我们就不得不假定，子女通过学习将增加其后代数目的概率还不够高，它不足以让这种学习有所回报，当我们考虑到子女**有可能**给予亲属的帮助之后，子女的广义适合度也没有得到提高；尽管如此，这让父母的第三代子女的数目**确实**有可能增加，这足以让子女的学习在进化上对他们是有利可图的。但是，我们为什么应当认为，通过在学术研究上获得成功的子女带给兄弟姐妹的这种预期收益，其大小恰好让这种学习过程有助于父母的进化利益，而不是有助于子女自身的进化利益？特里弗斯的构想取决于诸多脆弱的假设——它们似乎更有可能是虚假的，而不是真实的。

268

流行的社会生物学经常致力于那种在我们的行动与自然选择的工作

之间构造紧密关系的事业。粗俗的适应主义对“一种行为如何可能有助于适合度”这个问题概述了相关的解释，它提供了某些令人印象深刻的数据来暗示这种行为是存在的，进而得出了有关行为倾向的遗传基础的诸多结论。我们已经看到，特里弗斯的故事既没有完成详细的分析，又无法对有关人类行为的诸多事实提供任何清晰的关联。它还犯了一个适应主义者常犯的错误，即忽略了那些可能的竞争性解释。在面对有关入睡时间与学习的冲突现象时，自然的策略是认为，我们的行动与自然选择的工作之间的关联，远远不如特里弗斯所认为的那么直接。

我们的进化遗产无疑让我们配备了**某种东西**。考虑到我们通常在其中生活的环境，人类或许拥有那种让我们倾向于发现某些有利处境并回避其他处境的基因。然而，我们还拥有诸多惊人的认知能力，我们运用它们来为自身表征在我们周围的这个世界的众多精巧的特征。进而，我们每个人是在一种文化中被抚养长大的，这种文化为我们提供了大量信息与错误的消息，它让我们对于“什么值得追求，什么不值得追求”的问题形成了自己的理解。因此，在我们的成熟期，我们就会做出自己的抉择。这些抉择是众多因素的产物：我们基本的倾向、我们的表征与推理论证、我们与我们在其中生活的这个社会的相互作用。若假定这些抉择自动导向我们的广义适合度的最大化，这就完全遗忘了在任何进行抉择的场合下我们的进化历史留给我们的用来组合的众多装备部件。即便我们假定，每个装备都分别是由自然选择形成的，每个装备**大体上**将提升我们的适合度，也没有根据认为，在抉择中的这些装备的所有组合都应当把我们导向适合度最大化的行动过程。 269

请根据上一段文字的一般性视角来思考父母-子女冲突的典型情况。父母更喜欢让他们的子女学习。子女更喜欢去当地的游乐场与玩电子游戏。这种冲突如何产生？父母真诚地告诉我们，他们希望他们的孩子幸福。他们相信，倘若抵制了游乐场的诱惑，倘若完成了家庭作业，这种幸福就更有可能会实现。或许，我们的子女追求幸福的欲望实际上是进化让他们产生的某种倾向。然而，在手头的实例中，这种欲望与广义适合度并非必定拥有紧密的关系。在学习会促进的那种成功与孙辈的繁殖之间或许并没有什么关联——父母甚至有可能意识到情况就是这样。他们仅仅拥有某种特定的愿望，他们的决定代表的是一种根据他们所相信的东西来满足他们愿望的尝试。

子女同样拥有愿望，追求娱乐的愿望，追求朋友陪伴的愿望，或许还有追求在将来获得成功的愿望。根据子女自身的信念，子女得出的结论是，去娱乐场玩几乎不会对其实现长期目标的可能性造成什么危害，但会在短期内带来快乐。我们或许再度看到，进化的手段存在于追求娱乐的倾向、对伙伴关系的喜爱以及思考一个人未来福祉的能力之中。但是，现实中的决定或许与最大化适合度几乎没有什么关系。

因此，存在着一种显而易见的解释风格，它与特里弗斯所引入的建议背道而驰。它不需要不合情理的假设。它并不求助于发展不充分的理论模型。它仅仅怀疑地看待那种要在我们决策的每个细节中都看到进化塑造手段的强烈愿望。特里弗斯对于父母和子女的冲突所给出的普遍解释是一种有用的工具，人们可以**谨慎地**将其应用于对行为进化的理解；它被错误地应用于那种对人类的父母与其子女的猜测性评述之中。当有关人类行为的宏大论断与其对生物学的理论贡献紧密地一起出现时，流行的社会生物学的可信度并没有表现得更加让人印象深刻。

迷人的城堡?

读者对我的怀疑或许会继续留存。我选择的例证是否仅仅是威尔逊及其追随者进行的那些缺乏严格性的研究，而这些研究在他们那里并不常见?我认为，如果在此评述的论证与在先前章节评述的论证都失败了，那么在270 威尔逊早期版本的流行的社会生物学中就没有多少令人兴奋的东西了。许多人被这个纲领所吸引，因为它似乎对人类行为的诸多重要方面（我们守护家庭与领地的强烈愿望、我们的性关系、我们对陌生人的恐惧、同性恋的存在、父母与子女的冲突的持久存在）承诺了一些真正的洞识。倘若经过仔细的审视，这些洞识在所有的例证中都被消解为猜测，那么，即便没有外推到其他的例证之中，我们也能断言，威尔逊的纲领已经失败。

我想要通过审视该纲领最珍视的一个解释来为我对该纲领的论述得出结论。流行的社会生物学的拥护者骄傲地指出了这样一种可能性，即将人类回避乱伦的倾向解释为一种进化的适应（Ruse 1982）。这个故事如下：不仅大多数文化都拥有反对近亲（那些亲缘系数是0.25或大于0.25的亲属）之间性交的禁忌，而且即便在缺乏这种禁忌的地方，乱伦通常也是很少发生的。可以根据遗传倾向来理解乱伦的低发生率，这种倾向阻止了抚养者与被抚养者发生性关系。进化有可能支持了这种倾向，因为在通常的情况下，在年轻人周围的是近亲，由于近亲交配众所周知的代价，与亲属进行繁殖就有可能降低一种动物的适合度。

近来最为激烈地倡导这种社会生物学的乱伦故事的人是范·登·贝格（van den Berghe 1980，1983；van den Berghe and Mesher 1980）。肯定有某种证据支持这个故事的某些部分。同样存在着诸多反常的、复杂的与至关重要的问题，我们对这些问题却知之甚少。在对这些问题的论述中，我们就能够认识到，社会生物学家同样无休止地坚持承诺我们在先前的例证中已经看到的那条简单的生物学路线。

对于非人类的动物的研究已经积累了大量的证据，许多不同种类的动物都避免近亲繁殖。有关日本鹌鹑的杂交繁殖模式的细致研究（Bateson 1978，1980，1982b）对于"回避近亲繁殖"的形成提供了深刻的见解。有关东非狒狒与黑猩猩的观察已经揭示，抵制与同族交媾的做法在高等灵长类动物之中是相当普遍的（Packer 1979；Pusey 1980）。尽管如此，仍然有一些种群显示出了较高数额的近亲繁殖。罗亚尔岛（Isle Royale）的狼群就是一个众所周知的例证（Livingstone 1980；Mech 1970）。

对于近亲繁殖在人类之中的效果的探究支持了如下结论，即近亲交配产生的后代更有可能拥有高频率的出生缺陷（比如，参见Schull and Neel 1965）。位于这些经验结果之后的是一个简单的理论论证，近亲繁殖增加了有害隐性基因的两份拷贝进入合子的概率。 271

这个舞台似乎是为流行的社会生物学所设置的。在一个种类繁多的动物群体中，不与亲属交配的倾向会有助于适合度。这种倾向可在非人类的动物中发现，它似乎也存在于我们在进化上最紧密的亲戚之中。我们应当得出的结论是，我们共享这种倾向，它拥有遗传的基础。甚至在缺乏对乱伦进行处罚的文化中，亲属之间也会克制交媾。

一个重要的问题与人类中的乱伦频率有关。正如范·登·贝格正确注意到的（1983，94），人们容易在此处误入歧途。假定我们认为，乱伦涉及的是异性交媾。接下来，乱伦情况的数目就将减少。如若不然，我们或许会认为，乱伦涉及的是预期的个体与非亲缘个体发生的各种形式的性行为。倘若乱伦就是年龄相仿者会对具备性吸引力的人们所做的那种活动，那么，在青春期后的兄弟姐妹之间的接吻、爱抚、抚摸或其他形式的亲密性接触都将被算作乱伦。根据这种概念，乱伦的发生率就有可能变得相当高。

一个进一步的概念困难与参与者的亲缘关系有关。最初我们认为，乱伦涉及的是有亲缘关系的个体。然而，假如我们希望考察的是人类中避免让抚养者与被抚养者发生性行为的倾向的存在，那么，重要的是要考虑在异父母的兄弟姐妹之间发生的性行为。

进而，重要的是要辨别各种类型的乱伦之间的差异并精确表述自然选择据推测会支持的那些行为模式。在有关人类与非人类的研究的启发下，包括范·登·贝格在内的众多社会生物学家假定，自然选择赠予了我们一种倾向，让我们回避与我们的抚养者交媾。并非显而易见的是，这种倾向将对父女乱伦的回避做出解释。我们或许能够理解，为什么女儿倾向于抵制与父亲的交媾，但这种所谓的倾向并没有解释，为什么父亲会克制住自己与女儿交媾。鉴于这种情况明显的非对称性，难道我们应当认为，父亲并没有那种回避与女儿乱伦的倾向，因此，那些不情愿的女儿是被迫进入乱伦之中的吗？

这个问题在此处变得非常不明确。父女之间的亲缘系数与兄妹之间的亲缘系数是相同的（0.5）。因此，人们对于“进化应当支持那种避免让兄妹发生交媾的倾向”的任何预期，都将反映到有关父女的类似预期之中。不过，有人或许会提出，此处存在着一种在性别上的不对称性（参见 van den Berghe 1983，97）。适合度上的损失在男女之间有所区别。或许进化支持的是容忍乱伦的男性与反对乱伦的女性。兄弟对姐妹并不拥有父亲对女儿所享有的那种权力。因此，父女乱伦应当比兄妹乱伦更加常见。

272

细节的计算是相当复杂的。可以这么说，不难构造定性的论证来支持诸多完全不同的结论。只要我们停留于流行的社会生物学讨论这个主题的层面上，我们就会认为，或者父女乱伦应当和兄妹乱伦一样少见，或者它应当是泛滥的。通过对诸多假设的恰当选择，我们就能让任何居间的结论出现于这些数据之中。

在我的这个讨论的剩余部分，我将追随范·登·贝格，主要聚焦于兄弟姐妹乱伦的例证。尽管如此，最好记住的是，一种对兄弟姐妹之间的乱伦回避的令人信服的解释，必须符合对“为什么人们不与他们的亲属交媾”这个问题的一般性解释。在一种情形下被引证的诸多要素，无法在我们转向其他例证时被简单忽略。

范·登·贝格的兴趣是要表明，人类并没有与被抚养者发生过性关系。我们可以考虑四种类型的数据。第一种，公众的报告强调，乱伦比许多人先前所相信的要远为常见。还有两个学术性的研究对儿童被没有血缘关系的个人所抚养长大的两种情况进行了研究。这两种情况是以色列的基布兹集体农庄与中国台湾“童养婚”的做法，其中，那些被共同抚养长大的人显露出他们明显不情愿与彼此进行性行为。第四种，有一个遗传学研究似乎表明，在我们是其后裔的人类之中，有一群数目不大的人类进行着较高数量级别的近亲繁殖。范·登·贝格讨论了前三种数据。我将简要地审视所有的数据。

范·登·贝格急切地想要驳斥那些对于广泛传播的乱伦的解释，他认为，这些解释是“哗众取宠的”。他有根据地断言，有关这个主题的许多公众文献所使用的是乱伦的一个非常宽泛的定义——经常是出于那种要让成为性虐待受害者的儿童困境引人注目的正当兴趣。然而，他的补救方法是通过选择最狭隘的可能定义来让乱伦的发生率最小化。尽管他承诺“近亲繁殖是通过拒斥儿童期的亲密伙伴来回避的”这个假设，但是，他自动忽略了异父母兄弟姐妹之间的交配。进而，他假定，乱伦要求的是完整的交媾，由此排除了大量这样的例证，其中，青少年与他们的兄弟姐妹进行的亲密性接触的诸多形式，恰恰是其他的同龄人彼此之间进行的亲密性接触（接吻、抚摸等）。让该定义变得宽泛，有助于某些人发起运动来让公众更加敏感于乱伦的普遍存在。而以此方式让该定义变得狭隘，则服务于范·登·贝格的目的。它让贝格能够设法应对那些已经发表的统计数据，并让他能够得出结论，乱伦是相对罕见的。 273

不过，正如贝格充分了解的，即便在这些已经发表的数据被清理掉之后，对乱伦频率的估计所根据的仍然必定是猜测。“一方面，乱伦有可能在更多情况下是未受到充分报道的性侵犯之一。另一方面，许多儿童并没有受到性骚扰”（van den Berghe 1983，94）。麻烦在于，这些极端之间留下了巨大的空间，可以认为，乱伦的真实频率是一个谎言。

存在着两个有关特定情况的精细研究。那些在基布兹集体农庄共同抚养长大的孩童几乎没有表现出“与彼此结婚或做爱”的倾向（van den Berghe 1983，95；相关细节，也可参见 Shepher 1971）。据认为，我们在此处看到了禁止与童年期的伙伴发生性行为的规则的效果。这是一种可能的解释。然而，还存在着诸多没有被范·登·贝格讨论过的混合要素。特拉维夫市的基布兹集体农庄的儿童与家庭诊所的医疗主管在写作中都提到了基布兹最近发生的性爱革命，他将谢弗（Shepher）搜集数据（即流行的社会生物学家所运用的那些数据）的时期描述为“基布兹的清教徒时代”（Kaffman 1977，208）。他为这种环境描绘了这样一幅图画，其中，年轻人经常被他们周围的成年人提醒要追求高标准的理想——包括纯洁的理想在内。这幅图画暗示了一种替代性的解释。

流行的社会生物学的另一件重要的证据是对中国台湾“童养婚”的研究（参见 Wolf and Huang 1980）。在中国的许多地区，有一种收养未来儿媳妇的传统。通常而言，这个来自相对贫穷家庭的女儿被更富裕的父母所收养，她后来就会嫁给他们的儿子。存在着大量抵制这种婚姻的逸事证据，因为它具有更高的通奸与离婚的发生率。统计数据揭示，童养婚在生育上获得成功的平均数值几乎要比其他婚姻低三分之一。（就此存在着一个精巧问题：这恰恰表明的是与交媾的发生率有关的东西，还是与性吸引力强度有关的东西？）

274 此外还有一些复杂要素。沃尔夫与黄（C. Huang）为童养婚的习俗提供了一种迷人的解释，这种解释部分出自登记注册的信息，部分出自与老人进行的对话，他们回忆过去的社会活动以及回忆村庄过去的流言蜚语。在许多情况下，童养婚似乎相当成功——如案例#113：“童养婚。这对夫妻生育了十二个子女，李先生似乎确定他们都是自己的孩子”（157）。在三个案例中，“兄弟”与被收养的姐妹之间的婚前性关系加速了这种婚姻。此外，沃尔夫与黄表明，童养媳受到了极大的鄙视。被收养的女儿怨恨亲生父母的这种行为。她们与她们未来的配偶经常被朋友与童年时期的伙伴所嘲笑，由此造成的结果是，他们经常会逐渐讨厌他们的处境与讨厌彼此（参见143－144）。最后，可以注意到，沃尔夫与黄的信息提供者所给出的那些描述，表明了这样一种非常独特的可能性，即富有的父母为了确保自己“残废的”儿子拥有配偶，有时会收养一个女儿。许多与童养媳有关的男人都不会被人们用称赞的措辞来描述。

沃尔夫与黄对待他们的结论非常谨慎。他们明确否认了这种看法，即厌恶与童年期的伙伴交媾这种态度是“普遍的”与“绝对的”（158）。他们还注意到，不情愿结婚或许与这种童养婚的组织安排本身有某种关系（145；然而，他们援引了基布兹集体农庄的数据，他们认为，这些数据指出了一种回避与童年期的伙伴交媾的更加普遍的倾向）。流行的社会生物学家似乎有所期望的是，这两个涉及重要复杂因素的案例的结合，让他们能够忽略这些可能存在的混杂要素。

最后，某些数据暗示，在我们新近的进化经历中近亲繁殖的数量相对较高。给定以往各种数量级别的近亲繁殖，通过运用当代遗传学的技术，就有可能将在当前种群中的等位基因的频率与人们所预料的那个频率进行比较。通过将这个技术应用于一个美洲印第安人的种群中的大量基因座之上，一群遗传学家已经发现，有迹象表明，人类在过去拥有惊人的高数量级别的近亲繁殖。他们的结论是，假如关于美洲印第安人的这些结果是普遍有效的，那么，“自从文明在2 000～4 000多年前出现以来，它所发生的去部落化的过程，必然导致了对近亲繁殖的显著缓和，并在自然选择中造成了不利于这些隐性等位基因的后果”（Spielman，Neel，and Li 1977，369）。

人类回避与自童年起就熟悉的人们进行交媾的倾向有多强？在我们这个物种的当代成员中，这种倾向有多强？这种倾向在过去有多强？我们完全不知道。在有关台湾“童养婚”与基布兹集体农庄的观察资料中有一些暗示，但它们绝不是清晰的。我们拥有逸事证据表明，乱伦在美国被严重低估。遗传学中的技术性工作指出，在近亲之间的某种交配形式或许在我们的祖先之中相当常见。任何关于乱伦的严肃研究都应当确认我们无知的范围，而不是仓促地宣布人们必须遵循的行为规则。

275

有关人们真实做法的问题仅仅是流行的社会生物学所描绘图画的一个部分。流行的社会生物学还对“什么做法会让我们的广义适合度最大化”的问题做出了论断。我们在这里不应当跳到结论之上。当其他条件相同时，与兄弟姐妹或其他近亲交配，或许有损于一个人的基因传播。但是，其他条件并非总是相同。假如那种试图寻找没有亲缘关系配偶的尝试带来了高概率的死亡或严重伤害，那么，人们留在家中并在这个家庭中交媾或许更好。这种情形已经得到了仔细的研究（Bengtsson 1978；也可参见May 1979）。它指向了一种得到改进的分析，这种分析与我们的祖先或许经历过的选择压力有关，它的结果绝非先天就是显而易见的。

我将通过考虑范·登·贝格的一个建议来强调对细节的需求。在他热心地为与乱伦有关的一切都提供一种流行的社会生物学解释的过程中，范·登·贝格采用了一些例证，其中，乱伦在文化中获得了支持，甚至被文化规定为适用于特定的个体。许多这样的例证涉及的是皇室的婚姻规则，而范·登·贝格让他自己专注于解释这些例证。据称，皇室的乱伦在其最大化了参与者（兄弟姐妹）的广义适合度的情况下得到了支持。这种情况的突出表现是，地位高的个体（特别是国王）的一夫多妻的交配模式。此处的论证是：

> 在这些条件下……皇室的乱伦实际上是一种让适合度最大化的策略。对于国王来说，乱伦是一种低风险的、收获适中的策略。假如国王以 $r=0.75$ 的方式成功地生育了一个健康的乱伦后嗣，那么，这个后嗣将转而变得具有高度一夫多妻的倾向，并以 $r=0.375$ 的方式生育众多孙辈子女。假如乱伦的策略反复跨越了多个世代，这个国王就接近于克隆了自身。对于一夫一妻的平民或小范围的一夫多妻者来说，近亲繁殖的衰退风险不利于乱伦的策略。然而，对于大范围的一夫多妻者来说，这种风险是较低的。即便这种策略失败了，这个国王在适合度上承受的是最低限度的损失（它在很大程度上局限于他的姐妹耗费的努力），而他仍然有机会与他众多其他的妻子生育族外婚的后嗣。(van den Berghe 1983，100)

276

范·登·贝格继续论证的是，姐妹的适合度也是通过采纳这种乱伦的策略来得到最大化的。乱伦对她有风险，但乱伦有可能在进化上产生巨大的回报。

问题纷至沓来。我们是否要假定，**恰恰**在这些参与者（或他们之中更有权力的人）的广义适合度最大化之处才会发现乱伦？我们如何解释乱伦在那些可以通过同时的或连续的方式（如通过离婚）来实现一夫多妻的皇室家庭中的缺席？当有关广义适合度的考虑暗示了乱伦是一种好主意时，我们是否要假定某种机制来让人们能够抑制那种回避近亲繁殖的正常倾向？我们是否会预期，人类习惯于避孕的可能性将逐渐确认，乱伦不再伴随着广义适合度的损失，因此，在兄弟姐妹之间的交媾将得以盛行？我将搁置这些关注，而仅仅聚焦于范·登·贝格有关国王的广义适合度的评述。

范·登·贝格以一种误导性的方式概述了他的论点："对于国王来说，与亲姐妹的乱伦代表的是，以最小限度的风险在第一代子女中获得50%的增量"（1983，100）。有两位评论者［贝特森（Bateson）与道金斯］已经指出，这个概述似乎误解了广义适合度的概念。如果雷克斯一世通过与一个姐妹的结合而生育了一个子女，雷克斯二世通过与一个没有亲缘关系的女性结合生育了一个子女，如果我们根据后代的期望值来衡量适合度，那么，就没有理由认为，雷克斯一世的适合度比雷克斯二世大。因为雷克斯一世的广义适合度是0.75，可以认为，雷克斯一世的基因比例是凭借乱伦后裔的血统来得到显示的，而雷克斯二世的广义适合度中有0.5是归因于他的子女，有0.25是归因于那些可以期待他的姐妹生育的子女。在其他条件等同时，雷克斯一世独占其姐妹子宫的做法①是徒劳的。

范·登·贝格并非意指其他的条件都应当等同。他的论证取决于那种在一个上等阶层的男性拥有许多妻子的社会中第二代子女拥有更大基因表现的可能性。国王或许克隆了他自身这个暗示是一个转移人们注意力的

① 根据作者的解释，雷克斯一世独占其姐妹子宫的做法，意味着他姐妹的所有卵子都是由雷克斯一世受精的，他的姐妹没有与任何其他男性生育子女。——译注

话题。只要国王的后裔有性繁殖，克隆就不会是这个家族的一个永恒不变的特征。关键的问题是，国王的乱伦是否在第二代及其后的子女中增加了他的基因频率。

277 假定齐格蒙特与齐格琳德是兄妹。他们可以选择彼此交配或与一个并非亲属的人交配。假如齐格琳德与一个并非亲属的人交配，她将成为一个上等阶层的男性的诸多妻子之一。齐格蒙特自己将拥有众多妻子。假如齐格蒙特能够拥有的妻子的数目是无限的，那么，除非近亲繁殖的代价非常严重，否则齐格蒙特就会通过将齐格琳德（与其他任何女性）添加到他的名单之上而有所收获。然而，这个论证实在过于强硬，因为它暗示，可以期待，男性最大化他们的广义适合度的可能方式是，在允许无限一夫多妻的任何社会中与姐妹交配（或在不允许一夫多妻的任何社会中与姐妹交媾）。完成一种更加现实的论证版本的方式是，假定齐格蒙特的妻子的数目是某个固定值 N，而他要与齐格琳德交配，就要用他的妹妹来替代一个没有亲缘关系的妻子。如果我们采纳这种解释，那么，我们就开始能够弄懂范·登·贝格的那些数字。

给定乱伦的策略与非乱伦的策略，通过计算让齐格蒙特后代缩减的婚姻数目，我们就能够算出齐格蒙特在第二代子女中的预期基因表现。假设这两种策略都没有影响到齐格蒙特其他婚姻的预期繁殖结果，我们需要比较的就是他与齐格琳德可能结合的成果以及那些有可能以其他方式生育其后嗣的婚姻成果。让我们假定，N 足够大，齐格蒙特的结合之一将生育出一个存活的男性，他的健康让他足以在成年时登上王位。接下来主要存在两种可能性：（1）与齐格琳德的结合没有生育任何存活下来的健康男性。由于通过齐格琳德而获得的孙辈子女的潜在可能性降低，由于失去了齐格琳德的独立贡献，齐格蒙特的广义适合度就小于他遵循非乱伦策略所获得的广义适合度。（2）与齐格琳德的结合生育了一个存活下来的健康男性。由于“一个亲缘关系非常亲近的个体拥有了最大数目的妻子”这个事实，齐格蒙特的广义适合度有所增加，由于乱伦的代价所导致的后代损失以及由于失去了齐格琳德的独立贡献，齐格蒙特的广义适合度又有所减少。

这个计算的精致性应当是显而易见的。当我们利用可以利用的那种对于人类乱伦成本的最佳评估来算出这些细节时，我们发现，乱伦不会让国王的广义适合度最大化，除非他被允许缔结的婚姻次数远远多于比他年幼的兄弟与他父亲姐妹的儿子们。（参见技术性讨论 I。）那种想要抓住任何似乎会产生社会生物学家的钟爱后果的定性论证的渴望，再度让流行的社会生物学的讨论带上了瑕疵。

278

技术性讨论 I

假设在一次非乱伦的结合中产生的存活下来的健康男性后代的预期数值是 k，它产生的存活下来的健康女性后代的预期数值也是 k，在一次乱伦的结合中产生的存活下来的健康男性的预期数值是 pk（$p<1$），在一次乱伦的结合中产生的存活下来的健康女性的预期数值也是 pk。假定在任何结合中形成的合子的预期数值是 m，这些合子中有一半是雄性。接下来，在乱伦中孕育的一个个别的雄性合子的存活概率是 $pk/\frac{1}{2}m$，而在一次乱伦的结合中产生的全部雄性合子都无法生存（或都足够健康地生存下来并继承王位）的概率是 $(1-2pk/m)^{\frac{1}{2}m}$。这就是第（1）种情况将会发生的概率。在第（1）种情况中，齐格蒙特在第二代子女中的预期基因表现可根据如下方式来进行测算：

$0.75pk$ + 来自 $N-1$ 次非乱伦结合的贡献（在这些结合中，有一次产生了一个男性的继承人）

让我们现在假定，一个国王的儿子结婚的次数是 n_1，一个国王的姐妹的儿子结婚的次数是 n_2（此处，$n_2<n_1<N$）。接下来，在第（1）种情况下，假如齐格蒙特贯彻的是非乱伦的策略，那么，他的预期基因表现就是

$0.5kn_1+0.5k+0.25kn_2+0.25k$

+ 来自 $N-1$ 次非乱伦结合的贡献（在这些结合中，有一次产生了一个继承人）

在第（2）种情况下，一个乱伦的齐格蒙特的预期基因表现可以通过如下方式来进行测算：

$$0.75N+(pk-1)0.75n_1+0.75pk$$
$$+\text{来自 } N-1 \text{ 次非乱伦结合的贡献}$$

因此，齐格蒙特从乱伦中得到的预期收获是

$$(1-2pk/m)^{\frac{1}{2}m}\{-k[0.5n_1+0.25n_2+0.75(1-p)]\}$$
$$+[1-(1-2pk/m)^{\frac{1}{2}m}][0.25N+n_1(0.75pk-0.5k-0.25)$$
$$-n_2(0.25k)-0.75k(1-p)]$$

乱伦有回报吗？显然，这取决于参数 k、m、p、N、n_1、n_2 的相对值。然而，鉴于某些相当合情合理的假设，结果是，乱伦的预期收获是负值。因此，例如，假如我们让 $m=10$，$k=3$，$p=0.66$，乱伦就会导致齐格蒙特在第二代子女的预期基因表现中蒙受相当惨重的损失，除非 N 的数值相对于 n_1 和 n_2 来说相当之大。给定这些数值，只要

279

$$N>1.5n_1+3.25n_2+3.25$$

齐格蒙特就会由于遵循乱伦的策略而有所收获。因此，假如除了国王以外每个人都遵守一夫一妻，N 就必须大于 8；假如 $n_1=2$，$n_2=1$，N 就必须大于 9；假如 $n_1=3$，$n_2=2$，N 就必须大于 14。根据这种交配模式，范·登·贝格有可能以何种方式给出例证支持他的模型？我将这个问题留给读者来判断。

显而易见，假如 p 更大，范·登·贝格就会得到一个支持乱伦策略的更低的临界值。我选择的 p 的数值出自梅的分析（May 1979；也可参见 Bodmer and Cavalli-Sforza 1976）。尽管如此，即便我们认为，鉴于那些有关近亲繁殖衰退的有效数据，$p=0.75$ 实在过高，问题也没有得到太大改善。现在，这个关键的不等式是

$$N>0.58n_1+3.16n_2+2.37$$

这意味着，假如 $n_1=n_2=1$，N 必须是 7 或更大；假如 $n_1=2$，$n_2=1$，N

仍然必须是7或更大；假如$n_1=3$，$n_2=2$，N必须是11或更大。这些数值例证所阐明的一个要点是，除非诸多妻子的分布是突然达到峰值的，国王拥有的妻子要远远多于他那些更年轻的兄弟与他的大家族的其他成员，否则，这种乱伦的策略是无利可图的。

这个问题的真相是，我们不知道人类的乱伦在过去或当下的流行状态，我们对乱伦与人类的适合度之间的关系只进行了初步的分析，我们并不了解我们的始祖是否拥有进化所需的遗传变异，这种遗传变异让他们配备了那些让适合度最大化的倾向，我们仅仅开始阐述了某些解释来公正地对待文化要素所可能发挥的作用。（在第9章中，我将在拉姆斯登与威尔逊的基因-文化协同进化论构成的语境下再次讨论与乱伦回避有关的案例。专注的读者会注意到，迄今为止考虑的解释都无助于说明：为什么如此众多的社会都拥有乱伦的禁忌？为什么我们需要禁忌来禁止我们自然就会抵制的东西？）280

流行的社会生物学家仓促地进入了大量未知的领域之中，他们对我们所拥有的避免与亲属交媾的倾向给出了快速的解答。这些解答过度阐释了那些或许在将来某一天可被用来形成有关乱伦的全面解释的素材（如有关动物行为与抵制童养婚的谨慎研究）。就目前而言，在我们不多的知识与我们想要拥有的解答之间的鸿沟，是通过流行的社会生物学的臆测来弥合的。

甚至在威尔逊的早期纲领处理得最为成功的例证中，也存在着一些没有得到解决的重要困难。罗伯特·梅（Robert May）批判了那种想表明乱伦回避是一种“普遍的人类行为属性”的尝试，他用了一个恰当的形象得出结论：“以一块砖接着一块砖添加到建筑之上的方式，可以轻易地建造一座自由矗立的迷人城堡，但用来绑缚于大地之上的事实缆绳实在太少了”（1979，194）。无论人们觉得这个城堡迷人与否，实在过于明显的是，这个城堡缺少支架。

第9章　我不杜撰假说

基因不可知论

281　“但迄今为止我还没有能力从现象中找出引力的这些属性的原因，我也不构造假说；因为但凡不是根据现象推断出来的东西，都应被称为假说；而假说，无论它是形而上学的还是物理的，无论它是有关隐秘的质的还是有关力学性质的，在实验哲学中都没有地位”［Newton（1687）1962，547］。牛顿做出这个著名声明的明显意图是避免对引力的诸多原因进行徒劳的争辩，这个声明或许充当了流行的社会生物学中的一个最有影响力的运动的信条。威尔逊的纲领对人性所做的挑衅性论断捕获了公众的想象。然而，对于许多积极活动的生物学家和社会科学家来说，人类社会生物学中的重要工作是由理查德·亚历山大领导的一组生物学家与人类学家来完成的。那些在这个竞争性纲领中工作的社会生物学家强调了被引入的当代进化论的诸多技术的重要性。他们宣称，生物学掌握着理解人性与文化的关键。不过，他们并没有明确地让自身致力于为有关人类行为的遗传极限的诸多论断做出辩护。他们在此处并不构造假说。

威尔逊的主要文本（Wilson 1975a，1978）所对应的是亚历山大的颇具影响力的论著《达尔文主义与人类事务》（*Darwinism and Human Affairs*，1979）。这本书的主要论断并不是什么秘密：当代进化论提供了“关于人性的简单而又普遍的首要理论，它极有可能获得广泛的接受”（1979，12）。这种“简单而又普遍的理论”是什么？亚历山大的解答是，人类的社会行为将根据广义适合度的最大化来得到理解。“似乎显而易见的是，**如果我们要对人类的社会行为进行任何宏大的分析，它将不得不用进化的术语，我们必须让我们的注意力完全聚焦于这样一种精确的方式之上，人类按照这种精确的方式，在进化出了他们社会模式的通常环境下进行了任人唯亲的互惠事务**”（1979，56；粗体字为原文所示）。然而，这 282 种分析的最终产物并不是某些主张不可能通过改变我们的社会环境来更改我们的社会行为的陈述。相反，我们仅仅理解了我们的社会行为适应不同生态条件的诸多方式，通过这些适应的方式，遇到这些生态条件的人就会让他们的广义适合度最大化。

亚历山大认为，批评家（与狂热者）试图得到有关遗传极限的结论的尝试，是“一种对生物学与进化的深刻误解”（1979，95）。他继续写道：

> 倘若有一种东西被自然选择给予了每个物种，它恰恰就是以不同方式适应不同生长环境的能力。这就是与表现型有关的一切，而所有的生物都拥有表现型。倘若有一种生物在面对环境的变化时被自然选择以最精巧的方式赋予了灵活性，它恰恰就是人类这种生物。（1979，95）

我们要解释人类的社会行为，就应当揭示在不同处境下的人类如何通过改变他们的态度、实践与制度，来让他们的广义适合度最大化。

杰弗里·库兰德（Jeffrey Kurland）为这种形式的社会生物学的意图提供了最为明确的宣言。“研究社会性进化的进化生物学家关注的是预测或解释行为对环境的映射方式，**而不是**基因对行为的映射方式”（1979，147）。对于近似因果关系（即构成人类社会行为基础的诸多机制与这些机制的遗传发育基础），他们并没有构造任何假说。事实上，关于这些问题的老观念或许是充分恰当的（1979，146）。虽然社会生物学家的嘴里不时无意地说出某些有关“利他主义基因”的评述，但这仅仅是一种**说话的方式**（*façon de parler*）。“这种建模的步骤绝对没有让一个人承诺严格的决定论或反动的政治”（1979，147）。

在《等待戈多》（*Waiting for Godot*）中有一个精妙的转折点，在这个转折点上，爱斯特拉冈（Estragon）最终被弗拉基米尔（Vladimir）提出的“我们是幸福的”这个观点所说服，他踌躇了一会儿继续说道：“既然我们是幸福的，我们现在干些什么呢?”那些细心读者的困境就类似于爱斯特拉冈。让我们假定，亚历山大、库兰德与其他人成功地表明，在特定环境下，特定形式的社会行为让那些实施这些行为的人的广义适合度最大化。我们由此对人性恰恰知道了些什么？由库兰德与亚历山大发布的谨慎限定似乎阻止了人们在有关广义适合度的诸多假设与关于人类社会行为的基本特征的诸多结论之间做出最为直接的关联。

283 亚历山大的这本书的三个评论者似乎也这么认为。亚历山大在后记中转述了这些读者的“失望，因为我没有更明确地着手解决什么构成人性的问题，没有确认其极限，也没有解释其诸多后果”（1979，279）。亚历山大的回应是，他承认对于自己设想的规划方案抱持一种“直觉的保守主义”。事实上，他提供了一个仓促的论证来支持他的这个想法，即确认人类行为极限的事业是自我驳斥的。

> 由于关涉社会行为，人性似乎可以被表征为我们在不同情况下习得的能力与倾向。因此，人性的极限就可以通过发现那些我们无法习得的东西来加以辨识。但是，此处有一个悖论，因为要理解人性，就需要知道改变人性的方式——创造这些处境的方式，它会让人们有能力学习，或促使人们学习，而这在先前的情况中是不可能发生的。（1979，279）

这个论证是似是而非的。不仅我们在没有详细表明我们无法认知事物内容的条件下就能够确认我们的认知能力的极限（比如，当我们发现对特定问题的解答永远无法获得时，或当我们发现我们的大脑太小，以至于无法完成特定种类的计算时），而且我们也完全能够确认我们无法通过学习来**做到**的事情。无论威尔逊的流行的社会生物学或许还有其他什么错，它都不可能基于亚历山大的“悖论”而被抛弃。威尔逊的人性解释的犀利之处在于，它暗示，尽管我们能够领会到我们自身的侵略倾向与将权力赋予男性的偏好，但是，我们只有在付出巨大代价的条件下才能改变这些作为结果而出现的行为模式与社会制度。纯粹的自我知识无法将贪婪的侵略者变成爱好和平的楷模，纯粹的理论知识至多让一个像我这样的无能者能够在下坡道上控制滑雪橇。

并非只有这三个评论者觉得亚历山大与他的同事所构想的那个纲领令人困惑。梅纳德·史密斯表示，他发现，查冈、艾恩斯（Irons）与迪克曼（Dickemann）的细致研究比许多人类社会生物学的宏大哲学探究更可取，在此之后，梅纳德·史密斯承认，他无法断定，这些研究者所提供的是哪种解释。或许，社会生物学正在追问的是，在一个具有固定规则的社会里，“不同人（富人与穷人、年轻人与老年人、男人与女人）所采纳的行为是有可能得到预测的，若每个个体的行为方式都受制于这个规则，即让他或她的广义适合度最大化”（Maynard Smith 1982b，3）。梅纳德·史密斯继续写道： 284

> 或许极少有社会生物学家认为，广义适合度能够以这种直接的方式来应用。如果是这样，它就会帮助我们确认，他们是否告诉了我们他们真正的想法。他们的观点不可能仅仅是，人类的行为受到亲缘关系的影响，而亲缘关系与遗传关系有某种关联，因为尽管人类学家做出了某些非常古怪的评论，但这一点肯定是无可争辩的。(1982b，3)

梅纳德·史密斯有充分的理由感到困惑。亚历山大、库兰德与其他人所公开承认的不可知论与近似因果关系的问题有关，这让我们想要知道，他们究竟对“人类社会行为的宏大分析”做出了什么贡献。让我们考虑诸多可供选择的解答。

丰富传统智慧……

人类学家经常遇到诸多起初似乎奇怪的行为方式。在某些社会中，一个男人供养的是他姐妹的子女，而不是他妻子的子女。在其他文化的上等阶层中，存在着高频率的杀女婴的行为。人类学家面对的挑战是，解释为什么这些做法存在于它们出现之处；亚历山大与他的同事相信，进化生物学有助于应对这种挑战。

请考虑杀婴的情况。在不同的条件下，人们对待他们的婴儿的态度有所不同。在许多情境下，人们会养育他们年幼的子女，但在某些处境中，父母不在乎他们的后代（正如不幸的伊克人；参见 Turnbull 1972），在某些社会中，某些父母会杀死他们的某些子女。现在让我们假定，我们已经拥有了令人信服的理由来相信，那些杀婴的人让他们的广义适合度真正得到了最大化。这以何种方式发展了人类学的规划方案？

我们都知道人类学的解释本**不**应当是什么。我们并没有权利来做出推论认为，在人类的诸多种群中存在着基因差异，自然选择在绝大多数群体中支持“养育”基因，在少数群体中支持“杀婴”基因，在后者中，杀婴会让广义适合度最大化。查冈、弗林（Flinn）与梅兰康（Melancon）一致认为：“我们由衷赞同的是，在杀婴或其他任何不可能成为基因差异的主题的人类社会实践中，并不存在这种基因与文化的差异”（1979，293）。人类行为中的变异是对人类可塑性的赞颂。我们知道的就这么多。

285

理解亚历山大纲领的一种方式是以人类动机的一种常识性描述作为出发点，我将这种描述称为**民间心理学**（*folk psychology*）。民间心理学假定，人们的行为通常是为了让他们获取在他们看来有价值之物的机会最大化，它提供了一个目录来表明人类在范围广泛的处境下有可能去追求的诸多愿望与目的。因此，比如说，民间心理学提出，人类通常想要追求的是他们子女的福利，他们从性行为中得到享受，他们试图保护自身免受危险，在各种类型的社会中，他们为了得到那种拥有财富、权力与威望的地位而彼此竞争。将这些老生常谈赋予一个荣耀的名字，这或许给了它们某种超过它们应得权利的东西。民间心理学混杂的是我们每天用来解释我们与之互动的那些人的行为的老生常谈。尽管如此，在历史学与人类学的解释中，民间心理学被证明是有用的。成功的历史学家让我们理解过去的诸多行为的方式是，拣选出我们有可能忽视的历史处境的诸多特征，一旦发现了这些特征，将其替换为我们对于人类动机的常识理解，由此，以往的重要人物的诸多行为就逐渐得到了理解。成功的人类学家能够做到的是某些类似的事情。当我们读到伊克人发现自身所处的那种糟糕处境时，我们就会开始理解，相较于避免饿死的愿望，那种追求他人福祉（即便是一个人自己子女的福祉）的愿望就显得多么次要。当我们了解到，印度北部上等阶层家庭中的儿子是财富的一种来源（儿子可以凭借能力娶众多妻子，而根据习俗的要求，新娘的家庭将付出一笔殷实的嫁妆），而这种家庭的女儿在最好的情况下也是在消耗家庭的财源。我们对于人类贪婪的理解，就能让我们领悟到为什么上等阶层的家庭或许会在他们的许多女儿一出生时就杀死她们。

当民间心理学被应用于社会科学时，民间心理学对于构成人类行动基础的近似机制提供了一种解释。当这种工作奏效时，我们就被给予了这样一种视角，根据这种视角，那些起初看似古怪或奇异的行为就似乎是对行动者的处境做出的合理回应。由于民间心理学专注于行动的近似机制，它就不是进化生物学的直接竞争者。事实上，我们可以构想，进化生物学或许有可能通过绘制那种构成民间心理学家所借助的近似机制基础的进化历史来丰富民间心理学。在此，我们发现了一种清晰表述亚历山大版本的社会生物学的可能途径。 286

头脑清晰的民间心理学家应当承认，无论构成我们熟悉的人类欲求基础的机制是什么，都存在着对这些机制的进化解释。如果几乎在任何环境中人类都确实会形成一种养育他们子女的倾向，那么，这种倾向的存在就会得到一种进化的解释。（尽管如此，正如在第7章中的讨论试图表明的，我们应当小心地避免仓促下结论，自然选择支持这种倾向。）我们能够预见到这样一门学科，它整理了民间心理学的一批摇摇欲坠的原理，将它们追随到诸多潜在的机制之中，并为这些机制的存在提供了进化的解释。让我们称这门学科为**进化的民间心理学**（*evolutionary folk psychology*）——或缩写为EFP。

对亚历山大纲领的保守解释将其视为对进化的民间心理学做出的一次贡献。通过表明人们如何在各种社会环境中最大化他们的广义适合度，我们就获得了对人们行为的更加深刻的理解。民间心理学所给出的解释追溯了诸多近似机制，这种解释并没有作为不正确的解释而被人们抛弃；相反，通过吸收进化的视角，它们得到了深化。印度北部的家长谋杀他们女儿的行为仍然是根据那种追求财富、权力和威望的欲求来进行理解的，但是，可以认为，我们通过确认这些谋杀行为对广义适合度做出的贡献而获得了更加深刻的理解。

亚历山大的社会生物学纲领的某些支持者似乎钟爱这样的想法，即进化的视角补充了传统的智慧。库兰德评论道，“先前对于人类亲缘行为在心理学或经济学上的**近似**因的解释”或许并不是“不正确的或不相关的”(1979，146)。当我们略微仔细地进行审视时，我们就会发现，难以支撑这种一般性的态度。倘若人们按照保守的方式来理解亚历山大的纲领，那么，这种理解就似乎滞留于混淆之中。

进化的民间心理学的支持者们应当相信，人们会做许多并没有让他们的广义适合度最大化的事情。他们或许会决定收养一个孩子，或许会决定花费大量时间来专注于学习小提琴的演奏，或许会决定放弃进一步的繁殖。仔细的考察或许有可能揭示，这些决定实际上以不明显的方式来让行动者的广义适合度最大化。这种被发现的情况未必会在现实中发生，但是，它们未必发生的可能性绝对没有反映出进化的民间心理学的可信度。287 在以下这些观念中，并没有什么令人为难的东西：进化的过程应当已经赋予了**智人**一些不同的能力；当人们被赋予了这些在崭新环境中逐渐形成的能力时，他们就获得了追求各种与繁殖成功无关的东西的欲望；当他们根据他们的欲望形成他们的计划时，他们被导向的行动方式就并没有提升他们的广义适合度。出于同样的原因，当我们发现错综复杂的决策步骤让行动者最大化了他们的广义适合度时，我们并没有增进我们的理解。先行的预期让我们倾向于认为，有时情况或许如此，有时情况或许并非如此。通过确认人类行为的真实模式如何在这两个范畴之间分布，我们几乎没有学到多少东西。

对于进化的民间心理学的拥护者来说，关键的进化问题所关注的并非行为的模式，而是构成行为基础的诸多机制。当民间心理学的解释得到充分表述时，他们以如下方式进行谈论。在第一个阶段中，我们试图根据领导者的追求与文化赋予他们的机会（以及强加到他们之上的约束条件）来理解在文化中出现的行为模式。根据这种观点，印度北部的家长不仅拥有某些欲望（如追求财富与权力的欲望），而且拥有某些机会来实现这些欲望（如尽可能让众多儿子结婚）。在第二个阶段中，我们试图追溯那种在行动背后显现的欲望。我们希望确认，追求财富的欲望导源于一种更加普遍的人类倾向，即给定其成长环境，这种倾向将让男性在成熟期更钟爱于财富的增长，而不是他们的女性后代的存活。进化的考虑要素只是在第三个阶段才进入了这种描述之中。进化过程留给那些杀死他们女儿的人的东西就是这种普遍的倾向。如果我们的规划方案是给出一种进化的解释，如果我们准备快速地转向这样的想法，即让这种进化解释得以运作的方式是要表明广义适合度得到最大化的方式，那么，我们需要阐明的是，一种特定的普遍倾向让那些拥有该倾向的人的广义适合度得到了最大化。（为了简化的需要，我忽略了这种现实的可能性，即那些被证明有效的欲望导源于诸多基本能力与基本倾向的组合，而这些能力与倾向是在人类进化过程中分别形成的。显而易见的是，进一步引入这些复杂要素，恰好增强了这种论证的方式。）

社会生物学家试图阐明，在各种不同寻常的社会情况中观察到的人类行为让广义适合度最大化，此时，他们并没有表明任何直接有助于进化的民间心理学发展的东西。为了拓展我们对杀女婴行为的理解，我们需要在印度北部文化的背景下（有可能的话，在众多其他的社会环境下）对那种让成年人渴求财富的倾向做出进化的解释。这种解释将会在我们祖先遇到的环境范围内考虑诸多作用于我们祖先的进化力量。印度北部在过去一千年中的社会情况完全是不相关的。 288

让我们暂时不考虑有关适应主义的全部担忧。以同样不合情理的方式假设，人类拥有一种贪婪的固定倾向。接下来，我们就能提供一种被进化的民间心理学所暗示的简单（粗俗）解释。杀婴是家长贪婪的结果。家长贪婪是由于人类进化出了贪婪的倾向。他们在进化中拥有这种倾向是由于贪婪有所回报。现在，我们遇到了这个与进化有关的问题：为什么贪婪有所回报？为了解答这个问题，我设想的那种狂热的适应主义事业就会试图表明，贪婪的原始人类在远古的环境中如何获得了繁殖上的成功。所有这类问题都误解了这个事业。但这确实让人们避免做出错误的假定，即对印度北部上层社会中最近的适合度最大化的解释，与这些进化问题有关。

潘格洛斯博士的仰慕者或许会建议，“我们的鼻子成功架起眼镜”这件事，相关于“为什么我们的脸以如此方式被设计”这个问题。任何人都不应当严肃对待这个建议。我们承认，我们面部的解剖结构是进化的产物，给定这个产物，我们能够以未曾预料到的方式来使用它。类似地，我们应当承认，人类的诸多倾向是我们过去进化的结果，我们在试图形成我们的社会安排的新近努力中会以前所未有的方式来使用这些倾向。这些努力与广义适合度的最大化是无关的，将两者联系起来的做法，就像那种认为“近视眼患者由于鼻子平衡眼镜的能力而缓解了近视的可悲状态并增强了适合度”的评述一样误入歧途。

我的结论是，倘若进化的民间心理学是理解人类社会安排的正确纲领，那么，关于在特定社会安排下最大化广义适合度的论断并没有贡献出那些我们真正需要的进化解释。就一种对亚历山大纲领的保守理解而言，它并未触及熟悉的近似机制，进化工作仅仅处于普遍性的错误层面之上。更好的做法或许是，对之进行一种更为激进的解释。

……或者颠覆我们的自我形象？

289 民间心理学也许是不恰当的。进而，源自进化生物学的观念或许会帮助我们发现不恰当之处。对一种最大化我们的广义适合度的社会行为方式的确认，有可能挑战我们有关人类动机与人类决策的先行概念。我们会发现，为了评价各种相当不同于我们通常认为自己拥有的动机与能力的策略在进化上的后果，若不将动机与能力归于某个社会的成员，那么，就没有途径来理解这个社会的成员的诸多行动。

多亏了弗洛伊德（Freud），我们在 20 世纪有关人类动机与人类行为根源的观念已经延伸到了我们的前辈可以通达的范围之外。对亚历山大纲领的激进解释进一步承诺了一种对我们的自我形象的颠覆。这个更加野心勃勃的论题并没有将社会生物学的解释视为一种对那些其近似机制在目前得到良好理解的行为方式所做出的解释，而是认为，通过识别诸多行为模式最大化广义适合度的方式，我们由此就可以在引导下确认人类行动的诸多未曾获得辨识的原因。这种解释不仅避免了上一节提到的混乱，而且本质上更加令人振奋。即便一种关于熟悉的近似机制的存在的进化解释对进化的民间心理学做出了贡献，也无法完全显而易见地断定，这种解释配得上作为“一种有关人性的宏大分析”的明星地位。

有两条途径来发展这个激进的解释。第一条途径是假定存在着某种普遍的机制来计算那些可资利用的行动路线的预期回报，并坚持认为，这种预期回报在我们的社会行为的因果关系中始终发挥着作用。在我们看来，我们自己的行为符合我们有意识的期望与信念。尽管如此，我们所引以为豪的反思性的决策仅仅是一种表面现象。在它背后潜藏着的是一种普遍的适合度计算器，悄悄地计算出那些符合我们自己的最佳进化利益的东西。这就是驱动我们行动的引擎。在我们遇到以下这种情况时，我们将意识到它在发挥作用，其中，人们参与到最大化其广义适合度的社会实践之中，而他们的行动无法通过适用我们有关决策的日常模型来得到重构。

第二条可能的途径就不那么具有革命性。或许我们的决策是以我们通常所设想的普通方式来进行的。人们如此行动，以便于让他们所构想的获取其珍视之物的可能性最大化。我们向自身描绘各种选项。我们评估这些选项将在何种范围内带给我们想要的东西与实现我们目标的机会。我们选择的是将带来最大预期回报的行动路线。尽管如此，我们并非总是知晓我们的评估与评价。通过仔细地审视一些群体的社会实践，我们发现，尽管每个群体成员为了最大化他们的广义适合度而如此行动，但是，他们的行动无法得到理解，除非我们修改一批人类的兴趣与能力。我们被迫假定，进化过程在我们之中固定了诸多影响我们决策的近似机制，而它们迄今为止都没有获得人们的注意。存在着一些我们先前并不知晓的动机。这种倾向并非简单地让我们热爱自己的同族，而是计算出了精确的亲缘系数并相应地评估这些人。人类的决策形式与我们先前的想法相一致，但它在这个剧本中扮演的特定角色有所不同。 290

通过在这两条途径上任一途径的探求，人类社会生物学就能产生令人振奋的结论。大众的想象激发了这样一种新的预期，即我们每个人都配备有一种通用的广义适合度计算器，这种计算器支配了我们的决策与行动，而那种似乎发挥了如此关键作用的有意识的进程，仅仅是一种错误的与假想的表面现象。类似地，倘若我们发现，进化在我们之中固定了某些被我们先前忽视的基本欲望（它们或许是那种在女性中得以表现的被支配的欲望，或许是对陌生人自动感受到的厌恶），那么，这些没有得到赏识的动机将构成人性新图景的组成部分。根据这种激进的解释，亚历山大的纲领就获得了流行的社会生物学的吸引眼球的力量。

事实上，它与威尔逊的流行的社会生物学共同享有的东西是，它们都大胆地坚决主张我们应当与自身达成和解。没有比彻底了解我们的本性更重要的任务。因为我们一旦理解了人类的行为模式导向广义适合度最大化的方式，我们就将开始看到实现那些目前对我们有吸引力的社会变革的方式。在详细阐述了他有关人类最大化广义适合度的行为倾向的主要论断之后，亚历山大评论道：

> 我刚刚说过的全部内容都有可能与这个单一的环境无关，当然，在这个环境中，互动者已经意识到了他们的自然发展过程的这个方面。或许这就是本书中的一个最为重要的观点。(1979，131)

这个主题在讨论冲突在原始人类革命中的作用的结尾处再次出现：

291

> ……贯穿于本书始末，我所说的是一种对于人类历史的解释，它或许是正确的，或许是错误的。无论如何，它并没有暗示一种决定论的未来。恰恰相反，我论证的是，那些最恰当地理解历史的个体与群体，其受到的历史束缚最少。(1979，233)

相较于威尔逊所谈论的那些让我们试图抵制我们本性的“代价”，这些评论提供了一种乐观的憧憬。亚历山大似乎认为，当我们将那些隐藏的动机与计算公开化，它们对于我们的力量就会衰退，我们将能够以违背广义适合度要求的方式来安排我们的生活。令人遗憾的是，这种乐观主义在很大程度上依赖于在本章第一节中讨论的那种似是而非的论证。

由此，我们已经确定了流行的社会生物学的一个新版本。将人类的社会行为与有关广义适合度的思考关联起来的任务，被认为具备了对于这种行为的任何严肃探究的“第一优先性”。显然，我们要通过运用当代进化论的观念与技术并根据在非人类动物的最佳研究中发现的同等的严格性来论述我们自己这个物种的社会行为。下一步就应当是为我们所理解的人类决策与行动的诸多**近似**因刻画其后果。

> 那些至少在过去的环境中令人愉快的，因而看似是“好的”与“正确的”东西，是否会让遗传表现最大化？我就是这么认为的，我甚至认为，我们的快感取决于一种判断其他人对我们每个行动所做反应的能力（包括计划的运用、自我意识，以及为了在社交中获得成

功而用于确立我们自己的个人指导方针的良知）。（Alexander 1979，82）

显而易见，我们将把我们真实的动机与能力理解为适应性，它们通过组合，让我们的行动最大化我们的广义适合度。这个让人产生希望的结论是，一旦我们意识到了我们是如何运作的，我们就能够朝着我们理想的方向来调节我们的社会。

自此以后，我将忽略“自我理解能够将我们从那种最大化广义适合度的隐秘机制中解放出来”这个主题。我接下来的目的是通过分析来判定，亚历山大的流行的社会生物学是否确实对人们最大化他们的广义适合度的方式提供了诸多有趣的结论，它是否揭示了先前没有得到确认的人类的动机与能力，它是否为我们的行为根源提供了任何进化的解释。

预测的大杂烩

292 尽管亚历山大版本的流行的社会生物学聚焦于少数得到了详细论述的例证，但是，其中也存在着众多论述人类生活与人类行为的种种方面的更为简短的推测。通过提出“同性恋者并没有最大化他们的广义适合度”这个可能性，亚历山大认为，可以恰当地追问是否存在如下可能性，即“某些同性恋者的个体表现型或其成长经验，或许降低了他们在普通的性竞争上获得成功的可能性，或许增加了他们在某种替代性的行为上获得成功的可能性”（1979，204）。他宣称，我们能够理解为什么我们“在人群中感到孤独”，只要我们提醒自己，进化中重要的是彼此竞争的个体的相对适合度（1979，17）。他的合作者之一洛（Low）解释了为什么男人会觉得“胸大而苗条的女人特别有魅力”（Low 1979，466）。据说，这种选择是男性要与那些将成为好妈妈的女性结成配偶的偏好所决定的。

在这些例证与相似例证中，如关于青少年时期男性的男子汉气概的讨论（Alexander 1979，244）与对于女性最有可能达到高潮的处境的特征描述（Alexander and Noonan 1979，451），我们发现了我们在威尔逊及其追随者的流行的社会生物学中看到的同种类型的谬误。这些猜测的特征是，它们渴求随意的最优化，并炫耀作为观察材料的流言蜚语。仅举一个例证，我们似乎可以正当地想要知道，为什么这种偏好胸大雌性的选择并没有共同存在于其他的哺乳类动物的物种之中呢？我们或许还想知道胸部的大小与哺育幼崽的能力之间的关联。最后，那些倾心于洛对于吸引男性特质的解释的人，或许应当在一个拥有丰富的鲁本斯①作品的美术馆中来一次漫游。

由于经过先前的讨论，这些例证的麻烦应当已经不再让人感到陌生，我将仅仅处理亚历山大与他的合作者所呈现的主要例证。亚历山大自己的论证试图将定量研究与定性研究相结合。他暗示，他并没有基于那种认为社会行为模式最大化了参与者的广义适合度的观念而提出一种针对人类行为的完全统一的解释（或根据一种更为谨慎的版本，它们是先前最大化广义适合度的行为方式的残留物）。他断言，这种解释产生了大批量的预测，当我们检验人种志的记录时，这些预测就会得到证实。他还对两个例证提供了详尽的解释，这两个例证曾经对他来说是“对人类行为进化观的最具挑衅性与最突出的明显反驳”（1979，168）。它们是“舅权制”现象（在这种社会组织方案中，孩子是由他们母亲的兄弟供养的，而不是由他们母亲的丈夫供养的）与某些社会的结婚规则中不同种类的表亲区分。

293

在本节中，我将快速地审视亚历山大希望迷惑他的读者的诸多预测的清单。接下来几节将开始着手讨论有关舅权制的解释，亚历山大对之给出了定量的解释，库兰德以更精确的方式对之进行了详细阐释，其他还有两个颇具影响力的研究。我们将考虑查冈关于雅诺玛莫人（Yanomamo）的战斗联盟的解释与迪克曼对杀女婴模式的解释。对于所有这些例证，我们将提出三个主要的问题：这些被研究的行为方式是否真正让那些实施者的广义适合度最大化？即便是这样，这是否增加了我们对人类行动的熟悉的

① 彼得·保罗·鲁本斯（Peter Paul Rubens，1577—1640），17世纪佛兰德斯画家，早期巴洛克艺术杰出代表，鲁本斯作品中的美女圆润丰满，但在比例上胸部相对较小，不同于流行的社会生物学家所推崇的丰满胸大的理想女性形象。——译注

近似机制的理解？它是否会为我们理解那些在人类决策中出现的迄今为止尚未得到理解的动机与能力提供新的启示？

亚历山大通过某种辩解来引入他的二十五个预测清单："尽管某些预测从个体的意义上讲是微不足道的，某些预测或许犯有循环的过失（因为我们所专注的人类社会制度已经告诉我们，它们是真实的），然而，它们在集体的意义上是重要的，这个清单越长，它就变得越重要"（1979，156）。这个辩护是有根据的，但这种信心放错了地方。好斗的适应主义者认为，动物的形态与生理机能的具体细节都让广义适合度最大化。然而，这个假说本身并没有告诉我们多少与特定物种成员的结构与机能有关的东西。类似地，那种认为人类的行动是为了最大化广义适合度的夸张论断，也没有对人类社会性的诸多细节做出多少预测。正如我们将看到的，亚历山大的清单是由一系列关于我们自身的相对陈腐的事实构成的，这些事实仅仅以松散的方式与他的核心论断有关。

据认为，第一个"预测"导源于汉密尔顿。"当那些裙带利益的潜在接受者将这种利益转化为繁殖上的利益的能力相等时，近亲将比远亲更有利"（1979，156）。正如亚历山大接下来注意到的（157），这与其说是一种预测，不如说是对汉密尔顿的核心洞识的再次陈述。尽管如此，正如我先前已经强调的，没有理由认为，仅仅通过简单地考虑亲缘关系，就能确定一个行动的广义适合度。假若人类如此行动是为了让他们的广义适合度最大化，那么，在某些情况下，他们将利益给予远亲（或没有亲缘关系的个体）或许会做得更好，因为还存在着其他提升广义适合度的要素——未来回报的可能性、加入联盟的好处或其他的要素。因此，在一种更精确的形式中，这个预测告诉我们，当潜在接受者将这种利益转化为繁殖上的利益的能力相等时，或者近亲将比远亲更有利，或者捐赠者由于某种其他回报而在适合度上获得增益的重要性超过了亲缘性上的差异。在这种形式下，这个预测就并非那种断言人类的行动是为了让其广义适合度最大化的假说的一个在观察上可以证实的结论；相反，它是一个简单的推论：我们帮助我们的近亲，除非我们这么做会降低我们的广义适合度。 294

其他的预测更加具体，它们专注于特定种类的社会情境，但这些预测的陈述如此模糊，以至于它们实际上允许那些野心勃勃的流行的社会生物学家涵盖了所有的可能性。请考虑如下预测：

> 4. 在特定种类的亲属（如亲兄弟姐妹）中的合作与竞争的变化，或许从根本上会跨越所有可能性的范围，这取决于他们使用相同资源（如亲代抚育或交配）的机会与需求以及每个可资利用的合作个体的价值。(157)

翻译过来的意思就是：可以预料，当兄弟姐妹通过争夺一个重要资源而有可能最大化他们的广义适合度时，他们就会发生竞争；当他们的广义适合度可以通过彼此协助而最大化时，他们就会进行合作。我们如何将这种“预测”与人类的社会行为进行比较？对之做出的简短解答是，我们无法这么做，直到我们获得了一种对于影响特定处境下兄弟姐妹适合度的诸多要素的详细解释。尽管我们保持了亚历山大所钟爱的普遍水准，但没有任何东西得到检验与确证。

接下来请考虑一个关于父母对待其子女态度的暗示：

> 8. 在许多情况下，一方面，年长的后代比年幼的后代在繁殖上可能更有价值，他们在服务于自身利益的过程中会更好地服务于他们父母的利益，这是因为他们标准的年龄以及兄弟姐妹对他们的依赖性关系（这导致了长子继承制）。另一方面，具备依赖性的年幼后代或许会被父母给予更少保留的全面关注，因为父母拥有其他具备依赖性的年幼后代的可能性有所降低（因此，他们有可能被“娇生惯养”）。(158)

295 我们在此处拥有了第一个预期的情况：人们会偏好长子继承制，他们有可能对年幼的子女“娇生惯养”。我将在后文中考虑进化的原因是否会为我们关于长子继承制的预测增添任何东西。就目前而言，让我们来看看构成第二个预测基础的推理。

请设想一个有许多孩子的人类家庭。最先出生的就是长子，最后出生的就是幼子，在两者之间还有一些子女。当第一个子女年幼时，他或她并没有其他的兄弟姐妹来分享父母的照料。因此，第一个子女获得了父母准备的全部精力与关注。最后一个子女诞生了，父母就不再需要为尚未诞生的子女保留资源。他们就能够将他们的全部都给予他们的这个孩子。当然，这些子女为了能量与关注而展开了更为激烈的竞争。最后一个子女在任何给定阶段是否能获得更多的关注，这取决于父母在他们给予所有后代的那个更大资源库中的最佳分配所给予最后一个子女的东西，是否多于第一个子女在相应阶段从整个可资利用的资源库中获得的东西。这种结算并非显而易见。并没有明显的理由来解释为什么年幼的子女会被“娇生惯养”。

最后，让我们来审视某个更加明确的预测：

> 14. 通过婚姻而产生的亲属借助欺骗他们富裕的姻亲，就处于一种特别有利于获得好处的地位，因为他们并没有通过他们配偶亲属的任何利益分配而直接获得好处（因此，这也是一个与姻亲有关的著名玩笑）。(159)

这个最优化论证仍然是不可信的。结婚者开始以不同的态度对待他们各自的家庭成员。尽管如此，难以看出为什么应当期待人们以欺骗的方式来对待他们富裕的姻亲。假如频繁发生的情况是，两个人通过合作获得的东西从根本上能够多于两个人通过各自工作获得的东西，那么，符合女婿利益的做法或许就是协助他们的岳父，反之亦然。若不知道约束条件的详情与在这种社会情境下可资利用的诸多策略，人们就没有根据先验地宣称，人类被认为拥有欺骗他们的姻亲的倾向。更缺少根据的想法是，对姻亲背叛行为的辨识应当以玩笑的方式来表现自身。毫无疑问，如果对待姻亲的某种其他的态度盛行，亚历山大也会乐于将其作为支持某种有关我们的广义适合度利益的深刻理解的证据。

对这些预测的举例已经足够。只有借助那些与最优化有关的最为随意的假设，这些预测所推进的论断才能与亚历山大的核心观念关联起来。而且，这些论断几乎总是过于含糊，以至于无法让自身与人类行为的实际数据进行比较。尽管如此，只有当我们考虑了亚历山大对那种似乎威胁了他的一般性研究进路的人类社会性研究的某些例证做出的坦率回应时，我们才能揭示这个预测清单是完全没有价值的。 296

就收养而言，存在着一个显而易见的困难。亚历山大讨论了一组由乔治·默多克（George Murdock）描述的例证：

> “在非洲以及某些其他的地区中……常常可以看到，一个已婚女人与另一个男人的非婚生子女被她的丈夫无条件地接纳为父系继嗣，而她的丈夫就成了他们‘在社会意义上的父亲’”［(Murdock 1949) p. 15］。人们想要提出的问题是：(a) 这种子女是否对他们在社会意义上的父亲有价值，无论是作为劳动力还是作为聘礼的来源？(b) 对接受这种子女的男人来说，他还有可能获得的其他好处是什么？他是否因此就会留住一位否则就有可能失去的重要的妻子？他是否与一群有姻亲关系的重要盟友维系了纽带？真正的父亲是否通常就是近亲（如兄弟）？这种事件是互惠的吗？这种父亲实际上是以何种方式来对待这种子女的？默多克所参考的有可能是这样的情况，即拥有女孩的母亲所选择的是一个能够成为她第一个子女的父亲的情人。在这种情况下，我们需要知道这个情人的地位、遗产的最终分配、在所有案例中亲子鉴定知识的范围、真正的父亲对待第一个子女的行为以及更多的信息。没有这种信息，就没有办法分析这个显著的矛盾。(1979，166)

在我们严厉谴责亚历山大发明的特设性假说与捍卫他所钟爱的假说的热情之前，我们应当承认，亚历山大是相当正确的。倘若我们想要知道我们所讨论的男人的行动是否是为了他们的广义适合度，我们就要获得我们宣称需要掌握的那些信息。通过更仔细的探究，我们或许能获得一种模型，它将揭示这些行动最终让这些男人的广义适合度最大化。尽管如此，在我们希望讨论人类行为方式的相对适合度的任何其他案例中，还有一些等量的考虑要素是相关的。我们不能仅仅在便利之处求助于复合变量。当复杂性在推导先前预测的过程中被欣然忽略时，这种求助于人类社会情境复杂性的做法就是空洞的。对于这些对应于复杂情境的模棱两可的普遍性预测的全部经过推定获得确证的实例来说，如果我们想要发现参与者是否以某种方式最大化了他们的广义适合度，我们就需要对之进行细致的分析。恰如“表面上的不融贯性”并不是对亚历山大想要捍卫的论题的决定性反驳，在别处没有受到人们严格专注的融贯外表也并未提供真正的支持。

进而，进化视角的引入并没有让它的预测力有所增加。没有得到任何进化观念补充的民间心理学，将形成亚历山大根据他自己的核心假说所论断的全部预期。请考虑一个最有前途的例证——长子继承制。轻易就可以设计出一种论证来支持人们认为的，年长的子女（乃至年长的儿子）有可能继承家族的财富。父母通常希望他们的子女获得财富。倘若他们在年幼的子女成熟之前死去，重要的是，让他们获得的财富传给某个将会保护这些依然存活的幼儿的人。由于可以期待兄弟姐妹会彼此守护，最佳策略似乎就是将家族的财富传给最年长的子女（或最年长的儿子，在这种情况下，男性比女性拥有更大的权力与特权）。

在提供这个相对于亚历山大提出的假说的竞争性故事的过程中，我们是否窃取了命题？民间心理学想当然地肯定了某些人类的倾向，而亚历山大通过以这种倾向的进化基础为出发点而获得了更大的预测力。然而，究竟如何获得更多的东西呢？这种求助于广义适合度的做法是否为正在发生的事情提供了一种更加精致的解释，是否提示了新的机制并提供了更多精确的预测？几乎没有。亚历山大的解释所提供的预期都没有比上一段文字中所给出的预测更加详细。那么，通过以与广义适合度有关的论题为出发点，我们是否获得了更为重要的深度呢？通过以有关广义适合度的考虑要素为出发点，我们是否理解了那些被民间心理学视为理所当然的倾向，从而逐步将长子继承制确认为某种预期的东西呢？

父母希望他们的子女获得财富，兄弟姐妹通常会决定帮助彼此来对抗外人，毫无疑问，对于诸如此类司空见惯的事实，存在着一种进化的解释。进而，我们能够确认这种解释的总体轮廓。**在其他条件都相等的情况下**，亲属将通过帮助彼此而提升他们的广义适合度。老一套的东西如此之多。但这与那种认为人类社会行为的特定模式最大化了该行为实施者的广义适合度的论断没有什么关系。特别是，它与那种认为长子继承制的建立将最大化广义适合度的论题没有什么关系。因为即便假定这个论题是真实的，人们继续做出如下论证却是愚蠢的："我们现在理解了为什么会存在一种希望让子女获得财富的人类倾向。这种倾向固定于我们之中，它作为一种近似机制，让我们通过建立长子继承制来最大化我们的广义适合度。"我虚构的这个论证是本末倒置的。进化并没有因为照顾子女的倾向 298

与协助兄弟姐妹的倾向充当了所谓的让适合度最大化的长子继承制的实现手段而让我们配备有这些倾向。这些倾向在我们之中的进化是由于其他的因素，我们通过辨识我们与子女以及兄弟姐妹所共享基因的基本特征，就可以注意到这些倾向的总体形式。一旦这些倾向位于恰当的位置上，它们就让我们在各种新背景下以各种新方式做出行动。无论这些行为方式是否最大化了我们的广义适合度，这都是不相关的。

我们对亚历山大假说的评价根据，并不是它将我们导向了一些比民间心理学所提供的更加精致的预测，因为它并没有做到这一点。我们也不能认为，它深化了民间心理学所提供的理解。因为即便那些认为人类行为的特定模式最大化了该行为实施者的广义适合度的论断是真实的，它们也不会提供我们所需要的进化解释。它们最多会形成一种对进化的民间心理学需要解释的现象的更为精确的描述。

那种试图用大批预测来轰炸读者的尝试，丝毫无助于展示亚历山大的流行的社会生物学的力量。讽刺的是，某些被亚历山大鄙视（而这些鄙视是相当公正的）的作者就喜爱类似的论证风格。在《科学的特创论》（*Scientific Creationism*）中，亨利·莫里斯（Henry Morris）草拟了一个包含“十四个预测”的表格，这些预测根据的是他那个版本的“大洪水地质学”，莫里斯扬扬得意地宣称，这些预测得到了确证。就像亚历山大的预测一样，这些预测是以相当不明确的术语来进行表述的，对这两位作者来说，他们都轻松地处理了那些令人烦恼的例外。亚历山大与莫里斯似乎都认为，在自然倾向与那些松散地关联于他们的核心观念的倾向之间的某种模糊匹配，将有助于他们的事业。在这两个例证中，对之做出的正确回应是迫切要求细节。

由于亚历山大相信，阻止人们接受达尔文主义以及它在理解人类事务中的重要地位的仅仅是一些误入歧途的特创论者与无知的哲学家（1979，xvi），他就应当发现，这种方法上的亲缘关系多少是令人不安的。那种宣称大量以模糊方式陈述的“普遍性预测”的策略无助于支持“人类的社会行为普遍让广义适合度最大化”这个假说。它并没有丰富我们对人类决策的熟悉机制的理解。它并没有指出通向任何迄今为止没有得到辨识的人类行为根源的途径。让我们看看，亚历山大对一个特定案例的更为详细

299

的论述是否做得更好。

缺席的父亲与体贴的舅舅

在某些社会的习俗中，一个男人用他的财富与能力来供养的并不是与他结婚的那个女人（或那些女人）的子女。相反，他用他的劳动及其成果来供养的是他姐妹的子女。初看起来，这种安排与那种认为人们的行动是为了让他们的广义适合度最大化的论断不相一致。毕竟，一个男人与他姐妹的子女的相关性是1/4，与他自己的子女的相关性是1/2。一个男人运用他的财富来帮助他的外甥女与外甥，这是在追求次优的策略，因为他的财富或许可以更好地用来提高那些亲缘关系与他更紧密的人的繁殖能力。

一旦这种表面上的不一致以此方式进行详细阐述，显然可见的是，它依赖于一个假设。我们假定，一个男人的妻子（或妻子们）的子女是他自己的。如果情况并非如此，那么，就无法得出结论：协助外甥女与外甥是次优策略。事实上，如果子女是父系血统的概率十分低，一个男人最大化其广义适合度的最佳策略或许就是帮助他姐妹的子女。结果是，这种舅权制就是一种最大化广义适合度的机制（至少最大化了这个男人的广义适合度；我们目前假设，他被他获得的利益的分配方式所控制）。

亚历山大概述了我刚刚给出的推理，并以如下方式概括了他的结论：

> ……如果一个男人对子女的父系血统缺乏信心，他的外甥女与外甥或许就是他在下一代中最近的近亲。仅仅这一点，并不意味着这种亲属就是亲代抚育的最恰当对象，因为假如他的低自信并不常见（也就是说，其他男性对其子女的父系血统是有信心的），或许就可以预料到，他的外甥女与外甥的父亲将心甘情愿地照顾他们。我再次重复的是，个体没有必要有意识地进行所有这些计算，尽管如此，他们的行为就显得他们好像在这么做。（1979，171）

让我们暂缓提出“如何真正实现这种广义适合度计算所推荐的行动与决策的一致性”这个问题，转而开始讲述这个有关最大化适合度的故事的诸多细节。

我们设想这样一个社会，其中，人们对子女的父系血统的信心普遍较低。具体而言，假定男人与他们的妻子分居，由于某方面的社会环境（比如，需要年轻的男子长期服兵役），这种分居状态将持续存在。在亚历山大为了他的分析而设计的某些案例中，就存在着这种条件。让我们再假定，一个孩子的适合度正比于这个孩子从一个男人那里获得的援助数量。换而言之，假如 M_1 给予 C_1 的帮助要多于 M_2 给予 C_2 的帮助，那么，C_1 的适合度就大于 C_2 的适合度。

现在，让我们设想这样一种传统，其中，男人帮助姐妹的子女，而不是妻子的子女。请考虑该社会中最富有的男人的诸多可能性。在这种流行的制度下，他的妻子（或妻子们）的子女就会从某个不如自己富裕的人那里受惠。改变这种传统的安排，将他的某些财富用来供养他的妻子（或妻子们）的子女，这是否有利于他的广义适合度？我们可以通过以下方式来简化这个分析，即假定他仅有的选择是，将他的财富与他妻子兄弟的财富的差额或者献给他姐妹的子女，或者献给他妻子的子女。哪种策略最大化了他的广义适合度？

假如妻子的后代就是丈夫后代的概率是 p，那么，这个男人供养他妻子的子女在适合度上获得的预期回报就是 $\frac{1}{2}Bp$（此处的 B 将根据适合度的单位来估测他获取的收益）。他帮助他姐妹的子女而在适合度上获得的预期回报是

$$\frac{1}{2}B\left[\frac{1}{2}(\text{“姐妹”是同父同母的姐妹的概率}) + \frac{1}{4}(\text{“姐妹”是同父异母或同母异父的姐妹的概率})\right]$$

我们可以合情合理地假定，一个已知为“姐妹”的女人是同父同母的姐妹的概率与她不是同父同母姐妹的概率之和是 1。她是同父同母姐妹的概率，就是她与这个男人拥有共同父亲的概率。

库兰德认为，这个概率是 p^2（1979，150－151；归功于 Greene 1978，这个结果是对 Kurland 1976 中的赋值的一种“修正”）。尽管如此，这并

非完全正确。他们母亲的丈夫就是这个男人与其“姐妹”的父亲的概率是 p^2。他们拥有共同父亲的概率更大。假如他们的母亲在某个相关的时期（除了与她的丈夫交媾之外）与 n 个男性交媾，假如每个男性拥有概率 q_i 来成为她的任何一个子女的父亲，那么，这两个子女拥有同一个父亲的概率就是 $p^2+\sum q_i^2$。在滥交的条件下，n 足够大，我们就能假定，对于 p 而言，每个 q_i 较小，相关的概率近似于 p^2。

现在，我们就能陈述富裕男子最好反对这个制度并将自己的剩余财富送给他妻子的子女的条件。我们所需要的是 301

$$\frac{1}{2}Bp>\frac{1}{2}B\left[\frac{1}{2}p^2+\frac{1}{4}(1-p^2)\right]$$

也就是说，

$$p^2-4p+1<0$$

正如库兰德注意到的，这个不等式标志着**父系血统的临界值**（$p=0.268$，$p^2-4p+1=0$ 的根位于 0 与 1 之间），若 p 的概率高于这个临界值，这个男人选择将他的资源投向他妻子的子女身上更好。若 p 在这个临界值之下，他遵循舅权制的规则更好。

迄今为止，我的分析与库兰德和亚历山大的不同之处在于，我仅仅聚焦于这个社会中最富有的男子。以此方式，我回避了以下这个明显的困扰，即当一个贫穷的男子与富有男子的姐妹结婚时，他将受益于舅权制，即便他妻子的子女确实就是他自己的子女。尽管如此，我提供的论述能够轻易得到拓展。假设在这个社会中有 n 个最富有的男人是通过供养其姐妹的子女来最大化他们的广义适合度的。现在请考虑第 $n+1$ 个最富有的男人的困境（其排序是由财富决定的）。他的妻子或者是一个拥有更多财富的男人的姐妹，或者是一个更穷的男人的姐妹。（我们可以将没有兄弟的女人视为她有一个无财富的兄弟的情况。）在前面这种情况下，他的妻子已经被这个制度所接纳（我们可以设想，她是她兄弟的临界值的组成部分）。在后面这种情况下，这个男人的困境恰恰就是那些最富有男子在原先情况下遇到的困境。因此，假如 n 个最富有男人最大化适合度的策略是将诸多利益输送给他们姐妹的子女，那么，这也是第 $n+1$ 个男人的最大化适合度的策略。由此，我们就可以通过归纳推理得出结论，当 p 低于父系血统的临界值时，所有的男人都将通过延续这个传统来最大化他们的广义适合度。以类似的方式，最初确立的这个传统可被视为一种最大化适合度的策略。

库兰德通过考虑在男性能够划分自身资源的情况下的最优策略而改进了他的分析（1979，177—180）。他还考虑了另一种改进的方式，但并没有对之进行详细的阐述：

> 父系血统的确定性是女人能够给予男人的某种东西。在纳亚尔人的高攀婚姻中，一个女人通过确保一个地位高的男人的父系血统，就能提高她在生育上的成功，这个男人因此就乐意并能够在她的子女身上投入。(163)

302 对女性策略的探究，将导出某些有趣的结论。

请设想一个舅权制存在于其中的种群。我们假定，一个女人的子女就是她丈夫孩子的概率 p 低于父系血亲的临界值。现在，有一个女人决定采纳一种新策略：她向一个最富有的男人宣称，她情愿让她自己服从于他的女性亲戚的监督，并由此确保他的父系血统，只要他反过来与她结婚并将他的资源输送给他们的子女。我们将其称为卡普尼亚（Calpurnia）策略。显然，这个卡普尼亚策略对除了这个最富有男人的姐妹之外的任何女性繁殖都有利。因为通过这么做，她为自己的后代确保的财富，要多于她以其他做法所确保的财富，因此，根据“后代的适合度随着给予他们的福利的增加而增加”这个假设，她所生育后代的适合度就得到了最大化。对于最富有的男人来说，承担这项供给也是有利的。因为通过这么做，他就获得了$\frac{1}{2}B$ 的回报，它大于他以其他方式获得的回报$\frac{1}{2}B\ [\frac{1}{2}p^2+\frac{1}{4}(1-p^2)]$。因此，在一个践行舅权制的种群中，我们能够期待的是，一个女人通过采纳卡普尼亚策略来最大化她的适合度，一个最富有的男人则通过与这样的女人合作来最大化他的适合度。卡普尼亚策略能够侵入这个种群。

现在请设想这样一个社会，其中，n 个最富有的男人并没有践行舅权制，但他们与采纳卡普尼亚策略的女人进行交配。请考虑除了第 $n+1$ 个富有男子的姐妹之外的任何没有配偶的女性。对于这个女性来说，以卡普尼亚的策略来对待第 $n+1$ 个富有男子有利于她的繁殖（假定更富有的男人在娶妻问题上都处于“饱和状态”）。因为鉴于 n 个最富有男子将他们的资源都输送给了他们妻子的子女，这个女人就无法期待她的后代获得更大程度的供养。因此，假如 n 个最富有的男子为了将他们的资源输送给他们的那些采纳了卡普尼亚策略的妻子的子女而放弃了舅权制，那么，第 $n+1$ 个富有的男子应当也有机会这么做，而为了他自己的适合度，他应当抓住这种机会。通过归纳，我们就能得出结论，可以期待，这个社会有可能为了一种替代性的安排而放弃舅权制，在这种替代性的安排中，妻子服从监督，丈夫供养妻子的子女。这就是人们所认为的在诸多个体最大化了他们的广义适合度的情况下有可能会发生的事情。

一旦我们开始探索那些竞争性的策略，我们就能看到，存在着众多这样的策略。如果 p 低于父系血统的临界值，那么，在婚姻之外的交媾必然远远大于在婚姻之内的交媾。重要的是，这种交媾的范围应当是广泛的。如果每个男人只拥有三到四个长期的性伴侣，那么，许多男人就有可能分辨出某些女人（并不必然是他们的妻子）的子女拥有足够高的概率是他们的后代，从而值得对他们做出投入。类似地，如果我们认真地对待那种认为女性的行为是为了最大化她们的广义适合度的观念，那么，我们就应当考虑这种可能性，即她们将完全抛弃这种不专一的习惯，而她们向贞洁的转变将被她们的那些致力于最大化适合度的配偶所察觉。 303

这个例证阐明了一个我在先前就有所强调的普遍看法。有关最优化、进化稳定策略或最大化广义适合度的论断必须在诸多约束条件构成的背景下才能得到发展。不能简单地虚构这些约束条件。需要仔细的研究工作来发现那些对于其行为正在被研究的人来说是真正可资利用的替代性策略。与卡普尼亚策略（以及我更为简要提及的其他策略）有关的例证的要点是：考虑到这些初始假设并非比亚历山大与库兰德所钟爱的假设**更不合理**，我们就能论证，舅权制**并没有**让贯彻它的男人们或女人们的广义适合度最大化。

假如我们确实要发现那种符合库兰德模型（也就是说，舅权制恰恰存在于那种低于父系血统的临界值的社会之中）的人种志记录，那么，我们就必须解释这种社会将以何种方式来设法抵制采纳卡普尼亚策略的女性的入侵。事实上，已经获得的数据并没有为库兰德的模型提供令人信服的支持。正如他自己承认的，“用人种志的文献来验证这个模型是困难的”（1979，157）。这个问题并不是他自己造成的。传统的人类学专注于其他的问题，它并没有做出与库兰德的模型相关的计量。事实上，即便人类学家现在兴致勃勃地转向验证“舅权制仅仅存在于那种低于父系血统临界值的社会之中”这个假说的任务，他们也不得不克服诸多突出的困难。除了在所有的交媾都公开发生的社会（或存在详细遗传数据的社会）以外，难以对关键的参数，即在每组男女配对中女人的孩子就是男人的后代的概率，进行可靠的评估。（请记住，决定“姐妹”是否为亲姐妹的关键概率除了 p^2 以外，或许还涉及其他的条件。）

因此，或许我们最多可以期望，当婚外的性交相对常见时，社会将实施舅权制，而这以一种普遍的方式符合库兰德模型的诸多判定。亚历山大相信，即使这种符合成立，这个结论或许也不是现成的：“在对父系血统的信心显著降低之处，舅权制更为普遍”（1979，175）。他发展了一种替代性的方案来容纳某些复杂的案例：

304

> ……在延续舅权制的家庭案例中，甚至在青春期之前的男孩也有可能离开父母，去和其他村庄中母方的舅舅生活在一起。在这种情形下，假如这些男孩与他们舅舅的女儿（母亲兄弟的女儿）结婚，那么，这个制度一方面就相当于在青春期之前就收养（监督与引导）了女儿的丈夫，另一方面在儿子的青春期之前就确保了他拥有妻子。（1979，175）

在我们对广义适合度最大化的多样途径表示惊叹之前，我们最好应当注意到与这个获得推荐的分析有关的一个小困难。就像其他的人类社会生物学家一样，亚历山大铭记于心的想法是，人类拥有一种倾向来避免与那些关系最为紧密的人在青春期之前进行交媾（1979，79）。如果这种对人类回避乱伦的分析是正确的，那么，亚历山大所概述的策略就很有可能并没有最大化参与者的广义适合度。根据源自基布兹与台湾的研究结果（在先前的章节中有所讨论），存在着一种不可忽略的可能性，即被收养的儿子无法实现这种婚姻，由这种婚姻产生的后代的期望值有所降低。因此，远非显而易见的是，体贴的舅舅可以通过将他的资源输送给他的外甥来让他将自己的基因传递给第二代的机率最大化。

让我们来做出评价。我们拥有一个成问题的模型，它无法解释为什么舅权制没有遭到采纳卡普尼亚策略的女性的入侵，更普遍的问题是，它似乎依赖于诸多针对相关社会成员可资利用的替代性策略的假设，而这些假设并没有获得论据的证实。我们所拥有的人种志记录被公认为是不充分的，它无法提供充分精确的数据来让我们比对这个模型的诸多判定与现实的人类行为。我们关于舅权制的例证超出了这个模型的范围，我们试图解释这些似乎与社会生物学研究的其他受钟爱的组成部分产生紧张关系的例证。那么，这种研究如何为我们对人性的理解做出贡献？

在这一点上，我们提出的其他两个主要问题是有帮助的。库兰德与亚历山大对这种做法的讨论，是否指出了一种不同于民间心理学概述的有关人类决策的解释？抑或是说，他们的研究是否加深了我们对于民间心理学用来解释舅权制持续存在的诸多机制的理解？我将论证的是，这两个问题的答案都是否定的。 305

在婚外情与舅权制的实践紧密相关的社会里，我们仅仅需要求助于相对司空见惯的人类欲望。几乎没有人会否认，我们通常形成的倾向是帮助我们的亲族并竭尽所能地去提升他们的幸福。这种倾向通常让我们帮助自己的子女，而不是承担照顾兄弟姐妹的子女的基本任务。尽管如此，显而易见的是，在库兰德的舅权制模型起作用的社会中，人们有相当充分的理由来怀疑，一个女人的孩子的父亲就是她的丈夫。因此，男人帮助他的后代的自然倾向无法通过为这些子女提供帮助的方式确定地表现出来。在这种不确定的处境下，男人就转向了他在某种程度上确信与之具备亲缘关系的人们。没有必要假设某种计算广义适合度的无意识机制或重新引导男人努力方向的某些迄今为止未被察觉的动机。有关人类共同追求的陈腐观点就让这种实践变得可以理解。库兰德在费尽心力之后仍然注意到了在他的模型与有关近似机制的传统解释之间的相容性，或许就是由于这个缘故，他的模型确实与传统的解释是相容的。

类似地，在为了没有结婚的女儿而“收养丈夫”的舅舅的案例中，除了某些有关人类动机的熟悉观点之外，并不需要做出进一步的审视。正如亚历山大自己所暗示的，我们或许会认为，这种实践将发生于那些偏爱一夫多妻的社会里，因为在这些情形下，被收养者的家庭希望为他们的儿子确保有一个妻子（在这里出现的仍然是对后代福祉的古老关切），而收养的家庭想要增加的是他们的女儿得到丈夫良好对待的机率。这种安排为这两个问题承诺了一种巧妙的解决方案——尽管正如我已经评述的，根据推测，它或许会面临由于参与包办婚姻而在一起养大的人们所遇到的诸多困难。或许，做出这种安排的人们无法充分适应这些困难的遗传后果，从而无法推翻我所求助的那些熟悉的人类动机。或许，在青春期之后的收养会真正让广义适合度最大化，但这种选择的价值较小，因为收养的家庭想要对他们女儿的丈夫的态度与行为施加更大的影响。

我们根据普通的人类动机做出的解释是含糊不清的。进而，我们应当能预料到的是，在不同的情况下，许多不同的额外因素在发挥着作用。以一种相当普遍的方式，我们能够将舅权制的起源理解为参与者试图完全满足普通的人类欲望的尝试，舅权制也是以这种相同的方式被保留下来的。更为详细的探究**或许会**向我们揭示，只有当我们假定了那些真正构成我们决策基础的隐含机制时，我们才能理解这种做法。例如，我们可能会发现，在某些社会群组中，父系血统的概率（参数 p）在父系血统临界值周围的狭小区间内取值，那些高于父系血统临界值的社会采纳的是供养妻子子女的制度，那些低于父系血统临界值的社会采纳的是舅权制，那些在父系血统临界值上的社会不管怎样都有点不稳定。这种证据将揭示，人类有能力回应广义适合度的指示，这种能力远比我们日常承认的照顾同族的倾向所暗示的更为精细。尽管如此，我们并没有任何模糊地类似于这种数据的东西。根据我们对相关社会所知道的东西，没有理由相信，存在着诸多让人类行为适应库兰德的模型所界定的最佳状态的机制（即便人们姑且承认这些最佳状态是真实存在的）。

尽管这个求助于普通人类动机的解释是模糊不清的，但它被证明优越于那个将某种通过协调我们的行为来让广义适合度最大化的未知机制归于我们的解释。它让我们理解了为什么卡普尼亚策略通常都没有推翻舅权制。当我们根据广义适合度的最大化来进行思考时，就形成了一个真正的谜团：女性通过用卡普尼亚策略与男性进行磋商，就会真正提高她们的广义适合度。但是，当我们根据近似机制来思考时，这个谜团就消失了。女性为了让她们的丈夫对父系血统产生信心，她们或许不得不做出个人的牺牲。她们或许不得不丧失朋友与同族的陪伴，让她们自身服从多疑者的仔细审查，如此等等。诸多常见的欲望将拒绝那种提升未来子女利益的倾向。更确切地说，我们可以预料到，一个女人有时会被与一个非常富裕而又有权力的男人结婚的前景所吸引——她能够在个人自由方面付出相对较小的代价来提升她自己的地位与她子女的地位——但是，当相较于个人的损失，这种地位的预期提升并不大时，她就会不情愿做出这种交易。从最大化广义适合度的视角看，卡普尼亚策略或许是最佳的女性策略，但不难理解女性没有采纳这个策略的原因。

民间心理学战胜了那种求助于广义适合度的做法。人们或许会用一种保守的方式来理解（与捍卫）亚历山大的流行的社会生物学，即民间心理学求助的诸多欲望与倾向本身，可以根据我们的进化历史来获得理解。307 非常正确。然而，对此的回应仍然是相同的：库兰德与亚历山大的建议并没有对那些需要得到进化解释的东西的进化解释做出任何贡献。假定舅权制确实最大化了那些践行舅权制的人的广义适合度。这个事实以何种方式相关于那些构成舅权制实践基础的倾向（如追求一个人近亲福祉的欲望）的进化？人们或许会猜测，对这些倾向的存在的进化解释是，它们固定在我们之中，在父系血统不确定时，它们就是最大化我们的广义适合度的一种手段，但这种猜想是荒谬的。

当亚历山大的纲领以保守的方式来获得理解时，这个相同的谬误将反复出现。进化的民间心理学提出要将这些社会组织方案追溯到近似机制之中，并为这些机制的存在寻求一种进化的解释。亚历山大与他的追随者（保守理解亚历山大纲领的追随者）似乎提出了一种关于行为模式本身的进化解释。他们的讨论是不正确的，因为他们并没有阐明那些真正需要进化解释的东西——那些近似机制。

故意伤害、谋杀与婚姻

流行的社会生物学关于舅权制的讨论被证明是令人失望的。留给我们的是某种有趣的人类学描述，即关于男人选择帮助其姐妹子女的条件的故事；其余的则是从进化生物学中徒劳添加的概念。这个结果是有代表性的。那些激发了流行的社会生物学激情的人类学研究的其他主要例证都触及了相同的界限。让我们来审视一个已经得到了最为充分的记录的例证：查冈对南美洲的雅诺玛莫印第安人的研究。

查冈在流行的社会生物学的标杆年代到来之前就已经开始了对雅诺玛莫人中间的社会组织的研究。近年来，他为这样一些数据提供了社会生物学的分析，这些数据是在他采纳了“人类社会行为应当根据广义适合度最大化的视角来进行研究”这个假说之前获得的。由此可以证明，人们几乎无法谴责查冈寻找的是那些符合预先形成假说的数据，查冈补充说，要是他意识到了与广义适合度有关的想法，“（这个）结论的确定性就会得到增强”（Chagnon and Bugos 1979，217）。

查冈的社会生物学分析的一个例证是在两群雅诺玛莫人之间发生的 308 斧战，这场斧战被查冈与他的同事阿希（Asch）在 1971 年摄制成电影。根据查冈与博古斯（Bugos）的观点，在这种冲突中形成的联盟网络特别重要。

> 当亲缘关系被选择作为那些遵循行动路线来进行有显著的成本与收益的选择的行动者时，它的模棱两可与隐喻外观似乎就达到了最低的程度。倘若我们感兴趣的是着眼于理解这种行为在何种程度上可以“追溯”到那些在生物上相关的亲缘关系维度，并借此来考察个别的人类行为，那么，这些涉及行动者潜在风险的危机或冲突处境，似乎就是开始这种考察的合理出发点。（1979，215）

查冈为这些导致斗争的事件所提供的故事是迷人的，它利用的是查冈对于雅诺玛莫人的社会结构的精致理解。［参见 Chagnon 1968，1974，1977。对于雅诺玛莫人，还有另一个不同的观点，它缺乏对如此明确地存在于查冈作品中的文化的深刻专注，但是，它考虑的雅诺玛莫群体的范围更广，参见 Smole 1976；斯莫莱（Smole）不仅在敌对行为中发现了更多的可变性，而且还发现了更多在性别上平等的社会。］就我们的目的而言，我们可以接受这个故事的基本事实，而不去考虑那些不重要的细节。一群最近离开了他们原先作为家乡的村庄，并已经发现了一个新村庄的雅诺玛莫人，回来拜访了他们过去的家乡。少数居民想让这些拜访者迁回村庄，但在作为东道主的村庄中，大多数人很快就厌倦了这次拜访，并希望他们的客人离开。

> 拜访者中有一个男人［摩诃锡瓦（Mohesiwa），1246］在果园中遇到了一群女人，他要求其中的一个女人［西娜比弥（Sinabimi），1744］给他一份芭蕉，而这些芭蕉是这个女人为了她自己的家庭而带回村庄的，此时诸多问题就变得尖锐起来。她拒绝给他芭蕉，并在她的拒绝中不时掺杂着侮辱。摩诃锡瓦被激怒了，他用一块木头打了西娜比弥。（Chagnon and Bugos 1979，219；查冈与他的合作者用四位数字来作为个别的雅诺玛莫人的便利而又明确的标识符号）

西娜比弥进行了抱怨，而她的一个亲戚乌瓦（Uuwa）则开始了打斗。

这场打斗的第一阶段是乌瓦与摩诃锡瓦之间用棍棒展开冲突。每个人都吸引了某些支持者，但在做出了某种威胁性的瞪眼与辱骂之后，这场冲突似乎就结束了。然而，西娜比弥的丈夫瑜那库瓦（Yoinakuwa）与他的兄弟柯伯瓦（Kebowa）用大砍刀与斧子将自身武装起来。他们攻击了摩诃锡瓦的住所，并在一场打斗之后将他拖到公开的场所之中。摩诃锡瓦的弟弟图拉瓦（Tourawa）开始进行防卫，最终用一把斧子攻击了柯伯瓦。依照雅诺玛莫人的打斗习惯，柯伯瓦与图拉瓦在这个阶段使用的都是他们的斧背。在图拉瓦翻过他的斧子并用斧刃来威胁柯伯瓦的时候，某人抓住了图拉瓦。于是，柯伯瓦就能用他的斧背给出沉重的一击，他打到了图拉瓦的后背。接下来，某些长者制止了这次打斗。

查冈与博古斯感兴趣的是在这次意外事件中形成或揭示的联盟。他们关于雅诺玛莫人中间的亲缘关系的广博知识，让他们能够计算参与打斗的全部个体的亲缘系数（参见技术性讨论 J 中的表格）。因此，他们处在一

309

个可以检验他们重要假说的位置之上。

> 根据亲缘选择理论，人们会预料到，摩诃锡瓦的支持者与他的关系以及彼此间的关系，要比他们与摩诃锡瓦的反对者乌瓦及其支持者的关系更加亲密。反过来，我们也会预料到，乌瓦的支持者与他的关系以及彼此间的关系，要比他们与摩诃锡瓦或其支持者的关系更加亲密。(Chagnon and Bugos 1979, 223)

在此出现了两个问题。确切地说，我们根据“亲缘选择理论”预测到的究竟是什么？我们是否需要亲缘选择理论来预测查冈与博古斯真正预测到的东西？

狂热的流行的社会生物学家或许会以如下方式进行论证：如果敌意发展到足够高的水平，周围每个人都会被迫加入这场冲突之中，问题就在于加入哪一方。人类配备能够让他们最大化其广义适合度的机制。通过帮助同族或通过帮助近亲来对抗远亲，广义适合度就将得到最大化。因此，我们就可以预料到，人们加入战斗的那一方，就是通常与他们的关系最亲密的那一方。这个论证的麻烦是，即便我们姑且承认那些有关我们的最大化适合度的装备的假说，仍然需要一个不现实的假设来导出这个结论。在雅诺玛莫人的斧战的背景下，那种认为帮助近亲始终都会让广义适合度最大化的假设完全是不现实的。在雅诺玛莫人中间存在着诸多复杂的社会结合体，它们涉及女性交易的“契约”、追求权力的野心家联盟，等等。如果我们认真对待广义适合度的最大化，那么，这些考虑要素就必须出现于这种计算之中。因此，我们没有理由期待一种在亲缘纽带与互助模式之间的**完美**匹配。

310

技术性讨论 J：如何选择你的盟友

通过运用查冈的数据，我们就能以如下方式呈现主要的参与者与他们的守护者中间的诸多关联。(这两个群体的成员被罗列于左侧的第一栏，他们所带有的四位数字充当了个体的标识符号。第二栏给出的是每个个体当前的家庭所在——I 表示他的家庭在新的村庄，M 表示他的家庭在原先的村庄。剩下几栏罗列的是这些成员相对于四个主要参与者的亲缘系数。)

摩诃锡瓦的团伙	村庄	摩诃锡瓦	图拉瓦	乌瓦	柯伯瓦
0029	I	0.265 6	0.265 6	0.179 6	0.031 2
0067	M	0.515 6	0.515 6	0.179 6	0.031 2
0259	M	0.515 6	0.515 6	0.296 8	0.062 6
0336	M	0.265 6	0.265 6	0.062 6	—
0517	M	0.171 8	0.171 8	0.125 0	—
0714	M	0.125 0	0.125 0	0.250 0	0.062 6
0723	I	0.125 0	0.125 0	0.250 0	0.0626
1278	M	0.515 6	0.515 6	0.179 6	0.031 2
1312	M	0.515 6	0.515 6	0.179 6	0.031 2
1335	I	0.265 6	0.265 6	0.296 8	0.062 6
1568	M	0.195 4	0.195 4	0.156 2	0.031 2
1837（图拉瓦）	M	0.515 6	—	0.179 6	0.031 2
1929	M	0.515 6	0.515 6	0.062 6	—
2194	M	0.265 6	0.265 6	0.062 6	—
2505	M	0.039 0	0.039 0	0.039 0	0.156 2
2513	I	0.109 4	0.109 4	0.171 8	0.046 8
乌瓦的团伙					
0390	M	0.039 0	0.039 0	0.093 8	0.062 6
0789	M	0.109 4	0.109 4	0.171 8	0.046 8
0910（柯伯瓦）	M	0.031 2	0.031 2	0.062 6	—
0950	M	0.015 6	0.015 6	0.031 2	0.031 2
1062	M	0.086 0	0.086 0	0.312 6	0.125 0
1109	M	0.093 8	0.093 8	0.093 8	0.062 6
1744	M	0.125 0	0.125 0	0.250 0	0.062 6
1827	M	0.179 6	0.179 6	—	0.062 6
1897（乌瓦）	M	0.179 6	0.179 6	—	0.062 6
2209	I	0.031 2	0.031 2	0.062 6	0.500 0
2248	M	0.031 2	0.031 2	0.062 6	0.500 0

摩诃锡瓦的支持者

几乎所有的支持者都是近亲或来自村庄I的人们。只有一位支持者0714是乌瓦的来自村庄M的近亲。她是村庄I的居民0723的姐妹。

311

乌瓦的支持者

几乎所有的支持者与乌瓦的关系，都要比他们与摩诃锡瓦的关系更紧密。在任何一个例证中都不存在显著的亲密关系。乌瓦的支持者所共同享有的属性是，他们几乎都来自村庄M，他们与摩诃锡瓦并没有任何亲密的关系。一个例外是2209。请回想最初受伤的一方西娜比弥，她是瑜那库瓦的配偶，而柯伯瓦则是瑜那库瓦的兄弟，他们在很大程度上要为冲突的逐步升级负责。2209是瑜那库瓦与柯伯瓦的妹妹。她抛弃了她村子里的同伴，转而站在她哥哥（与她嫂子）的立场上参加了战斗。

柯伯瓦的支持者

柯伯瓦的两个支持者是近亲（2209与2248）。其余的支持者既不是他的近亲，也不是他的对手图拉瓦的近亲。八个支持者中有四个（0789、1109、1744、1897）与图拉瓦的关系比他们与柯伯瓦的关系更加亲密。八个支持者相对于图拉瓦的平均亲缘系数是0.085 9，八个支持者相对于柯伯瓦的平均亲缘系数是0.056 7。

图拉瓦的支持者

除了一个例外，人们可以按照相同的方式来理解对图拉瓦的支持与对摩诃锡瓦的支持。这个例外是2505。根据查冈与博古斯的报告，2505相对于柯伯瓦的亲缘系数是0.156 2，这让2505成为在柯伯瓦的守护者中除了他的兄弟姐妹之外关系最为亲密的近亲。然而，2505为了摩诃锡瓦与图拉瓦而**反对**乌瓦与柯伯瓦，而他对于摩诃锡瓦与图拉瓦的相关性恰恰是疏远的。

对查冈与博古斯所给出的谱系的审视，让我们对于在2505与柯伯瓦之间的高亲缘系数的归因变得相当费解（参见他们的图表8.2，1979，238）。或许查冈与博古斯利用了他们相关关系的知识，而他们提供的家谱并没有揭示这些知识。因此，让我们假设0.156 2这个数字是正确的。在这种情况下，2505站在了摩诃锡瓦与图拉瓦这一方来反对乌瓦与柯伯瓦，他的这个行动既违背了亲缘性的考虑要素，又违背了对他所在村庄的忠诚。

在这个谱系中有一处关联或许能对 2505 所扮演的角色做出某种阐释。他的岳父 1335 是参与打斗的拜访者之一。因此，我们或许可以根据他想要守护他妻子的家庭并反对柯伯瓦（他的关系多少有点疏远）的决定来解释他的行为。

312

流行的社会生物学家若略微减少一些他们的野心，就必然会满足于一种较弱的论证。广义适合度有可能通过帮助近亲与反对远亲来获得最大化，这既是由于传播诸多基因拷贝而带来的直接好处，又是由于在亲缘纽带中经常（尽管并非始终）能发现契约与联盟本身。因此，我们或许会预料到，一般来说，相较于在战斗中彼此对立的人们，在同一个立场上战斗的人们彼此间的关系更加亲密。当然，可能存在一些例外，有一些反常的成员发现，在战斗中帮助远亲来对抗近亲的做法有利于他们的广义适合度，因为他们与在冲突中发挥作用的一些人拥有某种特殊的社会关系。我们会预料到多少这样的案例呢？这显然取决于该处境的详细情况。或许并不多，因此，联盟网络的整体将反映这些亲缘系数。

根据某一种理解，上一段文字所述的社会生物学家就是查冈与博古斯。这取决于我们在多大程度上严肃地对待如下段落中的引号。

> 在此处讨论的例证是斧战，它的重要可变因素似乎是遗传关系的亲密性：个体似乎主要是根据他们自身与其他参与战斗者的相关程度来“决定”是否帮助其他人的。(1979，222)

一种较强的假说是，人们拥有一种尚未被察觉的估测亲缘系数的能力，这种能力出现于对不同程度的亲缘关系的精细分辨之中。斧战揭示了这种能力在发挥作用。

一种较弱的假说也有可能被归于查冈与博古斯，据说，他们与库兰德共同分享了一个与近似因的传统看法有关的普遍立场。人们在战斗中或许站在他们喜欢的一方来反对他们讨厌或不怎么喜欢的另一方。考虑到人们喜爱近亲，特别是喜爱那些抚养自己的人的倾向，而且人们还倾向于充分地喜爱那些与自己有着互惠交换历史的人，由此产生的行为或许就会与最大化广义适合度所推荐的行动相一致。尽管如此，并不存在对于亲缘系数的无意识计算。友好的纽带是以诸多复杂的方式形成的，这些纽带在我们313对冲突局面的回应中体现自身。由于有许多这样的纽带是在我们喜爱兄弟姐妹的倾向中发现的，我们就会预料到，在战斗中站在同一方的人们，彼此间的关系要比他们与对手的关系更加亲密。根据这种较弱的假说，求助于进化论的做法是无意义的。

一旦我们降低了我们的期望，我们就会看到，较弱的假说与较强的假说都导向相似的（与同样模糊的）预测。因此，我们或许认为，难以在这两个假说之间做出判定。事实也确实如此。

当我们仔细地审视查冈与博古斯所呈现的数据时，我们发现，这幅图景要远远比那种简单求助于广义适合度的做法所暗示的更加令人困惑（参见技术性讨论 J）。诚然，摩诃锡瓦的支持者的平均亲缘系数（0. 212 4）要显著高于由摩诃锡瓦的一个支持者与乌瓦的一个支持者组成的一对支持者的平均亲缘系数（0. 063 3）。不过，乌瓦的支持者的平均亲缘系数并没有给人留下特别高的印象（0. 088 3）。确认了这一点，将让我们对这种局面的某些反常现象有所准备。

最初的两个对手摩诃锡瓦与乌瓦的亲缘关系相当紧密（0. 179 6）。在聚集起来保护摩诃锡瓦的十六个人中间，有五人与摩诃锡瓦的关系要比他们与摩诃锡瓦的对手的关系更加疏远，而在过来帮助乌瓦的十个人中间，有八人与乌瓦的关系要比乌瓦与摩诃锡瓦的关系更加疏远。进而，摩诃锡瓦吸引了四个拥护者，他们与摩诃锡瓦（或图拉瓦）的关系不如他们与乌瓦的关系更加亲密。为什么这些人会加入摩诃锡瓦的团伙？

有一个相对明显的答案。请回想最初的情况。摩诃锡瓦与他的某些同村的伙伴回来拜访他们原先生活过的村庄。在这场打斗之前，在拜访者与主人之间就存在着一种紧张状态。当敌意爆发时，乌瓦，即查冈与博古斯所描述的“地方性权威”的代表，攻击了摩诃锡瓦。我们可以想象的是，拜访者在此刻感受到了威胁与封闭的社会阶层。摩诃锡瓦的支持者或许是由来自新村庄的人与旧村庄里的近亲组成的。

这个建议几乎就搞清楚了这些数据的意义。摩诃锡瓦的全部支持者几乎都是近亲（兄弟姐妹、叔伯、亲密的表亲和堂亲）或来自新村庄的人。在三个例证中，来自新村庄的拜访者与乌瓦的关系要比他们与摩诃锡瓦的关系更加亲密，但他们大概是由于要团结一致反对主人而与摩诃锡瓦并肩作战。其他还有一个加入摩诃锡瓦团伙的乌瓦近亲，她是那些共同帮助摩诃锡瓦的一个拜访者的姐妹。

正如技术性讨论J表明的，相同的进路将解释联盟的整体模式。有两个变量是重要的：对村庄的忠诚与近亲的纽带。当进入冲突时，兄弟姐妹与其他近亲的纽带似乎就优先于对村庄的忠诚。没有理由认为，更为疏远的亲缘关系在这个故事中出现。（改进这个进路的可能方式是，确认这些村庄的构成本身在很大程度上是由亲缘关系、互惠的报答与私人友谊的考虑要素决定的。由于我仅仅想要表明，民间心理学将提供**一种**对阐明了那些数据的近似因的解释，我就没有试图确定这种解释中的**最佳**解释。） 314

当我们考虑柯伯瓦的拥护者时，这个进路看起来就更加合情合理。这些拥护者中有两位是近亲——他的哥哥与妹妹。剩下的八个支持者既不是柯伯瓦的近亲，也不是他的对手图拉瓦的近亲。他们是相当疏远的亲属，根据我们关于近似因的假说，应当认为，他们会排队站在效忠于自己村庄的立场上。这恰恰就是他们所做的。这八个人都与柯伯瓦并肩作战，即便这八人中有四人与图拉瓦的关系更加亲密，即便这八个人与图拉瓦的平均亲缘系数要大于他们与柯伯瓦的平均亲缘系数。

查冈与博古斯所提供的对于这个问题的论述是有启发性的。他们评论道：

> ……在上文提到的有关摩诃锡瓦支持者的情况中，柯伯瓦的某些支持者与柯伯瓦的对手的关系，要比他们与他们的支持对象的关系更加亲密。尽管如此，显而易见的是，虽然柯伯瓦的支持者的关联环节数目相对大于其对手的关联环节数目，但是，这些对手与这些支持者的关系实际上更加亲密——即便其关联环节的数目并不大。（230－231）

可叹的是，到了需要做出决定时，他们不得不给出的似乎就是适合度的最大化。假如这些数据被理解为是在捍卫那个认为我们拥有一种追溯亲缘关系并相应调整我们行为的机制的较强假说，那么，这个机制似乎是不完美的。它有可能被愚弄，若在我们自身与我们的某些同族之间存在着大量相对较弱的关联。一旦做出这个让步，我们又有什么必要认为，雅诺玛莫人的行动仅仅是通过他们对亲缘关系所做的最简单而又直接的鉴别来激发的呢？乌瓦团伙中有七个成员与柯伯瓦的亲缘系数小于0.1。是否有任何理由认为，由于他们想要守护一个远亲，他们才在战斗中站在他那一边？为什么我们应当宁愿选择这个假说，而不是简单地认为，他们就像其他作为主人的村民一样，认为他们的客人滞留时间超过了他们受欢迎的程315度，因而在战斗中选择了守护家乡者那一边？

我的结论是，对这些数据的仔细审视，并没有提供任何理由来认为，除了对彼此是否为亲属做出相对粗糙的区分之外，这些争斗者还有能力来做出更加细致的区分，无论这些能力是有意识的还是无意识的。对这些联盟模式的一个**初步**解释是，人们选择守护近亲（即那些在粗糙的区分中被算作同族的人），当亲缘关系的要素无法限定行动的进程时，人们就根据对村庄的忠诚来选择立场。通过详细阐述在这场斗争之前的阶段中发展而成的诸多关系，追溯在那些起初离开旧村庄并寻找新村庄的人中间的诸多团伙的构成，用亲缘纽带来评述这些冲突等方式，我们就能发展与改进这个解释。我暂时的意见仅仅表明，民间心理学用它求助于近似机制的策略，有望对打斗中的联盟给出一种远比广义适合度的发明更加具有启发性的解释。

查冈与博古斯并没有对参与者如何最大化他们的广义适合度给出详细的解释。他们承认，“仅仅靠亲缘的相关性，无法解释所有团伙的吸引力或招募策略”（237）。那么，收集这些亲缘系数的数据的目的是什么呢？没有什么引人注目的关联有可能让我们认为，某种测算亲缘关系的微妙机制在起作用。这个研究也没有对民间心理学的解释会求助的那些人类倾向（如协助兄弟姐妹的倾向）的进化起源做出任何阐明。从进化论中引入这些观念的做法再次被证明是无意义的。提供给我们的是对特定事件的一种迷人描述，这种描述动摇了那种认为生物亲缘关系**永不**重要的人类学立场。由此我们得到了梅纳德·史密斯预言我们会得到的东西——对“人类学家所做的某些非常古怪的评论”的反驳，仅此而已。

我们关于故意伤害的谈论已经绰绰有余。现在让我们开始论述婚姻与谋杀。在另一个极其有影响力的研究中，迪克曼对特定种类的社会中的杀女婴现象提供了一种流行的社会生物学的解释。迪克曼以如下方式对这个基本情况进行了特征描述：

> 某些以对稀缺资源的激烈竞争著称的社会被分为不同的等级，男性在繁殖上的成功表明了极端的差异，地位高的男性通过一夫多妻制享有女性的数目是比例失调的，此外他们还享有更好的健康并更早地进入繁殖活动，而那些在底层的男人由于延迟的婚姻、巨大的死亡率与被强加的独身状态而不成比例地被排除到繁殖活动之外，他们的RS（在繁殖上的成功——作者注）由于他们子孙后代的高死亡率而进一步降低。进而，社会中不同等级的男女在繁殖成功的相对概率上的差异，由于杀女婴的偏好、自杀与独身（包括禁止寡妇再婚或反对母亲与她生下来的后代性交）等文化的方式而有所加剧，它们全部都在社会金字塔的顶端达到了最大的强度。中等阶层与上等阶层盛行的是并非下嫁的婚姻制度，伴随着它的是诸多家庭（这些社会大多数都是父系社会）为了更高地位的新郎而展开的竞争，这种新郎拥有更多途径来使用稀缺的资源。(Dickemann 1979，323)

316

在上等阶层中，新娘的家庭要付钱给新郎的家庭，而在下等阶层中，新郎要花钱来得到新娘。据认为，在这种情况下，上等阶层的家庭会通过杀女婴的做法来让他们在繁殖上的成功最大化。因为上等阶层的女儿在最好的情况下有可能是一个上等阶层男性的家庭的组成部分，他必须要为女儿支付金钱。上等阶层的儿子会得到许多妻子与伴随着这些妻子的全部嫁妆。儿子是有利可图的，女儿却枯竭了家庭的财源。在出生时就杀死女儿是有回报的。(严格地说，这条论证路线的绝大部分内容表明的是，女儿是一种**在经济上的**损失。正如我们将看到的，如何将其转化为繁殖上的“通货”，这是一个有待探究的问题。)

在很大程度上，迪克曼的研究广泛描述的是，在上等阶层遵循一夫多妻制与并非下嫁的婚姻制度（即女性嫁给同等社会地位或更高社会地位的男性）的基本条件的众多不同社会实施的诸多做法。她试图表明，在这些社会的上等阶层中普遍存在杀女婴的行为，而这种人类的社会行为“明显符合”社会生物学的预测（367）。我们或许会钦佩这种描述性的人类学。但是，我们的出发点应当是追问：社会生物学预测的究竟是什么？

迪克曼的生物学思想的明显来源是特里弗斯与威拉德（Willard）论述性别比例的调节的研究工作（1973）。特里弗斯与威拉德认为，在一夫多妻的哺乳类动物中，为了调节其后代的性别比例，可以期待的是，处于良好繁殖条件下的雌性应当生育儿子，而处于贫乏繁殖条件下的雌性应当生育女儿。这个直观的想法是，资质优良的雄性才有可能在交配游戏中赢得巨大的优势，而即便是资质贫乏的雌性也有机会来进行交配。这个建议是重要的与有趣的，它被若干后继的研究者所发展（关于最佳性别比例的普遍问题的一个清晰解释，参见 Charnov 1983）。然而，在人类杀婴的背景中，简单求助于特里弗斯-威拉德模型的做法存在着某些显著的困难。

317

在这个类比中有一个至关重要的缺陷：作为一个生理学变量的繁殖条件，让位于财富与地位的社会经济因素。这种转化将提出许多关于生物变量与经济变量的关系问题，这些问题需要得到详细的探究。不能想当然地认为，经济上的收益将转化为繁殖上的收益。

另外，通过杀婴来调节性别比例的做法，为上文概述的特里弗斯-威拉德论证引入了诸多复杂要素。假定一个男人与一个女人通过杀光他们所有的女儿来调节他们后代的性别比例。**倘若其他的条件都不发生改变**，他们就通过降低他们后代的总数来实现了这种调节。相较之下，一个在怀孕期间就能调节性别比例的母亲就没有降低她后代的数目。她仅仅比她在其他情况下生育更多被她喜爱的性别（并生育更少被她轻视的性别）。特里弗斯-威拉德的论证所依赖的就是这一点。有一种性别是将母亲的基因传递到接下来几代之中的更好媒介，这个母亲通过生育**更多**这样的性别来让她自己的适合度最大化。

关键问题在于，父母是否能够通过杀掉他们的女儿来设法生育更多儿子。请考虑一个母亲在刚刚生育子女之后的立场。在她再次生育之前将存在着某个间隔时期（大于 9 个月）。若这个间隔时期由于新生儿的死亡而减少，那么，谋杀女婴就将增加母亲生育儿子的数目。若无论新生儿存活与否这个间隔时期都是相同的，那么，儿子的预期数目就与杀女儿的行为无关。正如维多利亚时代英国的育儿实践清楚表明的，奶妈制度让女性有可能以最快的速度生育。因此，存在着一种就像杀女婴那样会生育相同预期数目的儿子的竞争性策略：它的全部要求是，婴儿被他们的母亲以外的人哺育。

迪克曼并没有试图表明，杀死其女儿的父母能够更快地生育他们下一个孩子，从而得到更多的儿子。她似乎更关注的是女儿的经济成本（比如，参见339－340）。在任何情况下，正如上一段文字的论证所揭示的，倘若抚养女儿不会造成**适合度**的损失，那么，可以认为，那些保留自己的女儿并雇佣外人来照料她们的父母，将比那些实施杀女婴行为的父母在繁殖上取得更大的成功。（他们拥有的儿子的期望数值相同，他们还将拥有某些额外的女儿。）因此，那个认为在多种合适的社会制度中杀女婴的行为将让上等阶层父母的广义适合度最大化的论点，必然取决于那些据认为可以转化为繁殖上的收益与损失的经济考虑要素。 318

这些考虑要素是什么？迪克曼并没有提供任何明确的解释。尽管她的研究被宣称为"一种初步的模型"，但是，这种说法是不恰当的。仅有的真正模型是特里弗斯与威拉德的模型，而那个模型处理的是在很大程度上不同的情况。进而，要填充那些没有把握到的东西，却不是一个微不足道的问题。当我们试图提供细节时，我们远远没有弄清，迪克曼的预期是否得到了证实。

与女儿有关的麻烦出自两种可能的根源。要花费金钱抚养她们，要花费金钱把她们嫁出去。我们起初或许会认为（正如迪克曼似乎认为的，参见326，334，339－340），最主要的麻烦是嫁妆的成本。然而，通过分析，我们就会发现，只有当嫁妆高到不切实际的程度时，这种经济上的损失才会导致繁殖上的损失。（详情参见技术性讨论K；我并没有坚持认为，给出的分析是阐释迪克曼的"模型"的唯一方式，但若修改我做出的那些主要假设，就没有明显的途径来抵达她的结论。）从直觉上看，杀婴的问题是，那些践行者丧失了传播他们基因的一条重要渠道。即便上等阶层的女儿仅仅结婚一次，假如她们嫁的是上等阶层的男人，那么，她们就会拥有一些上等阶层的儿子。这些上等阶层的儿子（其中每个人都被期望拥有一些妻子）或许会对长期的基因表现做出重要的贡献。

当然，通过允许上等阶层的女儿"下嫁"，上等阶层就总是能够避免付出结婚的成本。一个上等阶层的家长通过保留他的女儿并将其嫁给中等阶层的男人，就能比那些在女儿出生时就全部消灭她们的竞争者在未来几代人中间获得更大的基因表现。迪克曼的讨论假定了这种策略是不可行的。难以弄明白的是，那种阻止了女儿嫁给中等阶层男子的约束条件本身是如何根据广义适合度的最大化来获得理解的。

假如我们考虑了那种认为养育女儿的成本让杀女婴成为最佳繁殖策略的暗示，同样会产生一些困难。假定上等阶层的家庭给予女儿的仅仅是让她能够成为达到婚嫁年龄的健康青年女性所需要的最低限度的投入。除非这种投入的耗费相当高，相较于存活下来的女儿所做的基因贡献，它带给这个家庭的让男性后代吸引大量妻子的能力有所减少的损失是可以忽略的。因此，只有当抚养的成本相当高时，杀死女儿的策略才有可能受到青睐。从另一角度看，假如抚养的成本被设置得相当高，下等阶层与中等阶层就会受到强大的压力来实施杀婴的行为。这些阶层的父母面对的最低限度的抚养成本是相同的，而这些成本占据了他们所拥有资源的更大比例。因此，上等阶层杀女婴的压力，似乎应当伴随着那种在低于他们阶层中存在的杀婴压力，而那种杀婴压力甚至比上等阶层杀女婴的压力还大。（详情参见技术性讨论 K。）

319

技术性讨论 K：何时谋杀你们的子女

正如在正文中指出的，构造一个真正符合迪克曼所描述的社会条件的模型原来需要大量的假设。尽管我将提供的分析试图把握她的数据所报告的诸多主要特征，但是，应当记住的是，不同的初始假定或许轻易就会产生不同的预期。不过，进行某个分析，总比没有任何分析要好。鉴于迪克曼提供的定性评述，我们无法判定哪些策略最大化了广义适合度。

假设有三个阶层：上等阶层、中等阶层与下等阶层。这个社会被视为在很大程度上是金字塔型的：这个群体的5%是上等阶层，25%是中等阶层，70%是下等阶层。当举行一次婚礼时，相关的经济交易满足如下条件：

- 若新郎属于上等阶层，新娘的家庭就要花费 P_1 个经济单位。
- 若新郎属于中等阶层，新娘属于下等阶层，新娘的家庭就要花费 P_2 个经济单位。
- 若新郎属于中等阶层，新娘并不属于下等阶层，就不会有任何花费。
- 若新郎属于下等阶层，新郎的家庭就要花费 P_3 个经济单位。

每个上等阶层的核心家庭享有 W_1 个单位的财富，每个中等阶层的核心家庭享有 W_2 个单位的财富，每个下等阶层的核心家庭享有 W_3 个单位的财富。对于一个上等阶层的男性来说，他能够吸引的妻子的数目是由他父母的财富来决定的。我们假定，这个数目是 hW，此处的 W 是儿子婚配时家庭所拥有的财富。最后，设 C 为一个子女从出生到成年的最低抚养成本。我们可以假定，在不同阶层之间，这种基本成本并没有变化，男性与女性的抚养成本也是相同的。（通过考虑特定阶层与特定性别的抚养成本，或许有可能改进我将给出的分析。如此一来，一个上等阶层女性的全部抚养成本或许是 $C+C_{1F}$，一个下等阶层男性的全部抚养成本是 $C+C_{3M}$，依此类推。我在后文中将简要地考虑这个改进了的分析。）

每个妻子能够生育 m 个子女，出生的性别比例是 1∶1。在初始条件下，一个上等阶层的男性拥有抚养 hW_1m 个子女的潜能。假如所有子女都被允许存活下来，他的子女签订婚约的期望数值是 $hW_1m\left(\frac{1}{2}hW+\frac{1}{2}\right)$，此处的 W 是结婚时家庭拥有的财富。 320

第一种情况

抚养成本是可以忽略的。在抚养期间的净收益与净损失同样是可以忽略的。那些贯彻不同抚养策略的人的主要差异来自嫁妆的费用。

在这种情况下，假如苏丹是一个起初就位于这种初始条件中的上等阶层的男性，那么，在他的儿子们结婚时，他留下的家族财富是 W_1。正如在正文中指出的，如果苏丹现在让他的女儿们嫁给那些不要嫁妆的中等阶层男性，他就不会有什么损失。假如他贯彻的是这个策略，传给他的儿子们的家族财富（这些财富决定了他的儿子们吸引自身配偶的能力）并没有因为抚养女儿而有所减少。因此，苏丹并没有因为抚养女儿而让他孙子的妻子数目受损。然而，他通过他的那些生存下来的女儿而在繁殖上有所收益。（苏丹的某些基因在中等阶层的外孙女的身体上找到了它们的出路。这些外孙女拥有相当大的概率来"高攀"。因此，苏丹就得到了某些享有一夫多妻制优势的上等阶层的重孙。进而，所有这些基因上的收获都是免费得来的。）尽管如此，假定存在着一个约束条件。女儿不允许"下嫁"。因此，抚养女儿的后果是，苏丹不得不支付嫁妆并减少家族的财富。我们通过假定所有的子女都同时结婚，苏丹在子女结婚之后马上死亡而简化了生命的周期。苏丹剩余的收入以如下方式分配：除了长子以外的每个儿子获得的是来自他们新娘的嫁妆，长子获得的除了嫁妆之外还有苏丹剩余的财产。考虑到这个有关诸多继承角色的假设，苏丹的抚养行为并没有对诸多幼子的财富造成影响（因此，苏丹的抚养行为也没有对他们为其儿子所能吸引的配偶数目造成影响）。尽管如此，假如苏丹选择让他的女儿嫁给上等阶层的男人，传给长子的财富就会减少。长子的财富是以如下方式被确定的：

321

假定在杀婴的条件下，$W_1 + hW_1P_1$

假定在"高攀"的条件下，$W_1 + hW_1P_1 - \frac{1}{2}hW_1mP_1$

假设苏丹实施了杀婴的行为。长子（苏丹二世）拥有 hW_1 个妻子。假设苏丹二世同样实施了杀女婴的行为。那么，他将拥有$\frac{1}{2}hW_1m$ 个儿子，每个儿子将缔结 $h(W_1 + hW_1P_1)$ 个婚约。因此，从（已死）苏丹的视角看，他孙子的结婚期望总数为

$$\frac{1}{2}hW_1m(hW_1 + h^2W_1P_1) + \text{来自幼子的贡献}$$

或许可以假定，苏丹抚养女儿是为了嫁给上等阶层的男性。现在，

长子（苏丹二世）拥有诸多妻子，但他最初的财富有所减少。假定他重复了苏丹让女儿存活的做法。此时，苏丹可以期望他的孙子结婚的总数为

$$\frac{1}{2}h\,W_1 m\left(h\,W_1+h^2W_1\,P_1-\frac{1}{2}h^2W_1 m\,P_1\right)+\frac{1}{2}h\,W_1 m$$

$$+\text{来自幼子的贡献}+\text{来自女儿的贡献}$$

由于在两种策略下幼子的数目都是相同的，由于他们最初获得的财富数额都相同，出于比较的目的，我们就可以忽略他们的贡献。来自女儿的贡献如下：每个女儿与一个上等阶层的男性结婚。因此，对于每个女儿来说，将有$\frac{1}{2}m$个儿子，每个儿子缔结$\frac{1}{2}h\,W_1$个婚约；将有$\frac{1}{2}m$个女儿，每个女儿缔结一次婚约。苏丹拥有$\frac{1}{2}h\,W_1 m$个女儿。因此，来自女儿的贡献是

$$\frac{1}{2}h\,W_1 m\left(\frac{1}{2}h\,W_1 m+\frac{1}{2}m\right)$$

杀婴是更可取的，若

$$\frac{1}{2}h\,W_1 m(h\,W_1+h^2W_1\,P_1)>\frac{1}{2}h\,W_1 m\left(h\,W_1+h^2W_1\,P_1-\frac{1}{2}h^2W_1 m\,P_1\right)$$

$$+\frac{1}{2}h\,W_1 m+\frac{1}{2}h\,W_1 m\left(\frac{1}{2}h\,W_1+\frac{1}{2}m\right)$$

这个不等式可简化为

$$h\,W_1 m(h\,P_1-1)>2+m$$

不难弄清这个不等式的重要性。hP_1 是一个男人由于他父亲获得一份嫁妆而可以额外得到妻子的数目。杀婴是可取的必要而非充分的条件是：$hP_1>1$。

322

请回想一个拥有财富 W 的家庭的一个儿子所吸引的妻子数目是 hW。因此，对于一个拥有财富 W 的上等阶层家庭来说，**每个儿子**带来的收益是 hWP_1。为了让杀婴成为可取的，每个儿子带来的收益就必须

要大于 W。因此，在一个杀婴是可取的社会中，上等阶层的家庭财富将以令人吃惊的速度增长。若每个上等阶层的家庭拥有五个儿子，那么，由于一代人的婚姻，将有五次机会让嫁妆流入上等阶层先前的财富之中。即便我们相当慷慨地假设中等阶层可用的资源，不难看出，这种情况在经济上是难以实现的。不过，假如每个上等阶层的家庭所拥有的儿子少于五人，那么，就难以看出上等阶层的家长怎么可能拥有两个以上的妻子。因此，在这种情况下，$hW_1 = 2$，因而 $P_1 > \frac{1}{2}W_1$。对于中等阶层来说，仍然有一些经济上的困难。特别是我们难以看出，一个中等阶层的家庭怎么能负担得起支付多于一个女儿的嫁妆。

结论：为了让杀女婴的行为由于嫁女儿的成本而成为可取的，婚嫁的费用就必须相当高，以至于这个制度无法发挥作用。

第二种情况

抚养成本是不可忽略的。在那些杀死女儿的上等阶层家庭的适合度与那些保留女儿的上等阶层家庭的适合度之间进行的比较，现在被证明是错综复杂的。通过假定“高攀”这种做法在下等阶层与中等阶层中是普遍存在的，通过思考这种安排的经济学，我们就可以简化这些问题。

让我们专注于一个拥有一个儿子与一个女儿的下等阶层家庭的境况。我们假定，他们起初拥有少量的财富 W_3，他们在抚养期间能够获得适度的财富，抚养的成本是 C。在婚姻存续期间，他们的财富如下：

假定他们杀了一个子女，$W_3 + G - C$

假定他们杀了两个子女，$W_3 + G - 2C$

假如实施了杀婴，杀死男婴就应当更可取。因为若

$$W_3 + G - C > P_2$$

323

那么，这个家庭就能够负担将女儿嫁入中等阶层的费用，由此获得让孙辈存活下来的更大概率；即便这个不等式没有达成，存活下来的女儿结婚的概率也会大于存活下来的儿子结婚的概率。若

$$W_3 + G - C > P_2 \text{且} W_3 + G - 2C < P_3$$

这个家庭显然就应当支持杀男婴的行为，因为在这些情况下，这对夫妻没有机会让他们的儿子成婚，但是，他们确实可以选择将他们的女儿嫁入中等阶层。假如抚养成本是重要的，假如 P_2 与 P_3 的大小相似，那么，这个不等式似乎就有可能得到满足。

相当基本的经济学分析就能够让我们比较 P_2 与 P_3 的大小。可以认为，两者都以与供需相一致的方式发生变化。因此，我们可假定

P_2/P_3 =[（中等阶层男性的潜在下等阶层新娘的数目）
×（下等阶层男性的潜在下等阶层新娘的数目）]/
[（中等阶层新郎的数目）
×（潜在的下等阶层新郎的数目）]

由于这个群体的1/4是中等阶层，1/20是上等阶层，让我们假定，$\frac{1}{4}n_2 + \frac{1}{20}n_1 < 1$（此处的 n_1 是一个上等阶层男性的妻子的平均数，n_2 是一个中等阶层男性的妻子的平均数）。某些女人被留下来与下等阶层的男性结婚。我们可以计算出来的 P_2/P_3 的比率为

$$(1 - \frac{n_1}{20})(1 - \frac{(n_1 + 5n_2)}{20}) / \frac{1}{4}(\frac{7}{10})$$

下等阶层实施杀男婴的行为，有可能成为最大化适合度的策略的充分条件是 $P_2/P_3 \leqslant 1$，也就是说，

$$(20 - n_1)[20 - (n_1 + 5n_2)] \leqslant 70$$

假定中等阶层实施的是一夫一妻制，若 $n_1 \geqslant 9$，就将满足这个条件。在迪克曼描述的这些情况下，上等阶层的男性用“大量情妇”填充他们的家庭（336），而这些女人就离开了下等社会群体，因此，似乎相当有可能的情况是，下等阶层的夫妻通过杀死儿子来让他们的适合度最大化。迪克曼注意到，她的模型“在表面上似乎是对称的”（325），但是，正如她所承认的，在下等阶层中杀男婴的做法似乎没有那么常见 324

与频繁（325，341）。如果我提供的这个分析是正确的，那么，**只有**在抚养成本是重要的情况下，才可以预期在上等阶层中发生杀女婴的行为；假如抚养成本是重要的，那么，在顶层明显存在的一夫多妻制就应该会导致下等阶层将杀男婴作为一种让适合度最大化的策略。

最后，让我们考虑那个被遗忘的中等阶层。我们可以将一个家庭在婚姻期间拥有的财富写作

$$W_2 + G_2 - (c+d)C$$

此处的G_2是在抚养阶段的经济收益，c是抚养女儿的数目，d是抚养儿子的数目。这个家庭所选定的c与d的数目，应当是为了让所有的女儿和儿子都结婚。这要求

$$W_2 + G_2 - (c+d)C + dP_2 > cP_1$$

若我们假定，儿子们娶的是下等阶层的女性，女儿们嫁的是上等阶层的男性。显然，如若C较大，P_2就较小（根据农民家庭不得不支付P_2这个事实，就会预料到这一点），如若P_1高得多，那么，一个有若干儿子与女儿的家庭或许就没有能力全部将他们抚养长大并将女儿嫁给上等阶层的男性。因此，在一个中等阶层的家庭将他们的女儿嫁入上等阶层（并根据假定会因此而最大化他们的适合度）的制度中，我们将不得不认为，存在着某些中等阶层的杀婴行为。

比如，设$W_2=100$，$G_2=100$，$C=50$，$P_2=5$，$P_1=40$。那么，一个有两个儿子与两个女儿的家庭无法抚养所有的子女并让女儿们嫁给上等阶层的男性。类似地，一个有两个女儿与一个儿子的家庭无法抚养所有的子女并让这两个女儿的婚姻都实现“高攀”。不过，后面这个家庭可以通过杀死儿子来实现这两个女儿高攀的婚姻。假定这些“高攀”的女儿通过采纳让她们的女儿嫁入更好的上等阶层的策略而让其生育的外孙数目增加，我们应该会预料到，我们将在这种情况下发现中等阶层中的杀男婴行为。尽管此处的数字显然是随意给定的，但是，

325

人们应当清楚的是，这种普遍困境是比较有可能存在的：为了让上等阶层将杀婴作为一种最大化适合度的策略，抚养的成本相对于上等阶

层的财富来说就必须是比较高的；因此，我们必然会预料到，C 是 W_2 的数量级。

总结

我们简要地审视了两种情况。假如抚养成本是可以忽略的（更确切地说，对于上等阶层是可以忽略的），那么，对于第一种情况的分析显示，对于上等阶层的家长来说，杀女婴就不是一种让广义适合度最大化的策略。假如抚养成本是不可忽略的，那么，对于第二种情况的分析表明，在一个女性"高攀"的社会中，在下等阶层与中等阶层中，存在着相当强大的压力来让人们杀婴。（注意：我并没有考虑"在这些条件下，杀女婴的结果是否让上等阶层的适合度最大化"这个问题。）通过否认这些阶层的抚养成本是相同的，我们就能抵制这种结论。然而，关键的抚养成本是抚养女儿的成本。由于中等阶层的女儿与上等阶层的女儿争夺的那些丈夫是相同的，就难以对区分这些抚养成本的做法进行辩护。因此，我们应当预料到的是，上等阶层杀女婴的压力，将在中等阶层杀男婴的压力中得到反映。

坦率地说，这个问题是相当复杂的，我提供的这个分析很有可能是不精确的。这个分析的重点并不是要证明，我们已经知道了迪克曼的诸多预期是错误的，而是要表明，我们完全没有根据来认为她的诸多预期是正确的。

回避这个结论的一条途径是假定，抚养成本对不同阶层的影响是不同的。或许上等阶层的女儿若要成长为适合婚配的女性，就必须给予特殊的培养。（简·奥斯汀①的拥趸大体上已经想到了这一点。）无论情况是否如此，这个提议并没有避免困境。假如中等阶层的女性与上等阶层的女性都 326

① 简·奥斯汀（Jane Austen，1775—1817），英国著名女作家，主要作品有《傲慢与偏见》（*Pride and Prejudice*）、《理智与情感》（*Sense and Sensibility*）等。奥斯汀笔下的理想婚姻除了平等、尊重以外，还有自由和理解，她希望以此来帮助人们摆脱传统思想的束缚，从而找到自我，实现自我。奥斯汀小说的重要主题之一是爱情，她将金钱地位对爱情和婚姻的决定性和人们对爱情纯洁自由的追求这一矛盾的状态表现得淋漓尽致。——译注

为了获得上等阶层的丈夫而展开竞争，当上等阶层将增加了的成本大量花费在他们的女儿身上时，中等阶层似乎也将不得不增加这方面的成本。情况仍然是，中等阶层家庭的压力更大。（简·奥斯汀教给我们的也正是这些东西。）

我得出了这个显而易见的结论。杀女婴是不是一种让上等阶层父母的广义适合度最大化的策略，这是一个完全开放性的问题。并没有模型可以按照迪克曼所建议的方式来解决这个问题。当我们陷入细节时，就可以证明，非常难以发现一种其产生的结果类似于迪克曼诸多结论的分析。在这些情况下，人们似乎有点过早地断言，这种案例提供了一种在预测与发现之间的“惊人符合”。

然而，当我们将注意力转向这些发现本身时，我们通过将民间心理学的老生常谈应用于相关人物做出决定的历史语境，就可以开始提供一种解释。迪克曼讨论的社会拥有一种文化传统，其中，中等阶层的家庭试图通过为上等阶层的儿子提供妻子而确保自身与上等阶层的联盟。这些家庭努力要获取财富与权力。上等阶层的男性剥削中等阶层的方式是，从他们那里获取妻子与嫁妆。鉴于这个制度，上等阶层的女性造成了资金上的损失。即便她们或许最终对父母基因的传播做出了贡献，抚养她们并让她们出嫁的短期成本足以决定她们的命运。

迪克曼意识到了这样一种可能性，即她描述的这种分层的社会制度似乎有可能意味着一部权力斗争的历史。富有而强大的人们逐渐享有了占据众多妻子与情妇的可能性。低于他们的社会等级通过为他们提供女人来获得保护、影响与短期的发展。这些人为了“强权者之友”这个角色而展开的竞争造就了嫁妆的规则，因此，出于他们对社会地位的欲求，中等阶层增加了极度富有者的财富。一旦有机会，嫁妆的规则就会让上等阶层的女儿们陷入困境。她们的家庭仍然要为了她们的婚姻花费金钱，但这些家庭并不需要靠女儿来获得社会上的发展，他们就不情愿为之负担费用。他们通过构造关于婚姻的精巧规则来合理化他们的贪念，并在他们自己的女儿出生时就杀掉她们。

327

迪克曼在如下段落中简要提及了这个替代性的解释：

> 并非下嫁的婚姻制度的核心是嫁妆，或新娘–新郎的价格，这是印度北部的上等阶层群体的典型特征。杀女婴的行为被合理化，这种行为导源于新娘父亲的巨大嫁妆和其他结婚费用以及少数在等级制度顶端可用的儿子们的竞争性需求，根据本土领导人的证言，这是清晰明确的。(334)

为什么我们应当认为，这种证言提供了一种合理化？为什么我们应当相信，关于广义适合度最大化的考虑要素与这个问题是相关的？正如我们已经看到的，没有任何显著的根据来让人们假定，杀女婴是一种让广义适合度最大化的策略。即便它是这样的策略，实施杀女婴的上等阶层家庭也很有可能是以巧合的方式达到最大化的。存在着诸多有可能让这些家庭采纳该策略的熟悉的近似机制。或许我们应当接受这个显而易见的结论。**贪婪是邪恶的根源**（*Radix mortis filiarum est cupiditas*）。

此外还有两段文字表明了迪克曼对生物学观念的求助以何种方式侵入了她对各种社会中的杀婴现象所做的信息丰富的调查研究。根据迪克曼的观点，“对富裕家庭的众多描述揭示了并非下嫁婚姻的密度，其中，这些家庭的残废的、疯癫的、白痴似的儿子与贫穷家庭的健全女儿缔结婚约”(344)。人们或许会设计出某些系统辩护的方式来表明，这种婚姻确实有助于那些以此方式利用其女儿的父母在繁殖上获得成功。这个较不扭 328 曲的故事是，人们为了不远的将来的地位、影响乃至金钱而牺牲了有关基因的长期利益。类似地，迪克曼乐观地看待了妓女与情妇在繁殖上获得的成功。“尽管通常而言，情妇在情人家庭中的地位几乎和仆人一样，但是，相比于她可选的其他角色，她增加了她的安全与财富，一般说来，这必然会提升她在繁殖上获得的成功”(345)。完全没有根据来支持这种潘格洛斯式的世界观，其中，甚至剥削利用也以某种方式让受剥削者的广义适合度最大化。那种认为一个未婚却花费数月来繁殖的奴隶有可能增加她的财富，由此产生的后代比一个嫁给农民的穷困女子的后代更有可能存活与繁殖的想法，纯粹就是推测。

我们现在就能评价迪克曼对她展示的东西所做出的解释。

> 社会生物学承认，还有待完成的大量检验，尽管如此，在这种暂

> 定的实践中，在熟悉的人类社会结构与社会生物学所预测的理论结构之间的紧密符合是惊人的。在人类文化形式的表面复杂性的背后明显可见的是一种哺乳类动物的普遍模型，即通过雄性竞争与性别比例的操控来让繁殖上的成功最大化。(367)

这种“哺乳类动物的普遍模型”涉及的是生理条件，而不是社会经济地位。当我们试图模仿特里弗斯–威拉德模型的诸多判定并注意到诸多关键差异时，迪克曼的诸多预期就非常有可能变得混乱起来。甚至参与杀女婴活动的人们也没有权力来控制那种能让他们的广义适合度最大化的局面。需要有数量更多的子女来显明这些权力较小的人的策略与他们在繁殖上的利益的关系。我们所拥有的是对不同社会中的诸多做法的一种令人神往（而又令人困惑）的解释，覆盖其上的是出自进化生物学的某种不相关的与令人误解的机制。

本章的一般性教训可以通过参照迪克曼所讨论的那些做法来进行概括。为了理解印度北部社会的杀婴，我们需要追溯文化制度的历史，确认这些制度以何种方式影响了那些在其中长大的社会统治者的诸多倾向，以及这些倾向以何种方式反过来改变了既存的制度。在追溯这种历史的过程中，我们将假定，当人类在特定的社会环境与物质环境中长大时，他们就倾向于获得他们熟悉的成年人所拥有的欲望与追求。此处存在着某些真正的进化问题。我们最终想要得到的是对人类诸多基本倾向的进化解释。关键在于，这些进化问题在这个探究中出现得相对较晚。只有在我们追溯了在其历史发展中发挥作用的基本近似机制的复杂社会组织方案之后，这些问题才相关于那种对我们的祖先通过拥有这些近似机制来最大化其广义适合度的可能方式的探究。（当然，这种对于近似机制的进化解释本身有可能并不认同广义适合度的最大化，但我们不妨通过搁置有关适应主义的正当忧虑来简化这些问题。）

329

按照亚历山大的推荐方式来从事并由查冈与迪克曼的研究所例示的人类学，在错误的地方引入了进化的考虑要素。他们用了大量的努力来表明，一个复杂过程的诸多最终产物确实让人类的广义适合度最大化。这种努力通常是徒劳的。人们不应当期待这些产物会最大化广义适合度。然而，即便它们做到了这一点，进化专注的恰当焦点是驱使这个过程的诸多机制。人们仓促地在每个地方都留意适合度的最大化，与此同时却忽略了这些机制（以及这些机制在其中出现的历史进程）。

这个争辩的核心并不是人类学解释风格的差异。亚历山大的流行的社会生物学的革命性构想是，限定我们行为的是这样一种存在机制，它计算让自身的广义适合度最大化的真实方式，接下来则让我们根据这种计算来行动。我们已经发现，这种构想让人们陷入了深深的误解之中。没有理由认为，有一种假定的存在机制藏在我们的身体之中；没有理由认为，这种隐藏的近似机制帮助我们模拟它的行为；没有理由认为，它的计算推论将有助于我们理解我们所熟悉的近似机制；没有理由将描述性的人类学与有关广义适合度的不相干咒语混在一起。鉴于我们以牛顿作为本章的出发点，就让我们以拉普拉斯（Laplace）作为本章的结尾：我们不需要做那样的假说。

第10章　皇帝的新方程

重新开始

331　懦夫永远无法赢得公正的理论。众多最为著名的科学成就之所以能够完成，是因为探究者承认了那些重要的问题并努力克服它们。威尔逊关于人类社会生物学的新近论著或许可以被视为这种现象的一个例证。他认真对待并反驳了批评者提出的诸多反对意见。这个在1975年开始出现的纲领具有崭新的力量乃至更大的前途。

在《基因、心灵与文化》（1981）中，拉姆斯登与威尔逊通过将其明确地关联于威尔逊先前的社会生物学工作以及对这种工作的诸多反应而引入了他们的大胆计划。

> 为什么对基因-文化协同进化的探究如此不充分？主要的原因是这个显著的事实，即社会生物学没有恰当地考虑人类的心灵或文化的多样性。因此，在从DNA蓝图开始，经由各级后成阶段到文化，再回到基因重新开始的大循环中，中心环节——个体心灵的发展——在很大程度上被忽略了。这个疏漏，而不是认识论的内在困难或假想的政治风险，才是围绕着社会生物学的困惑与争议的根源。（ix）

随后，在同一部论著中，他们将他们的新理论描述为“社会生物学的新拓展”（343），他们将其视为对这样一种批评的回应，该批评认为，传统的社会生物学研究让“基因基础与后成机制……在很大程度上停留于没有获得解释的状态”（349）。因此，在他们看来，先前的社会生物学运用了“种群生物学的第一原理”来“演绎”有关动物与人类的可期待行为方式的诸多结论，但是，它们在人类的情况中留下的空白特别令人担忧。

> 在昆虫与绝大多数非人类脊椎动物的案例中，基因与行为之间的关联这个模糊的概念留下的神秘色彩或许更少……但是，为了得到一种有关心灵与文化的真实进化论，我们就必须以基因以及这些基因在实际上指定的机制作为出发点。在人类之中，这些基因并不指定社会行为。它们产生的是被我们称为后成法则的有机过程，它依靠文化来装配心灵并引导其运行。(349)

332

《普罗米修斯之火》（*Promethean Fire*）（1983a）是他们对基因-文化协同进化论的普及性阐述，其中，拉姆斯登与威尔逊对于他们共同的研究提供了一种更加私人化的历史，他们解释了威尔逊早期的社会生物学的批评者如何真正注意到了这个早期纲领无法处理心灵与文化，拉姆斯登的到来如何打破了“这个僵局”，他们才华的联合如何让他们有可能跨越“这个无人之岛”并将生物学引入诸多社会科学之中（44-50）。

那个据说将社会生物学的争辩带入僵局的问题是什么？显然，它是这样一个问题，它要解释的是，人类的复杂表征能力与复杂决策能力以何种可能的方式与那些会挫败或转化自然选择命令的既存的社会制度结合在一起。关于通过实施某些盛行于人类社会的行为来让我们的适合度最大化的可能性的诸多论断，并没有必要被理解为这些行为的任何直接基因控制的存在标志，只要人们能够通过提供解释来表明，一种拥有复杂大脑的复杂动物试图根据它所感知到的利益来操控它的社会环境。威尔逊的众多批评者正是利用了这种可能性，他们争辩说，无论社会生物学在说明非人类的动物的行为的过程中展现出来的价值是什么，它无法挑战“基因仅仅设定了人类行为的底线”这个论点。基因-文化的协同进化论则设法详细阐述威尔逊先前的隐喻。它认为，我们的基因就像链条一样约束了人类的文化（Lumsden and Wilson 1981，13）。

当我们读到拉姆斯登与威尔逊对人类社会生物学的明确阐述时，这个话题就成为焦点：“人类社会生物学的核心信条是，社会行为是由自然选择塑造而成的”（1981，99）。对此的随意解读或许将其作为一种老生常谈。当然，人类的所有行为最终都是由进化（进化的主要动因是自然选择）塑造而成的，在这种意义上，进化为我们装备了在日常决策中出现的诸多认知能力与基本动机。然而，拉姆斯登与威尔逊对于“行为”的333 复杂用法让他们露出了马脚。他们意在发展一种更强硬的原理，一种自然选择用来塑造人类行为的个体情况的原理。进化恰恰并没有为我们提供一种通用的决策工具，我们可以带着它在我们发现自己身处其中的社会环境与生物环境中着手工作。相反，我们的行为方式以特定方式被限定，而这些限定条件转而又限制了我们设计的文化形式。在《基因、心灵与文化》的结论性章节中，毫无掩饰地出现了这个原理：

> 个体的成长有可能偏离于绝大多数人类经过的狭窄通道，只是这会带来困难。在大多数可构想的环境中，若缺少产生其他回应的有力尝试，这些行为将作为文化的规范，在大多数乃至全部的社会中持续存在下去……尽管这些社会不能回避后成性的先天法则，而且实际上，它们在尝试这么做的同时恰恰承担了丧失人性本质的风险，但是，它们可以运用关于这些法则的知识来引导个体行为与文化进化向着达成一致的诸多目标前进。(357—358，360)

这仍然是那个老套的故事，而老套的故事往往就是无可比拟的“最佳”故事。

如果我先前的论证是正确的，那么，即便拉姆斯登与威尔逊的努力成功地反驳了这些批评，威尔逊的流行的社会生物学也无法得到证实。因为正如我们已经发现的，威尔逊阶梯的每一个环节都崩溃了，仔细地专注于顶端的那一步，并不会挽救在下面几步中实施的那些有关最优化的推测。尽管如此，值得仔细地审视拉姆斯登与威尔逊提出的这个理论。因为他们的新尝试或许解决了旧纲领的一个困难，从而避免了我们先前提出的某些反对意见。

侦查范围

有一种显著的人类进化图景，它显示了基因与文化可预期的协同进化的诸多普遍道路。让我们假设，我们在 t_0 时期拥有一个人类的种群，他们

遇到的环境是 E_0。为了服务于我们当下的目的，我们或许会假定，这个环境可以被区分为两个部分，生物环境 B_0 与文化环境 C_0。我们将这个种群的基因整体（“基因库”）表征为 G_0。我们的任务是理解 G 与 C 的互动方式以及它们由于互动而随着时间发生的变化方式。（我们或许还会有兴趣去记述它们对 B 的影响。）

阶段 1

334

诸多个体在这个种群中发展。给定他们的基因型与环境 E，他们就获得了一组表现型 P_1。由于这些表现型，诸多个体在存活概率上就有重大差异。因此，在交配时期 t_1，并非所有在 t_0时期产生的年轻人都仍然存活。此时存在着一个新的基因库 G_1。同样地，由于不断发展的个体的表现型以及他们处于其中的环境，这些个体实施了一些作用于环境的行动。因此，在 t_1 时，我们拥有一个新的文化环境 C_1 与一个新的生物环境 B_1。

阶段 2

人类在 t_1 时交配。由于表现型的差异与新环境的典型特征，某些个体比其他个体更为成功。由于为了获取配偶而展开的斗争，文化机制与生物环境再次有可能被改变为 C_2、B_2。

阶段 3

下一代在 t_2时出生。新的基因库为 G_2，由于先前那一代的诸多个体在繁殖上获得的成功有所不同，G_2就有可能不同于 G_0。构成新一代的诸多个体在社会环境 C_2与生物环境 B_2中成长。他们重复着阶段 1 的过程。

我认为，这个三阶段的图景代表的是我们对于基因与文化互动的前理论想法。我们期待文化在确定人类表现型的特性时发挥作用，期待文化在确定提高了繁殖成功的表现型的特性时发挥作用。反之，我们期望文化可被那些生长到成熟期的人类的行动所改变，我们假定，这些改变反映了这些人的诸多表型性状，即他们的认知能力与他们的偏好。最后，我们假定，在不同世代之间存在着一种文化传承的过程，这种过程有别于繁殖的过程。

相当明显的是，我所勾勒的图景是有所简化的。离散世代是一种让我们舒适地展开分析的便利虚构。类似地，我们对于全部种类的复杂要素的回避方式是假定，存在着单一的社会环境，该种群的所有成员都会遇到这个环境。尽管这幅图景已经背离了真实处境的诸多重要方面，但它仍然是一个有用的出发点。我们如何能让它变得更加精确？

335 对这三阶段的整体或部分的任何分析尝试，都可以合理地被称为一个有关基因–文化协同进化的理论或部分理论。自从 20 世纪 70 年代中期以来，就存在着一些支持基因–文化协同进化论的建议。某些作者深入地专注于这幅图景的某个部分。例如，在卡瓦利–斯福尔扎（Cavalli-Sforza）与费尔德曼（Feldman）的一本重要专著（Cavalli-Sforza and Feldman, 1981）中，他们提出了如何理解诸多文化项目的传递问题。实际上，他们的选择是忽略基因与表现型的关联，探究在以特定成功概率运作的各种传递渠道的条件下可以预料的文化特征分布。（因此，在他们最简单的模型中，卡瓦利–斯福尔扎与费尔德曼考察了子女从父母中获取文化特征的诸多情境，他们用种群遗传学的普通定理发展出了一种类比，特别参见第 2 章。）一种替代性的进路是试图对普遍性图景产生影响并将其关联于特定的人类学例证（比如，参见 Durham 1976，1979）。拉姆斯登与威尔逊提供了一条阐明该普遍性图景的特殊途径。其他的作者则提出了诸多不同的理论，他们通常针对的是不同的问题（在已经提及范围之外的那些问题，参见 Richerson and Boyd 1978；Plotkin and Odling-Smee 1981）。

要评价拉姆斯登与威尔逊的理论，我们就需要草拟一个问题清单，完整的基因–文化协同进化论应当对清单中的问题提供解答。首先是**代表性**的问题。我们关注的是一个随着时间发展的复杂制度的动力学，我们需要有一种恰当的方式来代表这个制度在每个特定时期的状态。因此，例如，我们必须挑选出社会环境的某些方面，这些方面对于我们想要彻底了解其动力学的诸多过程来说具有因果相关性。我们还必须确定如何谈论那些与社会环境互动的表型性状，而那些社会环境既决定了产生该环境的诸多个体在繁殖上获得的相对成功，又决定了在文化中发生的诸多变化。由此我们获得了如下的普遍性问题：

1. 我们应当选择什么文化属性来作为我们的主要因果变量？

2. 什么表型性状相关于：(a) 社会环境对个体适合度的确定；(b) 社会环境的修正？

较为直接但又较不精确的说法是，我们需要知道谈论文化与心灵的方式。

接下来的任务是要理解这种发展的过程。要阐述阶段1，我们就需要知道社会环境以何种方式影响表现型对基因型的分配。在阐明阶段2的过程中，我们需要知道社会环境以何种方式影响诸多表现型的适合度。由此我们得到了两个更加具有普遍性的问题： 336

3. 社会因素在何种程度上并以何种方式改变了行为表现型？

4. 社会因素在何种程度上并以何种方式改变了行为表现型的适合度？

最后，我们必须处理跨越多个世代的诸多传递过程。在这些传递过程中，我们已经恰当理解的是繁殖过程。我们可以用种群遗传学的洞识来理解相对适合度在基因频率变化中的反映方式。这个新颖的问题关注的是用来回应诸多个体行为的社会环境改变。该问题是：

5. 在随后时期的社会环境以何种方式被先前时期呈现的社会环境与行为表现型所决定？

这就是卡瓦利-斯福尔扎与费尔德曼似乎关注的问题。他们的诸多模型可被视为试图给这些重要的特殊情况提供解答的尝试。

我认为显而易见的是，我们无法指望这些问题有一种简单而又普遍的答案。对于基因-文化协同进化的研究肯定会前进，倘若它类似于一般的进化论中的研究工作——也就是说，倘若有抱负的理论家试图提供的精确分析能够被应用于大范围的重要特殊情况。因此，恰当的出发点或许是，进一步做出一些简化的假设。我们或许可以选择一组数量较小的具备因果相关性的社会变量。我们或许可以合理地将我们的注意力局限于这样一些表现型，它们是被我们所选定的那组社会变量以非常简单的方式来改变的。因此，比如说，我们或许会专注于人类的那些实施特定种类行为的倾向，我们或许会认为这些倾向是诸多基因型与社会变量的简单函数，接下来我们或许会试图识别那些由于个体在各种社会环境中生长发育而造成的行为模式。（请注意，社会环境在此发挥了双重的作用：它不仅影响了行为倾向的形成发展，而且决定了那些倾向在真实行为中显明自身的方式。）在下一步中，我们或许会试图给出一个模型来确定相对适合度，并由此运用标准的种群遗传学来计算基因频率中发生的诸多变化。通过将我们的结论与针对诸多社会变量中的动力学变化的分析结合起来，我们或许就能为我们假定情形的协同进化给出一个模型。

337

按照我的理解，拉姆斯登与威尔逊所做的就是某种这样的事情——尽管逐渐变得清晰的是，他们并非总是意识到他们提出的争议与他们做出的简化问题。我们应该如何评估这项事业呢？首先让我们注意到的是，这幅基因-文化协同进化的图景，在有关基因对我们的社会行为所发挥作用的争议性问题上是中立的。这幅图景的阐述方式可以让人类行为显得非常敏感于社会环境，也可以不给人类的行为留下多少可塑性。如果拉姆斯登与威尔逊想要支持早期的流行的社会生物学致力于获得的那些结论，如果他们要表明，只有以失去我们人性的本质为代价，我们才能回避某些规则，那么，就必须有证据来支持他们提供的这幅普遍性图景的特定阐述。

这意味着，有关恰当社会变量的假说，有关行为表现型可修正性的假说，有关文化特征传递的假说，有关社会变量决定相对适合度的方式的假说，都不得不进行确证，无论它们是作为拉姆斯登与威尔逊提出的整体理论的一部分，还是独立于这个整体理论。这些假设无法简单地被置于这幅普遍性图景的光照之中。它们必须从别处获得支持，存在着两种提供支持的潜在来源。我们或许可以通过利用我们关于这个过程的诸多部分的知识来阐明基因-文化协同进化论。我们或许可以求助于已经存在的社会科学来提供支持那些有关行为可修正性或文化特征传递途径的结论的证据。尽管如此，无法期待这种证据的来源会真正解决那些有争议性的问题。基因-文化协同进化论需要解决行为可塑性问题与链条隐喻恰当性问题这个事实恰恰不利于以下这种想法，即可以从那些兴旺的科学中导入该理论的对应部分。相反，我们必须假定，基因-文化协同进化论的诸多简化假设，应当从它们共同预见或解释那些在其他情况下无法预料或无法理解的现象的能力那里来获得支持。

通向成功的道路在于设计出一些有关人类行为及其与基因和文化的关联的假设，这些假设将在我们已经罗列出的普遍性问题清单中简化大量的问题。在某些展示了特定情形进展方式的观念的装备下，那些有抱负的理论家就能够制定诸多可以在这些情况下进行应用与检验的模型。例如，人们由此就能够检验与确证我们的基因对特定行为方式所设定的极限，其验证方式是表明，在结合其他假设（或许是那些得到了独立支持的假设）的情况下，它能够解释某些人类行为的模式，而这些行为模式无法被任何有效的竞争性假说所阐明。**原则上**没有理由认为，拉姆斯登与威尔逊不应当从他们意在建构的理论中获得他们想要获得的那种结论。而实践，正如我们将看到的，则是另一回事。 338

文化原子

拉姆斯登与威尔逊的理论的那个最显著（与最遭人诟病）的特征，导源于他们的原子式的文化概念。这两个作者让我们想象"一组可传递的行为、心智品与加工品，我们提议将其称为**文化基因**"（1981，7）。文化基因是文化的最小单位。反之，一种文化是根据构成该文化的文化基因来得到详细说明的。一种文化是文化基因的聚合体。

我们将在后文中考察"文化基因"的正式定义。就目前而言，可以用举例的方式来引入这个术语。文化基因是一些不同的事物。工具、禁忌、食物条目、行为形式、行为倾向、梦境、艺术作品、科学理论，它们都可以算作文化基因。这种用法的自由度支持了"文化是文化基因的聚合体"这个论题。为了挫败那些抱怨说文化不可简单地被还原为一组文化基因，而是取决于文化基因的运用方式与运用频率的人，我们只需要提醒他们，行为模式本身就是文化基因。我们随后将考虑，在此处来得如此便利的自由度是否会在它带来的后果中产生其他的困难。

拉姆斯登与威尔逊通过引入文化基因的概念，使他们能够解答我们清单上的第一个问题。一种文化在某个时期的状态，可被表征为在文化基因的家族中多种可选用法的概率分布。倘若我们感兴趣的文化现象是乱伦回避，那么，这种文化的状态可被表征为一个在该文化中的个体采纳“从事乱伦”的文化基因的概率。倘若我们感兴趣的文化现象是冰激凌消费者的风味选择，倘若可以获得的风味只有香草味与巧克力味，那么，这种339 文化状态就是通过“选择巧克力味”的概率与“选择香草味”的概率来给定的。追踪一个社会在不同时期的状态差异的方式是考察文化基因运用的诸多差异。

这个概念也让拉姆斯登与威尔逊能够回答我们的第二个问题。他们专注的表型性状是使用各种文化基因的倾向。因此，从事乱伦的倾向或选择香草味冰激凌的倾向被当作这样一种行为的性状，在由社会环境构成的背景下，它的适合度将被用来决定基因与文化协同进化的路线。类似地，不同时期文化状态的改变，将被理解为相关文化基因的个别倾向所造成的后果。

为了回答我们的第三个问题，拉姆斯登与威尔逊就需要对社会环境改变行为表现型的途径给出一个解释。他们通过引入**后成法则**的概念来着手处理这个问题：“这些法则构成了一种由基因置于生长过程之上的约束（因此产生了‘后成’这个表述），它们也影响了使用一种文化基因而不是另一种的可能性”（1981，7）。通过表明行为表现型如何随着社会环境而发生变化，这种关联于基因型的后成法则就表征了行为倾向对基因型的依赖性。鉴于拉姆斯登与威尔逊弱化了文化状态的概念，他们在表征这种依赖性上就几乎没有什么选择。这种行为表现型被当作在一组竞争性的文化基因之间进行选择的诸多可能性。（因此，如果恰恰存在两种相互竞争的文化基因——比如说，巧克力味与香草味——行为的表现型就是选择它们之中的某一种的概率；当然，接下来，另一种选择的概率也就固定了。）社会环境是由周围环境选择文化基因的频率来表征的。一个基因型的后成法则告诉我们，在所有人都选择一种文化基因时，在没有人使用这种文化基因时，或在居间的频率中，选择这个文化基因的诸多概率。在选择冰激凌这个简单的案例中，一个基因型的后成法则表明，一个具有特定基因型的人选择一种文化基因（比如说香草味的冰激凌）的概率，会以何种方式依赖于那个文化基因的使用者（选择香草味冰激凌的人）的频率。

类似地，在回应我们的第四个问题的过程中，拉姆斯登与威尔逊只能让那些由于选择文化基因而造成的适合度依赖于诸多文化基因在他们所考虑的社会中的使用频率。事实上，他们典型的进展方式是假定，由于使用一种特定文化基因而产生的适合度独立于社会的环境。

340

最后，他们试图解决“社会环境在应对个体倾向的过程中如何得到发展”这个问题的方式是，理解个体选择如何在社会的层面上得到反映。如果按照我们关于个体倾向的设想，文化基因的采纳（或从一种文化基因的使用转向另一种文化基因的使用），是由个体的基因型与个体在其中成长的社会对某种文化基因的使用频率来决定的，那么，就有可能探究文化基因的使用模式随着时间的变化而发生改变的方式。对这个问题的完整分析需要考虑自然选择对潜在基因型所发挥的作用方式。然而，即便在没有考虑自然选择的情况下，我们也能“初步把握到基因、心灵与文化的本质属性”，其方式是探究那个被拉姆斯登与威尔逊称为“基因-文化转译”的问题。这个概念将指定一种后成法则并探究相关的文化基因的社会使用模式随着时间的发展而发生改变的预期方式。例如，假如我们指定了对冰激凌风味的选择如何依赖于在周围文化中选择巧克力风味的频率，那么，我们就能提出这些问题：这个文化的所有成员都选择巧克力风味的概率是否会随着时间的发展而有所增加？这种增加的趋势是否有一个极限？

显而易见，拉姆斯登与威尔逊遗漏了大量要素，而我们先前或许认为，这些要素对于许多社会典型特征的进化是重要的。在一个巨大的群体中我们将预料到的是，对于每个个体来说，存在着这样一个重要的子群体（大致上说，这个群体就是目标个体熟悉的人们），在这个子群体中，文化基因使用的频率分布，就是主要相关于这个个体的文化基因选择的东西。进而，我们还将预料到，周围个体（父母、老师、同龄人）的特殊选择会对这个个体的决策产生特定的影响。他们的影响也将在这个个体不同的生长阶段中有所变化。最后，在特定时期做出的选择一个文化基因的决策，无疑决定性地依赖于这个决策制定者过去的经验。人们认识到，他们不善于使用某些工具，或者特定的行动路线让他们陷入麻烦之中，友好经验或不友善经验所提供的判定对我们的重要性，恰恰要大于不成熟的同伴压力对我们的重要性。

类似这样的考虑要素提醒我们，拉姆斯登与威尔逊支持的那个弱化了的文化概念将不得不丰富自身，否则我们就无法公正地对待基因-文化协同进化的某些方面。并不能由此推导出，他们偏爱的表述无法以有用的方式适用于任何案例。毕竟，传统的种群遗传学起始于简化的模型。拉姆斯登与威尔逊提醒我们的或许是某些每个人都彼此熟悉的社会（比如，采集者-狩猎者的群体）。存在着某些行为方式（也许是乱伦或觅食），所有成年人对于这些行为方式都拥有同等的权威，过去的经验对这些行为方式几乎不会造成差别。因此，我们就能够期望获得关于某些社会中的某些行为方式的结论，并由此确证关于后成法则特定形式的诸多假说。

341

拉姆斯登与威尔逊相信，通过发展有关后成法则形式的诸多假说与这些假说在何处得到检验与确证的阐释，他们已经发现了一些详细阐明了他们的普遍性框架的真实案例。在对列万廷的批评性评论（1983b）做出的回应中，他们写道，“为了发展与检验这个乱伦案例所例示的基因与文化的普遍性概念，我们建构了一系列的定量转译模型来追踪这个协同进化的回路”（Lumsden and Wilson 1983b，7）。在援引了他们最喜爱的三个案例（乱伦回避、雅诺玛莫村民的分裂、女性礼服时尚的改变）之后，拉姆斯登与威尔逊宣称，在他们最喜爱的案例中，他们已经成功地确证了他们的假说：“我们援引的是显示了反对乱伦的较强趋势的实验数据，我们表明的是，世界各地的文化模式至少大致上符合那种根据我们的模型推导出来的模式”（7）。这无疑恰好就是拉姆斯登与威尔逊所提供的论证类型。如若他们能够表明，他们的理论以可分辨的方式产生了关于人类社会行为模式的正确结论，他们就有资格断言他们的理论获得了胜利。当然，前提是，在没有这种理论的情况下，不可能同样令人满意地做到这一点。

拉姆斯登与威尔逊可以求助于三种证据来源。他们可以试图运用基因-文化协同进化论来解释普遍的（更可取的是令人不解的）文化习俗的分布。例如，他们或许会试图表明，如何有可能理解对乱伦的共同拒斥，而它经常以明确的社会制裁的方式来得到表现。第二种资源是我们在不同社会中观察到的行为模式。他们可能并不聚焦于对待乱伦的诸多态度，而是努力解释回避乱伦的模式，并向我们阐明为什么我们应当预料到，乱伦在几乎所有的社会中都不常见，而在许多社会中则几乎完全不存在。最后，在他们最野心勃勃的情况下，他们会运用他们理论的完整资源来绘制某种重要的文化改变进程，并且表明，根据这些迄今尚未得到辨认的基因、后成法则与相对适合度等来做出的理解，有可能以何种方式带来好处。在这三条战线上取得的一些成功，将为我们给出理由来认真对待文化基因的概念及其相关的原理。

还原论的复兴

对于拉姆斯登-威尔逊的事业来说，有两种不严格的全面批评出现于对它的早期回应之中。批评者欣然指出了界定“文化基因”这个核心术语的问题，他们还谴责拉姆斯登与威尔逊对文化采纳了一种还原论的研究进路。在我们考察这个理论的详细阐述以及尝试对它的验证之前，值得我们审视的是，这些一般性的谴责之中是否存在任何实质性的内容。 342

拉姆斯登与威尔逊在他们对这个理论的导论性陈述的附录中界定了“文化基因”：

> 文化基因是一组相对同质的加工品、行为或心智品（心智构造与现实几乎没有对应或没有直接的对应），它们或者无例外地共享一种或多种为了它们重要的功能而选定的属性状态，或者至少在一个给定的多元集合中共享此种具备前后一致的周期范围的属性状态。(1981，27；在原文中，整个定义都以斜体字表示）

这个定义的价值并不大。一个人只要有一点构造属性集合的独创性，就能够按照他喜欢的方式将任何行为归并到一起，并将这个结果称为一个单一的文化基因。拉姆斯登与威尔逊想要灵活性，因此他们并没有坚持认为，一个文化基因的全部要素都应当享有某个单一的共同属性。他们没有对多元集合（属性集合虽然并非全部，但大多必须适用于包含在一个文化基因中的每个实体）的构造施加限制，这就为他们按照自己的喜好捏造文化基因开辟了道路。进而，敏锐的读者会注意到，拉姆斯登与威尔逊的这个定义顾及了文化基因中的诸多内含物的关联，以此方式，文化基因的宇宙就将拥有一个能够束缚个体所做选择的结构。我马上就会回到这一点上。

“定义的价值不大”这个事实本身的价值也并不大。正直的哲学家以往能够义愤填膺地蔑视新理论没有界定关键术语的不健全做法，但这个时代已经成为过去。我们相当清楚地认识到：在科学的发展中，严格而又精确的定义出现得较晚，在这个时期之前，投入应用的理论语言通常带有某些有关它意在适用的对象的看法，而这些看法是相当有缺陷的。在这个时期，科学家或许渴望解除这种由于他们的语言实践所导致的晦涩不明。尽管如此，他们在努力中又严重依赖于对这种理论语言的预期解释所显明的那些例证，并以零碎的方式让他们的陈述变得更加精确，由此他们将最终得知他们谈论的是什么。这种努力的一个新近例证是基因概念在我们这个世纪中的历史（Carlson 1966；Kitcher 1982b），拉姆斯登与威尔逊在防备他们自己的定义遭受批评时正确地提到了这个例证（1981，30）。（然而，他们并没有非常正确地理解这个概念的历史，因为他们想当然地认为，古典的基因概念得到了良好的定义！）这个例证与其他大量的实例（“原子”“电子”“物种”“能量”）所验证的事实是，新科学并不需要承担为他们引入的新术语提供简明定义这个困难的任务。研究者最初可以通过聚焦于核心案例来获得理解，随后他们就能试图解决人们对于“该术语的用法恰恰将如何得到延展”这个问题产生的忧虑。

343

拉姆斯登与威尔逊正确地采纳了这条实用的路线：“基因–文化协同进化论的最佳研究策略……看起来与生物学和人种志中运用的策略是相同的：从其中的单位可以得到最鲜明与最稳妥定义的例证开始，将它们确立为范式，接下来推进到那些蕴含着较难界定单位的更为错综复杂的现象之中”（1981，30）。以此方式，他们就能摆脱一条批评的思路。类似地，他们直接回应了这样一种反对理由，即他们的研究进路预设了错误的原子论式的文化概念。正如拉姆斯登与威尔逊在回应他们的批判者时明确声明的，他们没有看到任何理由来支持人们认为的，还原论的研究进路在社会科学中不应当像它们在物理学中那样行之有效（1983b，33）。

然而，在这些批评的背后隐藏着某些重要的核心问题，我们需要将这些核心问题公之于众。无论拉姆斯登与威尔逊选择何种方式在他们理论的最终版本中界定“文化基因”，他们提出的理论形式对诸多文化基因施加了特定的约束。他们的目的是理解个体倾向将如何被转译为社会行为模式。在他们的设计下，这种理论机制的很大一部分被用来将文化状态与个体行为倾向联系起来。用来描述行为倾向的恰当形式将一种选择文化基因的倾向归于一个人，用来描述社会状态的恰当形式将对使用文化基因的频率分布进行归因。这两个普遍性的观念是拉姆斯登与威尔逊所阐述的我们关于基因-文化协同进化的前理论图景的核心，它们将一对约束条件置于文化基因这个概念之上。文化基因是特定的个人能对之抱持态度的事物，是能够被个体选择、采纳或使用的事物。进而，它们是文化状态的诸多要素。诸多文化由于其使用文化基因的模式不同而有别于彼此。是否有可能同时满足这些约束条件呢？ 344

对拉姆斯登与威尔逊所构造分析中的诸多术语有两种明显不同的关切，而此处存在的是这两种关切的共同根源。当我们超越了“‘文化基因’并没有被给予一种值得尊重的定义”这个简单的指控与“这种对文化的研究进路涉及误入歧途的还原论”这个不加区分的谴责时，或许还有一种严肃的忧虑以这两种方式中的任意一种来表达自身。拉姆斯登与威尔逊希望通过运用文化基因的概念来公正地对待人类的文化。假如他们以足够宽泛的方式来实现对文化状态特征的描绘，那么，这个概念或许会由于松散而让它与诸多个体的关联发生断裂，而且它将变得模棱两可。如若不然，若它们要保持一种明确的用法，它们就会低估文化。

请考虑一个非常紧密地关联于这两位作者所钟爱的案例的例证。许多社会都拥有反对兄妹乱伦的禁忌，无论这种禁忌是以文化箴言的形式来表现的，还是通过几乎普遍的公众鄙视或厌恶来表现的。如果拉姆斯登与威尔逊想要将他们的理论应用于对诸如乱伦禁忌这样的社会机制的理解，他们就不得不表明，他们将如何根据个体对待文化基因的态度来描绘一个存有这种禁忌的文化状态。为了看到在此存在的一个严重的困难，让我们对比三个假定的独特社会。在由回避亲族者组成的社会中，人们几乎普遍回避兄妹乱伦。尽管如此，在这个社会中的人们并没有对别人的行为表达任何反感。事实上，他们规范这种行为达到预期状态的方式是贫乏的。因此，对乱伦并不存在公开的批评。它仅仅被人们回避。相较之下，在由大多数道德主义者组成的社会里，这种相同的乱伦回避模式恰恰伴随着反对那些被怀疑有性关系的兄妹的个人制裁。在这个社会中的成年人告诉他们的子女不要参与乱伦，但他们并没有公开表达对乱伦的反感。这种对待乱伦个体的态度是在个体间进行表达的。最后，在高度禁忌的社会里，恰好也存在着这种相同的乱伦回避模式，明确的禁忌禁止兄妹的乱伦，这种禁忌被铭刻于法典之中。倘若这个社会中的一对男女被证明犯有乱伦的罪行，就会对他们进行公开的惩罚。在高度禁忌的社会里，私下的批评是不够的。

拉姆斯登–威尔逊的研究进路在这三个社会中将以何种方式有所区别？坦率地说，这些案例是拼凑出来的，让人们无法通过专注于文化基因的使用方式来得出这种差别，若在这里讨论的文化基因是参与兄弟姐妹乱伦的文化基因或乱伦回避的文化基因。关于这些文化基因，它们的使用模式在这三个社会中都是相同的。然而，在此肯定存在着三种独特的文化状态。

345

通过专注于一对不同的文化基因，显然就能够区分由大多数道德主义者构成的社会状态与由回避亲族者构成的社会状态。假如我们考虑的是“批评参与乱伦者”的文化基因与“不批评参与乱伦者”的文化基因，那么，我们就能够断言，在这两个社会中，对这些文化基因的用法存在着不同的模式。这个策略提出了某些非常显而易见的问题。离开赋予个体评价他人行为的权利的社会背景，这种批评活动本身还有意义吗？对于文化基因来说，批评乱伦的倾向与回避乱伦的倾向如何相互关联？我们将稍后处理由这些问题指出的争论。就目前而言，让我们假定，对一对不同文化基因的选择，让拉姆斯登与威尔逊能够区分这两种文化状态，并因而能够区分这两个社会。

高度禁忌的社会这个例证似乎不那么容易处理。因为将高度禁忌的社会区别于由大多数道德主义者构成的社会的东西是一组属性：在这个文化中，存在着一种惩罚乱伦者的公开制度。当然，高度禁忌社会的个体态度或许恰恰就是由大多数道德主义者构成的社会的个体态度。这两个社会或许存在着不赞同乱伦的相同倾向。这两个社会或许还存在着支持惩罚乱伦的公开制度的相同倾向。因为与惩罚乱伦的公开制度相共存的是对待这种制度的非常广泛的态度。若认为公共制度就等同于某些拥有该公共制度的倾向模式，这就会是愚蠢的。

一种精致的还原论应当承认这个问题。若要贯彻拉姆斯登-威尔逊的研究进路，就必须有某种方式将“拥有惩罚乱伦者的公共制度”的属性等同于某种（非常复杂的）个体行为模式。还原论的论题相当有可能是错误的：尽管所有惩罚乱伦的社会都是通过个体的行动与态度来这么做的，但是，在每种情况下，并不需要一种共同的个体行为模式来实现这种惩罚机制。如果情况是这样，那么，试图根据文化基因的使用模式（此处的文化基因是**个体**所采纳或抛弃的东西）来确认社会制度的努力就将遭受挫败。

如果我们拓展文化基因的概念，我们在强制下轻易就能区分高度禁忌的社会与由大多数道德主义者构成的社会。在高度禁忌的社会中有一种行为方式（惩罚仪式），而在由大多数道德主义者构成的社会中并不存在这样的惩罚仪式。将这种仪式作为一种文化基因，就可以解决这个问题。然而，346 这一步的代价是，轻率地切断了文化基因概念与个体的关联。除非还原论的工作已经完成，并已经向我们表明以何种方式根据群体成员的一种行为模式来确认这个群体的属性，否则就不可能在没有任何重大歧义的情况下根据文化基因来实现对文化状态的明确阐述。这种为了“解决”描述高度禁忌社会的文化状态问题而乞灵于一种新的文化基因（惩罚仪式）的做法改变了文化基因的概念，因此，基因-文化转译的装备就不再合适。

这个问题是深刻的与普遍的。有些人通过断言文化的影响被威尔逊所遗忘来回应威尔逊早期版本的流行的社会生物学，他们主要被如下这个想法所困扰，特定的社会制度在个体行为的发展中发挥了重要的因果作用（参见 Sahlins 1976；Bock 1980）。如果拉姆斯登与威尔逊要充分应对这些批评（为了应对这些批评，他们似乎就需要转向基因-文化协同进化论），那么，他们就需要一种理论来解释社会制度的存在与管控个体行为的公共方式。由此产生的挑战是，根据诸多文化基因（它们被构想为个体能够采纳的东西）的使用频率来确定拥有某种社会制度的群体属性。除非应对了这个挑战，否则就没有理由认为，拉姆斯登与威尔逊已经解决了他们为自己设置的问题。即便我们姑且假定，他们的理论让我们能够理解社会中的诸多行为模式（**当这些模式被构想为文化基因使用的频率分布时**），仍然需要进一步表明，它能够处理那些真正令人感兴趣的现象，即不同文化的诸多制度。这一步主要在于表明人们如何有可能根据文化基因使用的频率分布来构想诸多社会制度。（我应当指出的是，在捍卫流行的社会生物学免受我提出异议的背景中存在着一些有趣的现象。动物行为的研究者将正确地坚持认为，存在着各种有趣的问题——例如，关于选择配偶模式的进化问题，或许还包括关于动物对待其他动物的选择配偶模式的态度的进化问题。）

拉姆斯登与威尔逊明确断言，文化基因是个体能够采纳或避免采纳的东西。这个观点不仅被他们的数学分析所预设（正如我们将在后文中看到的），而且还出现于他们对于他们的事业的通俗解释之中：

347

> （心灵）探寻新的解决方案，偶尔额外发明一些文化基因来添加到这个库存之中。由于大量这样的决定跨越了众多思维范畴与行为范畴，跨越不同时代的文化发展并改变了它的形态。文化的变迁在个体决策的改变中就构成了一条永不停息的激流。（1983a，127—130）

然而，有某些证据表明，他们并没有领会这个观点强加于他们身上的负担。请考虑如下段落：

> ……可以认为，文化在那些最受后成法则青睐的行为类别中最为丰富。我们会期望文化堆积起来，成为受倾向性后成法则影响最大的诸多习俗的节点，如乱伦回避、求偶与群内群外的歧视。仪式化最强的文化形式不会像许多社会科学家所认为的那样，趋于取代后成法则，而是会增强它们。（1981，21）

只要拉姆斯登与威尔逊拥有一个支撑他们在此宣称的结果的论证，这个论证就依赖于这样一种混淆，即将他们的理论能够产生（或更确切地说，有可能产生）的那种结论（即关于文化中个体行为形式的频率分布的诸多结论）与他们在挑衅下要解释的那种结论（即关于社会制度的存在陈述）混淆在一起。

拉姆斯登与威尔逊想要处理掉这个简单的反对理由。批评者的问题是，倘若乱伦是某种我们无论如何都自然会回避的东西，那么，文化为什么会发现自身有必要引入乱伦的禁忌（参见 Lewontin, Rose, and Kamin 1984, 137n）。对人类乱伦回避的讨论起始于对"'几乎所有'社会都禁止兄弟姐妹之间的婚姻"这个事实的强调，就好像这是拉姆斯登与威尔逊意在解释的事情。而这并非他们真正的解释对象。他们的基因-文化转译模型产生了诸多其乱伦频率在0到1之间的社会的预期分布，其根据的是个体回避乱伦的倾向。除非拉姆斯登与威尔逊能够根据个体倾向于采纳的文化基因来辨别这种拥有乱伦禁忌的状态，否则他们甚至无法开始将他们的机制投入应用。进而，他们甚至没有解释普遍存在的对他人乱伦的反应，即我们为由大多数道德主义者构成的社会所设想的那种反应。文化"堆积起来，成为受倾向性后成法则影响最大的诸多习俗的节点"这个在表面上令人兴奋的结论相当于某种不那么新颖的东西、某种不善于平息简单异议的东西：如果人们拥有回避这个特殊的行为方式或选择这个特定的人工制品的强大倾向，那么，在各种文化中的频率分布就将反映这些倾向；这种行为在其中是常见的文化比较少，而这种人工制品广泛存在的文化则有许多。无论是否可以期待社会引入对这种行为的制裁或使用这种人工制品的指示，这都是一个完全独立与开放的问题。 348

老练的还原论者或许会表述这样的论断：有可能将社会制度的存在等同于文化基因的使用频率，这样就能同时将荣耀赋予"文化基因是个体选择采纳的东西"这个观念之上，他们甚至有可能试图表述这种等同性的好处。拉姆斯登与威尔逊并没有达到这种老练的水平。按照他们的写法，乱伦回避、乱伦谴责与乱伦禁忌的存在似乎都被一种单一的"反对乱伦"的文化基因所涵盖，因此，要解释乱伦回避的普遍存在，就要解决某个与文化有关的真正重要问题。即便批评者转而抗议马虎概念与文化还原论研究进路的做法存在过失，但就本质而言，这些批评者是正确的。

迄今为止，在我们的讨论中短暂出现的原子论的文化状态概念，还有另一个方面值得进一步的仔细考察。拉姆斯登与威尔逊通过假定文化基因能够以孤立的方式被采纳而简化了他们的分析。尽管如此，他们的正规定义与我们已经考虑的那些范例都明确地表明，任何文化基因都不是一座孤岛。由于文化基因的世界是有结构的，因此，文化基因不是以孤立的方式被选择的。举一个最基本的例子，要选择巧克力味的冰激凌，就是要选择一种冰激凌。一个更有趣的例证涉及的是我们在讨论乱伦时所评述的诸多不同的文化基因：回避乱伦的倾向以何种方式关联于批评他人参与乱伦的倾向？这两种倾向又如何关联于那种支持惩罚乱伦的公共仪式的态度？

请考虑在诸多文化基因中间的这种复杂关联将以何种方式影响我们的决策。你采纳一个特定的文化基因 c 的倾向，并非简单就是一个有关决定你青睐 c 的遗传倾向与在你周围采纳 c 的人数的函数。它还依赖于你采纳这样两种文化基因的倾向，前者是你通过采纳 c 或许让你能够获得的众多文化基因，后者则是你对 c 的选择或许会阻止你对之进行使用的一大批文化基因。进而，你选择 c 的倾向可能依赖于你以往选择文化基因的历史。一个人若学会了如何制作一种鱼钩，他或许就会对周围人都在制作某种相当不同的东西这个事实无动于衷。

349

因此，如果我们想要以完全的普遍性来提出文化基因的选择问题，那么，我们就应当考虑，一个人起初就有一组采纳文化基因的倾向，这些倾向**作为一个整体**，对应于周围群体采纳文化基因的频率。直观地看，若两个文化基因彼此相关，以至于在当前选择的是这一个文化基因时，另一个文化基因的使用概率就比较小，那么，支持一个文化基因的倾向，或许就像是对青睐另一个文化基因的流行时尚的刹车那样来起作用。而且，在决策的背景下，有价值的并不是真实的概率，而是**被察觉到的**概率。对我们的选择产生关键影响的是我们相信在我们想要的事物之间成立的那些关系。

这些要点的教训是，拉姆斯登-威尔逊的分析不仅作为一种阐释文化的手段是不充分的。与“无法表明以何种方式根据文化基因的使用模式来理解社会制度”这个失败相匹配的，是他们没有充分考虑在个体的决策中诸多文化基因选择之间的互动。只有当采纳文化基因的当下决定几乎没有什么长远的重要性时，我们诸多倾向之间的相互依赖性才能够被忽略。

拉姆斯登与威尔逊偶尔提到了这个问题，就好像它是一个不起眼的麻烦，可以为了发展第一个模型而忽略这个麻烦（1981，55-56，109）。我们需要审慎地权衡这个忽略所付出的代价。不难设想，一种采纳某个特殊的文化基因的强大遗传倾向，有可能与一个极低的文化基因使用频率相共存，因为这个社会中的个体经常用来满足其他偏好的诸多方式阻碍了我们所讨论的这个文化基因的使用。因此，在诸多文化基因之间存在着重要关联的地方，若根据采纳单一文化基因的遗传倾向研究与应对周围社会的他人选择倾向研究而推导出社会使用模式，就有可能以疯狂的方式误入歧途。

那么，假如我们要检验与确证基因-文化协同进化论，我们应当到何处去寻找结果？有一个来源已经不值得考虑。我们无法指望对文化制度分布的预测。拉姆斯登与威尔逊甚至没有意识到这么做所包含的诸多困难。我们也无法指望这种理论在个体或许觉察到了诸多独特的文化基因的关联（这种关联以多种途径限定了他们采纳文化基因的倾向）的任何情况下都形成精确的预测。这个理论的领域极大地收缩了。甚至难以看出，他们在解释采纳文化基因的社会模式上获得的某种轰动性的成功（假如对文化基因的采纳相对孤立于其他的决策），会以何种方式解答“威尔逊早期的流行的社会生物学忽视了心灵与文化”这个谴责。无可否认，在一个领域中的早期研究阶段，专注于有限的问题通常是富有成效的（种群遗传学的诸多简单模型与卡瓦利-斯福尔扎和费尔德曼最近阐述的那些类比即是证明）。然而，进一步的失望在等待着那些将（拉姆斯登-威尔逊风格的）基因-文化协同进化视为流行的社会生物学的拯救者的人。 350

让基因-文化理论变容易

为了检验一个理论，重要的是要表述这个理论。幸运的解释者能够通过援引作者来陈述他们正在进行解释的理论。拉姆斯登与威尔逊并没有将这种论述提供给他们自己。人们通常倾向于将这些数学公式描述为晦涩的乃至难以理解的，甚至在那些将该理论称颂为一个重要的新智识起点的人中间也是如此（在那些如此称颂该理论的人中间可能尤为如此——参见 Barash 1982 与 van den Berghe 1982）。或许这就是拉姆斯登与威尔逊会认为他们的众多批评者都无法说出他们研究工作的实质的一个理由。倘若这种实质是由密集堆积，并充满了惊人的符号运用的方程来守护的，或许就应该原谅评论者到别处去寻找话题。

尽管如此，正如我希望表明的，这个理论能够以相当简单的方式来阐述。被证明为有用的做法是，将这个理论区分为四大部分。第一部分是由他们对后成法则概念与两种后成法则的区分的详细阐述构成的。在第二部分中，拉姆斯登与威尔逊收集了某些心理学的结果，他们这么做的意图是捍卫某些关于特定行为特征的遗传控制倾向的论断。那些符号开始出现于第三部分，这两位作者在那里推导出了被他们视为支配基因-文化转译的方程。在第四部分中，拉姆斯登与威尔逊完成了“这个协同进化的回路”，其方式是，在某些关于文化状态与确定适合度的假设下，推导出那些意在支配基因频率改变的方程。我试图按照顺序对这四部分进行解释，并将我的注意力限定在那些对于理解该理论所展现的检验来说必不可少的概念与那些被用来支持各种辅助性假设的证据之上。

第一部分

351 后成法则被构想为将基因型与环境映射到表现型之上的诸多过程。事实上，我们能够将它们等同于我们在先前章节中已经讨论过的诸多属性的映射。在拉姆斯登与威尔逊给出的表述中存在着某种模棱两可的态度，这种模棱两可的态度的表现是，后成法则有时被等同为过程，有时被等同为记录发育过程的结果对基因型与环境的依赖性的映射；但是，这种模棱两可的态度并没有对这个理论造成任何重大的影响。

第一后成法则是那些引导着我们的基本知觉系统的形成法则。这些法则在这样一种意义上是“更为自动的”，即它们甚至在高度多变的环境面前都倾向于形成相同的表现型（1981，36）。第一后成法则的首要例证是那种导致我们倾向于根据四种原色来感知这个世界的过程（43-48），尽管拉姆斯登与威尔逊也讨论了与其他感觉形态相关的后成法则。

第二后成法则是那些让我们从基因型与环境刺激（给定第一后成法则的活动，环境刺激可被构想为包括了对环境的知觉）到更复杂行为倾向的过程。第二后成法则恰如人类行为一样多变。

第二部分

拉姆斯登与威尔逊的推进方式是考察发展心理学的某些研究工作，他们试图以此表明，某些后成法则的运作相对独立于环境。这个标准的论证方法求助于诸多心理学实验，在这些实验中，相同的表现型出现于不同的环境之中。（例如，参见他们对各种文化中颜色分类的讨论，45–46。）这两位作者显然意在确立两个结论：（1）“第一法则在遗传上受到更多限定，也更不灵活”；（2）至少有某些第二后成法则是“相对刚性的”（96）。

相较于第二个论题，第一个论题较少争议并得到了更稳固的支持。当拉姆斯登与威尔逊走进了心理学家关于先天与后天的相对影响的争论时，早期的流行的社会生物学的某些老习惯侵入了这场讨论。例如，他们求助于那个表明了人类拥有快速记忆七个不相关音节能力的著名实验，其目的是支持一个关于数字 7 之重要性的更加宽泛的猜测。

> 米勒（Miller）想要知道，它是否仅仅是一个“有害无益的毕达哥拉斯式的巧合”：古代世界存在着七大奇迹、七个大洋、七大原罪，昴宿星团的阿特拉斯①有七个女儿，人生有七个阶段，地狱有七层，一周有七天，如此等等。我们不怀疑这些巧合，虽然明显缺乏来自非西方文化的证据。（62）

352

此处开辟了对研究远景的展望。归根到底，我们偏爱数字 4（一年有四个季度，四大元素，末日四骑士）的心理基础是什么？我们偏爱数字 3（三位一体，三头执政②，李尔王有三个女儿，三振出局）的心理基础是什么？我们偏爱其他数字的心理基础又是什么？

这种失误频繁发生。在讨论年幼儿童对气味的回应时，拉姆斯登与威尔逊没有理会这样一种可能性，即这些幼儿的回应或许反映的是他们对儿

---

① 在古希腊神话中，夜空中的昴宿星团是由提坦神阿特拉斯（Atlas）与大洋神女普勒俄涅（Pleione）所生的七个女儿变成的，他们的七个女儿分别是迈亚（Maia）、塔宇革忒（Taygete）、厄勒克特拉（Electra）、阿尔库俄涅（Alcyone）、斯忒洛珀（Sterope）、刻莱诺（Celaeno）和墨洛珀（Merope）。——译注

② 在古罗马由共和制向帝制转变的过程中，中间有一种过渡形态，这就是前后两次“三头政治”（triumvirate）。前三头同盟由恺撒（Caesar）、庞培（Pompey）、克拉苏（Crassus）于公元前 60 年秘密结成，公元前 48 年瓦解，恺撒实行独裁。后三头同盟由屋大维（Octavius）、安东尼（Antonius）、雷必达（Lepidus）于公元前 43 年公开组成，公元前 30 年解体，屋大维建立元首政治。——译注

乎任何刺激都说“我喜欢它”的倾向（41）。他们在哈洛（Harlow）对猕猴所做的著名实验中看到了可能的类比性，在该实验中，幼崽被**剥夺**了它们的母亲，而在某些人类的环境中，儿童被他们的父母所虐待（62）。他们根据少于30个女人的样本得出了有关人类“母婴纽带”的诸多结论（80－81）。他们在没有论证的情况下假定，与出现于婴幼儿时期的微笑行为相连续的是在以后的人生中表示友好的微笑（77－78）。在某些案例中，心理学的研究得到了适应主义论证的额外支持。在对恐惧症的讨论中，拉姆斯登与威尔逊写道：

> 一个引人注目的事实是，激起这些反应的现象（封闭的空间、高地、雷暴、流水、蛇与蜘蛛），一致地包括了存在于人类古代环境中的最大危险，而枪、刀、汽车、电插座以及其他在高技术社会中远为危险的物品，却很少有这样的效果。合理的结论是，恐惧症是非理性恐惧反应的极端情况，它为在人类后成法则遗传进化期间确保生存的需要给予了额外的盈余。（85）

或许就是这样，但困惑依旧存在。为什么有那么多患者害怕**空旷的**空间？为什么有那么多患者害怕拥挤的人群？流水构成威胁的频率究竟有多大，人们对流水形成一种非理性的恐惧反应才会在适应的意义上占据优势？为什么某些人对苍蝇或老鼠产生了非理性的恐惧反应？为什么有某些恐惧症专门针对不常见的狮子、豹子与老虎？难以抵制的印象是，社会生物学家 353 盲目轻信的双眼看到的仅仅是那些有可能符合他们关于进化塑造手段的先入之见的恐惧症实例。

他们考察心理学结果所获得的成就恰如我们或许会预料到的。拉姆斯登与威尔逊设法在单调乏味的案例（如色觉）中表明生长的不灵活性，而在这种案例中，生长的不灵活性已经得到了较好的理解。当他们冒险进入具有争议性的领域时，他们就被迫依赖于流行的社会生物学以往的论证风格来支持他们关于后成法则的刚性结论。尽管如此，在整个讨论中有一方面是令人吃惊的。我们或许已经预料到，心理学的探究会指向心灵图式的建构，接下来，这种探究将被用来理解基因与文化互动的诸多细节。当人们试图解释人类如何做出决策，社会环境如何形成这些决策，以及这些决策又如何影响其他的社会环境时，就可以使用心理学所承诺的那些洞识。由于他们下决心要支持后成法则的不灵活性，拉姆斯登与威尔逊忽视了心理学对于协同进化过程应当获得的分析方式的任何指示。正如我们将看到的，他们的方程背离了任何获得清晰阐述的心理学理论。

第三部分

在研究基因-文化转译的过程中，拉姆斯登与威尔逊给出了第一批用数学表述的假说。他们设想了一个平等主义的社会，其成员数目是 N。有两种文化基因“为了在这个群体中被使用而进行竞争”（110）。这个研究的任务是将构成这个社会的个体的后成法则关联于在这个社会中作为个体决策结果的文化基因的使用模式之上。

根据拉姆斯登与威尔逊的观点，表述这些后成法则的恰当方式是假定它们设定了“**转换的概率**，而不是固定的使用模式”（111）。因此，他们引入了概率 u_{ij}，它被理解为一个已经选择了使用文化基因 c_i 的人在某个决断点选择 c_j 的概率。为了获知这个社会中文化基因的使用模式发生变化的途径，同样有必要知道的是出现这种决断点的速率。拉姆斯登与威尔逊认为，对于不同文化基因的使用者来说，这些速率或许有所不同，在他们看来，对于文化基因 c_i 的使用者来说，决断点出现的速率是 r_i。（若凯迪拉克轿车的寿命要长于雪佛兰轿车，那么，雪佛兰轿车的拥有者被迫做出购买新轿车的决定，就要比凯迪拉克轿车的拥有者在相应的时间内做出这种决定更加频繁。）

这项计划的目标是计算出在 t 时刻，这个社会的 N 个成员中恰恰有 n_1 个成员正在使用 c_1 的概率。（由于我们正在处理的情况中可资利用的只有两种文化基因，因此，当我们得知有多少人在使用这两种文化基因中的一种时，这个社会的状态就得到了界定。）假设 $0 \leqslant n_1 \leqslant N$ 且 $P(n_1, t)$ 是在 t 时刻有 n_1 个成员正在使用 c_1 的概率。接下来的目标是根据转换概率（u_{12}，u_{21}）与决断点出现的速率来表达 $P(n_1, t)$。拉姆斯登与威尔逊表明，根据 n_1 与函数 v_{12}、v_{21}，有可能对 $P(n_1, t)$ 给出一个微分方程。 354

在此，

$$v_{ij}(n_1)=u_{ij}(n_1)\cdot r_i(n_1)$$

（详情参见技术性讨论 L。）

根据这个微分方程，不难获得对于 $P(n_1)$ 的明确的恒定解。由此我们得出了被拉姆斯登与威尔逊称为“人种志曲线”的东西，它展示的是这样一种社会的预期分布，其中当 n 的数值在 0 到 N 之间时，恰恰有 n 个成员在使用文化基因 c_1。我们似乎已经解决了我们作为出发点的问题——我们似乎已经发现了个体的诸多转换概率之间的关联（我们可以回想到，这种概率被认为代表着诸多后成法则）与在这个社会中发现一种特定行为模式的概率。我们还要寻求其他的什么东西呢？

拉姆斯登与威尔逊引入了两个改进。第一，他们希望能够比较不同规模的社会，他们相当正确地指出，根据使用一种文化基因的人数来进行的分析将无法完成他们的目标。作为替代，他们引入了一个标度变量 ξ，他们将它界定为 $n_2/N-n_1/N$。如今他们重新提出了最初的问题：新变量 ξ 的取值在 -1 到 $+1$ 之间，我们可以寻求的是对在此范围内 ξ 存在于特定区间的概率依赖于转换概率与决策速率的方式做出解释。拉姆斯登与威尔逊宣称，就稳恒态导出的这个解答，并没有产生“关于人种志曲线对后成法则的依赖性的快速洞察”（122）。他们的补救（第二个改进）是设 N 的数值较大，以至于 ξ 的取值可被当作一种连续的序列。旧微分方程如今被转化为“正向扩散的，或福克尔-普朗克形式的（Fokker-Plank）”偏微分方程。拉姆斯登与威尔逊以标准的方式解开了这个方程，由此表明了在一个社会中 ξ 的数值被发现在特定区间中的概率，将以何种方式依赖于函数 $u_{ij}(\xi)$ 与 $r_i(\xi)$。（正如在先前的案例中，这个概率被表达为 v_{ij} 的一个函数，在此，$v_{ij}=r_i\cdot u_{ij}$。）

355

技术性讨论 L

请考虑一个有关时间长度的小区间 dt。如果这个区间足够小，那么，我们就可以认为，在这段时间内，这个社会中最多只有一个人面对决断点。$P(n_1, t+dt)$ 与 $P(n_1, t)$ 之差是在这个区间有一个改变了 c_1 使用者的频率，并使之恰恰等于 n_1 的决定的概率，这个概率小于在这个区间有一个将该频率从 n_1 变为某个其他数目的决定的概率。鉴于我们提出的"该区间足够小以至于其中只有一个人面对决断点"这个假设，我们得知，c_1 使用者的频率在这个区间中只能变成 n_1，假若起初它是 n_1-1 且一个 c_2 的使用者变为使用 c_1，或者假若起初它是 n_1+1 且一个 c_1 的使用者变为使用 c_2。设 $n_2=N-n_1$，那么，我们就可以导出这个方程：

$$\begin{aligned}&P(n_1,t+dt)-P(n_1,t)\\&=P(n_1-1,t)\cdot(n_2+1)\cdot r_2(n_2+1)\cdot dt\cdot u_{21}(n_1-1)\\&\quad+P(n_1+1,t)\cdot(n_1+1)\cdot r_1(n_1+1)\cdot dt\cdot u_{12}(n_1+1)\\&\quad-P(n_1,t)[n_1\cdot r_1(n_1)\cdot dt\cdot u_{12}(n_1)+n_2\cdot r_2(n_2)\cdot dt\cdot u_{21}(n_1)]\end{aligned}\tag{1}$$

（在此，nr_idt 这个表达方式所表达的是一个 c_i 的使用者在这个区间中面对决断点的概率。）由于 r_i 与 u_{ij} 总是共同出现，我们就能通过让 $v_{ij}=r_i\cdot u_{ij}$ 来简化这个代数演算。

根据（1），我们可以得到一个对于 $P(n, t)$ 的微分方程：

$$\begin{aligned}d/dt[P(n_1,t)]=&(n_2+1)P(n_1-1,t)v_{21}(n_1-1)\\&+(n_1+1)P(n_1+1,t)v_{12}(n_1+1)\\&-[n_1v_{12}(n_1)+n_2v_{21}(n_1)]P(n_1,t)\end{aligned}\tag{2}$$

这就是"主方程"的最重要的组成部分（4－21；参见 1981，120）。其他的组成部分处理的是当 $n_1=0$ 或 $n_1=N$ 时的情况，它们可以通过类似的分析而轻易获得。当 $d/dt\ [P(n_1, t)]=0$ 时，这个群体就达到了一种稳定的状态。根据（2）不难得出对于 $P(n_1)$ 在稳定状态时的一个明确的公式。这个公式代表的是人种志曲线。

设 $\xi=n_2/N-n_1/N$。假定 N 足够大，ξ 就可以被当作一个连续变量。通过运用应用数学中的一个得到充分理解的技巧，（2）就可以被转化为这样一个方程：

356

$$\frac{\partial}{\partial t}P(\xi,t) = -\frac{\partial}{\partial x}[X(\xi)P(\xi,t)] + \frac{1}{2}\frac{\partial^2}{\partial \xi^2}[Q(\xi)P(\xi,t)] \quad (3)$$

在此，

$$X(\xi) = (1-\xi)v_{12}(\xi) - (1+\xi)v_{21}(\xi)$$

$$Q(\xi) = \frac{2}{N}(1-\xi)v_{12}(\xi) + \frac{2}{N}(1+\xi)v_{21}(\xi)$$

$$-1 < \xi < 1$$

（3）是（2）的连续等量，而拉姆斯登与威尔逊提供了一个稳定状态的解：

$$P(\xi) = C/Q(\xi)exp[2\int_{-1}^{\xi} X(y)/Q(y)dy] \quad (4)$$

因为 $-1 < \xi < 1$

[将（3）与（2）联系起来的一个启发式的论证以及对（4）的解答，参见 Feller 1968，354－359。] 在此，$P(\xi)$ 代表的是在一个社会中 ξ 的值将在一个围绕 ξ 的小区间内被发现的概率，ξ 的值在 w 与 z 之间的概率是 $\int_w^z P(\xi)d\xi$。

给定这个解，拉姆斯登与威尔逊就能够继续探索人种志曲线的结构。也就是说，他们能够审视函数 $P(\xi)$ 依赖于函数 X 与 Q，并由此最终依赖于函数 v_{12} 与 v_{21} 的方式。当 $v_{ij,0}$ 是代表"原生的"倾向或"先天的"倾向（133）的常数，且 f_{ij} 是升级函数时，v_{ij} 可被写作 $v_{ij,0} \cdot f_{ij}(\xi)$。对于"指数趋势观察者的实例"来说，

$$f_{12}(\xi) = e^{a_1\xi}$$

$$f_{21}(\xi) = e^{-a_1\xi}$$

在他们随后的讨论中，拉姆斯登与威尔逊试图表明，代表转换频率的函数 v_{ij} 如何能够根据"原生的"或"先天的"倾向与"升级"函数来得到表述。正如这些名称所暗示的，"原生的"倾向反映的是一种天生地转

向运用特定文化基因的倾向。升级函数代表的是转换频率对应于周围的文化基因使用模式的诸多方式。这些结果恰如人们或许已经预料到的。拉姆斯登与威尔逊特别感兴趣的是“指数趋势观察者的实例”，在这些实例中的升级函数是指数。根据直觉，随着转向使用一种文化基因的人们的数量越来越多，剩余者转向使用这种文化基因的倾向将始终以更为显著的方式增加。在“指数趋势观察者的实例”中，从文化基因的一个方向转向另一个对立方向的“原生的”倾向的相当微小的差异，就能导致社会以高频率的方式被一种单一的文化基因所支配（参见140－141）。 357

拉姆斯登与威尔逊宣布了一个成功的结论：“在作用于个体行为期间的后成法则中，有一些几乎观察不到的选择性，这种选择性能够强有力地改变社会的模式”（144；原文为斜体字）。对困惑于那些有关文化基因、人种志曲线、福克尔-普朗克方程与其余所有主题的谈论的读者，请让我对之做出解释。假如人们强烈地倾向于追随他们周围人的做法，最初在转变偏好上的小差别就能显著地在群体的层面上被放大。假如我们所有人都略微更倾向于从巧克力口味转为香草口味，而不是从香草口味转为巧克力口味，假如我们的转变倾向符合我们周围那些人的选择，那么，我们将得知，我们的社会有可能走向一个极端，它最终更有可能选择香草口味而不是巧克力口味，这并不让人感到惊奇。我们难道需要用福克尔-普朗克方程的解答来告诉我们这一点吗？

尽管如此，人们或许会错误地认为，拉姆斯登与威尔逊仅仅提取了某些让他们玩弄诸多可能性的方程。他们真正想做的是让这个机制在真实的案例中发挥作用。基因-文化转译理论是值得拥有的，若我们能够提出有关后成法则与升级函数的诸多假说，这些假说能让我们导出人种志曲线，从而能让我们比较来自各种社会的经验研究数据。因为有可能确定关于不同文化基因的人种志曲线的诸多形式（至少有可能确定那些在数量足够大的社会中存在的文化基因的人种志曲线形式），我们就能够期望确证有关后成法则与升级函数的特定假说，其确证方式是表明，运用这些假说以及符合拉姆斯登与威尔逊提出的模式的计算，如何能够让我们导出经验的发现。这就是我们将在拉姆斯登与威尔逊最喜爱的例证中发现的策略。我们将在下一节中看出这种策略是否起作用。

第四部分

这个理论的最后一部分试图表明，文化基因的选择倾向与使用不同文化基358因的相对适合度以何种方式共同导致了这些群体中的基因频率的改变。这个研究起始于对种群遗传学的诸多标准方程式的评述。拉姆斯登与威尔逊阐明了在自然选择下，单一基因座上的两个等位基因的基因频率改变的方程：

$$p_{t+1} = \frac{p_t W_{AA} + p_t q_t W_{Aa}}{p_t W_{AA} + 2p_t q_t W_{Aa} + q_t W_{aa}} \qquad (5)$$

［从（1）到（4）的方程，参见技术性讨论 L。］此处的 p 与 q 是等位基因 A 与 a 各自的频率，因此，（在任何时刻 t）$p+q=1$。

拉姆斯登与威尔逊想要专注于文化基因的使用对适合度的影响方式。为了这个目的，他们引入了两个向量。基因型 ij 的**绝对适合度值向量**的定义为：

$$\boldsymbol{W}_{ij} = [W_{ij}(c_1), W_{ij}(c_2)]$$

在此，$W_{ij}(c)$ 这个组成部分恰恰就是一个具备基因型 ij 并使用文化基因 c 的人的适合度。第二个向量是**选用偏向向量**，它的定义如下：

$$\boldsymbol{L}_{ij} = [u(c_1/ij), u(c_2/ij)]$$

在此，$u(c/ij)$ 恰恰是一个具备基因型 ij 的人在经过文化熏陶之后将选用文化基因 c 的概率。

我们应当如何根据这些向量来表征适合度的经典概念呢？你猜对了。对于一个具备基因型 ij 的人来说，他的适合度是：

（使用 c_1 的概率 × 使用 c_1 的适合度）
+（使用 c_2 的概率 × 使用 c_2 的适合度）

根据向量的乘法运算，可以轻易表征适合度的经典概念：

$$W_{ij} = \boldsymbol{W}_{ij} \cdot \boldsymbol{L}_{ij}$$

或者用更加平淡无奇的方式来表征：

$$W_{ij} = W_{ij}(c_1)u(c_1/ij) + W_{ij}(c_2)u(c_2/ij)$$

（甚至更为平淡无奇的表征方式是：一个基因型的平均适合度，就是它所遭遇的每个环境中的适合度经过环境频率加权后的平均值。）在这种等同性的帮助下，现在就有可能获得 W_{ij} 这个表达方式在其中出现的任何熟悉的种群遗传学方程，其获得方式是用这种向量的产物来替换 W_{ij}。例如，拉姆斯登与威尔逊就是以此方式来将方程式（5）替换为

359

$$p_t + 1 = \frac{p_t \mathbf{W}_{AA} \cdot \mathbf{L}_{AA} + p_t q_t \mathbf{W}_{Aa} \cdot \mathbf{L}_{Aa}}{p_t \mathbf{W}_{AA} \cdot \mathbf{L}_{AA} + 2p_t q_t \mathbf{W}_{Aa} \cdot \mathbf{L}_{Aa} + q_t \mathbf{W}_{aa} \cdot \mathbf{L}_{aa}} \quad (6)$$

拉姆斯登与威尔逊欣然花费了整整一章来玩弄这个简单的替换游戏，他们在得出结论时祝贺自己已经发展了一种“联结基因进化与文化进化的具体模型”（230）。幸运的是，后面还有更多有趣的东西。

这些实质性的结果并没有简单地继承标准的种群遗传学的那些乏味的与普遍性的特征，只有通过对这两个向量有可能采纳的形式做出假设，才有可能得出这些实质性的结果。拉姆斯登与威尔逊开始着手一项更加艰难的任务，即通过对人类种群的理想化的生命周期给出解释，引入诸多貌似合理的假设并阐明其数学运算。

> ……在一个大的、随机交配的种群中产生的后代，借助它们的同辈与长辈来获得社会化。可替代的文化基因通过探索、游戏与观察来被学习与评价。随后，它们在前繁殖时期就被用来搜集资源，根据诸多环境，这种资源或者可被宽泛地界定为食物与其他有限的资源，或者可被宽泛地界定为领地所有权与其他的控制模式，借助这种控制，资源就能够以畅通无阻的方式被聚集起来。个体是在后成法则的影响下对这两个文化基因进行选择的。在后成法则的偏向程度，对同辈与父辈选用文化基因的敏感性大小，以及资源被转化为遗传适合度的功能上，基因的变异是被允许的。（265；原文为斜体字）

他们继续用充满了复杂方程的段落来加强读者的信念，他们许诺，最终将产生某些令人吃惊的结果。

让我以如下这个评述作为出发点，即生命周期的某些部分并没有被拉姆斯登与威尔逊所提供的正规工具所表征。尽管他们注意到，替代性的文化基因是“被学习与评价的”，但是，在最终的模型中，并没有表征个体经验与个体学习的特异性。（此处，我们或许已经预料到了来自心理学的洞识，但他们明显没有求助于心理学。）相反，我们开始了基因-文化的转译过程，这种转译如今被构想为某种更加复杂的东西。根据“两代文化影响了后成法则”（274）这个事实，得出了第一个复杂的结果：人们既对他们的父辈做出回应，又对他们的同辈做出回应。第二个复杂的结果 360 则是如下事实的推论：文化状态不再被两个可资利用的文化基因之一（比如说 c_1）的使用者的绝对数目所充分表征。我们必须追踪由相同基因型的成员构成的三个子群组的各自模式。我们需要知道在使用 c_1 的个体中，基因型为 AA 的个体数目、基因型为 Aa 的个体数目与基因型为 aa 的个体数目。（为什么？因为对于这三个群组来说，使用 c_1 的适合度或许有所不同，如果我们想要关注自然选择的动力学，我们就不得不关注所有这三种频率。）

稍许反思即可揭示，稳定状态的概率分布方程如今将更加复杂。拉姆斯登与威尔逊指出，这个方程式（275，方程 6-6）原则上可以获得精确的解答。然而，“最终的公式并不简明，人们通常需要计算机的协助。在这项初始的研究中，我们需要一条途径来给出简洁的、可轻易把握的、解析性的解决方案……即便会丧失某种精确性”（277）。他们建议社会研究要聚焦于那些“并不太小”的例证，对于这些例证来说，稳定状态的概率分布是单峰的并且峰很陡直。接下来，变量 n_1（或那种得到更多改进的 ξ）的数值在不同文化模式中仅仅略微有所不同，我们可以认为，如若文化基因的使用模式设定了文化模式，个体偏好就会以类似的方式被确定。换而言之，我们不再认为，个体转换文化基因的倾向敏感于个体周遭的社会使用文化基因的模式。我们假定，几乎所有的社会都近乎使用相同的模式，而且在任何一个社会中的个体对应的似乎都是某种“平均的文化状态”。

在配备了这种假设的条件下，拉姆斯登与威尔逊就能够推导出一个“有关 c_1 的文化模式**协同进化方程**”。这个方程所服务的目的是，将 c_1 的平均使用频率关联于基因频率与表征文化基因转换频率的函数 v_{ij}。（具体细节参见技术性讨论 M。）在通向他们的方程的途中，拉姆斯登与威尔逊做出了进一步的简化。他们认为，个体做出独立的决策，因此，在每个基因型中，c_1 用法的分布是一种二项式的分布。总体分布则被当作诸多基因型类别中的三种分布的产物。

这个协同进化方程如下：

$$\bar{v}=\frac{p_t^2 v_{21}^{AA}(\bar{v})}{v_{21}^{AA}(\bar{v})+v_{12}^{AA}(\bar{v})}+\frac{2p_t q_t v_{21}^{Aa}(\bar{v})}{v_{12}^{Aa}(\bar{v})+v_{21}^{Aa}(\bar{v})}+\frac{q_t^2 v_{21}^{aa}(\bar{v})}{v_{12}^{aa}(\bar{v})+v_{21}^{aa}(\bar{v})} \quad (7)$$

让我对之做出转译。在基因型 AA 中 c_1 的平均使用频率完全就是一个具备基因型 AA 的人选择 c_1 的概率。这个概率就是**给定文化秩序为 $\bar{v}$**，一个具备基因型 AA 的人将选择 c_1 的概率。（请回想那个简化了的假设。）经过计算，不难得出这个概率为：

$$v_{21}^{AA}(\bar{v})/[v_{12}^{AA}(\bar{v})+v_{21}^{AA}(\bar{v})]$$

（参见技术性讨论 M。）对于具备基因型 Aa 或 aa 的人们的相关平均值来说，类似的结果也成立。在这个种群中的总平均值 $\bar{v}$ 是对基因型类别中的诸多平均数的加权平均值，因此，我们将让每个基因型的平均数乘以这个基因型的相对频率。应当记住的是，假如 A 的频率是 p，a 的频率是 q，那么，诸多基因型的频率就是 p^2（AA）、$2pq$（Aa）与q^2（aa）。

361

技术性讨论 M

基因–文化转译的一般性问题是将 $\mathscr{G}(n_1^{AA}, n_1^{Aa}, n_1^{aa})$ 这个概率分布（它考虑的是在这三种基因型中使用文化基因的频率分布）关联于个体的偏好。正如在正文中就已经注意到的，拉姆斯登与威尔逊并没有试图对这个一般性的问题给出解答。他们转而认为，个体的偏好具备（独特的）概率分布模式。

这个故事通过引入一组新的概率来得到发展：

$\mathscr{P}_k^{ij}(t/\bar{v})$ = 在给定"平均文化秩序"为 $\bar{v}$ 的条件下，一个具有基因型 ij 的生物在 t 时刻使用文化基因 c_k 的概率。

拉姆斯登与威尔逊如今引入了支配这些概率的诸多新微分方程，并通过解决它们来给出稳定状态的解答：

$$\mathscr{P}_1^{ij}=v_{21}^{ij}(\bar{v})/v^{ij}(\bar{v}),\ \mathscr{P}_2^{ij}=v_{12}^{ij}(\bar{v})/v^{ij}(\bar{v})$$

在此，

$$v^{ij}(\bar{v})=v_{12}^{ij}(\bar{v})+v_{21}^{ij}(\bar{v})$$

这并不特别令人吃惊。在稳定的状态下，c_1 的使用者相对于 c_2 的使用者的相对频率，正比于人们转向 c_1 的速率，反比于人们背离 c_1 的速率。假如每当有 4 个人转向香草风味的冰激凌时，就有 5 个人对巧克力风味的冰激凌感兴趣，那么，我们的预期是，在稳定的状态下，这个群体就有 5/9 的人会消费巧克力风味的冰激凌。这同样适用于个体基因型的情况。

拉姆斯登与威尔逊立即认为，$\mathscr{G}(n_1^{AA},\ n_1^{Aa},\ n_1^{aa})$ 这个概率分布是三个独立分布 $\mathscr{G}(n_1^{ij})$ 的产物，每个这样的分布都是二项式分布。我们根据直觉推测，个体的决策是独立的。因此，特定数目的具备基因型 *AA*、*Aa* 或 *aa* 的人们选择 c_1 的概率，就恰恰是那个数目的基因型 *AA*、*Aa* 或 *aa* 各自选择 c_1 的诸多概率的产物。进而，在每个基因型中，个体的决策是独立的。因此，假如一个具备基因型 *Aa* 的人将选择香草味冰激凌的概率是 p，假如有 N 个具备基因型 *Aa* 的人，那么，他们之中恰恰有 n 个人选择香草味冰激凌的概率是：

362

$$\binom{N}{n}p^n(1-p)^{N-n}$$

这个有关独立事件概率的相当基本的结果，却让人们几乎迷失于拉姆斯登与威尔逊所使用的复杂符号体系之中。

一旦我们知道了 $\mathscr{G}(n_1^{AA},\ n_1^{Aa},\ n_1^{aa})$ 这个概率分布，它对于计算这个群体中 c_1 的使用者的平均频率 $\bar{v}$，就具备直接的重要关系。以此方式，拉姆斯登与威尔逊就能够得到一个“对于 c_1 的文化模式的**协同进化方程**”：

$$\bar{v}=\frac{p_t^2 v_{21}^{AA}(\bar{v})}{v_{21}^{AA}(\bar{v})+v_{12}^{AA}(\bar{v})}+\frac{2p_t q_t v_{21}^{Aa}(\bar{v})}{v_{12}^{Aa}(\bar{v})+v_{21}^{Aa}(\bar{v})}+\frac{q_t^2 v_{21}^{aa}(\bar{v})}{v_{12}^{aa}(\bar{v})+v_{21}^{aa}(\bar{v})} \quad (7)$$

这个复杂的符号体系再次让一个简单的论证路线变得近乎模糊不清。考虑到 $\mathscr{G}(n_1^{AA}, n_1^{Aa}, n_1^{aa})$ 是三个二项式分布的产物这个假设，在每个基因型类别中使用 c_1 的预期频率就仅仅是一个具备那个基因型的人将选择 c_1 的概率 $\mathscr{P}_1^{ij}$。正如我们已经看到的，这个概率是：

$$v_{21}^{ij}(\bar{v})/[v_{12}^{ij}(\bar{v})+v_{21}^{ij}(\bar{v})]$$

总平均值 $\bar{v}$ 恰恰就是每个基因型中的预期数值在经过这个基因型的频率加权之后的平均值。由此立即可得（7）。

下一步是计算不同基因型的人们所得到的回报。设 J_k 为一个人使用文化基因 c_k 的收获速率。假定收获周期的长度为 T。由于一个具有基因型 ij 的人的净回报速率是这个人使用 c_1 与 c_2 时收获的诸多速率的加权和，在此，这些加权因素正比于使用 c_1 与 c_2 所花费的时间，因此，这个回报方程的朴素版本是：

$$R^{ij}(T)=\mathscr{P}_1^{ij}\cdot J_1 T+\mathscr{P}_2^{ij}\cdot J_2 T \quad (8)$$

恰如正文中的评述，拉姆斯登与威尔逊认为，由于认知设备的构造、维持与使用而产生了诸多成本。因此，他们将（8）替换为：

$$R^{ij}(T)=(J_1-L^{ij})\mathscr{P}_1^{ij}T+(J_2-L^{ij})\mathscr{P}_2^{ij}T+C^{ij}T/\tau \quad (9)$$

363

考虑到他们的解释，最后这个表达方式就令人困惑。首先，这种标记符号似乎是错误的。转换成本应当在损失中得到反映，而不是在收益中得到反映。（正如我们将看到的，拉姆斯登与威尔逊将 C^{ij} 当作正值。）其次，τ 是在相继的决断点之间的时间（假定对于 c_1 的使用者与 c_2 的使用者来说，这种间距时间都相同）。尽管如此，相当不清楚的是，当一个人**转换**文化基因时，就应当有一种**转换**成本。由此推论出，转换成本的数值应当是：

$$(C^{ij}T/\tau)\cdot[2v_{21}v_{12}/(v_{21}+v_{12})]$$

（一个决断点就是一个转换点的概率，即一个使用 c_1 的人转换为 c_2 的概率或一个使用 c_2 的人转换为 c_1 的概率。也就是说，

$$\mathscr{P}_1 \cdot v_{12} + \mathscr{P}_2 \cdot v_{21} = 2\,v_{21}v_{12}/(v_{21} + v_{12})$$

在我们对这个发挥作用的理论进行考察的过程中（技术性讨论 N 与 O 以及与之相伴随的正文），我们不仅将考虑拉姆斯登与威尔逊提出的诸多方程，而且还将考虑我已经暗示的那些修正的影响。

下一步是将自然选择引入这幅图景之中。为了达到这个目的，拉姆斯登与威尔逊建议通过比较生育力（在他们的模型中并不存在前繁殖期的死亡率）来确定适合度，并将个体的生育力关联于在这个前繁殖期间的资源收获。假定这个前繁殖期的长度是固定的，我们就将通过分配而获得诸多收获速率，这些速率将随着使用的文化基因的不同而有所变化。根据直觉，一个具备基因型 AA 的人在消费巧克力味的冰激凌时储存（可以用来制造配子的）卡路里的速率，或许不同于这个人选择香草风味的冰激凌时储存卡路里的速率。不过，若给定一个具备基因型 AA 的人与一个具备基因型 Aa 的人都选择巧克力风味的冰激凌或任何其他的文化基因，那么，他们的收获速率就是相同的。对于不同的基因型来说，不同的收获速率仅仅取决于文化基因的不同使用模式，因此，不同的生育力也仅仅取决于文化基因的不同使用模式。

364

你或许会认为，轻易就能写出那种确定“回报结构”并表明收获资源数量以何种方式依赖于基因型的方程。显然，一个具备特定基因型的人的净收获速率是这个人使用 c_1 与 c_2 而得到的诸多收获速率的加权和，在此，诸多加权因素正比于具备这种基因型的人们使用 c_1 与 c_2 所花费的时间。你可能认为这是显而易见的。拉姆斯登与威尔逊并不赞同。他们那个版本的“回报方程”加入了朴素的预期并没有辨认出来的诸多成本。

> ……在每个决断点上评估使用情况所需的认知过程，也是需要大脑的组织、时间与能量的。这个计算装置首先必须建立于神经元之中，它在能量单位（或资源单位）中的维护需求可被指称为**负担成本 L^{ij}**。无论何时，当运用该装置在一个决断点上将个体从使用状态

$k=1$，2 转化为使用状态 $m=1$，2 时，就需要一份在能量单位（或资源单位）中的成本，它可被称为**转化成本 C^{ij}**。(281)

我们随后将发现，这些“成本”对于拉姆斯登与威尔逊关于基因-文化协同进化的论断有多么重要。

这个回报方程相关于种群遗传学的标准机制的方式是假定，存在一个为产出配子的数目赋值的函数 F，配子的数目取决于在前繁殖期间收获的回报。(根据直觉：我们越倾向于使用优秀的文化基因，我们收获的资源单位就越多；我们收获的资源单位越多，我们产出的配子就越多。) 假定一个具备基因型 ij 的人产出配子的数目是 $2F^{ij}$，在此，F^{ij} 是 R^{ij} 的一个函数，R^{ij} 则是一个具备基因型 ij 的人获得的回报。接下来，我们就能够运用种群遗传学的诸多常见的方程来计算出等位基因 A 的新频率：

$$p_{t+1}=(F^{AA}p_t^2+F^{Aa}p_tq_t)/F \tag{10}$$

在此，

$$F=F^{AA}p_t^2+2F^{Aa}p_tq_t+F^{aa}q_t^2$$①

365

正如拉姆斯登与威尔逊指出，F^{ij} 取决于回报结构。回报结构取决于在诸多文化基因之间转换的概率。这些转换的概率既是后成法则的函数，又是“文化使用模式”的函数（284）。因此，拉姆斯登与威尔逊断言，他们已经展示了一种在等位基因的选择（它反映了基因频率的改变）与文化模式之间的关联。

在我们变得过于狂热之前，最好记住一个简化的假设。整个讨论依据的是这个观念，即那些使用我们所关注的文化基因的社会都是充分相似的，我们可以认为，诸多个体回应的是某种平均的文化。如果我们想要对拉姆斯登与威尔逊所完成的东西做出一种冷静的表述，那么，我们最多可以说，他们已经揭示了一种在平均文化效应与基因频率改变之间的关联，在这些情形下，诸多文化在它们对文化基因的用法上都是相对均一的。

---

① 原文为 $F=F^{AA}p_t^2\quad 2F^{Aa}p_tq_t+F^{aa}q_t^2$，其中少了一个加号，实为 $F=F^{AA}p_t^2+2F^{Aa}p_tq_t+F^{aa}q_t^2$。——译注

这种普遍性的协同进化方程仅仅存在于他们表述的（7）与（10）之中，而且这些表述依赖于合适的世代。为了应用它们，我们就应当从（7）开始。（7）的功能是向我们给出 c_1 的平均使用频率。一旦我们知道了这一点，就可以认为，我们已经算出了具有不同基因型的人们转换文化基因的概率。这些概率被插入回报方程，从而形成了有关具备不同基因型的人们收获回报的诸多结论。接下来我们将生育力地图应用于 F^{ij} 的数值计算。最后，根据（10），我们就推导出了基因频率的诸多变化。

尽管如此，在我们非常善于运用这个具有如此令我们感到不快样式的工具之前，我们就需要某些关于后成法则形式的假设（更确切地说，是某些关于转换概率对文化基因的周围使用模式的诸多回应方式的假设，这些转换概率被认为关联于后成法则，我们就需要关于所谓的进入回报方程的成本的诸多假设，我们就需要关于生育力地图的形式的诸多假设。当我们做出这些种类的假设时，就有可能构造对该理论的检验。在理想的状况下，我们或许会试图确证这些关于升级函数、成本与生育力的假设，运用它们来阐明这些协同进化方程，并提出有关基因频率改变的可确证的预测。以此方式，就像种群遗传学的标准方程一样，拉姆斯登与威尔逊的协同进化方程就会证明它们自身的价值。正如我们将在后文中看到的，他们并没有试图完成任何类似于这样野心勃勃的事情。

366 我们对这个理论的回顾，让我们能够在此对之做出评估。有两条可以评判它的途径。对于基因-文化转译的更为简单的论述可以根据人种志的数据来检验。协同进化方程可以用额外的假设来补充并将其投入应用。在步履蹒跚地来到奥林匹斯（Olympus）的山巅之后，让我们看看我们究竟能看到些什么。

琐屑的转译

当社会生物学家炫耀他们最钟爱的例证时，他们最先炫耀的是乱伦这个例证。拉姆斯登与威尔逊相信，有关乱伦回避的数据可服务于新的用途。他们提出了作为乱伦回避基础的升级函数与后成法则的诸多假设，构造了后成曲线，并发现它们符合这些数据。此处的这些假设是：

• 升级函数是常数，即1。转换为乱伦或转换为停止参与乱伦的诸多倾向不受周围的社会模式的影响。

• 转向远离乱伦的“原生”倾向非常接近于1，转向乱伦的“原生”倾向非常接近于0。

给定这些假设，并且设c_1是不参与兄弟姐妹乱伦的文化基因，c_2是参与兄弟姐妹乱伦的文化基因，u_{21}的数值可被设定为接近于1，u_{12}的数值可被设定为接近于0；通过运用对方程（2）的精确解答（参见技术性讨论L），拉姆斯登与威尔逊就能够计算出人种志曲线。他们发现，“范围广泛的社会轶事式记述……暗示，真正的曲线最接近于（原文如此）由$u_{21}=0.99$所产生的情况，而不是其他条件下所展示的情况”（155）。在我们对这个符合的奇迹大声惊呼之前，让我们从一个略微不同的角度来着手处理这个问题。

假定在6岁或7岁以前，儿童无论以何种方式都会获得一种不参与兄弟姐妹之间乱伦的强大倾向。假定这个倾向如此强大，以至于在任何给定的时间内，若我们遇到一个社会并从这个社会中挑选出一个成员，我们挑选的这个人当前参与一段乱伦关系的概率是p，而p接近于0。现在假定，我们所关注社会的规模都是N。我们要提出的是如下问题：在这些社会中有一个社会免于乱伦的概率是多少？在这个社会中进行随机挑选，恰恰有n个成员目前正在参与乱伦的概率是多少？

我们解答这些问题的方式是假定每个社会的全部成员都独立地做出他们的决定。（这里有一点小问题，问题在于，乱伦是某种无法由一个人自己完成的事情。尽管如此，就像拉姆斯登与威尔逊一样，当文化基因是乱伦时，我将暂时忽略这个与文化基因选择有关的不便利事实。）通过进行少量的概率计算，我们发现，一个社会免于乱伦的概率是$(1-p)^N$；在这个社会中恰恰有n个人参与乱伦的概率是： 367

$$\binom{N}{n}p^n(1-p)^{N-n}=\frac{N!}{n!\ (N-n)!}p^n(1-p)^{N-n}$$

这些正是拉姆斯登与威尔逊获得的结果。没有必要引入后成法则、升级函数、那些错综复杂的方程或这个机制的任何其余的部分。我们仅仅假设人们独立地做出他们的决定，一个人参与乱伦的概率独立于周围社会中的乱伦行为模式，在这个意义上，乱伦的倾向一经形成，就不会与他人的乱伦行为相协调。考虑到乱伦性交典型的私下特征，后一个假设无疑是合理的。（尽管如此，这种倾向有可能与周围人的**诸多态度**相协调，如周围人宽容乱伦或谴责乱伦的性情等。）

进而，充分考虑到以下这个显著的要点有可能改进我们的计算，即乱伦要由两个人来进行。请设想一个由 N 个个体构成的社会，他们被分成诸多由兄弟姐妹组成的群体，每个群体的规模是 $2m$，每个群体由 m 个男性与 m 个女性组成。正如先前的情况，假定每个人的选择都独立于任何其他的人，对于每个人来说，（在特定时刻）同意乱伦的概率是 p。如果我们随机挑选出一个家庭群体，它免于乱伦（假定乱伦仅仅在双方同意的情况下才会发生）的概率是$(1-p^2)^{m^2}$。因为存在着 m^2 的潜在的乱伦关系；任何家庭内发生乱伦的概率是 p^2；因此，一个家庭免于乱伦的概率是（$1-p^2$），所有家庭都免于乱伦的概率就是$(1-p^2)^{m^2}$。假如这个社会中个体的整体数目是 N，那么，由兄弟姐妹构成的群体就有 $N/2m$ 个，这个社会免于乱伦的概率就是$(1-p^2)^{\frac{1}{2}mN}$。

现在让我们将这个新的分析与拉姆斯登和威尔逊的“轶事性数据”进行对比。根据拉姆斯登与威尔逊的说法，通过在**他们的**方程中让 $p=0.01$，由大约 25 个人组成的社会的数据就会符合他们的方程所预测的人种志曲线。因此，社会免于乱伦的观测概率是 $(0.99)^{25}=0.778$。假如我们将这个观测概率与我们改进的模型进行对比，我们得到的 p 的数值会是什么？显而易见，我们不得不做出一个关于 m 数值的假设。如果我们让

368 $m=2$，我们就会得知，$(1-p^2)^{25}=0.778$，因此，$1-p^2=0.99$ 且 $p=0.1$。假如 $m=1$，那么，p 大约为 0.141。对这个社会的家庭结构的考虑暗示，同意乱伦的倾向远远高于拉姆斯登与威尔逊会允许的情况。

这个结果并不令人感到惊讶。毕竟，如若兄弟姐妹的乱伦是通过同意而发生的（我要立即指出，需要经验研究来评估强制性乱伦的发生频率），那么，考虑到这些家庭并不大，一个人参与乱伦的实际概率将小于（或许显著小于）这个人倾向同意乱伦的概率。

不过，主要的关键是，基因-文化协同进化论在这个例证中完全没有得到运用。就目前而言，请暂时忘掉这样一些相对基本的概率运算，它们

能够将我们导向一种比拉姆斯登与威尔逊所提出的更为实际的情境构想。甚至有一种更加简单的分析也能直接产生他们所得出的结果，这种分析根本就不需要任何关于这些基因的作用假说。无论这些人种志的数据有多么完善，我们都可以通过将一种参与乱伦的倾向归于这些人来对这些数据进行解释，而让“这种倾向是文化熏陶的结果还是标志着某种严格的基因行为”这个问题保持悬而未决的状态。如果这个问题无法通过关联于来自台湾的数据与来自基布兹集体农庄的数据而获得解决，那么，它也就无法通过生硬地插入基因-文化协同进化论来得到解决。如果通过援引有关台湾人婚姻与基布兹集体农庄的两性关系就能解决这个问题，那么，通过适用拉姆斯登-威尔逊的分析，并不会由此增加确证性。在这两个案例中，关于后成法则与升级函数的特定论断并没有从例证中获得任何确证。

更为糟糕的是，这个理论的烦琐机制阻碍了我们看清计算的简单性并由此找到一条改进我们分析的道路。一旦我们简化了这个问题，确认了真正要追求的是个体倾向与社会模式的关联，我们就能通过思考形成一种对该关联的更为现实的解释。没有必要用关于基因和后成法则的谈论来让我们自身变得盲目，因为这些东西并没有真正进入这个故事。基因-文化的转译完全是一个用词不当的名称。拉姆斯登与威尔逊为一个相当简单的数学问题找到了一条错综复杂的解决之道，他们的努力所获得的是对这个问题的不精确解答。

让我们转向拉姆斯登与威尔逊的第二个例证，即查冈对雅诺玛莫人的村庄分裂的解释（1976）。查冈解释了雅诺玛莫人的村庄的扩张方式，直到他们达到了一个临界的规模。在这一点上，内部的紧张与敌意的频率和强度都得到了快速的增长。最终，这个村庄大致分为两半，某些成员离开了村庄，其他的成员则留了下来。通常而言，共同离开的群体与留下来的群体都是由近亲组成的。 369

拉姆斯登与威尔逊建议要通过求助于两种文化基因来“对村庄分裂过程的诸多重要特征做出解释”（167）。存在的是一种“留下”的文化基因与一种“离开”的文化基因。鉴于在真实的调查结果中，新的开拓者离开了群体，我们就无法将他们所接受的后一种文化基因理解为实际意义上的离开。因为假如人们获得“离开”的文化基因将由于这种文化基因被他人所采纳而获得加速，那么，由此导致的过程就是：最初是少数人离开，接下来就有越来越多的人追随着他们离开。因此，只有当我们假定，采纳“离开”的文化基因需要一个人宣称自己离开的意愿，拉姆斯登-威尔逊的分析才能被适用于这个例证。我们能够按照如下方式来设想这种情况。当这个群体的规模接近于200人（拉姆斯登与威尔逊将其作为临界规模），主张离开的概率就增加了。当周围的人正在主张离开时，主张离开的概率就有所攀升。当主张离开的人达到临界值时，那些主张离开的人就会整理行装离开村庄。

拉姆斯登与威尔逊忠实地表述了某些文化基因的同化函数，计算了方程（4）的 X 与 Q 的数值（参见技术性讨论L），并提供了若干人种志曲线。令人遗憾的是，他们并没有详细的人种志数据来与他们的曲线进行比较。因此，将这些结果等同于任何多于数学操作的东西，这是没有根据的。假如这个理论被认为解释了村庄分裂过程的“诸多重要的特征”，那么，就可以合理地追问，这些特征是什么？

他们的人种志曲线（1981，169，图B）告诉我们，在一个小村庄里，恰恰每个人都主张留下，在一个大村庄里，恰恰每个人都极力主张离开。这看起来更像是对人口大迁徙的解释，而不是对村庄分裂的解释，姑且不论这个显著的要点，人们能比较容易地看出拉姆斯登与威尔逊是如何获得这些结果的。假如每个人在村庄的规模接近于200人时都更倾向于主张离开，假如人们在周围的人都主张离开时会增加他们主张离开的倾向，那么，就不难看出会形成这些定性的结论。由于我们并没有精确的数据，我们就无法断定，依循拉姆斯登与威尔逊所钟爱的路线来阐释这个决策的过程，我们是否会得到任何东西。我不久之后将会论证，相对清楚的是，这种情况的某些显著而又重要的方面已经被他们丢失了。

370 恰如乱伦回避的例证，这个问题并没有被恰当地视为**基因**-文化的转译之一。这个问题是，给定一个主张离开的人既增加了村庄的规模又增加了力主离开的人的数量的概率，在一个规模为 N 的社会中，恰恰有 k 个人主张离开的概率是多少？我们开始的方式仍然是假定，无论通过什么途径，成年人已经获得了一种主张离开的倾向，这种倾向被描述为函数 $p(k, N)$——给定这个社会（它的成员的总体数目为 N）中有 k 个成员主张离开时，一个成年人将主张离开的概率。为了满足我们的定性要求，当 N 非常小时，$p(k, N)$ 应当非常小，对于 N 的任何数值来说，$p(k, N)$ 都应当随着 k 的增加而增加，当 N 较大时，对于 k 的所有数值来说，$p(k, N)$ 都应当是可估算的。拉姆斯登与威尔逊真正表明的是，存在着一个符合这些条件的函数。没有理由求助于**任何**形式的后成法则来形成他们的诸多结论。

然而，一旦我们仔细地审视查冈对这个分裂过程的解释，我们就会发现，在任何案例中，拉姆斯登与威尔逊对这种情况的分析都是极其不合情理的。当村民开始解散时，亲属的群体结合在一起；当最终发生分裂时，这种分裂通常是由这样一个家庭来领导的，它接下来在新的村庄里将取得拥有权力与财富的地位。鉴于查冈对这个过程的描述，似乎显而易见的是，任何让离开的概率简单依赖于村庄的规模与主张离开者的数目的做法，都错失了那些支配这种决定的因素。

> 分裂是成年男性内部斗争的结果，这些斗争最终是为了性背叛与占有女性。正是成年男性决定分裂以及与群体结盟，以此方式，他们为了创造新村庄而离开，他们将创造一个其组织构成符合他们自己的政治利益与社会利益的村庄。(1982, 305-306)

查冈的分析澄清的是，一个个体加入离开村庄的运动的概率，并非任何有关主张离开的倡导者人数的简单函数。例如，那些在旧村庄中掌权的人就有可能想要让这个村庄保持团结，只要他们能够找到避免持续内在敌意的途径，这些敌意让这个村庄无法有效地作为一个团体的单位来发挥功能。其他某些在旧村庄中并不掌权的人若看到他们在政治上的敌人计划离开，则有可能增加他们留下来的概率。可以预料的是，那些规模较大，但在旧村庄中并不掌权的家庭控制了新的移民。因此，他们极力敦促其他人追随他们。我们应当预料到的是，这种概率分布是极其不对称的，它严重依赖于在那些主张离开的人与那些目前主张留下的人之间的诸多关系。对立于拉姆斯登与威尔逊的人种志曲线的预期，相当不可能发生的情况是，“离开”的文化基因曾经被这个村庄的**全体**成员所采纳。我们会在预料中发现的是，这个村庄被分为两个大致相等的群体，一个群体的成员主张离开，另一个群体的成员提议让他们与他们的朋友留下，与此同时则鼓励不满者离开。

371

进而，正如查冈注意到的，“当村庄分裂时，它们的群体大多数已经达到了大约125到150个个体的规模，但是，少数村庄设法让自己变得更大——达到了400个个体的规模”（1982，305）。拉姆斯登与威尔逊的分析所根据的是这样的想法，即临界规模大约为200个个体。对他们相对容易的是，调整他们的参数来容纳较低的临界值；然而，远非明确的是，他们的模型能够以何种方式来解释这种变化。

我的结论是，在雅诺玛莫人的村庄分裂这个例证中，没有什么揭示了基因-文化理论的价值。首先，没有详细的数据能够让这些人种志曲线进行对比。其次，没有必要求助于与基因有关的诸多假说。正如在乱伦的案例中，这个理论仅仅在个体倾向与社会行为模式之间确立了一种关系［在这一点上，人们会饶有兴味地回想起那些有关“基因与真正限定基因之机制的出发点”（Lumsden and Wilson 1981，349）的大胆宣传］。最后，有充分理由认为，拉姆斯登与威尔逊所选择的分析个体倾向社会表现的特殊途径（也就是说，根据对周围那些主张离开的人的出现**频率**的回应）被证明是不精确的，其不精确性相当有可能是不切实际的。总之，我们拥有的是一个对于人类偏好的社会表现问题的不合情理的解决方案，在这种情况下，并没有详尽的结果可被用来区分这个解决方案与对该情况做出的最为基础的定性分析。

对我们来说，最后一个例证是令人心动的。拉姆斯登与威尔逊建议运用理查森与克罗伯的数据（Richardson and Kroeber 1940）来理解女性正装的变化，“他们对1605年以来欧洲与美洲的绘画和时尚杂志展开了调查”（Lumsden and Wilson 1981，170）。他们搁置了对如下问题的任何关注，即这是不是一条发现先前世纪中的正装主要特征的可靠道路，或鉴于“正装”在先前的世纪里局限于上流社会的人士，而在我们自己的时代里它变得更加流行，那种将“正装”视为单一种类的想法是否卓有成效。让我们承认，这些发现对于理解女性的穿着有所启发。拉姆斯登与威尔逊复制了理查森与克罗伯的数据（参见图10－1），他们将这些结果描述如下：

372

> 他们断言，这些主要的特征在大约持续100年的周期里来回摇摆。例如，在每个世纪中，腰高从接近胸围线的高度降低到紧靠臀部的高度，接下来又回到较高处。类似的偏移也出现于衣服的长度与低

领之中。在这些起伏中，似乎有一种理想的，却在很大程度上没有得到重视的模式，它吸引着时尚：一条宽摆长裙，尽可能苗条且在真实的解剖学位置上的腰围，肩部、臂部与胸部上方的大量裸露。(170)

拉姆斯登与威尔逊专注于两种风格的文化基因：c_1 是“高腰”，c_2 是“低腰”。他们假定，v_{12} 与 v_{21} 的转换概率是 ξ（标度变量：请回想，ξ 为 $n_2/N-n_1/N$）与 t 的函数。不过，这些概率随着时间而发生的变化足够缓慢，以至于这个“群体处于或接近于可适用当前 $v_{ij}(\xi, t)$ 的稳定状态 $P(\xi)$”(173)。他们的猜测是，高速的交流让这种情况成为可能。（在 1800 年?）显而易见的是，许多东西都依赖于那种倾向于高腰或低腰的选择方式，而这些东西都随着时间的变化而变化。根据拉姆斯登与威尔逊复制的数据，难以把握这种周期性，因为这个周期是 100 年，而这些数据涵盖的范围略少于 150 年（1788—1936；可以理解，理查森与克罗伯选择这个时期，反映了他们不情愿着重强调与早先年代有关的那些发现，因为对于某些年代，他们没有任何数据）。 373

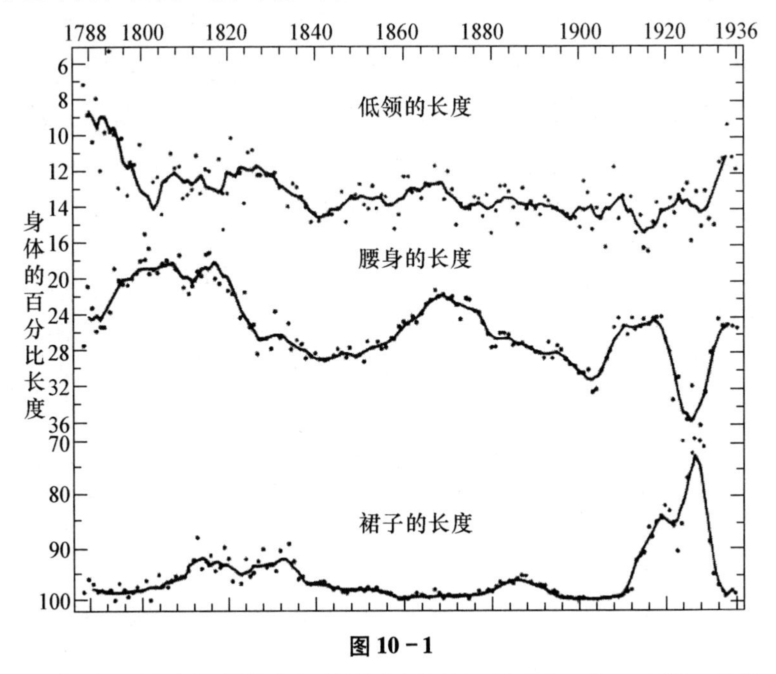

图 10－1

1788 年至 1936 年女性正装风格在三种尺寸上的变化（出自 Lumsden and Wilson 1983a，他们修改了 Richardson and Kroeber 1940 的一个图表）。

还存在着其他的困难。裙长“循环”在1886年达到的一个最小值大于在上一个循环中达到的最大值。（在1886年，裙长占据身体长度的96%；在1823年，裙长占据身体长度的95%；前者是一个“最小值”，后者是一个“最大值”，参见Richardson and Kroeber 1940，131。）我们或许还会发现，根据这种证据，难以还原拉姆斯登与威尔逊的理想模式的所有特征：**苗条**腰部的想法或许表现的是《乱世佳人》（*Gone with the Wind*）的影响，而不是现实的尺寸。尽管如此，理查森与克罗伯提出了一个有关时尚变化的假说，而这个假说确实提示了这样一种理想模式的存在。他们认为，“对于欧洲上两个或三个世纪来说”，存在着“一种基本的或理想的模式”，不过，社会骚乱（战争、革命等）“扰乱或颠倒了”这个模式（1940，149－150）。当然，这个假说明确否定了个体的“心理因素”（150），这就与拉姆斯登和威尔逊的建议产生了不少分歧。因此，拉姆斯登与威尔逊几乎不能求助于理查森与克罗伯的研究来支持他们关于女性时尚典范的见解。

我们不要含糊其词。让我们忽略所有奇特的年度起伏，20世纪20年代短裙的突然出现，以及低领长度在一段漫长时期的相对不变性。我们不仅接受这些数据，而且接受拉姆斯登与威尔逊对这些数据的解释。他们的分析将带来什么深刻见解？拉姆斯登与威尔逊引入他们假说的方式，肯定无法匹敌于科学的时尚研究年鉴所采纳的方法：

> 尽管绝热近似（adiabatic approximation）可被用于$v_{ij}(\xi, t)$的一般形式之上，但是，为了符合理查森-克罗伯的基本模型，我们让同化函数的周期进程$v_{ij}=v_{ij}(t) \in R$且周期为100年。吸收复杂的ξ依赖关系，诸多暗示与随机性的模型的普遍化是切实可行的（例如，参见Wang and Uehlenbeck，1945），不过，它不但需要仔细关注声望竞争的特定机制，而且还需要仔细关注时间序列数据的统计学属性。（173）

374

我们现在到了关键时刻。结果是，这种人种志曲线拥有“依赖时间的结构”

$$P(n_1,t)=\binom{N}{n}\rho(t)^{n_1}[1-\rho(t)]^{N-n_1}$$

在此，$\rho(t)$ 是$v_{21}(t)/[v_{12}(t)+v_{21}(t)]$。尽管他们并没有给出具体细节，拉姆斯登与威尔逊可以轻易地继续根据他们的模型来对理查森-克罗伯的数据做出解释。假设我们对 c_1 的赋值是 $+d$(“高腰”在自然腰部之上的距离)，对 c_2的赋值是 $-d$。那么，在 t 时刻，腰高的平均值为

$$d[v_{21}(t)-v_{12}(t)]/[v_{12}(t)+v_{21}(t)]$$

因为 t 时刻的 n_1/N 的期望值恰恰是 $\rho(t)$，t 时刻的 n_2/N 的期望值是 $1-\rho(t)$。由于可以按照一种适当的方式来选择周期函数 v_{12} 与 v_{21}，所以，就有可能获得一个（大致）符合理查森-克罗伯数据所展示的（至少是拉姆斯登与威尔逊所展示的）周期性。

在我们陷于极度兴奋的沾沾自喜之前，我们有理由仔细地审视拉姆斯登与威尔逊的“稳定状态解”。难道它不是我们的老朋友，二项式分布吗？当然，它应该就是二项式分布。因为我们已经再度放弃了“别人的决定会施加影响”这个想法（即便对于时尚也是如此!)。一旦女人被当作独立的决策者，$\rho(t)$ 这个符号恰恰就是一个女人在 t 时刻选择“高腰”的概率，而这就会形成这个解答。由于拉姆斯登与威尔逊被迫将**转换**概率当作自明的，他们就不得不根据 v_{ij}来表达这个概率。正如我们在上文中看到的，在相关于他们对基因-文化协同进化问题进行的“简化近似”时(参见技术性讨论 M 中对 $\mathscr{P}^{ij}$的确认)，这个表述就是简单的。尽管如此，倘若我们想要让我们自己的生活真正变得容易，我们就可以按照如下方式来获得拉姆斯登与威尔逊的结果。设 $p(t)$ 为一个女人在 t 时刻选择 c_1 的概率。接下来，在一个不同时期规模始终为 N 的社会中，在 t 时刻选择 c_1 的预期分布被给定为：

$$P(n_1,t)=\binom{N}{n}p(t)^{n_1}[1-p(t)]^{N-n_1}$$

t 时刻的平均腰高为：

$$p(t)d-d[1-p(t)]=d[2p(t)-1]$$

375

选择 p 作为 t 的周期函数，我们就能在平均腰高中得到一个周期变量，倘若这就是我们试图要表明的东西的话。

因此，在拉姆斯登与威尔逊所提到的绝热近似之后，隐藏着一个基本的想法。请注意，这个模型绝对没有对这种周期性背后的理由给出任何看法。它仅仅是从外部强加的看法。它并没有试图将数学关联于女裁缝师或有魄力女性的革新动因，拉姆斯登与威尔逊对此提供了某些概略性的评述。当这个模型被剥夺了它那令人困惑的修饰时，它看起来就非常幼稚。

第一个要确认的重点是，一如既往，我们正在讨论的并不是基因-文化转译的过程，而是个体的偏好与社会行为模式的关联。第二个要确认的重点是，对于这种概率的周期函数选择与任何心理机制都没有什么关系。但是，在这个例证中存在着新的缺陷。

拉姆斯登与威尔逊做出了一个不合情理的假设，即女人以独立的方式做出选择。他们假定，在诸多文化中的平均腰高是由选择这两个极端之一的不同女性的比例来决定的。最令人惊奇的是，他们将基因-文化转译的模型适用于有关腰高、裙高等的**平均**值的数据。假如这个模型能够完成某些事情，那么，它就能解释一个社会**之中的变化**模式。基于直觉，这个模型解释了在一个社会中发现的不同文化基因的使用频率反映诸多个体倾向的方式。因此，为了在这方面获得成功，人们必须考虑女装选择中的诸多变化并表明某些女性的决定如何影响了其他女性的决定。

为了让人们察觉到拉姆斯登与威尔逊提供的这种分析在知识上是彻底贫乏的，我提供一个竞争性的模型，它恰恰将以同等程度（或同等贫乏的程度）阐明理查森-克罗伯的数据。假定有一个女人（她被称为“女王 B”）主导时尚。女王 B 在每一年决定腰高。所有其他人都模仿女王 B。因此，这个社会中的平均腰高恰恰是由女王 B 来决定的。奇怪的是，腰高的变化原来是周期性的，一个周期为 100 年。（我应当马上指出，当女王 B 失去了她的显赫地位时，另一位女王将接管她的职位。）请不要抱怨这个有关周期性的假说是不可论证的。它并不比拉姆斯登与威尔逊有关每个女性转换概率的周期性的结论更为不可论证。请不要认为每个人都将恰恰按照女王 B 的方式来行动的想法是不合情理的。认为一个社会中的女性或者选择高腰，或者选择低腰，而不会在两者之间做出选择，这难道不是同样不合情理吗？无论如何，如果你想要变化，我们能够轻易在其中插入变化，只要假定这个社会的成员按照女王 B 的平均状态的二项式分布

376

来安排自己即可。

显而易见，对于个体选择与时尚改变的关联的任何严肃讨论都必须考虑众多因素。据说，风格关联于美的观念，可以认为，随着美的观念发生变化，风格也将发生变化。以一种类似的方式，诸多时尚受制于有关性表达自由的流行观念，随着这些观念发生变化，人们关于“什么东西被视为可接受的女装风格”的想法就会受到影响，甚至人们关于“什么东西被视为可接受的正装风格”的想法也会受到影响。进而，时尚支配权的动因以及女性让自己的女装既适应于她们对于自己的设想，又适应于她们所理解的其他人对于自己的设想的诸多途径，是心理学探究的任务。拉姆斯登与威尔逊对他们以拙劣方式提出的问题的琐屑解答进行了精心的打扮，他们佯称，他们用他们的基因-文化转译理论，已经做完了某些有用的事情。但是，他们并没有做到这一点。

我评述的这三个例证是拉姆斯登与威尔逊所汇集的正式机制在其中根据人类行为的真实数据而进行运作的仅有例证。在所有这三个案例中，形式的工具所产生的所有论断，都可以通过如下方式来获得，即将普通的概率理论适用于某些有关人类偏好的假说并计算可能形成的行为模式。在第一个例证与最后一个例证中，不必要的数学装备实际上阻碍了他们对这种情况提供更好的分析。在第二个例证中，拉姆斯登与威尔逊仅仅设法提供这样一个结论，它无法区别于我们在给定有效数据的情况下根据定性论证所能获得的结论。此外，就我们所知，他们的分析所依赖的那些有关被研究社会的假设完全是不准确的。类似地，在最后一个例证中，拉姆斯登与威尔逊的分析是特设性的，这种分析针对的问题并非他们的理论有意解决的问题，不仅如此，他们的简化假设的欺骗性如此明显，以至于人们只能怀疑，他们究竟有什么必要来费心处理这个例证。最后，我们应当明确承认，在对于人类特定行为方式的假定基因与合成的行为倾向之间从未形成任何关联。对于这些决定的分析，依赖于这样一些断言，它们断定的是在文化基因的选择概率上做出的针对周围社会的文化基因使用频率的回应（这些论断可以用当代心理学的任何洞识来加以统一），而且，最终的结果并不是对社会制度的研究，而是对行为模式的描述。

协同进化回路之旅

377 我们来到了拉姆斯登与威尔逊的解释或许会给我们带来启发的最后一个领域。倘若他们的理论值得拥有，它必定能够对基因与文化的协同进化提供某些看法。我们必须能够接受这些一般性的协同进化方程，用诸多假说来阐明它们，从而追溯文化模式与人类基因频率的修正。尽管如此，我们在此面对的是失望。拉姆斯登与威尔逊未能展示任何人类群体的进化方式遵循了他们的方程。他们甚至无法提供在转译的情况下呈现的那种经验的调查结果。他们最多能够做到的是提出某些关于生育成本、转化成本与生育力地图的论断，并以此为根据论证特定类型的协同进化方案是可以期待的。由于他们的分析将他们导向少数令人吃惊的结果，重要的是要理解他们插入这个分析的诸多假设。

拉姆斯登与威尔逊宣称有五个主要的结论：

> （A）纯粹的白板是一种不可能的状态。也就是说，自然选择最终将导致这样一种倾向，它有利于人们通过转换而使用促进适合度的文化基因。
>
> （B）对使用模式的敏感性，增加了基因同化的速率。在一个成员敏感于他们同伴的文化基因使用模式的种群中，倾向于促进适合度的文化基因的后成法则将得到更快的传播。
>
> （C）文化减缓了基因进化的速率。
>
> （D）在协同进化的过程中，基因频率的诸多改变仍然有可能是快的。
>
> （E）基因–文化的协同进化能够促进遗传的多样性。

（拉姆斯登与威尔逊的相关表述与解释，参见 1981，290–297。）

在一篇尖锐的评论中，约翰·梅纳德·史密斯与 N. 沃伦（Warren）分析了这些结论与支持它们的论证（1982）。我自己的论述在许多方面类似于他们，尽管我希望，我的论述恰恰将更加清晰地表明拉姆斯登与威尔逊的事业的破产。

让我们从（A）开始。不需要任何复杂的协同进化论就可以推导出这个结果（在拉姆斯登与威尔逊的导论性章节中存在的一个论证就标志着这个事实）。假定选择 c_1 而不是 c_2 促进了适合度。那么，（在其他条件相同的情况下）一个拥有更高概率选择 c_1 的人就将拥有更高的适合度。因此，假如基因型为 AA 的个体无差别地对待 c_1 与 c_2，而基因型为 Aa 与 aa 的个体更倾向于选择 c_1 而不是 c_2，那么，（在其他条件相同的情况下）自然选择将有利于等位基因 a。这就是拉姆斯登与威尔逊用他们错综复杂的术语粉饰的支持（A）的论证。我们并不需要这种理论来获得这个结论，这种理论也没有向我们给出关于这个结论的更多洞识。它仅仅以复杂的方式重述了一个简单的论证。 378

正如梅纳德·史密斯与沃伦指出的，原理（B）起初是违反直觉的。假如我们考虑的是一个严格的决定论模型，其中，基因型为 AA 的个体始终选择 c_1，基因型为 Aa 的个体无差别地对待这两种文化基因，基因型为 aa 的个体始终选择 c_2，那么，若相较于对 c_1 的使用，对 c_2 的使用增加了适合度，自然选择就将有利于等位基因 a。事实上，在文化基因的选择不受文化影响的情况下的自然选择进程，将快于在人们通过模仿大多数人来调整自身的情况下的自然选择进程。（文化能够加快基因改变的一种途径是，基因型为 Aa 的个体获得了某种倾向，让他于 c_1 在这个种群中的使用有所增加时更为频繁地使用 c_2。）

拉姆斯登与威尔逊获得他们原理的方式是形式化这个直观的想法，即人们通过遵循诸多趋势来升级他们“原生的”倾向，而这是为了对他们周围社会中的使用模式做出回应。这种阐述可能仅仅增加了我们的困惑。因为倘若人们观察趋势，那么，那些导向使用劣质文化基因的“原生的”倾向显然就会由于他们同伴的优质选择而阻止自身的诸多倾向。随着成功的文化基因得到了更加广泛的使用，那些在遗传上就预先倾向于使用劣质文化基因的人将观察这种趋势并模仿这种趋势。以此方式，他们的弱点就躲过了自然选择的敏锐目光，他们将继续传递他们的基因。对趋势的观察应当减缓了基因改变的速率。

在这一点上，回报方程就被用来扭转败局。拉姆斯登与威尔逊对出现于他们的回报方程中的诸多成本提供了一个解释。他们的基本想法是，存在着一种“没有成本的白板状态”。在这个状态中，人们（或其他的动物）并不拥有趋向于任何文化基因的“原生的”倾向，没有对同龄人使用文化基因做出回应，没有对父母使用文化基因做出回应。据认为，生育成本与转换成本将随着一个人（或一个动物）远离白板状态而有所增加。这个解释的步骤似乎体现了两种古怪的想法。第一，任何种类的倾向（甚至“原生的”倾向）都将强加诸多成本。第二，正如道格拉斯·弗图伊玛向我指出的，甚至动物也无法通过学习而拥有智力，远非清楚的是，为什么在智力的**使用**与动物的诸多成本之间应当存在任何直接的关联。(关于这个解释步骤及其困难的更多细节，参见技术性讨论 N。)

379

拉姆斯登与威尔逊对于他们填充的相关参数的结论，认为 c_1 在这两种文化基因中更有效率，它的效率是 c_2 的五倍。他们还详细论述了生育力的函数（参见技术性讨论 N）。

现在请考虑拉姆斯登与威尔逊对他们的原理（B）的陈述：

> 假设有两种文化基因被一个物种首次采纳。一种文化基因所提供的适合度要高于另一种，但起初这个物种对它们并没有明确的偏好，因为在这个物种成员的认知中并不存在任何偏向性的法则。诸多新的基因型迟早会由于突变或迁移而出现，它们将引导认知支持那种更有效率的文化基因；相应的等位基因如今就会与那些陈旧的白板等位基因相竞争。在个体易受其他社会成员的使用模式影响的物种中，替换的速率有所增加。换言之，受到青睐的文化基因的基因同化将进行得更为快速。(290)

设 aa 为白板基因型，并假定 AA 与 Aa 拥有“原生的”倾向，$v_{21,0}=0.6$，$v_{12,0}=0.4$。拉姆斯登与威尔逊相当于做出了如下的基本论断：请考虑在两组条件下 F^{AA} 对 F^{aa} 的比例，在第一组条件中，不存在对周围文化中的行为模式的反应，在第二组条件中，人们观察着诸多趋势；在后面这种情况下这种比例将更大；这意味着当人们对他们同伴的做法有所回应时，基因型 AA 的相对适合度将增加，在自然选择下的进化过程将更快进行。

人们容易忽略那些正在发生的事情。拉姆斯登与威尔逊以两种不同的方式运用“白板”这个术语。基因型 aa 是白板基因型，这种论断的意义仅仅是，该基因型无差别地对待这两种文化基因。在人们观察诸多趋势的情况下，所有人都偏离了白板的**状态**，并产生了某些成本，这些成本是为了发展评估周围环境的工具。当我们相信有可能按照如下方式来表述这个预期的结论时，我们显然就有机会产生混淆：当这个种群的成员通过模仿那些在他们周围的人的行为来偏离这种白板的**状态**时，白板**基因型**将更快地被取代。

380

技术性讨论 N

拉姆斯登与威尔逊假设，v_{ij}^{AA}这个重要的函数可被写作：

$$v_{ij}^{AA} = v_{ij,0}^{AA} \exp\{-\alpha_{ij}^{AA}[\beta_{ij}^{AA}\xi_t + (1-\beta_{ij}^{AA})\xi_t^p]\}$$

在此，$v_{ij,0}^{AA}$是一个常数，它代表的是那种支持一个具有基因型AA的人从c_i转换为c_j的“原生的”倾向；ξ_t代表的是在这代同龄人中c_1的使用频率（请回想：$\xi = n_2/N - n_1/N$），ξ_t^p代表的是在这代父母中c_1的使用频率。α_{ij}^{AA}与β_{ij}^{AA}是常数；α反映了遵循时尚的倾向，β体现的是追随同龄人而不是追随长辈的性格。

根据拉姆斯登与威尔逊的观点，在“没有成本的白板状态”中，$v_{12,0} = v_{21,0} = 0.5$，$\alpha = 0$且$\beta = 1$。评价与回应别人行为所涉及的“成本”是：

$$L = e^d - 1;\ C = e^{0.1d} - 1$$

在此，d就是从这种基因型到白板状态的“距离”。因此，

$$d^{AA} = [(v_{12,0}^{AA} - 0.5)^2 + (v_{21,0}^{AA} - 0.5)^2 + (\alpha_{12}^{AA})^2 + (\alpha_{21}^{AA})^2 + (1-\beta_{12}^{AA})^2 + (1-\beta_{21}^{AA})^2]^{1/2}$$

令人遗憾的是，这个定义并没有完成拉姆斯登与威尔逊想要完成的事情。假如我们设想这样一种情况，其中，$v_{12,0}^{AA} = 0.4$，$v_{21,0}^{AA} = 0.6$，$v_{12,0}^{aa} = v_{21,0}^{aa} = 0.5$，所有的$\alpha$与$\beta$分别为0与1，收获速率恰如拉姆斯登与威尔逊最钟爱的例证中的情况（参见下文），对AA的回报大大小于对aa的

回报（4对6）。对“原生的”倾向强加的诸多成本不利于这个想法，即对白板的偏离将始终受到自然选择的青睐。运用这些真正给出的定义，我们发现（B）是错误的，因为这些成本或许达到了如此高的程度，以至于白板基因型完全没有被取代！

因此，我们不得不修正这个解释。根据拉姆斯登与威尔逊试图激发这些成本的精神，我们可以假定，那些对父母与同龄人做出回应的能力是至关重要的。让我们假定：

$$L = e^{d} - 1;\ C = e^{0.1d} - 1$$

$$d^{AA} = [(\alpha_{12}^{AA})^2 + (\alpha_{21}^{AA})^2 + (1-\beta_{12}^{AA})^2 + (1-\beta_{21}^{AA})^2]^{1/2}$$

381 （我将搁置那些关于这种结算是否恰当的显著关切。它是对拉姆斯登—威尔逊的建议的简单修正，这仅仅是为了理解他们的推理论证。）

当具有基因型 AA 或 aa 的个体都不敏感于周围环境对文化基因的使用时，所有的 α 与 β 分别为0与1。

设 $v_{12,0}^{AA} = 0.4$，$v_{21,0}^{AA} = 0.6$，$v_{12,0}^{aa} = v_{21,0}^{aa} = 0.5$

$J_1 = 1$，　　$J_2 = 0.2$

$T = 10$，　　$\tau = 0.1$

（c_1 的效率是 c_2 的5倍；c_1 的前繁殖期比 c_2 长10个单位；在每个单位中出现的 c_1 的决断点是 c_2 的10倍。这些是拉姆斯登与威尔逊明确指定的参数。）由于 $d^{AA} = d^{aa} = 0$，就不存在任何成本，所有版本的回报方程都将给出这同一个结果：

$$R^{ij}(T) = \mathscr{P}_1^{ij} J_1 T + \mathscr{P}_2^{ij} J_2 T$$

通过替换，我们得到：

$$R^{AA} = 6.8$$

$$R^{aa} = 6$$

回报以如下方式被转化为适合度：

$$F^{ij} = F_{max}[1 - \exp(-b^{ij}R^{ij})]$$

在此，b^{ij}对于所有的基因型来说都是0.1。因此，在人们对周围环境的文化基因用法不敏感的情况下，F^{AA}/F^{aa}这个关键的比例为（$1 - e^{-0.68})/(1 - e^{-0.6})$，其数值大约是1.09。

这个计算的一个显著特征是，假如R^{AA}与R^{aa}都比较小，那么，$\exp(-b^{ij}R^{ij})$就近似于$1 - 0.1R^{ij}$。因此，这个关键的比例就接近于R^{AA}/R^{aa}。正如我们将看到的，当人们将他们的行为与周围的文化相协调时，拉姆斯登与威尔逊所偏爱的回报方程就让他们能够降低R^{AA}与R^{aa}的数值，从而让这种近似变得有用。

在人们敏感于周围环境的文化基因用法的情况下，α与β这两个参数分别被设定为0.2与1。（请注意，对这代父母的文化基因用法的依赖性从未出现于这种结算之中。）在这些情况下，对于这两个基因型来说，d都是$\sqrt{0.08}$，其数值大约为0.28。生育成本L为$e^{0.28} - 1$，其数值大约为0.32。转换成本C为$e^{0.028} - 1$，其数值大约为0.028。我们将这些数值代入这个回报方程。我们就能考虑在技术性讨论M中区分的三个版本的回报方程：

382

$$R^{ij} = \mathscr{P}_1^{ij}J_1T + \mathscr{P}_2^{ij}J_2T\text{（朴素版本）} \quad (8)$$

$$R^{ij} = \mathscr{P}_1^{ij}(J_1 - L^{ij})T + \mathscr{P}_2^{ij}(J_2 - L^{ij})T - C^{ij}T/\tau$$

（拉姆斯登与威尔逊的修正符号版本）(9)

$$R^{ij} = \mathscr{P}_1^{ij}(J_1 - L^{ij})T + \mathscr{P}_2^{ij}(J_2 - L^{ij})T - C^{ij}\cdot T\cdot 2v_{12}^{ij}v_{21}^{ij}/\tau(v_{12}^{ij} + v_{21}^{ij})$$

（拉姆斯登与威尔逊的改进版本）(9A)

现在就可以理解这些回报如此显著减少的方式。鉴于c_2是相对缺少效率的文化基因，J_2就小于L（0.2对0.32），在（9）与（9A）中的第二项就是负值。C较小，但T/τ这个比例（它是决断点的数目）较大，它足以做出补偿。当我们代入所有这些数值时，我们就得到

$$R^{ij} = \mathscr{P}_1^{ij}(6.8) - \mathscr{P}_2^{ij}(1.2) - 2.8 \quad (9)$$

$$R^{ij} = \mathscr{P}_1^{ij}(6.8) - \mathscr{P}_2^{ij}(1.2) - 2.8[2v_{12}^{ij}v_{21}^{ij}/(v_{12}^{ij} + v_{21}^{ij})] \quad (9A)$$

事实上，这些方程几乎过于完美，以至于无法让人相信。请回想，$\mathscr{P}_1^{aa}$ 是一个具备基因型 aa 的个体将选择 c_1 的概率。由于这个群体是由无区别地对待 c_1 与 c_2 的人们与略微倾向于 c_1 的人们组成的，因此，$\mathscr{P}_1^{aa}$ 总是有可能略微大于0.5。请注意，假如 $\mathscr{P}_1^{aa}$ 恰恰是0.5，那么，R^{aa} 的数值就恰恰为0。这意味着，当等位基因 A 进入一个由基因型为 aa 的个体组成的群体之中时，R^{aa} 的数值就相当小，F^{AA}/F^{aa} 的比例就非常大。[在一个完全由基因型为 aa 的个体构成的群体之中，R^{aa} 为0；因此，F^{aa} 也为0；据说，这就是这个故事的终结，因为没有人产生配子；感谢娜奥米·谢曼（Naomi Scheman）帮助我看到了这一点。]

在正文中的数值例证阐明了这个关键。若 A 以低频率的方式呈现（$p=0.1$），那么，这些概率的近似值为：

$$\mathscr{P}_1^{AA}=0.606,\ \mathscr{P}_2^{AA}=0.394$$

$$\mathscr{P}_1^{aa}=0.505,\ \mathscr{P}_2^{aa}=0.495$$

$$v_{12}^{AA}v_{21}^{AA}/(v_{12}^{AA}+v_{21}^{AA})=0.48$$

$$v_{12}^{aa}v_{21}^{aa}/(v_{12}^{aa}+v_{21}^{aa})=0.5$$

通过替换这些数值，我们就得到了有关在正文中出现的 F^{AA}/F^{aa} 这个比例的诸多结果。

这个原理是否可根据拉姆斯登与威尔逊的理论推断出来？这取决于所

383 使用的回报方程。当我们将参数的规格适用于 A 以低频率的方式出现的情况时（$p=0.1$），那么，我们就获得了如下的回报值，而这些数值依赖于我们偏好的方程（参见技术性讨论N）：

	朴素的方程	拉姆斯登-威尔逊（修正符号）的版本	拉姆斯登-威尔逊（改进）的版本
R^{AA}	6.848	0.85	2.30
R^{aa}	6.040	0.04	1.50
F^{AA}/F^{aa}	1.090	20.40	1.53

这个关键比例的数值变化是显著的。即便在没做多少分析的条件下也

显而易见的是，这些强加的成本能够彻底改变预期回报；通过这么做，就能让 F^{AA}/F^{aa} 这个比例处于这样的情况中，其中，人们按照我们想要的方式高频率地对周围的行为做出回应。（这个把戏是，让这些成本变得如此巨大，以至于 R^{aa} 的数值勉强是正值。）尽管如此，如果我们使用的是朴素的方程，这个比例的数值就几乎相当于在人们对周围环境没有做出回应时所发生的情况。（在这两种情况下，数值都是1.09。）更加详细的分析将会表明，当人们运用的是朴素的方程，就得到了这种符合直觉的结果，即当等位基因 A 是普遍流行的并且人们对周围的行为做出回应时，这个比例就有所减少。因此，除非我们拥有某种理由来抛弃这个朴素的回报方程并相信拉姆斯登与威尔逊所援引的那些成本，否则我们就没有理由来继续主张原理（B）。我们可以满足于我们的前理论见解，即对周围行为的关注会减缓自然选择的进程。

如今，我们能够更加明晰地给出对于这个原理的陈述，概述支持它的论证，并诊断它在何处出错。首先，让我们重新表述这个预定的结论：

> （B′）设 G_1 与 G_2 为两组人类。假设在 G_1 中的人们并不具备那种让他们的行为与周围人的行为相协调所需要的认知装备；假设在 G_2 中的人们确实拥有这种装备。在这两组人群中，促使人们无差别地对待诸多文化基因的基因型将被倾向于优秀文化基因的基因型所取代，而在 G_2 中发生的取代将快于在 G_1 中发生的取代。

让我们将 F_C^{ij} 与 F_N^{ij} 作为基因型 ij 在以下两种情况下的生育力函数的数值，在前一种情况下存在着文化同化（即通过调整自身的行为来对周围的行为做出回应），在后一种情况下则不存在文化同化。我们可以认为，拉姆斯登与威尔逊推导（B′）的根据是：

$$(B'')\quad F_C^{AA}/F_C^{aa} > F_N^{AA}/F_N^{aa}$$

384

事实上，他们能够确立这个不等式，因为给定他们那个特殊的回报方程，（B″）就将采纳这个形式：

$$(r_C^{AA} - k^{AA})/(r_C^{aa} - k^{aa}) > r_N^{AA}/r_N^{aa}$$

在此，k^{AA} 近似于 k^{aa}（这两个基因型的诸多成本是大致相等的），可以认为，r_C^{ij} 与 r_N^{ij} 大致相同（在这两种情况下，这些回报是大致相等的）。因此，整个计算取决于一个微不足道的代数不等式，即：

$$(r_1-k)/(r_2-k)>r_1/r_2$$

若 $k>0$ 且 $r_1>r_2$，这个不等式就始终成立。这就是位于拉姆斯登与威尔逊的违反直觉结果（B′）之下的那个深层理论结果。

梅纳德·史密斯与沃伦注意到了这一点，他们指责拉姆斯登与威尔逊用了数页复杂的方程来隐藏这个相当微不足道的算术结果。尽管我自己在探索拉姆斯登与威尔逊的论证时所付出的努力让我倾向于赞同梅纳德·史密斯与沃伦，但我认为，值得注意的是，拉姆斯登与威尔逊拥有一条显著的回应路线。毕竟，他们的基因-文化协同进化论将计算上的真理关联于一个有关进化的相当惊人的结论。在我们能够抛弃这个理论之前，我们必须评估那些用来制造这种关联的假设。

这个结论之所以能够以如此惊人的方式出现，是由于回报方程的构造方式与赋值方式。初看起来，那种认为“形成评估周围行为的认知装备需要承担成本”的想法似乎相当无害。那些或许被用于别处的资源必然被集中于对大脑的构建。然而，当我们看到拉姆斯登与威尔逊所赋予这些成本的规模时，当我们看到这些成本多么显著地削减了这些回报时，我们自然会有所忧虑。要知道，倘若成本如此巨大，那么，如何能够证明我们认知装备的发展对我们是有利的呢？正如我们将看到的，有两种途径来让这种忧虑变得更为精确。

拉姆斯登与威尔逊在如下段落中阐述了激起他们进行结算的动机：

> 通过试错法，可以发现，这些……赋予现实行为的数值超过了我们希望探索的后成法则的范围。它们导致了在回报率从 1% 到 10% 的量级上每个时间单位的生育成本与转换成本。在灵长类动物的范围内，这些负荷近似于一个生物按照大脑重量与身体重量的比例而给总能量预算带来的消耗规模。对于每一个世代来说，$\tau=0.1$ 且 $T=10$ 时间单位。(289)

385

这就是他们提供的**全部**动机。请注意，如此选择 τ 的数值，是为了让一个人在前繁殖时期就文化基因的使用做出 100 个决断（一个确保诸多回报的数值会降低，从而增加那个关键比例的选择），而且，他们没有为这种选择给出任何正当理由。不过，让我们忽略该结算的这个特征，让我们姑且承认拉姆斯登与威尔逊有关大脑/身体比例的重要观点，虽然我们远不清楚，这些东西恰好以何种方式来影响这些生育成本与转换成本。这个处境最耀眼的特征是，构建大脑的**全部**成本是按照这个人关于**一对**文化基因的选择来进行强行索取的。（我们再度应当记住的是，动物不做任何这样的选择，但它们仍然拥有大脑。）

不足为奇的是，当我们从这些回报中减去形成我们的认知装备并让它保持运作的全部成本时，这些回报就急剧减少！他们抬高了这些成本，成本的抬高给予了我们这个代数不等式，而这反过来导致了他们希望得到的结论。让这个忧虑变精确的第一条途径是设想，在带有如下属性的群体 G_1 与 G_2 之间进行比较：G_1 的成员能够评价别人的行为并调整自己的行为，在所有这样的环境中，G_2 的成员也能这么做，除非其中涉及对 c_1 与 c_2 做出的选择。根据直觉，G_1 的成员的认知装备略微少于 G_2 的成员，但是，他们在其他方面是相同的。如果情况是这样，那么，我们确实拥有一个根据认为，这两个群体的回报总额将大致相同。在他们所收获的资源之间的差异则相对较小。然而，我们的预期是，G_1 的成员与 G_2 的成员在承担成本上的差异也不大。因为在 G_2 中的人们拥有的仅仅是额外的生育成本与转换成本，与这些成本相关的是他们在认知装备上的增量，而这些增量并不大。在这些条件下，隐含于（B″）中的基础不等式为：

$$(r_{1C}-k)/(r_{2C}-k)>r_{1N}/r_{2N}$$

在此，r_{iC}近似于 r_{iN}且 k 相当小。显然，在这个不等式两侧的诸多比例的数值将非常接近，若在 r_{iC}与 r_{iN}之间的差异大于 k，就不一定会满足这个不等式。（更确切地说，假如 $r_{iC}=r_{iN}+m$，在此，当 $i=1$，2 时，$m>k$，这个等式就没有得到满足。）基于直觉，这意味着，倘若发展并维系那种评估别人有关 c_1 与 c_2的选择行为的装备所需的额外成本，小于发展并维系这种装备所获得的回报的增长数额，那么，拉姆斯登与威尔逊将不会得到他们想要的结果。不过，倘若这些成本超过了回报的增长数额，那么，在任何群体中，额外的认知能力似乎都不会被自然选择所青睐。因此，拉姆斯登与威尔逊的分析似乎是完全错误的。 386

让这种担忧变得精确的第二条途径是假设，在 G_1 中的人们完全失去了这种认知装备。他们并不具备评估周围人行为所需的器官——他们能够做到我们在获得了我们的智力之后所能做到的其他一切事情。在这些条件下，我们几乎无法认为，在前繁殖时期，在 G_1 成员收获的资源与 G_2 成员收获的资源之间的差异，简单地取决于那种对 c_1 而不是 c_2 的选择。不得不加以考虑的是 G_2 成员能够运用的其他文化基因的诸多效应。现在，隐含于（B″）中的基础不等式为

$$(r_{1C}-k)/(r_{2C}-k)>r_{1N}/r_{2N}$$

在此，可以认为，r_{iC}非常不同于（相当大于）r_{iN}。类似地，假如在 r_{iC}与r_{iN}之间的差异没有大到超过成本 k 的程度，那么，我们就会预料到，自然选择将不支持这些认知能力的发展。另外，假如这种差异足够大，以至于超过了这种成本，那么，这个不等式就不会成立（肯定没有任何理由认为它将成立，若对于 i 所取的两个数值来说，$r_{iC}-r_{iN}-k$ 所呈现的都是相同的数值，那么，这个不等式就不会成立）。无论哪条途径，原理（B′）都将遭受挫折。

这种局面的反讽性在于，当回报方程得到了仔细的分析时，我们发现没有好的理由来支持我们背离那个朴素的方程。拉姆斯登与威尔逊的所有理论机制就都归于徒劳。这种机制掩盖了一个非常简单的诡计的运作方式，通过认真审视这个诡计背后的诸多假设，就可以表明，这些假设完全是误入歧途的。拉姆斯登与威尔逊雄辩地谈到“人类物种中基因-文化协同进化的自动催化特性，它导致了大脑尺寸在进化中格外快速的增长”（290），他们似乎认为，他们的原理（B）在某种意义上阐明了这种自动催化的机制。然而，所有这一切不如说是在黑暗中通过吹口哨为自己壮胆，它们是通过增殖的方程与精心的数字欺诈而被暗中归纳出来的。原理（B）是让拉姆斯登与威尔逊的理论区别于我们作为出发点的那个有关基因-文化协同进化的简单故事的仅有原理，它被证明基于众多的谬误。

387 正如我已经注意到的，原理（B）看起来似乎与原理（C）相矛盾。不过，对于（C）的完整陈述，连同我们将（B）作为（B′）的分析，消解了这个费解之处。在（B）中，我们关注的是在这样两个群体之间进行

比较，他们在用来评估别人的行为并对行为模式做出回应的认知能力上是有所差异的。在原理（C）背后的想法是，假如我们有两群具备**相同**认知能力的人，那么，在包含了那些具有追随时尚倾向的个体的群体中，青睐于低劣文化基因的等位基因的被替代速率，将慢于该等位基因在不包含这种人的群体中的被替代速率。更精确地说：

> （C′）若在 G_1 中的人们调整他们转换 c_1 的倾向，以至于在 c_1 得到广泛运用时，他们更加频繁地转换为 c_1，若基因型为 aa 的个体转换为 c_1 的“原生的”倾向要小于基因型为 AA 的个体，那么，在其他条件相等的情况下，在 G_1 中 A 将取代 a。若除了 G_2 中的人们并不追随任何时尚以外，G_2 都类似于 G_1，那么，在 G_2 中 A 取代 a 的速率将快于在 G_1 中 A 取代 a 的速率。

在这种形式中，这个原理相当于断言，模仿让具有复杂认知的原始人类能够减缓自然选择的进程。然而，并不需要这种精心制作的理论就能得出该结论。通过指出先前预演的论证，我们就能推导出这个假说：随着基因 A 的传播，那些基因型为 aa 的人将从自然选择中得到更多的保护，若他们倾向于模仿他们周围的那些人。因此，这种时尚设法保留的是劣等基因型。

我们拥有的是一种基于直觉的明确结果，通过简单运用有关基因-文化协同进化的普遍性图景（如在本章先前提供的一种图景），就可以推导出这个结果。尽管如此，拉姆斯登与威尔逊通过将其关联于某种不同的东西而模糊化了这个结果的普通性质：“**任何**获取更大成功的文化基因的倾向，换句话说，任何数值大于零的 u_{21}，都将减缓那种在 $u_{21}=0$ 的情况下规定基因的替换速率”（295）。这个陈述也是真的，它轻易就可以通过直觉论证推导出来。假设基因型为 AA 的个体选择 c_1 的概率较低，而基因型为 bb 的个体选择 c_1 的概率为 0。在一个 A 与 a 在其中呈现的种群中，A 将在自然选择下取代 a；在一个 A 与 b 在其中呈现的种群中，A 将在自然选择下取代 b，这个进程在这里将进展得更快，因为基因型为 bb 的人们的相对适合度低于基因型为 aa 的人们的相对适合度（甚至略微运用文化基因 c_1 也将有所帮助）。考虑到基本的种群遗传学，这个结果是相当明显的。

然而，若基因型为 aa 的个体由于对周围行为（或文化制度）做出回应而造成在使用 c_1 的倾向上有所差异，那么，这种差异仅仅对于基因-**文化**的协同进化具有重要性。假定基因型为 aa 的个体倾向是“原生的”，而且它无法被个体对周围行为的回应所改变。接下来，A 对 a 的替换仍然慢于 A 对 b 的替换，但那种将其作为**文化**减缓了基因进化速率的另一个例证的宣告则是愚蠢的。

388

当然，这种认为文化减缓了基因进化速率的普通结论并不是拉姆斯登与威尔逊非常喜欢的结论。因此，他们继续宣告了一种“千年法则”。那些能够利用“高度有效的新文化基因”（295）的种群，就能够得到进化，因此，那些让人们预先就倾向于使用优等文化基因的基因，就能够在大约 50 个世代（近似于 1 000 年）中变得盛行起来。拉姆斯登与威尔逊煞费苦心地强调了这个事实，即“这是数量级上的估算”（295）。由此，他们得到了第二个较有挑衅性的结果（D）。再次值得探究的是这个原理的推导方式。

拉姆斯登与威尔逊支持他们论断的方式是，绘制某些模仿各种条件下的进化轨迹的图表。让我们聚焦于那个似乎最快地形成了替代，因而从他们的观点来看是最好的案例。在这个例证中，基因型为 AA 与 aa 的个体所拥有的“原生的”倾向如下：

	$u_{12,0}$	$u_{21,0}$
AA	0.4	0.6
Aa	0.4	0.6
aa	0.6	0.4

现在，拉姆斯登与威尔逊已经选择了关键的参数，这个参数决定了转换速率“升级”的方式，以便于让这些速率始终保持比较接近于这种转换的“原生的”速率（参见技术性讨论 O）。当我们计算这些数值并将它们代入朴素的回报方程时，在这个种群进化的整个过程中，AA 对 aa 的相对适合度始终是在 1.2 的量级上。因此，毫不奇怪，当我们查询支配着自然选择清除隐性等位基因过程的种群遗传学的标准方程（参见 Roughgarden 1979，33）时，我们发现，要让 A 的频率从小于 0.1 达到多于 0.9 的状

态，就要花费大约 70 个世代到 100 个世代的时间。然而，假如相较于拉姆斯登与威尔逊所提供的例证，我们考虑的是一个多少没有那么极端的例证，假定优等文化基因的效率要比劣等文化基因的效率低 5 倍，那么，情况就会相当不同。设 J_2（即劣等文化基因收获速率）是 0.8 而不是 0.2。那么，适合度的比例就大约降至 1.02。在这些条件下，清除等位基因 a 所需的时间就得到了极大的延长——它要耗费多于 1 000 个世代的时间（即超过 20 000 年的时间）。

389

技术性讨论 O

拉姆斯登与威尔逊假定，

$$v_{ij}^{AA}=v_{ij,0}^{AA}\exp\{-\alpha_{ij}^{AA}[\beta_{ij}^{AA}\xi_t+(1-\beta_{ij}^{AA})\xi_t^P]\}$$

（参见技术性讨论 N）请回想，α 与 β 的数值分别为 0.2 与 1。因此，$v_{ij}^{AA}=v_{ij,0}^{AA}\exp(-0.2\xi)$，在此，$\xi$ 位于 -1 到 $+1$ 之间。

由此可得：

$$v_{21}^{AA}\leqslant 6e^{0.2}\leqslant 7.33,\quad v_{21}^{AA}\geqslant 6e^{-0.2}\geqslant 4.9$$
$$v_{12}^{AA}\geqslant 4e^{-0.2}\geqslant 3.25,\quad v_{12}^{AA}\leqslant 4e^{0.2}\leqslant 4.9$$

鉴于最初倾向的对称性，容易看出，对于基因型为 aa 的人们的转换速率的限制条件是相似的。

为了理解在 a 被 A 替代的过程中的适合度比例，我们就应当确认，当 A 不常见时，相关的概率为：

$$\mathscr{P}_1^{AA}=0.5,\quad \mathscr{P}_1^{aa}=0.31$$

通过运用朴素的回报方程，我们得到的结果是：

$$R^{AA}=6,\quad R^{aa}=4.5,\quad F^{AA}/F^{aa}=1.25$$

当 A 常见时，这些概率为：

$$\mathscr{P}_1^{AA}=0.69,\quad \mathscr{P}_1^{aa}=0.5$$

如此，

$$R^{AA}=7.5,\quad R^{aa}=6,\quad F^{AA}/F^{aa}=1.18$$

当然，假如 c_2 的效率接近于 c_1 的效率，R^{AA} 与 R^{aa} 的数值差异就将减少。假设 J_2 从0.2变为0.8。那么，当 A 不常见时，这些参数的数值如下：$R^{AA}=9$，$R^{aa}=8.6$，$F^{AA}/F^{aa}=1.02$。当 A 常见时，我们得到的结果为：

$$R^{AA}=9.38,\quad R^{aa}=9,\ F^{AA}/F^{aa}=1.02$$

390　不过，拉姆斯登与威尔逊获得他们的结果（D）的手段，并不仅仅是假定在诸多文化基因的效率上存在巨大的差异。假如我们审视转换速率的诸多限制条件（参见技术性讨论O），我们很快就能让自己相信，使用一个特定文化基因的概率从来没有过多偏离于初始值。甚至当 c_1 不常见时，基因型为 AA 的人们也在超过半数的时间里使用了这个文化基因；当 c_1 常见时，基因型为 aa 的人们几乎无法在半数的时间里使用这个文化基因。因此，对于拉姆斯登与威尔逊试图理解其行为的那些人来说，即便那些人对他们周围的行为模式做出了回应，那些人也没有改变他们的许多行为。结果毫不奇怪，这种进化的速率不应当得到极大的减缓。

我们已经发现，千年法则依赖于两个至为重要的假设。根据假设，人们不会由于他们观看周围的情况而极大地改变他们使用文化基因的倾向，而且不同文化基因在其获得成功的差异上必须相当大。如果我们结合这两个假设并考虑或许可以满足它们的真实情况（例如，在一个社会中，存在两种有效的工具可用来种植农作物），那么，我们就能发现一条方便的途径来理解拉姆斯登与威尔逊所完成的事情。当千年法则适用于那些被假定为特别愚蠢的人的进化时，它就是基因-文化协同进化论的一条定理。它假设，这些人能够改变他们使用一种工具的概率，因此，倘若这种工具在他们的群体中变得盛行起来，这些人所选择的工具的效率就要比竞争者的效率高五倍。但是，他们并没有极大地改变他们的行为；那些具有选择劣等工具的遗传倾向的人继续相当频繁地使用这种劣等工具，并由此沦为自然选择的牺牲品。

尽管我们或许想要知道，原理（D）是否适用于我们物种进化史的任何现实处境，但是，我们对于推导（D）的方式的理解也能够让我们看出，这个理论的精密机制是相当不必要的。请考虑这样一个处境，其中，使用文化基因 c_1 所提升的适合度，远远大于使用文化基因 c_2 所提升的适合度。假设模仿并没有达到这样的程度，以至于对在基因型为 AA 的人们使用 c_1 的概率与基因型为 aa 的人们使用 c_1 的概率之间的差别造成任何重大的改变。接下来，当文化模仿减缓了等位基因 a 被替代的速率时，基因型为 aa 的个体将始终足以与基因型为 AA 或 Aa 的个体相区分，这种个体在自然选择中始终是可见的。因此，通过将模仿的范围进行充分限定，通过让适合度的差异足够高，我们应当就能够让在受到文化抑制作用的进化速率与没有受到文化抑制作用的进化速率之间的差异变得如我们所希望的那么小。这仅仅是一个玩弄技巧的问题。形成我们的那个一般性的前理论图景的**任何**方式，都将产生这样的结果，用某种得到谨慎设计的操控，我们就能在1 000年内设法安排这种替代。

最后的结果（E）所陈述的是，基因–文化协同进化能够促进遗传的多样性。（拉姆斯登与威尔逊或许仔细考虑了以下事实，即在哺乳动物中间，人类的遗传多样性相对较低。）为了达到这个结论，拉姆斯登与威尔逊就不得不修正他们的生育力函数。他们假定，那些收获太多的个体将遭受“适合度抑制”。也就是说，在他们周围的人们开始反对并进行干预。为了对这个进程给出分析，拉姆斯登与威尔逊建议，适合度函数应当采纳如下形式：

$$F^{ij}=F^{ij}[1-\exp(-b^{ij}R^{ij})]\text{，当}R^{ij}\leqslant R_{max}\text{；}$$

$$F^{ij}=F^{ij}\{\exp[-D(R^{ij}-R_{max})]\}\text{，当}R^{ij}>R_{max}\text{。}$$

通过设定R_{max}的恰当数值，拉姆斯登与威尔逊如今就能够安排一种依赖于频率的自然选择并确立多态性的状态。这种基于直觉的想法是，若基因型为 AA 的个体（他们倾向于使用效率更高的文化基因）的预期回报高于R_{max}，而基因型为 aa 的人们的预期回报低于R_{max}，那么，在一个由基因型为 AA（并且大量使用 c_1）的个体支配的社会中，基因型为 aa 的人们将获得青睐。正如在原理（D）的案例中，这个结果依赖于对数字的玩弄。不仅R_{max}的数值必须要得到正确的选择，而且模仿的倾向不能太强。

在任何情况下，相当难以对拉姆斯登与威尔逊所建议的东西给出一种符合现实的解释。倘若我们假定，对于那些收获过多的人的不利压力导源于资源的有限性，那么，人们的自然预期不应当是，劣等的文化基因与支持它的基因型倾向将存续下来，而应当是，人们将采纳优等的文化基因，并减少他们专注于收获的时间。若认为自然选择将支持人们保留劣等的工具，因为优等的工具的使用过于高效，以至于超出了公众的承受能力，这肯定是荒唐的。假如资源是有限的，人们或许会期望，每个人都将使用效率最高的可资利用的工具并为了他们所能得到的东西而展开竞争。即便资源并不是有限的，我们也可以设想，同辈压力反对拉姆斯登与威尔逊所假定的贪婪获取，难以看出自然选择不青睐于使用高效工具与享受正当闲暇的原因。

由此我们抵达了我们评估的终点。拉姆斯登与威尔逊为我们提供了五个结论。通过出自对基因-文化协同进化的一般性前理论分析的简单论证，我们轻易就能得到（A）与（C）这两个结论。（B）这个结论的根据是错误的。另一个结论（D）是精心玩弄某些数字所导致的结果，它的一般可能性在我们的前理论模型中就已经是显而易见的了。最后，（E）也是人为的结果，在这种情况下，他们的设计是如此牵强，以至于违背了对这个模型的任何现实理解。拉姆斯登与威尔逊提供给我们的是用几乎所有人都会同意的东西来发展有关基因-文化协同进化的简单图式的一种特定方式。我们有权追问，这个特殊的建议方案将带来什么后果与洞识。答案是什么都没有。

392

进而，（B）与（D）这两个起初令人惊奇的原理，恰恰是那种让流行的社会生物学能够忽视文化及其历史的论断。它们都被设计用来表明，文化几乎没有对自然选择的进程造成什么差别，优等基因型在自然选择中始终是明显可见的，替换的速率持续增加。当我们回想起那些激发拉姆斯登与威尔逊提供基因-文化协同进化论的批评时，我们就开始能够看出他们玩弄数字并制造有关认知装备成本的特定假设的诸多目的。这些数值上的扭曲并非偶然。这些欺骗拥有减少异议的效用。在（B）与（D）的帮助下，拉姆斯登与威尔逊就能够在回应中主张，他们已经表明，对文化效应的吸收，几乎不会对流行的社会生物学先前的分析结果造成什么影响。

文化似乎被引入了流行的社会生物学，但这或许仅仅让它自此以后都被人们所忽视。

在我们对我们的协同进化回路之旅得出结论前，重要的是要明确阐述一个论点。拉姆斯登与威尔逊宣称，他们已经将心理学中的研究工作与进化生物学进行了整合，由此，他们得到了一个真正新颖的协同进化论。请考虑出自他们通俗解释的如下评述：

> ……我们希望比先前的科学家做得更好，先前的科学家缺少以同样顾及心理学事实的方式结合基因与文化进化的任何手段。我们的目标是找到稳固的步骤，将我们从心理学的世界导向文化人类学的世界。（1983a，122）

甚至某些更加精明的读者（如 Flanagan 1984）也相信了拉姆斯登与威尔逊所说的这些话，并认为存在着一种真正的整合。但是，这种对于心理学发现的评述仅仅服务于一个目的——为了担保有关后成法则固定性的陈旧说法。这些有关协同进化回路的宏大方程，根本没有受益于任何有关人类决策的心理学洞识。在他们背离种群遗传学的标准方程之处，他们背离的方式或者是提供了一些有关认知能力的适合度成本的古怪想法（这些观念被证明是漏洞百出的），或者是对于同化的有限力量与文化基因效率的极端差异，相当单一地采纳了诸多不自然的论断。只有那些被符号搞得眼花缭乱的人，才会在迷惑中认为，人们已经通过这种罕见的综合而获得了宏大的崭新洞识。在这里，不仅没有什么洞识，而且也没有什么综合。 393

滥用数学

拉姆斯登与威尔逊着手解决那种认为流行的社会生物学忽视了文化及其历史的反对理由。我们已经看到，他们贫乏的文化概念并没有触及批评者的真实关切。这条回应的整体路线也被一种对于科学事业的相当粗糙的理解所渗透。这两个作者就好像在宣称，“我们能够回应这些诋毁者。如果他们想要强调人类心灵的作用，我们就给他们心灵。如果他们想要强调文化的影响，我们就给他们文化。如果他们谴责作为科学的社会生物学，我们就将它呈现于一种能够压制所有异议的形式之中。数学是杰出科学的标志，我们就给他们数学。事实上，我们就给他们超过他们所需的数学，我们就给他们超过他们所能运用的数学，我们就给他们超过他们所能理解的数学”。

《基因、心灵与文化》是一种特定类型的研究工作的极端例证。复杂的数学被用来掩盖非常简单的（经常是过分简单化的）观念。在除了我所聚焦的实例之外的其他众多实例中，拉姆斯登与威尔逊让他们自身忙于将那些晦涩得令人厌恶的符号体系用来解决诸多不重要的问题。例如，一个附录探究了为瓦劳年轻男性的技能传授编写计算模型的可能性：这种传授涉及吸食致幻剂与汇报梦境体验。在另一个附录中，这两位作者着迷于要驳倒那种认为人类处于白板状态的见解的愿望，他们计算了离开无差别状态的等待时间。

让人们对这些数学应用感到恼火并时而感到有趣的是，它们被用于掩饰思想的贫乏。20 世纪的生物学受益于数学思想与技术的引进。有一个伟大的传统，它是由费希尔、霍尔丹与赖特开创的，并在今日被汉密尔顿、列万廷、梅纳德·史密斯、基穆拉（Kimura）、克罗（Crow）、卡瓦利–斯福尔扎与费尔德曼等许多其他人所延续。在隶属于这个传统的人们所做的研究工作中，我们看到了通过精确表述来发展生物学理解的可能性，他们设法突出了被研究的过程与处境的关键特征。数学纠正了幼稚的预期，将我们导向了新的问题，并让我们意识到了先前没有被我们辨认出来的诸多假设。

394

列万廷将《基因、心灵与文化》的特点描述为，它“没有”包含“基因、心灵、文化”（1983b）。这个谴责听起来是傲慢的，但我们发现它是恰当的。此处并不存在基因：对于详细研究的例证（即有关“基因”–文化转译的例证）来说，它们独立于我们偏好的遗传基础，这两位作者对人类行为的遗传学，并没有提供其他的新信息。此处并不存在心灵：正如我们已经看到的，关于人类决策的心理学洞识在这个理论中并没有发挥作用。此处并不存在文化：对于拉姆斯登与威尔逊来说，他们甚至没有在他们所偏爱的习语中**看出**辨别社会制度的问题，更不用说去解决这种问题了。因此，确实并不存在基因、心灵、文化，但存在着大量的方程。

第 11 章　最后的缺陷

挑起生物学家的重担

自从亚里士多德（Aristotle）以来，许多伟大的生物学家都感受到了哲学的诱惑。在努力研究有机自然的问题之后，他们在诱惑下将通过简要探究其对人类的诸多影响来结束他们的论著，并通过提供有关人类自由或人类命运的某些推测来激励他们自己与他们的读者。流行的社会生物学家遵循了这种趋势。我们研究的最终部分将思考的是他们改变我们有关人性的通常观念（与理想）的努力尝试。 395

初看起来，那种认为已经解答了有关伦理学、自由意志与人类价值的大问题（即沉思者在几乎整个有文字记载的历史中都会提出的问题）的论断，或许是社会生物学的研究纲领中最需要得到考察的组成部分。还有什么能比这些大问题更重要或更深刻呢？尽管如此，我认为，流行的社会生物学家有关价值本质的建议，有可能远不如他们关于好斗、性别差异、性偏好与其他吸引眼球的暗示所做出的特殊论断更有影响力。当流行的社会生物学家论及后面这些主题时，他们就能够摆出专家的架势。讽刺的是，他们非常轻易地就对超出他们职业专长的哲学问题做出判定，而这不利于他们对我们就这些问题的理解施加过多影响。生物学家或许相信，这些流行的社会生物学家有资格发展关于人类的自由与道德的诸多见解，却没有考虑哲学家与其他的人文主义者对这些主题所撰写的内容。并非只有生物学家才这么认为，那些对哲学问题极其感兴趣的读者或许也会觉得，他们自己想当然地就拥有同样的资格。

在本章中，我将审视流行的社会生物学家对三个哲学问题的论述：人类能否成为真正的利他主义者？人类能否自由地行动？是否存在客观的道德原则？不仅文明史中的某些伟大心智在代表作中提出了这些问题，而且当代思想家在技术性的作品中也提出了这些问题。它们是一些困难的问题。它们并不服从于我们在自然科学的某些领域中发现的那同一种明确的解答风格。哲学显然缺少进步，这激起了人们的不耐烦态度，尤其是那些已经对科学某些领域的发展做出了贡献的人。或许，哲学需要注入科学的知识与严格的方法。因此，流行的社会生物学家开始了他们的行动。给他们一个下雨的周日下午，他们就能解决人性的难题。

396

不难对这种开拓性的努力尝试做出回应，困难的是对激发他们的困境做出回答。通过对社会生物学的“解决方案”略做分析，并将它们与研究这些问题的历史加以对比，人们就能表明，一个周日下午的反思所提出的见解，恰恰就是人们已经有所预见的东西。然而，假如这个主题仅仅停留于此，就显得有一批令人困惑的重要问题需要严谨的思想家来侵占。通过对这些哲学问题提供明确的解答，也不可能驱散这种印象。为了看出当前这批傲慢的科学建议并没有触及这些问题的根源，为了展示如何抵制下一群自诩的开拓者的甜言蜜语，我们就需要表明，哲学家在流行的社会生物学家渴望解答的这些问题上如何取得进展，更为新近的讨论如何避免了早期解决方案的谬误，如今吸引我们注意力的那些选项如何更敏感于这些困难以及它们如何比先前那些可资利用的解决方案更为精致。当人们认识到，那些无知于哲学史（包括新近的哲学史）的人（在最好的情况下）注定要重复历史时，那么，那种认为行为生物学（或下一个有抱负的生物学分支学科）将提供快速解决问题的办法的见解，将遭遇到它应当遭受的怀疑态度。

设法获得第一

大多数人相信，人类能够以利他的方式行动。我们似乎做了不少服务于他人利益的事情，然而，人们对于利他行为的范围或许有所分歧，若否认存在任何这样的行为，这种愤世嫉俗似乎是不恰当的。尽管如此，心理利己主义，即那种认为在恰当的理解下所有人类的行为都是自私的论题，已经在西方思想史上吸引了众多追随者。一个突出的例证是托马斯·霍布斯，他断言，当我们的动机被完全揭示时，我们就会被揭露为一种精于算计的造物，我们不断将自己的行为适应于那些被我们理解为我们自身利益的东西。 397

任何关于人类利他主义的讨论在一开始就必然会注意到“做某些服务于他人利益的事情”这个措辞的模棱两可性。因为显而易见，我们有时实施的行动拥有增进他人福祉的效果。甚至最恶毒与最自私的行动也有可能出错，为我们希望伤害的那些人带来好处，而对我们自己造成损失。夏洛克坚持契约的规则让他自己走向毁灭，安哲鲁对依莎贝拉的性讹诈，却无意识地完成了他向玛利安娜承诺的救赎。①

安哲鲁与夏洛克并非以利他的方式行动，尽管他们确实产生了以他们自身为代价增进他人福祉的效果。真正的利他主义严重依赖于与意图有关的事实。以错误的理由做正确的事情，这不足以成为真正的利他主义。

利他主义的日常概念包含于我们评价我们自己与他人的行动的实践之中，对于这些行动，如下（局部）分析本身是有可取之处的：当一个人的行为带有增进另一个人福祉的意图，并认识到这种行为将对他或她自身造成某种损失时，这个人就是以利他的方式在行动。但我要赶紧指出，这种分析若要避免某些显而易见的困难，就必须得到改进。那些仓促形成他们的信念并根据在现有证据看来是不合情理的信念来规划帮助他人路线的人，则是真正的利他主义的可疑例证。利他的计划并非必定是正确的。利他的人们有可能无知于相关的事实。但是，利他的计划应当是合理的。

即便没有对我们的初始分析进行改进，也能让我们注意到某些显著的要点。利他的行动有时会取得成功，它们为预期的受惠者带来了好处。利

---

① 此处的夏洛克（Shylock）指的是莎士比亚在他的喜剧《威尼斯商人》中塑造的一个吝啬鬼的经典形象，安哲鲁（Angelo）、依莎贝拉（Isabella）与玛利安娜（Mariana）指的是莎士比亚在他的喜剧《一报还一报》（*Measure for Measure*）中塑造的主要人物。——译注

他的行动有时则会失败，一个人或许在对个人成本的合理预期下努力帮助别人，但是，这种行动有可能无法带来帮助，而预期成本甚至有可能被没有预料到的好处所代替。请设想一个有良知的人，他远不富裕，但他决定给出一大笔钱来救济饥荒。按照慈善筹划的常见方式，这个人也组织安排了一次福利彩票的抽奖活动，他自己恰巧赢得了特等奖。与此同时，捐赠被用来购买食物，而这些食物在运输过程中由于事故被损毁。在这个场景中，最初的捐献收获了没有预料到的好处，而慷慨的行为最终没有达到它的目的。无论这个人随后用奖金来做些什么，他原先做出的馈赠应当算作一个利他的行为。（有趣的是，倘若这个人没有捐出任何奖金，我们或许就会倾向于援引这样的老生常谈，即财富蒙蔽了一个人的感受。）

398

类似地，正如安哲鲁与夏洛克的案例清晰表明的，非利他的行为也有可能产生好的效果。遗憾的是，我们非常清楚地知道，自私的行为有时也能成功地实现它们的目的。因此，如果我们引入"实际上是利他的"这个表述来涵盖一个人的行动以自身为代价有效增进他人福祉的情况，那么，我们就能总结迄今为止的相关讨论，其总结的方式是指出看来似乎存在的四种可能性：利他的行为或许实际上是利他的，或许实际上不是利他的；非利他的行为（自私的行为）或许实际上是利他的，或许实际上不是利他的（类似的评价，参见 Mattern 1978，464–465）。

这种霍布斯式的答辩意味着，事物并非它们看上去的样子。向我们**显现**的是人们似乎带着帮助他人的意图来行动，但这仅仅是由于我们并未恰当理解人类的动机。心理利己主义者欣然提出，存在着诸多人类行为的源泉，我们通常向自身隐瞒了这些源泉，而这表明私利甚至在最为明显的利他行为中也发挥着作用。这种利己主义者有时依赖于这样的观念，即那些自由行动的人是出于他们自身的欲望而行动的（这个观念并没有像初看起来的那么简单——参见 Dworkin 1970 与下一节）。我们挑出利他行为作为可贵的东西，是因为我们假定它们是被人们自由地实施的。倘若这些行动是被人们自由实施的，那么，它们产生于施动者的诸多欲望。倘若它们产生于施动者的诸多欲望，那么，它们必然是自私的，而根本不是利他的。

这些论证是在耍花招。它们所依赖的是对人们能够关联于其欲望的两种显著方式的混淆。我的全部欲望都是属于我的，在一种琐屑的意义上，我恰恰就是拥有它们的那个人。然而，除非我欺骗自己，否则我就会承认，我的欲望并非都旨在确保我自己的幸福。在某些场合下，我似乎将别人的利益放到了我自己的需要之上。在利他主义的引人注目的例证中，我们在行动者的诸多愿望中辨识出了一种让个人需要屈居于他人利益的愿望。特蕾莎修女的行为出于她自己的欲望。令我们敬佩乃至敬畏的是，她寻求他人幸福的愿望超出她追求自身物质享受的程度。（对于论证利己主义的相关尝试的一个清晰讨论，参见 Feinberg 1981。）

利己主义者的挑衅必定会超出那种伶牙俐齿地让人们真正随意去做他们想做之事的曲意逢迎，以至于明显的利己主义者仅仅满足他们自己的欲求。他们或许不得不表明，那种增进他人福祉更甚于增进自身利益的表面意图仅仅是一块掩饰更为深层的、以自我为中心的动机的帷幕，他们或许不得不表明，当这种意图得到了恰当的理解时，我们就会发现，我们错误地估计了这种意图的重要性。在这里存在着科学发现的真正可能性。经验研究有可能向我们揭示我们的动机、我们行动的近似因，并不像我们所设想的那样。 399

比经验研究更便捷的论证途径是不会奏效的。行为生物学的研究者采用“利他主义”来涵盖这样的情况，即动物以如此方式行动，以至于在自身付出了某种（以适合度为单位的）代价的条件下提升了其他动物的适合度。即便这个概念得到了清晰的界定，即便人们已经表明，并没有“动物利他主义”的实例，仍然需要论证来支撑人们得出有关人类利他主义的结论。（有一个关于“动物利他主义”的敏锐讨论，它充分意识到了给出定义所带来的问题，参见 Bertram 1982。）这个生物学的概念最多也就是一个实际生效的利他主义概念。没有将其明确地关联于有关人类动机的诸多结论，我们就无法对利他主义的可能性形成任何洞识。

流行的社会生物学家直率地认为，他们能够发展我们对人类利他主义的理解。道金斯在他的论著《自私的基因》开篇处就断言，人类“生来就是自私的”（1976，3），更普遍的说法是，我们可以认为，由自然选择进化而成的任何东西都是自私的（4）。威尔逊带有某些限定地暗示，社会生物学揭露了在表面上利他的行为的自私根源：“人类利他主义的进化论由于这种利他主义的绝大多数形式的最终利己品质而变得相当复杂。任何持久形式的人类利他主义都没有明确而完全地消灭了自我”（1978，154）。巴拉什更直截了当地说：“真实的、毫不虚伪的利他主义完全没有在自然中发生过”（1979，135）；“进化生物学相当清楚，‘这对我有什么好处?’是适用于所有生命的古老戒律，没有理由将**现代人**排除在外”（167）。

有两种方式来解释这些段落。第一种解释方式是，流行的社会生物学家通过支持霍布斯式的挑衅来揭穿有关人类利他主义的日常见解。根据这种理解，社会生物学断定，增进另一个人的福祉的表面意图，是一块隐藏某种更深动机的帷幕。人们实际上根据他们自身的广义适合度来计算他们行动的诸多后果，他们这么行动，是为了让他们的广义适合度最大化。而另一种解释方式则承认，人类有时确实意在增进他人的福祉，而这种意图有时确实让人们采取行动；尽管如此，它提出，对这种意图的存在及其让400我们行动的效力的进化解释，体现于有关广义适合度最大化的考虑要素之中。当我们理解了这些导致我们帮助他人的机制的进化根源时，我们或许就不再满足于那种将人们评价为利他的或自私的做法了。

这两种解释的方式对应的是那些阐明亚历山大纲领的方式（第9章讨论了亚历山大的纲领）。我们将分别考察这两个版本的是非曲直。

首先请考虑这个更极端的论断，即真正驱使人类行动的机制是我们通常没有意识到的机制，它们服务于适合度的最大化。我们已经看到，求助于那种认为人们实际上是通过诸多起初似乎有损他们服务于繁殖成功的行为方式来最大化其广义适合度的观念，这并没有为那种认为人类的行动是由广义适合度的无意识演算（或模仿这种无意识演算的近似机制）所驱使的假说提供根据。相较之下，在试图揭穿我们关于人类利他主义日常见解的背景中，类似的求助也好不了多少。

在亚历山大看来，那种对于相对陌生者的利他行为的“显著例证”，就是“被我们称为‘坠入爱河’的事件”（1979，123）。通过强调人们以突然发生的戏剧性方式“在偶遇下从社会的陌生关系突破到社会的亲密关系”，亚历山大暗示，配偶的选择证明了“种种基因效应的存在与重要性……这被假定为构成了社会知识的基础”（123）。据认为，与陌生人迅速坠入爱河的倾向最大化了广义适合度，因为它将“远缘繁殖与长期承诺”的优点都结合了起来（123）。

在亚历山大的故事中，存在着大量概述的内容——在它的推测中，存在的是在文学记录中人类“坠入爱河”的单一模式，它建议，“要是干了以后就完了，那么还是快一点干”①，却忽略了以下这个事实，即在人类事务的语境中，爱、性与繁殖不会自动地彼此发生关联。但关键在于，这种不成功之处对应的是真实的问题。即便我们姑且承认有关配偶选择机制这个高度猜测性的想法，“极端利他主义”的真正难题是，恋人为了心爱的人而牺牲自己——甚至有可能完全无法留下任何直系后代。亚历山大最多可能表明，存在着诸多促使我们以特定方式选择我们配偶的隐秘源泉（不过这是高度可疑的）。他在没有提供理由的情况下就认为，我们对于个体为了爱而做出的自我牺牲的理解，将被有关最大化适合度的隐秘演算的知识所替代。在海蒙②与西德尼·卡顿的例证中最引人注目的，并不是他们坠入爱河的速度，而是他们一旦坠入爱河之后准备去做的事情。（或许有关适合度的计算装备在这些例证中失败了。但既没有理由信任这种计算装备，也没有理由乞灵于这种失败。）亚历山大求助于文学、艺术与音乐来支持他有关人类坠入爱河的戏剧性方式的见解，但文学、艺术与音乐提供了更多的证据表明，人类能够为了爱情与友谊而自我牺牲。 401

威尔逊试图面对的是范围更广的案例。他提出，我们应当区分“刚性的利他主义”（hard-core altruism）与“柔性的利他主义”（soft-core altruism）。大致而言，刚性的利他主义被发现的情形是，人类（或非人类的动物）以如此方式行动，这种行为方式“在童年期之后相对不太可能

① 原文为 if it were done't were best done quickly，经作者确认，应为 if it were done，when't is done，then't were well，it were done quickly。这句话是莎士比亚的名作《麦克白》（*Macbeth*）的经典台词，表现的是麦克白在谋杀国王邓肯之前的矛盾心态。该译文参考的是朱生豪先生的译本。——译注

② 海蒙（Haemon）是索福克勒斯（Sophoclēs，约前 496—前 406）的著名悲剧《安提戈涅》（*Antigone*）中的人物，他是底比斯的国王克瑞翁的儿子，安提戈涅的未婚夫，当安提戈涅在被囚禁的石窟中自尽身亡后，海蒙也随之自杀。——译注

受到社会奖励或社会惩罚的影响”（1978，155）。刚性的利他主义“有可能”通过亲缘选择而得到进化，因此，这种行为被认为针对的是近亲。而柔性的利他主义

> 最终是自私的。“利他主义者”期望社会对自己或自己的近亲施加回报。他的善行是经过算计的，通常完全是有意为之的，他精心演练自己的行为，使之与社会的复杂规定与要求相协调。(155－156)

在这种两分法中，威尔逊希望把握人类似乎以利他的方式行动的全部例证。那些牺牲自己帮助陌生人的人，将被理解为“柔性的”利他主义者，他们将根据对未来收益的有意识的或无意识的计算来进行活动。那些为了他们的亲族牺牲自己的人，将被视为从事了某些差不多相当于本能反应的行动，这些反应缺少被我们视为利他行为先决条件的自主性。

这两个种类似乎都不符合人类利他主义的那些最为显著的例证。当我们回想起针对亲族的利他行动的例证时，我们首先想到的并不是父母甚至在意识到对自身的威胁之前，就会去挽救他们子女的本能反应。相反，我们专注于研究的是为了保护他们的亲族而忍受折磨的政治犯，陪同她父亲一起入狱的考狄利娅①，下决心埋葬她兄弟的安提戈涅。在这些例证中，我们并不会倾向于将它们作为“在童年期之后较不容易被改变的”反应而对之不屑一顾。相反，它们显示的似乎是一种经过深刻反思的充满勇气的自我牺牲。此外，存在着许多似乎不那么引人注目的个人牺牲的例证：402 父母牺牲他们自身的舒适来教育他们的子女，子女赡养他们年老而又患病的父母，等等。有什么理由能让我们认为，我们对于这种行为的日常评价是错误的？

如果威尔逊有意做出那种认为我们错误理解了利他行为的近似机制的激进论断（我们在后文中将考虑对威尔逊的另一种替代性的解释），那么，他有可能给出两种论证。更为一般性的论证路线是主张，进化青睐于那些最大化广义适合度的行为形式，因此，我们就应当认为，人类的行动

---

① 此处的考狄利娅（Cordelia）指的是莎士比亚著名悲剧《李尔王》（*The King Lear*）中的人物，即李尔王的小女儿。——译注

方式实际上提高了他们自己的广义适合度，甚至在他们并没有如此行事时也是如此。更为具体的论证路线则试图精确解释伟大的利他主义者实际上以何种方式符合这两个种类。

对于更一般性的论证的回应是，没有理由接受这种进化过程的图景，在该图景中，动物与人类装备着得到良好协调的机制来辨别那些有可能最大化其广义适合度的行动并相应地做出行动。流行的社会生物学没有理由更青睐于这幅图景，而不是竞争性的观点，按照那种竞争性的观点，进化为我们装备了特定的认知能力与基本倾向，它们与我们经验的社会环境相结合，就形成了我们通常归于我们自身的信念、愿望与意图。因此，没有证据让我们背离于这种自然的观念，鉴于进化为我们装备的诸多特征，我们就能够为我们自身设置个人的目标，并实施那些降低我们的广义适合度的行为。人们可以在认真对待**人类**进化的同时，却否认自然选择塑造了那种让我们始终（或几乎总是）最大化我们的广义适合度的行为倾向。

由此留给我们的就是那个更为具体的论证，该论证试图表明，表面上的利他主义的那些最引人注目的实例，甚至都能够被理解为导源于那些隐秘而又自私的欲望。在来自马尔科姆·穆格里奇①的一个问题的激发下，威尔逊思考了特蕾莎修女的劳作。他承认，特蕾莎修女的生活“完全是清贫的，充满了沉重的艰辛劳作”（1978，165）。对于特蕾莎修女为了其他人而奉献自身的明显意愿，威尔逊能够给出什么解释？

> 在冷静的反思中，让我们回想《马可福音》中耶稣的话语：“你们往普天下去，传福音给万民听。信而受洗的必然得救，不信的必被定罪。”在这些话语中展现的就是宗教利他主义的本源。各大宗教的先知们都极力宣扬着几乎相同的措辞，它们拥有同等纯洁的腔调，它们在团体内部拥有同等完美的利他主义。所有的宗教都为了胜过其他的宗教而斗争。特蕾莎修女是个非同一般的人，但不应当忘记的是，

403

① 马尔科姆·穆格里奇（Malcolm Muggeridge，1903—1990），英国记者与讽刺作家。穆格里奇在二战期间以士兵和间谍的身份服务于英国政府，并在战后从事媒体工作。穆格里奇对特蕾莎修女的采访报道，塑造了特蕾莎修女圣洁无瑕的公共形象，让她获得了广泛的国际声誉。——译注

她坚定地为基督效劳，坚信她的教会是不朽的。(165)

这个策略并不陌生。除掉所援引的20世纪背景，这段文字或许就是霍布斯撰写的。

请注意，在这里并没有提出新的生物学见解（也没有提出任何其他的经验研究的结果）。威尔逊并不认为，特蕾莎修女“真正”让她的广义适合度最大化。他仅仅提供了一种有关动机的霍布斯式的猜测。事实上，他甚至没有完整地提供这种猜测。我们记得的是，特蕾莎修女由于她的教会承诺而获得救赎。因此，（有些人不停地唠叨）或许恰恰是她要获得个人救赎的愿望驱使着她去温柔地照顾加尔各答（Calcutta）的贫民。归根到底，特蕾莎修女其实是一个“柔性的”利他主义者。

根据这种激进的理解，流行的社会生物学有关人类利他主义的论断体现了这样的想法，即生物学向我们教导了一种对于作为表面利他行为基础的近似机制的新见解。但是，我们在先前的讨论中已经看到，流行的社会生物学丝毫不能颠覆我们的自我形象。当我们考察流行的社会生物学对人类利他主义的论述时，我们发现，这些论述被消解为霍布斯式的无端猜测，而这些猜测在生物学或任何其他的科学中都没有根据。

让我们转向那种保守的解释。我们现在假定，我们通常认为构成利他行为基础的那些意图，是驱使这些行动者如此行动的真实意图。那些牺牲个人的舒适、健康乃至生命来服务于相对陌生者的人，可被视为出于他们对所帮助的那些人的福祉的关切而采取行动。尽管如此，流行的社会生物学家或许仍然会暗示，这些行动“最终是自私的”。流行的社会生物学家或许认为，对他人福祉的关切导源于这样的机制，这些机制最初是为了最大化广义适合度而在自然选择中形成的。他们并不认为，表面上的动机遮蔽了人类行为的隐秘源泉，他们或许会承认，表面上的动机就是导致利他行为的真正原因，但他们否认我们对它们的价值的标准评价。一旦根据我们的进化史来审视这些动机，就没有理由觉得这些动机特别值得赞扬。

对这种试图揭穿利他主义的尝试的正确回应是，当它用细节来进行表述时，它看起来就是无关痛痒的。请考虑一个具体的例证。一对没有子女的夫妻花费了多年时间来收养和照顾一些带有天生缺陷的儿童。他们尽其所能地增进他们收养的子女的幸福，为之奉献了他们自己的健康与舒适。流行的社会生物学家对这个情景给出了一个诊断。不可否认，这些父母受到了他们对于子女的激情与热爱的激励。但是，流行的社会生物学家要求我们根据进化生物学来考虑他们的动机。这些父母所显明的对子女的关切，就是其他人所展示的照顾（亲生）后代的倾向。这种倾向在我们的物种（与许多其他的物种）中是固定的，因为它提升了适合度。因此，这对没有子女的夫妻的倾向与动机“最终是自私的”。 404

这种“最终的自私性”是否会让我们修正我们对这对夫妻的行为的道德价值的赞赏呢？当然不会。第一，这些行为与最大化广义适合度的关联过于薄弱与间接。即便我们假定，在父母的行为中出现的所有倾向与能力，最终都导源于由自然选择形成的基本倾向与能力（照顾无助幼童的倾向，辨识他人需求的能力，等等），这也不会贬损这些行为的无私性。为什么进化力量的远程影响在这里就应当是相关的呢？第二，远非清楚的是，在让适合度最大化的倾向函数直接提升了广义适合度的情况中，那些行为就应当被归类为自私的。那些为了他们的子女而付出巨大个人牺牲的父母，或许提升了他们将自身基因传播到将来后代的机率。但是，这个事实究竟有什么相关的呢？假如我们认为，父母有意识地通过计算认为，巨大的个人牺牲将有可能让他们更多的基因拷贝传递到将来的后代中，并据此决定做出牺牲，那么，我们对此不会认为，他们是冷酷无情的利己主义者。以如此方式行动的人们给我们留下的印象是疯狂的，而不是自私的（Midgley 1978，129）。流行的社会生物学家认为，在表面上利他的行为最终是自私的，因为这些行为出自让广义适合度最大化的典型倾向（例如，对子女的关切），当他们这么宣称时，人们就应当指出，利他主义者的个人牺牲仍然是真实的，这种最终的自私性无关于道德价值的评价。

尽管如此，或许还存在着一个更深刻的问题。正如我们在这次讨论的开头就注意到的，构成我们道德评价基础的利他主义概念强调了人类想要帮助他人的意图的重要性。或许，真正激发流行的社会生物学家做出如此

405 宣告的是这样的想法，即这种意图仅仅是进化用来让人类最大化他们的广义适合度的手段。自然选择青睐于那些会协助他们的亲族并准备与其他个体合作的动物，当参与者这么做能让自身的广义适合度最大化时。我们为自己的子女而牺牲自己，为了服务于理想而放弃我们自己的舒适，以及其他类似的冲动，仅仅是在我们自己的物种中要完成的让适合度最大化的工作的诸多特定途径。没有理由认为，这种用来促进人们协助亲族与无关个体的特殊机制的价值，要高于我们所假定的在不同动物群体中存在的实现相似目的的诸多不同机制的价值。

任何这类推理都是通过激起人们对人类自由与人类自主性的怀疑而获得它的力量的。这种揭露性的论证都必须事先预防这样的观点，即人类不同于动物，他们自由地形成计划与意图，而这种在近似机制上的不相似性，为真正的利他主义与动物王国中发生的实际生效的利他主义之间的区别提供了诸多根据。我们必须要在引导下相信，人类就是傀儡，人类的基本设定是在自然选择下被进化所固定的。有时，这些机制是通过那种直接将我们导向让我们的广义适合度最大化的进化过程形成的。有时，这些机制的效应被他人的约束行为与社会的操控所修正。无论是哪一种情况，在帮助别人的意图以及根据这些意图而产生的行动之中，并没有任何特别可贵的东西。

巴拉什关于神风队员的讨论（1979，167－168）就体现了这种各个击破的策略。巴拉什试图用每一条可能的路线来导向这样的结论，即神风队员在表面上是为了国家而献出他们自己的生命，但实际上他们是出于自私的动机才这么做的。他推测，“他们的成本-收益方程将会支持这种似乎不利于自身的行为”——所谓的理由是，飞行员家庭的地位将得到提升，飞行员或许会得到“性关系上的特权”（我不敢肯定，巴拉什的这种想法在何等程度上是认真的）。但是，如果神风队员没有被认为盲目地追随着他们的那种让适合度最大化的倾向，那么，始终有可能存在社会的强制。巴拉什提醒我们，那些拒绝行使自杀式飞行任务的飞行员就会被枪毙。

威尔逊在他对柔性的利他主义者“精心演练自己的行为，使之与社会的复杂规定与要求相协调”（1978，156）的评论中也暗示了一个类似的主旨。用来补充那种认为特蕾莎修女被教会收买的想法的，是这样的一个见解，即在每个地方的人们都在周围社会的胁迫下做出“利他的”行为。我们将某些行为评价为利他的，这依赖于如下假设，即激发行动的欲求是那些行动者的本真欲求。倘若那些为了别人而牺牲自己的人是在逼迫下才这么做的，那么，尽管我们或许会对这种困境表示同情，但是，我们不会为之感动。类似地，倘若表面上的利他主义者被揭露为多年受制于其接受的特定范围内的价值，那么，先前看起来令人敬畏与鼓舞人心的东西，就有可能显得懦弱而又可悲。 406

这就是流行的社会生物学家要采纳的一条令人费解的路线，因为它暗示，我们的本性具有充分的可塑性，以至于让社会能将诸多与我们的适合度背道而驰的价值强加于我们。这暗示着在流行的社会生物学对人性的描述中存在诸多矛盾。当环境适合时，我们就被告诫，适合度最大化的命令是如此强大，以至于我们违背这些命令就有失去“人性本质”的风险。当他们对明显的人类利他行为的理解遇到困难时，他们就含糊地援引社会“精心演练”我们行为的权力。或许，社会压力终究还是能够克服那种让适合度最大化的冲动。威尔逊写道，“人类容易被灌输荒谬的思想——他们**寻求**这种灌输”（1975a，562）。然而，他没有停下来思考，这种（所谓的由进化形成的）寻求灌输的倾向，如何与他的那些关于我们社会行为界限的自信论断相符合。难道自然选择青睐的是这样一种倾向，它让来自我们周围的影响超过了那些会将我们导向我们的适合度最大化的倾向？

威尔逊与巴拉什并没有这么说。他们对人性的描绘并没有透彻考虑任何重要的细节。他们无所顾忌地提出，人类最终是自私的，但是，我们并未发现有论据支持这种结论的任何一个令人感兴趣的版本。当清除了所有的混淆与无端猜测之后，留给我们的是这样一个模糊不清的想法，即在进化的遗产与我们的文化需求之间，并没有为人类的自主性留下任何空间。这并不是一门崭新而又有力的科学所产生的结果，而是在思考自由意志问题时经常会发生的第一反应。我们或许要离开流行的社会生物学对利他主义的论述，转而思考关于人类自由的根本问题。

关于人类自由的部分真理

在决定论与人类自由的冲突中，有一条传统的论辩思路。如果一个人的行动是自由的，那么，他或她就能以其他的方式行动。如果这个行动是被先行的状态或事件所决定的，就不可能存在可供选择的行动。因此，当我们的行动是被先行的条件所决定时，在此范围内，我们的行动就不是自由的。根据心理决定论的论题，人类所有的行动都是被先行的条件所决定的。因此，倘若心理决定论是真实的，人类的自由就是一个幻觉。

407

这个古老的难题拥有诸多几乎是可敬的解决路线。大卫·休谟（David Hume）是这条道路上的先行者。他提出，自由的行动并不需要任何以其他方式行动的不受限制的能力。需要的仅仅是，假如我们想要以其他方式行动时，我们就有能力这么做。自由的行动是那些导源于行动者欲望的行动。心理决定论完全相容于人类自由的存在，因为自由并不在于决定性的缺席，而在于行动被决定的方式。

通过重述一个熟悉的哲学虚构故事，就可以轻易看出休谟的这个提议的动机，这个虚构故事是为了表明非决定论毫无帮助。请随便设想一个机器人（可将其称为奥斯卡），它的四肢根据一连串随机事件而发生移动。在奥斯卡的头部里有众多的小房间；每个小房间包含一个放射性的核子；这个核子位于一个平台上，并被灵敏的弹簧与杠杆连接到奥斯卡的四肢上；当核子衰变时，这个平台移动，奥斯卡的四肢就会颤动。奥斯卡的行动顺序并不是被决定的。然而，奥斯卡并不是自由的。

这个例证表明，休谟的观点是言之有理的。自由行动的先决条件似乎是，这些行动应当产生于行动者。它们不能仅仅是打嗝、抽搐或随机的颤动。相反，我们必须认为，它们至少在因果关系上取决于这个行动者的态度、目标、意图、信念与欲求。或许，我们甚至有可能认为，它们是由这个行动者的意图、信念与欲求**决定**的。

休谟让我们跨越了最初的障碍，为我们提供了一条可以详细阐明的道路来回应那些更加复杂的忧虑。威尔逊在他自己表述自由意志问题的过程中提到了这些棘手的争议。

> 有关决定论与自由意志的巨大悖论，持续吸引了一代又一代最有智慧的哲学家与心理学家，我们可以用生物学的术语来将这个悖论表述如下：假如我们的基因是遗传的，我们的环境是在我们出生前就处于运动状态的一系列物理事件的集合，那么，一个真正独立的行动者又如何可能存在于大脑之中呢？这个行动者本身是基因与环境互动的产物。我们的自由似乎仅仅是自欺欺人而已。（1978，71）

在这里汇聚的是两个常见的令人忧虑的根源。第一个根源是**久远历史**的问题。如果我当下的行动无论以何种方式都被在我出生很久以前发生的事件或状态所决定，那么，这些行动怎么可能是真正自由的呢？——甚至它们怎么可能真正是属于我的行动呢？过去似乎固定了我所采纳行动的路线，我所发挥的仅仅是那些我注定要发挥的作用。第二个根源是**外部强迫**的问题。如果我的行为倾向是我父母传递给我的基因与我在其中生长的环境的产物，那么，这些倾向在何种意义上将我导向自由的行动？我有时或许按照我获得的欲求与意图来行动，但我仍然会有那种担心它们并非我的本真欲求与意图的残留顾虑。它们是由我天生具备的遗传倾向强加给我的，这些遗传倾向既是自然选择在回应某些久远的原始环境时形成的，又是我在其中成长的那个环境形成的。若由此产生的倾向导致我做出了某些在社会上不受欢迎的行为，我是否应当遭受谴责？ 408

在精心阐述休谟解释时遇到的常见困难是，需要解决这样的忧虑，即在我们确认为自由的行动之下的那些潜在的心理态度实际上是外在于行动者的。还有一个相关的问题（威尔逊没有提到这个问题），它导源于如下事实，即人们有时出于他们自己的欲望和意图而行动，但他们的行动不是自由的。强迫性的纵火狂与危险药物的上瘾者或许做的就是他们想要做的事。这些满足了他们的强迫性欲望的行动并不是自由的。因此，倘若要让休谟解决自由问题的方案奏效，就必须能够区分出行动者根据真正属于他们自己的欲望和意图行动的情况，就必须能够遏制那种认为我们的态度始终是从外部强加给我们的怀疑论挑衅。

为了领会这些问题的力度，就需要我们对“决定”这个概念给出更加清晰的表述。我们不妨假定，稍早时刻发生的世界状态 S_1 决定了将在稍晚时刻发生的世界状态 S_2，若（在给定自然律的条件下）对于这个世界来说，它没有任何可能的途径在稍早时刻之后继续存在，S_2 就无法在稍晚时刻发生。久远历史的问题造成了一个威胁，因为按照我们的设想，在先前某个久远时代（比如说，100 年前、1 000 年前或 10 000 年前）的世界状态决定了我们如今恰恰以我们实际所做的方式来做出行动。假如我们提供了休谟式的反击来断言，我们呈现的行动是被我们自己的信念、欲望与意图所决定的，那么，怀疑论者可以质疑这个观点的相关性。即便我们在行动中大致发挥了作用，我们所做的似乎最终仍然是被那些远在我们出生以前的世界状态所决定的。怀疑论者会提出，这足以推翻自由的概念。

409 当我们恰当地提出这个问题时，我们就会看到，非决定论没有什么帮助。假定先前的世界状态并不决定随后的世界状态；相反，先前的状态仅仅固定随后状态的概率分布。给定一个发生于先前时刻的状态 S_1，并给定自然律（**全部**自然律），于是，S_{21} 在稍晚时刻发生的概率为 p_1，S_{22} 在稍晚时刻发生的概率为 p_2，依此类推。真正发生的状态是 S_{21}。“该状态并不是被决定的”这个事实难道就能让我们重新确信，人类的自由在此处得到了展示？我并不这么认为。根据假设，或者这个行动者的意图并不是由 S_1 决定的，或者这些意图并不决定 S_{21} 的出现。如果后者是真实发生的情况，那么，鉴于**全部**自然律都已经得到了考虑，在 S_{21} 的起因中就存在着随机的因素。如果前者是真实发生的情况，那么，在这个行动者意图的起因中就存在着随机的因素。在这两种情况下，难以看出，这种用随机进程取代被决定状态的替换是以何种方式把握到了自由的关键。假如将当下与久远过去关联起来的是或然性的定律，而不是严格决定性的定律，那么，我们自由行动的能力实际上仍然是一个谜。

让我们回到由心理决定论构成的威胁。轻易就可以发展出一种有关久远过去的怀疑论挑衅。如果我们指出，被我们理解为自由的行动出于行动者的欲望与意图，那么，怀疑论者就将回应说，这些欲望与意图本身是被久远的历史状态所决定的。我们可以做出的回应是，这并没有贬损如下事实，即这些欲望与意图产生于行动者的心理发展。它们反映了个体与环境的相遇以及这些行动者对于它们的成长环境所做的诸多反应。怀疑论者的下一步策略是显而易见的。应当同样明显的是，为了捍卫自由，就有必要引入某个新的观念。

我们无法否认，我们当前的欲望与意图，我们获取欲望与意图的过程，甚至让我们能够经历这些过程的基本倾向，都有可能是被久远的历史事件所决定的。为了解释为什么这并不重要，我们就必须在这些过程的特征中发现我们欲望的形成方式以及它们有效控制我们行为的某些特性的方式，正是这些特性将自由的行动从机器人的行为和强制行为中区分出来。

休谟的深刻见解是，在自由中有价值的是决定关系的特性，而不是缺少决定关系。我们若认为某些欲望或它们的某些原因必定逃脱了自然的决定性（或概率性）秩序，这也就是向怀疑论者敞开了大门。相反，我们必须追问的是我们确信人类在其中自由行动的情况的区别性特征。我们发现，行动者有时出于他们自己认同的欲望而行动——那些他们希望有效地将他们导向行动的欲望。我们发现，一个行动者的意图有时容易受到理由与证据的影响。我们发现，这些意图有时遵循的是行动者合理接受的价值体系。我们能够分离出人类自由的关键性要素，它或许是这些特征之一，或许是这些特征的某个组合。 410

在这一点上着手处理来自行为生物学的挑战，这是有帮助的。基因决定论与文化决定论都提出了这样的想法，即我们的欲望与意图是被强加于我们的，因此，我们并不是自由的。对于文化决定论者来说，人们如此具有可塑性，以至于他们的目标完全是他们的抚养环境的产物。行动者的欲望无法被视为他们的真正欲望，因为假如他们在关键时期被给予不同的经验，他们的欲望就有可能被导向颇为相反的方向。相较之下，基因决定论者强调了一个行动者倾向的固定性。并没有任何环境变量能够实际影响那些被基因决定的特征。因此，难道我们就不会认为，有某些习惯性的本能反应的发展不受人类成长经验以及他们对这些经验的反思的影响？无论根据哪一种解释，那种被构想为行动者真正欲望根基的自由的前景，开始显得悲观起来。

无论是文化决定论还是基因决定论，都不可能是有关任何令人感兴趣的行为特征的真理。然而，人们会合理地想要知道，这些极端立场所产生的困难，在一个貌似更合理的中间立场上是否会结合起来。假如我们的行为倾向是被我们所继承的基因与我们成长的环境所决定的，这是否让人类拥有了更大范围的自由呢？（正如我们在上一节中看到的，如果类似威尔逊与巴拉什这样的流行的社会生物学家就利他主义提出了什么要点，这个要点就在于我刚刚提出的这个问题。）

抛开点亮了自由前景的白板心智神话与基因铁腕神话。“一个被社会选择强加的欲求打上了烙印的无定型造物”这幅图景与“一个根据一系列杂乱的习惯性本能反应而做出行动的生命”这幅竞争性的图景，让位于某种相当不同的东西。一切都取决于我们的行为倾向随着环境的变化而变化的方式。我们的基因与环境有可能是以排除了自由行动的可能性的方式来固定我们的行为倾向的。倘若给定一种成长史，我天生就倾向于形成411 对某种特别东西的嗜好（或许有害，或许无害），或给定任何一种替代性的成长史，我天生就形成了对这同一种东西的反感，倘若我的诸多成年倾向完全不受有关这个东西价值的任何证据的影响，那么，我在选择或拒绝这个东西时所采纳的行动就不是自由的。但同样有可能的是，我的诸多成年倾向应当是这样一个进程的结果，其中，理性评价发挥了一个重要的因果作用。假如我的选择是通过我对最佳事物的反思形成的，假如这些选择可以根据我的有计划行动的后果的新信息而进行改变，那么，尽管这些选择最终是被我的基因型与我依次遭遇的环境所固定的，它们或许仍然是自由的。

行为倾向是一种涉及我们的基因与环境的过程的产物。“基因与环境都发挥了作用”这个纯粹的事实并不能确保自由的可能性。但倘若这个过程涉及回应证据的能力与评价选择性行动路线的能力的发展，那么，我们就有可能避免那些揭穿自由意志真相的结论。我们的行动并不是简单的本能反应。它们也不是由周围文化强加于我们之上的诸多欲望的表现。它们是被基因-环境的相互作用所决定的。假如这种相互作用包含了我们对有价值事物的评价以及我们根据该评价而对我们的欲望做出的改变，那么，由此导致的这些行为倾向就有可能将我们导向自由的行动。

通过思考那些人们在其中按照**错误**方式形成的意图行动，从而无法获得自由的案例，就能激发人们采纳我所倡导的视角。请设想某个人被一种强迫性的欲望（比如说，想要某种危险药品的欲望或想要在建筑物内纵火的强烈欲求）所控制。这种强迫性的冲动是仅仅来源于环境的影响，或来源于遗传的倾向，抑或来源于基因与环境的互动作用，这个问题的重要性微乎其微。关键在于，支配这个人的诸多行动的固定性。在这个人与那些被我们视为自由行动者的人之间，存在着一些重要的差异。不同于一个自由的行动者，我们所设想的主体通常与欲望相抵牾。在绝大多数时间里，他或她都宁愿选择那些实际上不会导致行动的愿望。然而，当强迫性的冲动控制了这个行动者时，这种偏好就被抛弃了。进而，这个人的态度是无法根据证据来进行修正的。无论别人采取了什么样的方法来表明这种药物的不良后果与纵火的不幸后果，这种强烈的渴求都会持续存在。这个人既对公众所承认的价值理由无动于衷，又对增进他或她福祉的观点无动于衷。

不难改进那种分辨具有强迫性冲动的人们的描述，其改进方式为，确认强迫症患者缺乏的那种感受性就是一个与程度有关的问题。对于那些在 412 自身欲望驱使下的人来说，当不让这些欲望实际起作用的偏好相当强大的时候（或许，这种偏好是通过专注于后果的危害性而人为加强的），他们只能阻止这些欲望导致行动。只有当证据以最为形象的方式呈现时，他们才会对证据做出反应。以此方式，我们形成了一个有关敏感度的概念，对于那些被我们认为是自由行动者的人来说，他们的敏感度较高，对于那些被我们认为具有强迫性冲动的人来说，他们的敏感度较低。

至少从某个视角来看，这个具有强迫性冲动的人看起来与自由行动者是相同的。对于我们假定的任何基因型来说，都存在着一种映射，它将一种独特的行为表现型赋予每个成长环境。（对于每个环境来说，都存在着一个相应的表现型，不过，那些对应于不同环境的表现型或许是不同的。）这个假定同等适用于具有强迫性冲动的人与自由的行动者。只有当我们关注在行为表现型与基因型和环境之间的关联的诸多细节时，诸多差异才会被揭示出来。具有强迫性冲动的人的行为倾向的形成方式回避了强有力形成的理性评价的权威，这反映了这种行为表现型不敏感于环境的变化，而环境变化则会累积证据来反对那些吸引具有强迫性冲动的人的事物的可取性。相较之下，由于自由者的诸多习性的发展途径是通过运用他们的认知能力而产生的，这些被我们算作自由行动者的人就将拥有能够对这种环境变化做出回应的行为表现型。

如何阐明那种认为人类的自由表现为以某种方式对环境做出回应的既定行为倾向的总体思路，这并不是一个简单的问题。在最近的哲学文献中盛行的是三条主要进路（参见 Frankfurt 1970；Dworkin 1970；Watson 1975；Wolf 1980；Nozick 1981）。一条进路集中研究的事实是，那些在强迫性冲动下行动的人是根据他们并没有真正辨别的欲望而采取行动的。我们可以引入**二阶**欲望的概念，它可以被理解为这样一种偏好，这种偏好将决定我们普通的欲望（一阶欲望）是否应当对我们的行为产生影响。纵火狂会偏好于拒斥他们想要纵火的欲望：他们希望能够“阻止他们自身”。然而，当他们感受到诱惑时，这种偏好是无力的，而这种偏好的无力则标志着这些纵火狂缺乏自由。其他人则较为幸运。他们的行动根据的是那些与他们的二阶欲望相协调的欲望。一个慷慨的人为了救济饥荒而选择捐钱。这个选择符合二阶欲望，即对别人福祉的欲求应当对行动产生影响。在前一个案例中的冲突与在后一个案例中的和谐，给予了我们一个根据来区分一个人的强制行动与另一个人的自由行动。

413

如其不然，我们可以将一种关于行动者自身与其生活的整体计划归于这些行动者，这种计划构成了他们的价值观与他们自身的幸福观。那些真正自由的人能够以符合这种计划的方式来调整他们的行动。他们能够阻止那些威胁其计划实现的欲望对他们的行动产生影响。对于一个自律的人来说，晨跑纯粹是维系健康以及实现长远目标能力的手段，他能够克服懒散地躺在床上的诱惑。类似地，那些自由的人能够根据他们获得的有关他们整体计划的后果的证据来修正他们的欲望与意图。当他们得知，先前被视为无害的欲望或许有损于实现他们价值的机会时，他们能够抑制这些欲望。根据这种观点，这个人被视为诸多偏好与渴求的议会，自由则表现为根据理性协调投票权力的可能性。

最后，那种将自由人作为一种能够在其关于美好事物、可贵事物与可取事物的主观构想中保持融贯的人的概念，可被如下观念所取代，即自由表现为拥有对客观美好事物做出回应的能力。根据这条进路，那些自由的人拥有能力来分辨值得追求的客观价值，并相应地调整他们的行动。一个仁慈的人支持救济饥荒的事业，他的行动是自由的，因为这种行动对应的是客观上美好的事物。纵火狂无法自由行动，因为他甚至在确认了他的行动与善良的事物背道而驰时仍然会去实施这种行动。

尽管这些得到阐述的方案是精致的，但它们都没有完全免于受到诸多问题的影响。对于前两个自由的概念，有一个显而易见的忧虑。自由无法简单地根据在暂时的偏好与二阶欲望之间的一致或关于价值的总体构想来得到理解，因为后者本身或许就是不自由的。难道我们就不能设想，一个人以强迫性的方式追求着让某些特定的（一阶）欲望对行动产生影响，或一个人固定地倾向于持有某些有价值的东西？最后的进路回避了这个特殊的困难，但它面临着它自己的问题。人类自由的存在被认为依赖于价值的客观性（对这个问题的讨论，参见下一节），而这或许为某些领域敲响了警钟。进而，这条进路似乎形成了一种未曾预料到的不对称性。如果自由表现为对客观美好事物的回应，那么，或许只有那些增进美好事物的行动才是自由的。那些行为恶劣的人的行动并不自由。[在一篇重要的文章中，苏珊·沃尔夫（Susan Wolf）明确发展并捍卫了这种不对称性（Susan Wolf 1980）。] 414

这些问题都不能算作彻底的失败。在每种情形下，我所概述的那些进路的支持者都能找到方法来揭露这些反对理由中的混淆之处，或改进他们的解释来消除纷争。我将不再进一步从事这种哲学上的辩证法。我也不再对那些怀疑论者做出回应，他们抱怨说，休谟主义的传统错过了真正的关键所在，久远历史的问题始终存在并悬而未决。（我认为，要开始对之做出回应，不妨审视如下这个想法，即那种追溯行动在久远历史上的因果要素的做法，始终应当取代根据近似因做出的解释。为什么对于评价一个行动的自主性或价值来说，这个“终极”视角始终应当是恰当的视角呢？）我的主要目标是理解行为生物学中的诸多进展对人类自由问题的影响。现在我已经能够实现这个目标。

假如休谟主义者是错误的，那么，决定关系的细节就不重要。关键问题的出现无关于生物学的诸多判断。但是，假如休谟主义者是正确的，那么，核心问题就是，如何理解那些用来决定一个人是否行动自由的诸多决定模式之间的差异？在这里，生物学是潜在相关的。哲学面对的任务是解释评价、对证据的敏感性或对客观的善的敏感性在那些表现于自由行动之中的欲望的形成过程中所发挥的作用。鉴于对所需要的东西的精确描述，生物学与心理学的探究就能够向我们表明我们是否满足了自由的条件。然而，在我们当前的理解状态中，我们无法呈现任何这样的交锋。哲学家拥有的是一个普遍性的理论，该理论认为，自由行动涉及根据评价来做出选择的能力（那些自由行动者并非短暂激情的奴隶），他们对于阐明这种理论的可能方式有一些特定的思想。我们还拥有这样一幅生物学的图景，即我们的诸多行为倾向，包括我们的偏好以及协调这些偏好的能力，都导源于基因型与环境的互动。在这幅图景中没有任何东西威胁如下论题，即人们有时（或许经常）能够根据他们所赏识的价值来做出他们的选择。

对于休谟主义者来说，有一个关于自由意志问题的当前状况的明显定论。需要相当可观的哲学工作来精心阐述有关我们的自由的一般性见解。415 就目前而言，生物学并没有任何迹象表明，假如自由的条件能够被成功地阐述，它们就将被证明是不可满足的。不过，在我们对这个问题做出明确的判断之前，我们必须等待着人们建构一种有关自由的详细解释与一种有关行为生物学基础的远为宽泛的理解。

现在，让我们回到数轮论证之前并捡起威尔逊的讨论。整个讨论是根据一种关于决定论的特殊定义来做出论断的：

> 有一个在哲学上站得住脚的立场认为，至少某些超越原子层次的事件是可以预测的。本身拥有物质基础的智能可以预见客观对象的未来，就此而言，这些客观对象是被决定的——但它们仅仅在进行观察的智能所构造的概念世界中才是被决定的。(1978，71)

威尔逊继续求助于他自己对海森堡（Heisenberg）的测不准定理与神经生理学的复杂性的解读；他的结论是，人类不仅无法彼此之间进行预测，而且或许无法被任何在物理上可能的智能所预测。

> 心灵的结构过于复杂，人类的社会关系又以相当复杂多变的方式影响着心灵的诸多决定，因此，人类个体的详细发展史无法提前被那些受其影响的个体或其他人所预料到。所以，你和我在这种基本的意义上是自由的与担负责任的人。(1978，77)

尽管威尔逊确实提到了休谟的这个观念，即自由的行动是在人们做出与他们自身符合一致的决定时发生的（71），但是，威尔逊不仅从未探究这个观念，而且没有注意到它的困难。相反，我们发现的是一条简单的推理路线。不可预测性满足了自由的需要。我们是不可预测的。因此，我们是自由的。

有一种流俗的设想认为，决定论应当根据可预测性来获得理解。我已经提供的定义抛弃了这种设想，而我认为这么做是正确的。当然，决定论的根本思想是，给定这个宇宙的过去状态和支配这个宇宙的定律，在目前没有可能替代者的意义上，当下的状态就是被决定的。是否存在真实的或可能的预测，这似乎是无关的问题。

尽管如此，人们或许认为，与可能的预测有关的想法，仅仅是让决定论更加生动的无害方式。皮埃尔·拉普拉斯设想了一种生物，它知道自然定律与先前的状态。根据决定论的假设，这个生物就能推导出随后状态的描述。然而，拉普拉斯的设想提出的问题，比它解决的问题还要多。假如这个生物被允许与它预测的宇宙发生互动，那么，就有可能形成悖论。假如它的知识是以我们认为可理解的方式来表征的，那么，就会产生与哥德尔（K. Gödel）的第一不完备定理有关的诸多麻烦。（根据直觉，倘若预测者被认为是在一个正规的数学理论中导出诸多定理的，那么，它或许就无法产生某些关于未来状态的真实描述。）

416

无论这种通过假想的知识渊博的生物的预测来思考决定论的做法的利弊如何，威尔逊的构想更加奇特。威尔逊似乎坚持认为，一个人相对于这样一种生物更加自由，若这种生物不可能预测这个人的行为。这种相关的生物被视为人类或其他在物理上可能的系统。但是，我们为什么应当由于那种认为我们无法被他人预测的想法而感到宽慰？有些人担忧这样的想法，即人类的行动是（在我的意义上）被这个宇宙的早先状态所决定的，那么，他们就不应当对“人类的智慧不足以计算出这种决定关系”这个事实而感到宽慰。威尔逊的评论完全无关于久远历史的问题。当我们考虑人类的欲望与意图是被外部强加的可能性时，这些评论同样无关紧要。我们无法预测另一个人的行动，仅仅这个事实，不会为那些想要知道在支持救济饥荒的明显自由行动与纵火狂的强迫性行为之间的差异的人带来宽慰。

不过，在威尔逊的讨论中最刺眼的谬误在于，它将（由于生物认知能力有限造成的）不可预测性与有关自由和责任的某种“基本意义”相等同。正如我已经尽力强调的，当我们假定人类的行为是非决定性的时候，自由的问题并没有被解决。当我们假定人类行为无法被人们所预测时，这些问题更不会消失。肯定存在着众多运作方式超过了我们预测能力的物理系统，或者是由于它们对于我们过于复杂，以至于我们无法计算出它们未来的行为，或者是由于它们涉及某些不可还原的随机性。甚至相对简单的系统行为（如抛硬币），我们或许也无法对之做出详尽的预测。这并不意味着自由遍及宇宙。

威尔逊对人类自由问题的攻击，完全绕过了这些困难的问题。由决定论引起的诸多困难，对于久远历史上的决定关系或外部强加的欲望的忧417虑，无法通过根据不可预测性而做出的歪曲表述与从人类的有限预测能力中寻求宽慰来获得平息。若要挽救人类自由这个概念，就要求我们或者捍卫一种普遍性的休谟进路，它反对的是一些对这样的可能性留下深刻印象的怀疑论者，即我们当前的行动，我们的意图，以及它们的根源都是被很久以前的宇宙状态所固定的，或者详细地表明非决定论将以何种方式允许自主的行动。（正如我已经强调的，“我们的行动并不是被决定的”这个事实，并不会保证我们的行动是自由的。）它还要求我们成功地完成这个更加困难的解释任务，即如何描述那些在自由行动中得到表现的欲望的诸多特征。对这些真正的问题保持头脑清醒的人，不会指望仅仅通过他们在空闲时间里的工作来完成这些规划。

下丘脑的命令

我们来到了流行的社会生物学的哲学冒险中野心最大的那部分内容。威尔逊的《社会生物学》的开头数行文字宣布了一个纲领。鉴于“自我的认识是由位于下丘脑与大脑边缘系统的情感控制中心所限定与形成的”，而这些系统是由自然选择进化而成的，因此，进化生物学必须承担的是“在所有的层面上解释伦理学与伦理哲学家（如果不是认识论与认识论家的话)”(1975a，3)。在同一本书的结尾，威尔逊回到了这个主题，他要求他的读者考虑“这样一种可能性，即伦理学暂时从哲学家手中转移过来并将其生物学化的时代已经到来”(562)。因为根据威尔逊的说法，“在本书的第 1 章，我就已经证明，通过求教于他们自己的下丘脑边缘系统的情感中心，伦理哲学家凭直觉就知道道德的道义准则”(563)。威尔逊的自我认识似乎受到了他自己的乐观主义限定。尽管他频繁地做出这样的论断，但是，并没有迹象表明他对任何这样的结论做出了**论证**。

这个观念以无变化的规律性反复出现（如参见 Wilson 1978，5－7，196；Lumsden and Wilson 1983a，175)。然而，就像许多被空谈家反复唠叨的老话题一样，威尔逊的**固执想法**（*idée fixe*）并非全部都容易理解。伦理学的生物学化究竟有什么表现？我们可以设想四种可能性：

> （A）进化生物学具备这样一个任务，即解释人们如何逐渐获得伦理概念，如何做出有关他们自己与他人的伦理判断，以及如何制定伦理原则系统。
>
> （B）进化生物学能够教给我们有关人类的诸多事实，它们连同我们已经接受的道德原则，可被用于推导出我们迄今尚未领会到的规范性原则。 418
>
> （C）进化生物学能够解释与伦理学有关的一切，它能够解决与伦理学客观性有关的传统问题。简言之，进化论是元伦理学的关键。
>
> （D）进化论能够导致我们修正我们的伦理原则系统，其实现的方式不仅包括让我们接受新的派生陈述——正如在（B）中的情况——而且还包括教导我们新的基本规范原则。简言之，进化生物学不仅是事实的来源，而且是规范的来源。

威尔逊似乎接受了从（A）到（D）这四个规划方案。我将证明，（A）与（B）是正当的任务（尽管它们几乎不是什么新的任务)，而威尔逊试图阐明（C）与（D）的尝试则完全是杂乱无章的。

由于我们的伦理行为拥有一个历史，对这个历史细节的追问就完全是恰当的。根据推测，倘若我们能够将这种历史追溯到足够久远的过去，那么，我们就能认识到基因与文化的协同进化，社会制度的建构与规范的引入。尽管如此，进化生物学非常有可能在这个故事中仅仅发挥了一个相当不重要的作用。自然选择对我们所做的全部或许仅仅是，让我们配备形成各种社会约定的能力以及理解和表述伦理准则的能力。在意识到并非每一个我们想要专注的特征都需要成为自然选择的对象之后，我们就不再试图证明，我们伦理行为的任何值得尊重的历史，都必须在那些首次采纳一个伦理规则系统的人身上辨识出某种选择上的优势。完全有可能的是，进化形成的是基本认知能力——**其他的一切都是人为的产物**。

因此，（A）将获得支持，只要我们不对它做出过度的诠释。试图重构我们伦理行为的历史，这是一项正当的事业——尽管它必定将不可避免地充满了猜测。无论我们得到什么历史，进化生物学都将在某个层面上发挥某种作用。但是，我们必须考虑这样的可能性，即这种作用是相当间接的。表述与遵守规范性原则的伦理属性，与自然选择运作的相关性或许微乎其微。

我们也不应当相信，通过表明导源于神话的伦理原则如何被用于支持诸多社会约定来重构伦理的历史（例如，神话中的神明会惩罚那些违背这种准则的人），就会让我们对我们所信奉原则的客观性或正确性产生怀疑。正如算术概念与计算实践的详细历史或许向我们表明了一系列的神话与谬误，但这不会导致我们质疑我们如今已经接受的算术陈述的客观性，因此，对于伦理观念与实践的历史发展的重构，也没有排除掉这样的可能性，即我们现在已经得到了一个有根据的道德准则系统。威尔逊过于仓促地假定，他为宗教观念的突现所给出的进化方案（这个方案强调了宗教信仰与实践在适应上的优势），削弱了那种认为宗教陈述为真的信条。即便威尔逊所给出的方案是正确的，虔诚者也会合情合理地回应说，就像我们的算术概念与实践一样，我们对于这个世界的了解越多，我们的宗教论断就变得越准确。

拉姆斯登与威尔逊提供了一个令人困惑的反驳：“但是，哲学家与神学家除了将最终的伦理学真理作为人类心灵的特有发展之外，并没有向我们展示如何辨识最终的伦理学真理的方式”（1983a，182－183）。这实际上引入了一个不同类型的论证。这个任务独立于那个有关我们追溯伦理行为（或宗教行为）历史的能力的问题，它要求那些相信伦理学客观性的哲学家（或那些主张特定宗教信条是真实的虔信者）为相关主张的辩护方式提供一个有说服力的解释。正如我们将在我们审视规划方案（C）时看到的，在这里有一个重要的挑战。（我们还将发现，与算术的类比被证明有助于对之做出回应。）这个**独特的**挑战的存在，并没有让我们有资格推断，伦理行为（或宗教实践）的自然历史将自动表明，我们的伦理信念（或宗教信仰）无法得到客观辩护。人们通过接受神话或可疑类比而获得的诸多结论，或许以后就能得到严格的辩护。据说，凯库勒（Kekulé）通过凝视火光想出了苯分子的结构。开普勒发现了以他的名字命名的定律，而这部分是由于他接受了有关行星灵魂与天国音乐的可疑观念。

因此，尽管（A）是一种合情合理的事业，但是，它几乎算不上是一种将伦理学从哲学家手中转移过来的激动人心的举措。类似地，（B）也是无伤大雅的。长久以来，伦理学家就已经领会到了这样的思想，即有关人类或自然的其余部分的事实，有可能让我们推敲出我们的某些先前没有预料到的基本伦理原则。正式的功利主义者捍卫的观点是，在道德上正确的行动是那些推进了最大多数人的最大幸福的行动，他们假定，那些被计数的人就是当前已经存在的人类，而幸福则体现为在物质上与心理上的幸福的特定状态，他们将根据他们所得知的幸福最大化的真实方式来推导出具体的伦理准则。类似的论证也适用于那些竞争性的伦理原则系统。 420

生物学家有时将他们自身所提供的帮助限定于这项正当而又没有争议的事业之上。亚历山大写道，“我将论证与我希望表明的是，进化分析能够告诉我们大量有关我们的历史以及已经存在的法则与规范系统的东西，它也能告诉我们任何被认为值得追求的目标的实现方式；但是，它根本没有告诉我们什么目标是值得追求的，或这些法则与规范在未来应当采纳的修正方向”（1979，220）。按照我对他的理解，亚历山大（相当正确地）将他自身限定于（A）与（B）。这些规划方案真正属于自然科学的范围——尽管正如我们已经看到的（第 9 章），没有理由认为，亚历山大成功地完成了这些规划方案。然而，威尔逊的头脑青睐于更高级的东西。

在流行的社会生物学对（C）与（D）的追求中存在着一个明显的紧

张状态。威尔逊在元伦理学中的思想的核心主题是，伦理学的陈述不是客观的；它们仅仅记录了人们的情感反应。不过，进化论将让我们**改进**伦理学。这个学科就能够不再“停留于那些仅仅是博学的人的手中”（1978，7）。如果我们要做出“最佳的选择”，就需要有关人性的知识。威尔逊求助于生物学来表述这个新的原则系统。但是，倘若伦理学导源于我们的情感，那种要改变伦理学命令的根据是什么？伦理学在何种意义上能够得到改进？是什么让“最佳的选择”成为最佳的？威尔逊难以同时戴上“怀疑论者”与“革新者”这两顶帽子。

我将暂时忽略这个紧张状态并专注于伦理学的“生物学化”的两个分离的组成部分。激发威尔逊的元伦理学的原因是，他无法容忍哲学家没有能力在伦理原则的系统化上达成一致。这种想法从他所设想的伦理学客观性的可能理论中得到了额外的支持。他得出的那个结论在如下段落中有所表述：

> 哲学家就像其他所有人一样，他们估量着他们个人对各种变化的情绪反应，就好像在求教于一个隐匿的神谕。这个神谕寓居于大脑深处的情感中心，最有可能位于边缘系统，这个系统是由大量复杂的神经元与激素分泌细胞构成的，它们恰恰位于大脑皮层的“思维”区下方。人类的情绪反应以及在此基础上的更为普通的伦理实践，在经过成千上万个世代的自然选择后，已经在规划下达到了充实的程度。（1978，6）

421

在剥夺了他所援引的神经系统的机制之后，威尔逊所采纳的就是一个非常简单的解释。根据我们的情绪反应来重新表述伦理陈述，就可以穷尽伦理陈述的内容。那些赞同“杀死无辜儿童是一个道德上的错误”的人，无非就是在报告一种厌恶的感受。结果是，伦理陈述被等同于我们在被自己的享乐偏好触动时所做出的陈述。正如并没有客观的标准来评判那些喜爱碱渍鱼①的人，因此，对于那些就杀死无辜儿童的正当性而与我们发生分

① 碱渍鱼（Lutefisk）是挪威、芬兰、瑞典等北欧国家的一种传统食品，由久置的咸鳕鱼干和碱液（一般为草木灰的水溶液）制成，呈胶状并有强烈的刺激性气味。——译注

歧的人，也没有任何客观的评价。他们的下丘脑-边缘系统的复合体让他们倾向于做出不同的情绪反应。仅此而已。

威尔逊明确承认，他相信，对于不同的种群以及相同种群的不同群体来说，存在着不同的“道德标准”集合（1975a，564）。但我怀疑，威尔逊理解的这个立场的特征，完全是由他的主观主义的元伦理学导致的。威尔逊或许相信，变异体的情绪反应有可能在某种方式下被忽视了。何以如此？有一种建议认为，变异体或许会被抛弃，因为其与群体中的大多数成员的态度不一致。为了欣然接受这个提议，人们就不仅需要接受以下这个可疑的观念，即大多数成员总是正确的或有根据的，而且还重新引入了客观性这个概念，而这是威尔逊觉得如此神秘莫测的东西。有一种不同的建议或许更符合流行的社会生物学的精神，它认为，让适合度最大化的情绪反应或许要比让适合度降低的情绪反应更受青睐。然而，如果成功地证明了这一点，那么，这必然既有可能维护那种认为变异体的诸多态度降低了自身的适合度（在什么环境中?）的论点，又有可能维护那种认为让适合度最大化的反应比其他情绪反应在客观上更为可取的主张。伦理客观性的概念以显眼的方式在前门被驱逐，但它又从后门偷偷溜了回来。

威尔逊被迫走向了一个非常难以证实的立场。在面对那些用故意折磨儿童的方式来对“边缘系统的神谕”做出回应的变异体时，我们的反应完全类似于我们对这样一些人所产生的反应，他们着迷于让我们觉得恶心的食物。我们产生了反感。我们的反感甚至有可能导致我们进行干预。然而，假如我们被迫为自己做出辩护，我们将不得不承认，没有任何判断的立场能让我们的行动比我们试图制止的那些人的行动在客观上具备更多的价值。他们遵循的是他们的下丘脑的命令，我们遵循的是我们的下丘脑的命令。

鉴于这些结论是令人不快的，我们最好还是看看通达它们的推理路线。我们是否应当为了存在诸多竞争性的伦理原则系统这个事实而感到为难？这是否应当让我们得出结论，认为没有任何客观标准能够判断这些竞争性的伦理原则系统，因此，“每个人都是他自己的情感主体”？我并不这么认为。在许多人类探究领域中，始终存在着尚未解决的理论争辩，但我们并没有放弃这样的想法，即在这样的探究领域中，最终仍然有可能存 422

在着客观的解决方案。

正如在进化生物学中不仅曾经存在，而且还将继续存在诸多重大理论争辩这个事实，并没有不利于有关生命历史的各种重要论断达成共识，因此，有关伦理基础的诸多竞争性的哲学理论的存在，不应当让我们无视于沉思者在他们的道德评价中达成一致的众多领域。奉行规范伦理学的哲学家正确地试图对**不清晰的**情形做出判定，因为这些情形最需要哲学的建议。另外，那些试图系统化我们的伦理判断的人，将面对在任何系统化理论的尝试中都固有的全部问题。即便对于更简单的情形达成了共识，甚至对于普遍化的方式形成了全体的一致意见时，有关困难情形与基本概念的分歧仍然有可能继续存在。

威尔逊的第二条论证路线更有说服力，而且确实提出了一个严肃的哲学问题。对于那些倡导伦理学客观性的人的一个挑战是，他们需要解释这种客观性的表现。怀疑论者可以通过如下方式进行推论：如果伦理准则是客观的，那么，它们必然在客观上是真的或在客观上是假的。如果它们在客观上是真的或在客观上是假的，那么，它们为真或为假的根据必然是它们符合（或无法符合）道德的秩序，即由除了自然秩序之外持续存在的抽象对象（价值）构成的一个领域。不仅这种秩序的存在是高度可疑的，而且即便存在，我们最终识别它的方式也完全是难以理解的。显然，我们就会被迫假设某种伦理的直觉，通过这种直觉，我们就觉察到了基本的道德事实。我们不仅有必要解释这种直觉究竟是如何运作的，而且还将被迫去弄明白我们的伦理观念在历史进程中的改进。既然我们能够理解道德秩序，为什么我们的祖先明显无法做到这一点呢？为什么伦理学中的分歧到今日仍然继续存在呢？

怀疑论者就是这样。尽管如此，在我们沮丧地放弃伦理客观性之前，我们应当提醒自己，数学也经历了一个类似的论证。如果数学真理是客观的，那么，它们必然在客观上为真或在客观上为假。如果它们在客观上为真或在客观上为假，那么，它们为真或为假的根据必然是它们符合（或无法符合）一个由抽象对象（集合、数，等等）构成的领域。即便我们承认了这些对象的存在，我们最终与它们发生互动的可能方式与理解它们属性的可能方式仍然是难以理解的。显然，我们被迫假定某种数学的直觉，根据这种直觉，我们就觉察到了基本的数学事实。我们不仅需要解释这种直觉是如何运作的，而且还将被迫去弄明白我们的数学观念在历史进程中的改进。既然我们能够理解数学王国，为什么我们的祖先无法做到这一点（他们怎么会在无穷集合与无穷小量、复数等问题上让自身陷于混乱状态）？为什么数学的某些部分的分歧（如关于集合理论基础的分歧）到今日仍然继续存在？

很少有人在不经努力的情况下就会去牺牲数学的客观性。哲学家们对于回应这种怀疑论者的确切方式有所分歧。几乎没有人倡导这样的观点，即算术（与数学的众多其他部分）的客观性由此遭到了反驳。有待探究的各种替代方案实在是太多了。极端的柏拉图主义者将接受这种怀疑论的重构立场，并试图直接解答这些问题。其他人提出的抗辩认为，在这种怀疑论论证的早期阶段存在着诸多重要的谬误。某些人或许希望在不断定数学陈述在客观上为真或在客观上为假的情况下来维护数学的客观性。其他人则有可能形成了这样一种对于数学真假的解释，这种解释并不假定抽象实体的存在。还有一些人或许认可抽象的实体，但他们试图用数学直觉来除掉这种抽象实体。

在伦理学的情况中，类似的策略也是有效的。一种可能性是放弃有关伦理陈述的真假客观性的观念，转而支持如下见解，即某些陈述在客观上是**有正当理由的**，而另一些陈述没有。我们或许可以按照如下方式来试图弄懂这个见解：严格地说，“杀死无辜儿童是一个道德上的错误”既不是真的，也不是假的，实际情况是，我们接受这个陈述在客观上有正当的理由。[正如诺曼·达尔（Norman Dahl）向我指出的，我们将一个法官的判决视为正确的或不正确的，我们承认法律的客观性，虽然我们并不认为判断是真实的或虚假的。] 相同主题的一个变体是认为在伦理学的情况中那些被视为真或假的东西，并没有在某种程度上符合（或没有符合）某种独立的道德秩序；相反，我们或许认为，倘若一个伦理陈述被一个理性的人以特定方式接受，那么，这个伦理陈述就是真实的。有一种独特的立场宣称，伦理陈述符合（或没有符合）道德的秩序，但是，它试图根据自然的术语来理解道德的秩序。例如，一个人或许假定，道德上的善被等同于人类幸福的最大化，在这个人看来，道德上正确的行为，就是那些促进 424

了道德上的善的行为（或那些符合这样一种程序的行为，人们可以期待该程序促进了道德上的善）。还有另一种选项是断言，确实存在非自然的价值，但是，我们可以用一种完全熟悉的方式来理解它们——比如，通过我们对人们及其行动的认识。最后，正如我已经注意到的，伦理客观性的捍卫者可能会接受怀疑论者所搜集的全部条条框框，并试图解释那些被怀疑论者视为不可理解的现象。

威尔逊仓促的情感主义，依赖于他对众多替代方案的严厉批评。在威尔逊论述这个主题的数页篇幅中，仅仅出现了两种对于伦理客观性的可能解释。其中的一种解释试图对伦理给出一种宗教的基础，这种解释并没有出现于我罗列的选项清单之中。威尔逊提到了宗教的道德系统，而这仅仅是为了抛弃它们；他给出的理由具有欺骗性："假如宗教……可以被系统分析与解释为大脑进化的产物，那么，它作为道德外部来源的力量就将永远消逝"（1978，201）。这个论证取决于一个关键的模棱两可之处。如果宗教的概念无非是我们大脑的产物，那么，当然，宗教就仅仅是一种谎话。不过，如果宗教信仰的历史表明，人类获取了有关真实存在的实体的知识，那么，就没有根据来支持威尔逊的结论。正如我们在讨论（A）时所看到的，根据宗教拥有一个多变的历史，并不能仓促地通过论证来揭穿宗教（或数学）。

还有好得多的理由来忽略道德伦理的宗教基础。自柏拉图以来，哲学对这些理由就并不陌生。假设我们判断善良行为的根据是因为它们是在神的命令下实施的。神的特性与命令或者本身就在客观上是善的，或者它们并不是在客观上是善的。假如它们在客观上是善的，那么，善的基本概念就不是被神明的命令所固定，而是独立于神明的命令。假如它们并不是在客观上是善的，那么，人们就可以恰当地追问，为什么人们应当遵守这样的命令。无论是以哪种方式，神圣的命令似乎都无法为道德秩序奠定基础。（应当注意，某些哲学家已经试图反驳柏拉图的论证并重新装备有关神圣命令的理论。例如，参见 Quinn 1981。）

威尔逊所考虑的另一个替代方案是这样的可能性，即伦理原则可以被某种神秘的直觉所认识。在他提供的最为明确的解释中，威尔逊将**伦理直觉主义**界定为"这样的信念，即心灵拥有直接认识真正的正确与错误的

425

能力，并通过逻辑将其形式化而转化为社会行为规则”（1975a，562）。在用怀疑论的论证所汇集的所有成问题的概念来牵制伦理客观性的捍卫者之后，接下来他就能宣称，哲学家实际上欺骗了他们自己。他们以为，他们凭直觉知道了独立于心灵的价值。但他们实际上求教的是他们自己的下丘脑–边缘系统。要是我们能够用某种科学的伦理体系来替代哲学家的混乱情感就好了！

> 然而，就目前而言，科学家无法对我们是否真正做出了某种正确决策提供指导，因为在完全没有参照那些已经得到详细审查的道德情感的条件下，就没有一条已知的途径来界定什么是**正确的**。或许，这就是自由意志通过我们的基因传递给我们的最终负担：在最终的分析中，甚至当我们知道了我们有可能做些什么以及我们为什么这么做时，我们每个人仍然必须做出选择。（Lumsden and Wilson 1983a，183）

我们将在后文中看到，拉姆斯登与威尔逊有时准备以更加乐观的态度来对待科学伦理学的未来。然而，在这里，他们玩弄的是这样的可能性，即道德选择或许并没有客观的标准。让他们倾向于这种可能性的论证所根据的是一种怀疑论，这种怀疑论对于给出伦理客观性解释的前景持怀疑的态度。

威尔逊（而我假定，拉姆斯登也和他一起）在情感主义的道路上飞奔，却忽略了两个世纪以来反思伦理学的两大主要立场。功利主义试图通过那种认为善主要表现为人类福祉的最大化的观念来解释善是什么（并派生性地解释一个行为在道德上的正当性是什么）。伊曼努尔·康德（Immanuel Kant）与他的哲学后裔将道德客观性的问题构想为这样一种问题，即如何表明基本道德原则就是那些在特定理想情况下会被理性者所采纳的原则。他们的建议可以用两种略微不同的方式来进行详细阐述。他们或许会提出，存在着一种独立于我们的信念与感受的道德秩序，这种道德秩序是被遵循特定种类程序的理性者的判断所决定的。（根据这种解释，伦理陈述或者在客观上是真实的，或者在客观上是虚假的，让它们为真或为假的根据是，它们符合——或无法符合——特定程序的结果。）或者他们会放弃伦理真理的概念，与此同时却强调伦理辩护的概念。某些原则在客观上得到了辩护，它们拥有这种地位是因为遵循了特定程序的人们就会得到这些原则。

426 近年来，第一种类型的康德式见解得到了约翰·罗尔斯（John Rawls）的详细而又深刻的阐述，他以如下方式陈述了核心思想：

> 除了建构正义原则的程序之外，不存在任何道德的事实。无论这些事实是否被承认为任何权利与正义的理由，无论它们作为理由的分量如何，它们都只能在建构的程序中得以确认，也就是说，它们只有根据理性行动者的建构所做出的担保才能得以确认，在此时，这些理性行动者被恰当地表征为自由而平等的道德人。（1980，519）

功利主义者着手处理伦理客观性问题的方式与罗尔斯所捍卫的“康德式的建构主义”在我所罗列的回应怀疑论者的备选清单中都有所预示。威尔逊对于他的情感主义的论证最多也就是我归于怀疑论者的推理路线。那么，为什么真正的备选项，即哲学家努力去发现与探索的那些备选项在威尔逊的讨论中缺席呢？

当我们读到威尔逊对罗尔斯见解的明确评述时，这个答案就是显而易见的。由于他并没有谨慎地表述怀疑论的论证，由于他并没有关心那些被他误认为“盲目的情感主体”的伦理学家的表述与论证，威尔逊除了那种形式最极端的直觉主义之外，就无法看到伦理客观主义的任何可能性。所有相信伦理学客观性的哲学家结果都变成了极端的直觉主义者。事实上，在他最初对那些依赖于有关“真正的正确与错误”的伦理直觉的理论所做的批评中，威尔逊的主要目标是罗尔斯！（假如罗尔斯是**任何**意义上的直觉主义者，他肯定没有采纳那幅关于粗野智能理解抽象价值的简单图景，而威尔逊却将这幅图景归于罗尔斯。）并没有精巧的新论证来揭穿伦理的客观性。威尔逊通过忽视严肃的备选者来达到他的结论。他忽视它们，因为显而易见，他并不理解它们。

尽管如此，在这里还有一个真正的挑战。哲学家确实承认，他们尚未对怀疑论者关于伦理客观性的攻击做出一个令人信服的回应，而哲学家缺少对这个问题进行广泛可理解的讨论，这或许助长了许多科学家（与其他并不是哲学家的人）将威尔逊粗劣的入侵视为对哲学的不严格沉思的一种颇受欢迎的慰藉。我希望，已经给出的分析削弱了任何这样的反应。在本章的结尾，在我们已经审视了威尔逊的规划方案的最后一个方面之后，我将回到伦理客观性的问题上。

在对新规范原则的寻求中，我们并不清楚，流行的社会生物学提供的是许诺还是表演。关于（D）的最为新近的表述假定，更伟大的自我认识将是伦理学体系得到改进的关键：427

> 只有通过洞察道德思想的物质基础并思考其在进化上的意义，人类才将拥有力量来掌控自己的生活。接下来，他们将在一个更恰当的立场上选择道德规则以及为了维系这种道德规则所需的社会管理形式。（Lumsden and Wilson 1983a，183）

在考察了威尔逊捍卫的情感主义的元伦理学（显然，拉姆斯登也捍卫了这种伦理学）之后，我们现在恰恰就能领会到这种想法有多么古怪。假如道德的正确性没有意义，那么，那种主张更伟大的自我认识或许能将我们置于一个更好的位置来选择伦理准则的论断究竟有什么意义？回答这个问题的一个明显方式是认为，对于我们的下丘脑-边缘系统的更多了解，或许将我们置于一个更好的位置来满足我们在自己生命过程中所产生的诸多欲望。它确实有可能做到这一点。不过，鉴于伦理陈述仅仅记录了我们的情绪反应，为什么一组反应（即便是一组“有信息根据的”反应）会比另一组反应更好？难道情感主义已经让位于这样的立场，即伦理准则若被人们遵循，就会最大化长远的幸福？在此相关的是谁的幸福？

这种问题是学究的问题。威尔逊拥有的是某种“让伦理学生物学化”的普遍规划方案，他并没有严肃地试图区分诸如（A）与（D）这样的独立事业。因此，毫不奇怪，当引入了惯常的哲学区分时，就迅速出现了诸多矛盾。然而，在威尔逊穿越伦理学地图的未知漫游中，他仍然有可能偶然发现了一个重要的深刻见解。

因此，让我们考虑这个他意在提出的建议的特性。我们的生物学知识并不是单纯地被用来根据（B）中更加抽象的规范性前提获得的派生性道德原则。它还被认为影响了我们最基本的价值。在他的早期作品中，威尔逊准备概述的是那种有可能从生物学分析中显现的得到改进了的道德。在他的一次宣传中，他宣扬了神经生理学与系统发育重建的力量，它们将形成“一门伦理生物学，这门生物学将让人们有可能选择一种得到更加深刻的理解与更加持久的道德价值准则”，在此之后，威尔逊又让我们体会到了他的谨慎：

> 新出现的伦理学家起初想要思考那些幸存下来的人类基因的基本价值，这些基因经过一代又一代的流传已经形成了人类共有的基因库。几乎没有人意识到有性繁殖的分解行动的真实后果，人们也没有意识到相应的“种系”是不重要的。对于一个个体的DNA组成来说，在任何给定世代中的所有先辈都对它做出了同等重要的贡献，在未来的任何给定时期里，它将在所有的后代中被均等地分配……个体是提取自这个基因库的诸多基因的短暂组合，其中的遗传物质将很快被分解并回到基因库中。(1978，196-197)

428

按照我对他的理解，威尔逊的主张是，存在着一种基本的伦理原则，我们可以将其表述如下：

> (W) 人类应当做的，就是满足确保**人类**共同基因库存续的诸多可能要求。

他还主张，这个原则并非导源于任何更高等级的伦理陈述，而是完全根据有性繁殖的相关事实来获得辩护的，在这种意义上，它是基本的伦理原则。[相较于没有争议的（B)，威尔逊在这里玩弄的是一场更大的游戏，他允许人们使用生物前提与伦理前提来形成新的伦理结果。] 因此，威尔逊认为，这里存在的是一个导向（W）的正当论证，它的根据是一个有关性别事实的预设：

> (S) 任何人类个体的DNA都导源于先前世代中的许多人，而假如这个人有所繁衍，那么，这个个体的DNA将在后代的许多人之中进行分布。

从威尔逊的这些论断中产生了两个问题。这个从（S）到（W）的论证是一个正当的论证吗？(W）是一个在客观上正确的道德原则吗？

第一个问题将我们导向伦理学史上的那段最为著名的文字，即休谟所确认的“自然主义谬误”。根据休谟的观点，规范性的结论是无法从事实性的前提中推导出来的。这个观点不难理解。规范性的陈述提供的是对行为的指导，事实性的陈述显然并不这么做。（对于在与威尔逊的例证有关的语境下的这个观点的一个精彩解释，参见 Singer 1981，74ff.。）不难对（S）添加那种将让我们能够推导出（W）的伦理前提，但是，这将放弃那个野心勃勃的事业（D）。我们也无法假定，存在着某种其他类型的论证，它虽非演绎性的论证，但又是正当的论证，它将让我们能够仅仅从（S）中推断出（W）。我们所认同的在论证中出现的常见类型的推理似乎都是无效的。没有某种熟悉的归纳论证或概率论证能让（S）导向（W）。我们也无法断言，（W）以某种方式是可接受的，因为它为（S）的真实性提供了一个解释。对（S）的解释是由遗传学提供的，而不是由伦理理论提供的。那种认为我们的 DNA 分解后回到共同的基因库，那恰恰是由于基本的道德原则让我们确保这个基因库的持续，这个观念或许拥有暂时的魅力，但这种魅力出自一种荒谬的赏识。 429

威尔逊意识到了这个威胁他事业的著名谬误。他用这样的想法来安慰自己，即以此为根据的批评“在最近几年中已经失去了它的许多力量”（1980a，431），而且他还断言，“这个自然主义的谬误与其说是一个谬误，不如说是先前被人们信以为真的东西”（1980b，68）。他扩展这个评述的方式是，提出一个与遗传的适合度无关，因而（我认为，此处的因果关系是可疑的）对边缘系统的命令背道而驰的伦理体系，这个体系会导致人们“最后无法满足心灵，并最终导致社会的不稳定与遗传适合度的大量损失”（1980b，69）。这些极端的可能性是否暗示了一种从生物学的事实通向道德原则的桥梁呢？

重构威尔逊从（S）到（W）的论证的最显而易见的方式是引入一些进一步的伦理学论断。或许威尔逊意在主张，违背（W）的行为（它们让共同的人类基因库停止继续存在）或许会不可避免地导致“无法满足心灵”，或导致“社会的不稳定”，或导致“遗传适合度的大量损失”，或导致所有这三种可能性。为了充分利用这些论断来为支持（W）的论证服务，威尔逊做出的明显预设是，我们不应当做那些导致无法满足心灵、导致社会的不稳定或导致遗传适合度的大量损失的事。无论我们选择哪个选项（或哪些选项），这个论证都是没有什么前景的。威尔逊没有任何理由来断言任何这样的事实预设：没有证据表明，人类没有能力来面对那种认为共同的人类基因库有可能不再存在的想法。进而，在每种情形下，伦理学的工作都有可能通过某种作为背景的伦理理论来得到完成，就此而言，这种伦理理论（以假定不惜一切代价的方式）将始终能够避免出现那些无法满足心灵、导致社会的不稳定与遗传适合度的大量损失的情况。由于这种伦理学似乎并没有登台亮相，我们就不知道威尔逊会试图以何种方式来支持它。此外，倘若我提供的理解是正确的，那么，将伦理学生物学化的事业似乎就可以被还原为那种完全没有争议性的规划方案（B），人们从事这个规划方案的方式是混乱而又无效的，因为关键的伦理学假设没有得到清晰的陈述或详尽的发展。

零散的暗示并没有助长解释者的信心。威尔逊在他的头脑中想到的恰恰有可能是某种完全不同的东西。尽管如此，有一点是清楚的。流行的社会生物学并没有做出严肃的尝试来面对这个自然主义的谬误——为了准确描述根据生物学的前提可获得规范性论断的条件，为了表明新的科学伦理学的道德原则确实真正地与生物学发现处于恰当的关系之中，就需要严肃地对待这个自然主义的谬误。（假如这个自然主义的谬误并不是一个谬误，那么，就需要有**某种**令人满意的论证来根据事实前提推导出这些规范性的结论。这并不意味着，**每个**根据事实导出价值的论证都应当迫使我们赞同。）我们所做的仅仅是将一个生物学的老生常谈（S）与一个所谓的概述了“首要价值”的陈述（W）完全并列起来。它们之间的关系则被留给读者来完成。毫不奇怪，在对这种做法进行了探究之后，批评者可能想要惊呼：“这就是一个谬误！”

430

迄今为止我们考虑的是根据生物学的前提来为这种伦理学原则进行辩护的仅有可能性。现在让我们来看看这种伦理学原则本身是否正确。有很多理由让我们怀疑这一点。在绝大多数的情形下，保存人类基因库的规训几乎没有对我们做出什么要求。它完全相容于我们让成千上万的人死亡的行为——它甚至完全相容于我们加速这些人灭亡的行为。（甚至大屠杀也有可能相容于威尔逊的第二个原则，这个原则命令我们赞成基因的多样性。

我们只要小心地确保被我们所杀的那些人携带的基因拷贝已经存在。）尽管如此，当生活变得艰辛时，这种原则蕴含了某些具有争议性的建议。

请设想大屠杀之后经常出现的情况。有五个幸存者：四个女人与一个男人，四个女人的年龄在月经初潮期与绝经期之间。假设他们知道自己是仅有的幸存者，他们意识到，这个种族的未来取决于他们的决策与行动。在经过长时间的思考与讨论之后，四个女人都下决心不准备生育子女。所有女人都对她们所在行星的新近历史状态感到厌恶，尽管她们都知道有性繁殖的生物学知识，但是，她们都坚决反对那种要传播其基因的主意，那个男人拥有力量来强迫这些女人中的一个女人与他交媾，让她怀孕并且迫使她生育子女。这个男人应当做些什么呢？

（W）提供了一个清晰的答案。这个男人应当做的，就是确保**人类**基因库的存续所需要做的任何事情。如果这包括强暴与其他形式的暴力，那就这么做吧。

然而，存在着一些指向不同方向的伦理原则。这些女人是自主的行动者。她们自己做出决定的权利是不应当被侵犯的。她们不应当被仅仅当作手段，即保存人类基因的工具。因此，这个男人不应当在违背她们意志的条件下强迫她们与自己交媾。

不难构造出任意数量的类似例证。比如，假设我们最终意识到，除非世界人口被削减到当前规模的十分之一，否则，此后二十个世代之内**人类**就将灭绝。进而假设，任何拖延都将让这个人口问题变得不可解决，对于活着的人们进行绝育处理是没有用的；他们中的绝大多数人必须被杀死。令人遗憾的是，人类群体中的绝大多数人都拒绝赞同这个终结他们生命的方案。那些掌权者应当做些什么呢？ 431

当我们思考的是类似于此的例证时，我们提醒自己注意，我们的DNA来自许多人，并且将在未来的诸多世代中分散到许多人之中，这并没有什么帮助。成问题的是未来数代人的生存权利与现在活着的那些人的自主权利的相对价值。有关繁殖的生物学事实并没有给予我们这种关联的信息。我马上就会回到这个要点上。它标志着威尔逊希望发展的那门“科学伦理学”的决定性失败。

威尔逊的另一个发展实质性道德原则的努力尝试也好不了多少。值得注意的是，这些原则之一（第三个原则）实际上更加糟糕。威尔逊相信，我们最终会把“人类的普遍权利”作为首要的价值。让我们搁置任何对“在我们可能拥有的权利中究竟是哪一种可以被当作普遍权利”这个问题而产生的忧虑，转而考虑这个原则的所谓的生物学基础。根据威尔逊的观点，重要的事实是，我们是哺乳动物；因此，我们的社会就建立在“这种哺乳动物的规划之上”（1978，199）。自然会产生的问题是“哺乳动物的规划是**什么**？”——因为正如在先前章节的讨论中清楚表明的，哺乳动物的社会是高度多样化的。进而，对于那种认为“哺乳动物的律令”（199）反对不平等永存的论断，我们只能表示惊叹。海象、叶猴、狮子与阿拉伯狒狒的社会没有提供这种令人宽慰的迹象。因此，这种例证似乎将在支持这个含糊原则的论证中所使用的自然主义谬误与某种特别有选择性的生物学结合了起来。

我的结论是，这些野心勃勃的规划方案——（C）与（D）——以失败告终。我希望通过强调有关伦理问题的合格讨论的一个重要特征，来结束我对流行的社会生物学的伦理学冒险的讨论，而威尔逊的论述完全缺少这样的特征。对这个特征的分辨，将让我们能够清楚地看出新科学伦理学的诸多准则如此幼稚的原因；它还将进一步阐明伦理学的客观性问题。

流行的社会生物学完全不敏感于以下这个问题，即如何处理不同个体之间的相互竞争的利益问题。当我们反思威尔逊的“首要的价值”并设想人们在其中被迫通过做出巨大的个人牺牲来促进这些“价值”的处境时，这种不敏感性就变得显而易见。在我揭露威尔逊的（W）原则的可疑本质的设想中，我能够利用的是，威尔逊的讨论缺少任何可以评价特定人类的权利与义务的视角。

432

伦理学的客观性问题的一个组成部分恰恰取决于这个问题。我对于我想要让世界存在的方式有我自己的见解，你则有你的见解。在这里毫无疑问存在着冲突。为了解决这种冲突，是否存在着所有人都应当承认的某组原则？是否存在着一种不偏不倚的视角，其他人的价值与目标都应当根据这个观点进入一个道德行动者的决策之中？当我们考虑到，或许有一种**正确的方式**让一个人去辨别其他人的偏好，并且在与自私的欲望有所冲突时给予这些偏好以正当的权利，伦理客观性问题就有可能显得多少不那么神秘莫测。在伦理上获得正确决断的任务似乎不再是一个符合虚无缥缈的实体（抽象价值）的任务；相反，它要求的是确认超越个体需求的存在标准，在这种标准中，其他人的需求将被给予相应的地位。

在一种相当简化的形式中，这条途径确认的是被罗尔斯视为伦理学理论的核心问题。罗尔斯提出：

> 道德知识的主观性或客观性，并不取决于理想的价值实体是否存在，并不取决于道德判断是否为情感所导致，并不取决于这个世界上是否存在着多种道德准则，而仅仅取决于如下这个问题：是否存在一种合情合理的有效方法，它将确认那些被给定的或被提议的道德规则以及根据这些规则而做出的决策为正当的？（1951，177）

罗尔斯的建议在论证的早期阶段就遇到了怀疑论者关于伦理客观性概念的挑战。展示伦理学客观性的任务，就是要表明，有可能给出理由来支持或反对诸多道德规则或特定决断，**这些理由对于所有的派别来说都是有效的**。

罗尔斯试图完成这个任务的方式是，他提出，那种用来解决不同人在欲望和兴趣上的差异的方案的支配原则，是那些有可能被处于一种假定处境中的理性存在者所接受的原则，罗尔斯将这种处境称为"原初状态"。我不打算在此阐述细节；罗尔斯的基本思想是，处于原初状态的存在者对于人类的动机拥有某些知识，但他们必须要在"无知之幕"的背后做出他们的决定。最为重要的是，他们事先并不知道他们自己在这个社会中的特定地位，而这个社会的组织安排是被他们的决策所限定的。罗尔斯的论题是，正义原则有可能被理性行动者所获取，而这些理性行动者着手获取正义原则的根据是知识与无知的混合体。 433

威尔逊对这个建议的评价暴露出他深刻误解了这个建议以及罗尔斯所回应的那些重要问题："尽管很少有人会不赞成'作为公平的正义'是脱离肉体的精神的理想状态，但就人类而言，这个概念绝对是无法解释或无法预测的"（1975a，562）。这个批评依赖于这样的想法，即罗尔斯将正义作为公平的解释必然是不充分的，因为它并没有融入生物学知识，而威尔逊断言，生物学知识是他自己理论的基础。然而，即便我们假定，流行的社会生物学家已经彻底弄清了下丘脑的全部命令，他们仍然没有触及罗尔斯提出的问题。仍然会出现一组重要的问题来反驳威尔逊对伦理学的生物学化。我们能够发现一组对于所有具备利益冲突的派别都有效的理由吗？如果能发现，我们如何详细列举这种理由？罗尔斯是否已经成功地给出一种方法来发现这些理由？尽管我们或许已经了解了下丘脑-边缘系统，但是，这些问题的答案并不会随之到来。

有一种挑衅认为，道德“正确性”是一个完全神秘莫测的概念，罗尔斯原创性的深刻建议则对于这种挑衅提供了一种回应方式。（在他新近的作品中，罗尔斯明确提出了一个或许会继续让人烦恼的问题：“为什么被在原初状态这个理想处境下的诸多派别所达成的结论应当对现实人物有所约束?”罗尔斯解答这个问题的一次尝试，参见 Rawls 1980。达沃尔以超乎寻常的彻底性着手进行了类似的研究，参见 Darwall 1983。）我概述了罗尔斯的某些思想，这仅仅是为了表明流行的社会生物学的冒险以何种方式相关于道德理论中的严肃研究。通过求助于有关伦理学基础的相当不同的研究进路，我们也可以提出这个相同的看法。（例如，参见 Singer 1981 中的清晰讨论，这个讨论同样试图揭露流行的社会生物学所倡导的伦理学的局限性。）我们需要做的并不是重述当代伦理学家（与他们的某些先驱）所说的要点，而是构造一个视角，根据这个视角，我们就可以领会流行的社会生物学家的事业的特性。

这个视角揭示了威尔逊及其追随者承诺的“伦理学理论”所丢失的东西。任何伦理学体系的核心使命是构造公正的视角。流行的社会生物学强调的是神经系统的命令，据说，形成这个神经系统，是为了让拥有该神经系统的个体的广义适合度最大化，因此，流行的社会生物学的“伦理学”缺少任何解决冲突的理论。某些人可以被视为通过与其他人的合作来最大化他们自身的广义适合度，在此范围内，表面上的利益冲突或许可以被判定为这样的处境，其中，所有派别通过调整他们的行为来最大化他们的广义适合度。然而，存在着无数这样的处境（其中某些还是最令人困扰的处境），其中，诸多个体的繁殖利益确实发生着冲突。对于这些处境，流行的社会生物学没有提供任何东西。在这些处境中，并不存在高于下丘脑命令的立场，并不存在公正的视角，存在的仅仅是冲突。

434

后　记

社会生物学拥有两张面孔。一张面孔审视的是非人类的动物的社会行为。它专注的目光是仔细的，它紧抿的嘴是审慎的，它仅仅以小心谨慎的方式表述言论。另一张面孔则几乎藏在扩音器的背后，它以强烈的兴奋之情大声宣布有关人性的断言。 435

我试图分辨这两张面孔：我试图表明，我们在理论上对在自然选择下的进化理解有了巨大的进展，某些得到发展的技术被谨慎地适用于非人类的动物的行为研究，这些研究对于昆虫、鸟类与哺乳动物的社会生活得出了诸多有趣的结论；然而我也试图表明，社会生物学对于我们自身的宏大结论的构筑有多么不成熟与危险。我们已经反复看到，关于人性论断的出发点是多么不严格的适合度分析，它们以多么草率的方式来处理有关动物行为与人类行为的数据，它们运用了多么成问题的概念，它们所依赖的在最优性与自然选择之间的关联有多么可疑，它们提供的支持表现型的刚性的论证有多么具有欺骗性。

列举这些谬误是重要的，因为接受流行的社会生物学的人性观所带来的效应是巨大的。这种人性观助长了如下的想法，即阶级结构在社会上是不可避免的，对陌生人的好斗冲动是我们的进化遗产的一个组成部分，在性别之间存在着不可根除的差异，女性对真正平等的期待注定要失败。这些想法都不应当被轻易采纳。正如我在我的讨论的开头就已经论证的，与社会有关的科学的真正政治问题是，谬误的严重后果迫使人们有必要提高证据的标准。在流行的社会生物学的情况中，它忽略了通常的接受标准。纯粹由这些错误构成的威胁，扼杀了数百万人的抱负。

我们无法确保我们关于正义、平等与自由的目标能够得到实现。科学研究或许在某一天将向我们揭示，我们的本性排除了我们所追求的那种社会的可能性。然而，这一天尚未到来。我们应当提防流行的社会生物学的推销者所给出的建议，他们带着自满的态度断定他们已经审视了他们所面对的事实，他们已经发现了我们的不足。但他们没有完成任何这样的事情。

436

由于某些社会问题的复杂性，人们就会在诱惑下求助于那些免费提供建议的人。我们对社会秩序的理解是通过一段漫长的辩证法来获得的：诸如柏拉图、洛克（J. Locke）、马克思与罗尔斯这样的形形色色的思想家，都对有关正义、自由与平等的当代思想的形成提供了帮助。我们会想要知道，是否有可能实现我们从这个传统中得出的诸多政治理念，正是在这里，流行的社会生物学让我们寄望于获得这样一种快速的解答，即对我们来说，只有某些种类的解决方案是有可能实现的——或至少是不需要付出严重代价就有可能实现的。没有这些轻率的解答，我们的境况将好得多。请记住苏格拉底那则著名的格言，我们应当承认我们迄今对某些事物仍然是无知的。

真正的人类社会生物学是一门严肃的学科，它将带给人类行为研究的东西，不仅包括有关进化生物学新近洞识的修饰，而且还包括那种突出了非人类社会生物学中最佳工作的严格性，这种真正的人类社会生物学的前景如何？我们在这里必须再次承认自己的无知。目前我们无法有信心地预见到我们能够走多远。我已经努力表明，研究非人类行为的严肃学者目前以何种方式面对那个探索了大量替代性假说的明确任务。存在着充裕的精密模型，由于当前缺少数据，有大量进一步的改进在后方等待着。而在**智人**的情况中，我们仍然等待着第一个严格分析的出现。

由于发展这种分析而带来的诸多问题是显而易见的。人类具备无与伦比的能力来评估他们自己的处境与周围那些人所追求的策略。因此，我们几乎难以指望通过将我们自身限定于那些在动物行为研究中经常被挑选出来的简单而又无条件的策略来表征我们自己的行为。我们也尚未认识到表征那种在个体行为与周围文化之间的相互作用的方式。在我们能够阐明基因-文化协同进化的一般性图景之前，那些关于进化可能青睐的制度的结论仅仅是一些猜测。

严肃的人类社会生物学需要获得来自许多领域的帮助。假如要成就这门严肃的学科，它就必须利用进化理论家、行为遗传学家、发育生物学家、发展心理学家、社会学家、历史学家、认知心理学家与人类学家的研究工作。任何由此产生的学科都将是一次真正的综合。但是，当这个联盟 437 的某些贡献者尚未得到充分发展时，就难以实现这种综合。

流行的社会生物学茁壮成长所依靠的，是那种在陌生的思想海洋中航行的大胆科学形象。然而，真正的开拓性科学的成功，并不仅仅是因为它们在智识上的勇气，而且是由于它们认识到自己手上已经掌握了新冒险所需的工具。对于流行的社会生物学所钟爱的形象，我们或许可以提出另一个对立的形象。麦克白在将要弑君时说道：

> ……没有一种力量
> 可以鞭策我实现自己的意图，
> 只有膨胀的野心使我不顾一切，
> 哪怕万劫不复。

在这部戏剧的这个时刻，麦克白自身的杰出服役为他自己带来了崇高的荣誉。但这些并不够：在自己有可能成为国王的诱惑下，他忘记了自己作为主人与臣民的双重义务，发动了一系列让邓斯纳恩城堡中的不幸达到极致的事件。这一连串可怕的后果本可以轻易避免。毕竟，成为考特爵士，并不卑微。

参考文献

439 Alexander, R. 1974. "The Evolution of Social Behavior." *Annual Review of Ecology and Systematics* 5, 325–383.

Alexander, R. 1979. *Darwinism and Human Affairs*. Seattle: University of Washington Press.

Alexander, R., and Noonan, K. 1979. "Concealment of Ovulation, Parental Care, and Human Social Evolution." In Chagnon and Irons 1979, 436–453.

Allen, E., et al. 1975. "Against 'Sociobiology.'" In Caplan 1978, 259–264.

Ardrey, R. 1966. *The Territorial Imperative*. New York: Atheneum.

Axelrod, R. 1981. "The Emergence of Cooperation among Egoists." *American Political Science Review* 75, 306–318.

Axelrod, R., and Hamilton, W. D. 1981. "The Evolution of Cooperation." *Science* 211, 1390–1396.

Bachmann, C., and Kummer, H. 1980. "Male Assessment of Female Choice in Hamadryas Baboons." *Behavioral Ecology and Sociobiology* 6, 315–321.

Barash, D. 1976. "The Male Response to Apparent Female Adultery in the Mountain Bluebird, Scalia currucoides: An Evolutionary Interpretation." *American Naturalist* 110, 1097–1101.

Barash, D. 1977. *Sociobiology and Human Behavior*. New York: Elsevier.

Barash, D. 1979. *The Whisperings Within*. London: Penguin.

Barash, D. 1982. "From Genes to Mind to Culture: Biting the Bullet at Last." *The Behavioral and Brain Sciences* 5, 7–8.

Barlow, G., and Silverberg, J., eds. 1980. *Sociobiology: Beyond Nature/Nurture?* Washington, D. C.: American Association for the Advancement of Science.

Bateson, P. 1978. "Sexual Imprinting and Optimal Outbreeding." *Nature* 273, 659–660.

Bateson, P. 1980. "Optimal Outbreeding and the Development of Sexual Preferences in Japanese Quail." *Zeitschrift für Tierpsychologie* 53, 231–244.

Bateson, P., ed. 1982a. *Current Problems in Sociobiology*. Cambridge: Cambridge University Press.

Bateson, P. 1982b. "Preferences for Cousins in Japanese Quail." *Nature* 295, 236–237.

Beatty, J. 1985. "The Hardening of the Synthesis." In P. Asquith and P. Kitcher, eds., *PSA 1984*. East Lansing: Philosophy of Science Association.

Bengtsson, B. 1978. "Avoiding Inbreeding: At What Cost?" *Journal of Theoretical Biology* 73, 439–444.

Bernds, W., and Barash, D. 1979. "Early Termination of Parental Investment in Mammals, Including Humans." In Chagnon and Irons 1979, 487–506.

Bertram, B. 1976. "Kin Selection in Lions and in Evolution." In Clutton-Brock and Harvey 1979a, 160–182.

Bertram, B. 1982. "Problems with Altruism." In Bateson 1982a, 251–267.

Bishop, D., and Cannings, C. 1978. "A Generalised War of Attrition." *Journal of Theoretical Biology* 70, 85–124. 440

Block, N., and Dworkin, G. 1976a. *The IQ Controversy*. New York: Pantheon.

Block, N., and Dworkin, G. 1976b. "IQ, Heritability, and Inequality."

In Block and Dworkin 1976a, 410—540.

Bock, K. 1980. *Human Nature and History*. New York: Columbia University Press.

Bodmer, W., and Cavalli-Sforza, L. 1976. *Genetics, Evolution, and Man*. San Francisco: Freeman.

Bonner, J. T. 1980. *The Evolution of Culture in Animals*. Princeton: Princeton University Press.

Boorman, S., and Levitt, P. 1973. "Group Selection at the Boundary of a Stable Population." *Theoretical Population Biology* 4, 85—128.

Brockmann, H. J. 1984. "The Evolution of Social Behaviour in Insects." In Krebs and Davies 1984, 340—361.

Bull, J. 1979. "Evolution of Male Haploidy." *Heredity* 43, 361—381.

Caplan, A., ed. 1978. *The Sociobiology Debate*. New York: Harper and Row.

Carlson, E. 1966. *The Gene: A Critical History*. Philadelphia: Saunders.

Cavalli-Sforza, L., and Feldman, M. 1981. *Cultural Transmission: A Quantitative Approach*. Princeton: Princeton University Press.

Chagnon, N. 1968. *Yanomamo: The Fierce People*. New York: Holt, Rinehart, and Winston.

Chagnon, N. 1974. *Studying the Yanomamo*. New York: Holt, Rinehart, and Winston.

Chagnon, N. 1976. "Fission in a Yanomamo Tribe." *The Sciences* 16, 14—18.

Chagnon, N. 1977. *Yanomamo: The Fierce People. 2d ed.* New York: Holt, Rinehart, and Winston.

Chagnon, N. 1982. "Sociodemographic Attributes of Nepotism in Tribal Populations: Man the Rule-Breaker." In Bateson 1982a, 291—318.

Chagnon, N., and Bugos, P. 1979. "Kin Selection and Conflict: An Analysis of a Yanomamo Ax Fight." In Chagnon and Irons 1979, 213—238.

Chagnon, N., and Irons, W., eds. 1979. *Evolutionary Biology and Human Social Behavior: An Anthropological Perspective*. North Scituate, Massachusetts: Duxbury.

Chagnon, N., Flinn, M., and Melancon, T. 1979. "Sex-Ratio Variation among the Yanomamo Indians." In Chagnon and Irons 1979, 290–320.

Charlesworth, B. 1980. *Evolution in Age-Structured Populations*. Cambridge: Cambridge University Press.

Charnov, E. 1983. *The Theory of Sex Allocation*. Princeton: Princeton University Press.

Cheney, D. 1983a. "Intergroup Encounters among Old-World Monkeys." In Hinde 1983, 233–241.

Cheney, D. 1983b. "Proximate and Ultimate Factors Related to the Distribution of Male Migration." In Hinde 1983, 241–249.

Clutton-Brock, T., and Harvey, P., eds. 1979a. *Readings in Sociobiology*. San Fransisco: Freeman.

Clutton-Brock, T., and Harvey, P. 1979b. "Evolutionary Rules and Primate Societies." In Clutton-Brock and Harvey 1979a, 293–310.

Clutton-Brock, T., and Harvey, P. 1979c. "Primate Ecology and Social Organization." In Clutton-Brock and Harvey 1979a, 342–383.

Clutton-Brock, T., Guinness, F., and Albon, S. 1982. *Red Deer: The Behavior and Ecology of Two Sexes*. Chicago: University of Chicago Press.

Crow, J., and Kimura, M. 1970. *Introduction to Population Genetics Theory*. New York: Harper and Row.

Darwall: S. 1983. *Impartial Reason*. Ithaca: Cornell University Press.

Darwin, C. 1859. *The Origin of Species*. London: John Murray. Facsimile of 1st edition, edited by Ernst Mayr. 1967. Cambridge, Massachusetts: Harvard University Press. 441

Darwin, C. 1862. *On the Various Contrivances by Which British and Foreign Orchids Are Fertilised by Insects*. London: John Murray.

Darwin, C. 1871. *The Descent of Man*. London: John Murray.

Darwin, F., ed. 1888. *Life and Letters of Charles Darwin*. 3 vols. London: John Murray.

Darwin, F., ed. 1903. *More Letters of Charles Darwin*. 2 vols. London: John Murray.

Davies, N. 1978. "Territorial Defence in the Speckled Wood Butterfly (Pararge aegeria). The Resident Always Wins." *Animal Behaviour* 26, 138–147.

Dawkins, R. 1976. *The Selfish Gene*. Oxford: Oxford University Press.

Dawkins, R. 1982. *The Extended Phenotype*. San Francisco: Freeman.

Dickemann, M. 1979. "Female Infanticide, Reproductive Strategies and Social Stratification: A Preliminary Model." In Chagnon and Irons 1979, 321–367.

Dobzhansky, T. 1970. *Genetics of the Evolutionary Process*. New York: Columbia.

Dunbar, R. 1982. "Adaptation, Fitness, and the Evolutionary Tautology." In Bateson 1982a, 9–28.

Dunbar, R. 1983. "Relationships and Social Structure in Gelada and Hamadryas Baboons." In Hinde 1983, 299–307.

Durham, W. 1976. "The Adaptive Significance of Cultural Behavior." *Human Ecology* 4, 89–121.

Durham, W. 1979. "Toward a Coevolutionary Theory of Human Biology and Culture." In Chagnon and Irons 1979, 39–59.

Dworkin, G. 1970. "Acting Freely." *Nous* 4, 367–383.

Ehrman, L., and Parsons, P. 1981. *Behavior Genetics and Evolution*. New York: McGraw-Hill.

Eibl-Eibesfeldt, I. 1971. *Love and Hate: The Natural History of Behavior*. New York: Holt, Rinehart, and Winston.

Eldredge, N., and Cracraft, J. 1980. *Phylogenetic Patterns and the Evolutionary Process*. New York: Columbia University Press.

Emlen, S. T. 1978. "The Evolution of Cooperative Breeding in Birds." In

J. R. Krebs and N. B. Davies, eds., *Behavioral Ecology: An Evolutionary Approach*. Oxford: Blackwell, 245—281.

Emlen, S. T. 1984. "Cooperative Breeding in Birds and Mammals." In Krebs and Davies 1984, 305—339.

Estep, D., and Bruce, K. 1981. "The Concept of Rape in Non-Humans: A Critique." *Animal Behaviour* 29, 1272—1273.

Fagen, R. 1981. *Animal Play Behavior*. New York: Oxford University Press.

Fagen, R. 1982. "Skill and Flexibility in Animal Play Behavior." *The Behavioral and Brain Sciences* 5, 162.

Feinberg, J. 1981. "Psychological Egoism." In J. Feinberg, ed., *Reason and Responsibility*. Belmont, California: Wadsworth.

Feller, W. 1968. *An Introduction to Probability Theory and Its Applications*. New York: Wiley.

Fisher, R. A. 1930. *The Genetical Theory of Natural Selection*. 1st ed. Oxford: Oxford University Press.

Fisher, R. A. 1958. *The Genetical Theory of Natural Selection*. 2d ed. New York: Dover.

Flanagan, O. 1984. *The Science of the Mind*. Cambridge, Massachusetts: MIT Press.

Frankfurt, H. 1970. "Freedom of the Will and the Concept of a Person." *Journal of Philosophy* 68, 5—20.

Futuyma, D., and Risch, S. 1984. "Sexual Orientation, Sociobiology, and Evolution." *Journal of Homosexuality* 9, 157—168.

Geist, V. 1971. *Mountain Sheep*. Chicago: University of Chicago Press. 442

Ghiselin, M. 1969. *The Triumph of the Darwinian Method*. Berkeley: University of California Press.

Gilpin, M. 1975. *Group Selection in Predator-Prey Communities*. Princeton: Princeton University Press.

Gould, S. J. 1977. "Biological Potentiality vs Biological Determinism."

In S. J. Gould, *Ever Since Darwin*. New York: Norton, 251–259.

Gould, S. J. 1980a. "Sociobiology and the Theory of Natural Selection." In Barlow and Silverberg 1980, 257–269.

Gould, S. J. 1980b. *The Panda's Thumb*. New York: Norton.

Gould, S. J. 1981. *The Mismeasure of Man*. New York: Norton.

Gould, S. J. 1983. *Hen's Teeth and Horses' Toes*. New York: Norton.

Gould, S. J., and Lewontin, R. C. 1979. "The Spandrels of San Marco and the Panglossian Paradigm: A Critique of the Adaptationist Programme." *Proceedings of the Royal Society of London* B 205, 581–598. Reprinted in E. Sober, ed., *Conceptual Issues in Evolutionary Biology*. Cambridge, Massachusetts: MIT Press, 1984.

Gowaty, P. 1982. "Sexual Terms in Sociobiology: Emotionally Evocative and, Paradoxically, Jargon." *Animal Behaviour* 30, 630–631.

Grafen, A. 1982. "How Not to Measure Inclusive Fitness." *Nature* 298, 425–426.

Grafen, A. 1984. "Natural Selection, Kin Selection, and Group Selection." In Krebs and Davies 1984, 62–84.

Grafen, A., and Sibly, R. 1978. "A Model of Mate Desertion." *Animal Behaviour* 26, 645–652.

Greene, P. 1978. "Promiscuity, Paternity, and Culture." *American Ethnologist* 5, 151–159.

Gross, M., and Shine, R. 1981. "Parental Care and Mode of Fertilization in Ectothermic Vertebrates." *Evolution* 35, 775–793.

Hamilton, W. D. 1964a. "The Genetical Evolution of Social Behavior I." In Williams 1971, 23–43.

Hamilton, W. D. 1964b. "The Genetical Evolution of Social Behavior II." In Williams 1971, 44–89.

Harris, M. 1979. *Cultural Materialism: The Struggle for a Science of Culture*. New York: Random House.

Heinrich, B. 1979. *Bumblebee Economics*. Cambridge, Massachusetts:

Harvard University Press.

Hinde, R. 1982. *Ethology*. Oxford: Oxford University Press.

Hinde, R., ed. 1983. *Primate Social Relationships*. Oxford: Blackwell.

Hölldobler, B. 1966. "Futterverteilung durch Männchen in Ameisenstaat." *Zeitschrift für vergleichende Physiologie* 52, 430–455.

Hrdy, S. 1981. *The Woman Who Never Evolved*. Cambridge, Massachusetts: Harvard University Press.

Hull, D., ed. 1974. *Darwin and His Critics*. Cambridge, Massachusetts: Harvard University Press.

Jarman, P. 1982. "Prospects for Interspecific Comparison in Sociobiology." In Bateson 1982a, 323–342.

Jenkin, F. 1867. Review of *The Origin of Species* from *The North British Review*. Reprinted in Hull 1974, 303–344.

Jensen, A. 1969. "How Much Can We Boost IQ and Scholastic Achievement?" *Harvard Educational Review* 39, 1–123.

Kaffman, M. 1977. "Sexual Standards and Behavior of the Kibbutz Adolescent." *American Journal of Orthopsychiatry* 47, 207–217.

Kamin, L. 1976. "Heredity, Intelligence, Politics, and Psychology: I." In Block and Dworkin 1976a, 242–264. 443

Kettlewell, H. 1973. *The Evolution of Melanism*. Oxford: Oxford University Press.

Kitcher, P. 1981. "Explanatory Unification." *Philosophy of Science* 48, 507–531.

Kitcher, P. 1982a. *Abusing Science*. Cambridge, Massachusetts: MIT Press.

Kitcher, P. 1982b. "Genes." *British Journal for the Philosophy of Science* 33, 337–359.

Kitcher, P. 1984. "1953 and All That: A Tale of Two Sciences." *Philosophical Review* 93, 335–373.

Kitcher, P. 1985. "Darwin's Achievement." In N. Rescher, ed., *Reason and Rationality in Science*. Washington, D. C.: University Press of America.

Kleiman, D. 1977. "Monogamy in Mammals." *Quarterly Review of Biology* 52, 39–69.

Krebs, J. R., and Davies, N. 1978. *Behavioural Ecology: An Evolutionary Approach*. Oxford: Blackwell.

Krebs, J. R., and Davies, N. 1981. *An Introduction to Behavioural Ecology*. Oxford: Blackwell.

Krebs, J. R., and Davies, N. 1984. *Behavioural Ecology: An Evolutionary Approach*. 2d ed. Sunderland, Massachusetts: Sinauer.

Kruuk, H. 1972. *The Spotted Hyena*. Chicago: University of Chicago Press.

Kuhn, T. S. 1970. *The Structure of Scientific Revolutions*. 2d ed. Chicago: University of Chicago Press.

Kummer, H. 1971. *Primate Societies*. Chicago: Aldine.

Kurland, J. 1976. "Sisterhood in Primates: What to Do with Human Males." Paper presented at the 1976 meetings of the American Anthropological Association, Washington, D. C.

Kurland, J. 1979. "Paternity, Mother's Brother, and Human Sociality." In Chagnon and Irons 1979, 145–180.

Lakatos, I. 1969. "Falsification and the Methodology of Scientific Research Programmes." In I. Lakatos and A. Musgrave, eds., *Criticism and the Growth of Knowledge*. Cambridge: Cambridge University Press, 91–195.

Laudan, L. 1977. *Progress and Its Problems*. Berkeley: University of California Press.

Leeds, A., and Dusek, V., eds. 1983. *Sociobiology: The Debate Evolves*. *The Philosophical Forum* 13.

Lewontin, R. C. 1974. *The Genetic Basis of Evolutionary Change*. New York: Columbia University Press.

Lewontin, R. C. 1976. "The Analysis of Variance and the Analysis of

Causes." In Block and Dworkin 1976a, 179–193.

Lewontin, R. C. 1983a. "Organism as Subject and Object of Evolution." *Scientia* 118, 65–82.

Lewontin, R. C. 1983b. Review of Lumsden and Wilson, *Genes, Mind, and Culture. The Sciences* (Proceedings of the New York Academy of Science).

Lewontin, R. C., and White, M. J. D. 1960. "Interaction between Inversion Polymorphisms of Two Chromosome Pairs in the Grasshopper, *Moraba scurra.*" *Evolution* 14, 116–129.

Lewontin, R. C., Rose, S., and Kamin, L. 1984. *Not in Our Genes.* New York: Pantheon.

Livingstone, F. 1980. "Cultural Causes of Genetic Change." In Barlow and Silverberg 1980, 307–329.

Lorenz, K. 1966. *On Aggression.* New York: Harcourt Brace Jovanovich.

Lott, A. 1984. "Intraspecific Variation in the Social Systems of Wild Vertebrates." *Behaviour* 87, 266–325.

Low, B. 1979. "Sexual Selection and Human Ornamentation." In Chagnon and Irons 1979, 462–487.

Lumsden, C., and Wilson, E. O. 1981. *Genes, Mind, and Culture.* Cambridge, Massachusetts: Harvard University Press. 444

Lumsden, C. . and Wilson, E. O. 1983a. *Promethean Fire.* Cambridge, Massachusetts: Harvard University Press.

Lumsden, C., and Wilson, E. O. 1983b. "Genes, Mind, and Ideology." *The Sciences* (Proceedings of the New York Academy of Science).

Macevicz, S., and Oster, G. 1976. "Modeling Social Insect Populations II: Optimal Reproductive Strategies in Annual Eusocial Insect Colonies." *Behavioral Ecology and Sociobiology* 1, 265–282.

McKinney, F., Derrickson, S., and Mineau, P. 1983. "Forced Copulation in Waterfowl." *Behaviour* 86, 250–293.

Mattern, R. 1978. "Altruism, Ethics, and Sociobiology." In Caplan

1978, 462–475.

May, R. M. 1979. “When to Be Incestuous.” *Nature* 279, 192–194.

Maynard Smith, J. 1964. “Group Selection and Kin Selection.” *Nature* 201, 1145–1147.

Maynard Smith, J. 1976a. “Group Selection.” In Clutton-Brock and Harvey 1979a, 20–30.

Maynard Smith, J. 1976b. “Parental Investment: A Prospective Analysis.” In Clutton-Brock and Harvey 1979a, 98–114.

Maynard Smith, J. 1978. *The Evolution of Sex*. Cambridge: Cambridge University Press.

Maynard Smith, J. 1982a. *Evolution and the Theory of Games*. Cambridge: Cambridge University Press.

Maynard Smith, J. 1982b. “Introduction.” In Bateson 1982a, 1–3.

Maynard Smith, J., and Warren, N. 1982. Review of Lumsden and Wilson, *Genes, Mind, and Culture*. *Evolution* 36.

Mayr, E. 1983. “How to Carry Out the Adaptationist Program.” *American Naturalist* 121, 324–334.

Mech, L. 1970. *The Wolf: The Ecology and Behavior of an Endangered Species*. Garden City: Natural History Press.

Meehl, P. 1984. “Consistency Tests in Estimating the Completeness of the Fossil Record: A Neo-Popperian Approach to Statistical Paleontology.” In J. Earman, ed., *Testing Scientific Theories*. Minneapolis: University of Minnesota Press, 413–473.

Michod, R. 1982. “The Theory of Kin Selection.” *Annual Review of Ecology and Systematics* 13, 23–55.

Midgley, M. 1978. *Beast and Man*. Ithaca: Cornell University Press.

Milkman, R. 1982. *Perspectives on Evolution*. Sunderland, Massachusetts: Sinauer.

Mills, S., and Beatty, J. 1979. “The Propensity Interpretation of Fitness.” *Philosophy of Science* 46, 263–286.

Money, J., and Ehrhardt, A. 1972. *Man and Woman, Boy and Girl.* Baltimore: Johns Hopkins University Press.

Montagu, A. 1980. *Sociobiology Examined.* New York: Oxford University Press.

Morris, D. 1967. *The Naked Ape.* New York: McGraw-Hill.

Nelson, G., and Platnick, N. 1981. *Systematics and Biogeography: Cladistics and Vicariance.* New York: Columbia University Press.

Newton, I. [1687] 1962. *Mathematical Principles of Natural Philosophy and His System of the World*, translated by A. Motte and F. Cajori. 2 vols. Berkeley: University of California Press.

Nozick, R. 1981. *Philosophical Explanations.* Cambridge, Massachusetts: Harvard University Press.

Orians, G. 1969. "On the Evolution of Mating Systems in Birds and Mammals." In Clutton-Brock and Harvey 1979, 115–132.

Oster, G., and Wilson, E. O. 1978. *Caste and Ecology in the Social Insects.* Princeton: Princeton University Press.

Packer, C. 1977. "Reciprocal Altruism in Olive Baboons." In Clutton-Brock and Harvey 1979a, 227–232. 445

Packer, C. 1979. "Inter-troop Transfer and Inbreeding Avoidance in *Papio anubis.*" *Animal Behaviour* 27, 1–36.

Packer, C., and Pusey, A. 1982. "Cooperation and Competition within Coalitions of Male Lions: Kin Selection or Game Theory?" *Nature* 296, 740–742.

Parker, G. 1978. "Searching for Mates." In Krebs and Davies 1978, 214–244.

Parker, G., and MacNair, M. 1978. "Models of Parent-Offspring Conflict. I. Monogamy." *Animal Behaviour* 26, 97–110.

Parker, G. 1974. "Assessment Strategy and the Evolution of Fighting Behaviour." In Clutton-Brock and Harvey 1979a, 271–292.

Plotkin, H., and Odling-Smee, F. 1981. "A Multiple-Level Model of Evolution and Its Implications for Sociobiology." *The Behavioral and Brain Sciences* 4, 225–268.

Pulliam, R., and Caraco, T. 1984. "Living in Groups: Is There an Optimal Group Size?" In Krebs and Davies 1984, 122–147.

Pusey, A. 1979. "Intercommunity Transfer of Chimpanzees in Gombe National Park." In D. A. Hamburg and E. R. McCown, eds., *The Great Apes*. Menlo Park: Benjamin/Cummings, 465–479.

Pusey, A. 1980. "Inbreeding Avoidance in Chimpanzees." *Animal Behaviour* 28, 543–552.

Quinn, P. 1981. *Divine Commands and Moral Requirements*. New York: Oxford University Press.

Raup, D., and Stanley, S. 1978. *Principles of Paleontology*. San Francisco: Freeman.

Rawls, J. 1951. "Outline of a Decision Procedure for Ethics." *Philosophical Review* 60, 177–197.

Rawls, J. 1971. *A Theory of Justice*. Cambridge, Massachusetts: Harvard University Press.

Rawls, J. 1980. "Kantian Constructivism in Moral Theory." *Journal of Philosophy* 77, 515–572.

Richardson, J., and Kroeber, A. L. 1940. "Three Centuries of Women's Dress Fashions. A Quantitative Analysis." *University of California Anthropological Records* 5, 111–153.

Richerson, P. J., and Boyd, R. 1978. "A Dual Inheritance Model of the Human Evolutionary Process I: Basic Postulates and a Simple Model." *Journal of Social and Biological Structures* 1, 127–154.

Roughgarden, J. 1979. *Theory of Population Genetics and Evolutionary Ecology: An Introduction*. New York: Macmillan.

Rubenstein, D. 1982. "Complexity in Evolutionary Processes." In Bateson 1982a, 87–89.

Ruse, M. 1979. *Sociobiology: Sense or Nonsense?* Dordrecht: D. Reidel.

Ruse, M. 1982. "Is Human Sociobiology a New Paradigm?" In Leeds and Dusek 1983, 119–143.

Sahlins, M. 1976. *The Use and Abuse of Biology*. Ann Arbor: University of Michigan Press.

Schaller, G. 1972. *The Serengeti Lion*. Chicago: University of Chicago Press.

Schelling, T. 1978. *Micromotives and Macrobehavior*. New York: Norton.

Schull, W. J., and Neel, J. V. 1965. *The Effects of Inbreeding on Japanese Children*. New York: Harper and Row.

Schuster, P., and Sigmund, K. 1981. "Coyness, Philandering, and Stable Strategies." *Animal Behaviour* 29, 186–192.

Seger, J. 1983. "Partial Bivoltivism May Cause Alternating Sex-Ratio Biases that Favour Eusociality." *Nature* 301, 59–62.

Seyfarth, R. 1978. "Social Relationships among Adult Male and Female Baboons. I. Behaviour during Sexual Consortship. II. Behaviour throughout the Female Reproductive Cycle." *Behaviour* 64, 204–226, 227–247. 446

Shepher, J. 1971. "Mate Selection among Second-Generation Kibbutz Adolescents and Adults: Incest Avoidance and Negative Imprinting." *Archives of Sexual Behavior* 1, 293–307.

Singer, P. 1981. *The Expanding Circle*. New York: Farrar, Straus, and Giroux.

Smith, P. 1982. "Does Play Matter? Functional and Evolutionary Aspects of Animal and Human Play." *The Behavioral and Brain Sciences* 5, 139–155.

Smole, W. J. 1976. *The Yanomamo Indians*. Austin: University of Texas Press.

Sober, E. 1984. *The Nature of Selection*. Cambridge, Massachusetts: MIT Press.

Sober, E. 1985. "Methodological Behaviorism, Evolution, and Game Theory." *Synthese* (forthcoming).

Spielman, R. S., Neel, J. V., and Li, F. H. 1977. "Inbreeding Estimation from Population Data: Models, Procedures, and Implications." *Genetics* 85, 355–371.

Stammbach, E. 1978. "On Social Differentiation in Groups of Captive Female Hamadryas Baboons." *Behaviour* 67, 322–338.

Stamps, J., and Metcalf, R. 1980. "Parent-Offspring Conflict." In Barlow and Silverberg 1980.

Stamps, J., Metcalf, R., and Krishnan, V. 1978. "Genetic Analysis of Parent-Offspring Conflict." *Behavioral Ecology and Sociobiology* 3, 369–392.

Stanley, S. 1980. *Macroevolution: Pattern and Process.* San Francisco: Freeman.

Templeton, A. 1982. "Adaptation and the Integration of Evolutionary Forces." In Milkman 1982, 15–31.

Thoday, J. M. 1953. "Components of Fitness." *Symposium of the Society for Experimental Biology* 7, 96–113.

Thornhill, R., and Alcock, J. 1983. *The Evolution of Insect Mating Systems.* Cambridge, Massachusetts: Harvard University Press.

Tiger, L., and Fox, R. 1971. *The Imperial Animal.* New York: Holt, Rinehart and Winston.

Tinbergen, N. 1968. "On War and Peace in Animals and Man." In Caplan 1978, 76–99.

Trivers, R. 1971. "The Evolution of Reciprocal Altruism." In Clutton-Brock and Harvey 1979a, 189–226.

Trivers, R. 1972. "Parental Investment and Sexual Selection." In Clutton-Brock and Harvey 1979a, 52–97.

Trivers, R. 1974. "Parent-Offspring Conflict." In Clutton-Brock and Harvey 1979a, 233–257.

Trivers, R., and Willard, D. 1973. "Natural Selection and Parental Ability to Vary the Sex Ratio of Offspring." *Science* 179, 90–92.

Turnbull, C. 1972. *The Mountain People.* New York: Simon and Schuster.

van den Berghe, P. 1979. *Human Family Systems*. New York: Elsevier North Holland.

van den Berghe, P. 1980. "Incest and Exogamy: A Sociobiological Reconsideration." *Ethology and Sociobiology* 1, 151–162.

van den Berghe, P. 1982. "Resistance to Biological Self-Understanding." *The Behavioral and Brain Sciences* 5, 27.

van den Berghe, P. 1983. "Human Inbreeding Avoidance: Culture in Nature." *The Behavioral and Brain Sciences* 6, 91–123.

van den Berghe, P., and Mesher, G. 1980. "Royal Incest and Inclusive Fitness." *American Ethnologist* 7, 300–317.

Vehrencamp, S., and Bradbury, J. 1984. "Mating Systems and Ecology." In Krebs and Davies 1984, 251–278.

Washburn, S. L. 1980. "Human Behavior and the Behavior of Other Animals." In Montagu 1980, 254–282. 447

Watson, G. 1975. "Free Agency." *Journal of Philosophy* 72, 205–220.

Williams, G. C. 1966. *Adaptation and Natural Selection*. Princeton: Princeton University Press.

Williams, G. C., ed. 1971. *Group Selection*. Chicago: Aldine.

Williams, G. C. 1975. *Sex and Evolution*. Princeton: Princeton University Press.

Williams, G. C., and Williams, D. C. 1957. "Natural Selection of Individually Harmful Social Adaptations among Sibs with Special Reference to Social Insects." *Evolution* 11, 32–39.

Wilson, D. S. 1980. *The Natural Selection of Populations and Communities*. Menlo Park: Benjamin/Cummings.

Wilson, D. S. 1983. "Individual and Group Selection: A Historical and Conceptual Review." *Annual Review of Ecology and Systematics* 14, 159–188.

Wilson, E. O. 1971. *The Insect Societies*. Cambridge, Massachusetts: Harvard University Press.

Wilson, E. O. 1975a. *Sociobiology: The New Synthesis*. Cambridge,

Massachusetts: Harvard University Press.

Wilson, E. O. 1975b. "Human Decency is Animal." *New York Times Magazine*, October 12, 38–50.

Wilson, E. O. 1976. "Academic Vigilantism and the Political Significance of Sociobiology." In Caplan 1978, 291–303.

Wilson, E. O. 1978. *On Human Nature*. Cambridge, Massachusetts: Harvard University Press.

Wilson, E. O. 1980a. "The Relation of Science to Theology." *Zygon* 15, 425–434.

Wilson, E. O. 1980b. "Comparative Social Theory." *Tanner Lecture*, University of Michigan.

Wittenberger, J., and Tilson, R. 1980. "The Evolution of Monogamy: Hypothesis and Evidence." *Annual Review of Ecology and Systematics* 11, 197–232.

Wolf, A. P., and Huang, C. 1980. *Marriage and Adoption in China 1845-1945*. Stanford: Stanford University Press.

Wolf, L. 1975. "'Prostitution' Behavior in a Tropical Hummingbird." *Condor* 77, 140–144.

Wolf, S. 1980. "Asymmetrical Freedom." *Journal of Philosophy* 77, 151–166.

Woolfenden, G. 1975. "Florida Scrub Jay Helpers at the Nest." *Auk* 92, 1–15.

Woolfenden, G., and Fitzpatrick, J. 1978. "The Inheritance of Territory in Group-Breeding Birds." *Bioscience* 28, 104–108.

索　引

译后记

在当代智识世界中，社会生物学是一个颇具影响而又充满争议的主题。早在达尔文提出进化论的那个时代里，进化对行为的影响就引起了许多生物学家与哲学家的兴趣。不过，社会生物学主要是在20世纪获得了系统的发展。1948年，动物行为学家约翰·保罗·斯科特（John Paul Scott）在一场关于遗传学与社会行为的学术会议上创造了“社会生物学”这个术语。20世纪60年代，生物学家理查德·亚历山大、罗伯特·特里弗斯与威廉·汉密尔顿的相关研究为社会生物学的兴起与发展做出了重要的贡献，这也让他们成为当代社会生物学思想的重要先驱。1975年，爱德华·威尔逊在《社会生物学：新的综合》中系统阐述了社会生物学的理论思想，并将其推广到了社会科学与人文科学的研究之中，广泛激起了不同学科的研究者的兴趣与争辩。根据威尔逊的定义，社会生物学致力于探究的是“所有社会行为的生物学基础”，社会生物学并不仅仅满足于研究非人类的动物社会，而是力图将有关动物的社会行为、社会结构与社会规律的诸多研究结论拓展到人类社会之上。社会生物学的一个核心主张是，生物群体表现出来的特定行为方式是自然选择的产物，这些行为方式服务于生物让自身的适应性最大化的目的。由于自然选择是通过基因差异来发挥作用的，因此，不同生物种群的行为差异，反映的是诸多基因差异。生物种群的特定行为方式，在生物的遗传基础中有着深刻的根源，这些行为方式不会由于环境的变化而轻易发生变化。相应地，在人类社会中广泛存在的行为方式与结构规律，是自然选择在漫长进化历史中挑选出来的有利于人类这个群体的适应性最大化的东西，这些盛行的行为方式与社会制度有着深刻的基因基础、遗传基础与生物基础。鉴于这些基因基础、遗传基础与生物基础具有相当程度的固定性，基因也就不仅为人性设立了界限，而且还为人类的社会文化制度设定了界限。根据这种思路，不难得出结论，难以通过改变社会环境来更改人类的行为模式以及相关的社会文化制度。若为了抽象的道德理想、政治理想和文化理想而强行改变人类的行为模式与相关的社会文化制度，人们就会付出“无法估测的代价”。

应当说，就主观意图而言，威尔逊等著名社会生物学家未必都明确地希望让自身的理论来为各种宣扬阶级歧视、种族歧视与性别歧视的极端政治立场做出辩护。尽管如此，不可否认的一个事实是，与社会生物学结成同盟的达尔文主义的人类学、人类行为生态学、进化心理学的通俗论著中，充斥着各种暗示、主张乃至鼓吹流行的政治偏见、道德偏见、种族偏见与性别偏见的观念论断，而那些致力于宣扬阶级压迫、性别歧视、种族隔离以及“强权即公理”的非道德主义价值观的新右翼分子对社会生物学产生了极大的兴趣，他们在政治宣传中积极利用社会生物学的某些有关人性与社会文化的宏大论断来为自身的政治主张进行辩护。不难预料，社会生物学所蕴含的政治主张在西方当代智识世界中激怒了一大批致力于推进社会的平等与公正的左翼理论家与社会活动家，他们根据自身的关切与视角，对社会生物学的理论、思想及其蕴含的政治立场与政治后果，进行了深入而犀利的批判。由于这些批判本身明确蕴含着马克思主义、女性主义、反种族主义、反殖民主义等政治动机与社会文化动机，因此，在这些批判中经常负载着诸多源自学术左派的政治观点与政治修辞，而社会生物学家就此抓住了反击的契机。以威尔逊为代表的社会生物学家在“科学自治”的旗号下表示，不应当根据在西方当代社会中流行的“政治正确性”（political correctness）来先入为主地认为人性应该如何，然后再强行要求生物学等自然科学依照这种理想模式来描绘人性及其相关的社会文化。总之，在与社会生物学有关的学术争论中，不应当让政治来支配一切。必须承认，当代有相当一部分对社会生物学的批判确实主要侧重于政治批判与文化批判，它们更多运用的是各种激进的政治修辞，而缺乏对这种科学理论及其蕴含的方法论本身的专业剖析与理性论辩。相较于这类从社会文化的局外人视角进行的社会生物学批判，本书作者菲利普·基切尔教授则更多地侧重在方法论的视角上对社会生物学进行内部的批判，而这种内部批判的理论视角让基切尔在众多对社会生物学的批评者中占据了一个颇为重要的位置。

菲利普·基切尔出生于英国伦敦，他早年生活于英国南岸东萨塞克斯郡的伊斯特本。1969 年，基切尔在剑桥大学基督学院获得数学/科学史与科学哲学的学士学位。1974 年，基切尔在普林斯顿大学获得科学史与科学哲学的博士学位。在普林斯顿大学就读期间，基切尔与著名科学哲学家卡尔·亨普尔（Carl Hempel）和托马斯·库恩（Thomas Kuhn）在研究工作上有着亲密的合作关系。毕业之后，基切尔先后执教于佛蒙特大学、瓦萨学院、明尼苏达大学、密歇根大学，并多年占据加利福尼亚大学哲学系的首席教授职位。基切尔目前担任哥伦比亚大学约翰·杜威（John Dewey）讲席教授，基切尔当下的研究深刻地受到实用主义的影响与感召，他对当代某些学院哲学日益增长的狭隘性与职业化感到担忧。通过追随杜威的思想传统与哲学精神，基切尔致力在自己的研究与教学中重新发展一条实用主义的研究进路来解决诸多哲学传统遗留下来的问题。作为当代活跃的知名哲学家，基切尔的研究兴趣广泛，他在科学哲学、生物学哲学、数学哲学乃至文学哲学、音乐哲学、道德哲学、社会哲学与政治哲学领域都有着杰出的贡献。基切尔曾经担任美国哲学学会主席，2002 年，基切尔被任命为美国人文与科学院院士，2006 年，基切尔因其在科学哲学中的广博成就而荣获美国哲学学会颁发的普罗米修斯奖。基切尔在学术界之外的影响与声誉，主要来自他对特创论与社会生物学的反思。《奢望：社会生物学与人性的探求》一书集中阐发了基切尔对于社会生物学的批判性见解，获得了来自哲学家与科学家的众多好评。凭借严谨的分析论证与过硬的专业知识，这部论著在 1987 年荣获国际科学哲学界的重要奖项——拉卡托斯奖（Lakatos Award）。

虽然基切尔对社会生物学的批判也带有他的政治动机，但基切尔并没有沉溺于流俗的政治修辞之中，而是相当明智地聚焦于方法论层面上的哲学批判。社会生物学在社会文化中的强大话语权来源于它的合理性，而这种合理性导源于它所运用的方法的合理性。一旦在方法论上揭示了社会生物学的诸多问题与弊病，也就能从根基处撼动社会生物学在西方智识世界与文化世界中的权威性和正当性。许多社会生物学家宣称，社会生物学，尤其是人类社会生物学，是“整合进化论的洞识与对动物行为的细致观察”的产物，社会生物学的方法的合理性与可靠性，导源于进化论的方法的合理性与可靠性，“任何不支持这个研究纲领的人，都是在反对达尔文”。颇具讽刺意味的是，在当代哲学界中，达尔文的进化论在方法论上的可靠性并不像这些社会生物学家所认为的那么普遍被哲学家所认同。维特根斯坦（Ludwig Josef Johann Wittgenstein）在对比了达尔文的理论与一些物理学理论之后认为，进化论说服人们所借助的“根据极为微弱”，“到头来你对有关证实的每一个问题都忘得一干二净，你只知道去确信事情似乎一定是这样的”①。维特根斯坦质疑的是进化论的证实方式，而波普尔则怀疑进化论是不可证伪的。由于波普尔相信，在科学与伪科学之间的根本差异在于可证伪性，真正的科学是可以证伪的。因此，进化论即便不是一门“伪科学”，它在方法论的意义上也是一门糟糕的科学。

基切尔并不赞同上述哲学家的激进论断，按照他的观点，进化论在方法论上的合理性与可靠性，取决于它对于生物由来历史与自然选择历史的演变原因所构造的结构性叙事（基切尔将其称为“达尔文主义的历史”）的合理性与可靠性。检验“达尔文主义的历史”的方式，并不是绝对的证实或证伪，而是科学家依据生态学、遗传学、生理学等相关学科的背景知识构造出一系列相互竞争的“达尔文主义的历史”，然后再依据细致严谨的观察与实验逐步排除不合理的假设，进而确定迄今为止最合理的理论叙事。基切尔指出，在探寻“达尔文主义的历史”的过程中，有可能出现三种情况：第一种情况是理想的情况，科学家依据背景知识构造出了一系列可能存在的进化历史假设，通过观察与实验提供的坚实的经验证据，科学家排除了其他的竞争性历史，只留下一种关于这段历史的假设。第二种情况是不充分决定的情况，即现有的经验证据不足以在两种或两种以上相互竞争的历史假说之间进行取舍。第三种情况是科学家拥有一个详尽的达尔文主义的历史，但是，科学家在相关背景知识方面的无知，导致了他

① 关于维特根斯坦对达尔文进化论的见解的评述，参见：普特南．理性、真理与历史．童世骏，李光程，译．上海：上海译文出版社，1997：118。

们迄今没有能力去构造众多对于这段进化历史的竞争性解释。基切尔认为，科学家对于第一种情况的合理反应是相信这种历史，科学家对于第二种情况的合理反应是承认自己的无知。造成困扰的是第三种情况，在这种情况下，貌似只存在一种对于这段进化历史的合理解释，但是，由于这种解释没有经过严酷的理论竞争，由于科学家在相关学科背景知识上的欠缺，因此，并不能确保未来不会出现一种更好的解释来取代现有的理论。对于这种情况，不同的科学家将采纳不同的认知态度，谨慎的科学家会采纳怀疑的态度，将理论交付未来的进一步检验。野心勃勃的科学家则会主张大胆接受这种历史解释，并有可能在这种解释的基础上去进一步发展自己的研究事业。

在这种方法论哲学的观照下，进化论所构造的种种历史叙事的合理性与可靠性就有所不同，而不同科学家对在第三种情况下的“达尔文主义的历史”所采纳的不同认知态度，也将深刻地影响着他们自身发展的研究纲领的合理性与可靠性。在基切尔看来，社会生物学家在方法论上犯下的诸多错误，就与他们仓促接受一些颇成问题的“达尔文主义的历史”有关。在社会生物学家探究人性的整体论证思路中，他们青睐的是那些符合他们理论旨趣的适应主义历史。然而，基切尔通过细致严谨的理论分析表明，用来论证适应主义历史的“最优化证明”本身总是过于轻易地忽略了诸多在进化历史中存在的重要可能性。社会生物学家所钟爱的适应主义历史，只是伏尔泰笔下的潘格洛斯博士的幼稚乐观主义在当代的改进版本，在生物进化历史的每个阶段中，受制于同时代诸多约束条件的最佳设计并非始终都会普遍存在。“在所有可能存在的建筑师中，进化并不是一位最好的建筑师。”通过方法论的哲学反思，不难看出，社会生物学的整体论证思路在根基处就是成问题的。

毋庸讳言，社会生物学家在其宏大理论抱负的诱惑下，在方法论的层面上犯下了诸多仓促与草率的错误。初看起来，社会生物学家努力从最好的自然科学中汲取最佳的理论方法，这些精致而严谨的科学理论方法有助于各种社会生物学理论在社会文化中提升自身的说服力、权威性与正当性。然而，基切尔并没有被这种表面现象所迷惑，而是以三个例证为切入点，精心比较了社会生物学与最佳科学理论在方法论上的差距。

基切尔选取的第一个例证是开普勒对于火星运行轨道的计算。开普勒通过运用哥白尼的体系，计算出了火星运行轨道，计算结果与第谷积累的观察资料的符合程度在八分弧度之内。作为一个严谨的科学家，第谷并没有将这种在八分弧度以下的差距作为“合理误差”，而是据此做出了重要的理论修正，从而为近代早期的天文学革命做出了实质性的贡献。基切尔进一步深入探究了社会生物学家对于粪蝇、灌丛鸦、狮群以及社会性昆虫的研究所采纳的理论模型，他认为，相较于开普勒在方法论上对于理论预期和观察资料的细微差异的重视，社会生物学家不仅经常没有对理论模型与观察资料之间的数值差距采纳充分的重视态度，而且不时会忽略诸多可能的竞争性解释。社会生物学家在方法论上的仓促态度，显然无益于他们进一步做出重要的理论发现与理论修正。

基切尔选取的第二个例证是牛顿在经典物理学中做出的“我不杜撰假说”这个著名声明。为了避免对引力的诸多原因进行徒劳的争辩，牛顿坦然承认自己在这个问题上的无知，并且进而主张，不去构造那些在实验哲学中没有地位的，并非由现象推断出来的，在科学实践中并不能发挥实际效用的假说。基切尔在细致审视以理查德·亚历山大为代表的一批社会生物学家的研究规划的基础上认为，尽管这些社会生物学家也宣称自己不做假设，但是，他们所假定的那个在人类之中广泛存在的计算广义适合度并据此限定人类行为的近似机制，在研究舅权制、斧战、杀婴以及不同阶层的婚嫁现象时，既没有导出未曾预料到的新颖预测，也没有给出不可替代的有效解释。基切尔借助“进化的民间心理学”，能够同样好地对上述社会现象给出必要的解释。因此，基切尔认为，社会生物学提出的近似机制实际上并没有帮助人们加深对人性的理解，而是“将描述性的人类学与有关广义适合度的不相干咒语混在一起”，而对于这种在探究人性与社会的科学实践中并没有发挥实质性作用的假说，人们完全可以像拉普拉斯那样直言不讳地表示：“我们不需要做那样的假说”。

相较于先前取自最佳科学实践中的两个正面例证，基切尔的第三个例证则取自社会生物学的反面例证——拉姆斯登与威尔逊的基因-文化协同进化论。威尔逊早期版本的社会生物学因其在解释中没有恰当考虑人类的心灵与文化而饱受诟病，作为对这些批评的回应，拉姆斯登与威尔逊的基因-文化协同进化论运用了大量复杂得令人眼花缭乱的数学方程来解释诸多文化现象。在基切尔看来，拉姆斯登与威尔逊之所以采纳这样的方法，是因为他们想借助数学的权威来压制社会生物学的诸多批评者与诋毁者。恰如胡塞尔指出，在近代早期的科学革命中，“科学普遍性的新理念在数学的改造中有其起源”①，伽利略（Galileo Galilei）将数学自然化，自然本身在这种新的数学的指导下理念化，这个哲学观念的转变过程对于现代科学的确定性与精密性的奠定起着举足轻重的作用。在这种研究范式下，复杂而严密的数学方法是优秀科学的重要标志之一。然而，基切尔强调，并非任何使用了貌似复杂而严密的数学方法的科学就必然是一门优秀的科学。数学在生物学中的成功应用，将有效纠正人类常识的幼稚预期，将有效让研究导向有学术前景的新问题，将让科学家意识到先前没有辨认出来的理论预设，然而，拉姆斯登与威尔逊所发展的基因-文化协同进化论所运用的复杂数学方程，在很大程度上是通过玩弄数学技巧来达到他们既定的理论结论，这既没有让他们的理论产生新颖的预测，也没有有效增加他们理论的解释力。从这个意义上讲，社会生物学所运用的许多数学方法，不过是一件用繁杂的数学方程式编织而成的“皇帝新衣”。拉姆斯登与威尔逊妄图借助这件“皇帝新衣”来维系自身在方法论上的权威，却并不能从根本上超越社会生物学先前对人性、心灵与文化的狭隘理解。

通过对社会生物学的理论文献与案例研究进行广泛的考察，基切尔得出的结论是，社会生物学在方法论上存在着一系列的错误与缺陷，但是，并没有某个单一的方法论谬误普遍存在于所有的社会生物学理论之中。因此，有必要区别对待不同的社会生物学理论。基切尔将社会生物学大致区分为两种类型，一种社会生物学主要研究的是非人类的社会性动物的行为规律与社会结构，另一种社会生物学则试图根据动物行为进化的研究成果来提出有关人类本性与社会制度的宏大论断。由于后一种社会生物学不仅在公众中有着巨大的影响，而且许多社会生物学家也有意无意地用这类研究来吸引公众的注意力，基切尔将其称为“流行的社会生物学”。基切尔

---

① 胡塞尔. 欧洲科学的危机与超越论的现象学. 王炳文，译. 北京：商务印书馆，2001：31.

指出，社会生物学拥有两张面孔，在研究非人类的动物行为时，它通常是谨慎而细致的，在研究人类的社会行为时，它为了获取公众的关注与社会的影响，就经常做出仓促而浮夸的论断。社会生物学为了将有关动物社会行为的结论拓展到人类社会之上，往往无视或低估动物与人类的诸多差异，而这导致了社会生物学家频繁地运用同样的语言来描述动物与人类的社会行为。可是，人类不仅仅是自然选择的产物，也是精致而复杂的社会文化建构而成的存在者，他的行为动机与社会制度要比动物远为复杂。以"强暴"为例，动物之间发生的强迫性性行为或许能够在很大程度上增加强暴者后代的数目，进而有可能让强暴者的适应性获得提升。然而，在人类社会中，强暴者很难指望通过强暴行为来提升自己后代的数目，由于强暴产生的子女在未出生前就有可能被受害者堕胎，即便勉强出生后也有可能因为疏于照顾而夭折。由于人类社会中普遍存在的刑事惩罚，强暴者则会由于这种暴行而被长时间乃至终生剥夺自由，从而在整体上降低了他在一生中孕育后代的可能性。进而，人类的强暴行为还有可能发生于没有生育能力的幼女、老年妇女乃至同性身上，在这样的情形下，人类进行这种暴力行为的动机更多的是对受害者施加痛苦与凌辱，而不是提升自己后代的数目。社会生物学家将人类的强暴行为与动物的强暴行为进行牵强的类比，恰恰遮蔽了人类行为动机与社会文化的复杂性。以相同的术语来描述人类的行为与动物的行为，这深刻地反映了社会生物学家的理论预设乃至理论偏见，强烈地扭曲了他们对这些行为的观察。

当然，正如汉森（N. R. Hanson）、库恩与费耶阿本德（Paul Feyerabend）等历史主义的科学哲学家指出的，"观察渗透理论"的现象即便在最好的科学当中也是普遍存在的。有人据此主张，对于社会生物学这种看起来具有远大前景的科学理论来说，应当对之保持必要的宽容。即便这种科学理论在方法论上存在着诸多缺陷与错误，仍然不能过于仓促地将其彻底拒斥。基切尔并非没有意识到这一点，但他为自己在方法论上对社会生物学采纳的严格态度做出了如下辩护：在我们这个科学的时代里，现代政府经常向自然科学与社会科学寻求其采纳的政策法规的根据与指导。社会生物学的研究对象是与人类生活方式紧密相关的人性问题、社会问题与文化问题，社会生物学有关人性的诸多论断，将轻易影响社会政策的形成。若以社会生物学的某些论断作为政策依据，那么，这些政策将极有可能产生诸多不利于社会弱势群体的社会后果与政治风险。恰如当一种新药品投放市场可能带来严重的危险后果时，药品制造商就会对检验该药品的证据采纳更高的标准，当社会生物学有可能在政治文化中带来威胁大量社会成员的自由平等发展的风险时，科学家就应当以更高的方法论标准来要求这门学科给出更加严谨慎重的证明。

令人遗憾的是，社会生物学家并没有在与人类社会生活息息相关的研究主题上保持必要的谨慎态度，他们虽然在非人类的社会生物学领域取得了不少值得肯定的研究成果，但是，他们就像麦克白一样不满足于已经取得的荣耀，他们野心勃勃地希望将他们的诸多结论拓展到人类社会之上，然而，他们仓促地在方法论上犯下了诸多严重的过错，让他们探究人性与社会宏大理论的过高抱负沦为一种“奢望”。当然，基切尔丝毫无意于否定社会生物学在理解人性与社会的问题上做出理论贡献的可能性，但是，这种严肃的社会生物学研究是在运用进化理论家、行为遗传学家、发育生物学家、发展心理学家、社会学家、历史学家、认知心理学家、人类学家的相关研究成果的基础上进行的一次巨大的理论综合，在这些学科的相关领域没有获得充分发展之前，就难以真正实现健全、严谨而卓有成效的理论综合。

社会生物学在相关学科知识没有充分成熟的条件下仓促进行这样的理论综合，这反映的是一种在当代智识世界中颇为流行的科学主义的虚妄而又傲慢的态度。作为“分科之学”，现代科学孕育的是在诸多专业领域中的专家，这些专家在自身研究领域中的论断经常是严谨的与审慎的，然而，当这些专家试图超越自身的专业领域，将自己的专业知识和理论方法拓展到人性、社会与文化之上时，他们却深受自己专业视角的束缚，因而往往有可能做出偏颇的论断。康德早在18世纪就告诫人们，当人类理性的认识试图超越经验的界限来认识物自体时，就将导致“二律背反”。如果说，在康德那个时代里，犯下超越理性界限错误的是缺乏经验根基的形而上学，那么，在我们这个科学的时代里，犯下这种错误的则是信奉科学万能或科学方法万能的科学主义。

正如海德格尔（Martin Heidegger）所言，在我们这个时代里，“科学也不只是人的一项文化活动。科学乃是一切存在之物借以向我们呈现（dar-stellen）出来的一种方式，而且是一种决定性的方式”①。当科学决定性地支配了事物向人类呈现出来的面貌时，它也就遮蔽了事物借由不同于科学的方式呈现出来的其他面貌。独断的科学主义者相信，现代科学为世界上的一切事物提供了排他式的客观真理，只有科学真理才提供了符合这个世界的客观描述。独断的科学主义者陶醉于科学真理的客观性，而尼采的视角主义却早已对这种客观性进行了质疑。在尼采看来，被哲学家与科学家宣扬的客观性并非没有利益的沉思，而是“视角性的观看”与“视角性的认知”。尼采进而宣称，“我们允许谈论的一个事物的效果越多，我们能用来观察一个事物的眼光（不同的眼光）就越多，我们关于这个事物的‘概念’，我们的‘客观性’就越全面”②。否认科学认知的视角性，只会让科学提供的客观真理变得贫瘠、单调与乏味。在狭隘的科学主义的影响下，社会生物学家往往倾向于认为，他们提供了有关人性的全部真理，然而，有关人性的“真理很少纯粹，也绝不简单”，实际上，社会生物学家对于人性的理解是视角性的，他们仅仅提供了有关人性的部分真理。社会生物学家极力通过各种研究来将人类的行为关联于某种与进化或适应性有关的动机，不过，正如狄更斯《双城记》中的西德尼·卡顿为了纯粹的爱情而做出降低自身适合度的自我牺牲一样，人类的行为动机是复杂多样的，并不能将这些行为动机完全化归为让自身适应性最大化的生物学动机。为了更加全面丰富地理解人性，就绝对不应当低估乃至忽视来自艺术世界与人文学科的诸多透视人性的视角。

社会生物学家无视科学理性的局限性、科学真理的视角性与人类个性的复杂多样性，这在很大程度上导源于他们对哲学的傲慢无知态度。根据一种流俗的观点，自近代以来，科学取得了举世瞩目的进步，而哲学仍然在一些古老的问题上举步不前。有一些关切哲学问题的科学家就据此主

① 海德格尔. 演讲与论文集. 孙周兴，译. 北京：生活·读书·新知三联书店，2005：39.

② 亚历山大·内哈马斯. 尼采：生命之为文学. 郝苑，译. 杭州：浙江大学出版社，2016：54.

张，应当将哲学“科学化”，通过吸收诸多科学的理论成就和研究范式来推进哲学领域的实质性进步，而社会生物学家也是这么认为的，他们试图利用社会生物学的诸多理论，从根本上解决长期困扰哲学的伦理学客观性问题、自由意志问题与价值本质问题。尽管社会生物学家的哲学抱负或许值得嘉许，但不幸的是，恰如基切尔令人信服地表明的，社会生物学家对哲学史的无知，难免会让他们的理论观点重复历史的错误。以威尔逊为代表的社会生物学家尽管以诸多现代生物学的知识为包装，但实质上仍然走的是情感主义的老路。他们对哲学理论的傲慢，让他们不仅低估乃至忽视了功利论与道义论在理解人性和道德伦理方面所留下的重要遗产，而且将罗尔斯的哲学理论过于简单地理解为一种粗糙的直觉主义。相较于罗尔斯的伦理学理论，社会生物学所提供的“伦理学”缺少有效解决冲突的理论，在许多冲突的情境下，这种“伦理学”所给出的恰恰是导向诸多违背道德原则的建议。

应当说，科学家运用科学理论方法来推进哲学发展的做法本身是值得肯定的，但是，科学家若在无视哲学史与伟大哲学传统的情况下，傲慢地将某门实证科学的范式生硬地强加于哲学研究之上，那么，这种“科学化”哲学的做法遗忘了自身的理论视角与科学理性的局限性，由此难免会催生出一些乏味、平庸而又狭隘的人性理论。经常与威尔逊一同被列为科学主义者阵营的物理学家斯蒂芬·温伯格（Steven Weinberg）曾经不无挑衅地断言，在战后积极参与物理学进步的科学家之中，没有什么人的研究得到过哲学家工作的巨大帮助，哲学家的观点即便偶尔帮助过物理学家，“不过一般是从反面来的——使他们能够拒绝其他哲学家的先入为主的偏见”①。姑且不论温伯格的这个说法是否真实可靠，就人性问题而言，哲学家完全可以针锋相对地指出，自近代科学革命以来，那些在人性问题上做出重大贡献的哲学家，基本上都不是通过直接生硬套用自然科学的范式或专业视角来获得这种理论成就的，科学家有关人性的见解确实也帮助过这些哲学家，不过通常来自反面——使他们能够批判、反思与超越在智

① S. 温伯格. 终极理论之梦. 李泳，译. 长沙：湖南科学技术出版社，2003：133.

识世界中有关人性的先入为主的偏见。当代科学哲学，乃至当代哲学的一个重要使命或许就是，批判、反思与超越现代科学对自然的“祛魅”所导致的种种机械、平庸与乏味的人性观和文化观，在当代知识状况下重塑人性的自由、尊严与高贵。

自 2016 年 3 月开始，我历时近两年完成了本书的翻译。自研究生时期以来，社会生物学有关人性的论述就深深地困扰着我。面对社会生物学以及相关的人类学、人类行为生态学与进化心理学在流俗文化中助长的各种阶级偏见、种族偏见与性别偏见，我一直希望能够有机会以一种恰当而又理性的视角来进行反思与批判，而对这本书的翻译给了我这样的机会来澄清诸多人性的迷误，并让我重新梳理了自己有关人性与文化的一些看法。基切尔教授热情地帮助我联系麻省理工学院出版社解决本书的翻译版权问题，并对我在翻译中遇到的问题做出了耐心周到的解释，我希望在此对他表示由衷的感谢。在校对译稿的过程中，我就某些没有把握的问题请教了王延光研究员、张增一教授、袁江洋研究员、唐热风研究员、黄翔教授以及亓学太、熊姣、陆俏颖、史习等好友，特此向他们表示感谢。我还希望在此深深地感谢我的家人在我的生活中对我的理解与体谅，尤其是我的妻子姜妍，她不仅在生活上为我提供了各种不可或缺的帮助，而且她对于人性与生活的洞识，也给我的研究和翻译带来了不少的启发与激励。最后，我还要感谢杨宗元女士、张杰先生以及中国人民大学出版社的其他相关工作人员为本书的出版所投入的辛勤劳动。本书涉及许多学科的背景知识，尽管译者做出了大量的努力，但在译文中仍然难免会存在一些疏漏乃至错误，敬请读者批评指正。

郝苑

中国社科院哲学所

2018 年 1 月

守望者书目

001　正义的前沿

[美] 玛莎·C. 纳斯鲍姆（Martha C. Nussbaum）　著

作者玛莎·C. 纳斯鲍姆，美国哲学家，人文与科学院院士，当前美国最杰出、最活跃的公共知识分子之一。现为芝加哥大学法学、伦理学佛罗因德（Ernst Freund）杰出贡献教授，同时受聘于该校 7 个院（系）。2003 年荣列英国《新政治家》杂志评出的“**我们时代的十二位伟大思想家**”之一；2012 年获西班牙阿斯图里亚斯王子奖，被称为“**当代哲学界最具创新力和最有影响力的声音之一**”。最具代表性的著作有：《善的脆弱性》《诗性正义》。

作为公平的正义真的无法解决吗？本书为我们呈现女性哲学家的正义探索之路。本书从处理三个长期被现存理论特别是罗尔斯理论所忽视的、亟待解决的社会正义问题入手，寻求一种可以更好地指引我们进行社会合作的社会正义理论。

002　寻求有尊严的生活——正义的能力理论

[美] 玛莎·C. 纳斯鲍姆（Martha C. Nussbaum）　著

诺贝尔经济学奖得主阿玛蒂亚·森鼎力推荐。伦敦大学学院乔纳森·沃尔夫教授对本书评论如下：“一项非凡的成就：文笔优美，通俗易懂。同阿玛蒂亚·森教授一道，纳斯鲍姆是正义的‘能力理论’的开创者之一。**这是自约翰·罗尔斯的作品以来，政治哲学领域最具原创性和影响力的发展**。这本书对纳斯鲍姆理论的首次全盘展示，不仅包括了其核心元素，也追溯了其理论根源并探讨了相关的政策意义。”

003　教育与公共价值的危机

[美] 亨利·A. 吉鲁（Henry A. Giroux）　著

亨利·A. 吉鲁（1943—　），著名社会批评家，美国批判教育学的创始理论家之一，先后在波士顿大学、迈阿密大学和宾夕法尼亚州立大学任教。2002年，吉鲁曾被英国劳特利奇出版社评为当代50位教育思想家之一。

本书荣获杰出学术著作称号，获得美国教学和课程协会的年度戴维斯图书奖，美国教育研究协会**2012年度批评家评选书目奖**。本书考察了美国社会的公共价值观转变以及背离民主走向市场的教育模式。本书鼓励教育家成为愿意投身于创建构成性学习文化的公共知识分子，培养人们捍卫作为普遍公共利益的公立教育和高等教育的能力，因为这些对民主社会的生存来说至关重要。

004　康德的自由学说

卢雪崑　著

卢雪崑，牟宗三先生嫡传弟子，1989年于钱穆先生创办的香港新亚研究所获哲学博士学位后留所任教。主要著作有《意志与自由——康德道德哲学研究》《实践主体与道德法则——康德实践哲学研究》《儒家的心性学与道德形上学》《通书太极图说义理疏解》。

本书对康德的自由学说进行了整体通贯的研究，认为康德的自由学说绝非如黑格尔以来众多康德专家曲解的那样，缺乏生存关注、贱视人的情感、只是纯然理念的彼岸与虚拟；康德全部批判工作可说是一个成功证立“意志自由”的周全论证整体，康德批判地建立的自由学说揭示了“自由作为人的存在的道德本性”，“自由之原则作为实存的原则”，以此为宗教学、德性学及政治历史哲学奠定彻底革新的基础。

005　康德的形而上学

卢雪崑　著

自康德的同时代人——包括黑格尔——对康德的批判哲学提出批判至今，种种责难都借着“持久的假象就是真理”而在学术界成为公论。本书着眼于康德所从事的研究的真正问题，逐一拆穿这些公论所包含的假象。

006　客居忆往

洪汉鼎　著

洪汉鼎，生于1938年，我国著名斯宾诺莎哲学、当代德国哲学和诠释学专家，现为北京市社会科学院哲学研究所研究员，山东大学中国诠释学研究中心名誉主任，杜塞尔多夫大学哲学院客座教授，成功大学文学院客座讲座教授。20世纪50年代在北京大学受教于贺麟教授和洪谦教授，70年代末在中国社会科学院哲学所担任贺麟教授助手，1992年被评为享受国务院政府特殊津贴专家，2001年后在台湾多所大学任教。德文专著有《斯宾诺莎与德国哲学》、《中国哲学基础》、《中国哲学辞典》（三卷本，中德文对照），中文专著有《斯宾诺莎哲学研究》、《诠释学——它的历史和当代发展》、《重新回到现象学的原点》、《当代西方哲学两大思潮》（上、下册）等，译著有《真理与方法》《批评的西方哲学史》《知识论导论》《诠释学真理?》等。

本书系洪汉鼎先生以答学生问的形式而写的学术自述性文字，全书共分为三个部分。第一部分是作者个人从年少时代至今的种种经历，包括无锡辅仁中学、北京大学求学、反右斗争中误划为右派、“文化大革命”中发配至大西北、改革开放后重回北京、德国进修深造、台湾十余年讲学等，整个经历充满悲欢离合，是幸与不幸、祸与福的交集；第二部分作者透过个人经历回忆了我国哲学界20世纪90年代之前的情况，其中有师门的作风、师友的关系、文人的特性、国际的交往，以及作者个人的哲学观点，不乏一些不为人知的哲坛趣事；第三部分是作者过去所写的回忆冯友兰、贺麟、洪谦、苗力田诸老师，以及拜访伽达默尔的文章的汇集。

007　西方思想的起源

聂敏里　著

聂敏里，中国人民大学哲学院教授，博士生导师，中国人民大学首批杰出人文学者，主要从事古希腊哲学的教学和研究，长期教授中国人民大学哲学院本科生的西方哲学史专业课程。出版学术专著《存在与实体——亚里士多德〈形而上学〉Z卷研究（Z 1-9）》《实体与形式——亚里士多德〈形而上学〉Z卷研究（Z 10-17）》，译著《20世纪亚里士多德研究文选》《前苏格拉底哲学家——原文精选的批评史》，在学界享有广泛的声誉。《存在与实体》先后获得北京市第十三届哲学社会科学优秀成果奖二等奖、教育部第七届高等学校科学研究优秀成果奖（人文社会科学）三等奖，《实体与形式》入选2015年度“国家哲学社会科学成果文库”。

本书是从中国学者自己的思想视野出发对古希腊哲学的正本清源之作。它不着重于知识的梳理与介绍，而着重于思想的分析与检讨。上溯公元前6世纪的米利都学派，下迄公元6世纪的新柏拉图主义，上下1 200余年的古希腊哲学，深入其思想内部，探寻其内在的本体论和认识论的思想根底与究竟，力求勾勒出西方思想最初的源流与脉络，指陈其思想深处的得失与转捩，阐明古希腊哲学对两千余年西方思想的奠基意义与形塑作用。

008　现象学：一部历史的和批评的导论

［爱尔兰］德尔默·莫兰（Dermot Moran）　著

德尔默·莫兰为国际著名哲学史家，爱尔兰都柏林大学哲学教授（形上学和逻辑学），前哲学系主任，于2003年入选爱尔兰皇家科学院，并担任2013年雅典第23届国际哲学大会“学术规划委员会”主席。莫兰精通欧陆哲学、分析哲学、哲学史等，而专长于现象学和中世纪哲学。主要任教于爱尔兰，但前后在英、美、德、法等各国众多学校担任客座或访问教授，具有丰富的教学经验。莫兰于2010年在香港中文大学主持过现象学暑期研究班。

本书为莫兰的代表作。莫兰根据几十年来的出版资料，对现象学运动中的五位德语代表哲学家（布伦塔诺、胡塞尔、海德格尔、伽达默尔和阿伦特）和四位法语代表哲学家（莱维纳、萨特、梅洛-庞蒂和德里达）的丰富学术思想，做了深入浅出的清晰论述。本书出版后次年即荣获巴拉德现象学杰出著作奖，并成为西方各大学有关现象学研习的教学参考书。

本书另一个特点是，除哲学家本人的思想背景和主要理论的论述之外，不仅对各相关理论提出批评性解读，而且附有关于哲学家在政治、社会、文化等方面的细节描述，也因此增加了本书的吸引力。

009　自身关系

［德］迪特尔·亨利希（Dieter Henrich）　著

迪特尔·亨利希（1927—　），德国哲学家，1950 年获得博士学位，导师是伽达默尔。1955—1956 年在海德堡大学获得教授资格，1965 年担任海德堡大学教授，1969 年起成为国际哲学协会主席团成员，1970 年担任国际黑格尔协会主席。海德堡科学院院士、哈佛大学终身客座教授、东京大学客座教授、慕尼黑大学教授、巴伐利亚科学院院士、亚勒大学客座教授、欧洲科学院院士以及美国艺术与科学院外籍院士。先后获得图宾根市颁发的荷尔德林奖、斯图加特市颁发的黑格尔奖等国际级奖项，是德国观念论传统的当代继承人。

迪特尔·亨利希以“自身意识”理论研究闻名于世，毫无疑问，本书是他在这方面研究最重要的著作之一。本书围绕“自身关系”这一主题重新诠释了德国观念论传统，讨论了三种形式的自身关系：道德意识的自身关系、意识中的自身关系和终极思想中的自身关系，展示了“自身关系”的多维结构与概念演进，形成了一个有机的整体。本书是哲学史研究与哲学研究相互结合的典范之作，无论是在哲学观念上还是在言说方式上都证明了传统哲学的当代有效性。

010　佛之主事们——殖民主义下的佛教研究

［美］唐纳德·S. 洛佩兹（Donald S. Lopez，Jr.）　编

唐纳德·S. 洛佩兹，密歇根大学亚洲语言和文化系的佛学和藏学教授。美国当代最知名的佛教学者之一，其最著名的著作有《香格里拉的囚徒》（芝加哥大学出版社，1996）、《心经诠释》（芝加哥大学出版社，1998）、《疯子的中道》（芝加哥大学出版社，2007）、《佛教与科学》（芝加哥大学出版社，2010）等，还主编有《佛教诠释学》（夏威夷大学出版

社，1992)、《佛教研究关键词》（芝加哥大学出版社，2005）等，同时他还是普林斯顿大学出版社出版的“普林斯顿宗教读物”（Princeton Readings of Religion）丛书的总主编。

本书是西方佛教研究领域的第一部批评史，也是将殖民时代和后殖民时代的文化研究的深刻见解应用于佛教研究领域的第一部作品。在对19世纪早期佛教研究的起源作了一个概述后，本书将焦点放在斯坦因（A. Stein)、铃木大拙（D. T. Suzuki)，以及荣格（C. G. Jung）等重要的“佛之主事者”上。他们创造并维系了这一学科的发展，从而对佛教在西方的传播起了重要的作用。

本书按年代顺序记录了在帝国意识形态的背景下，学院式佛教研究在美洲和欧洲的诞生和发展，为我们提供了佛教研究领域期盼已久的系谱，并为我们对佛教研究的长远再构想探明了道路。本书复活了很多重要而未经研究的社会、政治以及文化状况——一个多世纪以来是它们影响了佛教研究的发展过程，而且常常决定了人们对一系列复杂传统的理解。

011　10个道德悖论

[以] 索尔·史密兰斯基（Saul Smilanky）　著

索尔·史密兰斯基是以色列海法大学（the University of Haifa）哲学系教授。他是广受赞誉的《自由意志与幻觉》（*Free Will and Illusion*, 2000）一书的作者，并在《南方哲学》（*Southern Journal of Philosophy*)、《澳大利亚哲学》（*Australian Journal of Philosophy*)、《实用》（*Utilitas*）等重要哲学期刊上发表了《两个关于正义与加重惩罚的明显的悖论》（“Two Apparent Paradoxes about Justice and the Severity of Punishment”)、《宁愿不出生》（“Preferring not to Have Been Born”)、《道德抱怨悖论》（“The Paradox of Beneficial Retirement”）等多篇论文。

从形而上学到逻辑学，悖论在哲学研究中的重要性可以从其丰富的文献上得到显现。但到目前为止，在伦理学中很少见到对悖论的批判性研究。在伦理学的前沿工作中，《10个道德悖论》首次为道德悖论的中心地位提供了有力的证据。它提出了10个不同的、原创的道德悖论，挑战了我们某些最为深刻的道德观点。这本具有创新性的书追问了道德悖论的存在究竟是有害的还是有益的，并且在更为广泛的意义上探讨了悖论能够在道德和生活上教给我们什么。

012 现代性与主体的命运

杨大春 著

杨大春，1965年生，四川蓬安人，1992年获哲学博士学位，1998年破格晋升教授。目前为浙江大学二级教授、求是特聘教授。研究领域为现当代法国哲学。主持国家社科基金青年项目、一般项目、重点项目和重大招标项目各1项，入选国家哲学社会科学成果文库1项。代表作有《20世纪法国哲学的现象学之旅》《语言 身体 他者：当代法国哲学的三大主题》《感性的诗学：梅洛－庞蒂与法国哲学主流》《文本的世界：从结构主义到后结构主义》《沉沦与拯救：克尔凯戈尔的精神哲学研究》等。著述多次获奖，如教育部高等学校科学研究优秀成果二等奖1项，浙江省哲学社会科学优秀成果一等奖2项，吴玉章人文社会科学优秀成果奖1项，《文史哲》“学术名篇奖”1项等。

哲学归根到底关注的是人的命运。根据逻辑与历史、时代精神与时代相一致的原则，本书区分出西方哲学发展的前现代（古代）、早期现代、后期现代和后现代（当代）四种形态，并重点探讨现代哲学的历程。导论是对主体问题的概述，其余章节围绕主体的确立、主体的危机、主体的解体和主体的终结来揭示意识主体在现代性及其转折进程中的命运。本书几乎囊括了自笛卡尔以来的主要西方哲学流派，既具有宏大的理论视野，又具有强烈的问题意识。

013 认识的价值与我们所在意的东西

［美］琳达·扎格泽博斯基（Linda Zagzebski） 著

琳达·扎格泽博斯基为美国俄克拉荷马大学乔治·莱恩·克罗斯研究教授、金费舍尔宗教哲学与伦理学讲席教授，曾担任美国天主教哲学学会主席（1996—1997 年）、基督教哲学家协会主席（2004—2007 年），以及美国哲学学会中部分会主席（2015—2016 年）。她的研究领域包括知识论、宗教哲学和德性理论，主要著作有：《范例主义道德理论》（*Exemplarist Moral Theory*，2017），《认识的权威：信念中的信任、权威与自主理论》（*Epistemic Authority：A Theory of Trust，Authority，and Autonomy in Belief*，2012），《神圣的动机理论》（*Divine Motivation Theory*，2004），《心智的德性》（*Virtues of the Mind*，1996），《自由的困境与预知》（*The Dilemma of Freedom and Foreknowledge*，1991）等。

本书作为知识论导论，以认识的价值与我们所在意的东西开始，最终以认识之善与好生活结束，广泛涉及这一领域的重要论题，如盖梯尔难题、怀疑主义、心智与世界的关系等。无论是出发点还是理论旨归，本书都不同于当前大多数知识论导论，它将我们的认识实践放置于伦理学的框架之中，德性在知识论中居于核心位置，这是扎格泽博斯基教授二十多年来几乎从未变化的基本立场，并始终为此进行阐释与辩护。本书以简明的方式呈现了半个世纪以来英美知识论的论争图景，解释了围绕人类善与人类德性的知识论研究成果，并力图显示这一风格的知识论的重要意义。

014　众生家园：捍卫大地伦理与生态文明

［美］J. 贝尔德·卡利科特（J. Baird Callicott）　著

J. 贝尔德·卡利科特，当代北美环境哲学、伦理学代表性学者，美国北得克萨斯大学（University of North Texas）杰出研究教授，已荣退。曾任国际环境伦理学会（International Society for Environmental Ethics）主席、耶鲁大学住校生物伦理学家（Bioethicist-in-Residence）。他以利奥波德“大地伦理”（land ethic）的当代杰出倡导者而知名，并据此而拓展出一种关于“地球伦理”（earth ethic）的独特理论。代表作有：《众生家园：捍卫大地伦理与生态文明》（*In Defense of the Land Ethic：Essays in Environmental Philosophy*，1989）、《全球智慧》（*Earth Insights*，1994）、《超越大地伦理》（*Beyond the Land Ethic：More Essays in Environmental Philosophy*，1999）、《像地球那样思考》（*Thinking Like a Planet：The Land Ethic and the Earth Ethic*，2013）。

《众生家园：捍卫大地伦理与生态文明》（*In Defense of the Land Ethic*：*Essays in Environmental Philosophy*，1989）是 J. 贝尔德·卡利科特的代表作之一。本著致力于梳理、捍卫和扩展奥尔多·利奥波德的环境哲学核心理念——“大地伦理”（land ethic），其论域覆盖了当代西方环境哲学的重要话题，反映了北美环境哲学产生的独特历史背景，同时预见性地涉及了当代环境哲学的前沿论题，为当代环境伦理的观念基础做了有力的论证。

015　判断与能动性

［美］厄内斯特·索萨（Ernest Sosa）　著

厄内斯特·索萨，美国当代著名哲学家，知识论研究的代表人物之一，开创了德性知识论流派。现为美国人文艺术科学院院士，美国罗格斯（Rutgers）大学哲学教授。曾任美国哲学协会会长、著名杂志《哲学与现象学研究》主编、“剑桥哲学研究丛书”总主编等。厄内斯特·索萨在英美哲学界有着广泛影响，曾在著名的洛克讲座上做报告（2002），2010 年获得美国哲学协会颁发的奎恩奖（Quinn Prize）。

在本书中，厄内斯特·索萨引入一种新的知识分析方法，即形而上学分析，在这种新的方法论基础上发展出一种更好的德性知识论。本书共分为四个部分：第一部分探讨以形而上学分析为核心的方法论，进而提出基于认知胜任力（epistemic competence）的德性知识论，同时比较德性可靠论与德性责任论这两种德性知识论，试图把德性责任论融入新的知识论框架，给予一种统一的解释；第二部分阐明概念“完全适切的表现”（fully apt performance），这个概念帮助我们超越基于认知胜任力的德性知识论，从而获得一种更好的德性知识论；第三部分尝试在这种更好的德性知识论的基础上分析能动性、意向行动和知识的社会维度等；第四部分回归哲学史，提供了皮罗式知识论这种新解释，并以笛卡尔为研究对象，主张笛卡尔的知识论是一种皮罗式的德性知识论。总之，本书包含了厄内斯特·索萨的某些天才洞见和反思，必将对未来的知识论产生深远影响。

016　知识论

［美］理查德·费尔德曼（Richard Feldman）　著

理查德·费尔德曼，美国罗彻斯特大学（University of Rochester）校长、哲学系教授。主要研究兴趣是知识论和形而上学，代表作有《推理与论证》（*Reason and Argument*）、《知识论》（*Epistemology*）、《证据主义》（*Evidentialism*）等。

理查德·费尔德曼的《知识论》以标准看法为核心，围绕六个紧密相连的问题展开：（1）在什么条件下一个人知道某事是真的？（2）在什么条件下一个信念是有证成的？（3）知识论问题、实践问题和道德问题，如果会相互影响的话，那么它们是以什么样的方式相互影响的？（4）我们真的有任何知识吗？（5）自然科学的成果会以什么样的方式对知识论问题产生影响？（6）认知多样性的知识论后果是什么？这六个问题的答案构成了一个最佳解释论证，其结论为"标准看法还是正确的"，即我们知道相当多的各种各样的事物，我们主要靠知觉、记忆、证词、内省、推理和理性洞察来知道它们。

017　含混性

［英］蒂莫西·威廉姆森（Timothy Williamson）　著

蒂莫西·威廉姆森，牛津大学教授，2000 年被授予威克汉姆教授头衔（Wykeham Professor）、1997 年被选为英国国家学术院院士（Fellow of the British Academy）、爱丁堡皇家学会院士（Fellow of the Royal Society of Edinburgh）。已经出版学术著作《知识及其限度》（2000）、《哲学的哲学》（2007）、《作为形而上学的模态逻辑》（2013）、《对与错的真相：四人对话录》（2015）、《作哲学》（2018）等，发表学术论文百余篇。

蒂莫西·威廉姆森通过《含混性》一书仔细检视了现存的含混性理论，并为认知主义辩护。威廉姆森先从历史来追溯含混性问题，以批判性的眼光浏览含混性哲学的历史；他的观察是：一方面，现存的含混性理论无法很好地解释高阶含混性的问题；另一方面，认知主义的观点受到了不公平的对待。有别于当时大多数学者将含混性问题视为一个语言问题，威廉姆森将含混性问题视为一个知识问题，亦即不知道含混语词/概念的精确边界，希望能为认知主义观点提供一个趋近完备的理论。

尽管《含混性》使用的逻辑不多，但读者若有一定程度的逻辑基础，将能很好地理解书中的论证，体会到论证的精妙之处。对研究含混性问题的学者来说，就算不同意认知主义观点，也不能不读《含混性》，因为《含混性》早已成为研究含混性问题的经典之一。

018 德国观念论的终结——谢林晚期哲学研究

［德］瓦尔特·舒尔茨（Walter Schulz） 著

瓦尔特·舒尔茨（1912—2000），德国哲学家。求学生涯受卡尔·洛维特、盖尔哈特·克鲁格、伽达默尔、布尔特曼等人影响。他的博士论文在伽达默尔的指导下讨论了柏拉图《斐多篇》中对不朽性的论证，教职论文在伽达默尔和洛维特两人的指导下讨论了谢林晚期哲学。1955 年至 1978 年任图宾根大学哲学系教授，曾拒绝接受海德格尔退休后在弗莱堡留下的教席，并且长期在德国哲学界和图宾根智识圈中享有最高声誉。面对着当时后现代思潮的崛起，他始终关注人的思想与世界的关联，坚持探讨西方形而上学诸多重大主题的传统与更新。代表著作有：《德国观念论的终结——谢林晚期哲学研究》《变动世界中的哲学》《摇摆的形而上学》《后形而上学时代中的主体性》等。

本书初版于 1955 年，是瓦尔特·舒尔茨的教职论文。在本书中，舒尔茨对谢林晚期哲学进行了细致的研究，他认为晚年谢林对于理性与绝对者的关系进行了更彻底的也更艰涩的思辨，谢林晚期哲学绝非一种基督教哲学，而是纯粹的、正统的、继续向前推进着的、以“主体性的自我建构”为基准的观念论哲学。相对于德国观念论在黑格尔哲学中达到了峰点的传统看法，他在本书中声称，德国观念论正是在谢林晚期哲学中才达成了最终的形态。谢林晚期哲学中强烈地表现出了理性永远无法把握它的前提和根基，而这也最终宣告了德国观念论这一思想范式的终结。在本书的最后，舒尔茨还继续讨论了谢林晚期哲学的自我中介的范式在克尔凯郭尔、尼采和海德格尔思想中的回响，试图对谢林那为人所忽视的晚期哲学做出更精准的历史定位。

019　奢望：社会生物学与人性的探求

［英］菲利普·基切尔（Philip Kitcher）　著

菲利普·基切尔，英国当代著名科学哲学家，哥伦比亚大学约翰·杜威讲席教授，美国人文与科学院院士，曾担任美国哲学学会（太平洋分会）主席。已经出版的哲学论著包括《数学知识的本质》、《奢望：社会生物学与人性的探求》、《科学的进展》、《科学、真理与民主》、《民主社会中的科学》、《伦理学纲领》与《实用主义的序奏》等。

在当代智识世界中，社会生物学可谓甚嚣尘上，它经常被用来支持各种阶级偏见、种族偏见与性别偏见。在本书中，基切尔紧紧围绕方法论的科学哲学问题，对社会生物学的人性探求进行了深入细致的批判。基切尔认为，在非人类的动物研究领域，社会生物学的研究工作在方法论上大致是可靠的，但在将这些理论适用于人类的过程中，许多社会生物学家做出了仓促的推论。社会生物学在方法论上呈现的种种缺陷，让它迄今仍无法成为一门关于人类行为的真正可靠的科学，但流行的社会生物学已经由于其创建者的奢望而步入歧途。

Vaulting Ambition: Sociobiology and the Quest for Human Nature
By Philip Kitcher

图书在版编目（CIP）数据

奢望：社会生物学与人性的探求/（英）菲利普·基切尔（Philip Kitcher）著；郝苑译. —北京：中国人民大学出版社，2020.1
ISBN 978-7-300-27775-2

Ⅰ. ①奢… Ⅱ. ①菲… ②郝… Ⅲ. ①社会生物学-研究 Ⅳ. ①Q111

中国版本图书馆 CIP 数据核字（2019）第 281218 号

奢望：社会生物学与人性的探求
［英］菲利普·基切尔（Philip Kitcher） 著
郝苑 译
Shewang：Shehui Shengwuxue yu Renxing de Tanqiu

出版发行	中国人民大学出版社		
社　　址	北京中关村大街 31 号	邮政编码	100080
电　　话	010－62511242（总编室）		010－62511770（质管部）
	010－82501766（邮购部）		010－62514148（门市部）
	010－62515195（发行公司）		010－62515275（盗版举报）
网　　址	http://www.crup.com.cn		
经　　销	新华书店		
印　　刷	北京联兴盛业印刷股份有限公司		
规　　格	160 mm×230 mm　16 开本	版　　次	2020 年 1 月第 1 版
印　　张	33.75 插页 2	印　　次	2020 年 1 月第 1 次印刷
字　　数	493 000	定　　价	128.00 元